"南北极环境综合考察与评估"专项

# 北极海域物理海洋和海洋气象考察

国家海洋局极地专项办公室 编

海洋出版社

2016·北京

图书在版编目（CIP）数据

北极海域物理海洋和海洋气象考察/国家海洋局极地专项办公室编 . —北京：海洋出版社，2016.5

ISBN 978-7-5027-9431-6

Ⅰ.①北… Ⅱ.①国… Ⅲ.①北极-海域-海洋物理学-科学考察②北极-海域-海洋气象学-科学考察 Ⅳ.①P733②P732

中国版本图书馆CIP数据核字（2016）第195438号

BEIJIHAIYU WULIHAIYANG HE HAIYANGQIXIANG KAOCHA

责任编辑：王 溪
责任印制：赵麟苏

海洋出版社 出版发行

http://www.oceanpress.com.cn
北京市海淀区大慧寺路8号 邮编：100081
北京朝阳印刷厂有限责任公司印刷 新华书店北京发行所经销
2016年8月第1版 2016年8月第1次印刷
开本：210mm×285mm 1/16 印张：29.5
字数：755千字 定价：190.00元
发行部：62132549 邮购部：68038093 总编室：62114335

海洋版图书印、装错误可随时退换

# 极地专项领导小组成员名单

组　　长：陈连增　国家海洋局
副组长：李敬辉　财政部经济建设司
　　　　曲探宙　国家海洋局极地考察办公室
成　　员：姚劲松　财政部经济建设司（2011—2012）
　　　　陈昶学　财政部经济建设司（2013—）
　　　　赵光磊　国家海洋局财务装备司
　　　　杨惠根　中国极地研究中心
　　　　吴　军　国家海洋局极地考察办公室

# 极地专项领导小组办公室成员名单

专项办主任：曲探宙　国家海洋局极地考察办公室
常务副主任：吴　军　国家海洋局极地考察办公室
副 主 任：刘顺林　中国极地研究中心（2011—2012）
　　　　李院生　中国极地研究中心（2012—）
　　　　王力然　国家海洋局财务装备司
成　　员：王　勇　国家海洋局极地考察办公室
　　　　赵　萍　国家海洋局极地考察办公室
　　　　金　波　国家海洋局极地考察办公室
　　　　李红蕾　国家海洋局极地考察办公室
　　　　刘科峰　中国极地研究中心
　　　　徐　宁　中国极地研究中心
　　　　陈永祥　中国极地研究中心

# 极地专项成果集成责任专家组成员名单

组　长：潘增弟　国家海洋局东海分局
成　员：张海生　国家海洋局第二海洋研究所
　　　　余兴光　国家海洋局第三海洋研究所
　　　　乔方利　国家海洋局第一海洋研究所
　　　　石学法　国家海洋局第一海洋研究所
　　　　魏泽勋　国家海洋局第一海洋研究所
　　　　高金耀　国家海洋局第二海洋研究所
　　　　胡红桥　中国极地研究中心
　　　　何剑锋　中国极地研究中心
　　　　徐世杰　国家海洋局极地考察办公室
　　　　孙立广　中国科学技术大学
　　　　赵　越　中国地质科学院地质力学研究所
　　　　庞小平　武汉大学

# "北极海域物理海洋和海洋气象考察"专题

承担单位：国家海洋局第一海洋研究所
　　　　　中国海洋大学
参与单位：中国极地研究中心
　　　　　中国气象科学研究院
　　　　　国家海洋环境预报中心
　　　　　国家海洋局东海分局
　　　　　国家海洋局第三海洋研究所
　　　　　国家海洋局第二海洋研究所
　　　　　上海海洋大学

# "北极海域物理海洋和海洋气象考察"报告编写人员名单

主　　编：马德毅　刘　娜　赵进平　李　涛
副 主 编：何　琰　李丙瑞　卞林根　林丽娜　李春花
　　　　　许东峰　邓小东　朱大勇　高郭平

编写组成员（按姓名字母顺序）：

纪旭鹏　孔　彬　林　龙　刘高原　刘一林
牟龙江　潘灵芝　邵秋丽　孙虎林　田忠翔
王维波　王先桥　王晓阳　王晓宇　王颖杰
张树刚　钟文理

# 序　言

"南北极环境综合考察与评估"专项（以下简称"极地专项"）是 2010 年 9 月 14 日经国务院批准，由财政部支持，国家海洋局负责组织实施，相关部委所属的 36 家单位参与，是我国自开展极地科学考察以来最大的一个专项，是我国极地事业又一个新的里程碑。

在 2011 年至 2015 年间，极地专项从国家战略需求出发，整合国内优势科研力量，充分利用"一船五站"（"雪龙"号、长城站、中山站、黄河站、昆仑站、泰山站）极地考察平台，极地专项有计划、分步骤地完成了南极周边重点海域、北极重点海域、南极大陆和北极站基周边地区的环境综合考察与评估，无论是在考察航次、考察任务和内容、考察人数、考察时间、考察航程、覆盖范围，还是在获取资料和样品等方面，均创造了我国近 30 年来南、北极考察的新纪录，促进了我国极地科技和事业的跨越式发展。

为落实财政部对极地专项的要求，极地专项办制定了包括极地专项"项目管理办法"和"项目经费管理办法"在内的 4 项管理办法和 14 项极地考察相关标准和规程，从制度上加强了组织领导和经费管理，用规范保证了专项实施进度和质量，以考核促进了成果产出。

本套极地专项成果集成丛书，涵盖了极地专项中的 3 个项目共 17 个专题的成果集成内容，涉及了南、北极海洋学的基础调查与评估，涉及了南极大陆和北极站基的生态环境考察与评估，涉及了从南极冰川学、大气科学、空间环境科学、天文学以及地质与地球物理学等考察与评估，到南极环境遥感等内容。专家认为，成果集成内容翔实，数据可信，评估可靠。

"十三五"期间，极地专项持续滚动实施，必将为贯彻落实习近平主席关于"认识南极、保护南极、利用南极"的重要指示精神，实现李克强总理提出的"推动极地科考向深度和广度进军"的宏伟目标，完成全国海洋工作会议提出的极地工作业务化以及提高极地科学研究水平的任务，做出新的、更大的贡献。

希望全体极地人共同努力，推动我国极地事业从极地大国迈向极地强国之列！

# 目 次

**第一章 总论** ·············································································· (1)

**第二章 考察意义和目标** ······························································· (3)

  第一节 考察背景和意义 ································································ (3)
  第二节 我国北极物理海洋和海洋气象考察的简要历史回顾 ·················· (4)
    一、中国首次北极科学考察 ···························································· (4)
    二、中国第二次北极科学考察 ························································· (5)
    三、中国第三次北极科学考察 ························································· (6)
    四、中国第四次北极科学考察 ························································· (6)
    五、中国第五次北极科学考察 ························································· (7)
    六、中国第六次北极科学考察 ························································· (8)
  第三节 考察海区概况 ··································································· (10)
  第四节 考察目标 ········································································ (11)

**第三章 考察主要任务** ································································· (12)

  第一节 中国第五次北极科学考察 ··················································· (12)
    一、考察航次及考察重大事件介绍 ················································ (12)
    二、考察路线、区域、断面及站位 ················································ (13)
    三、考察内容 ··········································································· (23)
    四、考察设备 ··········································································· (25)
  第二节 中国第六次北极科学考察 ··················································· (34)
    一、考察航次及考察重大事件介绍 ················································ (34)
    二、考察路线、区域、断面及站位 ················································ (35)
    三、考察内容 ··········································································· (42)
    四、考察设备 ··········································································· (43)

**第四章 考察主要数据** ································································· (50)

  第一节 数据获取的方式 ······························································· (50)
    一、第五次北极科学考察数据获取方式 ·········································· (50)

二、第六次北极科学考察数据获取方式 …………………………………………… (54)

第二节　获取的主要数据

　　一、第五次北极科学考察获得的主要数据 …………………………………………… (57)

　　二、第六次北极科学考察获得的主要数据 …………………………………………… (58)

第三节　质量控制与监督管理

　　一、质量监控工作概述 ………………………………………………………………… (59)

　　二、质量保障实施方案 ………………………………………………………………… (60)

　　三、质量监控现场执行情况 …………………………………………………………… (64)

第四节　数据评价情况 …………………………………………………………………… (74)

　　一、物理海洋数据 ……………………………………………………………………… (74)

　　二、海洋气象数据 ……………………………………………………………………… (81)

　　三、大气环境数据 ……………………………………………………………………… (82)

　　四、海冰环境数据 ……………………………………………………………………… (83)

## 第五章　考察主要分析与研究成果 …………………………………………………… (84)

第一节　物理海洋环境数据分析 ………………………………………………………… (84)

　　一、序言 ………………………………………………………………………………… (84)

　　二、水文数据介绍 ……………………………………………………………………… (85)

　　三、白令海海域水文环境 ……………………………………………………………… (122)

　　四、楚科奇海海域水文环境 …………………………………………………………… (150)

　　五、加拿大海盆海域物理海洋环境 …………………………………………………… (177)

　　六、北欧海海域物理海洋环境 ………………………………………………………… (219)

　　七、物理海洋环境时空变化特征总结 ………………………………………………… (273)

第二节　海洋气象环境数据分析 ………………………………………………………… (280)

　　一、序言 ………………………………………………………………………………… (280)

　　二、数据说明 …………………………………………………………………………… (281)

　　三、白令海海域海洋气象环境特征分析 ……………………………………………… (282)

　　四、楚科奇海海域海洋气象环境特征分析 …………………………………………… (299)

　　五、加拿大海盆海洋气象环境特征分析 ……………………………………………… (315)

　　六、北欧海海域海洋气象环境特征分析 ……………………………………………… (331)

　　七、高空气象特征分析 ………………………………………………………………… (337)

第三节　大气环境数据分析 ……………………………………………………………… (341)

　　一、序言 ………………………………………………………………………………… (341)

　　二、数据介绍 …………………………………………………………………………… (342)

　　三、海－冰－气相互作用分析 ………………………………………………………… (343)

第四节　海冰环境数据分析 ……………………………………………………………… (362)

　　一、序言 ………………………………………………………………………………… (362)

　　二、分析数据介绍 ……………………………………………………………………… (362)

三、走航海冰观测数据分析 ···················································································（365）

　　四、冰基海–冰–气相互作用观测数据分析 ·······························································（381）

## 第六章　考察主要经验与建议 ···············································································（432）

　　第一节　考察取得的重要成果和亮点总结 ································································（432）

　　第二节　对专项的作用 ·························································································（434）

　　第三节　考察的主要成功经验 ················································································（434）

　　第四节　考察中存在的主要问题及原因分析 ·····························································（435）

　　第五节　对未来科学考察的建议 ············································································（436）

## 参考文献 ···········································································································（438）

## 附件 ················································································································（440）

　　附件1　承担单位及主要人员一览表 ······································································（440）

　　附件2　考察工作量一览表 ···················································································（442）

　　附件3　考察数据一览表 ······················································································（445）

　　附件4　考察要素图件一览表 ················································································（452）

　　附件5　论文、专著等公开出版物一览表 ································································（456）

# 第一章 总 论

北极常年被冰雪覆盖，是全球范围内对气候变化中最显著、最敏感的区域之一，北极地区环境快速变化及其气候效应一直是全球气候变化研究中的重要内容。北极是地球气候系统的重要组成部分。北极海洋、大气、冰雪、陆地和生物等多圈层的相互作用过程，对现在与过去的全球气候变化起着极其重要的作用和影响。

1999 年，我国组织了首次北极科学考察，物理海洋和海洋气象考察是重要任务和主要内容。首次北极科学考察围绕着"北极在全球变化中的作用和对我国气候的影响"和"北冰洋与北太平洋水团交换对北太平洋环流变异的影响"等科学目标开展了海洋－海冰－大气的多学科综合观测。通过研究海洋－海冰－大气能量和物质交换，正确理解北极海域在全球气候和变化中的作用以及提高我国天气、气候和自然灾害的预报水平，迈出了我国北极科学考察的第一步。在白令海、楚科奇海等海域获得了温度、盐度和海流的第一手观测资料，并在冰边缘和多年冰区进行海洋－海冰－大气耦合观测，为气候变化研究提供强有力的科学依据。

近年来北极海域变化加剧，过去 30 多年的连续观测研究证明，北极地区气温升高、海冰覆盖面积在不断减少、多年冰比例下降、北冰洋中层水持续增暖，北极的大气、海冰、海洋系统正在发生快速而显著的变化。作为近北极国家，北极气候环境变化对我国气候有着更直接的影响，与我国的工农业生产、经济活动和人民生活息息相关。已有证据显示，2008 年冬季我国北方干旱少雨，南方却出现冰雪灾害，2009 年北方频繁的雨雪天气和南方五省出现的干旱，2012 年底至 2013 年初东北的气温创 45 年来历史同期最低，都可能与北极海冰的变化和北极涛动的异常存在遥相关。

面对当前国际极地形势和国家重大战略需求，2012 年 2 月 24 日，"南北极环境综合考察与评估"专项在京启动。"南北极环境综合考察与评估"专项是我国极地领域近 30 年来规模最大的极地专项，是我国极地事业发展新的里程碑，对于维护国家极地权益、推动极地工作发展有着十分重大的意义。在"南北极环境综合考察与评估"专项期间进行了第五次和第六次北极科学考察，共完成了 218 个站位的海洋学综合调查，13 个短期冰站和 1 个长期冰站的冰基多学科综合观测，在格陵兰海布放了 1 套大型海－气耦合观测浮标、白令海布放了 1 套海－气通量浮标，5 套冰物质平衡浮标、8 套海冰漂流浮标、4 组海冰浮标阵列、3 套冰基拖曳式浮标和 2 套极地长期气象自动观测站，布放和成功回收潜标 1 套，实施了多学科走航观测、抛弃式观测以及海冰物理特征综合观测。在白令海、白令海峡、楚科奇海、加拿大海盆和格陵兰海等海域共获得各类观测数据超过 1 800G、各类样品逾 3 万份，大部分工作超额完成计划考察任务。在锚碇浮标布放、深水冰拖曳浮标布放、海冰浮标阵列布放等方面取得了突出成绩，开展的全程质量管理与控制工作也使得极地科考的现场管理上了一个新台阶。已发表和待发表论文 25 篇，完成专著 4 部。对于系统掌握北冰洋更大范围的海洋环境变化、科学开展北冰洋环境评估具有重要意义。自 1999 年实施首次北极科学考察以来，我国已圆满完成了 6 个航次的北极多学科综合考察，系统观测了海冰、海洋和大气变化，探讨了北极海洋

环境快速变化与我国气候的关系，获得了一批有价值的科学考察数据和研究成果。

在我国大力推进海洋强国战略和海上丝绸之路建设的当今时代，北极地区对我国未来的经济社会发展具有重要的战略意义。为了更加清楚地认识我国北极事业的发展和前进方向，亟需一个梳理、凝练的过程来系统地总结"南北极环境综合考察与评估"专项期间取得的成果。2015年"南北极环境综合考察与评估"专项开展了成果集成工作。"北极海域物理海洋和海洋气象考察"专题承担北极海域物理海洋和海洋气象考察成果集成的工作，以专项期间的考察成果为重点，梳理历史航次考察资料，对北极物理海洋和海洋气象考察取得的成果进行总结，初步分析北极水文、气象、海冰等的分布特征和变化规律。

本报告全面介绍了我国历次北极科学考察物理海洋和海洋气象等学科考察的进展情况，重点总结了"南北极环境综合考察与评估"专项期间两次考察任务的完成情况，展示了水文、气象、大气环境和海冰等考察工作取得的主要进展和初步成果。第一章"总论"概括性地介绍了北极海域气候环境变化现状、"南北极环境综合考察与评估"专项的产生背景以及我国北极科学考察发展历史，对总报告起到了提纲挈领的作用；第二章"考察意义和目标"从考察背景和意义、我国北极物理海洋和海洋气象考察的简要历史回顾、考察海区和考察目标四个方面梳理了我国北极物理海洋和海洋气象考察事业发展脉络，总结了北极气候变化对我国的影响以及我国北极物理海洋和海洋气象考察目标；第三章"考察主要任务"对"南北极环境综合考察与评估"专项期间组织的两次北极考察的考察海域、工作内容、设备、人员、分工以及完成情况做了详细介绍；第四章"考察主要数据"是对考察成果的集中说明，包括数据获取的方式、数据获取和处理的质量控制与监督管理以及数据评价；第五章"主要分析与研究成果"对物理海洋、海洋气象、大气环境和海冰环境的数据分析，以"南北极环境综合考察与评估"专项期间组织的两次北极考察数据为主，结合历史考察数据和国际公开数据进行了各环境要素时空变化规律的初步分析；第六章"考察主要经验与建议"是考察取得的重要成果和亮点总结、主要经验、存在的问题和原因分析以及对未来科学考察的建议等。因为图件数量众多，本报告另附图集一本。

本报告的完成，凝聚了全部编写人员的智慧和全体考察队员的心血。特别向参加中国历次北极科学考察的全体同仁表示崇高的敬意；向给予本专题集成工作指导和支持的专家、领导和有关组织管理单位、参加单位表示衷心的感谢！

# 第二章　考察意义和目标

## 第一节　考察背景和意义

极地是地球表面的冷极，在全球气候系统中起着重要的调节作用。作为地球系统的重要组成部分，南极和北极系统包括大气、冰雪、海洋、陆地和生物等多圈层的相互作用过程，又通过全球大气、海洋环流的经向热传输与低纬度地区紧密联系在一起，使极地环境的变化与地球其他区域的变化息息相关，在全球变化中具有重要的地位和作用。已有研究结果表明，南极气候环境变化与我国的气候变化存在遥相关，北极气候环境变化更是对我国气候有着直接的影响，与我国的工农业生产、经济活动和人民生活息息相关。

作为对全球气候变化响应和反馈最敏感的地区之一，过去30多年对北极地区的连续观测研究证明，该地区气候正在发生快速变化，海冰覆盖面积在不断减少。北极地区的这一快速变化举世瞩目，吸引了全人类的目光。在海冰快速变化的背景下，北冰洋海洋生态系统发生了结构性的变化，部分渔业资源枯竭，海洋渔业资源分配模式也发生悄然改变。目前，北极海洋生物资源的开发利用已引起广泛关注。与此同时，北极气候与生态系统的快速变化导致极地自然环境保护面临日益严峻的挑战。国际上致力于北冰洋的水文学和环流的研究，并把北冰洋发生的变异现象与全球海洋环流和全球气候变化相联系。在北冰洋所观测到的变化也可通过北极的海洋－海冰－大气系统相耦合的其他要素中发现。北极地区的变化，将影响着全球环境和气候，尤其是对北半球的影响。这种变化当然也会影响中国的气候、环境和可持续发展。了解北极变化及其反馈作用，这是1999年组织实施"中国首次北极科学考察"计划的主要原因。

自1999年实施首次北极科学考察以来，我国已圆满完成了4个航次的北极多学科综合考察，系统观测了海冰、海洋和大气变化，探讨了北极海洋环境快速变化与我国气候的关系，获得了一批有价值的科学考察数据和研究成果。

随着全球气候变暖和极地冰川加速融化，尤其是最近10年北极海冰加速消融，极大地刺激了各国开发利用北极地区能源、资源、航道、渔业的战略需求，北极对全球气候尤其是对中国气候的影响凸显。极地权益争夺空前加剧，北极战略地位迅速提高，已成为国际政治、经济、科技和军事竞争的重要舞台。

面对当前国际极地形势和国家重大战略需求，"南北极环境综合考察及资源潜力评估"专项（以下简称"南北极专项"）获得国家批准并进入正式实施阶段。该专项以科学发展观为统领，由国家统一部署和投入，国家海洋局极地考察办公室（以下简称"极地办"）负责组织实施，充分调动国内外优势资源与力量，加强南北极环境综合考察，优先掌握极地的环境状况，揭示极地在全球气候环境变化中的地位和作用，切实提高应对气候变化的能力，不

仅能促进我国极地科技和事业的跨越式发展，还有助于维护南北极的共同发展和我国的极地国家利益，提升我国在国际极地事务中的话语权。

正是以南北极专项为背景，中国第五次北极科学考察的组织实施工作于2012年初正式启动，这是我国首次以专项考察为目标的北极科考航次。第五次北极科考将在完成南北极专项年度研究目标的基础上，对我国北极科考传统考察海域继续进行多学科综合考察，以获取长期观测资料，并首次穿越俄罗斯北方海航道挺进北大西洋访问冰岛，在北冰洋—大西洋扇区开展多学科综合考察，争取在北极科学研究热点和国际合作领域有所突破，显示和扩大我国在北极地区的实质性存在，科考任务艰巨光荣，意义深远。

2014年正值我国南极考察30周年，北极建站10周年，同时也是我国成为北极理事会观察员的第一年，更是我国实施极地考察"十二五"规划的关键一年。这一年，我国组织实施了中国第六次北极科学考察，这对我国极地事业的发展具有承上启下、继往开来的关键作用。作为近北极国家，北极气候变暖对我国环境、气候有着重要的影响，北极航道的开通以及北极资源的开发也将给我国的社会经济发展带来机遇和挑战。因此，探索北极，认知北极，促进北极的和平与可持续发展，关乎我国未来的可持续发展，也是建设海洋强国的重要举措，是我国的重要国际权利与义务，更是负责任大国对世界应作出的贡献，具有重大意义。

## 第二节　我国北极物理海洋和海洋气象考察的简要历史回顾

迄今为止，我国组织的6次北极科学考察航次主要集中在北冰洋-太平洋扇区的白令海、楚科奇海、楚科奇海台和加拿大海盆海域进行观测，获得了大量物理海洋和气象环境调查数据，增进了我国对北极物理海洋和气象环境的了解，尤其是"南北极环境综合考察与评估"专项期间开展的第五次和第六次北极科学考察，注重国际合作，多次在调查手段、方式、能力上取得突破，对我国未来北极物理海洋和海洋气象考察更快更好发展有着重要的意义。

### 一、中国首次北极科学考察

1999年7月至9月，中国政府组织了对北极地区的首次大规模综合科学考察，极地考察船"雪龙"号搭载着124名考察队员首航北极，历时71天，航行14 180 n mile，对北极海洋、大气、生物、地质、渔业和生态环境等进行了综合考察。

物理海洋和海洋气象考察在首次北极科学考察中占有重要的地位，在以后的历次考察中，物理海洋和海洋气象考察也一直是重要的考察工作。首次北极考察内容涵盖了白令海和北冰洋物理海洋考察、测区和走航大气综合考察、海冰边缘区海-冰-气相互作用观测和航线气象、海冰预报等，通过开展CTD/LADCP观测（图2.1）、抛弃式观测、冰站近地层大气观测、大气边界层结构TMT观测、高空大气观测、大气化学观测、辐射平衡观测等获得了大量的数据，为我国深入认识北极提供了第一手的数据、信息和资料。

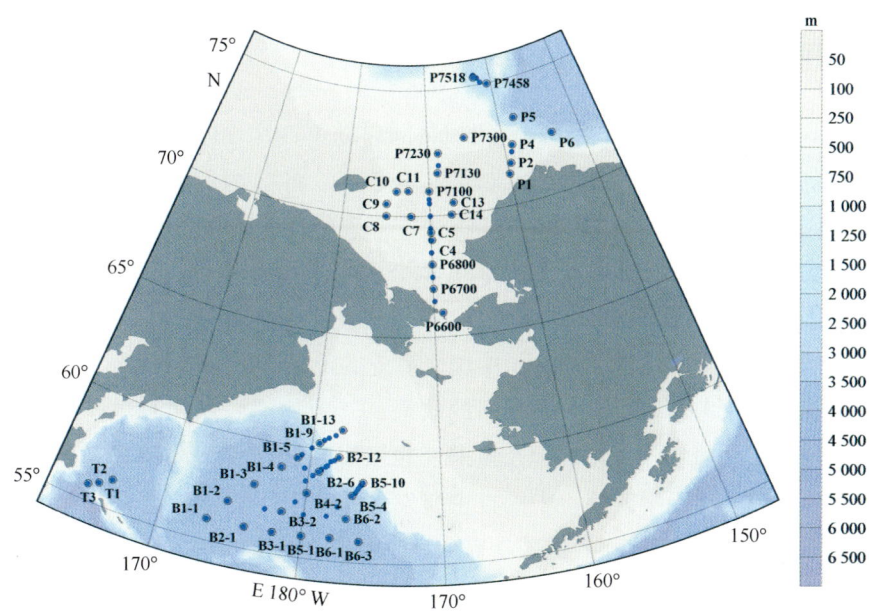

图 2.1　中国首次北极考察 CTD 观测站位图

## 二、中国第二次北极科学考察

2003 年 7 月，中国政府组织了第二次北极科学考察，"雪龙"号搭载 109 名考察队员远征北极，破冰挺进 80°N，全程历时 74 天，航行 12 600 n mile，开展了海洋、大气、海冰和生化等多学科的综合考察，并运用了水下机器人等高新技术，深化了对北极海洋、海冰与大气相互作用的研究。

这次考察以了解北极变化及其对我国气候环境的影响为主要科学目标，重点开展了北极环流、物质交换及海水扩散和结构，北极海冰变化过程和海气交换通量，北冰洋大气边界层和大气环境，以及北冰洋与白令海的水体交换和输运路径等现场考察工作（图 2.2）。在白令海峡和楚科奇海首次增加了浮标和潜标的考察，这是第二次北极科学考察重要的技术进步，也是此次考察工作的亮点。

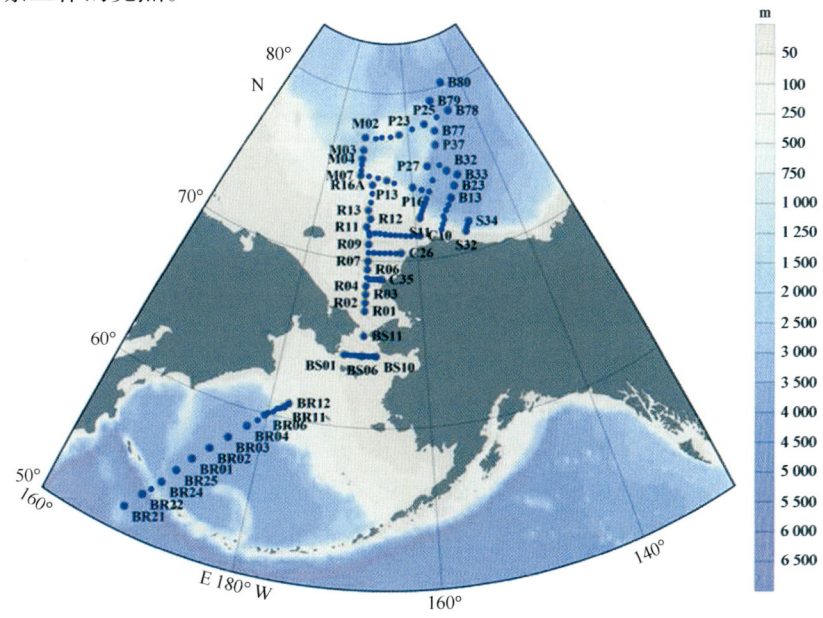

图 2.2　中国第二次北极科学考察 CTD 观测站位图

## 三、中国第三次北极科学考察

2007年,国际科学理事会和世界气象组织共同启动第四次国际极地年项目。中国决定利用国际极地年的有利契机,开展第三次北极科学考察,将中国的北极科学研究引向深入。2008年7月11日至9月24日,"雪龙"号搭载着122名科考队员奔赴北极,开展了为期76天的中国第三次北极科学考察活动。共完成132个海洋学调查站位、1个长期和8个短期冰面观测站位,累计航行12 000 n mile。8月30日"雪龙"号抵达85°25′N的北冰洋海域,这是中国船舶目前到达的最高纬度,创造了中国航海史的纪录。

此次考察较前两次考察取得了一系列新的成果,其中物理海洋和海洋气象考察的创新进展尤为突出。首次在北极空投了XCTD,为未来北极海域的空投观测积累了经验(图2.3)。首次开展了人造光源海冰光学实验;中国自主研发的首个自主与遥控混合作业模式水下机器人"北极ARV",在84°N北冰洋海域成功完成冰下调查。这是中国水下机器人首次在如此高纬度开展冰下调查工作。实现了对北极冰下海冰物理特征、水文和光学特性的同步观测,进一步提高了中国北极科考的观测能力与水平。成功地布放了两套锚碇潜标系统,并成功将浅水潜标系统回收,为今后的工作积累了大量的经验。

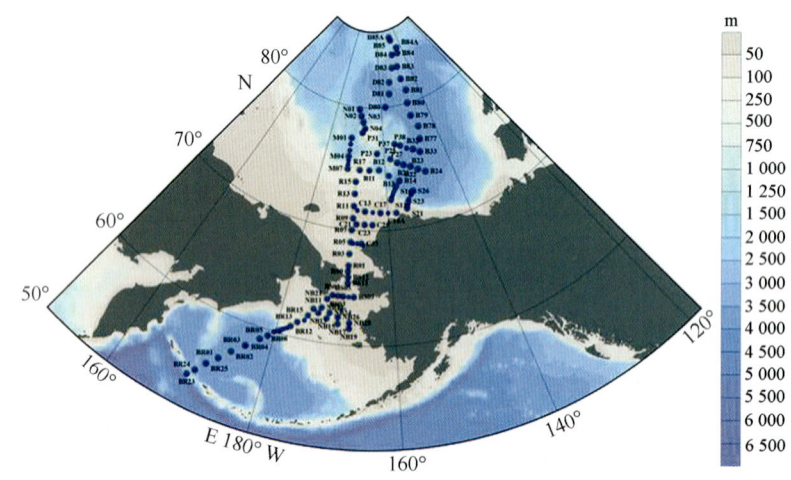

图2.3 中国第三次北极科学考察CTD观测站位图

## 四、中国第四次北极科学考察

2010年7月1日至9月23日,我国开展了第四次北极科学考察。考察队由科研人员、后勤保障人员、媒体记者和"雪龙"号船员组成,同时邀请了来自美国、法国、芬兰、爱沙尼亚和韩国的7名科学家以及1名中国台湾科学家参加,考察队共计122人,是我国历届北极科考活动中时间最长的一次。这次考察在前三次科学考察的基础上,围绕着"北极海冰快速变化机理"和"北极海洋生态系统对海冰快速变化的响应"两大科学目标,进行多学科的综合考察。这次考察范围之广、内容之全、取得的资料和样品之多,均超过中国以往北极考察。首次实现了中国考察队依靠自己的力量到达北极点开展科学考察的愿望,实现了历史性突破。

本次科学考察是"国际极地年"中国行动计划的收官之作。

围绕着"北极快速变化机制"这个考察主要目标，物理海洋和海洋气象考察获得了一系列突破性成果：首次在北极点海域投放 XCTD（图2.4）；采集冰芯样品和布放海冰漂移浮标；深入北冰洋中心区，在87°N 附近设立长期冰站，开展海洋、大气和海冰的多学科立体综合考察，获得了大量的数据和样品，填补了考察区域资料的空白。

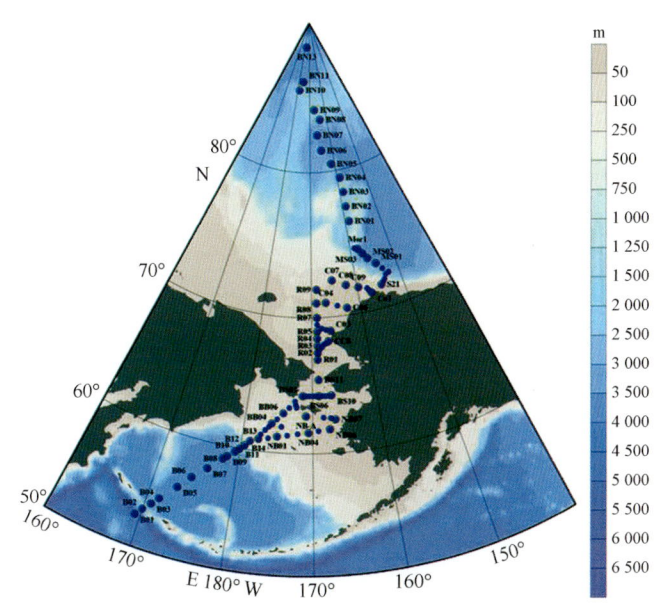

图 2.4　中国第四次北极考察 CTD 观测站位图

## 五、中国第五次北极科学考察

2012 年 7 月，中国第五次北极科学考察队开始了为期 89 天的北极科考之旅，将对中国北极科考传统考察海域继续进行多学科综合考察，并首次穿越俄罗斯北方海航道在北冰洋 - 大西洋扇区开展多学科综合考察。这次科考是"南北极环境综合考察与评估"专项启动以来的第一个北极科学考察航次，也是中国北极科考史上航程最长的一次，总航程约 $3.3 \times 10^4$ km。此外，这次科考还实现了4个首次：首次穿越俄罗斯北方海航道；"雪龙"号首次应邀正式访问境外国家；首次在北冰洋 - 大西洋扇区开展准同步科学考察和多学科综合考察；首次开展地球物理学综合考察。

本专题承担单位和各参与单位作为考察队的主力军，在此次考察中开拓进取，顽强拼搏，取得了不俗的成绩：在楚科奇海成功布放并回收了锚碇潜标观测系统1套，记录了近两个月的海洋多层次温度、盐度和海流数据，这意味着我国在北极潜标长期观测领域已经有了较为成熟的技术（图2.5）；在挪威海域布放我国首个大型极地海-气耦合观测浮标，在主导北极气候的北极涛动核心区实现了长期环境观测数据的实时获取（图2.6）；在北冰洋中心区欧亚海盆布放极地长期现场自动气象观测站1套；首次在北冰洋 - 大西洋扇区获得物理海洋和海洋气象考察数据。

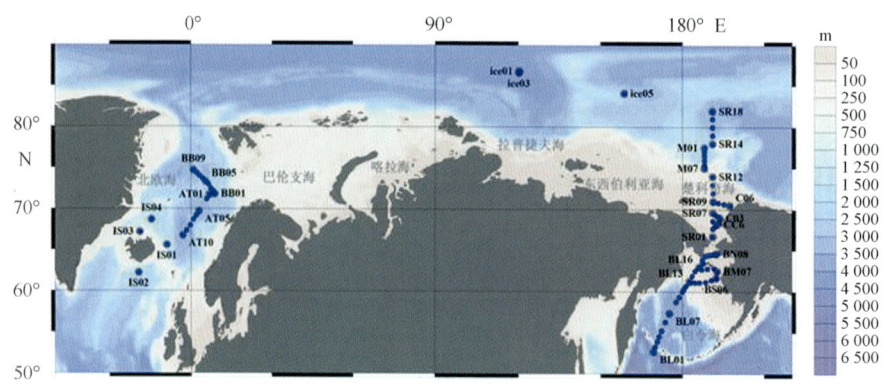

图 2.5　中国第五次北极科学考察 CTD 观测站位图

图 2.6　在挪威海成功布放大型海-气耦合观测浮标

## 六、中国第六次北极科学考察

2014 年 7 月 11 日至 9 月 24 日，中国第六次北极科学考察历经 76 天，航程 22 000 km，对中国北极科考传统考察海域继续进行多学科综合考察。这次科考由来自国内外 32 家单位的 128 名队员组成，其中包括来自美国、俄罗斯、德国、法国和我国台湾地区的 7 位科学家。

此次考察是"南北极环境综合考察与评估"专项的第二个北极科考航次，也是我国成为北极理事会观察员国后实施的首次极地科学考察。考察队紧紧围绕"北极快速变化及其对我国气候的影响"这一主题，科学计划，精心组织，在白令海盆成功布放我国首套锚碇观测浮标，首次通过国际合作方式成功布放了深水冰拖曳浮标（ITP）3 套，首次进行了海冰浮标（海冰温度链浮标、海冰漂移浮标）阵列布放，完成了多项具有突破性意义和科学影响的考察活动，取得了突出成绩，推动我国北极科考事业再上新台阶。此外，考察队首次设立随船质量监督员，由其负责组织开展随船质量监督检查工作，确保了该航次考察各项任务安全、高效、高质量的完成，满足了可靠性、完整性和规范性的要求。

北极海域物理海洋和海洋气象考察作为我国北极科学考察的重点，包括重点海域断面考察、重点断面走航考察和观测站长期观测三部分。历次考察中积累的大量的水文、气象、海

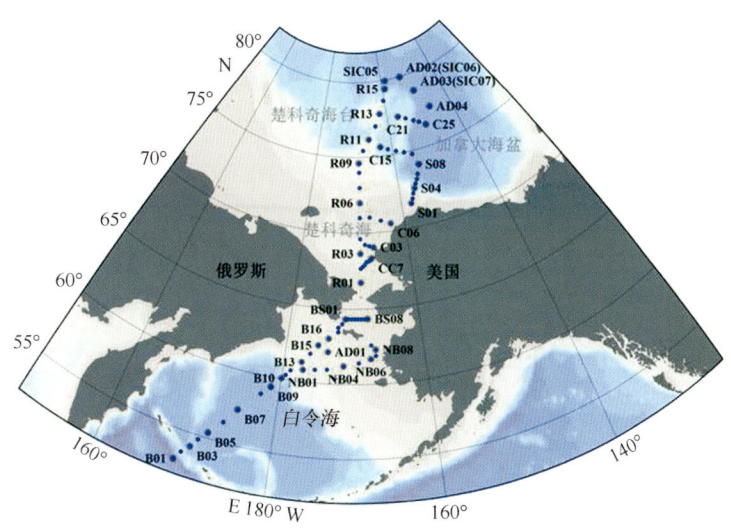

图 2.7　中国第六次北极科学考察 CTD 观测站位图（潘增弟，2015）

图 2.8　海-气界面浮标布放现场工作图

冰等观测数据，为查清北冰洋及其周边重点海域基本水文、气象状况，掌握考察断面海洋环境变化规律，认识特征海域长期海洋变化状况提供了研究基础（表 2.1）。

表 2.1　中国北极考察 CTD 记录统计表

| 航次名称 | CTD 类型 | 数据类型 | 站位数 | 联系人 | 主要作业区域 | 备注 |
| --- | --- | --- | --- | --- | --- | --- |
| 第一次北极考察 | MRK3/FSI | RAW/DAT | 86 | 矫玉田 | 白令海、楚科奇海、加拿大海盆 | |
| 第二次北极考察 | MRK3/SBE25 | RAW/DAT | 146 | 史久新 | 白令海、楚科奇海、加拿大海盆 | 首次开展锚碇观测 |
| 第三次北极考察 | SBE 911 | RAW/CNV | 132 | 陈红霞 | 白令海、楚科奇海、楚科奇海台、加拿大海盆 | 首次布放年周期深水潜标 |
| 第四次北极考察 | SBE 911 | RAW/CNV | 135 | 陈红霞 | 白令海、楚科奇海、楚科奇海台、加拿大海盆 | 成功回收 2 年期锚碇潜标 |

续表

| 航次名称 | CTD类型 | 数据类型 | 站位数 | 联系人 | 主要作业区域 | 备注 |
|---|---|---|---|---|---|---|
| 第五次北极考察 | SBE 911 | RAW/CNV | 99 | 陈红霞 | 白令海、北冰洋、大西洋 | 首次布放大型海—气浮标 |
| 第六次北极考察 | SBE 911 | RAW/CNV | 90 | 李涛 | 白令海、楚科奇海、楚科奇海台、加拿大海盆 | 首次在北太平洋布放浮标，ITP等 |

## 第三节 考察海区概况

北极地区是指北极圈以北的广大地区，面积 $2\,100 \times 10^4\,\text{km}^2$，包括北冰洋、诸多岛屿和亚、欧、北美大陆北部的苔原带和部分泰加林带。北冰洋被欧亚大陆、北美洲、格陵兰岛等陆块以及数个岛屿所环绕，是世界五大洋中最小的洋，面积约为 $1\,310 \times 10^4\,\text{km}^2$，平均深度为 $1\,200\,\text{m}$，最深处达 $5\,449\,\text{m}$，绝大部分区域终年海冰覆盖。北极冰川集中在格陵兰岛，占全球的9%。

北极地处高纬地区，有着独特的气候特征，夏季出现持续极昼、潮湿多雾并伴有降水、降雪，冬季出现持续极夜、气候寒冷、天空晴朗。北冰洋地处北极地区，相对于其他大洋隔离，也具有独特的表层洋流系统，在欧亚大陆一侧主要是气旋式环流，而在加拿大海盆主要是反气旋式环流，同时在这两者之间存在着一支由楚科奇海流往大西洋的穿极洋流。北冰洋的海冰覆盖面积存在明显的季节变化。近几十年的卫星观测数据表明，北冰洋的海冰正处在一个快速减少的时代（图2.9）。

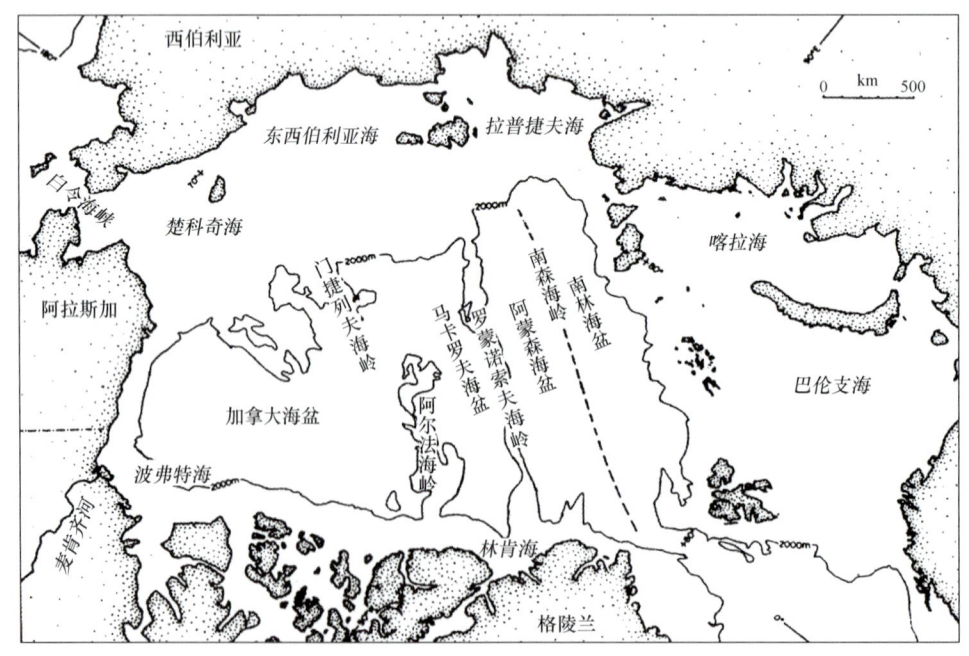

图2.9 北冰洋地形图（史久新和赵进平，2003）

北冰洋是全球海洋环流的重要通道，它通过白令海峡与太平洋相连接，通过格陵兰海与大西洋相连接。北冰洋主要由深水海盆、浅水陆架海组成，一般认为，北冰洋包括巴芬湾、巴伦支海、波弗特海、楚科奇海、东西伯利亚海、格陵兰海、哈得逊湾、喀拉海、拉普捷夫海、白海及其他附属水体。冬、夏季海冰的交替变化以及北冰洋与北太平洋和北大西洋的水交换是全球冷热循环的重要冷源，是全球气候变化的重要驱动力。

## 第四节　考察目标

根据南北极专项的总体布局、阶段目标和极地办上报的科考计划，中国第五次北极科学考察首次承担了"南北极环境综合考察与评估"专项五个北极专题考察任务，同时承担了包括北极航道评价、北极海－气耦合观测、北极海洋生态评价技术等国家海洋公益专项重点项目在内的其他国家项目任务，将重点对传统考察区域（北冰洋－太平洋扇区的白令海、楚科奇海）和新增考察区域（北冰洋－大西洋扇区的弗雷姆海峡、挪威海、格陵兰海和冰岛附近海域）进行多学科综合环境考察。中国第六次北极科学考察重点对中国传统北冰洋考察区域（北冰洋－太平洋扇区的白令海、楚科奇海、楚科奇海台及加拿大海盆）进行多学科综合环境考察。通过第五次和第六次北极科考系统掌握北极海洋水文与气象、海洋地质、地球物理、海洋生物与生态、海洋化学、海冰与航道等环境要素的分布特征和变化规律，为北极地区环境气候综合评价及油气、天然气水合物、生物等资源潜力评估提供基础资料。

"北极地区物理海洋和海洋气象考察与评价"作为专项的基础和重点，包括重点海域断面考察、重点断面走航考察和观测站长期观测三部分，其主要目标是了解北冰洋重点海域以及北太平洋边缘海重点海域海洋水文、海洋气象、海冰（雪）等基本环境信息，获取调查海域海洋环境变化和海洋－海冰－大气系统变化过程的关键要素信息，建立重点海区的环境基线，为北极海洋动力过程、北极海洋在全球变化中的作用、对地球系统影响的关键极地过程研究服务，为海洋资源开发、北极航道利用、海洋环境保护、海洋综合管理以及我国极地海洋权益提供科学依据。

北极 海域物理海洋和海洋气象考察

# 第三章 考察主要任务

## 第一节 中国第五次北极科学考察

### 一、考察航次及考察重大事件介绍

中国第五次北极科学考察队于 2012 年 6 月 27 日离开上海，7 月 2 日从青岛正式启航，于 7 月 11 日到达白令海作业区。7 月 18 日完成了对白令海 3 个重点考察断面 BL、BM、BM 上 27 个站点的多学科综合考察任务后前往楚科奇海作业海区，至 7 月 21 日完成 CC 断面、C 断面、R01—R05 断面上 18 个站位多学科综合考察任务，并将锚碇潜标布放在 R03′ 站点（69°30′N，169°00′W）。由于当时海冰密集度非常高（八成至十成冰），和俄罗斯引航时间安排，R 断面其他 6 个站位调整到返程时进行。

"雪龙"船于 7 月 21 日在弗兰格尔岛附近海域与俄罗斯引航编队会合，7 月 22 日至 8 月 3 日自西向东从北极低纬度海域顺利穿越东北航道，8 月 4 日到达挪威海和格陵兰海测区作业。基于挪威海大型海－气耦合浮标对海况条件要求较高，结合这一海区的整体作业任务和当时未来 3 天的天气形势，"雪龙"船率先从 MR00 站点前往 BB09，然后直接奔赴 AT03 站点，在途中进行地球物理测线观测任务，于 8 月 5 日顺利完成浮标布放作业；为了在恶劣海况来袭前抵达冰岛，8 月 12 日以前完成了挪威海和格陵兰海测区所有站点作业和大部分地球物理测线作业。

8 月 13 日顺利抵达冰岛附近海域并在完成 IS01、IS02 两个站位作业后，于 8 月 14 日抵达冰岛雷克雅未克港口锚地避风。8 月 16—20 日完成了"雪龙"船访问冰岛的一系列活动。8 月 21 日完成冰岛海域另外两个站位 IS03、IS04 的作业后，在前往北冰洋中心测区的途中进行了地球物理测线作业。

8 月 23 日沿斯瓦尔巴群岛西侧北上进入高纬航线，之后从北极高纬航线向东穿越北冰洋，并于 8 月 28 日开始北冰洋中心区综合考察，并于 8 月 30 日到达最高纬度 87°39′N。完成北冰洋中心区 6 个冰站和另外 4 个站位的观测后，"雪龙"船于 9 月 4 日抵达北冰洋－太平洋扇区的 R 断面在加拿大海盆的北向延伸断面处，并开展延伸断面 SR14-18、门捷列夫深海平原南向断面 M01—M07，以及位于楚科奇陆架海域 R 断面的返程断面 SR 断面综合海洋调查。在 9 月 8 日凌晨在 R03′ 站点顺利完成潜标回收后，当天下午完成所有楚科奇海作业任务回到东北航道的东侧起航集合点，结束高纬航线航行。

12 小时后"雪龙"船穿越白令海峡到达白令海作业海区后，执行白令海 BS、BM 断面的调查任务。根据当时周边海域的气旋发展情况和航次任务，将受恶劣海况影响较为严重的

BS01—BS03三个站点适当向北平移，取消距离美国海岸小于12 n mile的BM08站位作业，在白令海典型生态海域——圣劳伦斯岛西北部增设了生物调查站位BA01（63°50′N，172°03′W），9月11日完成了BS、BM断面10个站位的综合海洋调查任务。

9月12日从白令海站位作业区返航，9月17日到达日本以东黑潮与亲潮结合部的最后一个站点PC01进行地质作业，9月19日待日本海天气活动减弱后，经日本海9月25日返回上海锚地，27日到达中国极地考察基地。整个考察历时93天，总航程达18 000 n mile。

中国第五次北极科学考察实际作业时间40天，共完成了128个站位的海洋学综合调查，6个短期冰站的多学科综合观测，布放了1套大型海-气耦合浮标、5套冰物质平衡浮标、8套冰漂流浮标和1套极地长期气象自动观测系统，布放和成功回收潜标1套，共获得各类观测数据848G、样品10 900份，超额完成原定考察任务。首次实现了北太平洋水域、北冰洋太平洋扇区、北冰洋中心区、北冰洋大西洋扇区和北大西洋水域的准同步海洋环境观测，开展了中冰在冰岛周边海域的联合调查。考察区域南北纵贯2 350 n mile，东西横跨4 050 n mile，范围之广、内容之全、取得的资料和样品之多，以及对外合作的深度和广度，均为我国历次北极考察之最。考察对于系统掌握北冰洋更大范围的海洋环境变化、科学地开展北冰洋环境评估具有重要意义。

## 二、考察路线、区域、断面及站位

### （一）考察路线

中国第五次北极科学考察于上海极地码头出发，从青岛正式启航，穿过日本海、白令海，越过白令海峡，进入北冰洋，沿东北航道抵达北欧海。在访问冰岛之后向北穿过弗拉姆海峡，此时海冰融化加剧，较来时冰情减轻，经过东北航道高纬度海域——罗蒙诺索夫海脊、马卡罗夫海盆、门捷列夫海脊、加拿大海盆航行至楚科奇海台，向南再次穿越白令海峡，经过白令海、日本海，返回中国上海极地码头（图3.1）。

图3.1　中国第五次北极科考航迹图（马德毅，2013）
白色为去程航迹，红色为返程航迹

### （二）考察区域

中国第五次北极科考的考察区域包括五大区域：白令海峡以南的白令海和鄂霍次克海，北冰洋－太平洋扇区的楚科奇海、楚科奇海台、加拿大海盆，横跨阿蒙森海盆、马克洛夫海盆、加拿大海盆、罗蒙诺索夫海岭、门捷列夫海岭与阿尔法海脊80°N以北的北冰洋中心区，北冰洋－大西洋扇区的挪威海、格陵兰海，冰岛近海（冰岛海、丹麦海峡、北大西洋）等。考察区域的区划情况如图3.2所示。

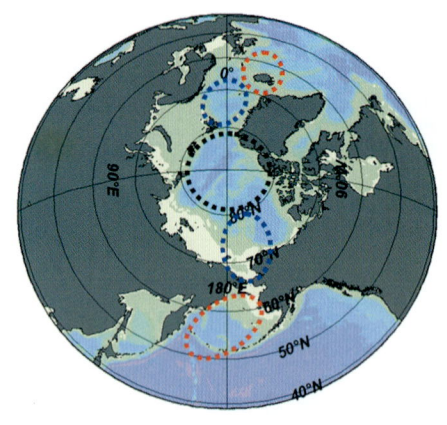

图3.2　第五次北极科学考察区域示意图（马德毅，2013）

### （三）考察断面和站位

**1. 物理海洋学考察断面和站位**

（1）白令海及其邻近海域考察断面和站点。

在包括白令海和阿留申群岛周边海域在内的北太平洋北极边缘海内，沿我国以往历次白令海西侧航线、阿姆奇卡特岛－努尼瓦克岛之间连线完成1条南北横跨白令海西部及中部海域的BL断面调查，沿白令海峡南部常规测线完成断面BS调查，在圣劳伦斯岛和普罗维杰尼亚之间的2个站点及圣劳伦斯岛以东、以南的6个站点完成BM断面调查，在白令海峡以南完成BN断面调查。此外，在圣劳伦斯岛西北角增设了BA01站位，在鄂霍次克海增设了OS－2站位。

在这些站点上进行多要素综合观测。合计定点站位37个，其中水深大于1 000 m的深水站位11个，水深小于300 m的浅水站位28个。白令海及其邻近海域考察的站点分布如图3.3所示。

（2）北冰洋－太平洋扇区考察断面和站位。

在太平洋扇区的白令海峡附近及其以北的楚科奇海，以横断北极主要流系为原则，完成了4条陆架常规作业断面调查，分别是R（SR）断面、CC断面和C断面（2条）。其中SR断面的南段为R断面的复测断面，自楚科奇海台附近的SR12向南延伸，SR01与R01位置基本重合。SR14—SR18为SR北段断面在加拿大海盆78°—82°N范围内的5个较高纬度站位。M断面为自门捷列夫深海平原向陆架一侧的南北向断面，共7个站位。R03′站位于R03和R04站位之间，为潜标作业站，未开展其他综合观测项目。

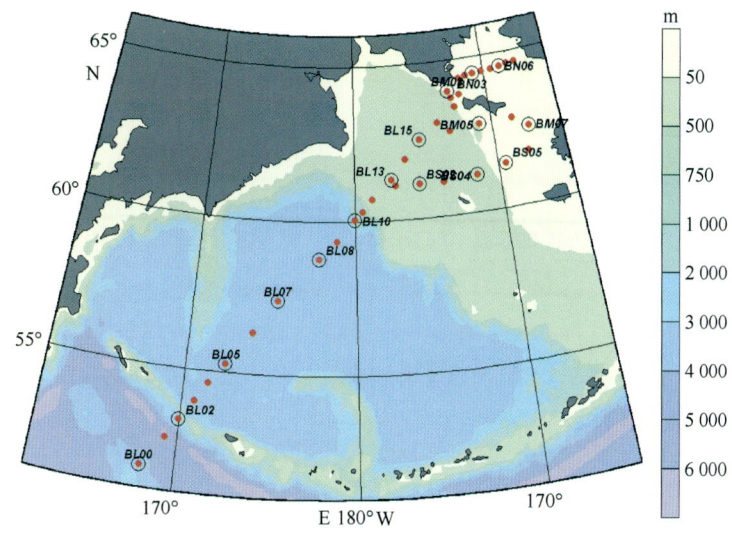

图 3.3　白令海及其邻近海域考察断面、站点分布图（马德毅，2013）

北冰洋-太平洋扇区内累计完成站位 41 个，水深均大于 500 m 的站位 12 个，小于 500 m 的站位 29 个（见图 3.4）。

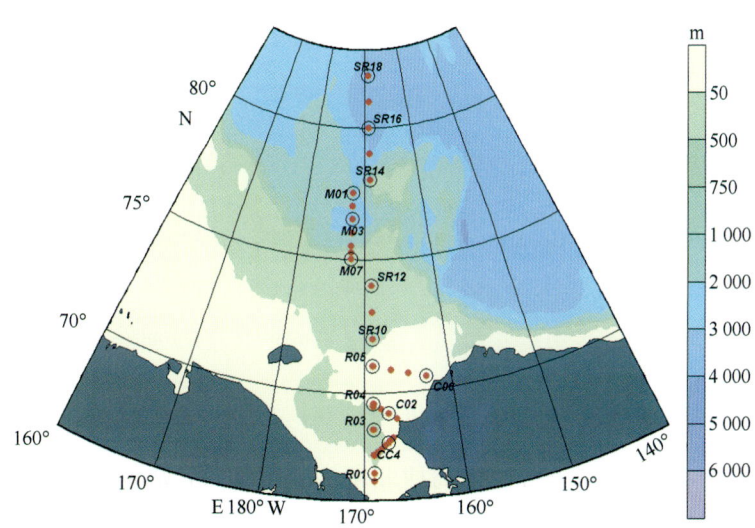

图 3.4　北冰洋-太平洋扇区考察断面、站点分布图（马德毅，2013）

（3）北欧海考察断面和站位。

北欧海完成了重点作业断面 BB 和备选作业断面 AT 上的共 17 个站位以及冰岛近海附近的 4 个站位，合计 21 个站位上的多学科综合观测。

在这些定点站位上，除冰岛近海附近的两个站位水深小于 1 000 m 以外，其余作业站位的水深均大于 1 000 m。需要补充说明的是，由于当时海况恶劣，在 AT03 站点上未能开展站点综合作业；同时为了躲避恶劣海况和冰岛访问时间安排，原计划的 AT07—AT11 站点调整为 AT07—AT10，断面的范围不变。站点的分布情况如图 3.5 所示。

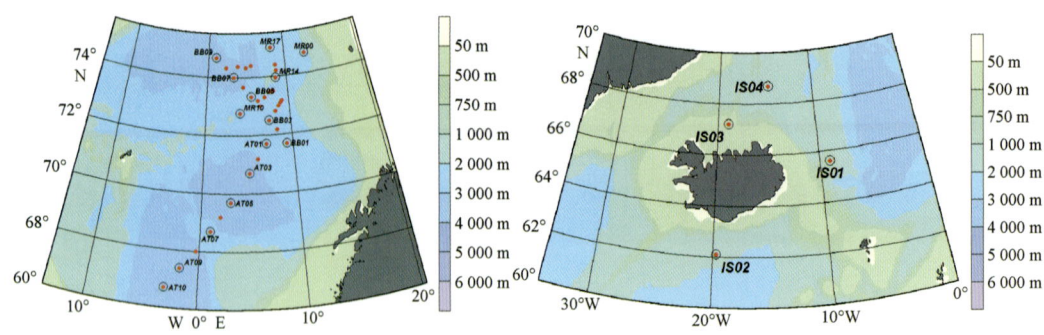

图 3.5 北冰洋－大西洋扇区海域考察断面、站点分布图（马德毅，2013）

（4）考察站位具体信息。

中国第五次北极科学考察物理海洋观测站位包括 CTD/LADCP 作业站位和湍流观测站位，具体站位信息见表 3.1。

表 3.1 中国第五次北极科学考察物理海洋学考察站位信息表（马德毅，2013） 单位：m

| 序号 | 站位 | 日期 | 时间 | 纬度 | 经度 | 水深/m | 作业内容 |
|---|---|---|---|---|---|---|---|
| 1 | BL01 | 2012－07－10 | 21：00：00 | 52°42.568′N | 169°22.685′E | 5 878 | ★☆◆ |
| 2 | BL02 | 2012－07－11 | 06：37：26 | 53°19.872′N | 169°56.744′E | 1 956 | ★☆◆▲ |
| 3 | BL03 | 2012－07－11 | 17：30：27 | 53°58.530′N | 170°43.338′E | 3 600 | ★☆◆▲ |
| 4 | BL04 | 2012－07－12 | 02：17：27 | 54°35.110′N | 171°23.190′E | 3 907 | ★☆◆▲ |
| 5 | BL05 | 2012－07－12 | 10：49：35 | 55°15.890′N | 172°16.352′E | 3 888 | ★☆◆▲ |
| 6 | BL06 | 2012－07－12 | 19：37：28 | 56°19.891′N | 173°41.446′E | 3 851 | ★☆◆ |
| 7 | BL07 | 2012－07－13 | 04：59：29 | 57°24.122′N | 175°07.272′E | 3 779 | ★☆◆ |
| 8 | BL08 | 2012－07－13 | 19：29：30 | 58°47.027′N | 177°37.695′E | 3 747 | ★☆◆ |
| 9 | BL09 | 2012－07－14 | 01：59：44 | 59°21.146′N | 178°46.569′E | 3 544 | ★☆◆ |
| 10 | BL10 | 2012－07－14 | 09：42：31 | 60°02.134′N | 179°59.549′E | 2 643 | ★☆◆ |
| 11 | BL11 | 2012－07－14 | 14：29：31 | 60°18.070′N | 179°31.124′W | 1 069 | ★☆◆ |
| 12 | BL12 | 2012－07－14 | 23：14：31 | 60°41.516′N | 178°51.058′W | 233 | ★☆◆ |
| 13 | BL13 | 2012－07－15 | 13：15：32 | 61°17.397′N | 177°28.690′W | 133 | ★☆◆ |
| 14 | BL14 | 2012－07－15 | 18：48：33 | 61°55.677′N | 176°25.211′W | 103 | ★☆◆ |
| 15 | BL15 | 2012－07－16 | 00：38：29 | 62°32.570′N | 175°17.827′W | 82 | ★☆◆ |
| 16 | BL16 | 2012－07－16 | 05：49：33 | 63°00.421′N | 173°53.155′W | 76 | ★◆ |
| 17 | BM01 | 2012－07－16 | 12：19：34 | 63°27.674′N | 172°29.729′W | 57 | ★◆ |
| 18 | BM02 | 2012－07－16 | 15：03：34 | 63°46.254′N | 172°38.952′W | 59 | ★◆ |
| 19 | BM03 | 2012－07－16 | 16：10：34 | 63°51.913′N | 172°44.862′W | 63 | ★◆ |
| 20 | BN01 | 2012－07－16 | 20：02：34 | 64°18.890′N | 171°41.253′W | 53 | ★◆ |
| 21 | BN02 | 2012－07－16 | 22：07：34 | 64°25.959′N | 171°23.122′W | 42 | ★◆ |

续表

| 序号 | 站位 | 日期 | 时间 | 纬度 | 经度 | 水深/m | 作业内容 |
|---|---|---|---|---|---|---|---|
| 22 | BN03 | 2012-07-17 | 00:32:35 | 64°28.041′N | 170°48.069′W | 45 | ★◆ |
| 23 | BN04 | 2012-07-17 | 02:58:35 | 64°28.550′N | 170°07.309′W | 44 | ★◆ |
| 24 | BN05 | 2012-07-17 | 05:07:35 | 64°30.662′N | 169°23.891′W | 41 | ★◆ |
| 25 | BN06 | 2012-07-17 | 07:54:35 | 64°33.181′N | 168°41.846′W | 45 | ★◆ |
| 26 | BN07 | 2012-07-17 | 11:02:05 | 64°34.556′N | 168°05.020′W | 35 | ★◆ |
| 27 | BN08 | 2012-07-17 | 13:02:35 | 64°36.458′N | 167°27.698′W | 30 | ★◆ |
| 28 | R01 | 2012-07-18 | 00:32:36 | 66°43.352′N | 168°59.888′W | 45 | ★☆◆ |
| 29 | R02 | 2012-07-18 | 06:12:36 | 67°41.401′N | 168°56.269′W | 52 | ★☆◆ |
| 30 | CC1 | 2012-07-18 | 09:03:37 | 67°46.403′N | 168°36.387′W | 51 | ★◆ |
| 31 | CC2 | 2012-07-18 | 10:51:37 | 67°54.722′N | 168°14.054′W | 59 | ★◆ |
| 32 | CC3 | 2012-07-18 | 13:04:37 | 68°00.676′N | 167°52.238′W | 54 | ★◆ |
| 33 | CC4 | 2012-07-18 | 14:45:37 | 68°07.796′N | 167°29.799′W | 50 | ★◆ |
| 34 | CC5 | 2012-07-18 | 16:22:37 | 68°11.495′N | 167°18.489′W | 48 | ★◆ |
| 35 | CC6 | 2012-07-18 | 18:07:37 | 68°14.063′N | 167°07.945′W | 44 | ★◆ |
| 36 | CC7 | 2012-07-18 | 19:31:37 | 68°17.819′N | 166°58.929′W | 37 | ★◆ |
| 37 | R03 | 2012-07-18 | 23:45:38 | 68°36.109′N | 168°52.340′W | 54 | ★☆◆ |
| 38 | R04 | 2012-07-19 | 05:30:38 | 69°35.922′N | 168°52.917′W | 53 | ★☆◆ |
| 39 | C01 | 2012-07-19 | 08:38:38 | 69°24.608′N | 168°09.582′W | 53 | ★◆ |
| 40 | C02 | 2012-07-19 | 11:33:38 | 69°13.523′N | 167°19.081′W | 49 | ★◆ |
| 41 | C03 | 2012-07-19 | 13:56:16 | 69°01.798′N | 166°29.341′W | 34 | ★◆ |
| 42 | C06 | 2012-07-19 | 23:02:06 | 70°31.476′N | 162°45.543′W | 37 | ★◆ |
| 43 | C05 | 2012-07-20 | 03:13:39 | 70°31.476′N | 164°50.466′W | 37 | ★◆ |
| 44 | C04 | 2012-07-20 | 07:11:39 | 70°50.167′N | 166°53.555′W | 47 | ★◆ |
| 45 | R05 | 2012-07-20 | 13:38:39 | 70°58.564′N | 168°46.511′W | 45 | ★☆◆ |
| 46 | BB01 | 2012-08-04 | 16:31:50 | 71°48.006′N | 8°59.985′E | 2 624 | ★☆◆ |
| 47 | BB02 | 2012-08-04 | 22:50:40 | 72°10.426′N | 8°19.492′E | 2 613 | ★☆◆▲ |
| 48 | BB03 | 2012-08-05 | 04:22:40 | 72°29.851′N | 7°30.448′E | 2 593 | ★☆◆▲ |
| 49 | BB04 | 2012-08-05 | 11:40:41 | 73°00.067′N | 6°29.831′E | 2 327 | ★☆◆▲ |
| 50 | BB05 | 2012-08-05 | 17:44:41 | 73°20.089′N | 5°29.927′E | 2 561 | ★☆◆▲ |
| 51 | BB06 | 2012-08-06 | 00:11:42 | 73°40.007′N | 4°29.775′E | 3 197 | ★☆◆▲ |
| 52 | BB07 | 2012-08-06 | 06:57:42 | 74°00.314′N | 3°20.629′E | 3 453 | ★☆◆▲ |
| 53 | BB08 | 2012-08-06 | 15:52:43 | 74°20.020′N | 2°20.141′E | 3 642 | ★☆◆▲ |
| 54 | BB09 | 2012-08-06 | 06:43:48 | 74°40.279′N | 0°58.347′E | 3 668 | ★☆◆▲ |
| 55 | AT01 | 2012-08-09 | 06:43:48 | 71°42.347′N | 7°00.219′E | 2 913 | ★☆◆ |

续表

| 序号 | 站位 | 日期 | 时间 | 纬度 | 经度 | 水深/m | 作业内容 |
|---|---|---|---|---|---|---|---|
| 56 | AT02 | 2012-08-09 | 14:38:49 | 71°11.342′N | 5°58.624′E | 3 109 | ★☆◆ |
| 57 | AT05 | 2012-08-10 | 03:16:00 | 69°42.248′N | 3°01.614′E | 3 276 | ★☆◆ |
| 58 | AT06 | 2012-08-10 | 10:43:50 | 69°12.090′N | 2°00.352′E | 3 275 | ★☆◆ |
| 59 | AT07 | 2012-08-10 | 19:43:51 | 68°41.978′N | 1°00.198′E | 2 974 | ★☆◆▲ |
| 60 | AT08 | 2012-08-11 | 03:23:52 | 68°00.132′N | 0°16.846′W | 3 661 | ★☆◆ |
| 61 | AT09 | 2012-08-11 | 13:00:00 | 67°24.209′N | 1°41.680′W | 3 195 | ★☆◆▲● |
| 62 | AT10 | 2012-08-11 | 22:53:53 | 66°44.118′N | 3°06.435′W | 3 772 | ★☆◆ |
| 63 | IS01 | 2012-08-12 | 12:05:54 | 65°35.600′N | 9°00.113′W | 829 | ★◆ |
| 64 | IS02 | 2012-08-13 | 15:05:00 | 62°14.850′N | 19°16.060′W | 1 527 | ★◆ |
| 65 | IS03 | 2012-08-21 | 03:50:00 | 67°12.308′N | 18°54.198′W | 479 | ★◆ |
| 66 | IS04 | 2012-08-21 | 16:46:10 | 68°42.052′N | 14°41.535′W | 1 608 | ★☆◆ |
| 67 | ICE01 | 2012-08-29 | 10:12:19 | 86°48.196′N | 120°21.017′E | 4 394 | ★ |
| 68 | ICE03 | 2012-08-31 | 03:48:21 | 86°36.985′N | 120°20.364′E | 4 399 | ★ |
| 69 | ICE05 | 2012-09-01 | 21:00:00 | 84°04.838′N | 158°44.267′E | 3 221 | ★◆ |
| 70 | SR18 | 2012-09-04 | 03:17:25 | 81°55.424′N | 169°00.553′W | 3 417 | ★◆ |
| 71 | SR17 | 2012-09-04 | 11:45:00 | 81°00.157′N | 168°59.040′W | 3 354 | ★◆▲ |
| 72 | SR16 | 2012-09-04 | 19:45:00 | 80°00.118′N | 168°59.293′W | 3 353 | ★◆▲ |
| 73 | SR15 | 2012-09-05 | 02:30:26 | 79°00.016′N | 168°59.806′W | 3 076 | ★◆ |
| 74 | SR14 | 2012-09-05 | 10:21:26 | 77°59.996′N | 169°00.257′W | 666 | ★◆▲ |
| 75 | M01 | 2012-09-05 | 15:07:26 | 77°29.846′N | 171°59.723′W | 2 289 | ★◆▲ |
| 76 | M02 | 2012-09-05 | 20:15:00 | 77°00.228′N | 171°59.581′W | 2 308 | ★◆ |
| 77 | M03 | 2012-09-06 | 00:03:00 | 76°29.900′N | 172°00.025′W | 2 307 | ★◆● |
| 78 | M04 | 2012-09-06 | 04:01:00 | 75°59.720′N | 171°59.453′W | 2 012 | ★◆● |
| 79 | M05 | 2012-09-06 | 09:44:00 | 75°29.807′N | 172°01.206′W | 1 298 | ★◆ |
| 80 | M06 | 2012-09-06 | 11:36:00 | 75°14.849′N | 172°00.103′W | 524 | ★◆ |
| 81 | M07 | 2012-09-06 | 15:05:00 | 74°59.236′N | 172°01.481′W | 390 | ★◆ |
| 82 | SR12 | 2012-09-06 | 21:28:25 | 73°59.874′N | 169°00.956′W | 183 | ★◆ |
| 83 | SR11 | 2012-09-07 | 02:18:25 | 73°00.000′N | 168°58.000′W | 75 | ★◆ |
| 84 | SR10 | 2012-09-07 | 07:29:00 | 72°00.069′N | 168°48.644′W | 59 | ★◆ |
| 85 | SR09 | 2012-09-07 | 11:57:28 | 70°59.958′N | 168°51.467′W | 52 | ★◆ |
| 86 | SR07 | 2012-09-07 | 18:23:00 | 69°36.131′N | 168°51.545′W | 59 | ★◆ |
| 87 | SR05 | 2012-09-08 | 00:39:00 | 68°36.952′N | 168°51.758′W | 60 | ★◆ |
| 88 | SR03 | 2012-09-08 | 06:19:29 | 67°40.137′N | 168°55.594′W | 59 | ★◆ |
| 89 | SR01 | 2012-09-08 | 11:05:30 | 66°43.177′N | 168°54.346′W | 50 | ★◆ |

续表

| 序号 | 站位 | 日期 | 时间 | 纬度 | 经度 | 水深/m | 作业内容 |
|---|---|---|---|---|---|---|---|
| 90 | BM04 | 2012-09-09 | 07：17：30 | 62°41.962′N | 173°00.119′W | 71 | ★◆ |
| 91 | BM05 | 2012-09-09 | 12：30：01 | 62°47.979′N | 173°55.134′W | 53 | ★◆ |
| 92 | BM06 | 2012-09-09 | 18：24：01 | 62°49.992′N | 168°27.400′W | 47 | ★◆ |
| 93 | BM07 | 2012-09-09 | 21：47：00 | 62°28.913′N | 167°19.849′W | 38 | ★◆ |
| 94 | BS06 | 2012-09-10 | 02：33：38 | 61°41.183′N | 167°43.009′W | 35 | ★◆ |
| 95 | BS05 | 2012-09-10 | 07：01：00 | 61°24.587′N | 169°25.674′W | 48 | ★◆ |
| 96 | BS04 | 2012-09-10 | 22：10：00 | 61°11.893′N | 171°34.749′W | 65 | ★◆ |
| 97 | BS03 | 2012-09-11 | 03：11：40 | 61°07.205′N | 173°50.885′W | 86 | ★◆ |
| 98 | BS02 | 2012-09-11 | 07：25：40 | 61°07.687′N | 175°31.808′W | 107 | ★◆ |
| 99 | BS01 | 2012-09-11 | 11：52：40 | 61°07.138′N | 177°15.674′W | 135 | ★◆ |

注：① 该数据以物理数据室站位信息记录表为基础，经纬度数据为驾驶台通知作业时船舶所处位置，时间为该时刻世界时。

② 水深数据为船载测深仪数据加上 8 m 船体吃水深度。

③ ★CTD 采水，☆CTD 二次采水，◆LADCP 观测，▲VMP 湍流观测，●CTD 比测。

④ 该站位信息经过水文组李涛和钟文理整理校正，有发现问题请及时联系。

## 2. 海洋气象考察断面和站位

（1）走航观测断面和站位。

走航期间（除东北航道航线期），对大气气溶胶吸光和散光特性等要素开展了连续观测。在冰区走航和冰站观测试验期间，每天释放 GPS 探空气球 2~3 次，探测大气的垂直廓线，探测时间一般为每日的 UTC 09：00、15：00、21：00 前后。共进行了 19 次 GPS 探空观测，获取了北极中心区不同天气过程的大气垂直结构资料。垂直廓线探测站位和相对位置见表 3.2 和图 3.6。

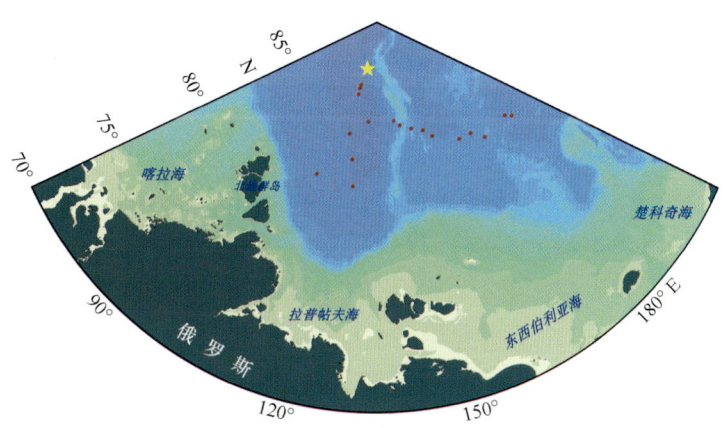

图 3.6　站位分布图（五星点为自动观测系统安装点）（马德毅，2013）

表 3.2　第五次北极科考冰区探空观测站位（马德毅，2013）

| 编号 | 日期 | 时间（北京时） | 探测高度 | 起始纬度 | 起始经度 |
|---|---|---|---|---|---|
| 1 | 2012-08-27 | 19：56 | 15 000 | 81.790 885 7°N | 112.953 21°E |
| 2 | 2012-08-28 | 12：56 | 16 000 | 81.668 079 3°N | 126.540 18°E |
| 3 | 2012-08-28 | 19：31 | 2 000 | 83.011 847 2°N | 124.704 39°E |
| 4 | 2012-08-29 | 00：59 | 11 000 | 84.258 071 8°N | 120.961 28°E |
| 5 | 2012-08-29 | 12：55 | 12 800 | 86.301 628 0°N | 120.373 71°E |
| 6 | 2012-08-29 | 18：55 | 10 800 | 86.801 140 0°N | 120.397 05°E |
| 7 | 2012-08-31 | 12：24 | 11 500 | 86.615 019 7°N | 120.244 59°E |
| 8 | 2012-08-31 | 13：57 | 12 000 | 86.615 155 0°N | 120.113 82°E |
| 9 | 2012-09-01 | 0：48 | 9 000 | 85.007 846 5°N | 130.046 49°E |
| 10 | 2012-09-01 | 11：39 | 13 000 | 84.998 793 7°N | 145.251 38°E |
| 11 | 2012-09-01 | 18：49 | 10 150 | 84.710 231 0°N | 148.014 90°E |
| 12 | 2012-09-01 | 23：40 | 7 400 | 84.393 633 8°N | 153.508 93°E |
| 13 | 2012-09-02 | 10：53 | 13 500 | 84.092 593 3°N | 158.778 88°E |
| 14 | 2012-09-02 | 20：54 | 16 240 | 83.627 423 5°N | 161.692 58°E |
| 15 | 2012-09-03 | 10：49 | 11 400 | 82.778 064 5°N | 171.041 65°E |
| 16 | 2012-09-03 | 16：42 | 10 400 | 82.658 383 8°N | 175.886 34°E |
| 17 | 2012-09-03 | 23：28 | 4 420 | 82.030 559 8°N | 178.928 71°E |
| 18 | 2012-09-04 | 10：06 | 10 000 | 81.951 361 3°N | 170.330 89°E |
| 19 | 2012-09-04 | 16：14 | 9 200 | 81.646 880 7°N | 168.934 37°E |

（2）冰站考察站位。

在位于（87°39′20″N，123°57′50″E）的浮冰上安装了实时自动气象观测系统．该观测系统随浮冰在穿极流的作用下向北极点方向漂移。为在更为广泛的空间尺度和更大的时间尺度获取北极中心区的气象资料提供了极为有利的观测平台。

### 3. 大气成分考察断面和站位

走航大气成分观测包括气体和气溶胶观测，其中大气化学成分走航采集和观测以及大气汞在线监测时间自2012年7月3日9时始至9月12日8时止。生物气溶胶采集时间为2012年7月3日至2012年9月6日；用于有机物质和无机物分析的气溶胶样品平均3天采集一次，各采集了24张膜样品，具体信息见表3.3。

表 3.3 大容量气溶胶样品采样信息表

| 编号 | 开始时间 | 开始地点 | | 结束时间 | 结束地点 | |
|---|---|---|---|---|---|---|
| HVO – S1<br>HVI – S1 | 00：15<br>2012 – 07 – 03 | 33°46.044′N | 125°47.319′E | 00：01<br>2012 – 07 – 06 | 49°47.197′N | 153°12.991′E |
| HVO – S2<br>HVI – S2 | 01：00<br>2012 – 07 – 06 | 45°48.035′N | 142°52.667′E | 01：00<br>2012 – 07 – 09 | 50°25.615′N | 157°30.443′E |
| HVO – S3<br>HVI – S3 | 06：50<br>2012 – 07 – 021 | 69°28.632′N | 169°12.033′W | 05：25<br>2012 – 07 – 24 | 70°18.871′N | 173°53.087′E |
| HVO – S4<br>HVI – S4 | 07：15<br>2012 – 08 – 01 | 76°23.676′N | 47°19.469′E | 14：40<br>2012 – 08 – 04 | 71°31.869′N | 8°0.409′E |
| HVO – S5<br>HVI – S5 | 14：40<br>2012 – 08 – 04 | 71°31.869′N | 8°0.409′E | 07：45<br>2012 – 08 – 07 | 74°29.650′N | 2°41.788′E |
| HVO – S6<br>HVI – S6 | 07：45<br>2012 – 08 – 07 | 74°29.650′N | 2°41.788′E | 08：48<br>2012 – 08 – 09 | 71°43.604′N | 7°5.143′E |
| HVO – S7<br>HVI – S7 | 06：34<br>2012 – 08 – 11 | 68°1.728′N | 0°7.078′E | 09：00<br>2012 – 08 – 14 | 62°51.273′N | 20°58.909′W |
| HVO – S8<br>HVI – S8 | 08：00<br>2012 – 08 – 22 | 69°47.305′N | 10°1.946′W | 08：15<br>2012 – 08 – 25 | 81°3.171′N | 26°15.199′E |
| HVO – S9<br>HVI – S9 | 08：15<br>2012 – 08 – 25 | 81°3.171′N | 26°15.199′E | 07：55<br>2012 – 08 – 28 | 82°11.579′N | 126°38.763′E |
| HVO – S10<br>HVI – S10 | 07：55<br>2012 – 08 – 28 | 82°11.579′N | 126°38.763′E | 13：00<br>2012 – 09 – 01 | 84°30.496′N | 150°13.274′E |
| HVO – S11<br>HVI – S11 | 14：50<br>2012 – 09 – 04 | 80°58.316′N | 168°46.563′W | 01：30<br>2012 – 09 – 08 | 68°36.929′N | 168°53.695′W |
| HVO – S12<br>HVI – S12 | 03：03<br>2012 – 09 – 13 | 57°14.240′N | 166°36.434′E | | | |

4. 海冰环境考察断面和站位

（1）船基海冰走航观测。

船基海冰走航观测分东北航道和高纬航线两阶段开展（图3.7）。第1阶段从7月19日至8月2日，其中冰区航段包括楚科奇海、东西伯利亚海以及拉普捷夫海靠近北地群岛一侧。第2阶段从8月23日至9月8日，冰区航段包括斯瓦尔巴群岛东北侧的冰带区以及95°E以东至楚科奇北侧的航段。

（2）冰站观测。

第五次北极科学考察的6个短期冰站位于拉普捷夫海以北的中心区域（图3.8），具体冰站经纬度信息见表3.4。

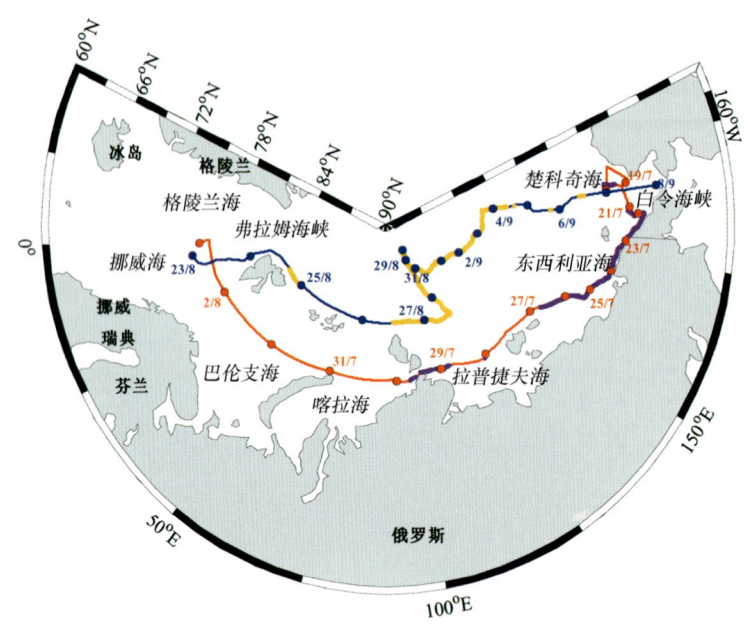

图 3.7　走航观测区域以及"雪龙"船航迹（马德毅，2013）

红线：东北航道航线，紫线：沿东北航道航线有海冰段，蓝线：高纬航线，黄线：沿高纬航线有海冰段

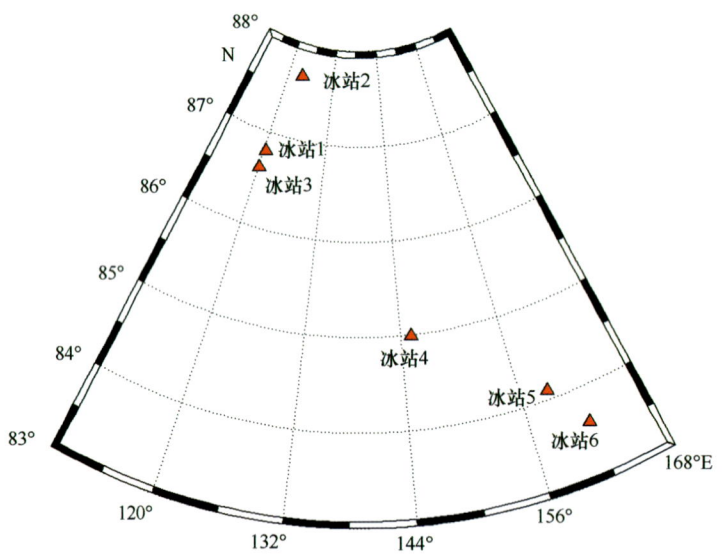

图 3.8　短期冰站站位图（马德毅，2013）

表 3.4　中国第五次北极科学考察冰站信息表

| 序号 | 站位 | 日期 | 时间 | 纬度 | 经度 | 作业内容 |
|---|---|---|---|---|---|---|
| 1 | ICE01 | 2012-08-29 | 10:53 | 86°48.029′N | 120°23.947′E | ★◆▲● |
| 2 | ICE02 | 2012-08-30 | 04:35 | 87°39.603′N | 123°24.627′E | ★◆▲● |
| 3 | ICE03 | 2012-08-31 | 04:32 | 86°36.910′N | 120°14.885′E | ★◆▲● |
| 4 | ICE04 | 2012-09-01 | 03:58 | 84°59.976′N | 145°14.847′E | ★◆▲● |

续表

| 序号 | 站位 | 日期 | 时间 | 纬度 | 经度 | 作业内容 |
|---|---|---|---|---|---|---|
| 5 | ICE04′ | 2012-08-31 | 16：00 | 84°53.900′N | 153°27.467′E | ● |
| 6 | ICE05 | 2012-09-02 | 02：56 | 84°04.838′N | 158°44.267′E | ★◆▲● |
| 7 | ICE06 | 2012-09-02 | 12：57 | 83°37.646′N | 161°41.588′E | ★◆▲● |
| 8′ | ICE06′ | 2012-09-03 | 12：14 | 82°46.149′N | 171°46.994′E | ● |

注：（1）站位ICE04'和ICE06'是冰浮标单独布放站位，并不是多学科冰站。
（2）★冰下物理海洋，◆海冰光学，▲融池辐射，●冰浮标。

（3）航空遥感观测。

第五次北极科学考察航次共执行了3次航空遥感观测，其飞行轨迹见图3.9，执行时间分别为2012年8月31日、9月1日和9月2日。

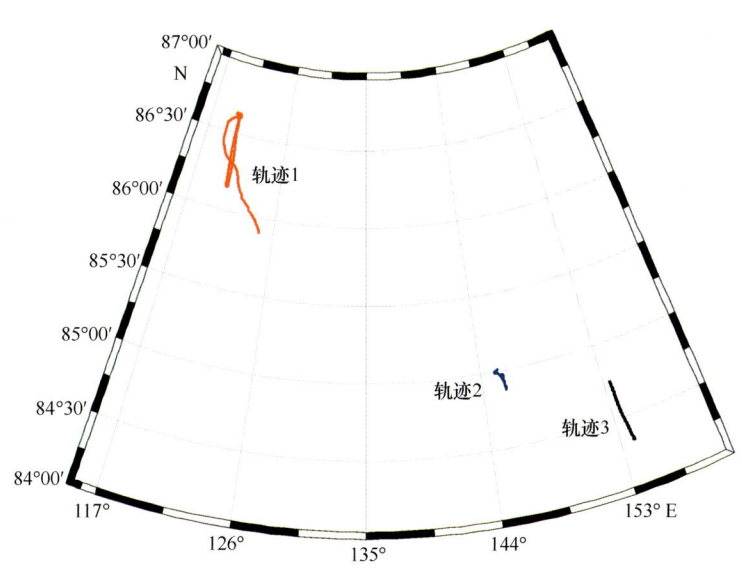

图3.9　航空遥感飞行轨迹（马德毅，2013）

## 三、考察内容

### （一）物理海洋考察内容

#### 1. 重点海域断面考察

在白令海、楚科奇海、挪威海、格陵兰海、冰岛海、北大西洋和北极高纬度海区的重点观测站位对物理海洋学要素进行观测，包括水深、水温、盐度、密度、海流、海况和湍流等。这是我国首次进行上层海洋垂向微结构剖面观测。

#### 2. 锚碇长期观测

（1）在北极涛动核心区——挪威海成功布放一套大型海气耦合观测浮标，对该海域的海表面气象要素和中上层物理海洋要素进行长期连续观测并实时将数据传回地面接收站。

（2）在楚科奇海成功布放并且回收一套锚碇潜标观测系统，该系统对楚科奇海陆架区温度、盐度和流速等物理海洋要素进行了为期约2个月的连续观测，数据质量良好。

### 3. 走航观测

利用船载SBE21观测设备，对走航期间海表面的温度和盐度要素进行连续观测。

### 4. 抛弃式观测

在白令海、楚科奇海、巴伦支海、挪威海、格陵兰海、冰岛海和俄罗斯专署经济区之外的东北航道重点海域进行XBT/XCTD温盐剖面的抛弃式观测。

## （二）海洋气象考察内容

### 走航观测

（1）利用船舶自动气象仪、船载风廓线仪等设备观测风向、风速、海平面气压、相对湿度等。

（2）人工经验观测能见度、天气现象、云状、浪高涌高等要素。

（3）利用船载通量观测系统海（冰）－气界面湍流通量观测。

## （三）大气环境考察内容

### 1. GPS探空观测

利用GPS探空气球在重点海域观测边界层的温度、湿度、气压和风向、风速等气象要素。

### 2. 大气化学成分观测

开展边界层化学过程观测，获取包括黑碳气溶胶、一氧化碳、臭氧浓度等资料。

## （四）海冰观测

### 1. 走航观测

（1）人工观测记录航行期间海冰密集度、海冰类型、融池覆盖率、浮冰大小、冰厚等参数。

（2）利用EM31电磁感应式海冰测厚、激光高度计或声呐测距仪进行冰舷高度观测，利用红外辐射计记性海冰（水）皮温观测，另外进行ASPeCt观测、海冰形态观测等。

### 2. 冰站观测

（1）冰下上层海洋的温度、盐度、密度和海流等物理海洋学要素观测。

（2）海－冰－气联合观测要素包括海冰物理学观测、辐射通量观测、冰站气象观测和航空遥感观测等。在北极高纬度多年密集冰区投放8枚海冰漂流浮标，用于监测海冰的运动轨迹和流速。

## 四、考察设备

### (一) 物理海洋考察主要设备

#### 1. 重点海域断面调查

(1) SBE 911Plus CTD 温盐深剖面仪。

SBE 911Plus CTD 温盐深剖面仪,是本航次主要物理海洋观测仪器之一,如图 3.10 所示。该系统是从美国海鸟电子公司新引进的一种高精度温盐深测量系统,主要包括:双温双导探头,多种传感器探头的自容式主机系统、泵循环海水系统、专用通信电缆、固体存储器、RS232 接口和电磁采水系统。主要技术参数见表 3.5 所示。

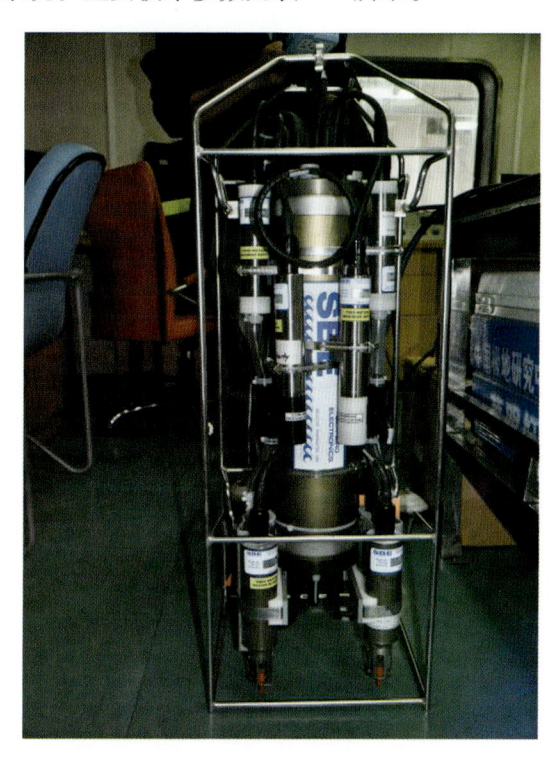

图 3.10　SBE 911Plus CTD 系统图

表 3.5　SBE 911Plus CTD 温盐深系统技术指标

|  | 温度/℃ | 电导率/(S/m) | 压力 |
| --- | --- | --- | --- |
| 测量范围 | −5 ~ +35 | 0 ~ 7 | 0 ~ 6 800 m |
| 实际精度 | 0.001 | 0.000 3 | 全量程的 0.015% |
| 特殊稳定/月 | 0.000 2 | 0.000 3 | 全量程的 0.015% |
| 分辩率(24 Hz 工作情况下) | 0.000 2 | 0.000 04 | 全量程的 0.015% |
| 时间响应 | 0.065 s | 0.065 s | 0.015 s |
| 主时钟误差(5 年) | 0.000 16 | 0.000 05 | 0.3 dB |

(2) 声学多普勒海流剖面仪（LADCP）。

声学多普勒海流剖面仪（ADCP）是20世纪80年代初发展起来的一种新型测流设备，它利用多普勒效应原理进行流速测量。声波通过水体中不均匀分布的泥沙颗粒、浮游生物等反散射体反散射，由换能器接收信号，经测定多普勒频移而测算出流速。

在本航次中，使用的声学多普勒海流剖面仪是由美国RDI公司生产，型号是WORK-HORSE SENTINEL，频率为300 kHz。观测方式是与SBE 911Plus CTD捆绑一起匀速下放获取数据（图3.11），称为下放式ADCP（Lowered ADCP），简称LADCP。

图3.11　LADCP捆绑式作业（左下角黄色仪器为LADCP）

LADCP具有自容能力，数据存储于仪器内部记忆卡内，下放中由仪器内部电池提供工作电源，具体参数如表3.6所示。

表3.6　LADCP性能参数

| | |
|---|---|
| 层厚/m | 0.2～16 |
| 层数/层 | 1～128 |
| 工作频率/KHz | 300 |
| 测量流速范围/（m/s） | ±5（缺省）；±20（最大） |
| 精度/（mm/s） | ±0.5% ±5 |
| 速度分辨率/（mm/s） | 1 |
| 最大倾角/° | 15 |
| 最大耐压深度/m | 6 000 |

(3) ALEC CTD温盐深剖面仪。

该CTD由日本ALEC电子公司生产，型号为ASTD687（图3.12）。该CTD除了测量温度、盐度、深度以外，还可以测量叶绿素和浊度，采样频率10Hz。其主要技术指标如表3.7

所示。该 CTD 于 2010 年 6 月在国家海洋标准计量中心进行了校准。

图 3.12　ALEC CTD 系统（左）和现场布放图（右）

表 3.7　ALEC CTD 主要技术指标

| 参数 | 量程 | 分辨率 | 精度 |
| --- | --- | --- | --- |
| 深度/m | 0～600 | 0.01 | 0.3% |
| 温度/℃ | -5～40 | 0.001 | 0.01 |
| 电导率/（S/m） | 0～6 | 0.0001 | 0.002 |
| 叶绿素/（μg/L） | 0～400 | 0.01 | 0.1 或 1% |
| 浊度/（FTU） | 0～1000 | 0.03 | 0.3 或 2% |

（4）垂向微结构剖面仪 VMP-200。

海洋湍流测量仪器 VMP-200 由日本和加拿大公司联合生产制造，是一种用于测量海洋上层 500 m 以浅微尺度湍流的仪器。本航次采用直读式工作方式，通过线缆将仪器直接连接到计算机设备上进行显示和数据的存储，下放过程通过绞车收放线缆（图 3.13 左图）。VMP-200 的后端为方便拆卸的尾翼，可以通过调节尾翼的数目改变浮力大小使得仪器在测量时的下降速度达到预期速度，还可以稳定仪器在海洋中的姿态。VMP-200 设备的前端为探头（图 3.13 右图），它可以同时安装 4 个探头，探头种类可以包含温度、盐度、剪切、溶解氧等，在此次调查工作中我们采用 1 个温度探头、1 个盐度探头和 2 个水平剪切探头同时进行温、盐和水平剪切的测量，然后根据这些物理量进一步分析海洋上层的湍流运行。

图 3.13　VMP-200 现场布放图（左）和仪器探头细节图（右）

## 2. 锚碇长期观测

在北欧海海域，布放 1 套海－气耦合观测浮标。标体自重 15.6 t，直径 6 m，型深 4.3 m，吃水 3.5 m，气象观测平台最高点距离水面 10 m。该浮标于 2012 年 8 月 4 日在挪威海由"雪龙"船布放成功（见图 3.14），各项数据正常，站位：70°N，5°E。

图 3.14　挪威海大型海气耦合观测浮标现场布放图

浮标集成有芬兰 VAISALA 公司的 MAWS401 自动气象站（风、温湿、气压、雨量）2 套、美国 Campbell 公司的 CSAT3 三维超声风温仪、北京星网宇达公司的 ADU5600 运动姿态传感器、美国 LI－COR 公司的 LI－7500 水汽二氧化碳分析仪、美国 NOAA 生产的二氧化碳通量观测仪、荷兰 Kipp & Zonen 公司生产的 CNR4 净辐射计（长波、短波）2 套、VAISALA 公司的 HMP45C 温湿度、英国产 Gill 公司 WindSonic 二维超声风速仪 4 套、美国 Campbell 公司生产的 IRR－P 红外温度、山东省科学院海洋仪器仪表研究所生产的波浪传感器 2 套、TRDI－300 kHz 海流计 1 套、美国 SBE 37－IM 温盐传感器 5 套、美国 TRDI－DVS 单点海流计 2 套等传感器与设备。通过对海气热通量、海气物质通量、海洋对流混合、海气二氧化碳通量等重要海气耦合参数进行观测，实时获取观测数据，能了解该海域海气耦合状态的季节变化与年际变化，数据直接用于国家海气耦合气候模式和全球海洋热盐环流模式，主要技术指标如表 3.8 所示。

表 3.8　海－气耦合浮标主要传感器技术指标

| 项　目 | 测量范围 | 准　确　度 | 分辨率 |
| --- | --- | --- | --- |
| 波浪 | 波高：0.5～25 m<br>周期：3～30s | ±（0.3+$H$·10%）m<br>±0.5s | 0.1 m<br>0.1 s |
| 波向 | 0°～360° | ±10° | 1° |
| 风速 | 0～70m/s | ±0.3 或 <5% | 0.1 m/s |
| 风向 | 0°～360° | ±5° | 2.5° |
| 气温 | −50～50℃ | ±0.5℃ | 0.1℃ |
| 气压 | 800 hPa～1 100 hPa | ±0.3 hPa | ±0.1 hPa |
| 湿度 | 0～100% | ±5% | 1% |

续表

| 项 目 | 测量范围 | 准 确 度 | 分辨率 |
|---|---|---|---|
| 方 位 | 0°~360° | ±5° | 1° |
| 短波辐射 | 305~2 800 nm | ±1% | 0.4 W/m$^2$ |
| 长波辐射 | 4 500~42 000 nm | ±1% | 0.4 W/m$^2$ |
| 二氧化碳 | 0~5 100 mg/m$^3$ | 15% | 1 m |
| 雨 量 | 0~999.9 mm | ±0.2 mm | 0.1 mm |
| 水 温 | −5~40℃ | ±0.1℃ | 0.1℃ |
| 盐 度 | 0~40 | ±0.03 | ±0.01 |
| 流 速 | ±10 m/s | ±1% | 0.1 cm/s |
| 流 向 | 0°~360° | ±10° | 1° |

### 3. 走航观测

走航表层海水温盐观测采用新购置的美国海鸟电子公司的 SBE 21 SEACAT 温盐计。该设备接入"雪龙"船新安装的表层海水自动采集系统，自动观测温度和盐度，在取水口处还装有一个温度探头（SBE 38）。主要技术指标如表3.9所示。

表3.9 SBE21 SEA CAT 温盐计技术指标

| 传感器 | 量程 | 分辨率 | 精度 |
|---|---|---|---|
| 电导率/（S/m） | 0~7 | 0.0001 | 0.001 |
| 温度/℃ | −5~35 | 0.001 | 0.01 |
| 取水口温度/℃ | −5~35 | 0.0003 | 0.001 |

### 4. 抛弃式观测

抛弃式 XBT/XCTD 观测在"雪龙"船后甲板作业，数据采集器为新购置的日本 TSK 公司的 TS–MK–150n 型、国家海洋技术中心的 7JNPC–Ⅲ型。前者能采集 XBT/XCTD 传感器观测数据，后者只能采集 XBT 传感器观测数据。

XBT 传感器为日本 TSK 公司和墨西哥 Sippican 公司生产的 T–7 型，船速为15 kn 时，可以观测到 760 m 深度。主要技术指标如表3.10所示。

表3.10 XBT 传感器主要技术指标

| 传感器 | 量程 | 精度 |
|---|---|---|
| 温度/℃ | −2~35 | ±0.1 |
| 深度/m | 1 000 | 2% 或 5 |

XCTD 探头为日本 TSK 公司生产的 XCTD–1 型，船速为12节时，可以观测到1 000 m 深度，主要技术指标如表3.11所示。

表 3.11　XCTD 传感器主要技术指标

| 传感器 | 量程 | 分辨率 | 精度 | 响应时间 |
| --- | --- | --- | --- | --- |
| 电导率 | 0～7 S/m | 0.0017 S/m | ±0.003 S/m | 0.04 s |
| 温度 | －2～35℃ | 0.01℃ | ±0.02℃ | 0.1 s |
| 深度 | 1 000 m | 0.17 m | 2% | — |

### （二）海洋气象考察主要设备

海洋气象考察主要利用船载自动气象站，包含的主要传感器有气温、气压、风向、风速、相对湿度、能见度等要素观测传感器（见图3.15）。

图 3.15　自动气象观测站

### （三）大气环境考察主要设备

#### 1. GPS 探空观测

走航探空观测设备采用的是北京长峰微电科技有限公司探空系统，主要包括地面接收机、地面基测箱、CF－06－A 型探空仪以及美国 Trimber 地基 GPS 接收天线及底座（图 3.16）。

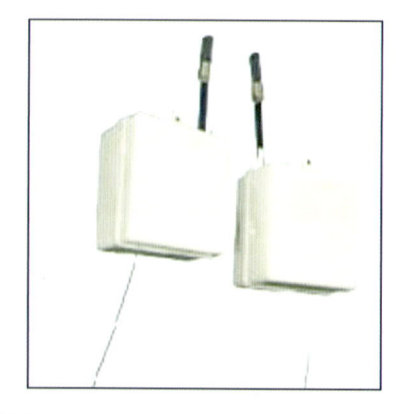

图 3.16　GPS 探空系统布放图（左）和 GPS 探空仪（右）

## 2. 大气化学成分观测

大气化学成分观测使用的调查设备有 EC9810A 紫外光度吸收地面臭氧分析仪、EC 9830T 红外气体相关一氧化碳分析仪、Magee Scientific AE31 黑碳仪等。仪器主要技术参数指标见表 3.12。

**表 3.12 大气化学观测仪器技术指标**

| 设备名称 | 型号 | 参数 | 校准方法 |
| --- | --- | --- | --- |
| 地面臭氧监测仪 | ECOTECH EC9810 | 原理：紫外光度法<br>流量：0.5 L/min<br>精度：0.2 ppb | 走航前于中国气象局大气探测中心校准；<br>走航期间每 10 天使用零气校准 |
| 一氧化碳监测仪 | ECOTECH EC9830 | 原理：气体相关透镜法<br>流量：1 L/min<br>精度：0.2 ppb | 走航前于中国气象局大气探测中心校准；<br>走航期间每 4 h 使用零气校准 |
| 黑碳气溶胶监测仪 | Magee Scientific AE 31 | 原理：可见光衰减法<br>流量：8~9 L/min<br>精度：1 ppb | 走航前于中国气象局大气探测中心校准 |
| 温室气体光谱仪 | LGR GGA-24r-EP | 原理：离轴光腔<br>流量：0.5 L/min<br>精度：$CH_4$ 0.25 ppb<br>$CO_2$ 35 ppb | 于中国气象局大气探测中心校准；走航期间每 2 天使用标准气体校准 |

### （四）海冰考察主要仪器

#### 1. 走航观测

电磁感应海冰厚度探测仪为加拿大 Geonics 公司生产的 EM31-ICE 型电磁感应海冰厚度探测仪，其发射和接收天线线圈间距为 3.66 m，工作频率为 9.8 kHz。电磁感应方法探测海冰厚度的依据是海冰电导率与海水电导率之间存在明显的差异。海冰电导率的变化范围在 0~30 mS/m 之间，而海水电导率 2 000~3 000 mS/m 之间。因此与海水相比，海冰电导率可以忽略不计。工作时，EM-31 发射线圈产生一个低频电磁场（初级场），初级场在冰下的海水中感应出涡流电场，由此涡流产生一个次级磁场并被接收线圈检测和记录，从而对冰底面作出判断。

#### 2. 冰站观测

（1）CNR4 净辐射计。

CNR4 净辐射计由 Campbell 电子公司生产，采用自容式观测，数据通过数据采集箱连接计算机 PC400 软件获取。该仪器除了测量太阳短波辐射、长波辐射以外，还可以测量空气中的温度，输出净短波辐射、净长波辐射、净辐射以及反照率，仪器观测的采样时间间隔可以根据需要修改，最小设置为 1 s。

CNR4 主要技术指标见表 3.13。

图 3.17　走航海冰观测系统

表 3.13　CNR4 净辐射计主要技术指标

| 测量项目 | 技术指标 |
| --- | --- |
| 光谱 | 305～2 800 nm |
| 温度 | −40～80℃ |
| 湿度（RH） | 0～100% |
| 调节水平的气泡灵敏度 | <0.5° |
| 探头灵敏度 | 10～20 μV/(W·m$^{-2}$) |
| 反应时间 | <18 s |
| 向上探头测量视野 | 180° |
| 向下探头测量视野 | 150° |
| 太阳辐照度 | 0～2 000 W/m$^2$ |

（2）Ramses 高光谱余弦辐照度传感器。

海冰光学观测使用的仪器是由德国 TriOS 公司生产的 Ramses 高光谱余弦辐照度传感器（图 3.18 左图），该仪器的观测波长范围是 320～950 nm，共 256 个通道，具体参数见表 3.14。

图 3.18　传感器探头（左）和海冰光学观测现场布放图（右）

表 3.14 Ramses 高光谱余弦辐射计相关技术指标

| 测量项目 | 技术指标 |
| --- | --- |
| 波长 | 320~950 nm |
| 检测器 | 256 通道硅光电检测器 |
| 光谱采样 | 3.3 nm/pixel |
| 光谱精度 | 0.3 nm |
| 实际使用通道 | 190 |
| 典型饱和度（4 ms integration time） | 10 W/m² · nm (400 nm)；8 W/m² · nm (500 nm)；14 W/m² · nm (700 nm) |

（3）海冰漂流浮标。

海冰漂流浮标直径 40 cm，空气中重量 16 kg，可持续工作一年时间，内置一枚 GPS 模块和一个温度传感器，相关技术参数如表 3.15 和图 3.16 所示。

表 3.15 GPS 模块技术参数

| 主板 | SiRF GSC3e/LP |
| --- | --- |
| 频率 | L1，1575.42MHz |
| 编码 | C/A 编码 |
| 规范 | NMEA0183 v2.2；默认：GGA, GSA, GSV, RMC；支持：VTG, GLL, ZDA |
| 波特率 | 4 800~57 600 bps |
| 频道个数 | 20 |
| 内存 | 4M |
| 敏感性 | 追踪：-159 dBm |
| 冷启动时间 | 42 s |
| 暖启动时间 | 38 s |
| 热启动时间 | 1 s |
| 精度 | 位置：10m (2D RMS), 5m (2D RMS, WAAS 启动)；速度：0.1m/s |
| 尺寸 | 15.9mm×13.1mm×2.2mm±0.2mm |
| 电压 | 3.3±5% Vdc |
| 耗电 | 采集：42mA；跟踪：25Ma |

表 3.16 温度传感器主要技术指标

| 监测范围 | -55~125℃ |
| --- | --- |
| 精度 | ±0.5 (-10~85) |

（4）海冰温度链浮标。

海冰温度链浮标由温度链（热电阻），控制单元，GPS 接收机以及 9602 铱星发送模块组

图 3.19 短期冰站布放海冰漂流浮标

成。热电阻温度传感器的精度为 0.1℃。电池为 OPTIMA 固体蓄电池，设计寿命为 12 个月。一个温度链共装配 240 个热电阻温度传感器，传感器间隔为 2 cm。

## 第二节　中国第六次北极科学考察

### 一、考察航次及考察重大事件介绍

中国六次北极科学考察于 2014 年 7 月 11 日离开上海，7 月 18 日完成了对白令海以南的太平洋海域部分抛弃式 XBT、XCTD、Argo 浮标投放，利用抛弃式仪器获得了第一个航段海洋温度、盐度和海流等数据。

"雪龙"船于 7 月 18 日进入白令海，7 月 18—27 日自西南向东北进行了 B、NB、BS 共 3 个断面共计 37 个站位的物理海洋和海洋气象科考作业。在气象保障工作的支持下，结合这一海区的整体作业任务，"雪龙"船 7 月 20 日到达海-气界面通量浮标布放站位，顺利完成我国在北太平洋首次海-气界面通量浮标布放作业。

7 月 27 日至 8 月 10 日，"雪龙"船进入密集作业区。在楚科奇海、加拿大海盆等中国北极科学考察传统调查海域，对 R 断面的 R01－R11 站位、CC 断面、C01 断面、C02 断面、S 断面、C1 断面、C2 断面中的 C25 站共计 38 个站位科考作业。此间既受到了气旋和冷空气的影响，由于进入浮冰区，还要考虑浮冰等不利的环境因素，是整个航次较辛苦的航段。另外，直升机组自 2014 年 7 月 31 日在 69°N 开始北极圈作业飞行，承担航拍等作业任务。

8 月 10 日"雪龙"船驶入密集冰区开展了冰站与水文科考站同步观测。8 月 10—18 日在加拿大海盆、楚科奇海台等海域完成了 C2 断面中的 C21—C24 站，R 断面 R12—R15 站共计 9 个站位科考作业。物理海洋和海洋气象作业期间穿插完成了 5 个短期冰站作业，进行了冰基海冰光学、冰下上层海洋观测、海冰物理学等作业。

8 月 18 日"雪龙"船进入高纬海域，作业的太平洋扇区海冰冰情较重。第 5 航段的作业内容主要是冰站观测，共进行了 1 个长期冰站，2 个短期冰站和 3 个站位的科考作业。首次布放冰基拖曳式浮标（ITP）和海冰温度链浮标等。至此，冰站作业全部结束，8 月 26 日"雪龙"船进入返航阶段。9 月 7 日抵达楚科奇海，对 R 断面的 3 个重复站位进行复测作业。

9月9日在白令海及白令海以南的太平洋海域部分抛弃式 XBT、XCTD、Argo 浮标投放，至此考察作业全部结束。由于台风影响，9月23日返回上海锚地，24日到达中国极地考察基地。整个考察航线如图 3.20 所示。

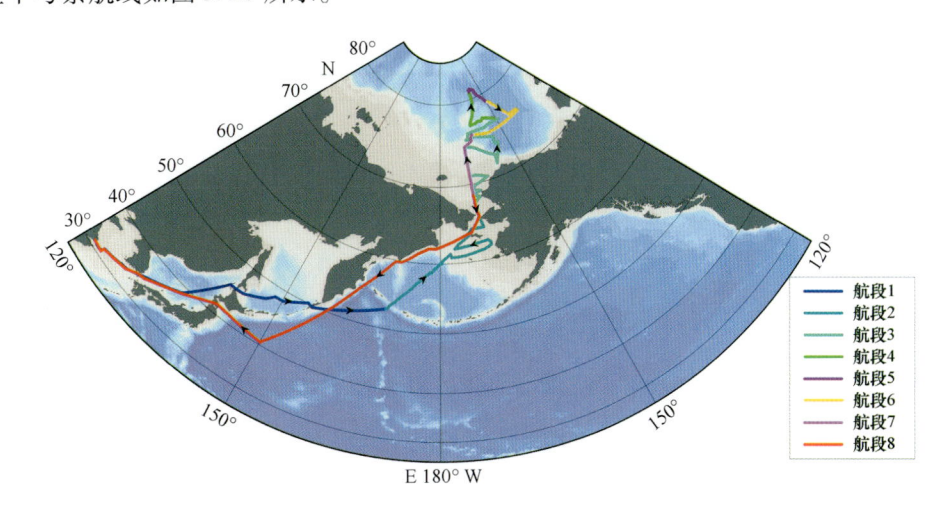

图 3.20　第六次北极科考作业航段（潘增弟，2015）

中国第六次北极科学考察围绕着北极海洋环境变化和海洋生态系统响应等一些关键的科学问题，克服了恶劣天气和北冰洋海冰较常年偏重等不利因素的影响，累计考察 76 d，总航程 11 858 n mile，总航时 1 201 h，浮冰区总航程 2 586 n mile。共完成 90 个定点站位的海洋环境综合考察、7 个短期冰站和 1 个长期冰站的现场考察，布设了多种海洋和海冰观测浮标，开展了走航断面观测和抛弃式观测。在浮冰区开展了走航海冰物理特征综合观测，获取了大量北冰洋海冰变化的第一手观测数据、样品和影像。国内首次在白令海盆成功布放锚碇海-气通量观测浮标 1 套，各种传感器观测和数据传输正常；通过国际合作，首次利用"雪龙"船平台在加拿大海盆布放了 3 套深水冰拖曳浮标，均正常工作；国内首次进行了海冰浮标（海冰温度链浮标、海冰漂移浮标）阵列布放，共布放 4 组，均正常工作。

## 二、考察路线、区域、断面及站位

### （一）考察路线

中国第六次北极科学考察于上海极地码头出发，进行了 8 个航段的考察。穿过日本海、鄂霍次克海，在白令海进行重点断面考察，越过白令海峡，进入北冰洋。在楚科奇海、楚科齐海台和加拿大海盆等中国传统考察作业区进行重点观测，向南再次穿越白令海峡，经过白令海、鄂霍次克海、日本海，返回中国上海极地码头。

### （二）考察区域

中国第六次北极科学考察重点对中国传统北冰洋考察区域，主要包括白令海峡以南的白令海和鄂霍次克海，北冰洋-太平洋扇区的楚科奇海、楚科奇海台、加拿大海盆区进行了考察。考察海区地理位置如图 3.21 所示。

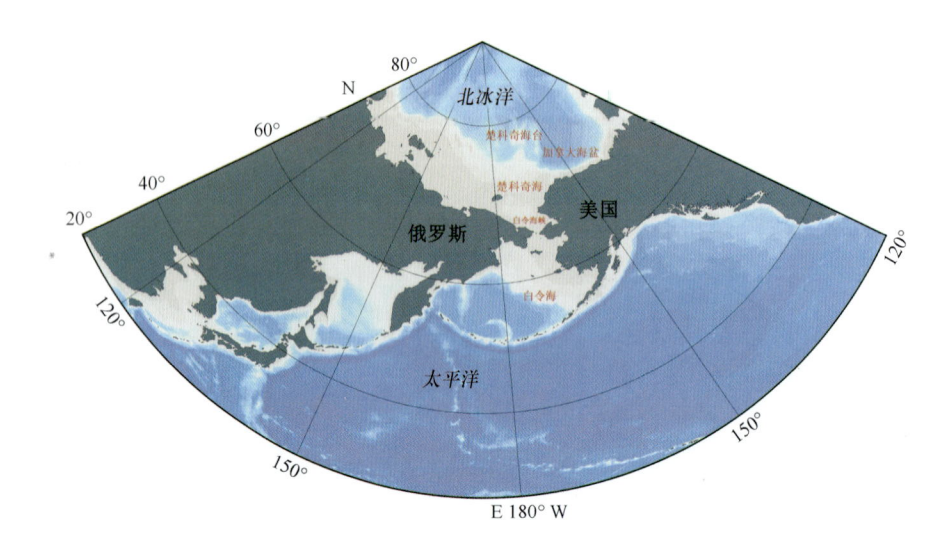

图 3.21　中国第六次北极科学考察区域示意图（潘增弟，2015）

（三）考察断面和站点

1. 物理海洋学考察断面和站位

（1）白令海及其邻近海域 CTD/LADCP 考察断面与站点设置。

在包括白令海和阿留申群岛周边海域在内的北太平洋北极边缘海内，沿我国以往历次白令海西侧航线、阿姆奇卡特岛-努尼瓦克岛之间连线设置 1 条南北横跨白令海西部及中部海域的 B 断面，沿白令海峡南部常规测线设置调查断面 BS，在圣劳伦斯岛两次分别与俄罗斯和阿拉斯加之间设置 NB 断面。

在这些断面上进行多要素综合观测。完成定点站位 37 个，在圣劳伦斯岛西南侧增设 AD01 站位。其中水深大于 1 000 m 的深水站位 11 个，水深小于 300 m 的浅水站位 26 个。在航线上根据船时和水文要素变化情况选定定点作业或者抛弃式观测，适当加密观测点密度。

白令海及其邻近海域考察的站点位置见图 3.22。

（2）北冰洋-太平洋扇区海域 CTD/LADCP 考察断面和站点。

白令海峡以北的楚科奇海，以横断北极主要流系为原则，设置 7 个常规作业断面。完成站位 53 个（见图 3.23）。其中楚科奇海陆架区进行了 3 个常规作业断面，分别是 R0 断面、CC 断面和 C0 断面。其中 R0 断面是中国历次北极科学考察的重点重复考察断面。楚科奇海台和加拿大海盆区完成了 4 个作业断面，分别为 R1 断面、S0 断面、C1 断面和 C2 断面。这 4 个断面横跨楚科奇海台和加拿大海盆，主要用来研究北极环极边界流的路径问题。

（3）考察站位具体信息。

物理海洋重点海域断面调查观测站位信息见表 3.17。在这些站位同步进行海洋气象观测。整个航次期间，在白令海、楚科奇海（台）、加拿大海盆共进行了 90 个站位的 CTD 观测，其中，白令海 37 站，楚科奇海（台）40 站，加拿大海盆 13 站，另外 14 个站位进行二次采水作业，89 个站位的 LADCP 流速剖面观测。

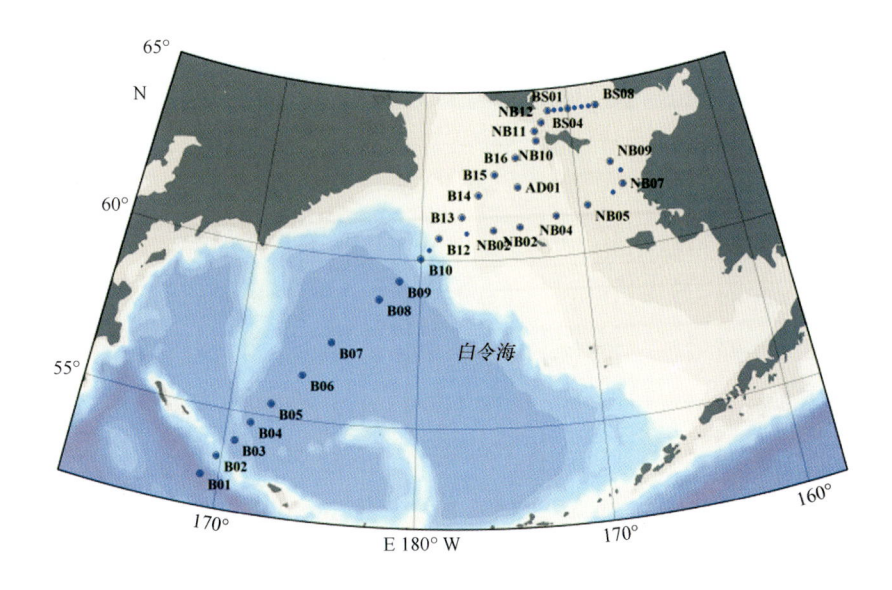

图 3.22 白令海及其邻近海域考察站位图（潘增弟，2015）

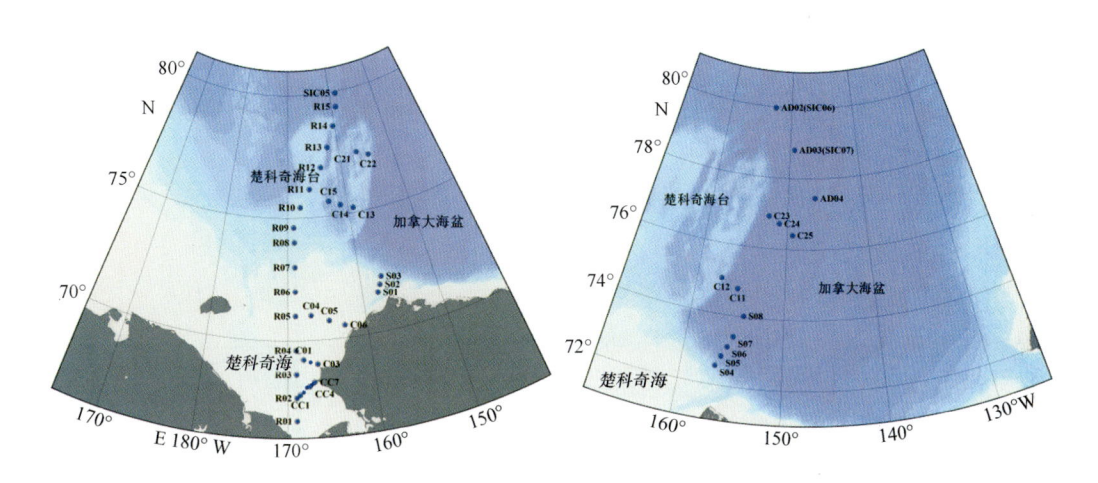

图 3.23 楚科奇海及海台区（左）和加拿大海盆（右）CTD 调查站位分布（潘增弟，2015）

表 3.17 中国第六次北极考察定点站位信息表（潘增弟，2015）

| 序号 | 站位 | 日期 | 时间 | 纬度 | 经度 | 水深/m | 作业内容 |
| --- | --- | --- | --- | --- | --- | --- | --- |
| 1 | B01 | 2014-07-18 | 12:43 | 52°57′18″N | 169°04′12″E | 4 515 | ★◆▲ |
| 2 | B02 | 2014-07-18 | 19:52 | 53°34′00″N | 169°44′40″E | 1 875 | ★☆◆▲ |
| 3 | B03 | 2014-07-19 | 01:49 | 54°07′03″N | 170°34′22″E | 3 924 | ★◆▲ |
| 4 | B04 | 2014-07-19 | 09:05 | 54°43′38″N | 171°16′01″E | 3 906 | ★☆◆▲ |
| 5 | B05 | 2014-07-19 | 16:45 | 55°23′24″N | 172°14′25″E | 3 886 | ★◆▲ |
| 6 | B06 | 2014-07-20 | 04:12 | 56°20′03″N | 173°41′39″E | 3 856 | ★◆▲ |
| 7 | B07 | 2014-07-20 | 13:21 | 57°23′41″N | 175°06′44″E | 3 784 | ★☆◆▲ |
| 8 | B08 | 2014-07-21 | 00:58 | 58°46′49″N | 177°38′02″E | 3 752 | ★☆◆▲ |
| 9 | B09 | 2014-07-21 | 10:11 | 59°21′05″N | 178°46′03″E | 3 553 | ★☆◆▲ |

续表

| 序号 | 站位 | 日期 | 时间 | 纬度 | 经度 | 水深/m | 作业内容 |
|---|---|---|---|---|---|---|---|
| 10 | B10 | 2014－07－21 | 17：45 | 60°02′15″N | 179°39′34″E | 2 654 | ★☆◆▲ |
| 11 | B11 | 2014－07－22 | 01：06 | 60°17′56″N | 179°30′56″W | 1 044 | ★☆◆▲ |
| 12 | B12 | 2014－07－22 | 08：03 | 60°41′12″N | 178°51′19″W | 273 | ★◆ |
| 13 | B13 | 2014－07－22 | 15：35 | 61°17′24″N | 177°28′48″W | 132 | ★◆▲ |
| 14 | NB01 | 2014－07－22 | 20：02 | 60°48′00″N | 177°12′10″W | 131 | ★◆▲ |
| 15 | NB02 | 2014－07－23 | 02：08 | 60°52′18″N | 175°31′37″W | 107 | ★◆▲ |
| 16 | NB03 | 2014－07－23 | 07：21 | 60°56′23″N | 173°51′34″W | 81 | ★◆▲ |
| 17 | NB04 | 2014－07－23 | 13：56 | 61°12′03″N | 171°33′37″W | 57 | ★◆ |
| 18 | NB05 | 2014－07－23 | 19：53 | 61°25′07″N | 169°26′11″W | 39 | ★◆ |
| 19 | NB06 | 2014－07－24 | 01：21 | 61°40′52″N | 167°43′16″W | 25 | ★◆ |
| 20 | NB07 | 2014－07－24 | 04：47 | 61°53′50″N | 166°59′49″W | 28 | ★◆ |
| 21 | NB08 | 2014－07－24 | 07：41 | 62°17′57″N | 167°00′03″W | 33 | ★◆ |
| 22 | NB09 | 2014－07－24 | 11：52 | 62°35′45″N | 167°36′06″W | 24 | ★◆ |
| 23 | AD01 | 2014－07－25 | 01：17 | 62°08′10″N | 173°51′49″W | 63 | ★◆ |
| 24 | B14 | 2014－07－25 | 08：05 | 61°55′58″N | 176°24′03″W | 102 | ★◆▲ |
| 25 | B15 | 2014－07－25 | 14：33 | 62°32′11″N | 175°18′29″W | 79 | ★◆▲ |
| 26 | B16 | 2014－07－25 | 20：11 | 63°00′26″N | 173°53′00″W | 74 | ★◆▲ |
| 27 | NB10 | 2014－07－26 | 00：50 | 63°28′13″N | 172°28′24″W | 54 | ★◆ |
| 28 | NB11 | 2014－07－26 | 03：39 | 63°45′38″N | 172°29′48″W | 47 | ★◆ |
| 29 | NB12 | 2014－07－26 | 05：33 | 63°39′58″N | 171°59′13″W | 53 | ★◆ |
| 30 | BS01 | 2014－07－26 | 08：30 | 64°19′57″N | 171°28′32″W | 47 | ★◆ |
| 31 | BS02 | 2014－07－26 | 10：51 | 64°20′01″N | 170°59′14″W | 40 | ★◆ |
| 32 | BS03 | 2014－07－26 | 13：56 | 64°20′11″N | 170°27′58″W | 38 | ★◆ |
| 33 | BS04 | 2014－07－26 | 15：41 | 64°19′50″N | 170°00′06″W | 40 | ★◆ |
| 34 | BS05 | 2014－07－26 | 18：23 | 64°19′50″N | 169°29′58″W | 39 | ★◆ |
| 35 | BS06 | 2014－07－27 | 01：29 | 64°20′42″N | 168°59′30″W | 39 | ★◆ |
| 36 | BS07 | 2014－07－27 | 04：11 | 64°20′02″N | 168°29′56″W | 39 | ★◆ |
| 37 | BS08 | 2014－07－27 | 07：20 | 64°19′45″N | 168°01′50″W | 36 | ★◆ |
| 38 | R01 | 2014－07－27 | 22：50 | 66°43′23″N | 168°59′31″W | 43 | ★◆▼ |
| 39 | R02 | 2014－07－28 | 04：35 | 67°40′08″N | 168°59′58″W | 50 | ★◆▼ |
| 40 | CC1 | 2014－07－28 | 07：18 | 67°46′44″N | 168°36′33″W | 50 | ★◆▼ |

续表

| 序号 | 站位 | 日期 | 时间 | 纬度 | 经度 | 水深/m | 作业内容 |
|---|---|---|---|---|---|---|---|
| 41 | CC2 | 2014-07-28 | 09：14 | 67°54′00″N | 168°14′29″W | 58 | ★◆▼ |
| 42 | CC3 | 2014-07-28 | 12：26 | 68°06′06″N | 167°53′55″W | 52 | ★◆▼ |
| 43 | CC4 | 2014-07-28 | 14：39 | 68°07′46″N | 167°30′41″W | 49 | ★◆▼ |
| 44 | CC5 | 2014-07-28 | 16：52 | 68°11′34″N | 167°18′43″W | 46 | ★◆▼ |
| 45 | CC6 | 2014-07-28 | 18：43 | 68°14′26″N | 167°07′38″W | 42 | ★◆▼ |
| 46 | CC7 | 2014-07-28 | 20：52 | 68°17′54″N | 166°57′24″W | 34 | ★◆▼ |
| 47 | R03 | 2014-07-29 | 01：16 | 68°37′09″N | 169°00′00″W | 54 | ★◆▼ |
| 48 | C03 | 2014-07-29 | 08：28 | 69°01′48″N | 166°28′40″W | 32 | ★◆▼ |
| 49 | C02 | 2014-07-29 | 11：49 | 69°07′02″N | 167°20′17″W | 48 | ★◆▼ |
| 50 | C01 | 2014-07-29 | 14：29 | 69°13′13″N | 168°08′18″W | 50 | ★◆▼ |
| 51 | R04 | 2014-07-29 | 18：18 | 69°36′02″N | 169°00′29″W | 52 | ★◆▼ |
| 52 | C06 | 2014-07-30 | 05：05 | 70°31′09″N | 162°46′37″W | 35 | ★◆▼ |
| 53 | C05 | 2014-07-30 | 09：43 | 70°45′46″N | 164°44′06″W | 33 | ★◆▼ |
| 54 | C04 | 2014-07-30 | 14：26 | 71°00′46″N | 166°59′42″W | 45 | ★◆▼ |
| 55 | R05 | 2014-07-30 | 19：46 | 71°00′13″N | 168°59′57″W | 43 | ★◆▼ |
| 56 | R06 | 2014-07-31 | 01：37 | 71°59′48″N | 168°58′48″W | 51 | ★◆▼▲ |
| 57 | R07 | 2014-07-31 | 10：34 | 72°59′52″N | 168°58′15″W | 73 | ★◆▼ |
| 58 | R08 | 2014-07-31 | 21：30 | 74°00′10″N | 169°00′05″W | 179 | ★◆▼ |
| 59 | R09 | 2014-08-01 | 06：09 | 74°36′49″N | 169°01′56″W | 190 | ★◆▼▲ |
| 60 | S02 | 2014-08-02 | 15：46 | 71°55′01″N | 157°27′54″W | 73 | ★◆▼▲ |
| 61 | S01 | 2014-08-02 | 19：55 | 71°36′54″N | 157°55′45″W | 63 | ★◆▼▲ |
| 62 | S03 | 2014-08-03 | 02：44 | 72°14′17″N | 157°04′46″W | 169 | ★◆▼▲ |
| 63 | S04 | 2014-08-03 | 07：58 | 72°32′24″N | 156°34′30″W | 1 380 | ★◆▼▲ |
| 64 | S05 | 2014-08-03 | 13：38 | 72°49′37″N | 156°06′19″W | 2 679 | ★◆▼▲ |
| 65 | S06 | 2014-08-03 | 18：18 | 73°06′29″N | 155°36′17″W | 3 383 | ★◆▼▲ |
| 66 | S07 | 2014-08-04 | 00：28 | 73°24′59″N | 155°08′15″W | 3 798 | ★☆◆▼▲ |
| 67 | S08 | 2014-08-04 | 14：20 | 74°01′10″N | 154°17′23″W | 3 907 | ★◆▼▲ |
| 68 | C11 | 2014-08-05 | 08：42 | 74°46′37″N | 155°15′33″W | 3 911 | ★☆◆▼▲ |
| 69 | C12 | 2014-08-06 | 00：08 | 75°01′12″N | 157°12′11″W | 1 464 | ★◆▼▲ |
| 70 | C13 | 2014-08-06 | 06：49 | 75°12′13″N | 159°10′32″W | 942 | ★◆▼▲ |
| 71 | C14 | 2014-08-06 | 14：39 | 75°24′01″N | 161°13′57″W | 2 085 | ★◆▼▲ |

续表

| 序号 | 站位 | 日期 | 时间 | 纬度 | 经度 | 水深/m | 作业内容 |
|---|---|---|---|---|---|---|---|
| 72 | C15 | 2014-08-07 | 00：33 | 75°35′49″N | 163°06′58″W | 2 030 | ★◆▼▲ |
| 73 | R10 | 2014-08-07 | 14：24 | 75°25′37″N | 167°54′14″W | 164 | ★◆▼▲ |
| 74 | R11 | 2014-08-08 | 15：29 | 76°09′11″N | 166°11′45″W | 352 | ★☆◆▼▲ |
| 75 | C25 | 2014-08-09 | 17：33 | 76°24′04″N | 149°18′56″W | 3 774 | ★☆◆▼▲ |
| 76 | C24 | 2014-08-10 | 05：40 | 76°42′51″N | 151°03′46″W | 3 773 | ★◆▲ |
| 77 | C23 | 2014-08-10 | 15：19 | 76°54′41″N | 152°25′51″W | 3 782 | ★◆▼▲ |
| 78 | C22 | 2014-08-11 | 00：12 | 77°11′15″N | 154°36′05″W | 1 004 | ★◆ |
| 79 | C21 | 2014-08-11 | 17：14 | 77°24′10″N | 156°44′45″W | 1 674 | ★◆▼▲ |
| 80 | R12 | 2014-08-12 | 14：05 | 77°00′05″N | 163°53′16″W | 439 | ★◆▼ |
| 81 | R13 | 2014-08-13 | 12：15 | 77°47′58″N | 162°00′00″W | 2 661 | ★☆◆▼▲ |
| 82 | R14 | 2014-08-14 | 10：20 | 78°37′55″N | 160°25′43″W | 761 | ★◆▼▲ |
| 83 | R15 | 2014-08-15 | 03：06 | 79°23′04″N | 159°04′14″W | 3 284 | ★☆◆▼ |
| 84 | SIC05 | 2014-08-16 | 00：13 | 79°55′52″N | 158°36′12″W | 3 612 | ★◆ |
| 85 | AD02（SIC06） | 2014-08-27 | 18：52 | 79°58′26″N | 152°41′45″W | 3 755 | ★ |
| 86 | AD03（SIC07） | 2014-08-28 | 19：30 | 78°47′40″N | 149°21′55″W | 3 762 | ★☆◆ |
| 87 | AD04 | 2014-08-29 | 19：43 | 77°26′40″N | 146°21′00″W | 3 752 | ★◆ |
| 88 | SR09 | 2014-09-07 | 08：16 | 74°36′25″N | 168°58′51″W | 180 | ★◆ |
| 89 | SR04 | 2014-09-08 | 19：35 | 69°35′50″N | 169°00′19″W | 52 | ★◆ |
| 90 | SR03 | 2014-09-09 | 00：38 | 68°37′09″N | 169°00′13″W | 53 | ★◆ |

注：① 该数据以物理数据室站位信息记录表为基础，经纬度数据为驾驶台通知作业时船舶所处位置，时间为该时刻世界时。

② 水深数据为船载测深仪数据加上 8 m 船体吃水深度。

③ ★CTD 采水，☆CTD 二次采水，◆LADCP 观测，▲VMP 湍流观测，▼海洋光学观测，●CTD 比测，AD01 站未采水。

### 2. 海洋气象和大气成分观测断面和站位

走航气象观测为全航段观测，主要分为人工观测和自动气象站观测两部分，人工观测总共完成了 150 个多时次的常规气象观测和 30 个时次的常规海冰观测。

走航探空观测分为白令海—白令海海峡航段和楚科奇海—北冰洋航段。GPS 探空观测点分布如图 3.24。共完成 58 个探空观测。

### 3. 冰站观测

（1）走航海冰观测。

走航海冰观测沿考察航线进行，除海洋站位和冰站作业停船期间，每隔 0.5 h 记录一

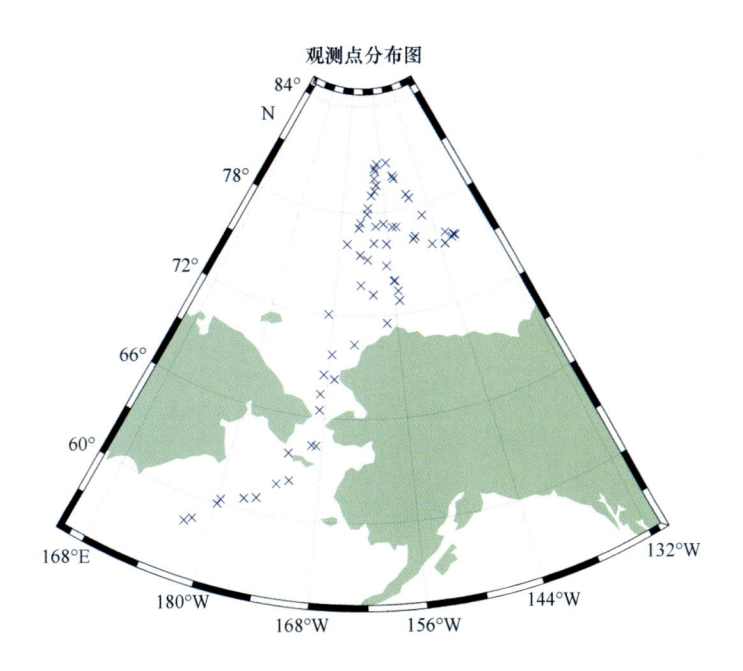

图 3.24 GPS 探空观测点分布图（潘增弟，2015）

次冰情。红外海表温度测量从 7 月 12 日开始至 9 月 12 日结束。电磁感应海冰厚度观测从 7 月 31 日开始至 9 月 2 日结束。基于可视化监控系统的海冰厚度观测从 7 月 31 日开始至 9 月 1 日结束。船侧海冰监测摄影从 7 月 30 日开始，至 9 月 1 日结束。海冰观测站位如图 3.25 所示。

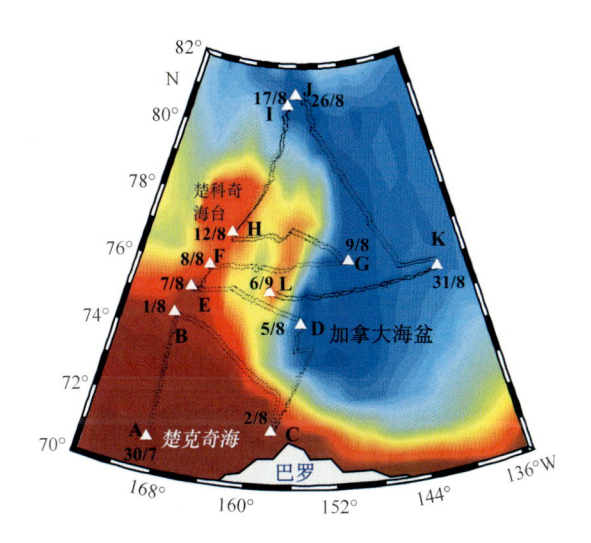

图 3.25 船基海冰观测站点（潘增弟，2015）

（2）冰站观测。

第六次北极科学考察共进行了 7 个短期冰站和 1 个长期冰站观测，观测站位如图 3.26 所示。

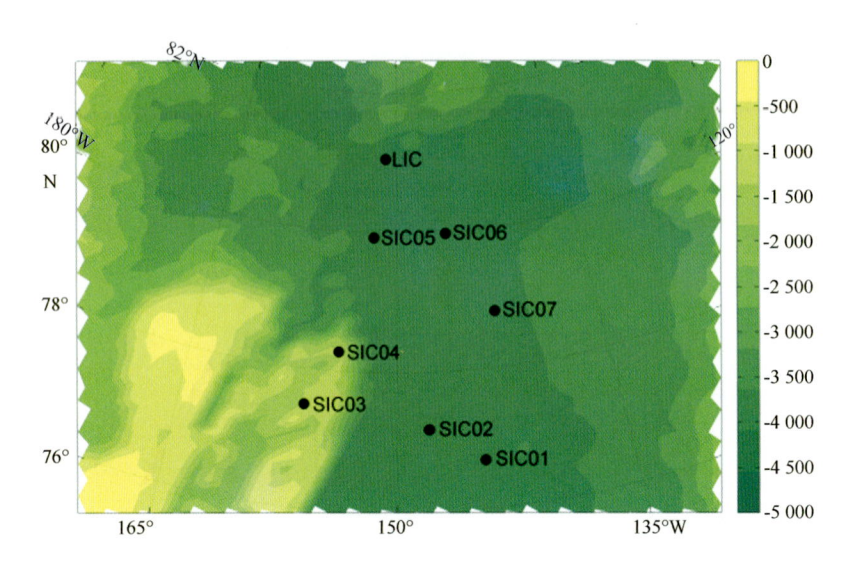

图 3.26　冰站站位图（潘增弟，2015）
其中长期冰站 ICE06 进行水文连续观测

## 三、考察内容

### （一）物理海洋考察内容

1. 重点海域断面调查

中国第六次北极科学考察队自 2014 年 7 月 18 日至 9 月 9 日，在北冰洋重点海域——白令海、白令海峡、楚科奇海、楚科奇海台和加拿大海盆进行了物理海洋大面站调查，调查要素包括水深、水温、盐度、密度、海流、海况、海洋光学和湍流等。该海域是中国北极科学考察的传统海域，结合历次北极科学考察的数据资料，为研究北冰洋太平洋扇区的水文环境特征，年际变化规律及其在全球气候变化中的作用等问题提供依据。

2. 锚碇长期观测

2014 年 7 月 20 日中国第六次北极考察期间，在北太平洋海域成功布放 1 套锚碇海－气通量浮标观测，这是我国首次在北太平洋海域布放的锚碇观测浮标。该浮标旨在获取定点气温、湿度、风速、短波辐射、长波辐射，海表面温度等海气界面连续观测数据，分析海气界面要素及海气通量变化特征。

3. 走航观测

中国第六次北极科学考察走航断面观测为"雪龙"船航线（冰区段航线）全程观测（别国专属经济区除外），包括东海、日本海、鄂霍次克海、北太平洋等海域的往返观测。本航次开展如下内容的工作。

（1）走航表层温度和盐度观测：获取走航航迹断面上表层海水的温度和盐度数据；

（2）走航 ADCP 海流观测：利用"雪龙"船配备的走航 ADCP 流速仪获取走航期间表层流速数据（300K，38K）。

#### 4. 抛弃式观测

共进行了422枚抛弃式温深剖面仪（XBT）观测，37枚抛弃式温盐深剖面仪（XCTD）观测。XBT主要布放在日本海和白令海海域，XCTD将布放在冰区航行时无法下放CTD进行观测的站位，大部分将集中在长、短期冰站。

### （二）海洋气象考察内容

#### 走航观测

（1）利用船舶自动气象仪、船载风廓线仪等设备观测风向、风速、海平面气压、相对湿度等。

（2）人工经验观测能见度、天气现象、云状、浪高涌高等要素。

（3）利用船载通量观测系统海（冰）-气界面湍流通量观测。

### （三）大气环境考察内容

#### 1. GPS探空观测

利用GPS探空气球在重点海域观测边界层的温度、湿度、气压和风向、风速等气象要素。

#### 2. 大气化学成分观测

开展边界层化学过程观测，获取包括一氧化碳、二氧化碳、甲烷、臭氧浓度等资料。

### （四）海冰观测

#### 1. 走航观测

（1）记录航行期间海冰密集度、海冰类型、融池覆盖率、浮冰大小、冰厚等参数。

（2）开展EM31电磁感应式海冰厚度观测、激光高度计或声呐测距仪冰舷高度观测、红外辐射计海冰（水）皮温观测、ASPeCt观测、海冰形态观测。

#### 2. 冰站观测

（1）冰下上层海洋的温度、盐度、密度和海流等物理海洋学要素观测。

（2）海-冰-气联合观测要素包括海冰物理学观测、辐射通量观测、冰站气象观测和航空遥感观测等。在北极高纬度多年密集冰区投放各类型海冰浮标37枚，用于监测海冰的运动轨迹、漂移速度、热力和物质平衡过程。开展冰基拖曳式浮标（ITP）观测。本航次布放了三个ITP浮标，以每日两个剖面的频率观测从冰下约5 m到约760 m深度的海水温度、盐度和深度数据。

## 四、考察设备

### （一）物理海洋考察主要设备

#### 1. 重点海域断面调查

（1）SBE 911Plus CTD，与第五次北极科学考察相同。

（2）声学多普勒海流剖面仪（LADCP），与第五次北极科学考察相同。

（3）ALEC CTD 温盐深剖面仪，与第五次北极科学考察相同。

（4）垂向微结构剖面仪 VMP-200，与第五次北极科学考察相同。

（5）海洋光学剖面辐射计 PRR-800/810。

海洋光学观测使用的仪器是美国 Biospheric 公司生产的辐射反射剖面仪 PRR，型号为 PRR-800/810，如图 3.27 所示，白色柱状仪器为 PRR810，黑色柱状仪器为 PRR800，橙红色方盒为数据采集器。

PRR 进行长期观测时要注意随时记录天气变化，另外需要对电脑及数据采集器进行适当保护，做好仪器的保温、防水，定时查看数据记录文件，保证设备正常运行。

图 3.27  PRR-800/810 剖面辐射仪

（6）海雾垂向辐射衰减观测系统。

海雾垂向辐射衰减观测系统主要分为三个模块：① 探空平台模块（探空气艇+绞车控制端）；② 气象参数观测模块（气象探空仪+地面信号接收端）；③ 太阳辐射观测模块（winC8L 分光仪）。

其中探空平台模块和气象参数观测模块的设备购买自中科院大气物理研究所，气艇分为 6 $m^3$ 和 10 $m^3$ 两种型号。搭载的气象探空仪可以获取所经各个高度上的风向（°），风速（m/s）和温（℃）、湿（%）四项基本气象参数。其中各项参数的观测精度保留至小数点后一位。

太阳辐射观测模块使用的 winC8L（小型 8 通道光量子辐射计）分光仪一共两台，分为强光和弱光两种型号，均可获取 8 个波长（398 nm、437 nm、488 nm、540 nm、589 nm、629 nm、673 nm 及 707 nm）的光量子数，单位为 $\mu mol/(m^2 \cdot s)$。观测时，强光分光仪搭载在气艇下方 15m 处探测低空大气垂向的太阳短波辐射强度变化，弱光分光仪则固定在冰面观测同期到达冰面的太阳短波辐射。

2. 锚碇长期观测

锚碇海-气通量观测浮标标体自重 2.3 t，直径 2.4 m，型深 2.4 m，吃水 2 m，气象观测平台最高点距离水面 3.5 m，浮标在船上的总高度 5.5 m（含浮标座）。浮标集成有

R. M. Young 公司的 05106 风速风向仪、Hukseflus 公司的 NR01 辐射计、芬兰 VAISALA 公司的 HMP155 温湿度计、AIRMAR 公司的自动气象站（风、温、湿、气压、GPS）、海鸟公司的 SBE37 温盐传感器等。锚碇海－气通量浮标主要传感器技术指标见表 3.18。

表 3.18　锚碇海－气通量浮标主要传感器技术指标

| 项目 | 测量范围 | 准确度 |
| --- | --- | --- |
| 风速 | 0～75 m/s | ±0.3 m/s |
| 风向 | 0°～360° | ±0.25% |
| 气温 | −50～50℃ | ±0.5℃ |
| 气压 | 610～1 100 hPa | ±0.5 hPa |
| 湿度 | 0～100% | ±1% |
| 短波辐射 | 305～2 800 nm | ±1% |
| 长波辐射 | 4 500～50 000 nm | ±1% |
| 水温 | −5～40℃ | ±0.1℃ |
| 盐度 | 0～40 | ±0.03 |

### 3. 走航观测

（1）走航表层温盐测量仪 SBE 21，与第五次北极科学考察相同。

（2）声学多普勒海流剖面仪（ADCP）。

"雪龙"船底部（吃水深度 7.8 m）共安排有两台声学多普勒海流剖面仪，仪器型号为 Ocean Survey 38K（简称"OS 38K"）和 WorkHorse Mariner 300K（简称"WHM 300K"）。

OS 38K 设置为 100 层，每层厚度 16 m，采样的时间间隔为 8s（声学同步之后）。OS 38K 主要技术指标见表 3.19。

表 3.19　OS 38K 主要技术指标

| 技术指标 | 测量范围 | 精确度 |
| --- | --- | --- |
| 流速观测范围 | −5～9 m/s | ±1.0% |
| 底跟踪最大深度 | 1 700 m | <2 cm/s |
| 回波强度动态范围 | 80dB | ±1.5dB |
| 温度传感器范围 | −5～45℃ | ±0.1℃ |
| 深度单元个数 | 1～128 | — |
| 波束角 | 30° | — |
| 最大量程 | 800～1 000 m | — |

WHM 300K 设置为 50 层，每层厚度 2 m，采样的时间间隔为 8 s（声学同步之后）。WHM 300K 主要技术指标见表 3.20。

表 3.20　WHM 300K 主要技术指标

| 技术指标 | 测量范围 | 精确度 |
| --- | --- | --- |
| 流速观测范围 | ±5 m/s | ±1.0% |
| 倾斜传感器 | ±15° | 0.01° |
| 罗经（磁通门型） | 0~360° | ±2°（倾角低于15°） |
| 回波强度动态范围 | 80dB | ±1.5dB |
| 温度传感器范围 | -5~45℃ | ±0.4℃ |
| 波束角 | 20° | — |
| 最大量程 | 78~102 m | — |

**4. 抛弃式观测**

（1）抛弃式 XBT/XCTD 观测，与第五次北极科学考察相同。

（2）Argos 漂流浮标。

Argos 表层漂流浮标是一种利用 Argos 卫星系统定位与传送数据的海洋观测设备，它可以利用 Lagrangian 法则连续观测表层海流及表层水温。浮标能每小时通过卫星向国内发回 GPS 位置信息，来研究北极海域夏季环流特征。

### （二）海洋气象考察主要设备

船载自动气象站，与第五次北极科学考察相同。

### （三）大气环境考察主要设备

（1）GPS 探空观测设备，与第五次北极科学考察相同。

（2）大气化学成分观测设备，与第五次北极科学考察相同。

### （四）海冰考察主要仪器

（1）走航海冰观测设备，与第五次北极科学考察相同。

（2）冰站观测主要仪器如下。

① CNR4 净辐射计。

② Ramses 高光谱余弦辐照度传感器。

③ 海冰漂流浮标。

④ 海冰温度链浮标。

⑤ IMB 海冰物质平衡浮标。

IMB 浮标包括 1 个铂电阻气温传感器（Campbell Scientific 107L，观测精度为 0.1℃），1 个气压计（Vaisala PTB210，观测精度为 0.01mb），1 个观测积雪积累和融化的声呐（Campbell Scientific SR-50A），1 个观测海冰底部消长的声呐（Teledyne Benthos PSA-916，观测精度为 1 cm），1 套传感器垂向间隔 10 cm 总长 4.5 m 的温度链（YSI Thermistors，观测精度为 0.1℃），1 个数据采集器（Campbell Scientific SR-50A），1 个锂电池组（14.68/152A·h），1 个 GPS 定位系统，1 个铱星数据传输模块。浮标的工作环境温度范围为：-35~40℃，电

池的设计寿命为 24 个月。数据的采样间隔为 4 h。声呐组件和温度链组件通过电缆与中心控制单元相连，电缆外壳装配有铝合金保护壳以防止北极熊等生物的破坏。声呐组件和中心控制单元均配有防融板，以防止直接搁置于冰面上影响海冰表面的消融损坏仪器。

⑥ 声学多普勒海流剖面仪（ADCP）。

所使用 ADCP 型号为 Work Horse 300K，系本航次 LADCP 的同一台仪器（表3.21）。布放之前对仪器的观测模式重新进行了配置，采用相对仪器自身（换能器）的坐标系统记录 x 和 y 两个方向的流速，在后续处理过程中需要根据同期船舶的船艏向资料以及 GPS 数据对流向和流速进行订正。仪器放置如图 3.28。

表 3.21　WHS 300K 主要技术指标

| 技术指标 | 测量范围 | 精确度 |
|---|---|---|
| 流速观测范围 | ±10 m/s | ±0.1 cm/s |
| 倾斜传感器 | — | ±1° |
| 罗经（磁通门型） | 0°～360° | ±0.1° |
| 回波强度动态范围 | 80dB | ±1.5dB |
| 波束角 | 20° | — |
| 最大量程 | 160 m | — |
| 最大入水深度 | 6 000 m | — |

图 3.28　冰下 ADCP 观测

⑦ RBR 温盐深剖面仪。

RBR 温盐深剖面仪在进行海洋观测时具有便携、自容等优点。本次考察所用 RBR 校正日期为 2014 年 6 月份，RBR 的相关技术指标见表 3.22，其图示见图 3.29。

表 3.22　RBR 温盐深刻面仪相关参数

| 硬件 | | | | | 传感器 | | | | | |
|---|---|---|---|---|---|---|---|---|---|---|
| 内存 | 电池 | 耐压深度 | 直径 | 长度 | 温度 | | 电导率 | | 深度 | |
| | | | | | 范围 | 精度 | 范围 | 精度 | 范围 | 精度 |
| 128M | 8 kn | 2 000 m | 635 mm | 320 mm | 5～35℃ | 0.002 | 0～85 mS/cm | 0.003 mS/cm | 2 000 m | 0.05% |

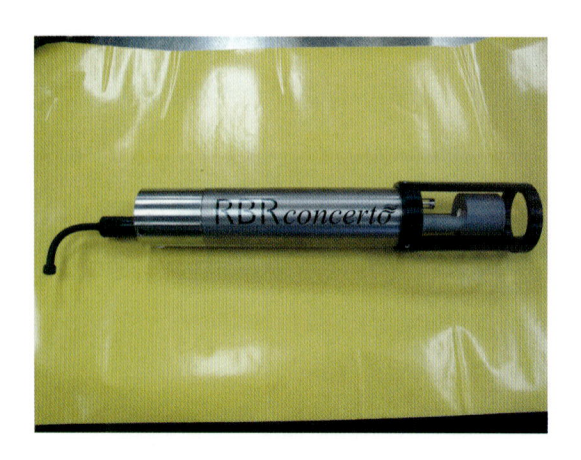

图 3.29  RBR 仪器图示

⑧ 冰基拖曳式浮标（ITP）。

ITP 搭载的传感器是 SBE 41 – CP CTD，采样频率是 1 Hz，通过依星卫星进行数据传输通信见图 3.30。最终的数据以偶数名的数据为下降观测剖面数据，奇数名数据为上升观测剖面数据（见表 3.23）。

ITP 采用的采样方式为上升阶段持续时间为 6 h，下降阶段持续时间为 18 h。采样方式可以根据用户需要通过卫星传输进行修改。设计寿命是两年半到三年。

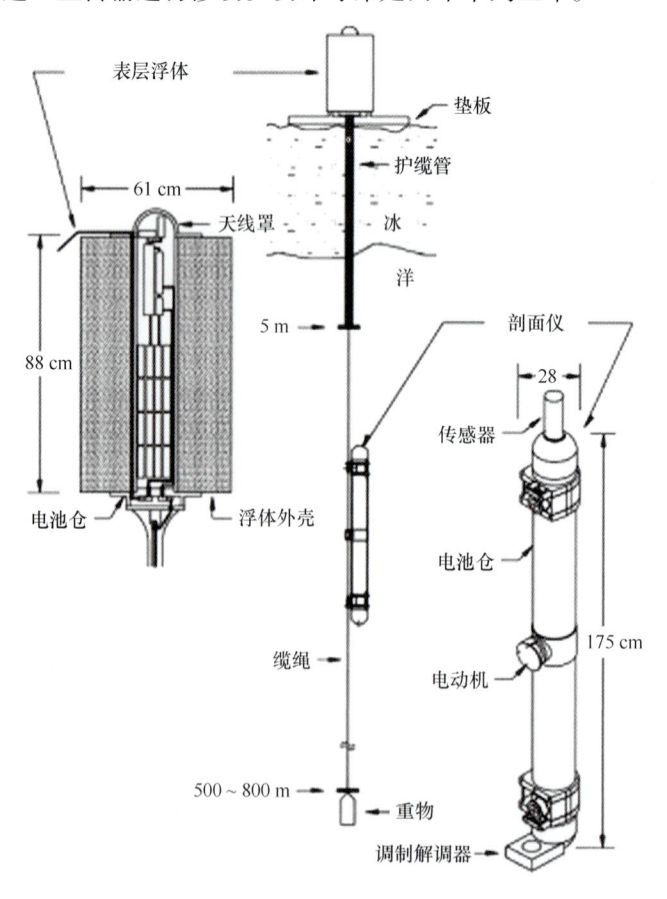

图 3.30  ITP 结构示意图

表 3.23　SBE 41-CP CTD 的主要技术指标

| 传感器 | 校正标准 | 精度 | 稳定性 |
|---|---|---|---|
| 温度 | ITS-90 | ±0.002℃ | 0.0002℃/a |
| 电导率 | IAPSO 标准海水 | ±0.002 | 0.001/a |
| 压强 | 静重试验器和压强参照表 | ±2 dB | 0.8 dB/a |

# 第四章 考察主要数据

## 第一节 数据获取的方式

### 一、第五次北极科学考察数据获取方式

(一) 物理海洋考察数据获取方式

**1. 重点海域断面考察**

在北冰洋重点海域、北欧海以及北太平洋边缘海重点海域，设置定点常规作业断面，进行水文环境观测。

(1) CTD/LADCP 观测。

利用舯甲板绞车和 A 型架等设备匀速下放以 CTD、LADCP 以及采水器为主要调查设备的观测系统（图4.1），原位实时采集海洋垂向温度、盐度、压强、荧光、海流等数据及不同深度的海水样品。获取数据的具体流程如下。

图 4.1 北冰洋 CTD/LADCP 剖面观测

1) 调查船到达指定海域前半小时做好各项准备工作，如采水瓶挂瓶，CTD 和 ADCP 的设置；
2) 船舶停稳后开始布放 CTD 采水器；
3) 下降过程采集海水的温盐性质，并依据叶绿素极大值位置确定采水层次；
4) 距离海底 50 m 时停止布放仪器；
5) 回收仪器，并在指定深度采水；

6）CTD 回到甲板之后，连接 ADCP 导出流速数据，其他学科按顺序采集所需水样。

数据获取过程中需注意，CTD 在正式观测前首先将探头放入海水中浸泡几分钟，待读数稳定后提至水面再进行下放观测。CTD 以 50~100 cm/s 的速度匀速下放，遇高海况天气船只摇摆剧烈时选择较大下降速度，避免观测资料中出现较多深度递增现象。根据现场水深确定 CTD 的下方深度，结合高度计示数判断离底位置。CTD 上升时的数据为参考值。甲板单元与计算机相连，用来发出各种指令，接收水下部分传送的信号并实现实时显示。

（2）湍流观测。

垂向微结构剖面仪 VMP-200 通过线缆与计算机相连，后端尾翼可以稳定仪器在海洋中的姿态并改变测量下降速度。前端探头可以获得温度、盐度、剪切、溶解氧等数据。在实际调查工作中我们采用 1 个温度探头、1 个盐度探头和 2 个水平剪切探头同时进行温、盐和水平剪切的测量，然后根据这些物理量进一步分析海洋上层的湍流运行。

获取数据的具体流程如下。

1）将仪器缓慢放入水表面，开始记录数据；

2）完全释放仪器，保证仪器以 0.4 m/s 的速度下降；

3）待仪器深度达到水下 400 m 时，停止布放仪器，停止采集数据，并在水下停留 2 min；

4）以 1 m/s 的速度回收仪器，待仪器快要出水时注意仪器的位置并缓慢回收；

5）在仪器回收至甲板时通知驾驶台作业完毕。

2. 锚碇长期观测

（1）锚碇潜标观测系统。

在楚科奇海成功布放并且回收一套锚碇潜标观测系统，该系统采用自容式获取数据的方式对楚科奇海陆架区温度、盐度和流速等物理海洋要素进行了为期 49 天的连续观测。

潜标布放具体流程如下。

1）考察船到达设计站位附近海域，根据冰情和水深选择具体布放位置；

2）第一组浮球入水；

3）起吊小阔龙、CTD、CT，依次入水；

4）起吊 ADCP、第二组浮球、释放器、重块，依次入水；

5）检测释放器与甲板单元距离，释放器释放，布放工作结束。

潜标回收具体流程如下：

1）考察船到达布放站位附近海域，开始检测信号，利用甲板单元与潜标取得联系，电压 8.3V，信号显示与释放器距离为 30 m；

2）开启释放器，释放器释放成功；

3）在"雪龙"船左舷海面 300~500 m 处，发现浮球；

4）船缓缓转向，右舷靠近浮球，用打捞钩实施打捞；

5）使用吊车将潜标主体成功回收到甲板上，回收工作结束。

（2）海气耦合浮标观测系统。

在挪威海成功布放一套大型海气耦合观测浮标，对该海域的海表面气象要素和中上层物理海洋要素进行长期连续观测并实时将数据传回地面接收站。浮标现场工作情况如下：

1）7月4日，进行水下仪器，如CTD和DVS海流计的安装调试工作；

2）7月22日，将浮球从底部大仓吊出，放入直升机舱并固定；

3）7月24日，将锚链和锚块放置到后甲板的指定位置，并将锚链摆放整齐，以便于布放；

4）7月27—28日，进行电缆和缆绳的捆绑工作，将缆绳的一端固定在大浮标的底部；

5）7月29日，将水下仪器按深度固定到缆绳上；

6）8月4日，顺利布放海气耦合浮标。

3. 走航观测

在走航过程中实施多要素综合调查，主要的观测内容包括：走航海表温盐观测、走航气象观测、走航探空观测和走航海冰观测等。物理海洋走航观测主要是走航海表温盐观测。利用船载SBE21观测设备，对走航期间海表面的温度和盐度要素进行连续观测。

4. 抛弃式观测

考察期间在白令海、楚科奇海、巴伦支海、挪威海、格陵兰海、冰岛海和俄罗斯专署经济区之外的东北航道重点海域进行XBT/XCTD温盐剖面的抛弃式观测。抛弃式XBT/XCTD观测易操作，成本低，可以在不停船的情况下快速获得海洋温度、盐度、深度资料，在极地考察时间紧任务重的条件下得到了广泛应用。XBT和XCTD观测的原理和方法类似。仪器由探头、信号传输线和接收系统组成。在一定的航速和海况下，探头通过发射枪投放，探头感应的温度、电导率通过导线输入接收系统并根据仪器的下沉时间得到深度值。

## （二）海洋气象考察数据获取方式

海洋气象考察数据主要是走航气象观测数据，其依靠船载自动气象站与人工经验观测两种方式。每日UTC时间00时、06时、12时进行，观测记录项目包括："雪龙"船所在经纬度、航速、航向、气温、露点温度、气压、相对湿度、风向风速、能见度、天气现象、云状、浪高涌高等。船载自动气象站安装在"雪龙"号科考船驾驶室上部桅杆顶部，周围遮挡较少，且受人为因素影响亦较少，能够较真实、准确地反映航线上的气象环境状况。

观测数据中，风向、风速、气压、气温、露点温度、相对湿度等观测要素通过自动气象站进行读取记录；能见度要素主要是通过人工进行观测记录的；天气现象、云状、浪高涌高等观测要素均是人工观测获取。仪器观测与人工观测要素均严格按照《海洋调查规范 第3部分：海洋气象观测》（GB/T 1276.3—2007）进行观测记录。

## （三）大气环境考察数据获取方式

1. 走航探空观测

GPS低空探空系统在重点海域观测边界层的温度、湿度、气压和风向、风速等气象要素。

2. 走航大气化学成分观测

（1）黑碳气溶胶观测。黑碳灰度仪（AE31）具有7个单色可见光光源，照射收集到石英滤带上的大气颗粒物样品，测量样品对光线的衰减，由单位时间间隔光学衰减增量计算得到该时段气溶胶的平均光学吸收系数。大气采样速率控制在8~9 L/min范围内。黑碳灰度仪的采样进气口安装在"雪龙"号船艉楼顶层甲板的左舷，高出船舷护栏约2 m。黑炭灰度仪进气管线全部采用专用防静电复合管线，管线总长不大于 10 m。测量时间分辨率设置为 1 min，观测数据存储于内部数字记录装置中，每 5 天下载一次。

（2）气溶胶散光特性观测。积分式浊度计（AURORA 1000G）以 5 L/min 左右的速率将环境大气抽入积分式光学测量腔体，用波长为 525 nm 的 LED 全向漫色光源照射大气样品，在侧向用光电倍增管测量颗粒物的光学散射系数。走航观测期间，每 24 h 用高性能颗粒过滤器制备的零空气校验仪器零点，每 10 天用纯度为 99.9% 的 R-134a 气体进行一次仪器的跨度校验测量。积分式浊度计的采样进气口安装在"雪龙"号船舱楼顶层甲板的左舷，高出船舷护栏约 2 m，采用特氟龙管，管线总长不大于 10 m。测量时间分辨率设置为 1 min，观测数据存储于内部数字记录装置中，每 2 天下载一次。

### （四）海冰考察数据获取方式

#### 1. 走航海冰观测

（1）走航海冰冰情观测。将海冰分三类进行记录，分别记录海冰的类型和密集度，海冰厚度通过对比标志物和船侧翻冰的厚度得到，浮冰大小通过比较浮冰与船体的大小得到，观测在驾驶台实施，范围控制在视野半径 5 km 内。每隔半个小时观测一次。若视野内或船载雷达上发现有冰山，则需记录其出现的位置、数量及形态。同时，通过在驾驶台两侧安装自动摄影的相机对左/右舷冰情进行连续记录。相机每隔 5 min 拍摄一次。

（2）走航海洋/海冰表面温度观测。观测海洋/海冰表面温度所使用的设备为德国 Heitronics 公司所产的 KT19.85IIP 红外辐射计，该仪器接收测量物体发射的红外辐射，可实现对海洋/海冰表面温度值的观测。测温度范围为 -20~70℃，测量精度为 ±0.5℃ +0.7%×测量装置与被测物体温度差。红外辐射计的采样间隔为 1 s。仪器架设在驾驶台顶部，垂直向下，镜头轴线离开船体最外边缘 40 cm，保证观测不受船体的影响。

（3）冰厚观测。冰厚观测基于加拿大 Geonics 公司生产的电磁感应海冰厚度探测仪 EM31。电磁感应方法探测海冰厚度的依据是海冰电导率与海水电导率之间存在明显的差异。海冰电导率的变化范围在 0~30 mS/m 之间，而海水电导率 2 000~3 000 mS/m 之间。因此与海水相比，海冰电导率可以忽略不计。工作时，EM-31 发射线圈产生一个低频电磁场（初级场），初级场在冰下的海水中感应出涡流电场，由此涡流产生一个次级磁场并被接收线圈检测和记录，从而对冰底面作出判断。

船载电磁感应海冰厚度监测系统在 EM-31 的基础上，集成了激光测距仪、声呐测距仪、倾角仪等，通过现场信号网络传输方式传输数据。其中，激光测距仪和声呐测距仪测量仪器与冰面之间的距离，EM-31 测量仪器与冰底之间的距离，二者之差就是海冰加积雪层的厚度。倾角仪用于监控仪器姿态。

#### 2. 冰站观测

（1）冰下物理海洋观测。在北极高纬度冰区进行冰下物理海洋学观测，利用 CTD 和海流计监测冰下海水的温盐和海流特征。

（2）冰基气—冰—海联合观测。以冰站海冰物理学观测、海冰漂流浮标观测、冰站气象、海冰光学等为主的多学科联合观测。

1）冰站海冰物理学观测。包括冰芯物理结构观测、海冰力学性质测量、海冰厚度、积雪物理学等观测。使用同一根冰芯进行海冰冰芯温度、盐度和密度测量；将冰芯分割成9 cm长的圆柱体，对毛冰片进行海冰晶体结构观测；通过单轴压缩和无侧压剪切试验测量冰芯的单轴压缩强度和剪切强度；记录实测冰厚、冰舷高度和积雪物理特征等。

2）冰基浮标观测。浮标的布放步骤如下：

① 准备支撑支架和2 kg的铅块；

② 选择平整浮冰为布置点；

③ 钻出5 cm直径的冰孔；

④ 将温度链连同铅块放进冰孔中，并固定在支撑支架上；

⑤ 连接温度链和控制单元，并激活控制单元；

⑥ 将浮冰布放处的积雪整理平整；

⑦ 记录海冰厚度、冰舷高度、积雪厚度、处于积雪表面的温度探头次序，以及布放点位置等参数。

3）冰站气象观测。安装漂流自动气象站1套。在北冰洋浮冰上安装近地面梯度观测系统：建立梯度观测铁塔，安装2层慢响应的气温、湿度、风速、风向传感器，在冰里埋置三层冰温，采集系统由电瓶供电实现全自动观测；在北冰洋浮冰上建立辐射观测系统：在浮冰中心进行近地面辐射观测，在1.5 m高的辐射架上安装向上向下的短波和长波辐射传感器，由采集系统自动采集数据。

4）海冰光学观测。主要考察秋季冻结阶段，融池和多年冰的光学特性，包括不同表面类型海冰的反照率和透射率，同时观测冻结融池的辐射性质。

① 融池辐射观测。在布放时将CNR4架设于三脚架之上，探头高度一般位于融池表面1 m左右，通过一根可伸缩的长杆将探头延伸至融池上部进行观测。

② 海冰光学观测。使用德国TriOS公司生产的Ramses – ACC – VIS高光谱余弦辐照度传感器观测海冰反照率和透射率等光学特性。

5）海冰航空遥感观测。海冰的航空遥感主要由航拍相机实现。它通过USB接口同计算机连接。由计算机控制照相机的工作状态和取景。另外，由GPS确定航迹，由气压传感器确定飞行高度。照相机安装到一个塑料箱上，然后再固定到直升机上，保持相机镜头垂直向下。信号电缆引入直升机内与计算机相连。

## 二、第六次北极科学考察数据获取方式

### （一）物理海洋考察数据获取方式

#### 1. 重点海域断面考察

（1）CTD/ADCP观测数据的获取方式同第五次北极科学考察。

（2）海洋湍流观测数据的获取方式同第五次北极科学考察。

（3）海洋光学观测。第六次北极科学考察首次开展了海洋光学观测。海洋光学观测采用辐射反射剖面仪PRR800和ALEC – CTD联合下放方式获得海洋向上辐照度和向上辐亮度，PRR810固定于下放位置附近船舷无遮挡处，接收太阳向下辐照度，为水下获取的数据提供参照。数据获取具体流程如下：

1）进行 CTD 作业时，开始准备海洋光学观测设备；
2）利用 A 型架和小型绞车布放光学观测仪器；
3）到达水面以下 150 m 时停止布放，停留 1 min 后回收仪器；
4）仪器收回到甲板后，保存数据到 U 盘，清理作业现场。

2. 锚碇长期观测

2014 年 7 月 20 日中国第六次北极考察期间，在北太平洋海域成功布放锚碇海气通量浮标观测一套，这是我国首次在北太平洋海域布放的锚碇观测浮标。该浮标获取了定点气温、湿度、风速、短波辐射、长波辐射，海表面温度等海气界面连续观测数据。布放具体流程如下。

（1）在到达投放站点前，须先将 15 m 锚链安装至浮标的马鞍链上，再将位甲板的第一段锚绳，沿外船舷牵引至前甲板，与浮标正下方的 15 m 承重锚链链接；锚绳沿着外船舷，每隔 5 m 做一个活结的固定保护，如刚好有走廊系锚柱，则可以固定在走廊内的系锚柱上。如无，则将锚绳固定在外船舷边或导缆孔位置。绝对要避免锚绳提前入水。

（2）到达作业点后，船体姿态须保证左舷迎风顶流，保证船体受风流影响而自动飘离浮标。同时，当浮标及正下方的 15 m 锚链下放至水面，并顺利脱钩后，驾驶配合往下风顺流方向打一个小舵，以加速船与浮标的分离。

（3）根据以往的经验，船体和浮标逐渐分离，最后形成"船前标后"的拖带状态，确认尾部锚绳位置处于安全状态——没有压船底也不存在缠绕螺旋桨的危险，下达微速前行命令。锚绳受力拉直，继而远离后甲板（螺旋桨）。

（4）在甲板通过绞盘慢速释放缆绳，船体保持微速航行。

（5）锚绳释放完毕，在甲板将所有锚链排成长度约 5 m 的纵向往复之字形，每个之字分段都用细麻绳拴住，统一系到锚桩固定，为接下来的"飞锚链"做防弹保护。将约 82 m 锚链两头固定，用吊机将 2 t 的水泥沉块吊出甲板，使用脱钩器脱钩，水泥块利用自身的重量，拖着离它最近的第一段锚链崩断防弹麻绳入水。同理，之后锚链会按顺序依次崩断防弹麻绳入水，完成投放。

3. 走航观测

（1）走航海表温盐观测数据的获取方式同第五次北极科学考察。

（2）走航 ADCP 观测。利用"雪龙"号配备的走航 ADCP 流速仪获取走航期间表层流速数据。

4. 抛弃式观测

（1）XBT/XCTD 观测数据的获取方式同第五次北极科学考察。

（2）Argos 浮标观测。将 Argos 漂流浮标在船速 2~3 kn 的航速下在船尾开阔水域进行投放。在冰区投放时，需要选择冰密集度因低于 10% 的海域，投放时注意不要磕碰。漂流浮标阻力帆设置在水深 15 m 层，漂流浮标通过阻力帆带动而随海水运动。通过铱星传输数据，数据采样间隔为 1 h。漂流浮标经纬度数据插值成每小时的数据，通过中心差分得到流速。

（二）海洋气象考察数据获取方式

走航气象观测数据的获取方式基本类似于第五次北极科学考察。只有以下两点不同。

（1）第五次北极科学考察使用的自动气象观测站为 Vaisala Milos 500，第六次北极科学考察使用的自动气象观测站为北京天诺基业科技 SH3000 自动气象站。

（2）第五次北极科学考察的能见度要素是基于人工目测，而第六次北极科学考察基于自动气象观测站中的能见度传感器进行人工订正后记录。

### （三）大气环境考察数据获取方式

#### 1. 走航探空观测

走航探空观测数据的获取方式同第五次北极科学考察。

#### 2. 走航大气化学成分观测

走航大气化学成分观测在第五次北极科学考察的基础上增加了如下两项观测。

（1）海洋大气氧化能力观测。使用 ECOTECH EC 9810 臭氧监测仪和 EC 9830 一氧化碳监测仪连续测量近地面大气中臭氧和一氧化碳气体浓度。

（2）近地面大气中温室气体浓度观测。使用 LGR GGA – 24r – EP 光谱仪连续测量近地面二氧化碳和甲烷的浓度。

### （四）海冰环境考察数据获取方式

#### 1. 走航海冰观测

走航海冰观测数据的获取方式同第五次北极科学考察。

#### 2. 冰站观测

（1）冰下物理海洋观测数据的获取方式同第五次北极科学考察。

（2）冰基海 – 冰 – 气联合观测数据的获取方式同第五次北极科学考察。此外，增加了冰基温度上层海洋剖面（ITP）观测、海 – 冰气界面湍通量观测和冰下上层海洋微结构观测。

ITP 浮标布放具体流程如下。

1）将提前整理封装好的设备起吊至冰面。

2）选择预防地点。地势平坦或微隆，周边最好存在一定厚度的积雪，海冰厚在 1～2 m 之间，无融池或周围融池较少的空间较为合适。

3）将设备运至下方地点后，2 人负责钻取所需直径的冰洞。其余人员负责将设备搬运至冰面并进行下方前的检查、组装工作。另外在组装过程中需要做好防水处理。

4）搭载简易起吊装备。对设备的连接情况进行检查，按照水下探测装置（含浮子）—缆绳—冰面设备的顺序逐一下放。

5）待浮标稳定后可以通过调试接口或终端发送信号使其立即做一个剖面观测，当这组数据的接收完全正常后，方可认为浮标的调试工作已经完成。

6）将浮标周围的设备及支架撤离，最后检查仪器的姿态以及接口的防水情况，检查通讯系统的数据发送情况。

冰 – 气界面湍流通量观测的数据获取方式如下。

冰站冰气通量观测在长期冰站作业期间开展，主要使用涡动观测系统进行实时观测，其组成传感器包括：CSAT3 超声风速仪、LI – 7500 二氧化碳/水汽分析仪和 CR3000 数据采集器组成的涡动通量观测系统；CNR1 净辐射传感器和 CR3000 数据采集器组成的辐射观测系统；

另外还有IRR-P红外温度传感器和HMP45C温湿度传感器。

冰下上层海洋微结构观测数据的获取方式如下。

采用德国SST公司生产的MSS-090L微结构剖面仪,该设备可观测参数为:标准温度、快速温度、标准盐度、流速剪切、压力、加速度、溶解氧、叶绿素等,采样频率为1 024 Hz。观测步骤如下:首先在冰面开孔50 cm×50 cm,而后发电机供电,利用设备自动的电动绞车收放剖面仪,下降为主要观测过程,下降过程中线缆在水面盘旋两圈,以保证剖面仪在水中不受缆绳拉力,为自由落体状态,以能准确观测流速剪切。

## 第二节 获取的主要数据

### 一、第五次北极科学考察获得的主要数据

第五次北极科学考察以断面调查、走航观测、抛弃式观测和长期观测等考察方式获得了北极水文、气象、大气、海冰等学科的数据,共计13.7G,统计表见表4.1。

表4.1 第五次北极科学考察获取数据统计表

| 考察方式 | 考察仪器 | 获得的主要数据 | 数据量 |
|---|---|---|---|
| 断面调查 | CTD | 海水温度、盐度、深度 | 482 M |
|  | LADCP | 海流的流速和流向 | 35.4 M |
|  | VMP-200 | 温度、盐度、水平剪切系数 | 179.7 M |
| 走航海冰观测 | 红外辐射计 | 海冰(水)皮温 | 150 M |
|  | EM31 | 海冰厚度 | 75 M |
|  | 目测 | 海冰冰型、积雪、融池等分布信息以及冰密集度等 | 0.3 M |
| 走航海洋观测 | SBE21 | 海表温度、盐度 | 47.6 M |
| 走航气象观测 | GPS探空气球 | 经纬度、风速、风向、气温、高度 | 12.5 M |
|  | 自动气象仪 | 气温、湿度、风向和风速、气压 | 3.4 M |
|  | 通量观测系统 | 三维风速、$CO_2$和$H_2O$ | 9.5 G |
|  | 大气成分观测系统 | $CO$、$CO_2$、$O_3$、$CH_4$、黑碳等浓度 | 1.2 G |
|  | 目测 | 风向、风速、海平面气压、相对湿度、能见度等 | 0.1 M |
| 抛弃式观测 | XBT | 海水温度、深度 | 18.8 M |
|  | XCTD | 海水温度、盐度、深度 | 19 M |
| 锚碇长期观测 | 潜标观测系统 | 海水温度、盐度、流速和流向 | 364 M |
|  | 海气耦合观测浮标 | 气温、湿度、风向和风速、气压、水汽、$CO_2$、辐射通量、波浪、海流等 | 29 M |
| 海洋-海冰-大气联合连续观测 | CTD | 海水温度、盐度、深度 | 25 M |
|  | 辐射观测系统 | 向上、向下长波/短波辐射 | 1 M |
|  | 冰钻 | 冰芯样品 | 140根 |

续表

| 考察方式 | 考察仪器 | 获得的主要数据 | 数据量 |
|---|---|---|---|
| 冰基观测 | 自动气象站 | 气温、湿度、风向和风速、气压 | 600 M |
| | 海冰漂流浮标 | 经纬度 | 945 M |
| | 海冰温度链浮标 | 经纬度、海冰温度 | 42 M |
| 合计 | | | 13.7 G |

## 二、第六次北极科学考察获得的主要数据

中国第六次北极科学考察完成了包括北极水文、气象、大气、海冰等学科在内的环境信息考察，获得了断面调查、走航观测、抛弃式观测和长期观测等考察方式的数据，共计206 G，数据统计表见表4.2。

表4.2　第六次北极科学考察获取数据统计表

| 考察方式 | 考察仪器 | 获得的主要数据 | 数据量 |
|---|---|---|---|
| 断面调查 | CTD | 海水温度、盐度、深度 | 364 M |
| | LADCP | 海流的流速和流向 | 102.7 M |
| | VMP–200 | 温度、盐度、水平剪切系数 | 252.5 M |
| | PRR800/810 | 海面向上辐照度等 | 155.6 M |
| 走航海冰观测 | 红外辐射计 | 海冰（水）皮温 | 125 M |
| | EM31 | 海冰厚度 | 253 M |
| | 目测 | 海冰冰型、积雪、融池等分布信息以及冰密集度等 | 0.1 M |
| 走航海洋观测 | SBE21 | 海表温度、盐度 | 16.3 M |
| | ADCP | 海流的流速和流向 | 18.5 G |
| 走航气象观测 | GPS探空气球 | 经纬度、风速、风向、气温、高度 | 74 M |
| | 自动气象仪 | 气温、湿度、风向和风速、气压 | 3.7 M |
| | 通量观测系统 | 三维风速、$CO_2$和$H_2O$ | 5.4 G |
| | 大气成分观测系统 | $CO$、$CO_2$、$O_3$、$CH_4$、黑碳等浓度 | 1.2 G |
| | 目测 | 风向、风速、海平面气压、相对湿度、能见度等 | 0.1 M |
| 抛弃式观测 | XBT | 海水温度、深度 | 41.9 M |
| | XCTD | 海水温度、盐度、深度 | 14.1 M |
| | Argos漂流浮标 | 经纬度、流速和流向 | 1 M |
| 锚碇长期观测 | 海气界面浮标观测系统 | 气温、湿度、风速、短波辐射、长波辐射、海表面温度等 | 37.2 M |
| 海洋–海冰–大气联合连续观测 | CTD | 海水温度、盐度、深度 | 568 M |
| | ADCP | 海流的流速和流向 | 19.1 M |
| | 冰–气界面涡动通量系统 | 风速、风向、水汽、$CO_2$ | 11.2 G |
| | 辐射观测系统 | 向上、向下长波/短波辐射 | 51.6 M |
| | ARV | 海冰厚度，海冰及融池下光透射辐照度，海冰底部形态视频 | 166 G |
| | 冰钻 | 冰芯样品 | 42 根 |

续表

| 考察方式 | 考察仪器 | 获得的主要数据 | 数据量 |
|---|---|---|---|
| 冰基观测 | 自动气象站 | 气温、湿度、风向和风速、气压 | 1.5 G |
| | ITP | 冰下海水温度、盐度、深度 | 30.3 M |
| | 海冰漂流浮标 | 经纬度 | 44.7 M |
| | 海冰物质平衡浮标 | 气温、气压、积雪、冰厚、温度、经纬度 | 2 M |
| | 海冰温度链浮标 | 经纬度、海冰温度 | 134 M |
| 合计 | | | 206 G |

## 第三节 质量控制与监督管理

### 一、质量监控工作概述

为加强"南北极环境综合考察与评估专项"的质量控制与监督管理工作，确保极地专项任务的完成质量，国家海洋局极地专项办公室制定了《极地专项质量控制与监督管理办法》。国家海洋标准计量中心作为极地专项质量监督管理工作机构（以下简称"工作机构"），依据相关管理办法制定了《第六次北极考察航次质量控制与监督管理实施方案》。在中国第六次北极考察中，我国首次设立了极地考察随船质量监督员，并组织开展随船质量监督检查工作。该航次随船质量监督工作严格按照实施方案规定，配合工作机构开展质量控制与监督管理工作，确保航次考察各项任务安全、高效、高质的完成。

#### 1. 航次质量控制工作内容

依据《第六次北极考察航次质量控制与监督管理实施方案》，针对极地专项北极考察任务的目标，以"第六次北极考察现场实施方案"为基础，航次首席科学家组织各考察学科负责人编写了航次质量保障实施方案，制定了质量保障措施，明确了质量保障责任，并于航前提交至工作机构审查备案。主要包含以下内容。

（1）明确航次质量保障组织机构职责及人员分工：将整个考察队划分为水文、气象、化学、生物、海冰、地质和地球物理共7个学科。除航次首席科学家和各学科负责人对航次任务质控负责外，各学科设立1名质量保障员协助各学科负责人与极地专项质量监督员共同对考察过程开展现场质量监督管理。

（2）考察人员岗前培训及航次强化培训：任务承担单位对承担航次任务的外业及内业考察人员开展技术培训并保存培训记录；航次首席科学家组织各学科负责人开展航次强化培训，组织具有丰富极地考察经验的同志进行指导，在航渡期间进行分班甲板作业演练，使各作业班组在正式作业前能熟练掌握各规范化操作程序和技术要领，使海上考察工作有序、安全、规范。

（3）仪器设备配置及量值溯源情况：仪器设备配置均需满足航次任务需求且具备有效的检定或校准证书；不能开展检定/校准的仪器设备需采用比测、自校的方式开展量值溯源，明

确比测、自校方法，保存结果记录。需要进行期间核查的设备使用者需对该仪器进行期间核查，制订期间核查计划。

（4）样品储存及处理方法：考察航次样品的采集和储存符合《南北极环境综合考察与评估专项技术规程》的要求。

（5）现场考察及实验室分析方法：考察方法均按《极地海洋水文气象化学生物调查技术规程》和相关的国家标准、行业标准严格执行。

### 2. 航次质量监督管理工作内容

严格按照工作机构依据极地专项考察航次计划、航次质量保障实施方案制订第六次北极考察质量监督计划，积极配合工作机构及委派的随船质量监督员完成航次质量监督管理工作。主要包括航前检查和随船监督两部分。

（1）航前检查：出航前工作机构委派检查组对航次的备航情况开展了质量监督。检查内容重点包括航前人员培训情况、仪器设备配置及量值溯源情况、考察方法、船舶及实验室环境设施等。对于航前检查发现的问题，各学科负责人积极采取措施完成整改，整改情况由随船质量监督员在航次过程中监督。

（2）随船监督：工作机构委派质量监督员与专项任务承担单位的质量保障员共同对考察过程开展现场质量监督管理。

质量监督员的工作内容包括参与仪器的自校准（比对、比测）和仪器的期间核查，定期检查作业过程中工作日志、班报、相关原始记录，检查仪器故障情况记录和解决措施记录，检查采集样品现场预处理和储存是否符合技术规程规定，督促考察任务开展质量工作自查。针对质量监督员定期反馈的问题和不足，考察队领导及各学科负责人积极配合整改工作，确保整个航次任务的完成质量。

## 二、质量保障实施方案

### （一）水文质量保障实施方案

#### 1. 考察人员专项技术规程培训

专题负责人组织水文组所有队员学习《极地海洋水文气象化学生物调查技术规程》中与水文观测相关的技术规程并计划在强化培训中，结合航次实际情况，继续深入学习并严格贯彻执行。外业人员进行岗前及航次强化培训。

#### 2. 仪器设备

1）内外业仪器设备配置情况，见表4.3。仪器设备具体指标可参看第三章。

表4.3 水文组设备配置表

| 序号 | 名称 | 配置 | 备注 |
| --- | --- | --- | --- |
| 1 | SBE 911Plus CTD | 双温双导探头，多种传感器探头的自容式主机系统、泵循环海水系统、专用通信电缆、固体存储器、RS232接口和电磁采水系统 | 有备份 |
| 2 | PRR800/810 | 辐照度探头2枚，辐亮度探头1枚 | |

续表

| 序号 | 名称 | 配置 | 备注 |
|---|---|---|---|
| 3 | VMP200 | 剪切探头2个，温盐探头各1个 | 有备份 |
| 4 | Argos 漂流浮标 | 铱星通信实时传输 | |
| 5 | XBT | TSK 公司、Sippican 公司生产的 T-7 型。采用的数据采集器为：日本 TSK 公司的 TS-MK-150n 型 | |
| 6 | XCTD | 日本 TSK 公司（Tsurumi-Seiki Co., LTD）生产的 XCTD-1 型 | |
| 7 | 锚碇海气浮标 | 风速风向传感器、温湿度传感器、辐射传感器、气压计、电子罗盘、温盐深传感器 | 各传感器均有备份 |

2）工作计量器具的量值溯源情况：

SBE 911Plus CTD 系统已送到美国 SBE 公司校正。PRR800 探头于 2013 年 7 月在中国计量科学研究院标定。VMP200 探头于 2012 年 5 月在加拿大仪器公司校正。ALEC CTD 于 2014 年 6 月初在国家海洋标准计量中心标定。

XBT/XCTD 量值溯源方案：在考察过程中，在水文站位作业期间，在前 5 个站位期间，选择一个站位，在 SBE 911Plus 工作的同时，投放 1 枚 XBT 和 1 枚 XCTD，将 XBT、XCTD 的观测结果和 SBE 911Plus 进行比较校正及量值溯源。

Argos 漂流浮标 2014 年 6 月 19—22 日"雪龙"船试验航次对漂流浮标进行了比测，仪器基本满足调查研究的需要，另附漂流浮标比测报告一份。

浮标所用传感器均为全新出厂的传感器，满足研究需求。

### 3. 现场调查及实验室分析方法

水文考察严格按照《极地海洋水文气象化学生物调查技术规程》执行。

### 4. 样品采集、储存及处理方法

数据存储采用双存储方法，完成一个站位后，安排专门人员进行数据备份，备份 2~3 份。

### 5. 调查船条件及实验室环境设施

XBT/XCTD 观测在后甲板开展，投放时间短，采集器占用空间较小，后甲板及后甲板实验室能够满足观测要求。

### 6. 试航（全员演练）计划

1）在航次任务正式实施前，进行一次全员演练，计划做一个完整的水文站点，包括下放 CTD 采水器，以及 PRR800 和 VMP500 设备。

2）XBT/XCTD 在开始正式观测之前，进行一次投放测试及培训。

### 7. 原始记录质量自查

航次期间计划对仪器进行每周的例行检查，确保仪器工作状态良好。

XBT/XCTD 的观测项目，将每 7 天进行 1 次原始记录自检，每 30 天由航次数据质量保障负责人进行抽检 1 次。

### 8. 内业处理质量控制

各任务承担单位、各学科负责人对原始记录的内业处理和样品的实验室分析进行质控，明确质控程序、质控目的。

### 9. 报告编写

各任务承担单位、各学科负责人对报告考察的编写进行质控，明确质控程序、质控目的。

## （二）气象质量保障实施方案

### 1. 考察人员

为了确保人工观测的准确性，由国家海洋环境预报中心（以下简称"预报中心"）海洋气象预报室组织了科考人员的岗前培训，邀请具有多次南北极科学考察经验的同志主讲，考察队员全程参与了培训。

### 2. 仪器设备

气象学科学科考察的仪器设备包括自动气象站，以及卫星遥感接收系统。仪器方面，聘请了天诺公司的工程师对自动气象站的硬件进行了详尽的检修和维护，对软件进行了更新完善。试航期间，考察队员对于卫星遥感接收系统进行了全面的运行测试，结果良好。经检验，这些仪器的工作状况达到了气象学科科学考察任务的要求。

### 3. 现场调查及实验室分析方法

气象观测分为人工观测和自动气象站观测；Seaspace 系统接收卫星遥感数据。

### 4. 调查船条件及实验室环境设施

"雪龙"号的环境设施满足气象学科的科学考察需要。

### 5. 试航（全员演练）计划

组织气象学科考察人员参加试航演练，熟练掌握考察所需仪器设备的标准操作，并按照正式考察的标准，进行演练。

### 6. 报告编写

学科负责人对报告考察的编写进行质控，明确质控程序与质控目的。

## （三）海冰质量保障实施方案

### 1. 考察人员

海冰组队员参加学习极地专项计量标准化相关知识以及质量控制与监督管理实施方案。在"雪龙"船开展 2～3 天的试验航次中，海冰组队员参加试航航次，对部分观测设备如红外辐射计等进行了试验和培训。海冰组召开协调会议，对任务分工、仪器设备的使用、数据处理等，进行系统学习培训。

### 2. 仪器设备

（1）内外业仪器设备配置情况见表 4.4。

表 4.4 海冰组设备配置表

| 序号 | 名称 | 配置 | 备注 |
|---|---|---|---|
| 1 | KT19.85IIP 红外辐射计 | 测温度范围为 −20~70℃，测量精度为 ±0.5℃ +0.7% ×测量装置与被测物体温度差。红外辐射计的采样间隔为 1 s。仪器架设在驾驶台顶部，垂直向下，镜头轴线离开船体最外边缘 40 cm，镜头离水面 40 m。观测视场直径约 20 cm，能保证不受船体的影响 | 有备份 |
| 2 | 高光谱辐照度计 | 测量波长范围为 320~950 nm，传感器探头为余弦接收器，谱分辨率为 3.3nm/pixel，谱精度为 0.3 nm | |
| 3 | 电磁感应式海冰厚度测量系统 | EM31 海冰电导率的变化范围在 0~30 mS/m 之间，而海水电导率 2 000~3 000 mS/m 之间 | |
| 4 | PRR800 光谱仪 | 观测波长覆盖 305~875 nm，共包含 19 个波段，半波宽为 10 nm | |

（2）工作计量器具的量值溯源情况。

红外辐射计数据通过 SBE 21 的 SST 数据集 SBE 911Plus CTD 的数据进行比较和溯源。

高光谱辐照度计为新配置设备，且国际通用观测设备。

电磁感应式海冰厚度测量系统，通过长期冰站的钻孔观测对比，进行校正。

### 3. 现场调查及实验室分析方法

（1）走航期间的海冰观测：在到达冰区之前，首先将观测仪器在预定位置架设安装，并进行测试试验，确保仪器正常工作；进入冰区后，持续自动观测；冰区作业结束后，拆卸仪器设备，进行保养清洗等；提取数据，并做好双备份，后继开展数据分析工作。

（2）冰站（长期/短期）的海冰观测：在到达冰站之前，首先对观测仪器进行测试试验，确保仪器正常工作；到达冰站后，仪器和作业人员在船舶保障条件下上冰，开展观测；首先架设仪器设备，进行初步的数据采集测试，通过后，即持续自动观测；冰站作业结束后，拆卸仪器设备，进行保养清洗等；提取数据，并做好双备份，后继开展数据分析工作。

（3）海冰光学测量：自然光状态下进行海冰光学透射试验所使用的仪器是美国 Biospherical 公司生产的 PRR800/810 系统。采用的观测步骤如下。

① 开始记录数据，此时 PRR810 探头竖直向上，测量入射辐照度 2 min。

② 将 PRR810 探头旋转 180°竖直向下，测量雪面的反射辐照度 2 min。

③ 遮挡 PRR810 并将其移出观测区，除去 PRR800 仪器上方的表层 2 m² 积雪，准备观测裸冰的透射性质。

④ 移回 PRR810，探头竖直向上，测量入射辐照度 2 min。

⑤ 将 PRR810 探头旋转 180°竖直向下，测量裸冰的反射辐照度 2 min。

⑥ 试验结束。

### 4. 样品采集、储存及处理方法

数据存储采用双存储方法，完成走航或者冰站观测后，安排专门人员进行数据备份。

### 5. 调查船条件及实验室环境设施

走航海冰观测项目已多次开展，船舶具体良好工作条件；冰站工作项目在船舶保障条件满足的情况下，可以顺利开展。

**6. 试航（全员演练）计划**

在开展海冰走航观测、长短期冰站观测之前，对海冰组作业人员进行关键设备的使用操作演练，并进行作业安全培训。

**7. 原始记录质量自查**

海冰观测项目，将每3天进行1次原始记录自检，每10天由航次数据质量保障负责人进行抽检1次。

## 三、质量监控现场执行情况

因我国第六次北极科学考察中首次设立了随船质量保障员，因此质量监控现场执行情况以较完备的第六次北极科学考察为例介绍。

### （一）水文质量监控现场执行情况

航次执行期间积极配合随船质量保障员开展现场质量控制与监督管理工作，严格按照质量监控实施方案开展各项任务。主要包括：仪器的自校准（比对、比测）和仪器的期间核查；作业过程中工作日志、班报、相关原始记录的规范记录；严格按照外业相关操作规程；检查仪器故障情况记录和解决措施记录；按时开展质量工作自查等。其中原始记录、工作日志详细抽查结果见表4.5和表4.6，相关外业操作规程见表4.7。

### （二）气象质量监控现场执行情况

航次执行期间积极配合随船质量保障员开展现场质量控制与监督管理工作，严格按照质量监控实施方案开展各项任务。主要包括：仪器的自校准（比对、比测）和仪器的期间核查；作业过程中工作日志、班报、相关原始记录的规范记录；严格按照外业相关操作规程；检查仪器故障情况记录和解决措施记录；按时开展质量工作自查等。其中原始记录、工作日志详细抽查结果见表4.8和表4.9，相关外业操作规程见表4.10。

### （三）海冰质量监控现场执行情况

航次执行期间积极配合随船质量保障员开展现场质量控制与监督管理工作，严格按照质量监控实施方案开展各项任务。主要包括：仪器的自校准（比对、比测）和仪器的期间核查；作业过程中工作日志、班报、相关原始记录的规范记录；严格按照外业相关操作规程；检查仪器故障情况记录和解决措施记录；按时开展质量工作自查等。其中原始记录、工作日志详细抽查结果见表4.11和表4.12，相关外业操作规程见表4.13。

## 第四章 考察主要数据

### 表 4.5 极地专项考察航次外业考察原始记录抽查表（水文）

| 序号 | 考察项目/仪器 | 任务承担单位 | 站位 | 记录时间 | 抽查时间 | 合格与否 | 备注（整改情况记录） |
|---|---|---|---|---|---|---|---|
| 1 | 水文站位 CTD 考察 | 国家海洋局第一海洋研究所（以下简称"海洋一所"）中国极地研究中心（以下简称"极地中心"） | C03<br>C02 | 2014-07-29 08:34<br>2014-07-29 11:52 | 2014-08-15 | 是 | |
| 2 | 水文站位 LADCP 考察 | 海洋一所<br>中国海洋大学 | S04<br>S05<br>S08 | 2014-08-03 07:55<br>2014-08-03 13:36<br>2014-08-04 14:25 | 2014-08-15 | 是 | |
| 3 | 水文站位湍流考察/VMP | 中国海洋大学 | B02<br>B03<br>B06 | 2014-07-18 21:41<br>2014-07-19 05:25<br>2014-07-20 14:25 | 2014-08-15 | 是 | |
| 4 | 水文站位光学考察/PRR | 中国海洋大学 | R01<br>CC1<br>CC3 | 2014-07-27 23:10<br>2014-07-28 07:42<br>2014-07-28 12:55 | 2014-08-15 | 是 | |
| 5 | 走航表层温盐考察/SBE21 | 海洋一所 | 采样频率 10 s | 2014-07-13 08:32 | 2014-08-15 | 是 | 电子版原始记录 |
| 6 | 走航 ADCP 考察（38K/300K） | 海洋一所<br>中国海洋大学 | 采样频率 12 s/4 s | 2014-08-15 | 2014-08-15 | 是 | 电子版原始记录 |
| 7 | 抛弃式 XBT 考察 | 国家海洋局东海分局（以下简称"东海分局"） | BB88<br>BB95 | 2014-08-11 21:44<br>2014-08-12 12:18 | 2014-08-15 | 是 | |
| 8 | 抛弃式 XCTD 考察 | 极地中心 | BB98<br>BB100 | 2014-08-12 21:48<br>2014-08-13 09:52 | 2014-08-15 | 是 | |
| 9 | 抛弃式 Argos 考察 | 国家海洋局第二海洋研究所（以下简称"海洋二所"） | R03<br>R04<br>S02 | 2014-07-29 01:26<br>2014-07-29 04:00<br>2014-07-31 00:37 | 2014-08-15 | 是 | |
| 10 | 锚碇浮标观测 | 海洋一所 | 采样频率 3 min | 2014-08-05 08:57 | 2014-08-15 | 是 | 电子版原始记录 |

表 4.6　极地专项考察航次外业考察工作日志抽查表（水文）

| 序号 | 考察项目 | 任务承担单位 | 工作日志 | 记录时间 | 抽查时间 | 备注 |
|---|---|---|---|---|---|---|
| 1 | 水文站位 CTD 考察 | 海洋一所<br>中国海洋大学<br>极地中心 | 有 | 2014-07-18<br>2014-08-03 | 2014-08-15 | 电子版工作日志 |
| 2 | 水文站位 LADCP 考察 | 海洋一所<br>中国海洋大学 | | | | |
| 3 | 水文站位湍流考察 | 中国海洋大学 | | | | |
| 4 | 水文站位光学考察 | 中国海洋大学 | | | | |
| 5 | 走航表层温盐考察 | 海洋一所 | 有 | 2014-08-08<br>2014-08-15 | 2014-08-15 | 电子版工作日志 |
| 6 | 走航 ADCP 考察(38K/300K) | 海洋一所<br>中国海洋大学 | 无 | | 2014-08-15 | 第二次抽查时补交 |
| 7 | 抛弃式 XBT 考察 | 极地中心<br>东海分局 | 有 | 2014-08-11<br>2014-08-12 | 2014-08-15 | 工作日志写在原始记录备注里 |
| 8 | 抛弃式 XCTD 考察 | 极地中心 | 有 | 2014-08-12<br>2014-08-13 | 2014-08-15 | 同上 |
| 9 | 抛弃式 Argos 考察 | 海洋二所 | 有 | 2014-07-29<br>2014-07-31 | 2014-08-15 | 同上 |
| 10 | 锚锭浮标观测 | 海洋一所 | 有 | 2014-07-20 | 2014-08-15 | 电子版工作日志 |

## 表 4.7 极地专项考察航次外业考察操作规程统计表（水文）

| 序号 | 考察项目/仪器 | 任务承担单位 | 是否具有操作规程 | 操作规程名称（列举项目/仪器操作规程） | 备注 存在的问题都可在备注中引出问题及整改修改记录 |
|---|---|---|---|---|---|
| 1 | 水文站位 CTD 考察 | 海洋一所 中国海洋大学 极地中心 | 是 | 专项技术规程/温盐深仪定点测温 | |
| 2 | 水文站位 LADCP 考察 | 海洋一所 中国海洋大学 | 是 | 专项技术规程/LADCP 测流 | |
| 3 | 水文站位湍流考察 | 中国海洋大学 | 否 | | 暂未有成型的规程 |
| 4 | 水文站位光学考察 | 中国海洋大学 | 否 | | 暂未有成型的规程 |
| 5 | 走航表层盐温考察 | 海洋一所 | 是 | 专项技术规程/走航表层温度观测 | |
| 6 | 走航 ADCP 考察（38K/300K） | 海洋一所 中国海洋大学 | 是 | 专项技术规程/船载 ADCP 走航测流 | |
| 7 | 抛弃式 XBT 考察 | 极地中心 东海分局 | 是 | 专项技术规程/走航剖面温度观测 | |
| 8 | 抛弃式 XCTD 考察 | 极地中心 | 是 | 专项技术规程/走航剖面温度观测 | |
| 9 | 抛弃式 Argos 考察 | 海洋二所 | 是 | 专项技术规程/浮标观测 | |
| 10 | 锚锭浮标观测 | 海洋一所 | 否 | | 暂未有成型的规程 |

表 4.8 极地专项考察航次外业考察原始记录抽查表（气象）

| 序号 | 考察项目 | 任务承担单位 | 站位 | 记录时间 | 抽查时间 | 合格与否 | 备注（整改情况记录） |
|---|---|---|---|---|---|---|---|
| 1 | 站点海洋气象调查 | 预报中心 | | | 2014-08-11 | 是 | 将涌浪情况补充至水文CTD站位记录表 |
| 2 | 定点海洋气象调查 | 预报中心 | 采样频率 3次/天 | 2014-08-01—2014-08-03 | 2014-08-11 | 是 | 电子记录表格 |
| 3 | 走航探空气球大气边界层调查 | 预报中心 | 20140721-1 20140722-2 | 2014-07-21 07:00:59-09:53:10 2014-07-22 05:33:35-08:06:34 | 2014-08-11 | 是 | 电子记录表格 |
| 4 | 走航温室气体调查 | 中国气象科学研究院（以下简称"气科院"） | 采样频率5 min | 20140717 00:00:—01:30 | 2014-08-11 | 是 | 电子记录表格 |
| 5 | 冰站探空气球观测 | 气科院 | ICE06 | 2014-08-19 | 2014-09-11 | 是 | 电子版原始记录 |
| 6 | 冰站气象观测 | 气科院 | ICE06 | 2014-08-19 | 2014-09-11 | 是 | 电子版原始记录 |
| 7 | VOC挥发性有机走航观测 | 中国科学技术大学（以下简称"中科大"） | 1天2次 | 2014-08-02 | 2014-09-11 | 是 | |
| 8 | 大气汞在线走航观测 | 中科大 | 5 min 1次 | 2014-08-31 | 2014-09-11 | 是 | 电子版原始记录 |
| 9 | 总悬浮颗粒物走航观测（TSP） | 中科大 | 1天2次 | 2014-07-24 | 2014-09-11 | 是 | |

表 4.9 极地专项考察航次外业考察工作日志抽查表（气象）

| 序号 | 考察项目 | 任务承担单位 | 工作日志 | 记录时间 | 抽查时间 | 备注 |
|---|---|---|---|---|---|---|
| 1 | 站点海洋气象调查 | 预报中心 | 无 |  | 2014-09-11 | 普查检查 |
| 2 | 定点海洋气象调查 | 预报中心 | 有 | 2014-08-06 | 2014-09-11 | 日志在原始记录里 |
| 3 | 走航探空气球大气边界层调查 | 预报中心 | GPS探空观测日志 | 2014-07-21<br>2014-07-22 | 2014-08-11 |  |
| 4 | 走航温室气体调查 | 气科院 | 黑碳仪 AE31 工作日志 | 2014-07-23 | 2014-08-11 | 电子版日志 |
| 5 | 冰站探空气球观测 | 气科院 | 无 |  | 2014-09-11 | 普查检查 |
| 6 | 冰站气象观测 | 气科院 | 无 |  | 2014-09-11 | 普查检查 |
| 7 | VOC挥发性有机物走航观测 | 中科大 |  |  |  |  |
| 8 | 大气汞在线走航观测 | 中科大 | 有 | 2014-07-11<br>2014-07-24 | 2014-09-11 |  |
| 9 | 总悬浮颗粒物走航观测（TSP） | 中科大 |  |  |  |  |

表 4.10　极地专项考察航次外业考察操作规程统计表（气象）

| 序号 | 考察项目/仪器 | 任务承担单位 | 是否具有操作规程 | 操作规程名称（列举项目/仪器操作规程） | 备注（存在的问题都可在备注中引出问题及整改记录） |
|---|---|---|---|---|---|
| 1 | 站点海洋气象调查 | 预报中心 | 是 | 专项技术规程/海洋气象观测 | 已纸质化 |
| 2 | 定点海洋气象调查 | 预报中心 | 是 | 专项技术规程/海洋气象观测 | 已纸质化 |
| 3 | 走航探空气球大气边界层调查 | 预报中心 | 是 | 专项技术规程/大气边界层风、温、湿廓线观测方法 | 未纸质化 |
| 4 | 走航温室气体调查 | 气科院 | 否 | | |
| 5 | 冰站探空气球观测 | 气科院 | 是 | | 暂未有成型的规程 |
| 6 | 冰站气象观测 | 气科院 | 是 | 中山站极地大气化学观测技术 | |
| 7 | VOC挥发性有机物走航观测 | 中科大 | 是 | VOC挥发性有机物采样说明 | |
| 8 | 大气汞在线走航观测 | 中科大 | 是 | Tekran2537X 汞在线分析仪操作说明 | |
| 9 | 总悬浮颗粒物走航观测（TSP） | 中科大 | 是 | 武汉天虹 TH-1000C 性总悬浮颗粒物采样说明 | |

表 4.11 极地专项考察航次外业考察原始记录抽查表（海冰）

| 序号 | 考察项目 | 任务承担单位 | 站位 | 记录时间 | 抽查时间 | 合格与否 | 备注（整改情况记录） |
| --- | --- | --- | --- | --- | --- | --- | --- |
| 1 | 走航海冰形态观测/自动摄像系统 | 极地中心 | 采样频率1 min | 2014-07-31<br>2014-08-11 | 2014-08-15 | 是 | 原始记录即照片和录影 |
| 2 | 走航海冰冰情人工观测 | 极地中心 | 采样频率0.5 h | 2014-08-02 04:30-09:57 | 2014-08-15 | 是 | 单人值班观测 |
| 3 | 走航海冰厚度观测/EM31 | 极地中心 | 采样频率1s | 2014-08-15 | 2014-08-15 | 是 | 自动观测，每6小时检查工作状态是否正常 |
| 4 | 海冰/积雪物理特征综合观测/EM31 | 极地中心 | 冰站作业 | 2014-08-19 | 2014-09-13 | 是 | |
| 5 | 海冰物质平衡浮标阵列观测/冰温度链浮标 | 极地中心 | 冰站作业 | 2014-08-19 | 2014-09-13 | 是 | |
| 6 | 冰漂流浮标观测 | 极地中心<br>中国海洋大学 | 冰站作业 | 2014-08-19 | 2014-09-13 | 是 | |
| 7 | 海冰力学性质观测/冰芯 | 极地中心 | 冰站作业 | 2014-08-19 | 2014-09-13 | 是 | |
| 8 | 冰下流场观测/ADCP | 极地中心 | 冰站作业 | 2014-08-19 | 2014-09-13 | 是 | |
| 9 | 海冰光学观测/光学辐射计 | 中国海洋大学 | 冰站作业 | 2014-08-19 | 2014-09-13 | 是 | |
| 10 | 冰下温盐长期观测/浅水和深水ITP浮标 | 中国海洋大学 | 冰站作业 | 2014-08-19 | 2014-09-13 | 是 | |
| 11 | 海雾辐射/系留气艇 | 中国海洋大学 | 冰站作业 | 2014-08-19 | 2014-09-13 | 是 | |
| 12 | 冰上气象站 | 极地中心<br>中国海洋大学 | 冰站作业 | 2014-08-19 | 2014-09-13 | 是 | |

表 4.12 极地专项考察航次外业考察工作日志抽查表（海冰）

| 序号 | 考察项目 | 任务承担单位 | 工作日志 | 记录时间 | 抽查时间 | 备注 |
|---|---|---|---|---|---|---|
| 1 | 走航海冰形态观测/自动摄像系统 | 极地中心 | 有 | 2014-07-31 | 2014-09-13 | |
| 2 | 走航海冰情人工观测 | 极地中心 | 有 | 2014-08-11 | 2014-09-13 | 日志在原始记录里 |
| 3 | 走航海冰厚度观测/EM31 | 极地中心 | 有 | 2014-07-31 | 2014-09-13 | |
| 4 | 海冰/积雪物理特征综合观测/EM31 | 极地中心 | 有 | 2014-08-10<br>2014-08-20 | 2014-09-13 | 长期冰站和短期冰站日志，所有冰站项目在一份日志里 |
| 5 | 海冰物质平衡浮标阵列观测/冰温度链浮标 | 极地中心 | 有 | 2014-08-10<br>2014-08-20 | 2014-09-13 | 长期冰站和短期冰站日志，所有冰站项目在一份日志里 |
| 6 | 冰漂流浮标观测 | 极地中心<br>中国海洋大学 | 有 | 2014-08-10<br>2014-08-20 | 2014-09-13 | 长期冰站和短期冰站日志，所有冰站项目在一份日志里 |
| 7 | 海冰力学性质观测/冰芯 | 极地中心 | 有 | 2014-08-10<br>2014-08-20 | 2014-09-13 | 长期冰站和短期冰站日志，所有冰站项目在一份日志里 |
| 8 | 冰下流场观测/ADCP | 极地中心 | 有 | 2014-08-10<br>2014-08-20 | 2014-09-13 | 长期冰站和短期冰站日志，所有冰站项目在一份日志里 |
| 9 | 海冰光学观测/光学辐射计 | 中国海洋大学 | 有 | 2014-08-10<br>2014-08-20 | 2014-09-13 | 长期冰站和短期冰站日志，所有冰站项目在一份日志里 |
| 10 | 冰下温盐长期观测/浅水和深水ITP浮标 | 中国海洋大学 | 有 | 2014-08-10<br>2014-08-20 | 2014-09-13 | 长期冰站和短期冰站日志，所有冰站项目在一份日志里 |
| 11 | 海雾辐射系留气艇 | 极地中心 | 有 | 2014-08-10<br>2014-08-20 | 2014-09-13 | 长期冰站和短期冰站日志，所有冰站项目在一份日志里 |
| 12 | 冰上气象站 | 中国海洋大学 | 有 | 2014-08-10<br>2014-08-20 | 2014-09-13 | 长期冰站和短期冰站日志，所有冰站项目在一份日志里 |

## 表 4.13 极地专项考察航次外业考察操作规程统计表（海冰）

| 序号 | 考察项目/仪器 | 任务承担单位 | 是否具有操作规程 | 操作规程名称（列举项目/仪器操作规程） | 备注（存在的问题都可在备注中引出问题及整改记录） |
|---|---|---|---|---|---|
| 1 | 走航海冰形态观测/自动摄像系统 | 极地中心 | 有 | 专项调查规程/海冰观测 船基海冰形态自动观测操作规范 | 已纸质化 |
| 2 | 走航海冰冰情人工观测 | 极地中心 | 有 | 专项调查规程/海冰观测 | 已纸质化 |
| 3 | 走航海冰厚度观测/EM31 | 极地中心 | 有 | 船载走航电磁感应式海冰厚度观测操作规范 | 已纸质化 |
| 4 | 海冰/积雪物理特征综合观测 | 极地中心 | 有 | 同上 | 已纸质化 |
| 5 | 海冰物质平衡浮标阵列观测/冰温度链浮标 | 极地中心 | 有 | 专项调查规程/冰浮标布放 | 已纸质化 |
| 6 | 冰漂流浮标观测 | 极地中心 中国海洋大学 | 有 | 专项调查规程/冰浮标布放 | 已纸质化 |
| 7 | 海冰力学性质观测/冰芯 | 极地中心 | 有 | 专项调查规程/冰基海冰观测冰芯样品采集操作规范 | 已纸质化 |
| 8 | 冰下流场观测/ADCP | 极地中心 | 有 | 冰下上层海洋流观测操作规程 | 已纸质化 |
| 9 | 海冰光学观测/光学辐射计 | 中国海洋大学 | 有 | 海冰辐射观测操作规范 | 已纸质化 |
| 10 | 冰下温盐长期观测/浅水和深水 ITP 浮标 | 中国海洋大学 | 无 | | |
| 11 | 海雾辐射/系留气艇 | 中国海洋大学 | 无 | | |
| 12 | 冰上气象站 | 极地中心 中国海洋大学 | 有 | 冰面气象观测 | 已纸质化 |

## 第四节　数据评价情况

### 一、物理海洋数据

（一）温盐数据评价

1. 站位温盐深数据（SBE 911Plus CTD）

（1）第五次北极科学考察 CTD 观测的所有测站温、盐、溶解氧数据均进行了双探头测量数据对比（见图 4.2）。结合 SBE 19 CTD 比测试验，在盐度方面，SBE 911Plus CTD 主探头的测量结果与 SBE 19 CTD 的更接近 ［图 4（左）］，而在温度方面，SBE 911Plus CTD 次探头的测量结果与 SBE 19 CTD 的更接近 ［图 4（右）］。在 500dB 以深（温跃层之下）的数据比较结果表明，SBE 911Plus CTD 主探头相对 SBE 19 CTD，温度的差别为 $0.0025 \pm 7.0178 \times 10^{-4}$ ℃，电导率的差别为 $-0.0013 \pm 0.0012$ mS/cm。SBE 911Plus CTD 次探头相对 SBE 19 CTD，温度的差别为 $(0.0029 \pm 6.4407) \times 10^{-4}$ ℃，电导率的差别为 $0.0029 \pm 0.0013$ mS/cm，具体比较参数见表 4.14 至表 4.16。

综合两传感器温度和电导率比测数据，SBE 911Plus CTD 主探头的测量值与 SBE 19 CTD 最为接近，两组探头数据均达到技术指标要求。根据各学科、项目研究的需求，可以任意选择测量的温度和盐度数据。

表 4.14　SBE 911Plus CTD 主探头与次探头比测结果统计（AT09 站）

| 压强范围 | 5～2 540 dB | | 500～2 540 dB | |
|---|---|---|---|---|
| 变量 | 温度差（℃） | 盐度差 | 温度差（℃） | 盐度差 |
| 最大值 | 0.015 8 | 0.010 5 | 0.001 5 | 0.006 3 |
| 最小值 | −0.011 2 | $8.0000 \times 10^{-4}$ | −0.001 3 | 0.003 6 |
| 平均值 | $4.0406 \times 10^{-4}$ | 0.005 2 | $3.8996 \times 10^{-4}$ | 0.005 1 |
| 标准偏差 | $7.7057 \times 10^{-4}$ | $4.7875 \times 10^{-4}$ | $2.0993 \times 10^{-4}$ | $2.8509 \times 10^{-4}$ |

表 4.15　SBE 911Plus CTD 主探头与 SBE 19 CTD 比测结果统计（AT09 站）

| 压强范围 | 5～2 540 dB | | 500～2 540 dB | |
|---|---|---|---|---|
| 变量 | 温度差（℃） | 盐度差 | 温度差（℃） | 盐度差 |
| 最大值 | 0.044 1 | 0.043 2 | 0.008 1 | 0.040 3 |
| 最小值 | −0.154 9 | −0.079 5 | −0.001 5 | −0.006 2 |
| 平均值 | 0.001 8 | −0.003 6 | 0.002 5 | −0.004 6 |
| 标准偏差 | 0.010 7 | 0.006 8 | $7.0178 \times 10^{-4}$ | 0.001 3 |

表 4.16　SBE 911Plus CTD 次探头与 SBE 19 CTD 比测结果统计（AT09 站）

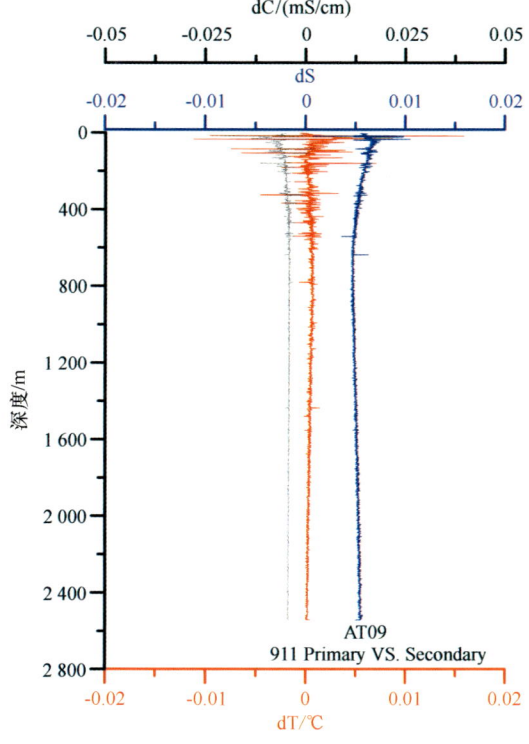

| 压强范围 | 5 ~ 2 540 dB | | 500 ~ 2 540 dB | |
|---|---|---|---|---|
| 变量 | 温度差（℃） | 盐度差 | 温度差（℃） | 盐度差 |
| 最大值 | 0.044 8 | 0.049 3 | 0.008 8 | 0.045 1 |
| 最小值 | -0.154 6 | -0.070 4 | -0.001 2 | -0.001 2 |
| 平均值 | 0.002 2 | 0.001 6 | 0.002 9 | $4.893\ 7 \times 10^{-4}$ |
| 标准偏差 | 0.010 4 | 0.006 9 | $6.440\ 7 \times 10^{-4}$ | 0.001 4 |

图 4.2　AT09 站 SBE 911Plus CTD 传感器 1 与传感器 2 观测记录比较

图 4.3　AT09 站 SBE 911Plus CTD 传感器 1 与 SBE 19 CTD 观测记录比测

（2）第六次北极科学考察 CTD 观测的所有测站温、盐、溶解氧数据也均进行了双探头测量数据对比，以开始作业的第一个测站 B01 和作业接近尾声的测站 AD04 为例，表 4.17 为比测统计结果。主探头与次探头在 B01 站 500 ~ 3 049 dB 差值范围为 $(-0.204\ 0 \pm 1.121\ 0) \times 10^{-4}$ ℃，电导率差值范围为 $(-0.752\ 0 \pm 0.115\ 0) \times 10^{-4}$ S/cm；AD04 站 500 ~ 3 852 dB 差值范围为 $(3.719\ 0 \pm 0.836\ 0) \times 10^{-4}$ ℃，电导率差值范围为 $(-2.803\ 0 \pm 0.103\ 0) \times 10^{-4}$ S/cm。综合比较表明，两探头性能稳定，数据均达到技术指标要求。

表 4.17 SBE 911Plus CTD 双探头比测结果统计

| 站位 | B01 | | | | | |
|---|---|---|---|---|---|---|
| 压强范围 | 5~3 049 dB | | 50~3 049 dB | | 500~3 049 dB | |
| 变量 | 温度差/℃ | 电导率差/(S/cm) | 温度差/℃ | 电导率差/(S/cm) | 温度差/℃ | 电导率差/(S/cm) |
| 最大值 | 0.073 2 | 0.005 0 | 0.006 5 | $2.570\ 0 \times 10^{-4}$ | 0.000 4 | $-0.170\ 0 \times 10^{-4}$ |
| 最小值 | -0.004 2 | $-6.630\ 0 \times 10^{-4}$ | -0.004 2 | $-4.900\ 0 \times 10^{-4}$ | -0.001 0 | $-1.540\ 0 \times 10^{-4}$ |
| 平均值 | $0.890\ 0 \times 10^{-4}$ | $-0.718\ 0 \times 10^{-4}$ | $0.019\ 0 \times 10^{-4}$ | $-0.749\ 0 \times 10^{-4}$ | $-0.204\ 0 \times 10^{-4}$ | $-0.752\ 0 \times 10^{-4}$ |
| 标准偏差 | 0.001 6 | $1.052\ 0 \times 10^{-4}$ | $2.988\ 0 \times 10^{-4}$ | $0.225\ 0 \times 10^{-4}$ | $1.121\ 0 \times 10^{-4}$ | $0.115\ 0 \times 10^{-4}$ |
| 站位 | AD04 | | | | | |
| 压强范围 | 5~3 852 dB | | 50~3 852 dB | | 500~3 852 dB | |
| 变量 | 温度差/℃ | 电导率差/(S/cm) | 温度差/℃ | 电导率差/(S/cm) | 温度差/℃ | 电导率差/(S/cm) |
| 最大值 | 0.001 6 | $-0.220\ 0 \times 10^{-4}$ | 0.001 3 | $-1.310\ 0 \times 10^{-4}$ | 0.000 7 | $-2.310\ 0 \times 10^{-4}$ |
| 最小值 | -0.001 3 | $-3.190\ 0 \times 10^{-4}$ | -0.000 5 | $-3.190\ 0 \times 10^{-4}$ | 0.000 0 | $-3.190\ 0 \times 10^{-4}$ |
| 平均值 | $3.697\ 0 \times 10^{-4}$ | $0.202\ 0 \times 10^{-4}$ | $3.724\ 0 \times 10^{-4}$ | $-2.754\ 0 \times 10^{-4}$ | $3.719\ 0 \times 10^{-4}$ | $-2.803\ 0 \times 10^{-4}$ |
| 标准偏差 | $1.225\ 0 \times 10^{-4}$ | $-2.745\ 0 \times 10^{-4}$ | $1.092\ 0 \times 10^{-4}$ | $0.178\ 0 \times 10^{-4}$ | $0.836\ 0 \times 10^{-4}$ | $0.103\ 0 \times 10^{-4}$ |

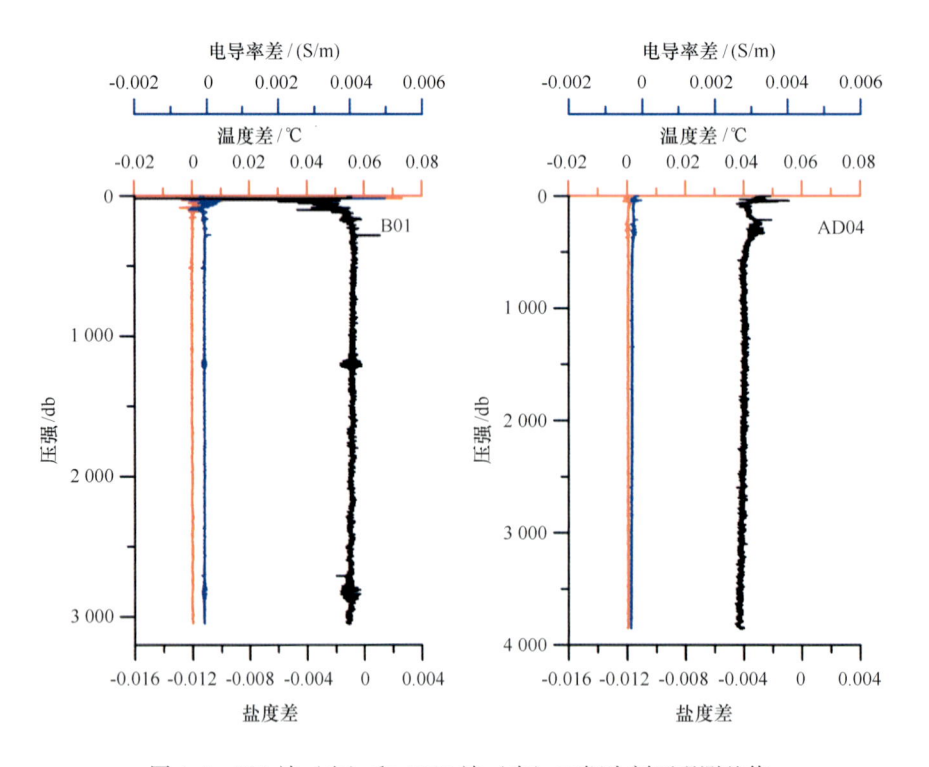

图 4.4 B01 站（左）和 AD04 站（右）双探头剖面观测差值

异常情况记录如下。

2014-07-22，站位 B12，下放至 80 m 处，甲板单元显示数据出现问题，有大量奇异值，提升到 5 m 后重新开始，下放至约 50 m 又出现问题。回收维修后，重新下放，数据正常。

2014-08-05—2014-08-06，C11-C14 站，数据出现很多跳点，即异常值。尤其是在下放至 1 000 m 已深及上升过程中，异常值较多。

2014-08-07，C15 站，更换一套新的 CTD，配置文件改 1113(6tharctic)_new.xmlcon。数据有很多跳点，第一次下水时，CTD 的 depth 出现异常，显示 -299 m。第二次导入标定文件后恢复正常，CTD 的盐度双探头示数差 2，例如 S1 35.9、S2 33.8。

2014-08-07，R10 站，换回原来的 CTD 设备，数据有很多跳点。上升过程中压力传感器有异常数值（10 m 以上时），甲板单元在下放、上升、出水时均有报警。

2014-08-08，R11 站，实验室工作人员对 CTD 进行截缆、硫化后，CTD 恢复正常，无奇异值。

2014-08-09，C25 站，CTD 绞车响声频繁，并在以后的观测中持续存在。

2014-08-10，C24 站，更换高度计，SN 57420。

2014-08-15，R15 站，CTD 出水回收缆绳时，绞车发生空转，绳不动，后来又恢复，原因不明。

2. 抛弃式温盐深数据（XBT/XCTD）

（1）第五次北极科学考察的 XBT/XCTD 观测，共使用了两种抛弃式传感器：XBT T-7 型、XCTD-1 型。XBT T-7 型传感器响应时间为 50 ms，XCTD-1 型传感器响应时间为 40 ms。在投放过程中，传感器初入水时，需要较短的时间来感应环境温度，从所获取的数据来看，在 2 m 深度以下，数据即稳定。

由于天气及海况原因，造成连接传感器和发射枪的信号线与船体发生摩擦时，往往会导致数据产生毛刺或异常，甚至数据中断。在冰区投放时，当海冰密集度较大时，投放传感器偶尔会不慎落至冰面，亦导致观测数据无效。

此外，相比较而言，XCTD-1 型比 XBT T-7 型观测精度高，故障率低，可靠性好；产地为日本的 XBT T-7 型要比产地为墨西哥 XBT T-7 型故障率低，可靠性好。

第五次北极科学考察共成功获得了 XBT 410 个剖面数据，XCTD 39 个剖面数据。另有一些探头观测失败，XBT 数据带毛刺或异常 28 枚，XBT 投放失败 6 枚；XCTD 数据带毛刺或异常 3 枚，XCTD 投放失败 1 枚。

（2）第六次北极科学考察所用抛弃式探头与第五次相同，合计投放 XBT/XCTD 458 枚。在开阔水域 XBT/XCTD 投放成功率最高，共投放了 274 枚，传感器数据质量可信，数据异常或中断合计 7 枚，投成功率约为 97.5%。在北冰洋浮标区投放 184 枚，投放成功率随着海冰密集度的增加而降低，合计有 9 枚无有效数据。

3. 走航海表温盐数据（SBE 21）

（1）第五次北极科学考察走航海表温度和盐度的时间变化如图 4.5 所示。图中断开的曲线表示数据缺测。在走航期间，温度数据较少出现异常值，盐度数据频繁地出现极低异常值，尤其是在白令海（7 月 9 日之后）海区和返程期间的格陵兰海和高纬度冰区（8 月 22 日之后）。盐度数据只在北方航道和北欧海区域（7 月 26 日至 8 月 13 日）较好。

（2）第六次北极科学考察的走航海表温盐数据质量良好，与 SBE 911Plus 测量的表层数

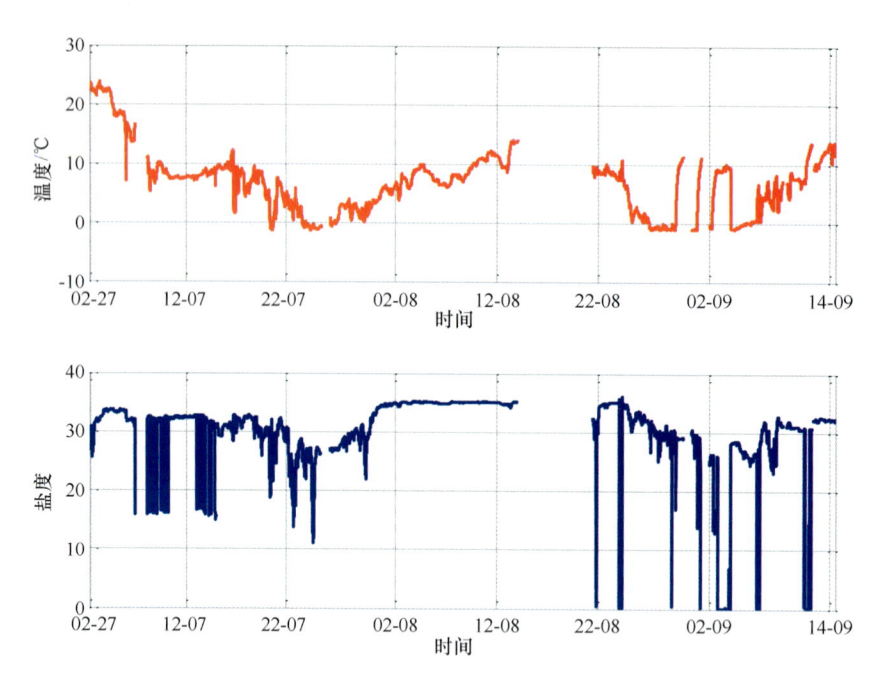

图4.5 走航期间海表温度（上图）和盐度（下图）观测

据相比差异较小。但在2014年8月14日16：58和2014年8月15日21：50两次出现浮冰堵塞表层水泵，造成了走航数据异常变化。这部分数据在后期的处理中需要剔除。

### （二）海流数据评价

#### 1. 站位下放式声学多普勒海流剖面数据（LADCP）

（1）第五次北极科学考察的LADCP的配置文件使用的是传统极地考察应用的配置文件，分为浅水（<800 m）和深水（>800 m）两种模式。二者初始环境参数均设置为温度0℃，盐度34，磁偏角0°，后续数据处理过程中需要利用CTD和GPS信息进行订正。深水模式的采样间隔（interval）为1.77 s，每个合样的ping数目为18，合样（ensemble）时间为63 s。浅水模式的采样间隔为1.33 s，每个合样的ping数目为2，合样时间为4 s。利用哥伦比亚大学Lamont-Doherty Earth实验室Martin Visbeek教授编写的matlab软件包（逆方法）处理数据，过程中进行了一系列质量控制，比如，两对beam计算的垂向速度误差不能超过0.4 m/s、仪器倾斜在22°以内倾角方差不大于4、水平速度和垂向速度在合理范围内、校正磁偏角与仪器系统固有问题等。同时，利用CTD剖面数据与船载GPS数据辅助LADCP的后续数据处理。

在后续数据处理过程中发现，本航次LADCP的数据存在以下两个主要问题：① LADCP观测时使用的是北京时间（多次北极考察都是如此），而CTD与GPS使用的是世界时，二者相差8 h，这个时间差可以在处理时进行订正，但作业期间未对LADCP与CTD进行时间上的同步，ADCP时钟发生时间漂移后这个时间差很难再进行后期的准确订正。② 合样时间设置的比较长，使得在下放过程中合样在深度上分布较稀疏，不利于后期数据的处理，因为后续处理会进行一系列数据质量控制，剔除掉许多质量不好的资料，使得剩下的有效数据量更加稀少。这个问题在深水站体现得尤为明显，由于深水站的回波强度弱，每一个ping获得有效回波数量很少，导致合样在观测深度上无法完全覆盖，不能形成"瓦迭式"的效果，后续计算时就会引入非常大的误差（见图4.6）。此外，合样时间长而到底停留时间短，导致底跟踪数据不足（软件中要求含底跟踪的合样数在10个以上）而无法获取有效的底跟踪数据。但是，本航次的浅水站合样时间相对较短，同时回波强度大，观测时间长度也比较短，所获数据质量要明显优于深水站。

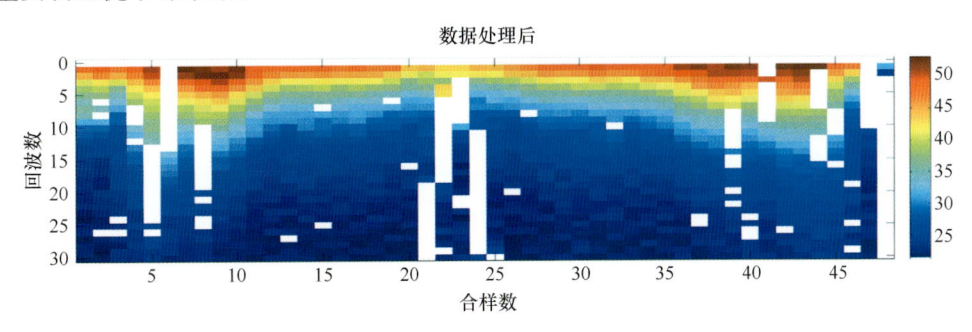

图4.6 站位BL11各个合样的回波强度

（2）第六次北极科学考察的仪器设置与第五次北极科学考察相同。在后续数据处理过程中发现，本航次LADCP的数据存在以下两个主要问题：① LADCP电池存在电量不足的问题。使用准备好的第一个电池包出现短路过热情况，当使用第二个电池包时发现消磁处理的不干净，对罗经的准确性影响较大。最终决定使用仪器原来自带的电池进行观测。② 许多深水站位的仪器方向在下降过程中出现周期性摇摆问题，见图4.7。在第150~1 500个合样中（500~3 200 m深度），仪器的方向角（heading）出现自0°顺时针的旋转，对应着倾角（tilt）存在0°~5°的周期性变化。上升过程中则未出现这一现象。这一问题可能是钢缆释放过长导致在扭力作用下发生旋转所致，但是考虑到周期性变化如此规则，而在上升中未见仪器逆向摆回至原位，所以也可能是其他未知原因导致的。此外，在数据的后续处理过程中，部分站位因为过多的数据不能通过质量控制而导致无法生成完整的速度剖面，或者得到的速度分量的标准差较大。

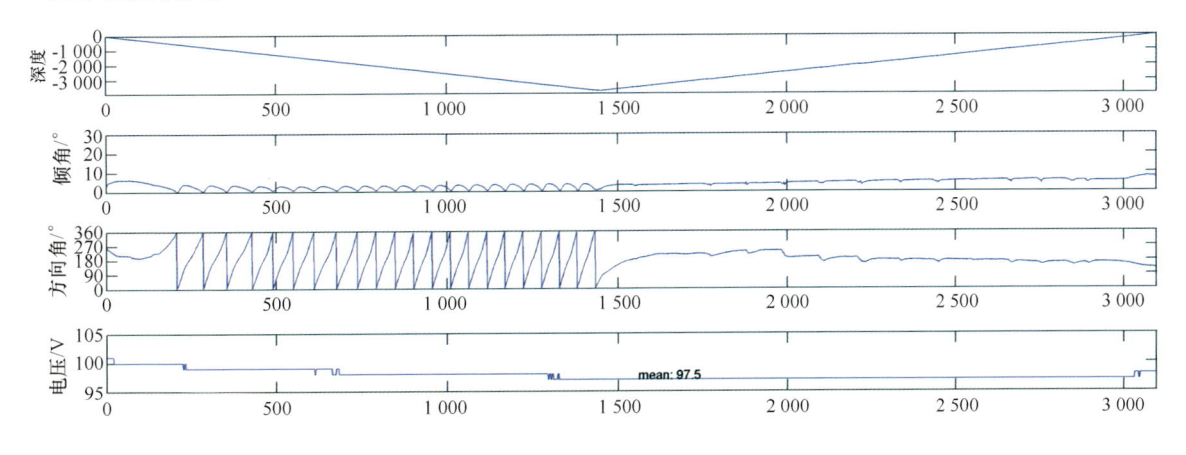

图4.7 站位S07站ADCP仪器自身记录的姿态

## 2. 走航声学多普勒海流剖面数据（ADCP）

第六次北极科学考察使用OS 38K和WHM 300K两台ADCP进行走航海流剖面观测，数据包含原始采集信号信息、原始流速记录、短期流速平均、长期流速平均、航行数据资料、底跟踪记录等多种数据内容。数据质量良好。

### 3. Argos 漂流浮标数据

第六次北极科学考察在楚科奇海域 R 断面及 C 断面海域投放共 7 个浮标，并在直升机保障下在冰面布放 1 个浮标。在投放完成后，8 个浮标数据接收正常，但是冰面布放的 1 个浮标在 8 天后信号接收不正常，无法接收数据。

### （三）湍流数据评价

#### 1. 第五次北极科学考察

第五次北极科学考察共进行了 18 个站位的海洋湍流混合测量，其中白令海 4 个，挪威海 5 个，格陵兰海 5 个，加拿大海盆 4 个。在 18 个站点中有 5 个站点数据完好正常，其余的站点都出现了不同程度的异常值。

以 BL02 站点为例，VMP 测量的温度和电导率数据转换后与 CTD 的资料进行了对比（见图 4.8），VMP 探头测得的温度在整个观测深度上都高于同站位 SBE 911Plus CTD 的测量结果，在表层时差别较小，在深度 50~90 m 时，差别较大，所有站位均存在类似问题，初步分析是传感器探头的标定文件存在误差，需要进一步分析和确认如何将原始数据合理转换到物理量数据。

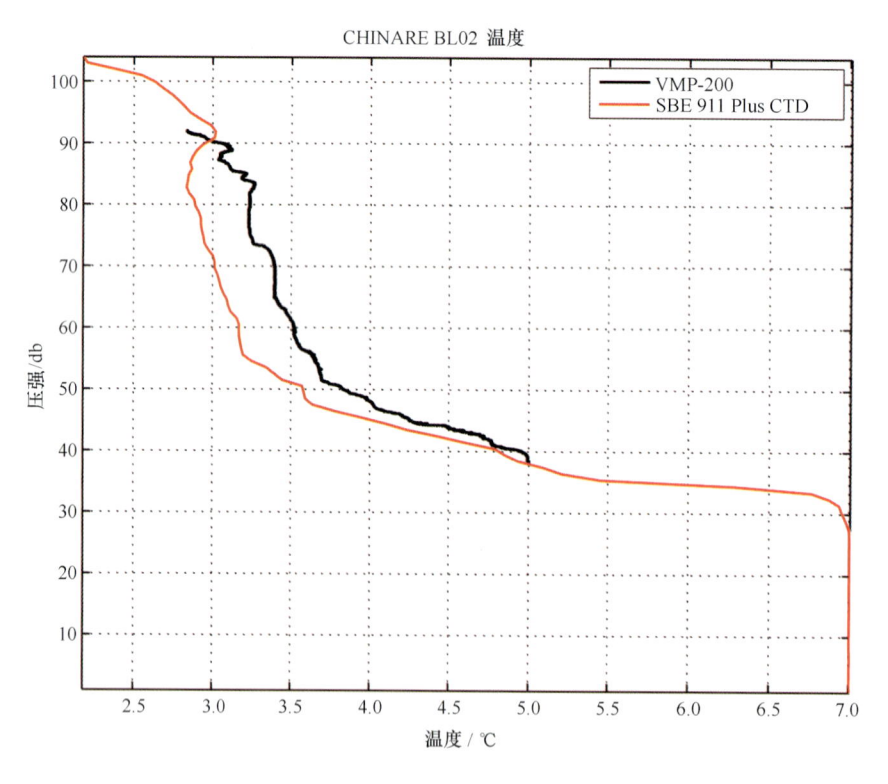

图 4.8 站位 BL02 VMP-200 和 SBE 911Plus CTD 温度观测对比

#### 2. 第六次北极科学考察

第六次北极科学考察共进行了 41 次的 VMP 观测，其中在加拿大海盆到楚科奇海台的 C 断面（C11 到 C14 站）有 3 个站位的数据存在大问题。由观测剪切数据计算出来的湍动能耗散率远低于合理范围，在第一个站位 C11 发现问题后详细检查了剪切探头，并未发现异常，之后连续 3 个站都呈现这个数值，最后更换了两个剪切探头，测量数值回到合理范围。在 VMP 下放过程中出现过数次缆绳吃力的情况。另外有 3 个站位 VMP 在下放记录数据的过程中出现异常值，初步判断为仪器电压不稳跳动所导致的数据异常，在后期数据处理中需要将异常点剔除。

（四）光学数据评价

第六次北极科学考察的海洋光学数据质量良好，但在后期数据处理时要注意船体对水上和水下仪器观测数据的影响，观测时间段内的天气观测记录对数据处理也很重要。

（五）定点长期观测

1. 锚碇潜标数据

第五次北极科学考察布放的潜标从 2012 年 7 月 21 日 15：00 入水到 9 月 8 日 6：00 回收总共得到了约 50 天的 ADCP、单点海流计、CTD、TD 和 CT 数据，数据正常并且各仪器内存以及电池使用情况良好。

2. 海气耦合浮标数据

第五次北极科学考察布放的海气耦合浮标除去部分传感器出现故障，导致无法接收数据外，其余已经获得数据良好，未显示明显异常。

3. 海－气界面通量浮标数据

第六次北极科学考察在北太平洋海域成功布放的锚碇海气通量浮标观测系统自 2014 年 7 月 20 日开始采集数据，其中定点风速、风向、气温、湿度、短波辐射、长波辐射等要素连续观测数据持续至 2014 年 10 月，海表温盐等要素连续观测数据持续至 2015 年 6 月，数据质量良好。

以风速风向仪数据为例。在浮标投放时有一个强的天气过程将要经过投放区域，考察队在 7 月 20 日该天气过程未经过之前将浮标顺利投放。锚锭浮标测得的风速监测到了这个投放投放之后持续十几天的天气过程。回程途中，"雪龙"船经过浮标所在区域周围时也有两个接连的天气过程，为躲避台风，9 月 11 日和 12 日 "雪龙"船在圣劳伦斯岛北侧抛锚，浮标也记录了这两个天气过程。由此可见，浮标数据良好。

## 二、海洋气象数据

走航气象观测数据的获取主要依靠船载自动气象站与人工经验观测，每日 UTC 时间 00 时，06 时，12 时进行，观测记录项目包括："雪龙"船所在经纬度、航速、航向、气温、露点温度、气压、相对湿度、风向风速、能见度、天气现象、云状、浪高涌高等。船载自动气象站安装在"雪龙"船驾驶室上部桅杆顶部，周围遮挡较少，且受人为因素影响亦较少，能够较真实、准确地反映航线上的气象环境状况。第一至第五次北极科考使用的自动气象观测站为 Vaisala Milos 500，第六次使用的自动气象观测站为北京天诺基业科技 SH3000 自动气象站。

观测数据中，风向、风速、气压、气温、露点温度、相对湿度等观测要素通过自动气象站进行读取记录；第二次至第五次北极科学考察的能见度要素主要是通过人工进行观测记录

的，第六次北极科学考察的能见度要素是基于自动气象观测站中的能见度传感器进行人工订正后记录的；天气现象、云状、浪高涌高等观测要素均是人工观测获取。仪器观测与人工观测要素均严格按照《海洋调查规范 第3部分：海洋气象观测》（GB/T 1276.3—2007）进行观测记录。

北极考察走航气象观测数据的调查设备满足极地专项的任务要求且具备有效的校准证书；观测人员均进行了系统、严格的专业技能培训，具有有效的专业资格。数据在处理阶段也进行严格的质量控制，确保调查结果的完整性和准确性，并具有统一的格式标准。因此，北极考察走航气象观测数据满足极地专项可靠性、完整性和规范性的要求。

走航通量计算使用的数据来自"雪龙"号上走航涡动通量观测系统和自动气象站，包括三维湍流风速、超声虚温、船舶姿态、皮温和风速、气温、湿度、气压等，可利用涡动相关法和整体输送法分别计算感热、潜热和动量通量。所选择的涡动通量设备技术指标不低于国家或行业标准，满足专项的要求。在调查前对超声风温仪、水汽和$CO_2$分析仪、红外温度传感器和温湿度传感器进行自校或比测。资料处理过程中，按照国际通用的质量控制方法和步骤，对获取的数据进行误码属性检验、阈值检验、相关性检验等一系列的检验措施，确保数据真实、合理、可靠。

第五次北极科学考察和第六次北极科学考察全航程皮温数据质量良好，结合自动气象站的气象数据计算的整体通量有很大的可信度。走航涡动通量系统包括涡动系统和姿态系统在第六次北极科学考察中都工作正常，除了部分时段因为航向和风向角度过大造成气流畸变而影响通量计算结果，数据质量整体良好。

## 三、大气环境数据

### 1. 漂流自动气象站数据

中国第五次北极科学考察于2012年8月30日在87°39′N，123°37′E，布放了极地长期漂流自动气象站，直到2013年2月22日自动气象站停止工作，获得了178天每小时气象资料。中国第六次北极科学考察于2014年8月18日在北冰洋中心区80°56′09″N，157°39′36″W海域的浮冰上，安装了与2012年同样的漂流自动气象站，即日开始发送资料，直到2015年5月自动气象站停止工作，获得了2014年8月18日—2015年5月28日共281天的每小时气象资料。分别在2 m和4 m的高度安装了风、温、湿传感器；在2 m高度安装了总辐射、反射辐射、大气长波辐射和地面长波辐射传感器；在冰面下0.1 m、0.4 m安装了冰温传感器；在冰面安装了大气压力传感器，观测系统每小时采集一组数据，通过卫星实时传输。由于北冰洋湿度很大，风传感器产生冻结，影响了风资料的连续性和精度。第六次北极科学考察安装的漂流自动气象站，对风传感器采用加热装置，没有产生冻结过程，获得连续的风资料。经过对资料处理和图表绘制，没有发现异常，我们认为漂流自动气象站数据质量很好，可用于分析和研究。

### 2. 大气廓线观测

中国第五次和第六次北极考察期间在考察船到达北冰洋最北海区后，分别于2012年8月27日—9月4日进行了23次GPS探空观测，2014年8月19—26日开展了21次GPS探空观测。2012和2014年的探测位置分别在81.7°N，112.9°W和80.56°N，157.38°W。大气廓线的探测要素是温度和湿度、风向和风速随高度的分布。温度测量范围为 $-80 \sim 40$℃，分辨率 0.1℃，响应时间小于 2 s；风向和风速测量范围分别为 $0 \sim 100$ m/s 和 $0° \sim 360°$，分辨率为 0.1 m/s 和 1°，响应时间均为 1s。采用 GPS 探测系统在冰站附近实施 GPS 探空观测。探空系统的测量精度满足中国气象局常规高空气象探测规范和极地海洋气象观测规程。经资料处理和分析，资料很好，可用于分析和研究。

### 3. 走航温室气体观测数据

第五次北极科学考察走航温室气体观测有臭氧浓度、黑碳气溶胶和一氧化碳浓度，第六次北极考察队走航温室气体观测有臭氧、二氧化碳、甲烷浓度和一氧化碳浓度。根据检测结果判断分析仪器是否存在基线漂移并校准数据，采用 CR1000 数据采集器实时采集数据并存入存储卡。温室气体观测数据的精度要求，满足 WMO 监测大气温室气体分析标校及标气分级传递的质量要求。经资料初步处理和分析，资料没有发现异常，认定资料质量很好，可用于分析和研究。

## 四、海冰环境数据

### 1. 走航海冰观测数据评价

走航海冰观测数据包括：走航海冰冰情观测数据、走航海洋/海冰表面温度观测数据、电磁感应式海冰厚度观测数据。

中国第五次和第六次北极考察，均开展了走航海冰物理特征综合观测。在上述航次中，均开展了上述观测项目。现场作业人员在航次出发之前，均进行了岗前培训，包括极地海洋水文气象化学生物调查技术规程培训和海冰综合观测培训，并对设备进行了航前检查。

在考察过程中，获取了冰区沿航迹的大量海冰观测数据，在剔除无效数据、并进行海冰厚度反演算法的验证后，走航海冰观测数据的质量总体良好。

### 2. 冰基海-冰-气相互作用观测数据评价

冰基海-冰-气相互作用观测数据包括：冰-气界面湍流通量数据，海冰厚度及积雪特征数据，冰芯物理结构数据，冰芯上层海洋水文结构和微结构数据，海冰浮标数据。

中国第五次和第六次北极考察，均开展了冰站观测，其中第五次北极考察设置短期冰站 6 个，第六次北极考察设置长期冰站 1 个，短期冰站 7 个。第五次北极考察期间，由于没有长期冰站，部分观测项目没有开展，包括：冰-气界面涡通量观测、冰下上层海洋微结构观测、IMB 冰浮标没有布放。

在中国第五次和第六次北极考察航次出发之前，现场作业人员均进行了岗前培训，包括极地海洋水文气象化学生物调查技术规程培训和海冰综合观测培训，并对设备进行了航前检查。

在考察过程中，获取了冰基海-冰-气相互作用对的大量观测数据，在剔除无效数据后，所获得的观测数据质量总体良好。

# 第五章 考察主要分析与研究成果

## 第一节 物理海洋环境数据分析

### 一、序言

物理海洋环境，也称水文环境。通常意义下，北极物理海洋环境包括北半球中高纬度各个海域的温度、盐度、水团、环流等的分布和变化特征。对北极自然环境进行深入的了解和认识，是我国进行北极科学考察的目的所在，而对物理海洋水体运移和水文环境的认识是基础。该学科通常采用断面调查、抛弃式观测、走航观测、定点长期观测等各种不同的观测方式，实现对水文环境由浅入深，由点入面的不断深入了解。

总体上来看，北冰洋水体在垂直方向上分为三层，即表层水、中层水和底层水。200 m以上的上层海洋受太平洋入流影响显著，低温、低盐和明显的季节变化是北冰洋上层水的主要特征。200～1 000 m的北冰洋中层，该层海水受弗拉姆海峡和巴伦支海流入的大西洋海水影响，相对高温高盐。中层水以下是深层水和底层水，温度低于0℃且盐度较高。

在我国自1999年以来执行的六次北极科考期间，物理海洋学考察均为历次科考的重要任务。"十二五""南北极环境综合考察与评估专项"执行期间，进行了第五次和第六次北极科学考察，到目前为止已经积累了相当数量的水文数据。值此"十二五""极地专项"结题之年，集中我国极地物理海洋学研究力量，对北极物理海洋环境给出基础认识，是国家需求，也是我国进一步进行北极物理海洋学调查和研究的基础，势在必行。

考虑到时间和有限的研究力量，本章将以中国历次北极科学考察获取的物理海洋调查数据为基础，结合国际数据，对北极物理海洋环境进行全面系统的分析。分析海域重点集中在白令海海域、楚科奇海海域、加拿大海盆海域和北欧海海域。这些分析工作并非针对某个科学问题，而是基于现有数据，对北极物理海洋环境进行全面的分析和认识。主要工作分为三部分：第一，对我国历次北极物理海洋学调查数据的收集、整理，这些数据包括CTD数据、LADCP数据、XBT数据、XCTD数据、表层温盐走航观测数据、海流走航观测数据、Argos观测数据、定点长期潜标观测数据、定点长期浮标观测数据、冰下水文观测数据；第二，部分国际北极水文数据的收集、整理和分析；第三，水文要素图集绘制；第四，温度、盐度、水团和海流等水文分布和年际变化特征分析。

## 二、水文数据介绍

### （一）中国历次北极科学考察物理海洋数据介绍

#### 1. 数据介绍

（1）重点考察站位 CTD 观测。

中国历次北极科学考察水文调查中最为常规的作业内容是 CTD 剖面观测。为了支撑海洋化学、海洋生物等海洋学科对水样采集的要求，通常 CTD 剖面观测在每个海洋站上都进行；条件允许时，在进行冰站观测时往往也进行船基 CTD 剖面观测。由于现场作业条件、作业要求不同、水深不同，CTD 剖面记录并非均为全剖面记录。

鉴于中国极地科考已经持续进行了近 30 年之久，中国北极科学考察也开展了 15 年，而这些年正是海洋调查技术与极地科考设备快速发展的时期。随着极地考察队伍的年轻化，人员组成、知识结构已经发生了较大的变化。此外，作为极地区域数据中心的中国南北极数据中心于 2005 年正式运行，在此以前科考数据多数分散在不同科考单位的队员手中。在"雪龙"船装备 SBE 911 CTD 以前，用于水文调查的主要设备存在多种类型，有时使用船上的自带设备，有时为派出单位自备设备。相同海洋要素不同计量设备获取到的原始数据类型差异较大，对后续处理的要求也不相同。即便是同一计量设备，鉴于在多个处理步骤中有数处需要人工干预，个别参数的不同选择也会使得最终数据处理结果有所差异。

此外，即便忽略对极地科考规范性管理以前在设备检定上的强制性要求，因采样设备不同、现场负责人员不同、数据归档管理的要求不同，最终提交的数据上在格式上差异较大。有的是处理后的数据，有的是原始数据。即便是处理后的数据，有的是 1 dB 一个记录，有的是整个剖面上只有几个特定层面上的记录，有的可读但并不规范的数据。对于原始数据，特别是 SBE 911 CTD 以前的原始数据，由于数据处理软件和处理人员已经变化，在现有条件下有些已经难于进行标准化数据处理。

另外，对于现场发现的记录问题有些可以从考察队员自行编写的日志文件或者报告文件中追溯到，有些是队员口头相传的，而有些则单纯反映在处理出来的数据上但却没有更多的依据，这为数据的可靠性验证与后期研究使用上带来较大的困难。实际上，自从第二次北极考察以来的各个北极考察航次报告不仅详实地记录了现场调查时的情况，客观上也对现场数据的质量保证提供了一定的约束（见表5.1）。

表 5.1　中国北极考察 CTD 记录统计表

| 航次名称 | CTD 类型 | 数据类型 | 站位数 | 联系人 | 主要作业区域 | 备注 |
|---|---|---|---|---|---|---|
| 第一次北极 | MRK3/FSI | RAW/DAT | 86 | 矫玉田 | 白令海、楚科奇海、加拿大海盆 | |
| 第二次北极 | MRK3/SBE25 | RAW/DAT | 146 | 史久新 | 白令海、楚科奇海、加拿大海盆 | 首次开展锚碇观测 |
| 第三次北极 | SBE 911 | RAW/CNV | 132 | 陈红霞 | 白令海、楚科奇海、楚科奇海台、加拿大海盆 | 首次布放年周期深水潜标 |
| 第四次北极 | SBE 911 | RAW/CNV | 135 | 陈红霞 | 白令海、楚科奇海、楚科奇海台、加拿大海盆 | 成功回收 2 年期锚碇潜标 |

续表

| 航次名称 | CTD 类型 | 数据类型 | 站位数 | 联系人 | 主要作业区域 | 备注 |
|---|---|---|---|---|---|---|
| 第五次北极 | SBE 911 | RAW/CNV | 99 | 陈红霞 | 白令海、北冰洋（太平洋扇区、中心区、大西洋扇区）、大西洋 | 首次布放大型海气浮标 |
| 第六次北极 | SBE 911 | RAW/CNV | 90 | 李涛 | 白令海、楚科奇海、楚科奇海台、加拿大海盆 | 首次白令海布放海气浮标 |

注：① 未标示设备类型最大可能为 MRK3 型；

② 当有两种 CTD 的数据记录同时存在时，按记录的个数进行先后排序；

③ 当存在不能直接打开的原始数据时，在数据类型一栏优先标注 RAW；当有其他可以直接打开格式的记录时，将其文件类型也标注在数据类型一栏里；

④ 当航次报告或者航次记录中出现站位数目时，以报告为准；重复考察站位计为不同的站位；

⑤ 由中国南北极数据中心提供的数据，联系人一栏根据其标示的人员为准；由海洋局一所直接参加航次并获取到的数据，联系人以一所水文作业带队人员为准；

⑥ 主要作业海区以海洋站点所在的海区，并结合航次报告和材料确定，在具体海区的描述上可能不尽确切，以实际站位为准。

本专题尽可能完备地收集了各个北极航次的各类水文调查数据。并依据数据是否为原始记录、后处理结果，并根据航次的现场记录情况或者航次执行人的口头描述，按照不同设备的数据处理要求进行了规范到 1 dB 一个记录的处理。为了支撑海洋化学、海洋生物等海洋学科对水样采集的要求，通常 CTD 剖面观测时是带有采水器的，并且一般在仪器上升过程中进行采水。为了避免采水时带来的干扰，以及压力传感器在上升过程中存在的回复较慢的特点，数据处理时也尽可能采用下降过程的原始记录。因仪器自身的原因造成的数据整体偏差、原始数据记录不完整或者有误、或者只具备若干层面上记录则尽可能完整和真实地反应原始信息。

（2）重点考察站位 LADCP 观测。

"雪龙"船在 2003 年中国第二次北极科学考察之后装备 LADCP 进行流速观测，往往和 CTD 剖面观测一起同步进行流速剖面观测。限于极地低温条件、电池筹备等条件，即便是有 LADCP 剖面记录的航次也未必是每个海洋站位均进行了流速剖面观测。1999 年第一次北极科学考察采用的是 RDI 75kHz M – ADCP，没有采用下放时观测。2003 年第二次北极科学考察以及之后的航次采用的是 RDI 300k LADCP。

（3）走航海水表层温盐观测。

走航表层海水观测的观测要素主要包括海表水温和盐度。1999 年中国第一次北极科学考察通过采集表层水进行海洋表层温度、盐度观测，由于数据稀少，站点间隔距离稀疏，只能粗略地显示表层温盐特征。2003 年中国第二次北极科学考察所用的观测仪器与目前仪器不同，无法与近几次数据做横向比较。

自 2008 年中国第三次北极科学考察以来，"雪龙"船搭载自记式 SBE 21 CT，通过水泵自动从水面下取水来完成走航温盐观测的。由于取水口位于海表 5 m 层附近，随着船只的吃水深度变化，根据相关海洋调查规范这并不是严格意义上的海表 CT 观测。另外受冰区低温及冰块的影响，有时水循环遇到阻滞甚至停止，这也使得数据的连贯性受到影响。

(4) 抛弃式 XBT/XCTD 观测。

系统性持续开展的另外一项水文作业内容是 XCTD/XBT 抛弃式观测，通常是在调查船往返重点作业海区或者执行站基任务时进行观测。虽然一方面抛弃式观测数据的质量远低于站点 CTD 剖面观测，另一方面在相对位置上也难以控制一定的连贯性，但抛弃式观测作为 CTD 的补充观测，弥补了船时紧张的情况下海洋数据采集的不足，扩大了北极海域海洋学的考察范围，优势仍十分明显。

抛弃式 XBT/XCTD 观测在我国历次北极科学考察中使用的美国 Sippiacan 公司、日本 TSK 公司生产的探头，XBT 探头为 T-7 型，XCTD 探头为 XCTD-1 型。这些探头灵敏度高，XBT 可以在船速 15 kn 时观测深度到 760 m 的数据，XCTD 则可以在船速 12 kn 时观测到 1 000 m 深度。

自首次北极科学考察开始，抛弃式观测就是一项常规水文作业内容。历次北极科学考察共计投放 XCTD 探头 159 枚，其中首次北极科学考察 XCTD 站位 33 个；第二次北极科学考察 19 个；第三次北极科学考察 20 个；第四次北极科学考察 11 个；第五次北极科学考察 39 个；第六次北极科学考察 37 个。历次北极科学考察共计投放 XBT 探头 934 枚，其中首次北极科学考察 XBT 站位 31 个；第二次北极科学考察 8 个；第三次北极科学考察 48 个；第四次北极科学考察 15 个；第五次北极科学考察 410 个；第六次北极科学考察 422 个。

(5) Argos 漂流浮标观测。

Argos 浮标利用 Argos 卫星系统定位与传送数据的海洋观测设备，它可以利用 Lagrangian 法则连续观测表层海流及表层水温。自 20 世纪 80 年代以来 Argos 漂流浮标被越来越广泛地应用于海流观测。我国在 2014 年第六次北极科学考察航次中增加了此项观测。Argos 浮标在船到站前 2~3 kn 船速，在船尾开阔水域或在浮冰区海冰密集度因低于 10% 的海域进行投放观测。浮标每小时通过卫星向国内发回 GPS 位置等信息。

(6) 锚碇长期观测。

以锚碇潜标、浮标为平台的水文长期观测是另一项重要观测内容。这部分数据的时间连续性较好，对于研究局地海洋过程有很高的价值。但限于投入成本较高，目前完成的这类观测还非常有限。2003 中国第二次北极科学考察期间在白令海峡和楚科奇海进行了潜标和浮标观测的初步尝试，利用安德拉海流计进行长期海流观测。2008 年中国第三次北极科学考察楚科奇海中北部和楚科奇海台附近各布放浅水和深水两套锚碇潜标系统，增加了可以进行海流剖面观测的多普勒声学海流剖面仪（ADCP）和温盐观测仪器，获得了多要素长期观测资料。浅水潜标实现了极区潜标首次成功回收，取得了极区潜标回收的宝贵经验。深水潜标在国际同类观测系统布放空白区的成功布放则标志着我国观测能力上和国际的接轨。2010 年中国第四次北极科学考察对已获得 2 年流速、温度、盐度等观测资料的深水潜标进行了成功回收，实现了对楚科奇海台海区特征点的长期观测，我国在北极海域锚碇长期观测的技术日益成熟。2012 年中国第五次北极科学考察首次进行了北极五大区域准同步观测，穿越东北航道前往大西洋扇区开展考察工作，在挪威海布放了我国首个大型极地海-气耦合观测浮标，在主导北极气候的北极涛动核心区实现了长期环境观测数据的实时获取。此外，在楚科奇海中部成功布放和回收了 1 套锚碇潜标系统，在太平洋入流重要途径进行了为期约 2 个月的海洋温度、盐度、海流等要素的连续观测，为我国北极传统考察海域的深入科学研究提供了宝贵资料。2014 年中国第六次北极科学考察期间首次在北太平洋海域成功布放锚碇海气通量浮标观测 1

套，实时获取北极高纬度海气界面的风速、风向、气温、湿度、短波辐射、长波辐射、海表温盐等海气界面连续观测数据，对分析其对全球气候系统，特别是对我国气候变化所产生的影响具有重要意义。

（7）冰下水文观测。

冰下水文观测在历次北极科学考察中都有开展。主要是在冰站作业期间对冰下上层海洋的温度、盐度等要素进行观测，采用的仪器多为小型 CTD 如 RBR CTD、ALEC CTD 等，抛弃式 XBT/XCTD 观测以及自主研发的温度观测系统，了解北极高纬度海区上层海洋（300 m 以内）对海冰融化的贡献。

2010 年中国第四次北极科学考察和 2014 年中国第六次北极科学考察分别利用 ADCP 进行了冰下海流的连续观测，结合温盐观测结果可以得到冰下水体结构变化的信息。

此外，中国第六次北极科学考察布放了三套 ITP 浮标。该浮标搭载水下温盐传感器，以每日两个剖面的频率观测从冰下约 5 m 到约 760 m 深度的海水温度、盐度和深度数据，是获取北冰洋中心区水文特征长期变化的最佳手段。

（8）海洋光学和湍流观测。

我国极地海洋光学观测在 2008 年中国第三次北极科学考察和 2014 年中国第六次北极科学考察期间开展，采用光学仪器 PRR 和 CTD 联合下放方式进行了上层海洋光学特性观测。

湍流观测起始于 2010 年中国第四次北极科学考察并延续至今，利用海洋湍流测量仪器 VMP-200 获得温度、盐度和水平剪切系数的观测数据，分析海洋上层的湍流运动。

## 2. 主要水文数据站位图

（1）北极科学考察 CTD 站位图。

北极科学考察重点调查海区水文剖面 CTD 站位图见第二章图 2.1 至图 2.5 和图 2.7。

（2）北极科学考察 LADCP 站位图。

我国第三次至第六次北极科学考察海流观测站位图见图 5.1。

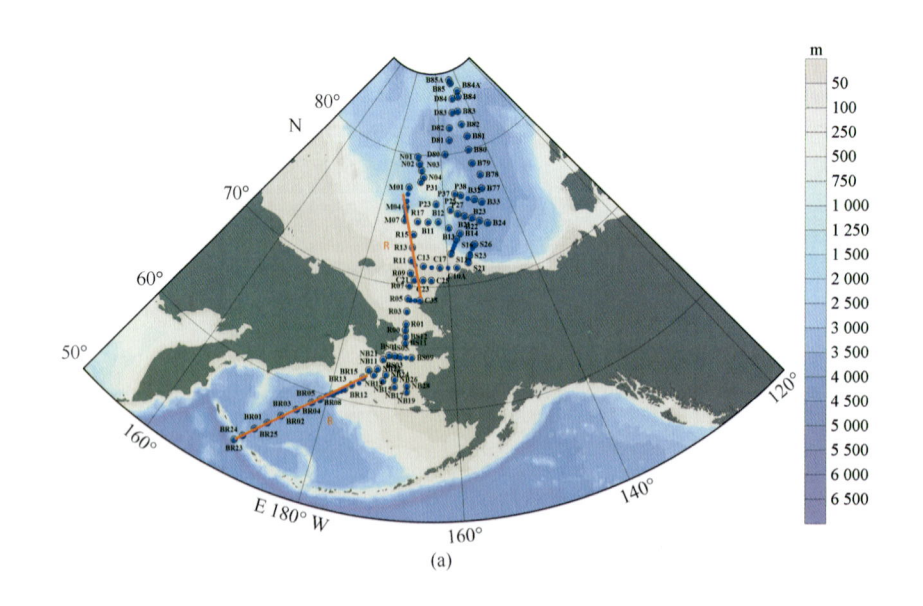

(a)

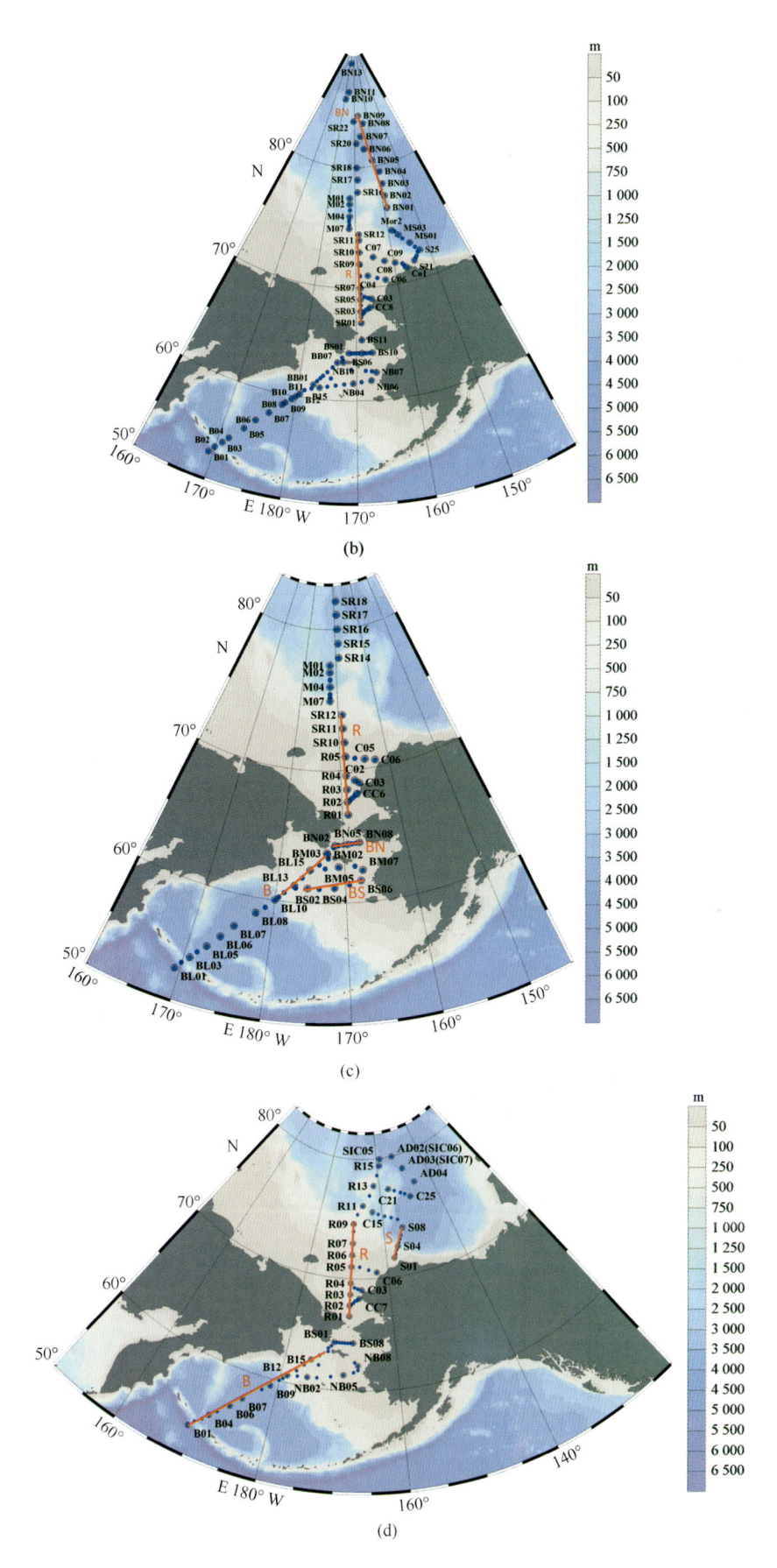

图 5.1 中国北极历次科学考察流速观测断面位置图

(a) 第三次, 2008 年; (b) 第四次, 2010 年; (c) 第五次, 2012 年; (d) 第六次, 2014 年

(3) 走航海表温盐站位图。

第三次至第六次北极科学考察走航温盐观测站位图见图5.2。

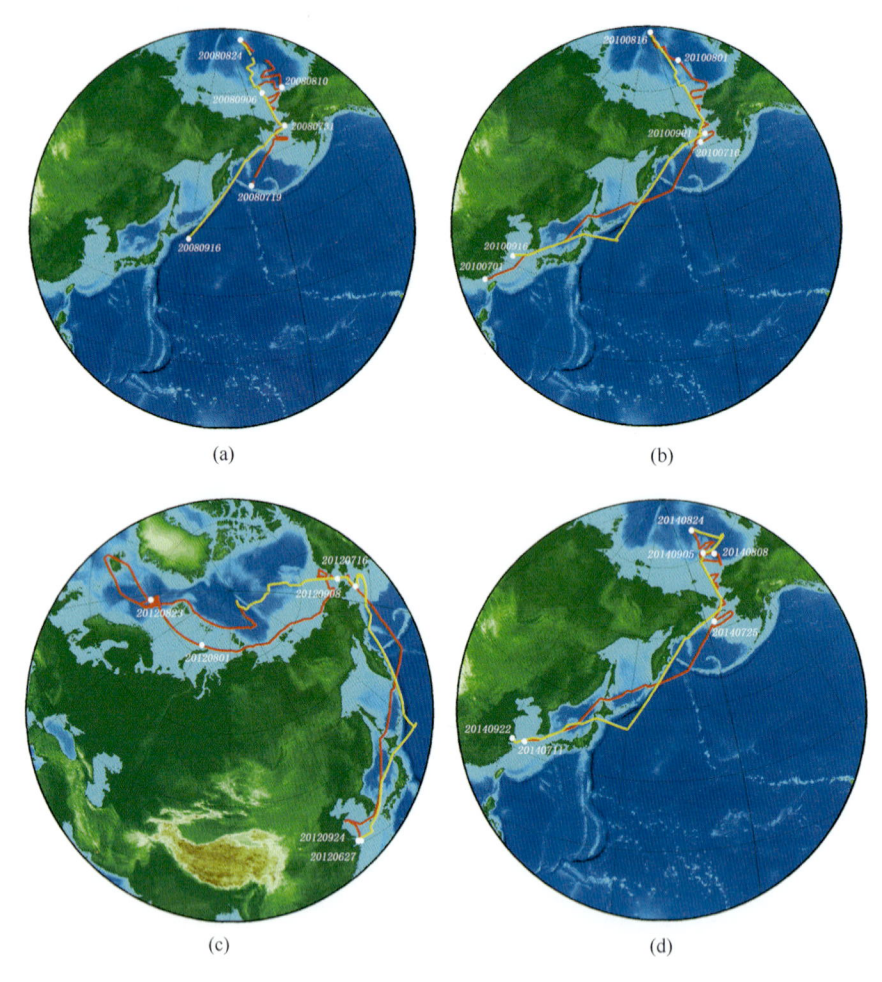

图5.2 中国北极历次科学考察走航温盐观测航迹图

(a) 第三次，2008年；(b) 第四次，2010年；(c) 第五次，2012年；(d) 第六次，2014年

(4) 抛弃式XBT/XCTD站位图。

已经开展的6次北极考察，各航次XBT观测的具体站位分布如图5.3所示，各航次XCTD观测的具体站位分布如图5.4所示。

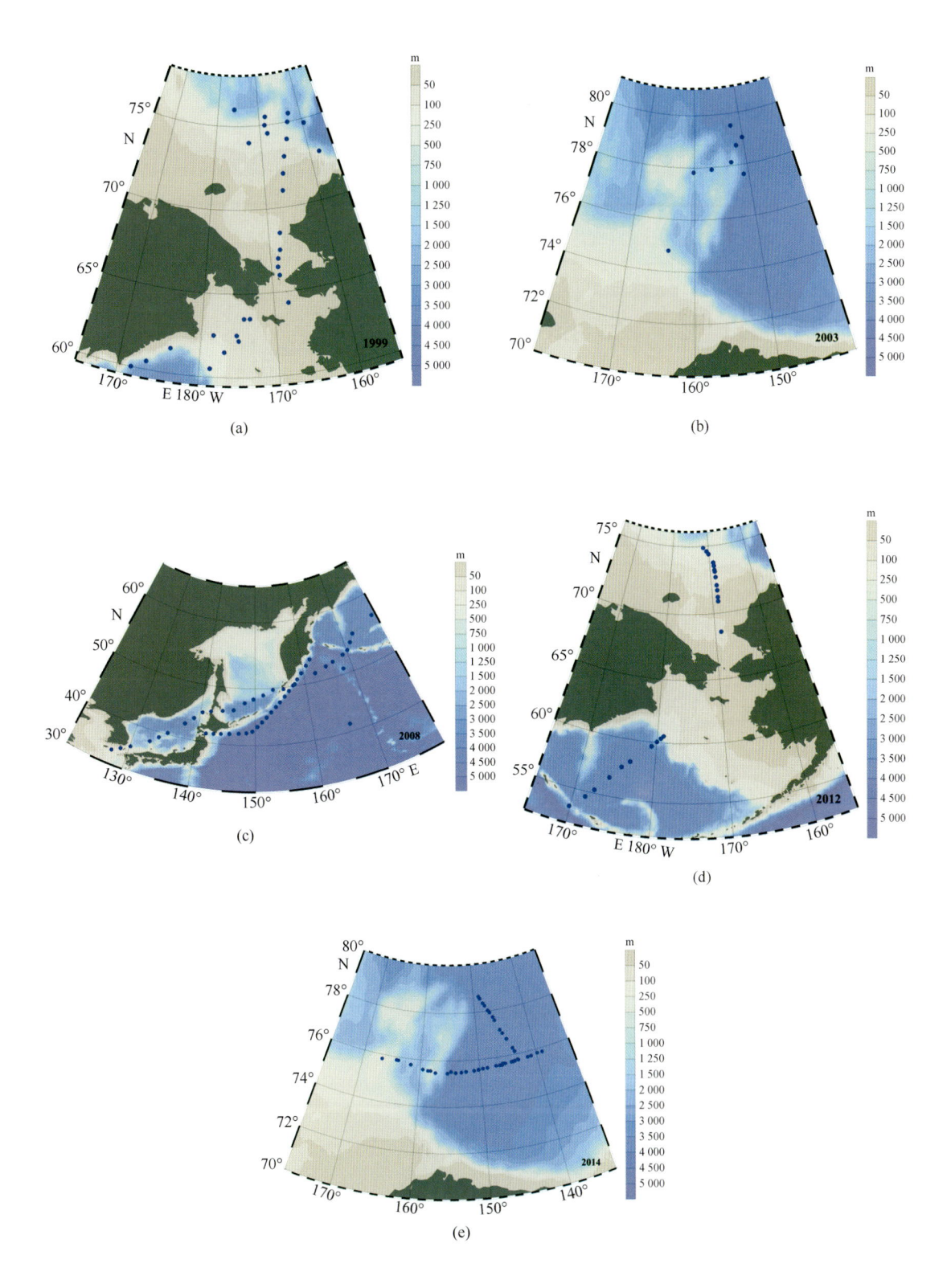

图 5.3 中国北极历次科学考察 XBT 观测站位图

(a) 第一次，1999 年；(b) 第二次，2003 年；(c) 第三次，2008 年；(d) 第五次，2012 年；(e) 第六次，2014 年

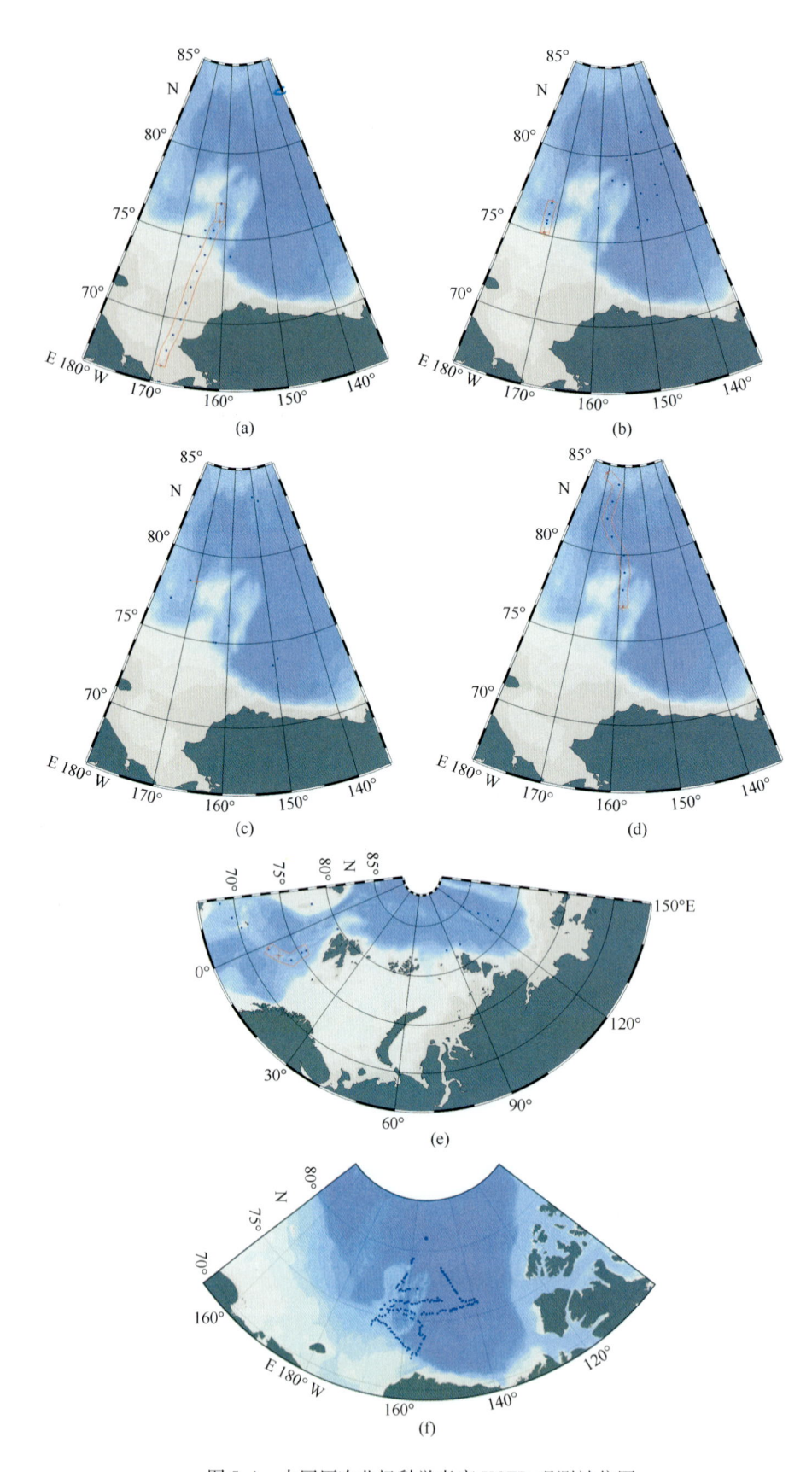

图5.4 中国历次北极科学考察 XCTD 观测站位图

(a) 第一次, 1999 年；(b) 第二次, 2003 年；(c) 第三次, 2008 年；(d) 第四次, 2010 年；
(e) 第五次, 2012 年；(f) 第六次, 2014 年

（5）锚碇长期观测站位图（见图5.5至图5.7）。

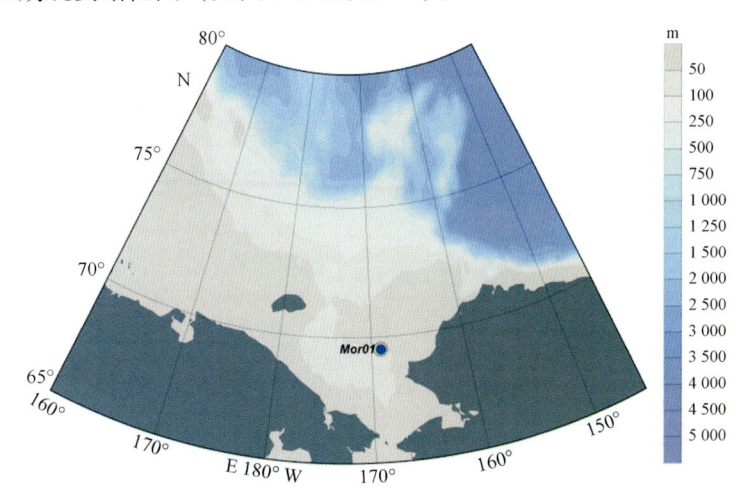

图5.5　中国第五次北极考察锚碇潜标观测系统布放站位

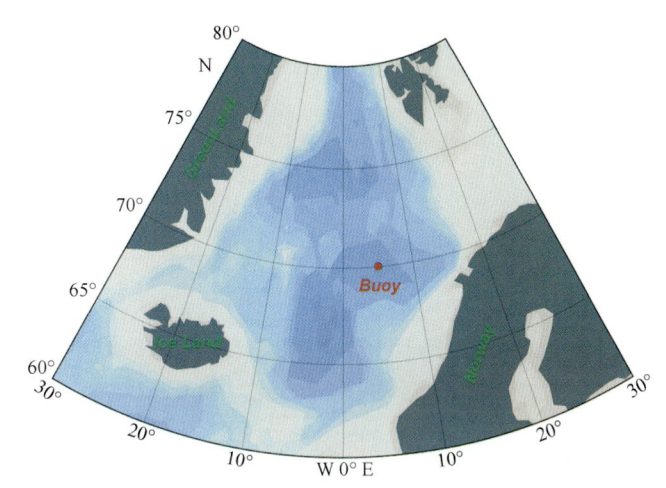

图5.6　中国第五次北极考察海-气耦合观测系统布放站位

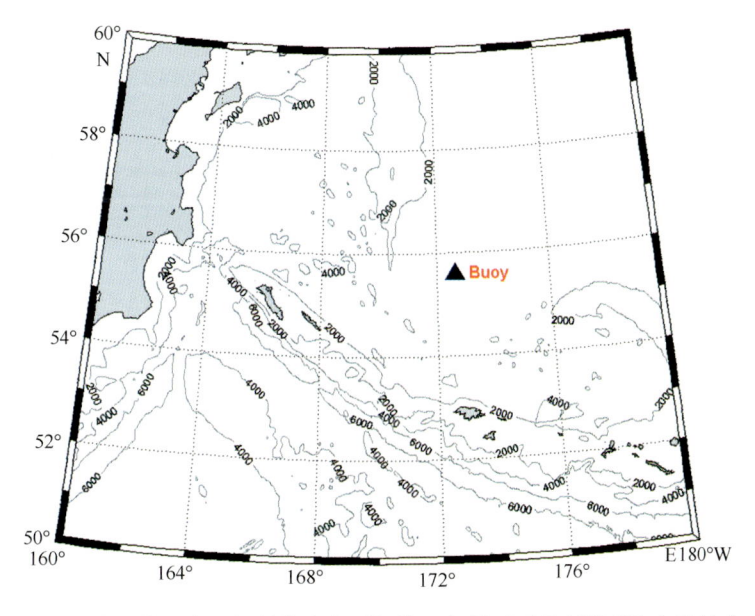

图5.7　中国第六次北极科学考察浮标海-气界面通量观测系统布放站位

(6)冰下水文观测站位图(见图5.8至图5.10)。

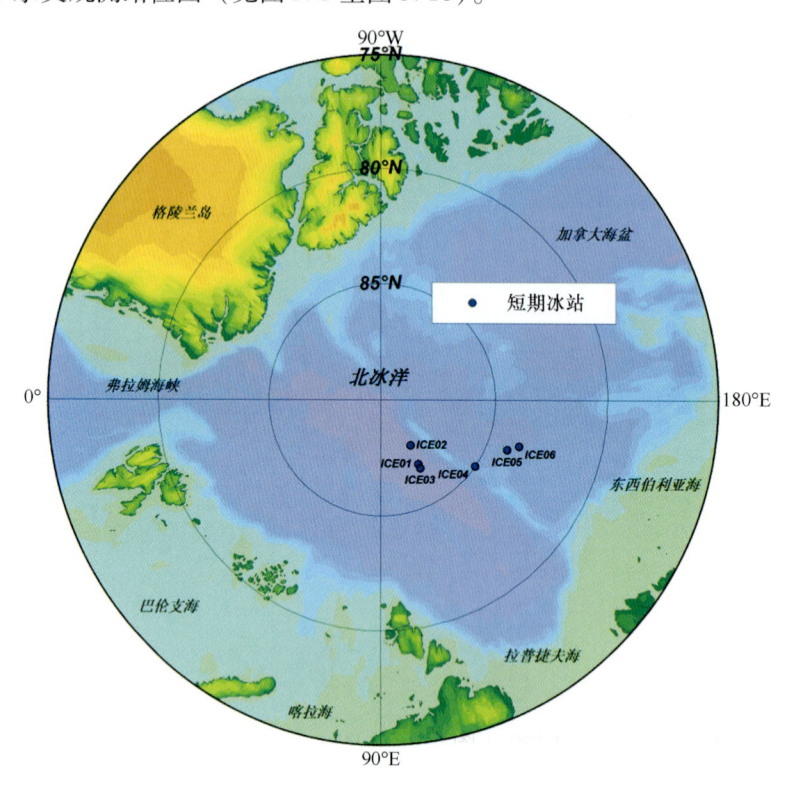

图5.8 中国第五次北极科学考察短期冰站冰下水文观测站位图

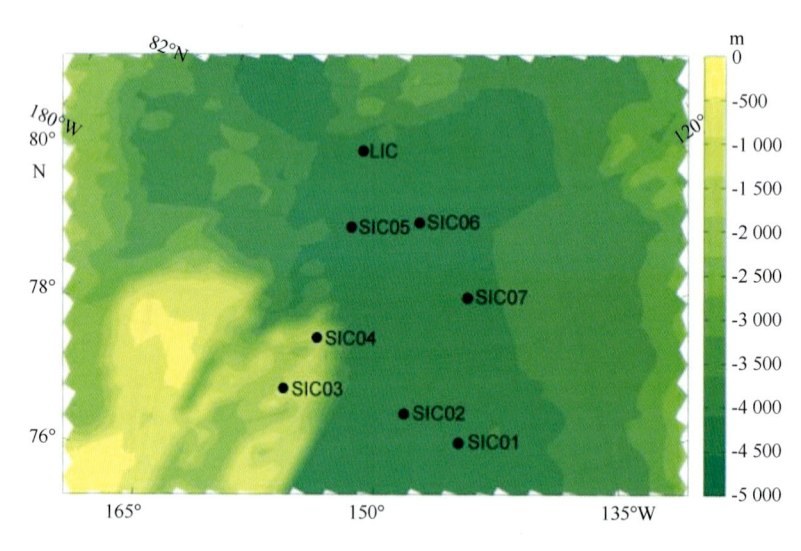

图5.9 中国第六次北极科学考察冰下水文观测站位图,
其中长期冰站ICE06进行水文连续观测

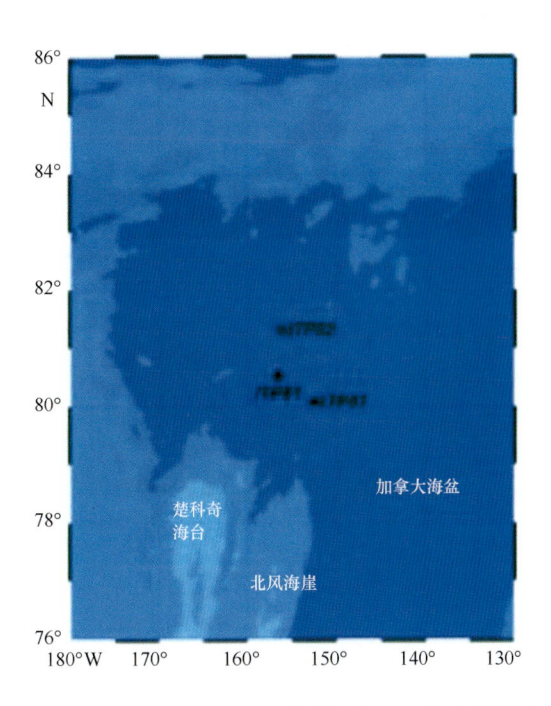

图 5.10　中国第六次北极科学考察 ITP 布放站位图

（7）海洋光学和湍流观测站位图（图 5.11、图 5.12）。

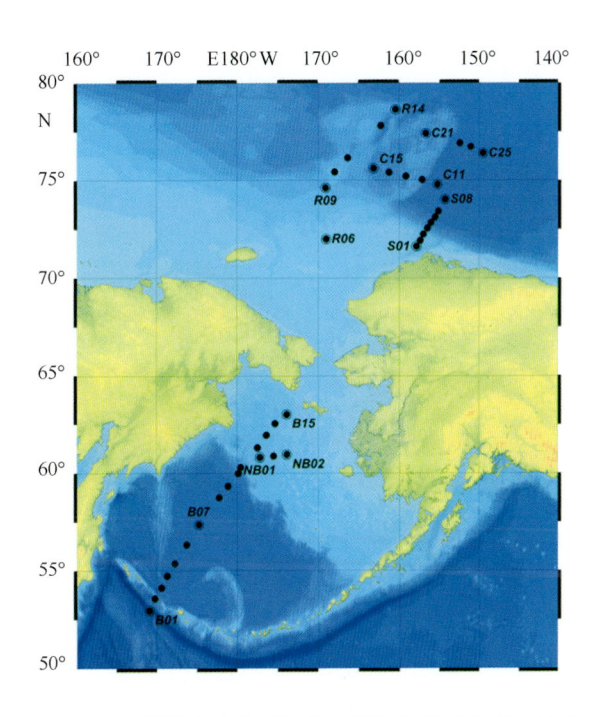

图 5.11　中国第六次北极科学考察湍流观测站位分布图

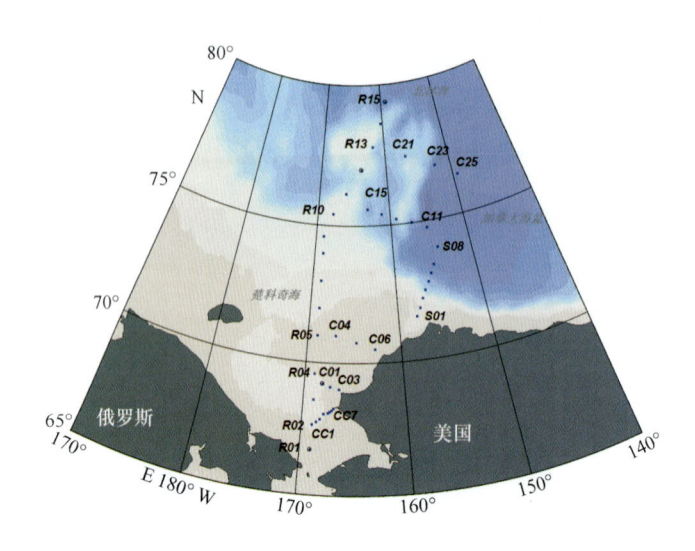

图 5.12　第六次北极科学考察海洋光学观测站位分布图

### 3. 主要水文数据站位信息

中国首次北极科学考察共完成海洋考察 CTD 站位 86 个，站位信息见表 5.2；XCTD 站位 33 个，站位信息见表 5.3；XBT 站位 31 个，站位信息见表 5.4。

表 5.2　中国首次北极考察 CTD 观测站位信息表

| 序号 | 站位号 | 日期 | 时间 | 纬度 | 经度 | 深度/m |
|---|---|---|---|---|---|---|
| 1 | C1 | 1999 - 07 - 14 | 04：56：54 | 67.50°N | 170.01°W | 47 |
| 2 | C2 | 1999 - 07 - 14 | 08：17：20 | 68.00°N | 170.01°W | 54 |
| 3 | C3 | 1999 - 07 - 14 | 10：30：23 | 68.50°N | 170.00°W | 56 |
| 4 | C4 | 1999 - 07 - 14 | 13：42：38 | 69.01°N | 169.99°W | 55 |
| 5 | C5 | 1999 - 07 - 14 | 15：47：06 | 69.33°N | 170.00°W | 52 |
| 6 | C6 | 1999 - 07 - 14 | 23：29：25 | 70.00°N | 170.01°W | 50 |
| 7 | C7 | 1999 - 07 - 15 | 07：36：21 | 69.99°N | 172.24°W | 47 |
| 8 | C8 | 1999 - 07 - 15 | 21：08：01 | 70.01°N | 174.99°W | 60 |
| 9 | C9 | 1999 - 07 - 16 | 20：24：21 | 70.50°N | 175.03°W | 54 |
| 10 | C10 | 1999 - 07 - 16 | 20：36：53 | 71.00°N | 173.91°W | 35 |
| 11 | C11 | 1999 - 07 - 17 | 02：06：47 | 71.02°N | 172.49°W | 38 |
| 12 | C12 | 1999 - 07 - 17 | 17：54：58 | 70.67°N | 170.04°W | 30 |
| 13 | C13 | 1999 - 07 - 18 | 11：28：37 | 70.48°N | 167.17°W | 50 |
| 14 | C14 | 1999 - 07 - 18 | 18：55：59 | 70.00°N | 167.51°W | 47 |
| 15 | B - 1 - 13 | 1999 - 07 - 20 | 18：10：47 | 60.92°N | 177.75°W | 140 |
| 16 | B - 1 - 12 | 1999 - 07 - 20 | 20：21：29 | 60.66°N | 178.24°W | 165 |
| 17 | B - 1 - 11 | 1999 - 07 - 20 | 23：38：33 | 60.53°N | 178.75°W | 235 |
| 18 | B - 1 - 10 | 1999 - 07 - 21 | 01：24：19 | 60.41°N | 179.08°W | 516 |

续表

| 序号 | 站位号 | 日期 | 时间 | 纬度 | 经度 | 深度/m |
|---|---|---|---|---|---|---|
| 19 | B-1-9 | 1999-07-21 | 04：18：09 | 60.25°N | 179.43°W | 840 |
| 20 | B-1-8 | 1999-07-21 | 11：15：04 | 60.00°N | 179.99°W | 2 695 |
| 21 | B-1-7 | 1999-07-21 | 14：13：16 | 59.08°N | 179.66°E | 2 680 |
| 22 | B-1-6 | 1999-07-21 | 18：17：26 | 59.66°N | 179.33°E | 3 200 |
| 23 | B-1-5 | 1999-07-21 | 22：10：20 | 59.50°N | 179.01°E | 3 440 |
| 24 | B-1-4 | 1999-07-22 | 03：18：35 | 58.99°N | 177.92°E | 3 720 |
| 25 | B-1-3 | 1999-07-22 | 17：49：28 | 58.00°N | 176.16°E | 3 780 |
| 26 | B-1-2 | 1999-07-23 | 7：31：29 | 57.00°N | 174.51°E | 3 650 |
| 27 | B-1-1 | 1999-07-23 | 17：45：53 | 56.00°N | 173.35°E | 3 850 |
| 28 | B-2-1 | 1999-07-24 | 04：51：22 | 56.00°N | 176.01°E | 3 860 |
| 29 | B-3-1 | 1999-07-24 | 14：34：37 | 56.00°N | 178.00°E | 3 860 |
| 30 | B-5-1 | 1999-07-24 | 23：59：47 | 56.00°N | 179.99°W | 3 830 |
| 31 | B-6-1 | 1999-07-25 | 10：23：44 | 56.05°N | 178.02°W | 3 780 |
| 32 | B-6-3 | 1999-07-25 | 17：36：03 | 55.99°N | 176.00°W | 3 720 |
| 33 | B-6-2 | 1999-07-25 | 23：17：35 | 56.99°N | 176.98°W | 3 390 |
| 34 | B-5-3 | 1999-07-26 | 06：34：57 | 57.52°N | 177.66°W | 3 680 |
| 35 | B-5-2 | 1999-07-26 | 21：06：01 | 57.05°N | 178.39°W | 3 770 |
| 36 | B-4-1 | 1999-07-27 | 06：54：44 | 57.00°N | 180.00°W | 3 810 |
| 37 | B-3-2 | 1999-07-27 | 18：24：37 | 57.00°N | 178.41°E | 3 830 |
| 38 | B-2-2 | 1999-07-28 | 02：03：52 | 57.00°N | 177.23°E | 3 830 |
| 39 | B-2-3 | 1999-07-29 | 17：48：16 | 57.53°N | 179.29°E | 3 800 |
| 40 | B-4-2 | 1999-07-30 | 00：10：13 | 57.99°N | 179.98°W | 3 780 |
| 41 | B-2-4 | 1999-07-30 | 09：03：50 | 58.52°N | 179.84°E | 3 720 |
| 42 | B-2-5 | 1999-07-30 | 14：26：16 | 58.80°N | 179.66°W | 3 560 |
| 43 | B-2-6 | 1999-07-30 | 18：44：45 | 59.00°N | 179.27°W | 3 200 |
| 44 | B-2-7 | 1999-07-30 | 21：53：09 | 59.12°N | 179.08°W | 3 150 |
| 45 | B-2-8 | 1999-07-30 | 23：55：14 | 59.25°N | 178.78°W | 2 200 |
| 46 | B-2-9 | 1999-07-31 | 03：29：06 | 59.30°N | 178.67°W | 2 200 |
| 47 | B-2-10 | 1999-07-31 | 08：02：47 | 59.50°N | 178.44°W | 383 |
| 48 | B-2-11 | 1999-07-31 | 10：53：59 | 59.56°N | 178.18°W | 180 |
| 49 | B-2-12 | 1999-07-31 | 12：31：44 | 59.72°N | 177.85°W | 162 |
| 50 | B-5-4 | 1999-07-31 | 22：11：28 | 58.06°N | 176.66°W | 3 370 |
| 51 | B-5-5 | 1999-08-01 | 03：47：50 | 58.21°N | 176.41°W | 3 200 |
| 52 | B-5-6 | 1999-08-01 | 08：19：07 | 58.36°N | 176.27°W | 2 750 |

续表

| 序号 | 站位号 | 日期 | 时间 | 纬度 | 经度 | 深度/m |
|---|---|---|---|---|---|---|
| 53 | B-5-7 | 1999-08-01 | 10:42:00 | 58.43°N | 176.18°W | 2 500 |
| 54 | B-5-8 | 1999-08-01 | 14:35:26 | 58.54°N | 176.08°W | 420 |
| 55 | B-5-9 | 1999-08-01 | 15:19:07 | 58.57°N | 175.99°W | 180 |
| 56 | B-5-10 | 1999-08-01 | 16:11:07 | 58.67°N | 175.90°W | 139 |
| 57 | P1 | 1999-08-08 | 17:37:08 | 71.26°N | 160.01°W | 44 |
| 58 | P2 | 1999-08-08 | 20:13:11 | 71.68°N | 159.57°W | 50 |
| 59 | P3 | 1999-08-08 | 22:53:10 | 72.11°N | 159.15°W | 50 |
| 60 | P4 | 1999-08-09 | 00:59:09 | 72.38°N | 158.94°W | 50 |
| 61 | P5 | 1999-08-09 | 10:45:22 | 73.42°N | 157.93°W | 2 700 |
| 62 | P6 | 1999-08-10 | 08:57:37 | 72.40°N | 153.61°W | 2 950 |
| 63 | P6600 | 1999-08-03 | 02:39:33 | 66.01°N | 169.13°W | 49 |
| 64 | P6630 | 1999-08-03 | 05:30:01 | 66.50°N | 169.88°W | 51 |
| 65 | P6700 | 1999-08-03 | 08:03:57 | 67.01°N | 169.98°W | 100 |
| 66 | P6730 | 1999-08-03 | 10:25:27 | 67.50°N | 169.99°W | 46 |
| 67 | P6800 | 1999-08-03 | 13:02:43 | 68.01°N | 169.99°W | 51 |
| 68 | P6830 | 1999-08-03 | 15:32:07 | 68.50°N | 170.01°W | 53 |
| 69 | P6900 | 1999-08-03 | 18:05:29 | 69.00°N | 170.02°W | 52 |
| 70 | P6930 | 1999-08-03 | 20:38:36 | 69.51°N | 169.99°W | 51 |
| 71 | P7000 | 1999-08-04 | 01:33:11 | 70.01°N | 169.98°W | 35 |
| 72 | P7030 | 1999-08-04 | 01:37:11 | 70.51°N | 169.99°W | 30 |
| 73 | P7100 | 1999-08-04 | 04:03:22 | 70.99°N | 169.99°W | 40 |
| 74 | P7130 | 1999-08-04 | 09:10:00 | 71.70°N | 168.88°W | 50 |
| 75 | P7200 | 1999-08-04 | 17:12:44 | 72.00°N | 168.67°W | 45 |
| 76 | P7230 | 1999-08-04 | 19:49:35 | 72.49°N | 168.64°W | 54 |
| 77 | P7300 | 1999-08-05 | 05:59:29 | 73.01°N | 165.05°W | 61 |
| 78 | P7458 | 1999-08-19 | 15:34:06 | 74.98°N | 160.60°W | 2 100 |
| 79 | P7505 | 1999-08-20 | 02:13:07 | 75.09°N | 161.58°W | 2 100 |
| 80 | P7516 | 1999-08-22 | 18:54:28 | 75.27°N | 161.92°W | 2 080 |
| 81 | P7517 | 1999-08-22 | 21:14:58 | 75.27°N | 161.97°W | 2 080 |
| 82 | P7518 | 1999-08-23 | 14:02:37 | 75.31°N | 162.51°W | 2 500 |
| 83 | P7523 | 1999-08-24 | 15:28:44 | 75.40°N | 162.44°W | 2 100 |
| 84 | T1 | 1999-08-31 | 08:13:55 | 56.36°N | 166.27°E | 1 000 |
| 85 | T2 | 1999-08-31 | 11:05:54 | 56.00°N | 165.45°E | 1 000 |
| 86 | T3 | 1999-08-31 | 14:33:12 | 55.76°N | 164.75°E | 1 000 |

表 5.3　中国首次北极科学考察 XCTD 站位信息表

| 序号 | 站位号 | 日期 | 时间 | 纬度 | 经度 |
| --- | --- | --- | --- | --- | --- |
| 1 | XC1 | 1999-07-10 | 11:32:22 | 60.00°N | 171.80°E |
| 2 | XC2 | 1999-07-10 | 18:01:35 | 61.00°N | 174.50°E |
| 3 | XC3 | 1999-07-11 | 03:52:33 | 62.00°N | 179.32°E |
| 4 | XC4 | 1999-07-11 | 12:39:00 | 63.00°N | 176.45°W |
| 5 | XC5 | 1999-07-11 | 20:34:05 | 64.00°N | 172.42°W |
| 6 | XC6 | 1999-07-11 | 21:21:27 | 64.33°N | 168.00°W |
| 7 | XC7 | 1999-07-11 | 22:21:13 | 66.00°N | 168.67°W |
| 8 | XC8 | 1999-08-02 | 01:44:18 | 60.00°N | 175.52°W |
| 9 | XC9 | 1999-08-02 | 05:18:24 | 61.00°N | 175.28°W |
| 10 | XC10 | 1999-08-02 | 10:46:14 | 62.50°N | 175.03°W |
| 11 | XC11 | 1999-08-02 | 18:16:16 | 64.00°N | 171.92°W |
| 12 | XC12 | 1999-08-02 | 22:31:36 | 65.00°N | 170.38°W |
| 13 | XC13 | 1999-08-06 | 01:21:12 | 75.46°N | 164.82°W |
| 14 | XC14 | 1999-08-06 | 02:25:07 | 74.48°N | 165.06°W |
| 15 | XC15 | 1999-08-17 | 19:00:30 | 74.00°N | 158.67°W |
| 16 | XC16 | 1999-08-19 | 08:58:15 | 74.95°N | 160.43°W |
| 17 | XC17 | 1999-08-21 | 04:55:49 | 77.07°N | 161.33°W |
| 18 | XC18 | 1999-08-21 | 09:16:42 | 76.05°N | 161.47°W |
| 19 | XC19 | 1999-08-25 | 18:49:40 | 75.50°N | 162.83°W |
| 20 | XC20 | 1999-08-25 | 22:26:19 | 75.00°N | 163.40°W |
| 21 | XC21 | 1999-08-26 | 06:36:13 | 73.00°N | 165.42°W |
| 22 | XC22 | 1999-08-26 | 11:03:55 | 72.00°N | 166.13°W |
| 23 | XC23 | 1999-08-26 | 14:09:42 | 71.00°N | 166.67°W |
| 24 | XC24 | 1999-08-26 | 18:06:55 | 70.00°N | 167.05°W |
| 25 | XC25 | 1999-08-26 | 22:36:39 | 69.00°N | 167.88°W |
| 26 | XC26 | 1999-08-27 | 02:40:28 | 68.00°N | 168.47°W |
| 27 | XC27 | 1999-08-27 | 06:26:08 | 67.00°N | 168.83°W |
| 28 | XC28 | 1999-08-27 | 09:35:20 | 76.00°N | 168.83°W |
| 29 | XC29 | 1999-08-27 | 13:27:42 | 75.00°N | 168.83°W |
| 30 | XC30 | 1999-08-29 | 03:59:02 | 64.00°N | 172.70°W |
| 31 | XC31 | 1999-08-29 | 13:05:39 | 62.00°N | 176.00°W |
| 32 | XC32 | 1999-08-29 | 18:11:10 | 61.00°N | 177.67°W |
| 33 | XC33 | 1999-08-30 | 04:59:00 | 60.00°N | 177.08°E |

表 5.4  中国首次北极科学考察 XBT 站位信息表

| 序号 | 站位号 | 日期 | 时间 | 纬度 | 经度 |
| --- | --- | --- | --- | --- | --- |
| 1 | XB1 | 1999-07-10 | 11：20：02 | 60.00°N | 171.67°E |
| 2 | XB2 | 1999-07-10 | 15：30：01 | 60.50°N | 173.4°E |
| 3 | XB3 | 1999-07-10 | 21：42：21 | 61.50°N | 176.17°E |
| 4 | XB4 | 1999-07-10 | 21：49：19 | 61.50°N | 176.17°E |
| 5 | XB5 | 1999-07-11 | 08：47：56 | 62.50°N | 178.38°W |
| 6 | XB6 | 1999-07-11 | 16：43：04 | 63.50°N | 174.33°W |
| 7 | XB7 | 1999-07-11 | 21：38：51 | 64.33°N | 168°W |
| 8 | XB8 | 1999-07-14 | 00：36：43 | 66.50°N | 169°W |
| 9 | XB9 | 1999-08-02 | 09：46：46 | 62.17°N | 175.07°W |
| 10 | XB10 | 1999-08-10 | 18：37：20 | 72.85°N | 158.03°W |
| 11 | XB11 | 1999-08-18 | 08：43：55 | 74.73°N | 159.67°W |
| 12 | XB12 | 1999-08-25 | 18：59：21 | 75.50°N | 162.83°W |
| 13 | XB13 | 1999-08-25 | 22：34：35 | 75.00°N | 163.4°W |
| 14 | XB14 | 1999-08-26 | 02：57：47 | 74.00°N | 164.25°W |
| 15 | XB15 | 1999-08-26 | 06：43：43 | 73.00°N | 165.42°W |
| 16 | XB16 | 1999-08-26 | 11：11：58 | 72.00°N | 166.17°W |
| 17 | XB17 | 1999-08-26 | 14：17：17 | 71.00°N | 166.67°W |
| 18 | XB18 | 1999-08-27 | 00：28：01 | 68.50°N | 168.12°W |
| 19 | XB19 | 1999-08-27 | 04：20：22 | 67.50°N | 168.4°W |
| 20 | XB20 | 1999-08-27 | 06：33：34 | 67.00°N | 168.83°W |
| 21 | XB21 | 1999-08-27 | 07：50：15 | 66.50°N | 169°W |
| 22 | XB22 | 1999-08-27 | 09：42：19 | 66.00°N | 168.83°W |
| 23 | XB23 | 1999-08-27 | 11：37：01 | 75.50°N | 168.58°W |
| 24 | XB24 | 1999-08-27 | 13：34：47 | 75.00°N | 168.83°W |
| 25 | XB25 | 1999-08-27 | 15：53：11 | 74.50°N | 168.38°W |
| 26 | XB26 | 1999-08-29 | 04：06：50 | 74.00°N | 172.7°W |
| 27 | XB27 | 1999-08-29 | 06：03：47 | 63.50°N | 173.5°W |
| 28 | XB28 | 1999-08-29 | 11：13：56 | 62.50°N | 175.33°W |
| 29 | XB29 | 1999-08-29 | 13：12：39 | 76.00°N | 176°W |
| 30 | XB30 | 1999-08-29 | 15：37：55 | 61.50°N | 176.92°W |
| 31 | XB31 | 1999-08-29 | 21：04：09 | 60.50°N | 178.67°W |

中国第二次北极科学考察共完成海洋考察 CTD 站位 146 个，站位信息见表 5.5；XCTD 站位 19 个，XBT 站位 8 个，站位信息见表 5.6。

表 5.5　中国第二次北极科学考察 CTD 站位信息表

| 序号 | 站位号 | 日期 | 时间 | 纬度 | 经度 | 深度/m |
|---|---|---|---|---|---|---|
| 1 | BR21 | 2003－07－23 | 20：53 | 51.62°N | 168.10°E | 3 600 |
| 2 | BR22 | 2003－07－24 | 06：33 | 52.78°N | 169.35°E | 5 000 |
| 3 | BR23 | 2003－07－24 | 14：31 | 53.29°N | 170.03°E | 2 078 |
| 4 | BR24 | 2003－07－24 | 22：23 | 53.97°N | 170.77°E | 3 100 |
| 5 | BR25 | 2003－07－25 | 05：03 | 54.99°N | 171.82°E | 3 700 |
| 6 | BR01 | 2003－07－25 | 11：57 | 56.00°N | 173.02°E | 3 850 |
| 7 | BR02 | 2003－07－25 | 20：38 | 56.99°N | 174.51°E | 3 850 |
| 8 | BR03 | 2003－07－26 | 03：50 | 57.99°N | 176.17°E | 3 780 |
| 9 | BR04 | 2003－07－26 | 13：55 | 58.99°N | 177.92°E | 3 720 |
| 10 | BR05 | 2003－07－26 | 19：01 | 59.49°N | 179.00°E | 3 440 |
| 11 | BR06 | 2003－07－27 | 00：55 | 59.91°N | 179.69°E | 2 680 |
| 12 | BR07 | 2003－07－27 | 03：38 | 60.09°N | 179.98°W | 2 000 |
| 13 | BR08 | 2003－07－27 | 08：19 | 60.24°N | 179.39°W | 929 |
| 14 | BR09 | 2003－07－27 | 12：33 | 60.47°N | 179.05°W | 435 |
| 15 | BR10 | 2003－07－27 | 14：03 | 60.52°N | 178.74°W | 240 |
| 16 | BR11 | 2003－07－27 | 15：41 | 60.66°N | 178.24°W | 165 |
| 17 | BR12 | 2003－07－27 | 19：01 | 60.92°N | 177.75°W | 138 |
| 18 | BS01 | 2003－07－28 | 13：52 | 64.33°N | 171.50°W | 48 |
| 19 | BS02 | 2003－07－28 | 15：46 | 64.34°N | 171.01°W | 49 |
| 20 | BS03 | 2003－07－28 | 17：31 | 64.32°N | 170.51°W | 46 |
| 21 | BS04 | 2003－07－28 | 19：12 | 64.34°N | 170.00°W | 42 |
| 22 | BS05 | 2003－07－28 | 20：38 | 64.33°N | 169.51°W | 40 |
| 23 | BS06 | 2003－07－28 | 23：16 | 64.33°N | 169.00°W | 40 |
| 24 | BS07 | 2003－07－29 | 00：53 | 64.34°N | 168.50°W | 40 |
| 25 | BS08 | 2003－07－29 | 02：40 | 64.34°N | 168.00°W | 36 |
| 26 | BS09 | 2003－07－29 | 04：15 | 64.34°N | 167.50°W | 38 |
| 27 | BS10 | 2003－07－29 | 05：38 | 64.33°N | 167.01°W | 34 |
| 28 | BS11 | 2003－07－29 | 14：49 | 65.51°N | 168.87°W | 60 |
| 29 | R01 | 2003－07－30 | 10：20 | 66.99°N | 169.01°W | 50 |
| 30 | R02 | 2003－07－30 | 14：42 | 67.49°N | 168.99°W | 50 |
| 31 | R03 | 2003－07－30 | 17：25 | 68.00°N | 169.00°W | 57 |
| 32 | R04 | 2003－07－30 | 21：24 | 68.49°N | 169.02°W | 55 |
| 33 | R05 | 2003－07－30 | 23：54 | 69.00°N | 169.00°W | 55 |
| 34 | R06 | 2003－07－31 | 02：49 | 69.49°N | 169.00°W | 53 |

续表

| 序号 | 站位号 | 日期 | 时间 | 纬度 | 经度 | 深度/m |
|---|---|---|---|---|---|---|
| 35 | R07 | 2003-07-31 | 06：28 | 69.99°N | 168.99°W | 36 |
| 36 | R08 | 2003-07-31 | 09：24 | 70.49°N | 169.00°W | 36 |
| 37 | BY01 | 2003-07-31 | 12：24 | 70.52°N | 167.97°W | 47 |
| 38 | R09 | 2003-07-31 | 15：15 | 70.99°N | 169.01°W | 44 |
| 39 | R10 | 2003-07-31 | 17：45 | 71.49°N | 169.01°W | 50 |
| 40 | BY02 | 2003-07-31 | 21：57 | 71.69°N | 169.11°W | 50 |
| 41 | R11 | 2003-08-01 | 00：30 | 72.01°N | 169.66°W | 55 |
| 42 | R12 | 2003-08-01 | 05：03 | 72.49°N | 168.99°W | 77 |
| 43 | R13 | 2003-08-01 | 09：21 | 73.00°N | 169.54°W | 67 |
| 44 | R14 | 2003-08-01 | 13：13 | 73.47°N | 169.12°W | 116 |
| 45 | R15 | 2003-08-02 | 00：08 | 73.99°N | 168.99°W | 169 |
| 46 | C11 | 2003-08-02 | 21：21 | 71.66°N | 167.98°W | 50 |
| 47 | C12 | 2003-08-03 | 00：19 | 71.65°N | 167.02°W | 45 |
| 48 | C13 | 2003-08-03 | 03：20 | 71.61°N | 165.99°W | 44 |
| 49 | C14 | 2003-08-03 | 05：12 | 71.59°N | 165.00°W | 42 |
| 50 | C15 | 2003-08-03 | 07：03 | 71.57°N | 164.01°W | 42 |
| 51 | C16 | 2003-08-03 | 09：54 | 71.54°N | 163.01°W | 43 |
| 52 | C17 | 2003-08-03 | 13：39 | 71.49°N | 162.03°W | 46 |
| 53 | C18 | 2003-08-03 | 15：56 | 71.47°N | 161.02°W | 47 |
| 54 | C19 | 2003-08-03 | 18：26 | 71.46°N | 160.02°W | 50 |
| 55 | C10 | 2003-08-03 | 20：27 | 71.44°N | 159.24°W | 50 |
| 56 | S32 | 2003-08-05 | 16：42 | 71.26°N | 150.37°W | 268 |
| 57 | S33 | 2003-08-05 | 19：23 | 71.53°N | 149.92°W | 2 140 |
| 58 | S34 | 2003-08-05 | 22：32 | 71.79°N | 149.42°W | 2 750 |
| 59 | S21 | 2003-08-06 | 08：31 | 71.65°N | 154.98°W | 76 |
| 60 | C26 | 2003-08-07 | 01：24 | 70.49°N | 162.97°W | 36 |
| 61 | C25 | 2003-08-07 | 03：41 | 70.49°N | 163.97°W | 41 |
| 62 | C24 | 2003-08-07 | 06：52 | 70.50°N | 164.99°W | 42 |
| 63 | C23 | 2003-08-07 | 09：05 | 70.50°N | 166.00°W | 43 |
| 64 | C22 | 2003-08-07 | 11：44 | 70.49°N | 167.00°W | 50 |
| 65 | C21 | 2003-08-07 | 13：47 | 70.50°N | 168.01°W | 47 |
| 66 | C35 | 2003-08-07 | 23：33 | 68.92°N | 166.49°W | 31 |
| 67 | C34 | 2003-08-08 | 01：14 | 68.92°N | 167.00°W | 43 |
| 68 | C33 | 2003-08-08 | 02：39 | 68.92°N | 167.50°W | 45 |

续表

| 序号 | 站位号 | 日期 | 时间 | 纬度 | 经度 | 深度/m |
|---|---|---|---|---|---|---|
| 69 | C32 | 2003-08-08 | 03:44 | 68.92°N | 168.00°W | 50 |
| 70 | C31 | 2003-08-08 | 06:06 | 68.91°N | 168.51°W | 52 |
| 71 | R03A | 2003-08-08 | 10:23 | 67.99°N | 168.99°W | 55 |
| 72 | R04A | 2003-08-08 | 13:33 | 68.50°N | 168.99°W | 52 |
| 73 | R05A | 2003-08-08 | 16:27 | 69.00°N | 168.99°W | 51 |
| 74 | R06A | 2003-08-08 | 19:09 | 69.50°N | 168.99°W | 51 |
| 75 | R07A | 2003-08-08 | 22:01 | 70.00°N | 168.99°W | 35 |
| 76 | R08A | 2003-08-09 | 00:29 | 70.50°N | 168.97°W | 37 |
| 77 | R09A | 2003-08-09 | 03:32 | 70.99°N | 169.00°W | 42 |
| 78 | R10A | 2003-08-09 | 05:49 | 71.49°N | 168.99°W | 48 |
| 79 | R11A | 2003-08-09 | 09:03 | 72.00°N | 168.99°W | 50 |
| 80 | R12A | 2003-08-09 | 12:10 | 72.50°N | 168.98°W | 77 |
| 81 | R13A | 2003-08-09 | 17:10 | 72.99°N | 169.02°W | 78 |
| 82 | R14A | 2003-08-09 | 21:07 | 73.50°N | 168.99°W | 117 |
| 83 | R15A | 2003-08-10 | 02:59 | 73.98°N | 169.07°W | 175 |
| 84 | R16A | 2003-08-10 | 07:53 | 74.51°N | 169.07°W | 185 |
| 85 | P11 | 2003-08-10 | 12:37 | 75.00°N | 169.99°W | 263 |
| 86 | P12 | 2003-08-10 | 19:52 | 74.92°N | 167.85°W | 175 |
| 87 | P13 | 2003-08-10 | 23:45 | 74.80°N | 165.80°W | 453 |
| 88 | P14 | 2003-08-11 | 13:03 | 74.64°N | 164.10°W | 777 |
| 89 | P15 | 2003-08-11 | 18:36 | 74.52°N | 161.84°W | 1 714 |
| 90 | P16 | 2003-08-12 | 00:14 | 74.34°N | 159.93°W | 588 |
| 91 | P17 | 2003-08-12 | 03:46 | 74.15°N | 157.98°W | 3 000 |
| 92 | B11 | 2003-08-12 | 09:51 | 73.99°N | 156.33°W | 3 000 |
| 93 | B21 | 2003-08-12 | 17:05 | 74.62°N | 155.19°W | 3 800 |
| 94 | B31 | 2003-08-13 | 05:58 | 75.42°N | 152.95°W | 3 800 |
| 95 | B32 | 2003-08-13 | 22:32 | 75.00°N | 151.54°W | 3 800 |
| 96 | B33 | 2003-08-14 | 05:36 | 74.62°N | 149.27°W | 3 800 |
| 97 | B23 | 2003-08-14 | 13:11 | 74.04°N | 150.57°W | 3 800 |
| 98 | B13 | 2003-08-14 | 21:58 | 73.37°N | 151.88°W | 3 800 |
| 99 | S26 | 2003-08-15 | 05:36 | 73.00°N | 152.67°W | 3 000 |
| 100 | S25 | 2003-08-15 | 13:12 | 72.74°N | 153.40°W | 3 000 |
| 101 | S24 | 2003-08-15 | 20:29 | 72.40°N | 154.17°W | 2 500 |
| 102 | S23 | 2003-08-15 | 23:03 | 72.20°N | 154.10°W | 1 960 |

续表

| 序号 | 站位号 | 日期 | 时间 | 纬度 | 经度 | 深度/m |
|---|---|---|---|---|---|---|
| 103 | S22 | 2003-08-16 | 01：47 | 71.94°N | 154.53°W | 220 |
| 104 | S21A | 2003-08-16 | 03：32 | 71.66°N | 154.98°W | 91 |
| 105 | S11 | 2003-08-17 | 20：18 | 72.49°N | 159.00°W | 50 |
| 106 | S12 | 2003-08-18 | 00：01 | 72.72°N | 158.65°W | 210 |
| 107 | S13 | 2003-08-18 | 01：52 | 72.94°N | 158.29°W | 1 300 |
| 108 | S14 | 2003-08-18 | 05：41 | 73.15°N | 157.93°W | 2 381 |
| 109 | S15 | 2003-08-18 | 08：15 | 73.37°N | 157.56°W | 3 000 |
| 110 | S16 | 2003-08-18 | 10：41 | 73.59°N | 157.16°W | 3 800 |
| 111 | P27 | 2003-08-19 | 04：08 | 75.49°N | 156.00°W | 3 050 |
| 112 | P37 | 2003-08-19 | 19：20 | 76.66°N | 153.01°W | 3 800 |
| 113 | B77 | 2003-08-20 | 05：45 | 77.52°N | 152.37°W | 3 000 |
| 114 | B80 | 2003-08-26 | 06：50 | 80.22°N | 146.74°W | 3 750 |
| 115 | B79 | 2003-08-27 | 07：40 | 79.31°N | 151.78°W | 3 800 |
| 116 | B78 | 2003-08-28 | 05：22 | 78.47°N | 147.02°W | 3 800 |
| 117 | P26 | 2003-09-05 | 04：13 | 78.27°N | 151.02°W | 2 500 |
| 118 | P25 | 2003-09-05 | 12：37 | 78.01°N | 155.05°W | 1 805 |
| 119 | P24 | 2003-09-05 | 21：15 | 77.81°N | 158.72°W | 1 880 |
| 120 | P23 | 2003-09-06 | 13：27 | 77.52°N | 162.52°W | 2 200 |
| 121 | P22 | 2003-09-06 | 19：41 | 77.39°N | 164.93°W | 326 |
| 122 | P21 | 2003-09-07 | 00：09 | 77.37°N | 167.36°W | 561 |
| 123 | M01 | 2003-09-07 | 04：41 | 77.29°N | 169.01°W | 1 456 |
| 124 | M02 | 2003-09-07 | 13：48 | 77.29°N | 171.90°W | 2 287 |
| 125 | M03 | 2003-09-07 | 21：30 | 76.54°N | 171.93°W | 2 300 |
| 126 | M04 | 2003-09-08 | 03：46 | 75.99°N | 171.99°W | 2 007 |
| 127 | M05 | 2003-09-08 | 06：50 | 75.66°N | 171.99°W | 1 628 |
| 128 | M06 | 2003-09-08 | 10：15 | 75.33°N | 171.99°W | 816 |
| 129 | M07 | 2003-09-08 | 12：03 | 75.00°N | 171.94°W | 388 |
| 130 | P11A | 2003-09-08 | 15：42 | 75.00°N | 169.99°W | 262 |
| 131 | R16B | 2003-09-08 | 19：06 | 74.49°N | 168.99°W | 186 |
| 132 | R15B | 2003-09-08 | 22：44 | 74.00°N | 168.99°W | 172 |
| 133 | R14B | 2003-09-09 | 01：25 | 73.49°N | 169.05°W | 115 |
| 134 | R13B | 2003-09-09 | 04：03 | 72.99°N | 168.99°W | 69 |
| 135 | R12B | 2003-09-09 | 06：30 | 72.49°N | 168.99°W | 70 |
| 136 | R01B | 2003-09-10 | 01：20 | 66.99°N | 169.01°W | 41 |

续表

| 序号 | 站位号 | 日期 | 时间 | 纬度 | 经度 | 深度/m |
|---|---|---|---|---|---|---|
| 137 | BS10A | 2003-09-12 | 14:25 | 64.34°N | 166.99°W | 28 |
| 138 | BS09A | 2003-09-12 | 16:20 | 64.34°N | 167.51°W | 30 |
| 139 | BS08A | 2003-09-12 | 17:30 | 64.33°N | 167.99°W | 35 |
| 140 | BS07A | 2003-09-12 | 18:48 | 64.33°N | 168.50°W | 38 |
| 141 | BS06A | 2003-09-13 | 15:45 | 64.34°N | 169.02°W | 38 |
| 142 | BS05A | 2003-09-13 | 17:02 | 64.34°N | 169.49°W | 40 |
| 143 | BS04A | 2003-09-13 | 18:20 | 64.34°N | 169.97°W | 38 |
| 144 | BS03A | 2003-09-13 | 19:34 | 64.33°N | 170.50°W | 35 |
| 145 | BS02A | 2003-09-13 | 20:54 | 64.33°N | 171.00°W | 38 |
| 146 | BS01A | 2003-09-13 | 22:26 | 64.33°N | 171.51°W | 45 |

表5.6 中国第二次北极科学考察 XBT、XCTD 站位信息表

| 序号 | 站位号 | 日期 | 时间 | 纬度 | 经度 |
|---|---|---|---|---|---|
| 1 | XB01 | 2003-08-11 | 07:37 | 74.80°N | 164.08°W |
| 2 | XC01 | 2003-08-13 | 14:42 | 75.80°N | 150.53°W |
| 3 | XC02 | 2003-08-13 | 15:30 | 76.15°N | 147.90°W |
| 4 | XB02 | 2003-08-21 | 07:00 | 77.62°N | 150.92°W |
| 5 | XC03 | 2003-08-25 | 11:07 | 80.03°N | 148.13°W |
| 6 | XC04 | 2003-08-26 | 22:13 | 79.75°N | 151.57°W |
| 7 | XB03 | 2003-08-27 | 00:27 | 79.53°N | 152.18°W |
| 8 | XC05 | 2003-08-27 | 07:22 | 78.60°N | 156.27°W |
| 9 | XC06 | 2003-08-27 | 07:59 | 78.35°N | 152.95°W |
| 10 | XB04 | 2003-08-27 | 19:21 | 79.02°N | 150.10°W |
| 11 | XB05 | 2003-08-27 | 23:47 | 78.75°N | 151.57°W |
| 12 | XC07 | 2003-08-29 | 06:18 | 79.55°N | 136.02°W |
| 13 | XC08 | 2003-08-29 | 07:11 | 79.13°N | 141.12°W |
| 14 | XC09 | 2003-08-29 | 10:35 | 78.08°N | 144.25°W |
| 15 | XC10 | 2003-08-29 | 11:22 | 77.45°N | 144.32°W |
| 16 | XC11 | 2003-08-29 | 12:16 | 77.73°N | 148.58°W |
| 17 | XC12 | 2003-09-02 | 07:01 | 81.17°N | 145.05°W |
| 18 | XB06 | 2003-09-05 | 09:09 | 78.13°N | 152.92°W |
| 19 | XB07 | 2003-09-05 | 16:17 | 77.92°N | 156.73°W |

续表

| 序号 | 站位号 | 日期 | 时间 | 纬度 | 经度 |
|---|---|---|---|---|---|
| 20 | XB08 | 2003-09-06 | 03：31 | 77.82°N | 160.20°W |
| 21 | XC13 | 2003-09-06 | 10：41 | 77.00°N | 160.12°W |
| 22 | XC14 | 2003-09-07 | 17：50 | 76.88°N | 172.02°W |
| 23 | XC15 | 2003-09-08 | 02：43 | 76.20°N | 171.93°W |
| 24 | XC16 | 2003-09-08 | 05：52 | 75.83°N | 172.00°W |
| 25 | XC17 | 2003-09-08 | 09：03 | 75.67°N | 172.00°W |
| 26 | XC18 | 2003-09-08 | 11：59 | 75.12°N | 172.00°W |
| 27 | XC19 | 2003-09-10 | 04：18 | 70.78°N | 175.62°W |

中国第三次北极科学考察共完成海洋考察CTD站位132个，站位信息见表5.7；XCTD站位20个，站位信息见表5.8；XBT站位48个，站位信息见表5.9。

表5.7 中国第三次北极科学考察CTD站位信息表

| 序号 | 站位号 | 日期 | 时间 | 纬度 | 经度 | 深度/m |
|---|---|---|---|---|---|---|
| 1 | BR23 | 2008-07-18 | 21：58 | 53.28°N | 169.99°E | 2 320 |
| 2 | BR24 | 2008-07-19 | 06：02 | 53.96°N | 170.77°E | 3 710 |
| 3 | BR25 | 2008-07-19 | 18：13 | 55.00°N | 171.85°E | 3 890 |
| 4 | BR01 | 2008-07-20 | 07：03 | 55.95°N | 173.13°E | 3 800 |
| 5 | BR02 | 2008-07-20 | 20：45 | 57.00°N | 174.50°E | 3 800 |
| 6 | BR03 | 2008-07-22 | 03：00 | 57.98°N | 176.21°E | 3 778 |
| 7 | BR04 | 2008-07-22 | 12：15 | 58.99°N | 177.93°E | 3 730 |
| 8 | BR05 | 2008-07-22 | 18：56 | 59.50°N | 178.97°E | 3 450 |
| 9 | BR06 | 2008-07-23 | 23：52 | 60.00°N | 179.68°E | 2 524 |
| 10 | BR07 | 2008-07-23 | 02：53 | 60.08°N | 180.00°W | 2 571 |
| 11 | BR08 | 2008-07-23 | 10：19 | 60.25°N | 179.42°W | 929 |
| 12 | BR09 | 2008-07-23 | 12：45 | 60.46°N | 179.00°W | 420 |
| 13 | BR10 | 2008-07-23 | 15：41 | 60.51°N | 178.76°W | 252 |
| 14 | BR11 | 2008-07-23 | 20：14 | 60.67°N | 178.26°W | 160 |
| 15 | BR12 | 2008-07-23 | 22：52 | 60.91°N | 177.76°W | 135 |
| 16 | BR13 | 2008-07-24 | 03：16 | 61.40°N | 176.81°W | 112 |
| 17 | BR14 | 2008-07-24 | 06：40 | 61.70°N | 175.7°W | 90 |
| 18 | BR15 | 2008-07-24 | 10：54 | 62.20°N | 175.25°W | 75 |
| 19 | NB11 | 2008-07-24 | 15：34 | 62.88°N | 174.53°W | 69 |
| 20 | NB12 | 2008-07-24 | 18：00 | 62.75°N | 174.16°W | 64 |

续表

| 序号 | 站位号 | 日期 | 时间 | 纬度 | 经度 | 深度/m |
|---|---|---|---|---|---|---|
| 21 | NB13 | 2008-07-24 | 20：06 | 62.57°N | 173.57°W | 60 |
| 22 | NB14 | 2008-07-24 | 23：45 | 62.40°N | 172.70°W | 50 |
| 23 | NB15 | 2008-07-25 | 01：55 | 62.20°N | 171.99°W | 41 |
| 24 | NB16 | 2008-07-25 | 05：35 | 62.00°N | 171.02°W | 44 |
| 25 | NB17 | 2008-07-25 | 08：10 | 61.83°N | 170.00°W | 36 |
| 26 | NB18 | 2008-07-25 | 12：57 | 61.67°N | 169.01°W | 32 |
| 27 | NB19 | 2008-07-25 | 15：30 | 61.50°N | 168.01°W | 23 |
| 28 | NB28 | 2008-07-25 | 19：00 | 62.02°N | 168.03°W | 27 |
| 29 | NB27 | 2008-07-25 | 22：00 | 62.20°N | 169.00°W | 29 |
| 30 | NB26 | 2008-07-26 | 01：10 | 62.43°N | 170.10°W | 34 |
| 31 | NB25 | 2008-07-26 | 03：50 | 62.60°N | 170.96°W | 38 |
| 32 | NB24 | 2008-07-26 | 06：35 | 62.75°N | 171.63°W | 44 |
| 33 | NB23 | 2008-07-26 | 09：38 | 62.92°N | 172.31°W | 51 |
| 34 | NB22 | 2008-07-26 | 12：11 | 63.11°N | 173.12°W | 64 |
| 35 | NB21 | 2008-07-26 | 17：52 | 63.94°N | 172.41°W | 50 |
| 36 | BS01 | 2008-07-26 | 21：23 | 64.34°N | 171.49°W | 42 |
| 37 | BS02 | 2008-07-27 | 00：01 | 64.33°N | 171.00°W | 34 |
| 38 | BS03 | 2008-07-27 | 01：40 | 64.34°N | 170.50°W | 32 |
| 39 | BS04 | 2008-07-27 | 08：10 | 64.33°N | 170.01°W | 35 |
| 40 | BS05 | 2008-07-27 | 11：21 | 64.33°N | 169.50°W | 33 |
| 41 | BS06 | 2008-07-27 | 14：20 | 64.34°N | 169.02°W | 34 |
| 42 | BS07 | 2008-07-27 | 15：51 | 64.33°N | 168.50°W | 33 |
| 43 | BS08 | 2008-07-27 | 17：50 | 64.34°N | 168.01°W | 29 |
| 44 | BS09 | 2008-07-27 | 19：20 | 64.33°N | 167.50°W | 24 |
| 45 | BS10 | 2008-07-27 | 22：18 | 64.33°N | 167.01°W | 24 |
| 46 | BS11 | 2008-08-01 | 04：15 | 65.5°N | 168.86°W | 53 |
| 47 | BS12 | 2008-08-01 | 09：00 | 66.00°N | 168.87°W | 47 |
| 48 | R00 | 2008-08-01 | 12：26 | 66.50°N | 169.00°W | 43 |
| 49 | R01 | 2008-08-01 | 16：05 | 67.00°N | 169.00°W | 42 |
| 50 | R03 | 2008-08-01 | 22：45 | 68.00°N | 169.03°W | 51 |
| 51 | R05 | 2008-08-02 | 04：41 | 69.00°N | 169.00°W | 47 |

续表

| 序号 | 站位号 | 日期 | 时间 | 纬度 | 经度 | 深度/m |
|---|---|---|---|---|---|---|
| 52 | C31 | 2008-08-02 | 08:28 | 68.92°N | 168.50°W | 45 |
| 53 | C33 | 2008-08-02 | 11:02 | 68.92°N | 167.51°W | 41 |
| 54 | C35 | 2008-08-02 | 14:09 | 68.92°N | 166.51°W | 28 |
| 55 | R07 | 2008-08-02 | 21:30 | 70.00°N | 168.99°W | 31 |
| 56 | R09 | 2008-08-03 | 03:49 | 70.99°N | 168.97°W | 37 |
| 57 | C21 | 2008-08-03 | 08:00 | 70.51°N | 168.01°W | 41 |
| 58 | C23 | 2008-08-03 | 12:40 | 70.50°N | 166.00°W | 39 |
| 59 | C25 | 2008-08-03 | 17:12 | 70.50°N | 164.03°W | 37 |
| 60 | C10A | 2008-08-04 | 04:56 | 71.41°N | 157.85°W | 107 |
| 61 | C19 | 2008-08-04 | 11:36 | 71.45°N | 159.98°W | 42 |
| 62 | C17 | 2008-08-04 | 16:30 | 71.49°N | 161.98°W | 41 |
| 63 | C15 | 2008-08-04 | 21:10 | 71.54°N | 163.98°W | 37 |
| 64 | C13 | 2008-08-05 | 02:21 | 71.61°N | 165.99°W | 38 |
| 65 | C11 | 2008-08-05 | 07:32 | 71.66°N | 167.98°W | 43 |
| 66 | R11 | 2008-08-05 | 11:20 | 72.00°N | 168.99°W | 47 |
| 67 | R13 | 2008-08-06 | 00:22 | 73.00°N | 169.00°W | 71 |
| 68 | R15 | 2008-08-06 | 08:14 | 73.99°N | 169.01°W | 173 |
| 69 | R17 | 2008-08-06 | 17:01 | 75.00°N | 168.15°W | 163 |
| 70 | B11 | 2008-08-07 | 00:28 | 75.00°N | 165.04°W | 552 |
| 71 | B12 | 2008-08-07 | 06:16 | 75.01°N | 162.03°W | 2 013 |
| 72 | B13 | 2008-08-07 | 14:29 | 74.5°N | 158.99°W | 1 134 |
| 73 | B14 | 2008-08-08 | 03:50 | 73.99°N | 155.97°W | 3 898 |
| 74 | S16 | 2008-08-08 | 09:09 | 73.58°N | 157.15°W | 3 261 |
| 75 | S15 | 2008-08-08 | 13:13 | 73.38°N | 157.54°W | 3 043 |
| 76 | S14 | 2008-08-08 | 17:27 | 73.17°N | 157.92°W | 2 517 |
| 77 | S13 | 2008-08-08 | 23:22 | 72.94°N | 158.32°W | 1 430 |
| 78 | S12 | 2008-08-09 | 04:59 | 72.72°N | 158.66°W | 207 |
| 79 | S11 | 2008-08-09 | 08:49 | 72.51°N | 158.96°W | 48 |
| 80 | S21 | 2008-08-09 | 17:46 | 71.67°N | 154.97°W | 88 |
| 81 | S22 | 2008-08-09 | 20:12 | 71.92°N | 154.68°W | 369 |
| 82 | S23 | 2008-08-10 | 00:39 | 72.20°N | 154.42°W | 1 785 |

续表

| 序号 | 站位号 | 日期 | 时间 | 纬度 | 经度 | 深度/m |
|---|---|---|---|---|---|---|
| 83 | S24 | 2008-08-10 | 06:00 | 72.40°N | 154.18°W | 2 346 |
| 84 | S25 | 2008-08-10 | 13:39 | 72.73°N | 153.41°W | 3 615 |
| 85 | S26 | 2008-08-10 | 18:51 | 72.99°N | 152.69°W | 3 880 |
| 86 | B24 | 2008-08-11 | 04:59 | 74.33°N | 148.01°W | 3 838 |
| 87 | B23 | 2008-08-11 | 13:51 | 74.67°N | 149.98°W | 3 872 |
| 88 | B22 | 2008-08-11 | 14:49 | 75.00°N | 152.00°W | 3 889 |
| 89 | B21 | 2008-08-12 | 01:50 | 75.25°N | 153.98°W | 3 890 |
| 90 | P27 | 2008-08-12 | 15:16 | 75.48°N | 156.00°W | 3 052 |
| 91 | P25 | 2008-08-12 | 21:05 | 75.83°N | 157.99°W | 568 |
| 92 | P23 | 2008-08-13 | 03:04 | 76.34°N | 162.49°W | 2 086 |
| 93 | P37 | 2008-08-13 | 19:00 | 77.00°N | 156.02°W | 2 267 |
| 94 | P38 | 2008-08-14 | 02:03 | 76.82°N | 154.11°W | 2 489 |
| 95 | B31 | 2008-08-14 | 06:22 | 76.50°N | 152.00°W | 3 883 |
| 96 | B32 | 2008-08-14 | 12:41 | 76.32°N | 150.00°W | 3 875 |
| 97 | B33 | 2008-08-14 | 17:35 | 75.99°N | 147.99°W | 3 863 |
| 98 | B77 | 2008-08-15 | 03:36 | 76.97°N | 146.82°W | 3 857 |
| 99 | B78 | 2008-08-15 | 16:15 | 77.98°N | 145.91°W | 3 857 |
| 100 | B79 | 2008-08-16 | 04:00 | 78.98°N | 147.62°W | 3 863 |
| 101 | B80 | 2008-08-16 | 17:58 | 80.01°N | 147.49°W | 3 854 |
| 102 | B81 | 2008-08-17 | 08:51 | 81.01°N | 146.25°W | 3 843 |
| 103 | B82 | 2008-08-17 | 21:40 | 81.98°N | 147.27°W | 3 387 |
| 104 | B83 | 2008-08-18 | 14:19 | 83.00°N | 147.31°W | 2 679 |
| 105 | B84 | 2008-08-19 | 04:41 | 84.00°N | 144.28°W | 2 296 |
| 106 | B84A | 2008-08-19 | 23:37 | 84.44°N | 143.58°W | 2 247 |
| 107 | B85 | 2008-08-27 | 20:48 | 85.13°N | 147.06°W | 2 079 |
| 108 | B85A | 2008-08-29 | 12:10 | 85.40°N | 147.49°W | 2 376 |
| 109 | D84 | 2008-08-30 | 21:12 | 84.00°N | 148.77°W | 2 485 |
| 110 | D83 | 2008-08-31 | 09:21 | 83.01°N | 150.96°W | 3 157 |
| 111 | D82 | 2008-08-31 | 19:19 | 81.93°N | 154.17°W | 3 228 |
| 112 | D81 | 2008-09-01 | 05:11 | 81.03°N | 155.29°W | 3 847 |
| 113 | D80 | 2008-09-01 | 21:02 | 80.03°N | 158.05°W | 3 709 |

续表

| 序号 | 站位号 | 日期 | 时间 | 纬度 | 经度 | 深度/m |
|---|---|---|---|---|---|---|
| 114 | N01 | 2008－09－02 | 19：45 | 79.83°N | 170.00°W | 3 341 |
| 115 | N02 | 2008－09－03 | 07：48 | 79.32°N | 168.98°W | 3 163 |
| 116 | N03 | 2008－09－03 | 16：13 | 78.84°N | 167.89°W | 2 655 |
| 117 | N04 | 2008－09－04 | 00：17 | 78.34°N | 166.99°W | 460 |
| 118 | P31 | 2008－09－04 | 06：35 | 78.00°N | 168.01°W | 434 |
| 119 | M01 | 2008－09－04 | 15：51 | 77.50°N | 172.00°W | 2 280 |
| 120 | M02 | 2008－09－05 | 00：11 | 77.00°N | 172.06°W | 2 303 |
| 121 | M03 | 2008－09－05 | 07：49 | 76.49°N | 172.03°W | 2 301 |
| 122 | M04 | 2008－09－05 | 13：13 | 76.00°N | 172.10°W | 2 020 |
| 123 | M05 | 2008－09－05 | 18：43 | 75.67°N | 171.99°W | 1 637 |
| 124 | M06 | 2008－09－06 | 00：35 | 75.34°N | 172.00°W | 830 |
| 125 | M07 | 2008－09－06 | 03：46 | 75.01°N | 171.99°W | 394 |
| 126 | R17 | 2008－09－06 | 10：42 | 75.01°N | 169.01°W | 216 |
| 127 | R15 | 2008－09－06 | 16：39 | 74.00°N | 168.99°W | 174 |
| 128 | R13 | 2008－09－07 | 00：10 | 73.00°N | 168.99°W | 69 |
| 129 | R11 | 2008－09－07 | 08：45 | 71.99°N | 168.98°W | 45 |
| 130 | R09 | 2008－09－07 | 22：26 | 71.01°N | 168.98°W | 38 |
| 131 | R07 | 2008－09－08 | 03：56 | 70.01°N | 169.01°W | 28 |
| 132 | R05 | 2008－09－08 | 10：33 | 69.01°N | 168.99°W | 46 |

表 5.8　中国第三次北极科学考察 XCTD 站位信息表

| 序号 | 站位号 | 日期 | 时间 | 纬度 | 经度 |
|---|---|---|---|---|---|
| 1 | XC01 | 2008－07－21 | 13：49 | 57.89°N | 176.37°W |
| 2 | XC02 | 2008－08－07 | 04：42 | 75.00°N | 163.50°W |
| 3 | XC03 | 2008－08－07 | 05：06 | 75.00°N | 162.89°W |
| 4 | XC04 | 2008－08－11 | 02：47 | 73.62°N | 150.42°W |
| 5 | XC05 | 2008－08－11 | 05：01 | 73.96°N | 149.34°W |
| 6 | XC06 | 2008－08－13 | 00：10 | 76.07°N | 160.01°W |
| 7 | XC07 | 2008－08－16 | 22：01 | 79.92°N | 147.28°W |
| 8 | XC08 | 2008－08－16 | 22：21 | 80.17°N | 147.28°W |
| 9 | XC09 | 2008－08－16 | 22：43 | 80.39°N | 146.61°W |
| 10 | XC10 | 2008－08－17 | 23：19 | 81.91°N | 148.47°W |

续表

| 序号 | 站位号 | 日期 | 时间 | 纬度 | 经度 |
|---|---|---|---|---|---|
| 11 | XC11 | 2008-08-17 | 23：22 | 81.91°N | 148.47°W |
| 12 | XC12 | 2008-08-18 | 14：50 | 83.14°N | 148.24°W |
| 13 | XC13 | 2008-08-18 | 15：44 | 83.39°N | 150.86°W |
| 14 | XC14 | 2008-08-30 | 04：55 | 86.48°N | 147.47°W |
| 15 | XC15 | 2008-08-30 | 05：30 | 86.00°N | 147.40°W |
| 16 | XC16 | 2008-09-04 | 02：19 | 78.36°N | 170.00°W |
| 17 | XC17 | 2008-09-04 | 02：47 | 78.34°N | 171.92°W |
| 18 | XC18 | 2008-09-05 | 02：49 | 77.01°N | 179.93°W |
| 19 | XC19 | 2008-09-05 | 03：19 | 77.00°N | 177.99°W |
| 20 | XC20 | 2008-09-05 | 03：52 | 77.04°N | 175.73°W |

表 5.9　中国第三次北极科学考察 XBT 站位信息表

| 序号 | 站位号 | 日期 | 时间 | 纬度 | 经度 | 水深/m |
|---|---|---|---|---|---|---|
| 1 | XB01 | 2008-07-12 | 22：42 | 33.21°N | 127.54°E | 120 |
| 2 | XB02 | 2008-07-13 | 04：04 | 34.28°N | 128.76°E | 98 |
| 3 | XB03 | 2008-07-13 | 10：04 | 35.40°N | 130.11°E | 142 |
| 4 | XB05 | 2008-07-13 | 22：05 | 37.72°N | 132.72°W | 2 200 |
| 5 | XB06 | 2008-07-14 | 04：04 | 38.99°N | 133.94°W | 1 000 |
| 6 | XB07 | 2008-07-14 | 10：05 | 40.25°N | 135.18°W | 800 |
| 7 | XB08 | 2008-07-14 | 15：53 | 41.47°N | 166.37°W | 3 481 |
| 8 | XB09 | 2008-07-14 | 21：52 | 42.76°N | 137.66°W | 3 600 |
| 9 | XB10 | 2008-07-15 | 03：35 | 44.07°N | 139.03°W | 3 050 |
| 10 | XB11 | 2008-07-15 | 09：58 | 45.32°N | 140.36°W | 400 |
| 11 | XB12 | 2008-07-15 | 14：53 | 45.72°N | 141.86°W | 53 |
| 12 | XB13 | 2008-07-15 | 20：58 | 46.04°N | 143.97°W | 900 |
| 13 | XB14 | 2008-07-16 | 02：58 | 46.32°N | 145.96°W | 3 150 |
| 14 | XB15 | 2008-07-16 | 08：58 | 47.60°N | 147.95°W | 3 000 |
| 15 | XB16 | 2008-07-16 | 14：10 | 48.25°N | 149.59°W | 2 200 |
| 16 | XB17 | 2008-07-16 | 20：00 | 48.90°N | 151.51°W | 1 500 |
| 17 | XB18 | 2008-07-17 | 01：57 | 49.73°N | 153.47°W | 1 775 |
| 18 | XB19 | 2008-07-17 | 07：59 | 49.72°N | 155.54°W | 400 |
| 19 | XB20 | 2008-07-17 | 14：03 | 50.30°N | 157.89°W | 1 400 |
| 20 | XB21 | 2008-07-17 | 20：02 | 50.89°N | 168.17°W | 7 200 |

续表

| 序号 | 站位号 | 日期 | 时间 | 纬度 | 经度 | 水深/m |
|---|---|---|---|---|---|---|
| 21 | XB22 | 2008-07-18 | 01:59 | 51.43°N | 162.35°W | 5 366 |
| 22 | XB23 | 2008-07-18 | 08:24 | 52.03°N | 164.82°W | 4 500 |
| 23 | XB24 | 2008-07-18 | 12:41 | 52.44°N | 166.48°W | 3 800 |
| 24 | XB25 | 2008-07-18 | 18:58 | 53.03°N | 168.93°W | 3 000 |
| 25 | XB27 | 2008-07-19 | 02:31 | 53.46°N | 170.18°W | 2 350 |
| 26 | XB28 | 2008-07-19 | 14:11 | 54.44°N | 171.28°W | 3 750 |
| 27 | XB29 | 2008-07-19 | 00:58 | 55.52°N | 172.47°W | 3 730 |
| 28 | XB30 | 2008-07-20 | 18:14 | 56.73°N | 178.22°W | 3 700 |
| 29 | XB49 | 2008-09-14 | 03:45 | 53.71°N | 161.78°W | 3 349 |
| 30 | XB50 | 2008-09-14 | 07:53 | 52.86°N | 160.74°W | 2 500 |
| 31 | XB51 | 2008-09-14 | 12:45 | 51.84°N | 159.51°W | 3 561 |
| 32 | XB52 | 2008-09-14 | 16:50 | 51.00°N | 158.5°W | 1 130 |
| 33 | XB53 | 2008-09-14 | 20:50 | 50.15°N | 157.53°W | 1 613 |
| 34 | XB54 | 2008-09-15 | 01:00 | 49.32°N | 156.58°W | 3 200 |
| 35 | XB55 | 2008-09-15 | 05:00 | 48.48°N | 155.63°W | 3 112 |
| 36 | XB56 | 2008-09-15 | 09:05 | 47.60°N | 154.63°W | 3 000 |
| 37 | XB57 | 2008-09-15 | 12:47 | 46.85°N | 153.83°W | 3 600 |
| 38 | XB58 | 2008-09-15 | 16:52 | 46.00°N | 152.93°W | 5 600 |
| 39 | XB59 | 2008-09-15 | 21:03 | 45.12°N | 152.02°W | 7 300 |
| 40 | XB60 | 2008-09-16 | 00:58 | 44.31°N | 151.17°W | 8 500 |
| 41 | XB61 | 2008-09-16 | 04:50 | 43.49°N | 150.32°W | 6 010 |
| 42 | XB62 | 2008-09-16 | 09:00 | 42.65°N | 149.46°W | 5 100 |
| 43 | XB63 | 2008-09-17 | 05:54 | 42.35°N | 148.4°W | 5 600 |
| 44 | XB64 | 2008-09-17 | 09:46 | 42.22°N | 147.1°W | 5 900 |
| 45 | XB65 | 2008-09-17 | 14:53 | 42.06°N | 145.46°W | 3 600 |
| 46 | XB66 | 2008-09-17 | 19:05 | 41.92°N | 144.03°W | 1 206 |
| 47 | XB67 | 2008-09-17 | 22:50 | 41.79°N | 142.76°W | 550 |
| 48 | XB68 | 2008-09-18 | 03:04 | 41.67°N | 141.48°W | 119 |

中国第四次北极科学考察共完成海洋考察 CTD/LADCP 站位 135 个，站位信息见表 5.10。

表 5.10　中国第四次北极考察 CTD/LADCP 观测站位信息表

| 序号 | 站位号 | 日期 | 时间 | 纬度 | 经度 |
| --- | --- | --- | --- | --- | --- |
| 1 | B01 | 2010－07－10 | 07：53：48 | 52.702°N | 169.341°E |
| 2 | B02 | 2010－07－10 | 13：56：05 | 53.33°N | 169.957°E |
| 3 | B03 | 2010－07－11 | 02：21：48 | 53.99°N | 170.725°E |
| 4 | B04 | 2010－07－11 | 08：08：03 | 54.596°N | 171.416°E |
| 5 | B05 | 2010－07－11 | 22：07：15 | 55.943°N | 173.128°E |
| 6 | B06 | 2010－07－12 | 06：27：07 | 57.006°N | 174.498°E |
| 7 | B07 | 2010－07－12 | 16：46：08 | 58.001°N | 176.206°E |
| 8 | B08 | 2010－07－13 | 23：51：41 | 59°N | 177.935°E |
| 9 | B09 | 2010－07－14 | 04：09：06 | 59.24°N | 178.416°E |
| 10 | B10 | 2010－07－14 | 09：06：21 | 59.688°N | 179.345°E |
| 11 | B11 | 2010－07－14 | 13：07：25 | 59.993°N | 179.918°E |
| 12 | B12 | 2010－07－14 | 20：51：35 | 60.298°N | 179.492°W |
| 13 | B13 | 2010－07－15 | 03：20：53 | 60.685°N | 178.849°W |
| 14 | B14 | 2010－07－15 | 06：42：18 | 60.922°N | 177.691°W |
| 15 | B15 | 2010－07－15 | 11：05：18 | 61.068°N | 176.369°W |
| 16 | BB01 | 2010－07－15 | 15：17：27 | 61.288°N | 177.473°W |
| 17 | BB02 | 2010－07－15 | 17：59：46 | 61.647°N | 176.915°W |
| 18 | BB03 | 2010－07－15 | 21：59：38 | 61.936°N | 176.398°W |
| 19 | BB04 | 2010－07－16 | 00：14：55 | 62.177°N | 176.007°W |
| 20 | BB05 | 2010－07－16 | 04：16：01 | 62.544°N | 175.292°W |
| 21 | BB06 | 2010－07－16 | 09：57：42 | 63.006°N | 174.382°W |
| 22 | BB07 | 2010－07－16 | 12：47：50 | 63.444°N | 173.546°W |
| 23 | BB－A | 2010－07－16 | 19：40：17 | 62.002°N | 174.559°W |
| 24 | NB01 | 2010－07－16 | 23：31：38 | 61.234°N | 175.075°W |
| 25 | NB02 | 2010－07－17 | 03：40：33 | 61.377°N | 173.667°W |
| 26 | NB03 | 2010－07－17 | 07：10：35 | 61.505°N | 172.184°W |
| 27 | NB04 | 2010－07－17 | 10：37：00 | 61.584°N | 170.624°W |
| 28 | NB05 | 2010－07－17 | 14：19：42 | 61.733°N | 169.188°W |
| 29 | NB06 | 2010－07－17 | 18：03：13 | 61.827°N | 167.508°W |
| 30 | NB07 | 2010－07－17 | 23：20：07 | 62.539°N | 166.595°W |
| 31 | NB08 | 2010－07－18 | 01：38：56 | 62.659°N | 167.341°W |
| 32 | NB09 | 2010－07－18 | 06：19：51 | 62.735°N | 168.411°W |

续表

| 序号 | 站位号 | 日期 | 时间 | 纬度 | 经度 |
| --- | --- | --- | --- | --- | --- |
| 33 | NB-A | 2010-07-18 | 11：48：27 | 62.833°N | 170.999°W |
| 34 | NB10 | 2010-07-18 | 18：11：43 | 63.475°N | 172.469°W |
| 35 | NB11 | 2010-07-18 | 19：42：40 | 63.684°N | 172.588°W |
| 36 | NB12 | 2010-07-18 | 21：30：09 | 63.937°N | 172.714°W |
| 37 | BS01 | 2010-07-19 | 00：43：37 | 64.338°N | 171.5°W |
| 38 | BS02 | 2010-07-19 | 02：47：33 | 64.335°N | 171°W |
| 39 | BS03 | 2010-07-19 | 05：03：01 | 64.335°N | 170.5°W |
| 40 | BS04 | 2010-07-19 | 06：32：54 | 64.335°N | 170.003°W |
| 41 | BS05 | 2010-07-19 | 08：21：29 | 64.33°N | 169.509°W |
| 42 | BS06 | 2010-07-19 | 10：30：15 | 64.333°N | 169.002°W |
| 43 | BS07 | 2010-07-19 | 12：24：37 | 64.338°N | 168.501°W |
| 44 | BS08 | 2010-07-19 | 13：57：10 | 64.328°N | 168.019°W |
| 45 | BS09 | 2010-07-19 | 16：01：36 | 64.337°N | 167.499°W |
| 46 | BS10 | 2010-07-19 | 17：38：12 | 64.336°N | 167.007°W |
| 47 | BS11 | 2010-07-20 | 00：16：49 | 65.502°N | 168.975°W |
| 48 | R01 | 2010-07-20 | 07：15：28 | 67°N | 169.018°W |
| 49 | R02 | 2010-07-20 | 09：44：05 | 67.501°N | 169.009°W |
| 50 | R03 | 2010-07-20 | 12：50：58 | 68.002°N | 168.999°W |
| 51 | CC01 | 2010-07-20 | 14：42：59 | 67.672°N | 168.958°W |
| 52 | CC02 | 2010-07-20 | 16：23：11 | 67.785°N | 168.604°W |
| 53 | CC03 | 2010-07-20 | 17：42：22 | 67.899°N | 168.239°W |
| 54 | CC04 | 2010-07-20 | 19：23：32 | 68.134°N | 167.865°W |
| 55 | CC5 | 2010-07-20 | 20：57：53 | 68.127°N | 167.504°W |
| 56 | CC6 | 2010-07-20 | 22：00：24 | 68.18°N | 167.316°W |
| 57 | CC7 | 2010-07-20 | 23：16：03 | 68.24°N | 167.132°W |
| 58 | CC8 | 2010-07-21 | 00：16：43 | 68.302°N | 166.963°W |
| 59 | C03 | 2010-07-21 | 05：02：17 | 69.028°N | 166.465°W |
| 60 | C02 | 2010-07-21 | 07：00：33 | 69.126°N | 167.338°W |
| 61 | C01 | 2010-07-21 | 09：10：59 | 69.227°N | 168.127°W |

续表

| 序号 | 站位号 | 日期 | 时间 | 纬度 | 经度 |
|---|---|---|---|---|---|
| 62 | R04 | 2010-07-21 | 12:59:59 | 68.507°N | 169.006°W |
| 63 | R05 | 2010-07-21 | 15:53:43 | 69.006°N | 168.999°W |
| 64 | R06 | 2010-07-21 | 18:17:05 | 69.503°N | 168.982°W |
| 65 | R07 | 2010-07-21 | 22:10:30 | 69.988°N | 168.957°W |
| 66 | R08 | 2010-07-22 | 03:46:06 | 71.007°N | 168.977°W |
| 67 | C06 | 2010-07-23 | 13:05:49 | 70.524°N | 162.751°W |
| 68 | C05 | 2010-07-23 | 17:12:05 | 70.763°N | 164.725°W |
| 69 | C04 | 2010-07-23 | 21:54:29 | 71.01°N | 167.028°W |
| 70 | R09 | 2010-07-24 | 03:54:37 | 71.964°N | 168.94°W |
| 71 | C07 | 2010-07-24 | 10:27:04 | 72.54°N | 165.325°W |
| 72 | C08 | 2010-07-24 | 17:05:41 | 72.106°N | 162.376°W |
| 73 | C09 | 2010-07-25 | 01:12:57 | 71.814°N | 159.715°W |
| 74 | Co10 | 2010-07-25 | 07:23:29 | 71.629°N | 157.937°W |
| 75 | Co9 | 2010-07-25 | 08:52:30 | 71.583°N | 157.84°W |
| 76 | Co8 | 2010-07-25 | 09:54:22 | 71.54°N | 157.753°W |
| 77 | Co7 | 2010-07-25 | 10:48:40 | 71.496°N | 157.676°W |
| 78 | Co6 | 2010-07-25 | 11:55:49 | 71.454°N | 157.58°W |
| 79 | Co5 | 2010-07-25 | 12:49:28 | 71.416°N | 157.493°W |
| 80 | Co4 | 2010-07-25 | 14:15:27 | 71.374°N | 157.402°W |
| 81 | Co3 | 2010-07-25 | 14:57:55 | 71.332°N | 157.315°W |
| 82 | Co2 | 2010-07-25 | 16:04:56 | 71.291°N | 157.254°W |
| 83 | Co1 | 2010-07-25 | 16:49:29 | 71.247°N | 157.159°W |
| 84 | S21 | 2010-07-25 | 22:31:31 | 71.624°N | 154.722°W |
| 85 | S22 | 2010-07-26 | 00:45:30 | 71.814°N | 154.197°W |
| 86 | S23 | 2010-07-26 | 03:01:47 | 71.937°N | 153.777°W |
| 87 | S24 | 2010-07-26 | 13:44:56 | 72.244°N | 153.191°W |
| 88 | S25 | 2010-07-26 | 20:59:51 | 72.342°N | 152.5°W |
| 89 | S26 | 2010-07-27 | 12:02:39 | 72.703°N | 153.553°W |
| 90 | MS01 | 2010-07-27 | 22:19:27 | 73.174°N | 154.704°W |

续表

| 序号 | 站位号 | 日期 | 时间 | 纬度 | 经度 |
|---|---|---|---|---|---|
| 91 | MS02 | 2010-07-28 | 08：26：58 | 73.675°N | 156.366°W |
| 92 | MS03 | 2010-07-28 | 16：31：02 | 74.067°N | 157.294°W |
| 93 | Mor1 | 2010-07-29 | 04：08：36 | 74.426°N | 158.141°W |
| 94 | Mor2 | 2010-07-29 | 07：54：52 | 74.543°N | 158.971°W |
| 95 | BN01 | 2010-07-30 | 03：52：59 | 76.451°N | 158.903°W |
| 96 | BN02 | 2010-07-30 | 15：05：19 | 77.465°N | 158.979°W |
| 97 | BN03 | 2010-07-31 | 06：32：40 | 78.483°N | 158.893°W |
| 98 | BN04 | 2010-08-01 | 00：34：19 | 79.471°N | 159.039°W |
| 99 | BN05 | 2010-08-01 | 18：05：47 | 80.485°N | 161.447°W |
| 100 | BN06 | 2010-08-02 | 12：58：48 | 81.462°N | 164.942°W |
| 101 | BN07 | 2010-08-03 | 06：27：16 | 82.496°N | 166.306°W |
| 102 | BN08 | 2010-08-04 | 09：00：33 | 83.528°N | 164.045°W |
| 103 | BN09 | 2010-08-05 | 01：32：19 | 84.189°N | 167.124°W |
| 104 | BN10 | 2010-08-05 | 21：18：45 | 85.504°N | 178.642°W |
| 105 | BN11 | 2010-08-06 | 09：57：04 | 86.08°N | 176.094°W |
| 106 | BN12 | 2010-08-17 | 06：42：00 | 87.07°N | 170.49°W |
| 107 | BN13 | 2010-08-20 | 15：32：04 | 88.398°N | 176.634°W |
| 108 | SR22 | 2010-08-23 | 06：33：08 | 83.744°N | 170.670°W |
| 109 | SR20 | 2010-08-24 | 00：20：13 | 81.948°N | 169.034°W |
| 110 | SR18 | 2010-08-25 | 00：41：04 | 79.988°N | 169.095°W |
| 111 | SR17 | 2010-08-25 | 09：51：21 | 79.001°N | 168.964°W |
| 112 | SR16 | 2010-08-25 | 20：54：33 | 77.981°N | 168.974°W |
| 113 | M01 | 2010-08-26 | 03：27：13 | 77.500°N | 172.063°W |
| 114 | M02 | 2010-08-26 | 10：21：32 | 77.003°N | 171.976°W |
| 115 | M03 | 2010-08-26 | 19：48：51 | 76.524°N | 171.891°W |
| 116 | M04 | 2010-08-28 | 00：53：45 | 75.998°N | 171.984°W |
| 117 | M05 | 2010-08-28 | 07：13：25 | 75.627°N | 172.091°W |
| 118 | M06 | 2010-08-28 | 14：15：59 | 75.331°N | 171.995°W |
| 119 | M07 | 2010-08-28 | 19：49：20 | 74.994°N | 172.031°W |

续表

| 序号 | 站位号 | 日期 | 时间 | 纬度 | 经度 |
|---|---|---|---|---|---|
| 120 | SR12 | 2010-08-29 | 03：21：19 | 74.495°N | 169.007°W |
| 121 | SR11 | 2010-08-29 | 07：20：20 | 73.994°N | 168.993°W |
| 122 | SR10 | 2010-08-29 | 12：54：28 | 73.000°N | 169.000°W |
| 123 | SR09 | 2010-08-29 | 18：27：16 | 71.996°N | 168.994°W |
| 124 | SR08 | 2010-08-29 | 23：44：20 | 70.999°N | 169.003°W |
| 125 | SR07 | 2010-08-30 | 05：45：55 | 70.004°N | 168.975°W |
| 126 | SR06 | 2010-08-30 | 08：49：06 | 69.500°N | 168.990°W |
| 127 | SR05 | 2010-08-30 | 11：17：47 | 69.002°N | 169.000°W |
| 128 | SR04 | 2010-08-30 | 14：08：49 | 68.497°N | 168.999°W |
| 129 | SR03 | 2010-08-30 | 17：22：14 | 67.993°N | 169.035°W |
| 130 | SR02 | 2010-08-30 | 20：32：18 | 67.498°N | 168.979°W |
| 131 | SR01 | 2010-08-30 | 23：08：52 | 67.004°N | 168.970°W |
| 132 | NB12R | 2010-08-31 | 16：07：00 | 63.93°N | 172.71°W |
| 133 | NB11R | 2010-08-31 | 17：32：00 | 63.68°N | 172.58°W |
| 134 | BB07R | 2010-08-31 | 19：55：00 | 63.44°N | 173.55°W |
| 135 | NB-AR | 2010-09-01 | 20：10：00 | 63.13°N | 170.91°W |

中国第五次北极科学考察和中国第六次北极科学考察水文观测站位表见第三章。

(二) 部分物理海洋环境分析国际数据介绍

1. 世界大洋数据集

世界大洋数据集（World Ocean Database，WOD）是由美国国家海洋数据中心（National Oceanographic Data Center，NODC）提供的实测资料数据库。数据库将不同来源的数据进行统一的格式转化、数据排重、质量控制，形成了由高分辨率CTD观测数据集、海豹数据集、海表面数据集、剖面浮标数据集等11个数据集组成的大型数据库。WOD13是该数据集的最新版本。本专题收集整理了WOD13数据集中1974—2013年，在我国北极物理海洋调查传统作业区即白令海、楚科奇海、加拿大海盆及高纬海区的观测数据。数据主要来自美国、加拿大、日本和中国等国家，1993年以前数据主要集中在白令海陆架区、楚科奇海和波弗特海等纬度相对较低的海区，1993年以后高纬海区站位增多。各年份高分辨率CTD观测站位图5.13所示。

## 北极 海域物理海洋和海洋气象考察

第五章 考察主要分析与研究成果

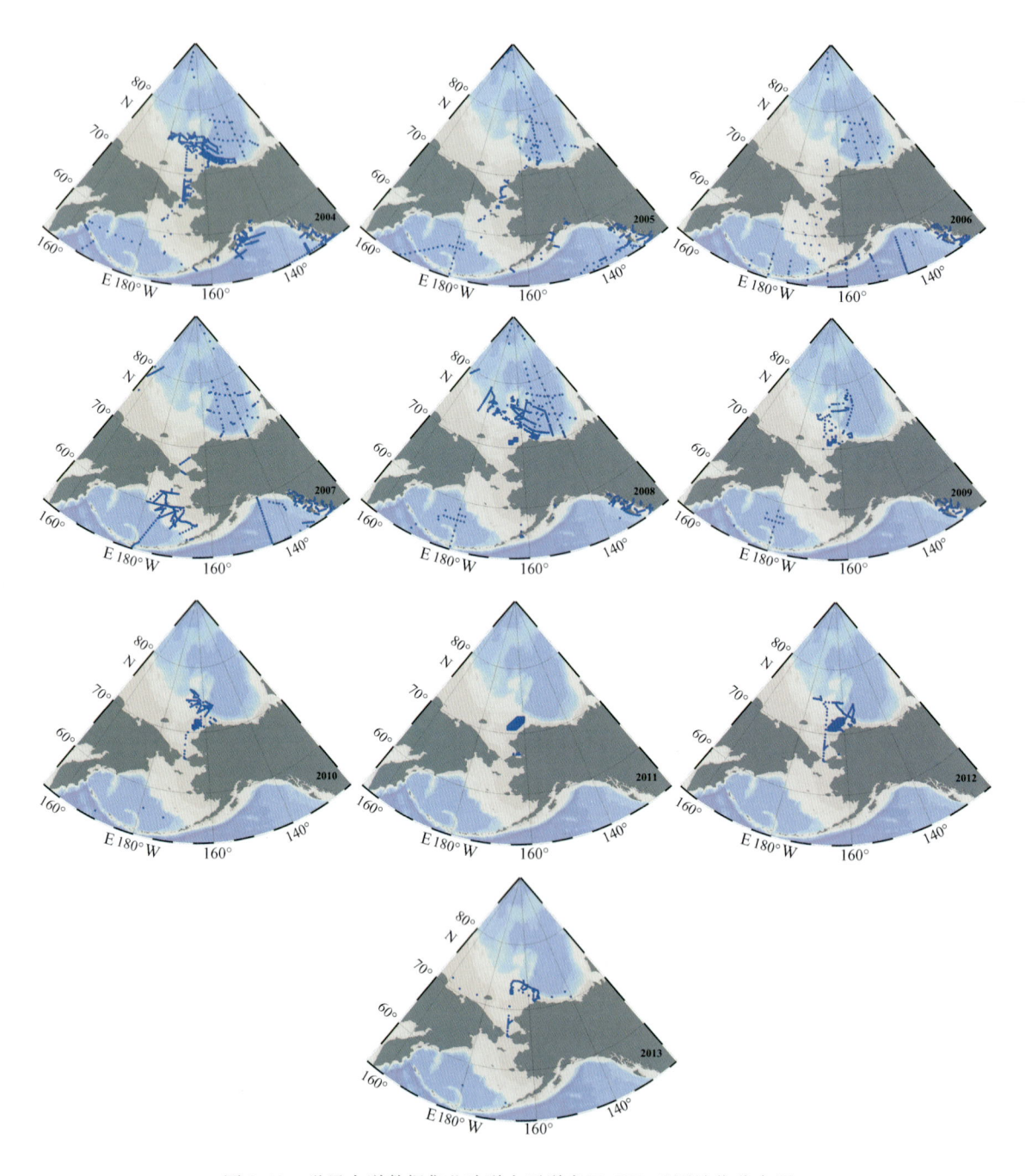

图 5.13 世界大洋数据集北冰洋太平洋扇区 CTD 观测站位分布图

## 2. 加拿大海盆船测水文数据

为研究加拿大海盆淡水积聚和释放的机制以及淡水在北极气候变化中所起的作用,联合北极西部气候研究和波弗特涡旋淡水试验与日本海洋科学技术中心以及加拿大海洋科学研究所渔业和海洋部门组织合作,从 2003 年 9 月开始通过加拿大破冰船"Louis S. St-Laurent"号开展了加拿大海盆气候研究计划。鉴于中国历次北极考察在加拿大海盆数据较为稀少,本专题选取 2003—2013 年该计划取得的水文考察数据进行补充分析。图 5.14 给出了 2003—2013 年加拿大海盆水文考察站位分布图。

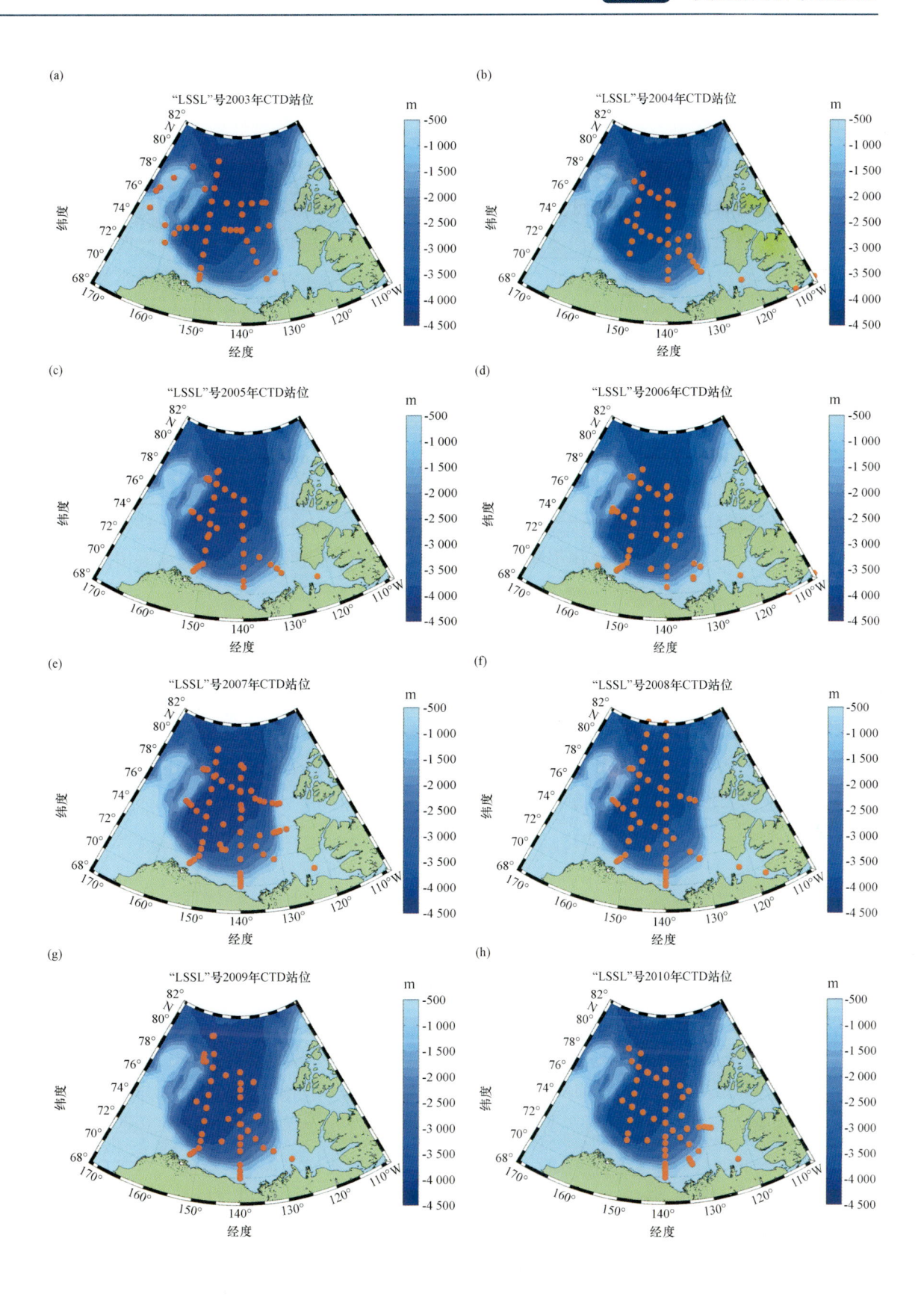

(a) "LSSL"号2003年CTD站位
(b) "LSSL"号2004年CTD站位
(c) "LSSL"号2005年CTD站位
(d) "LSSL"号2006年CTD站位
(e) "LSSL"号2007年CTD站位
(f) "LSSL"号2008年CTD站位
(g) "LSSL"号2009年CTD站位
(h) "LSSL"号2010年CTD站位

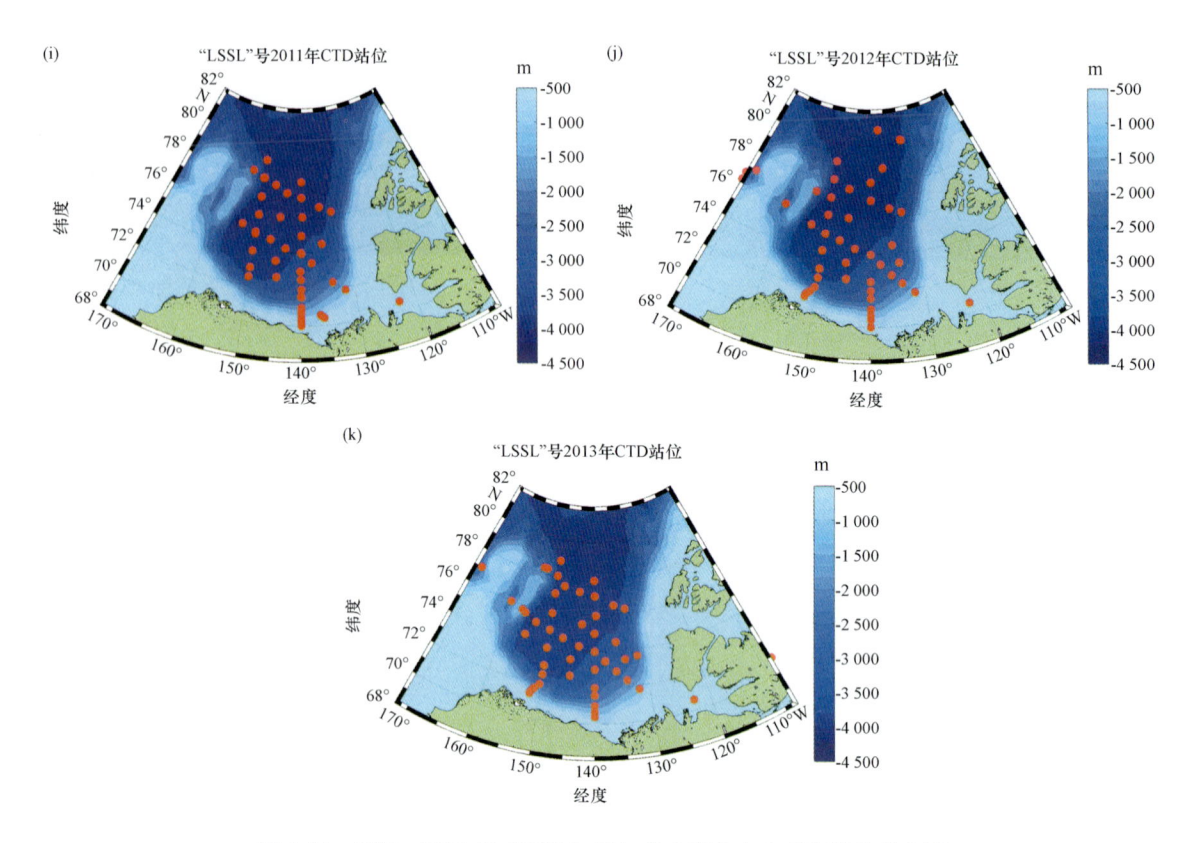

图 5.14　2003—2013 年"LSSL"号加拿大海盆水文考察站位分布图

(a) 2003 年；(b) 2004 年；(c) 2005 年；(d) 2006 年；(e) 2007 年；(f) 2008 年；(g) 2009 年；
(h) 2010 年；(i) 2011 年；(j) 2012 年；(k) 2013 年

## 三、白令海海域水文环境

### (一) 白令海介绍

1. 地理位置

白令海（Bering Sea）位于亚洲大陆和北美大陆之间，是太平洋沿岸最北的边缘海，地理位置介于 51°N—66°N，163°E—157°W 之间，北以白令海峡与北冰洋相通，南隔阿留申群岛与太平洋相联。白令海将亚洲大陆（西伯利亚东北部）和北美大陆（阿拉斯加）分隔开，是连接太平洋和北冰洋的唯一海上通道。

2. 地形

白令海海底地形大致可分为浅水区（浅于 200 m）和深水区（深于 200 m）两部分，两者的面积几乎相等，浅水区为陆架区，主要分布在东北部，陆架宽达 640 km 余，其面积约占总面积的 44%，是世界上最大的陆架之一。陆架上分布着许多浅于 150 m 的水下平原。西南部为深达 3 700~4 000 m 的深水海盆，海盆的海底非常平坦，被两支海脊分隔开，分别为西部自北向南延伸的奥利伍托斯基海脊和南部向北延伸的拉特岛海脊。浅水区和深水区通过阿留申群岛之间的各海峡与太平洋相通。白令海北部有三个重要海峡：白令海峡（85 km）、阿纳德尔海峡（75 km）以及斯潘伯格海峡（190 km）。其中白令海峡位于白令海和楚科奇海交界之处，而斯潘伯格海峡和阿纳德尔海峡分别位于圣劳伦斯岛的东西两侧。

3. 白令海环流

白令海表层流为气旋型环流。自阿留申群岛之间的各海峡进入白令海的太平洋水，分别形成了阿图海流、塔纳加海流和横向海流。它们自阿留申海脊的北侧向东或东北流，然后转向西北，把大量温暖的太平洋水携带至海区西北部。其中的横向海流流至纳瓦林角近海，又分为两支：向北的一支为劳伦斯海流，经白令海峡流入北冰洋；另一支与阿纳德尔海流（来自阿纳德尔湾）相汇合，成为强大的堪察加海流，沿西伯利亚东岸南下。主流经科曼多尔海峡（水深大于 4 000 m）流入太平洋，成为亲潮的源头，支流经海峡汇入白令海的太平洋暖水中，构成了白令海的气旋型环流。在阿拉斯加陆架上向北流动的海流，一部分流入北冰洋；另一部分折向西南。白令海峡西侧，还偶尔可见向南的极地海流。环流夏强冬弱，冬季在偏北大风作用下，进入白令海的太平洋水势力减弱，极地流几乎遍及白令海峡和海区的西北部（图5.15）。

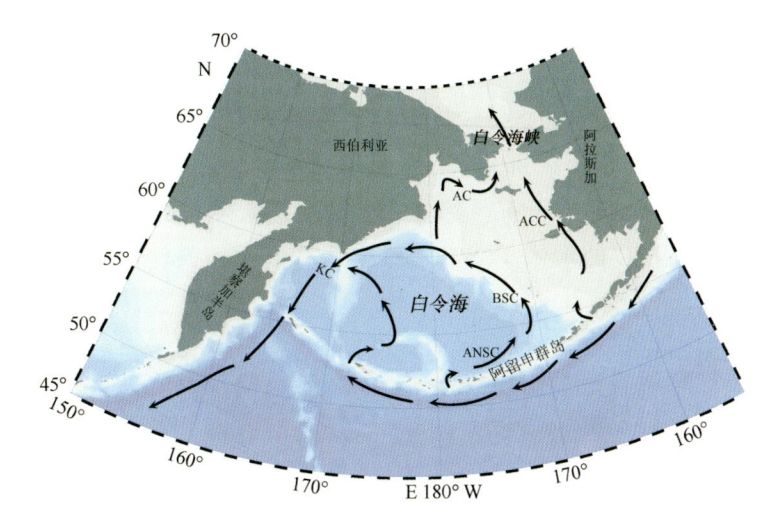

图 5.15 白令海海域流系分布示意图
ACC：阿拉斯加沿岸流；KC：堪察加寒流；BSC：白令海陆坡流；ANSC：阿留申北部陆坡流；AC：阿纳德尔流

4. 白令海水团

白令海海盆区水团有表层水、中层水和深层水，都源自北太平洋。表层水包括陆架水（水深为 100~150 m），是太平洋表层水受海区的降水、大陆径流、融冰和结冰、寒冷气候的影响，发生强烈变性形成的。盐度为 28.0~33.2，温度为 -1.6~10℃。夏季，最温暖的低盐水出现在西伯利亚陆架区，因为那里海水稳定成层。中层水位于表层水之下，水深 200~400 m 之间。温度为 1~4℃，盐度为 33.1~34.0。最低温度出现在表层水和中层水之间。因为冬季冷却，对流混合可达 200~300 m，而夏季海水受热只限于近表层（15~50 m），冬季形成的冷水仍残留在表层之下，出现最低温度层——冷中间层。随着冬季的到来，冷中间层得到更新。冷中间层向下，温度、盐度增加，是未变性的太平洋水团。深层水团位于 400 m 以下，温度低于 4℃，盐度为 34.0 左右。随着深度的增加，温度减低，盐度增大。

夏季白令海陆架区存在的 3 种流动的水团，都抵达白令海峡，并行向北流动。按盐度可以划分为圣劳伦斯岛西侧 $S$ 大于 32.5 的阿纳德尔水（Anadyr water，AW）；盐度范围在 31.8~32.5 之间的白令海陆架水（Bering shelf water，BSW）；沿阿拉斯加沿岸向白令海峡流动的 $S$

小于31.8的阿拉斯加沿岸水（Alaska coastal water，ACW）。它们不但物理性质有明显区别，起源也不同。阿拉斯加沿岸水，主要分布在圣劳伦斯岛东侧最靠近阿拉斯加海岸的白令海海域。它起源于北太平洋阿拉斯加湾的阿拉斯加流，这部分水体的主要部分沿50 m等深线以内的陆架区向北流动，在流动过程中，与沿岸河流入海的淡水混合，尤其是育空河对其影响最为显著，水团不断变性。在白令海北部进入斯潘伯格（Shpanberg）海峡，构成海峡的主要水体，并进入白令海峡，沿海峡东部30 m等深线以东的水域进入楚科奇海。

靠近俄罗斯沿岸的水团是阿纳德尔水。白令海陆架的进出水量不平衡，白令海峡输出的流量是0.8 Sv左右，而唯一进入陆架的尤尼马克（Unimak）水道的流量只有0.5 Sv左右，必须有来自白令海深海盆的水体进入白令海陆架来实现水体平衡，即存在陆架和陆坡的水体交换。北向的白令海陆坡流（Bering Slop Current，BSC）在纳瓦林角（Cape Navarin）南部分叉，其中一部分像一条低温、高盐、富含营养盐的河流，从深海区穿越等深线向北进入阿纳德尔（Anadyr）湾（有时被称为阿纳德尔流），最终抵达白令海峡，沿白令海峡西侧进入北冰洋，最终进入楚科奇海中央区域。

白令海陆架上还有一支流动的水体，称为白令海陆架水，是陆架本地水团，存在于圣劳伦斯岛以南的中心陆架区。BSW一部分来自从尤尼马克水道进入白令海陆架并沿50～100 m等深线流动的阿拉斯加流水体，还有一部分来自较早进入陆架的阿留申北坡流（Alueutian North Slope Current）和BSC的水体。BSW沿圣劳伦斯岛东西两侧向北输送，夹在ACW和AW之间进入白令海峡。

（二）温盐分布与变化

1. 断面温盐分布与变化

（1）数据介绍。

1）白令海海盆区断面数据介绍。

我国在1999年、2003年、2008年、2010年、2012年和2014年夏季组织了六次北极科学考察。考察海域主要限于北冰洋太平洋扇区的白令海、楚科奇海、楚科奇海台和加拿大海盆海域。其中，对白令海深水海盆区的调查断面均沿俄罗斯和美国交界线（见图5.16），该断面位于奥利伍托斯基海脊和拉特岛海脊之间，贯穿整个白令海深水海盆，调查时间均集中在7月份（见表5.11）。详细的站位调查时间和经纬度信息参见中国历次北极科学考察报告（中国首次北极科学考察队，2000；张占海，2004；张海生，2009；余兴光，2011；马德毅，2013；潘增弟，2015）。这些调查资料为我们深刻认识白令海深水海盆区水团和水文特征的分布提供了数据基础，同时更为认识该区域水团和水文特征的年际变化提供了可能。

表5.11 中国历次北极科学考察白令海深水海盆断面考察时间及站位表

| 中国历次北极科学考察 | 年份 | 考察时间 |
| --- | --- | --- |
| 中国第一次北极科学考察 | 1999 | 07-21—07-23 |
| 中国第二次北极科学考察 | 2003 | 07-24—07-27 |
| 中国第三次北极科学考察 | 2008 | 07-18—07-23 |

续表

| 中国历次北极科学考察 | 年份 | 考察时间 |
| --- | --- | --- |
| 中国第四次北极科学考察 | 2010 | 07-10—07-15 |
| 中国第五次北极科学考察 | 2012 | 07-11—07-14 |
| 中国第六次北极科学考察 | 2014 | 07-18—07-22 |

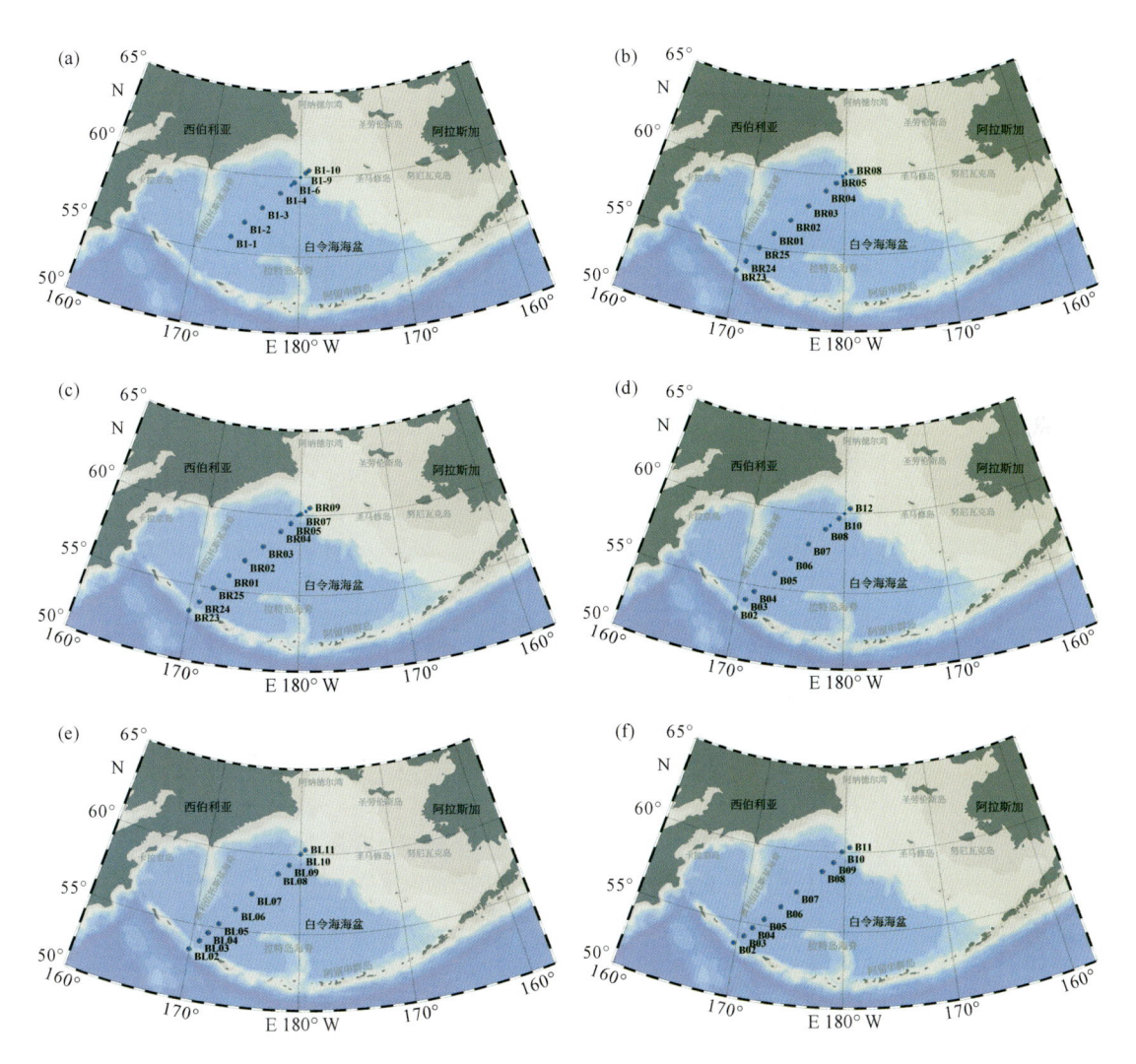

图5.16 中国历次北极科学考察白令海深水海盆区调查断面站位分布

(a) 1999年；(b) 2003年；(c) 2008年；(d) 2010年；(e) 2012年；(f) 2014年

2）白令海陆架区断面数据介绍。

位于白令海峡南侧的 BS 断面（沿用第二次北极科学考察命名方式），是历次北极考察的重点断面。除1999年首次北极科学考察以外，其余5次均进行了重复调查。图5.17为各航次 BS 断面分布，表5.12为各航次调查时间表，从中可以看出，断面横跨白令海峡南侧，水深在40 m左右。2012年第五次北极考察调查断面纬度范围为64.3°—64.5°N，其余四个断面均在64.3°N附近，经度范围为171.5°—167°W，站间距约为0.5°。每个断面调查时间均在7月，且整个断面调查时间不超过2天，可认为是准同步的。

表5.12  中国历次北极科学考察白令海峡南侧纬向断面调察时间表

| 历次北极考察 | 年份 | 断面考察时间 |
| --- | --- | --- |
| 中国第一次北极科学考察 | 1999 | — |
| 中国第二次北极科学考察 | 2003 | 07-28—07-29 |
| 中国第三次北极科学考察 | 2008 | 07-26—7-27 |
| 中国第四次北极科学考察 | 2010 | 07-19 |
| 中国第五次北极科学考察 | 2012 | 07-16—07-17 |
| 中国第六次北极科学考察 | 2014 | 07-26—07-27 |

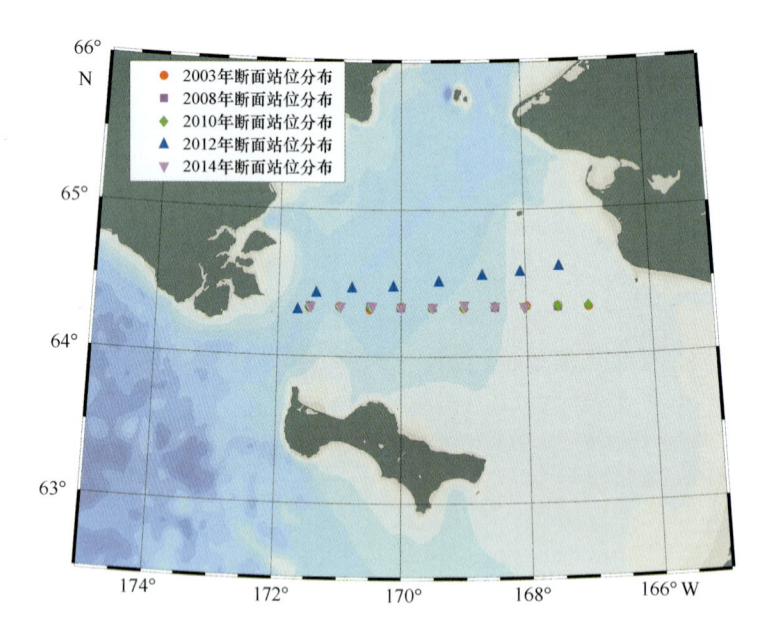

图5.17  2003年、2008年、2010年、2012年和2014年夏季中国第二次至第六次北极科学考察白令海峡南侧调查断面站位分布

NB断面位于圣劳伦斯岛南部，呈西南—东北走向，纬度范围为61°—62°N，经度范围为168°—179°W，横跨白令海中部陆架，向西延伸至陆坡区，向东至阿拉斯加沿岸（见图5.18）。其中2010年和2014年的调查时间为7月，2012年的调查时间为9月（见表5.13）。

表5.13  中国历次北极科学考察白令海陆架中部东西断面调察时间表

| 历次北极考察 | 年份 | 断面考察时间 |
| --- | --- | --- |
| 中国第四次北极科学考察 | 2010 | 07-19 |
| 中国第五次北极科学考察 | 2012 | 07-16—07-17 |
| 中国第六次北极科学考察 | 2014 | 07-26—07-27 |

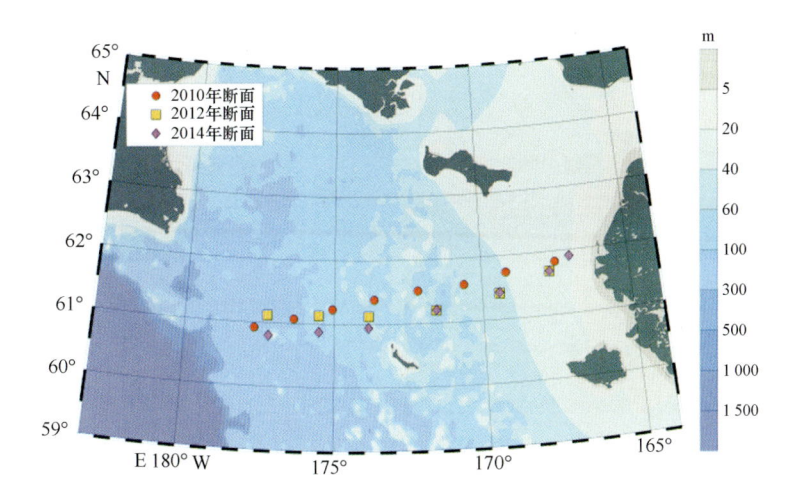

图 5.18　2010 年、2012 年和 2014 年夏季中国第四次至第六次北极科学
考察白令海陆架中部调查断面

（2）空间分布。

1）白令海海盆区断面。

图 5.19 为中国历次北极科学考察在白令海海盆区调查断面 600 m 以浅的温盐分布图。由于深层海洋温盐变化较小，所以选取 600 m 以上的海洋作为重点研究区域。如图中所示，断面结构主要分为三层，层化现象显著，上层主要特征是高温低盐；中层主要特征是低温；底层主要特征是高盐且相对低温。

1999 年表层最高温度为 8.4℃，最低盐度为 32.7。在 30 m 附近存在显著的温跃层，跃层强度为 0.5℃/m。跃层以下温度迅速降低，最低温度为 0.5℃，位于 59°N、140 m 深度。150 m 以浅盐度普遍较低，150 m 以深盐度层化显著，且等值线分布趋势与温度分布相似，在 59.5°N 以北温盐等值线均加深。

2003 年表层最高温度为 10.7℃，最低盐度为 32.7。在 30 m 附近存在显著的温跃层，跃层以下冷水层最低温度为 1.0℃，位于 55°N、110 m 深度。冷水主要集中在 54°—60°N 范围，断面最南端即 54°N 以南的两个站位和断面最北端 60.2°N 站位剖面没有温度低于 3℃ 的冷水出现。盐度等值线在 59.7°N 附近存在一个凹槽。冷水层所在深度在北部加深，且厚度最大。

2008 年表层最高温度为 10.9℃，最低盐度为 30.6。在 20～40 m 附近存在显著的温跃层且自南向北逐渐变浅，跃层强度最强为 0.4℃/m，跃层以下冷水层最低温度为 1.3℃，位于 59°N、190 m 深度。冷水主要集中在 54°—60.5°N 范围，断面最南端即 54°N 以南的两个站位没有温度低于 3℃ 的冷水出现。

2010 年表层最高温度为 8.5℃，最低盐度为 31.5。在 30 m 附近存在显著的温跃层，跃层以下冷水层最低温度为 0.8℃，位于 54.6°N、127 m 深度。在 59.7°N 附近盐度等值线陡然加深，形成一个凹槽。

2012 年表层温度南低北高，表层最高温度为 8.3℃，最低盐度为 32。在 30 m 附近存在显著的温跃层，跃层以下冷水层最低温度为 0.7℃，位于 57.4°N、168 m 深度。

2014 年表层最高温度为 10.5℃，最低盐度为 32.8。在 30 m 附近存在显著的温跃层，跃层以下冷水层最低温度为 2.0℃，位于 59.4°N、147 m 深度。与其他年份相比，2014 年冷水温度普遍偏高。

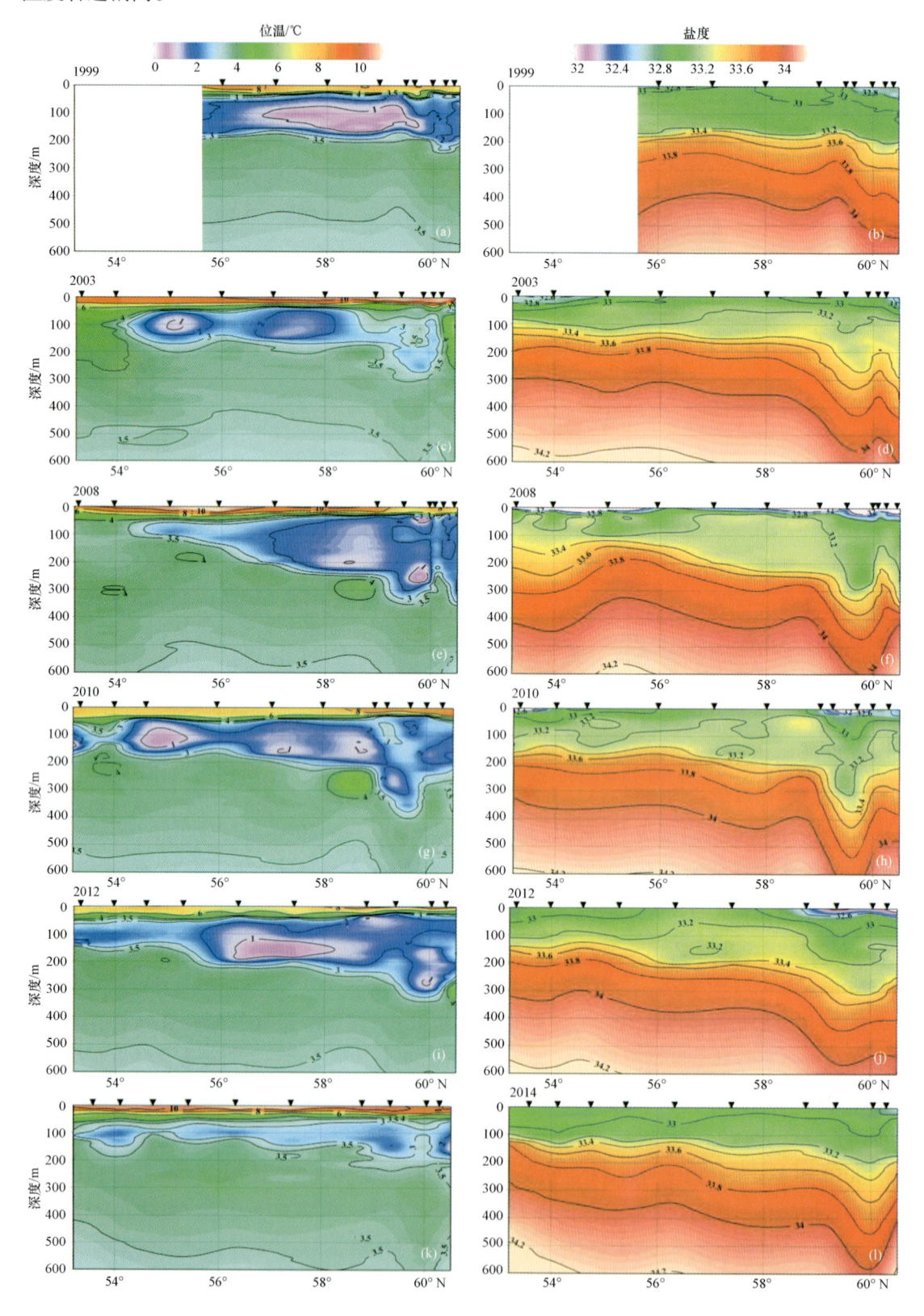

图 5.19　中国历次北极科学考察白令海深水断面温盐断面图

（a）和（b）：1999 年夏季温度和盐度；（c）和（d）2003 年夏季温度和盐度；（e）和（f）2008 年夏季温度和盐度；（g）和（h）2010 年夏季温度和盐度；（i）和（j）2012 年夏季温度和盐度；（k）和（l）2014 年夏季温度和盐度

2）白令海陆架区断面。

白令海峡以南 BS 断面温盐分布如图 5.20 所示。2003 年 BS 断面包含 10 个站点，温盐断面如图 5.20 中（a）(b) 所示。从图中可以看出，BS 断面东侧 15 m 层以浅是整个断面温度最高而盐度最低的水体，最高温度为 10.50℃，最低盐度为 28.57。这部分水体主要是受沿岸育空河淡水的影响。在断面西侧 15 m 以浅，也存在一个相对高温低盐的水体，盐度最低为

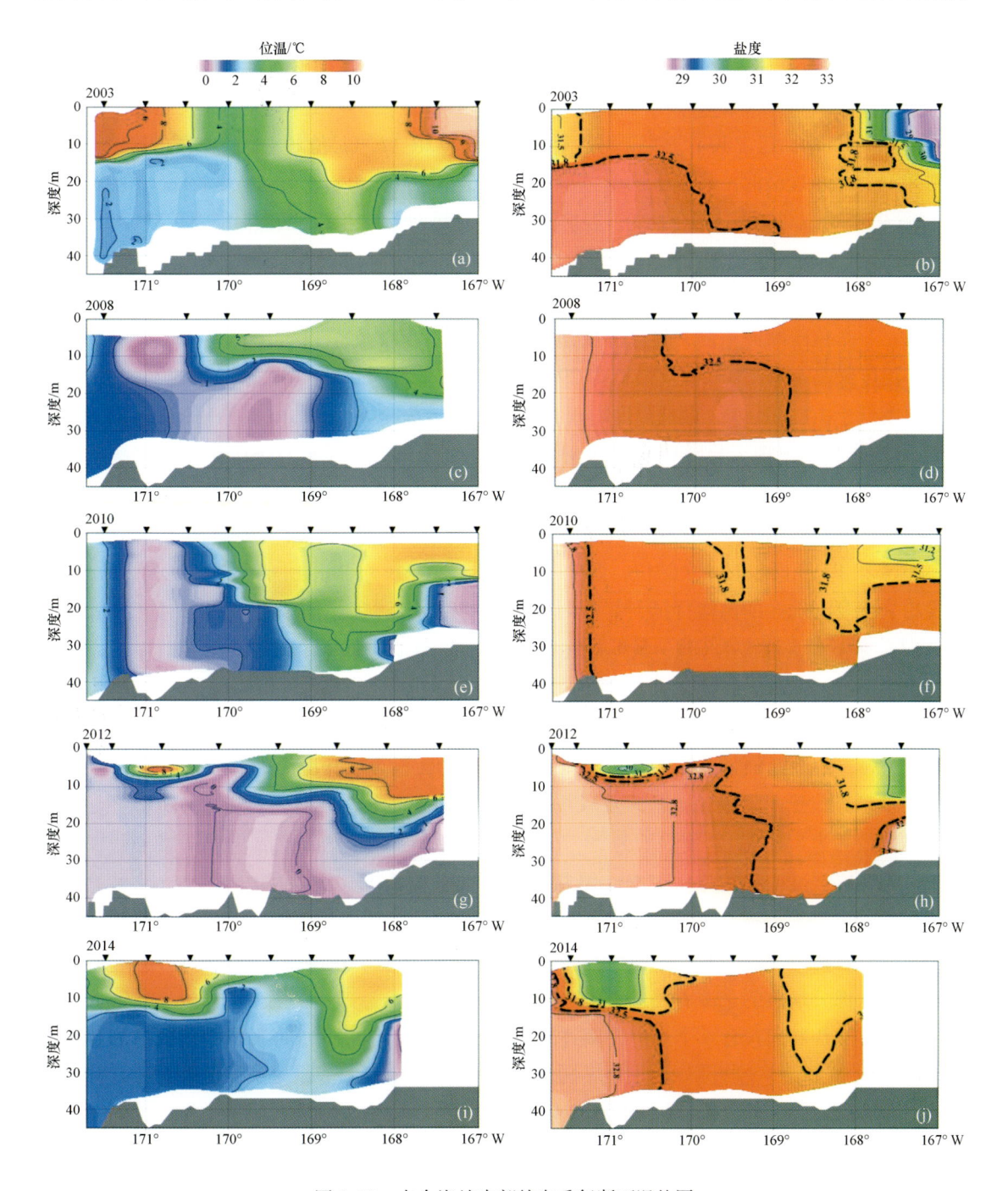

图 5.20 白令海峡南部纬向重复断面温盐图

（a）和（b）2003 年中国第二次北极科学考察温盐断面图；（c）和（d）2008 年中国第三次北极科学考察温盐断面图；
（e）和（f）2010 年中国第四次北极科学考察温盐断面图；（g）和（h）2012 年中国第五次北极科学考察温盐断面图；
（i）和（j）2014 年中国第六次北极科学考察温盐断面图

31.60，温度最高为9.35℃。该水体的可能来源是陆地径流。断面西侧靠近俄罗斯，阿纳德尔湾里有陆地径流汇入，叠加在阿纳德尔流上方，被海流携带到了北方。在高温低盐水以下，温度迅速降低而盐度迅速升高，存在明显的温盐跃层，底层最低温度达到1.97℃，盐度最高达到32.8，出现在断面最西端。

2008年BS断面包含5个站点，温盐断面如图5.20中（c）(d)所示。表层温度自西向东逐渐升高，最高温度为6℃。与2003年不同，断面表层没有高温低盐水出现，这可能与表层融冰推迟与沿岸径流减少有关。盐度西高东低，盐度等值线呈垂向分布。底层最低温度出现在断面中部，为0.16℃。

2010年BS断面包含10个站点，温盐断面如图5.20中（e）(f)所示。受育空河的影响，断面东侧10 m以浅盐度最低，最低为31.1。170°W以南，主要分为两层，上层高温低盐，下层相对低温高盐；170°W以北，垂向混合均匀，温盐等值线均呈垂向分布，底层最低温度为0.3℃。

2012年BS断面包含8个站位，温盐断面如图5.20中（g）(h)所示。2012年断面与其他航次断面略有不同，呈西南—东北走向，断面中西部距离白令海峡更近。表层有两个高温低盐中心，一个位于断面东侧，最高温度达到8.6℃，最低盐度达到30.8；另一个位于171°W附近，温度最高为9.2℃，盐度最低为29.8。高温低盐水以下，存在显著的温跃层，跃层以下是温度低于1℃的冷水，最低温度出现在断面中部，为-0.3℃。值得注意的是，在断面东侧20 m以下，也出现了盐度高于32.8的水体，这部分水体可能来自圣劳伦斯岛南侧冰间湖形成的高盐水，Danielson等认为由于圣劳伦斯岛的南岸存在一支东向的流动，受到这支流动的阻挡，部分高盐水主要随之向北或向东运输，对那里的冷水性质造成影响。

2014年BS断面包含8个站位，温盐断面如图5.20中（i）(j)所示。断面东西两端15 m以浅均呈现高温低盐的温盐特征，其中西侧比东侧更显著，西侧最高温度为8.4，最低盐度为30.1，东侧最高温度为6.9，最低盐度为31.4。西端170°W以西15 m深度上存在显著的温盐跃层。

白令海陆架中部NB断面温盐分布如图4.21所示。2010年NB断面包含9个站位，调查时间为7月，温盐断面如图5.21中（a）(b)所示。断面混合层深度约为20 m，呈两边浅中间深的分布趋势，受太阳辐射、融冰及风场影响，相对高温低盐，且温盐性质垂向变化很小，表层温度最高为8.1℃，盐度最低为29.7。20 m深度上出现温盐跃层，但温跃层比盐跃层更显著，温跃层强度最强约为0.9℃/m。跃层以下，是温度低于-1℃的陆架冷水，占据了175°W以东整个陆架区底层和175°—178°W范围内陆坡区30~47 m深度，断面最西端站位不存在陆架冷水。值得注意的是，在断面东侧，170°W附近的底层观测到了盐度最高达到32.6的高盐水，这部分水体的来源需要进一步探究。

2012年NB断面包含6个站位，调查时间为9月，温盐断面如图5.21中（c)(d)所示。从图中可以看出，上混合层深度约为20 m，垂向分布均匀，断面东侧温度最高，最高达8.5℃，断面中部盐度最低，最低盐度为30.5。温跃层比盐跃层更显著，温跃层强度最强为1.4℃/m。跃层以下冷水团最低温度为-1.5℃，出现在175.5°W、50 m深度上。171°W以西温跃层以下温度等值线呈垂向分布，自西向东逐渐升高。

2014年NB断面包含8个站位，调查时间为7月，温盐断面如图5.21中（e)(f)所示。从图中可以看出，混合层温度仍为20 m左右，最高温度为9.8℃，出现在断面西侧，温度自西向东逐渐降低。最低盐度为，出现在断面东侧，盐度自西向东逐渐升高。温跃层强度为

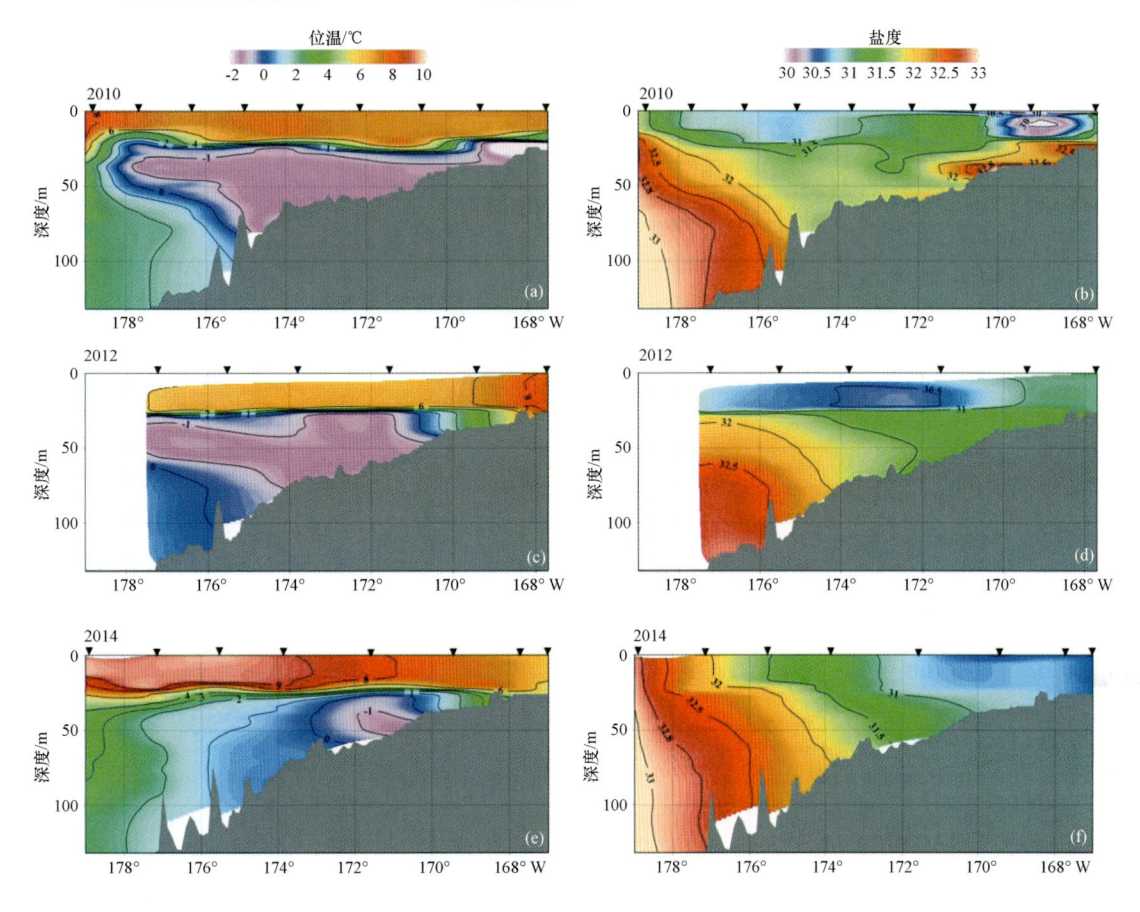

0.6℃/m。冷水团出现在170°—172°W 的底层。

图 5.21 白令海陆架中部纬向重复断面温盐图

(a) 和 (b) 2010 年中国第四次北极科学考察温盐断面图；(c) 和 (d) 2012 年中国第五次北极科学考察温盐断面图；
(e) 和 (f) 2014 年中国第六次北极科学考察温盐断面图

(3) 时间变化。

1) 白令海海盆区。

通过白令海海盆区多年断面温盐分布可以看出，30 m 以浅的上层海洋具有高温低盐的特征，表层最高温度为 10.93℃，表层最低盐度为 30.60，均出现在 2008 年。在 30 m 附近存在显著的温跃层，跃层以下是低温冷水层，冷水层温度最低可至 0.6℃，出现在 1999 年。冷水层厚度自南向北逐渐增加，且深度也逐渐加深，断面北侧冷水层厚度最厚，若以上下 3℃ 等温线之间的厚度作为冷水层厚度，则 2010 年的冷水层厚度最深，为 340 m。与冷水层相对应的盐度分布也呈自南向北逐渐加深的趋势，下层 3℃ 等温线与 33.4 等盐线基本吻合。冷水层冷核位置具有显著的年际变化，深度在 110~190 m 变化，位置为 54.6°—59.4°N。值得注意的是 1999 年冷水层冷核温度是历年最低，且低温水（<1℃）范围最大，2014 年冷水层温度是历年最高，范围则是历年最小。

2) 白令海陆架区。

通过 BS 断面多年的水文特征分布可以看出，断面水文特征复杂，不仅上层与下层不同，东侧与西侧也有明显差异，年际变化显著。夏季，表层受太阳辐射、融冰、沿岸径流及风场的影响，温盐变化幅度大，表现出高温低盐的特征，且形成稳定的密度层结。其中断面东西

两端尤其是东侧受沿岸径流的影响，温度最高，盐度最低，使断面上层东西两侧与中部之间形成显著的温盐锋面，且垂向上层化现象显著，形成温盐跃层。在跃层以下，盐度西高东低。

从2010年、2012年和2014年三年夏季在NB断面调查数据可以看出，整个断面可以分为三个区域，西部陆坡区、中部陆架区和东部浅水陆架区。西部陆坡区是深海与陆架的缓冲区，水深在80 m以上，在2010年和2012年夏季，垂向上主要分为三层，混合层、冷水层和混合变性水层。上混合层相对高温低盐，温盐分布均匀，垂向范围稳定，主要位于断面20 m以浅；中部为冷水层，垂向范围年际变化显著；底层盐度最高。中部陆架区垂向上主要分为两层，上混合层与下层冷水团。在两层中间，25 m附近存在显著的温跃层，跃层强度最强为1.4℃/m，出现在2012年。位于170°W以东的东部陆架区水深最浅，仅在35 m左右。水文结构与中部不同，2010年底部出现了低温高盐水团，最高盐度达到32.5，形成原因还需要进一步的研究。2012年和2014年相对高温低盐，温度均在2℃以上，盐度均低于31。

（4）小结。

本节通过分析第一次至第六次北极科学考察在白令海海盆区和陆架区获取的重复断面数据，对白令海温盐分布的时空变化特征有了初步的认识，总结如下。

① 白令海盆区温盐分布层化显著，主要分为三层，第一层是高温低盐的上层暖水，主要占据断面30 m以浅；第二层是中部冷水层，低温是其主要特征，观测到的最冷水温度为0.6℃，主要占据断面500 m以浅，北部陆坡区冷水层最深且厚度最大；第三层是高盐低温的底层水，主要占据断面500 m以深。

② 白令海中部陆架区可以分为三个区域，西部陆坡区、中部陆架区和东部浅水陆架区。西部陆坡区垂向上主要分为三层，20 m以浅高温低盐的混合层、中部冷水层和混合变性水层。中部陆架区垂向上主要分为两层，上混合层与下层冷水团。东部陆架区水深最浅，层化最弱，整体高温低盐。

③ 白令海峡南部陆架区断面水文特征复杂，不仅上层与下层不同，东侧与西侧也有明显差异，年际变化显著。最突出特点是断面上层东西两侧与中部之间形成显著的温盐锋面，且垂向上层化现象显著，形成温盐跃层。在跃层以下，盐度西高东低。

2. 走航表层温盐分布与变化

（1）数据介绍。

"雪龙"船去程阶段沿日期变更线北进穿越白令海，回程阶段沿俄罗斯沿岸向南穿越白令海（见图5.22）。从第三次至第六次北极科学考察，各个航次都观测了63.34°N断面。4次考察航迹差异较明显的区域位于圣劳伦斯岛南部。在观测时间上，各个航次进出白令海时间基本一致，都在7月中旬进入白令海，在7月下旬离开白令海，回程阶段在9月初再次进入白令海，在9月中旬离开白令海。

表5.14 各个航次在白令海的观测时间段

| 航次 | 去程起始日期 | 去程截止日期 | 回程起始日期 | 回程截止日期 |
| --- | --- | --- | --- | --- |
| 第三次 | 2008 - 07 - 19 | 2008 - 08 - 01 | 2008 - 09 - 09 | 2008 - 09 - 13 |
| 第四次 | 2010 - 07 - 11 | 2010 - 07 - 20 | 2010 - 08 - 31 | 2010 - 09 - 04 |
| 第五次 | 2012 - 07 - 11 | 2012 - 07 - 17 | 2012 - 09 - 08 | 2012 - 09 - 13 |
| 第六次 | 2014 - 07 - 19 | 2014 - 07 - 27 | 2014 - 09 - 09 | 2014 - 09 - 13 |

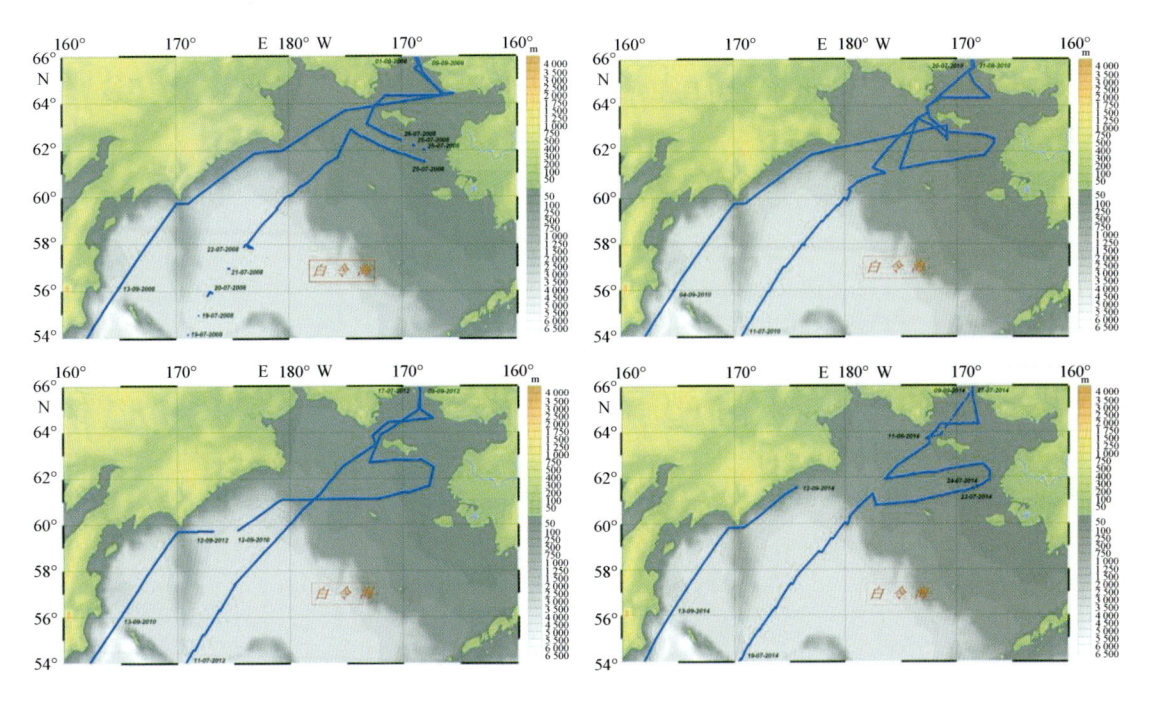

图 5.22 中国第三（左上，2008 年）、第四（右上，2010 年）、第五（左下，2012 年）和第六（右下，2014 年）次北极科学考察在白令海的航迹图

（2）空间分布。

白令海表层海水温度存在明显的空间分布特征。表层海水温度随纬度增加而降低。沿岸海水的温度要高于大洋海水的温度。在 63.34°N 断面上，东部表层海水温度要略低于西部表层海水温度（见图 5.23）。

白令海表层海水盐度存在明显的空间分布特征。表层海水盐度沿纬向呈现高低高变化特征。表层海水盐度在白令海深海平原最大，超过 32。在圣劳伦斯岛南部海域最小，仅有 31。又在圣劳伦斯以北海域变大，达到 32。在圣劳伦斯岛南部海域，其东侧表层海水盐度要大于西侧表层海水盐度，两者差异超过 1.0。在 63.34°N 断面，其中部海水盐度要高于东西部海水盐度。

（3）时间变化。

在四次考察航次间，白令海表层海水温度存在明显差异。在白令海深海平原区，第六次北极考察观测的表层海水温度要明显高于其他航次观测的温度，温度差异达到 4℃。在圣劳伦斯岛南部海域，第六次北极考察观测的表层海水温度要略高于其他航次。在阿拉斯加沿岸，第四次北极考察和第六次北极考察相差达 3℃。三北在靠近阿拉斯加沿岸的区域观测到大量的高温海水。

在四次考察航次间，白令海表层海水盐度存在明显差异。在白令海深海平原海域，第四次北极考察和第六次北极考察观测的表层海水盐度远大于其他航次观测的表层海水盐度，差异超过 1.5。在圣劳伦斯岛的西侧，三北和第六次北极考察观测的表层海水盐度大于其他航次观测的表层海水盐度，差异超过 0.5。在圣劳伦斯岛以北海域，三北观测到大范围的高盐海水。

（4）小结。

白令海表层海水温度基本保持南高北低、沿岸高远洋低的变化特征。白令海表层海水温

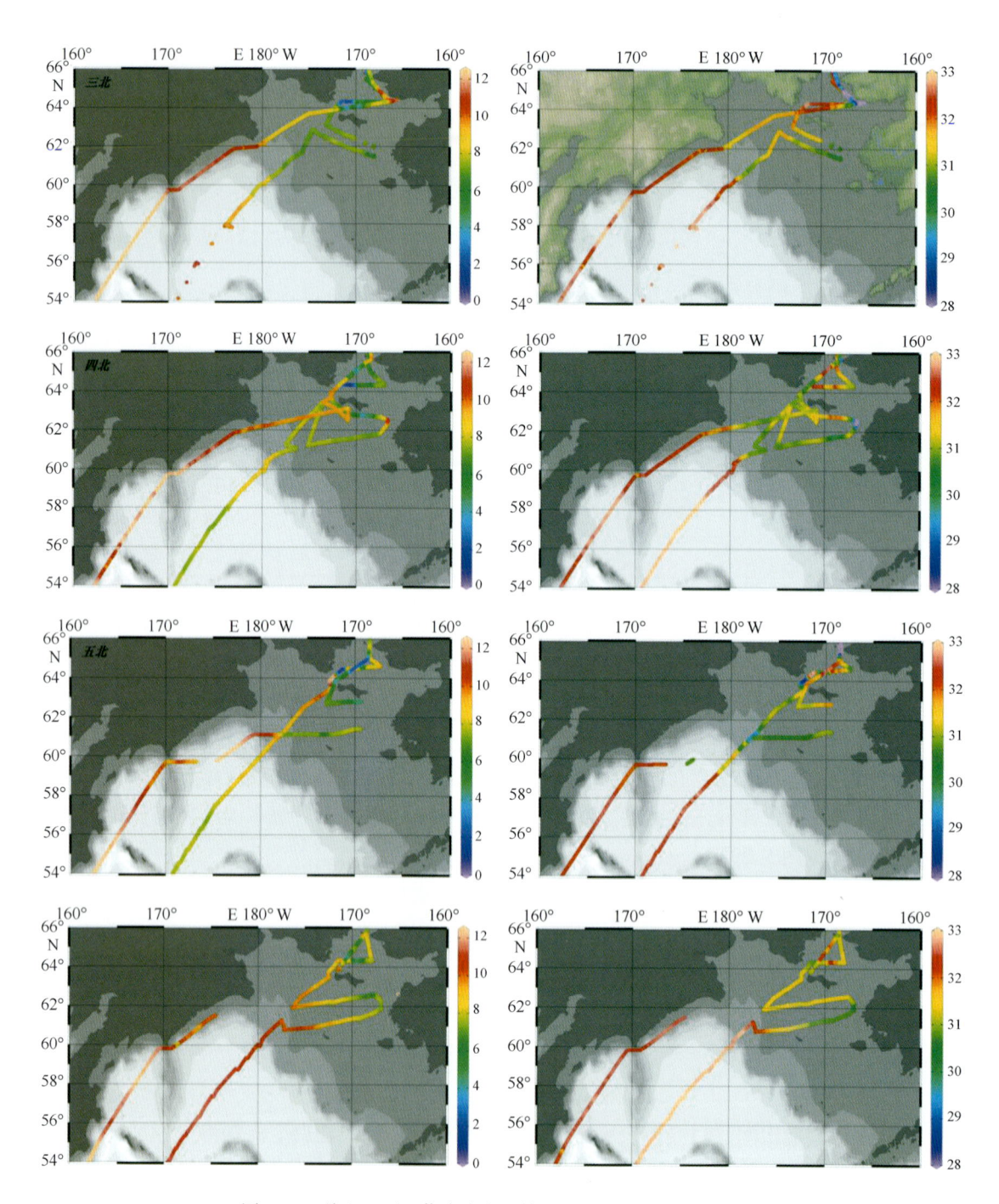

图 5.23　从上至下，依次为中国第三至第六次北极科学考察
白令海表层海水温度图（左）和盐度图（右）

度的分布特征可能与局地河流径流和海流冷暖差异存在联系。在时间变化上，白令海表层海水温度的巨大差异可能与全球气候变暖有关。

在北太平洋海水与白令海海冰的共同作用下，白令海表层海水盐度呈现出明显的时空变化特征。白令海表层海水盐度呈现出南部高、中部低、北部高的特征。从纬向上看，呈现出东部低、西部高的变化规律。这些基本特征可能与位于白令海中东部的北美第一大河——育空河密切相关，可能是源自育空河的河流径流稀释了东部海域表层海水的盐度。

(三) 水团/锋面分布与变化

1. 白令海海盆区

(1) 数据介绍。

水团数据与本章第二节断面分析所用数据相同。

(2) 空间分布。

利用中国历次北极科学考察白令海深水海盆调查断面 6 年的 CTD 数据绘制了温盐散点图，所取数据垂直方向间隔为 1 m，各年份数据用不同类型的标志分类，数据点所在深度用色标标识。图 5.24 所示的温盐散点图显示了白令海深水海盆区夏季存在的主要水团及其主要温盐特征。

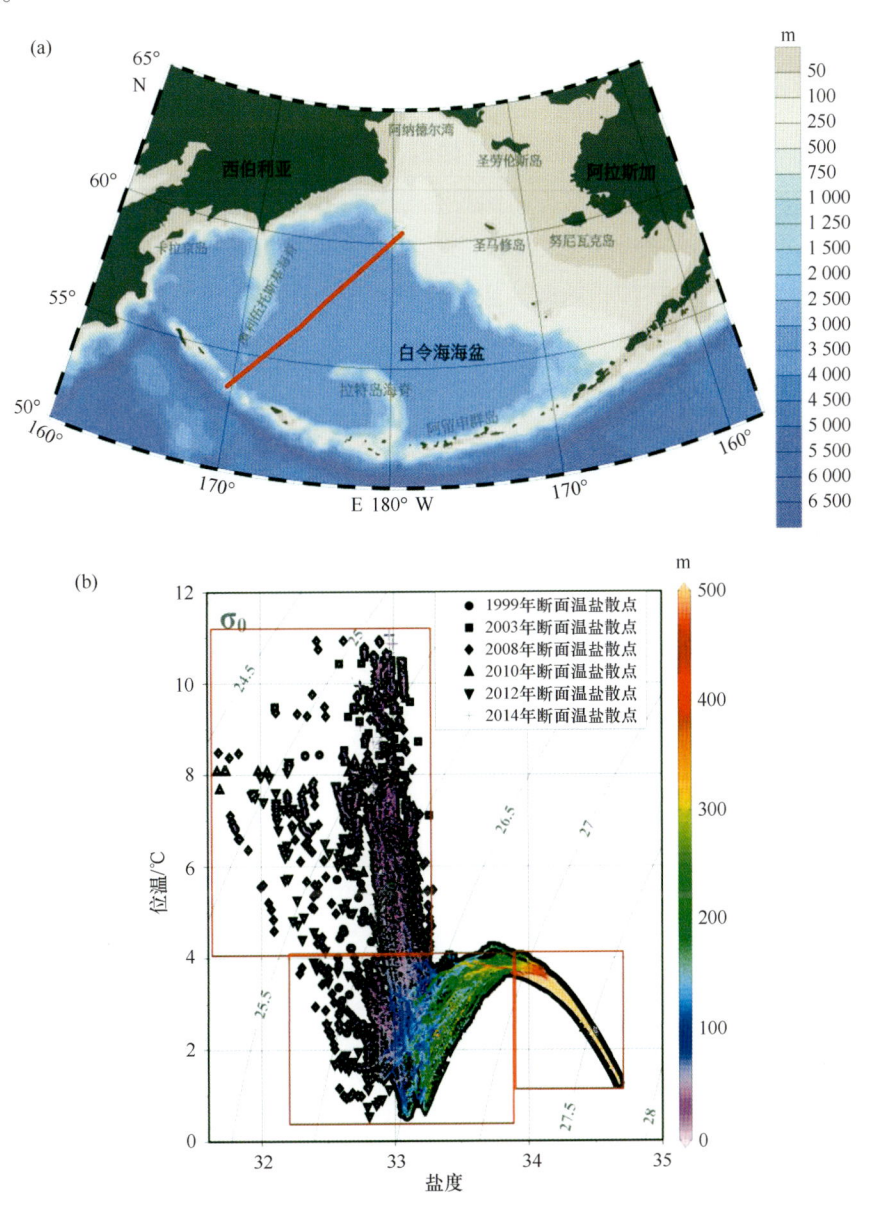

图 5.24 （a）中国历次北极科考白令海深水海盆调查断面；（b）白令海深水海盆区水体温盐散点图

散点图显示的白令海深水海盆主要存在三种水团，它们分别位于白令海深水海盆的上层、中层和下层。这与前人对白令海水体分类的认识是一致的。参考前人对于白令海水团的命名方法，按水团所处深度由深及浅不同，依次将白令海深水海盆的三种水团称为白令海深水海盆上层水，白令海深水海盆中层水和白令海深水海盆深层水。

白令海冬季表层降温和垂向混合作用下，会在海洋上层形成一个低温水层；到夏季，由于海面升温，垂向混合作用减小，在冬季低温水层的上部形成高温薄层，这是夏季海洋上层水和中层水形成的基本原理。如图5.24（b）所示，夏季白令海深水海盆上层水位于0～30 m的上层海洋，高温低盐是其显著特征。在温盐散点图中的分布较其他两个水团分散。该水团的温盐变化范围较大，位温变化范围为4.2～11.0℃，盐度变化范围为31.5～33.3。

在上层水以下，温度迅速降低，最低温度可达到0.6℃，为白令海深水海盆中层水，温度低是该水团的显著特征。这部分水体仍然保持冬季低温特征，属于冬季残留水，是由冬季结冰析盐及对流混合过程形成的。温盐特征范围分别为0.6～4.2℃，32.3～33.8，在温盐散点图中整体呈"V"形分布。值得注意的是，"V"形分布呈双峰结构，且峰值所处深度不同。左峰温盐点基本位于100～150 m深度范围内，而右峰温盐点则分布在150～200 m附近，这种差异说明白令海深水海盆区中层冷水团具有显著的空间分布特征。

300～400 m以深的深层海域存在的水团称为白令海深水海盆深层水。该水团的温度随深度递减，盐度则随深度逐渐增加，低温高盐是其显著特征。位温介于1.2～4.2℃，盐度介于33.8～34.7之间，位势密度最大值为27.8。

（3）时间变化（林丽娜，刘娜，何琰等，2016）。

① 白令海深水海盆上层水年际变化。

白令海海盆上层水占据着海洋的上层，在三个水团中所占体积最小，因风、潮、流场等的动力和热力混合作用使得垂向分布相对均匀。从白令海海盆区多年断面温盐分布可以看出，上层水主要占据40 m以浅的上层海洋，温度高于10℃的高温低盐水团出现在2003年、2008年和2014年。2003年的高温区位于56°—60.5°N，2008年高温区域位于54°—58°N，2014年范围最大，几乎占据整个断面表层。表层温度最高达10.9℃，最低盐度为30.6，均出现在2008年。上层水厚度自南向北有逐渐减小的趋势，1999年和2012年断面北侧上层水仅占据20 m以浅。在上层水与中层水之间存在显著的温跃层，跃层深度也呈自南向北抬升的趋势，跃层强度多年变化范围为0.2～0.5℃/m，强度最强和最弱的年份分别为1999年和2014年。

从盐度来看，上层水盐度最低，最为明显的特征是在断面的南北部分别存在两个盐度的低值中心。断面南部的低值中心主要分布在56°N以南，断面北部的低值中心主要分布在58°N以北。

② 白令海深水海盆中层水年际变化。

综合各个年份白令海海盆中层水的分布来看，低温是其最为显著的特征，盐度则介于上层水和底层水之间。就经向范围而言，2003年中层冷水仅分布在54°N以北，54°N以南温度自上而下逐渐降低，不存在中部冷水层。2008年54°N以南冷水层开始出现，但与断面北部冷水层相比，强度较弱，温度在3.5～4℃之间，2010年以后，冷水占据了整个断面中层。就垂向范围而言，中层冷水在断面北部有加深加厚的趋势，中层水深度多年变化范围为180～500 m，2010年断面59.7°N附近中层水深度最深且厚度最大，最大深度为500 m，最大厚度为470 m。各年份中层水最大厚度出现的位置均位于断面北侧，59.5°—60.2°N范围内。

中层冷水 150 m 以浅盐度相对较低且变化较缓慢，150 m 以深层化显著。与温度分布相似，断面盐度等值线在断面北侧也呈加深的趋势，在 58°N 以南分布较平缓，58°N 以北明显加深，58°—60.2°N 盐度整体呈"V"形分布，在 59.8°N 附近存在一个凹槽，即凹槽内水体盐度较同深度上其他水体盐度偏低。此外，33.8 盐度等值线与中层冷水下边界基本吻合。

③ 白令海深水海盆深层水年际变化。

白令海海盆深层水位于最下层，在三个水团中所占的体积比重最大，综合各个年份来看，深层水体积约占总海水体积的 80% 以上。深层水的温盐范围与中层水和上层水相比变化较小，维持在较为稳定的状态。按温盐分布特征的不同，可以分为两部分。中层水以下 1 000 m 以上的部分，温盐等值线在断面北侧仍有加深的趋势，且与中层水相比，分布趋势基本一致但强度逐渐减弱，即随着深度增大"V"形凹槽逐渐减弱，至 1 000 m 凹槽消失；1 000 m 以深等值线基本呈水平分布。多年观测达到的最大深度为 3 851 m，观测到的最低位温为 1.2℃，最大盐度为 34.7，最大位势密度为 27.8 kg/m³。

2. 白令海陆架区

（1）数据介绍。

水团数据与本章第二节断面分析所用数据相同。

（2）空间分布。

① 白令海北部陆架。

图 5.25 为利用历次北极科学考察在 BS 重复调查断面获取的 CTD 数据绘制的温盐点聚图，图中各年份数据用不同类型的标志表示，数据垂向间隔为 1 m，数据点所在深度用色标标识。从图中可以清晰的辨别出 ACW、BSW 和 AW 三种水团。ACW 位于点聚图的最左侧，高温低盐是其最显著的特征。受太阳辐射、融冰等因素的影响，位于表层的水体温盐变化范

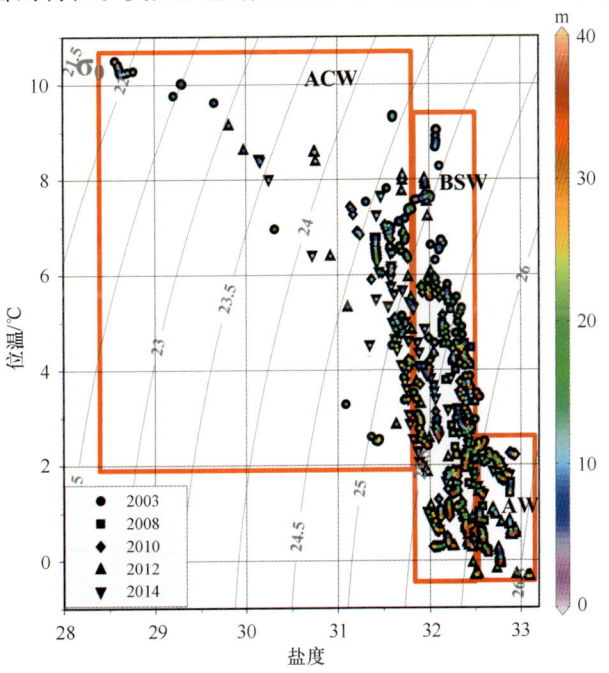

图 5.25　白令海峡南部 BS 断面温盐点聚图

围较大，在散点图中分布较分散。ACW 位温变化范围为 2.0 ~ 10.0℃，盐度变化范围为 29.2 ~ 31.8。AW 位于点聚图的最右侧，具有低温高盐的特征，是断面上体积最小的水体。多年位温变化范围为 -0.3 ~ 2.2℃，盐度变化范围为 32.5 ~ 33.1。BSW 位于点聚图的中间，温盐性质也位于 ACW 和 AW 的中间。多年位温变化范围为 -0.2 ~ 9.0℃，盐度变化范围为 31.8 ~ 32.5。

白令海峡以南 BS 断面上，如图 5.20 所示，2003 年 ACW 的经度范围在 167°—168.7°W 之间。在东西两侧 32 等盐线之间的水体，都属于 BSW，但受阿纳德尔高盐水的影响，西侧 BSW 盐度要高于东侧。整个断面西端底层盐度最高，虽很接近但仍没有达到 AW 盐度范围，推测 AW 应在更西端靠近岸边的海域；2008 年在断面最西端的测站，5m 跃层以下，盐度均高于 32.8，温度在 1 ~ 2℃之间，垂向分布均匀，属于 AW。断面上没有发现显著的 ACW 信号，BSW 占据了跃层以下的大部分海域；2010 年 170°W 以南，主要分为两层，上层为高温低盐的 ACW，下层为相对低温高盐的 BSW；AW 出现在断面最西端，仅占一个站位，其余为 BSW，底层最低温度为 0.28℃；2012 年 ACW 主要出现在断面东侧，169°W 以西的上层。AW 范围与其他年份相比，范围最大，占据了三个站位 170.1°—171.7°W 范围，最高盐度为 32.94；2014 年断面西端 170°W 以西 15 m 跃层以下 171°W 以西为 AW，169°—171°W 为 BSW，169°W 以东为 BSW。

② 白令海中部陆架。

NB 断面自西南白令海陆坡区，向东北穿过白令海中心陆架区，至阿拉斯加沿岸，不仅包含 BSW，ACW，还包含陆坡流水（Bering Slope Current Water，BSCW）以及陆架水与陆坡流水混合形成的混合变性水（Mixed Water，MW）（见图 5.26）。BSW 位于中部陆架区，在夏季又分为两种水团，分别为陆架表层水（BSW_S）和陆架冷水团（简称 BSW_C）。其中陆架表层水位于陆架上层海洋，受太阳辐射、融冰、风等多种因素的影响，温盐范围变化较大，在点聚图中分布较分散，位温变化范围为 -1 ~ 9.8℃，盐度变化范围为 29.3 ~ 32.5；陆架冷水团是由于夏季温盐跃层的存在使得垂向稳定性增大而保存下来的冬季残留水，形成于冬季的结冰析盐和对流混合过程，低温是其显著特征。位温变化范围为 -1.5 ~ 1℃，盐度变化范围为 31.1 ~ 32.3。BSCW 位于海盆与陆架交界的陆坡区，来自南部的阿留申北坡流，具有高盐的特征，位温变化范围为 2.3 ~ 9.7℃，盐度变化范围为 32.6 ~ 33.6。BSCW 与 BSW 混合形成 MW，性质在二者之间，位温变化范围为 -0.1 ~ 2.3℃，盐度变化范围为 32.5 ~ 32.9。

白令海陆架中部 NB 断面上，如图 5.21 所示。2010 年陆架冷水团位于 20 m 跃层以下，温度低于 -1℃，该冷水团是由于夏季温盐跃层的存在使得垂向稳定性增大而保存下来的冬季陆架水，占据了 175°W 以东整个陆架区底层和 178°—175°W 范围内陆坡区 30 ~ 47 m 深度，最低温度达到 -1.46℃，位于 176.4°W 38 m 深度。在陆坡区，冷水团以下水体温度和盐度逐渐升高，属于陆坡流水（BSCW，$1.7℃ < T < 3.7℃$，$32.85 < S < 33.30$）和陆架水与陆坡流水混合形成的混合变性水（MW，$-0.5℃ < T < 2.5℃$，$32.5 < S < 33.1$）。其中 BSCW 范围为 177°—179°W 60 m 以下，在 BSCW 与陆架冷水团之间是 MW。2012 年冷水团最低温度为 -1.53℃，出现在 175.5°W 50 m 深度上。陆架冷水团范围较 2010 年减小，仅占据 174°—171°W 的底层。陆坡冷水团垂向深度范围约为 32 ~ 55 m，与 2010 年相比，厚度增大。由于断面最西端没有观测站位，因此没有捕捉到 BSCW，MW 位于 177°—175°W 60 m 以下。2014 年

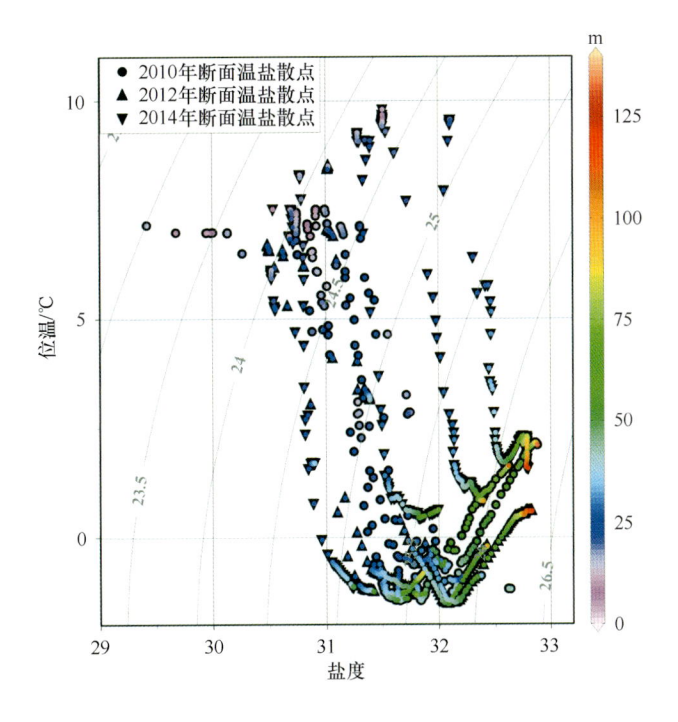

图 5.26 白令海陆架中部 NB 断面温盐点聚图

冷水团范围急剧减小,仅出现在 172°—170°W 的底层,最低温度为 -1.14℃。MW 范围为 177°—172°W 30 m 以下,BSCW 范围为 179°—177°W 60 m 以下。

(3) 时间变化。

白令海峡以南的断面上,就水团而言,ACW、BSW 和 AW 在断面上共存。ACW 位于断面东侧,通常与 BSW 呈上下分布。2003 年,ACW 盐度最低且温度最高,最低盐度为 28.6,最高温度为 10.5℃。2012 年 ACW 范围最大。AW 位于断面西侧,温盐等值线多呈垂向分布,与 BSW 之间形成温盐锋面。2008 年和 2012 年,AW 约占据断面的一半,2003 年和 2014 年约占据 1/3,2010 年范围最小。此外,2012 年盐度高于 32.8 的 AW 范围最大。因为 2012 年断面位置与其他年份相比更偏北,因此推测 AW 在向北运动过程中有向东扩展的趋势。BSW 位于 AW 与 ACW 之间,稳定性较弱,观测到的最低温度为 -0.3℃,出现在 2012 年,2010 年范围最大。

从 2010 年、2012 年和 2014 年三年夏季调查结果来看,整个断面可以分为三个区域,西部陆坡区、中部陆架区和东部浅水陆架区。西部陆坡区在 2010 年和 2012 年夏季,垂向上主要分为三层,混合层、冷水层和混合变性水层。上混合层温盐分布均匀,垂向范围稳定,主要位于断面 20 m 以浅,中部冷水层垂向范围年际变化显著,2012 年范围最大且温度最低,最大范围为 32~55 m,最低温度为 -1.5℃。冷水团以下,是 BSCW 和 MW,BSCW 位于 177°以西,观测到的最高盐度为 33.6。MW 范围主要受陆架冷水团与 BSCW 相互作用的影响,年际变化显著。2014 年与其他年份不同,在陆坡区没有出现中层冷水层。中部陆架区垂向上主要分为两层,上层暖水层与下层冷水团。2014 年,冷水团范围急剧减小,仅出现在 170°—172°W 底层。位于 170°W 以东的东部陆架区,水文结构与中部不同,2010 年底部出现了低温高盐水团,最高盐度达到 32.5,形成原因还需要进一步的研究。2012 年和 2014 年相对高温低盐,温度均在 2℃以上,盐度均低于 31,属于 ACW。Danielson 研究表明,在陆架海水的上层存在一支来自阿拉斯加向西的穿越陆架的弱海流，将低盐水带向了西北陆架。从2012年和2014年调查结果来看，ACW在NB断面最西可至陆架中部170°W附近。

3. 小结

（1）总体来看，白令海深水海盆主要分为三种水团，分别为上层暖水、中层冷水和底层高盐水，三种水团的特征差异十分明显。自上而下，温度呈现高—低—次高分布。上层水温度最高，中层水温度最低，底层水温度介于上层水和中层水之间。盐度自上而下呈低—次高—高逐步增加的趋势分布，上层水盐度最低，下层水盐度最高，中层水介于两者之间。1999年至2014年，中层冷水有缩小增暖趋势。

（2）白令海中部陆架区自陆坡区到阿拉斯加沿岸依次分布着BSW、BSCW、MW和ACW四种水团，其中BSW又分为陆架表层暖水和陆架冷水团。BSCW是中部陆架盐度最高的水团，主要分布在177°W以西，2014年盐度最高为33.6。MW位于BSCW与BSW之间。陆架冷水团是中部陆架温度最低的水团，与上层暖水之间有显著的温跃层。在2014年，陆架表层暖水温度最高，为9.8℃，陆架冷水团范围最小，温度最高，均高于-1.1℃。ACW是中部陆架盐度最低的水团，主要占据170°W以东，在2012年温度和盐度最高。

（3）在北部陆架，东西两侧水体层化显著，中部垂向混合较均匀，导致两侧与中间形成显著的锋面。自西向东依次包含AW、BSW和ACW三种水团。AW盐度最高，垂向混合均匀，除2003年外，其他年度最高盐度均高于32.9。2012年温度最低，为-0.3℃。在向北运动的过程中，AW有向东扩展的趋势。ACW盐度最低，通常位于BSW之上，在2014年盐度最高，盐度均高于31.4。BSW位于AW与ACW之间，观测到的最低温度为-0.3℃，出现在2012年。

（4）在向北运动过程中，水团性质不断变化。ACW盐度有所升高，尤其是在2010年和2014年。与BSCW相比，受阿纳德尔湾冷水的影响，AW温度急剧降低。中部陆架低于0℃冷水并没有到达北部陆架。尽管有许多差异，但陆架区应对气候变化的反应是同步的，可以分为冷年和暖年两种类型，2014年可能是又一个暖时期的开始。

*（四）海流分布与变化*

1. 表层海流分布与变化

（1）数据介绍。

国际公开数据：1991—2014年全球漂流浮标计划中关于白令海域中的表层漂流浮标。表层漂流浮标阻力帆设计在15 m，数据时间间隔为6 h。

（2）空间分布。

白令海平均流场主要是气旋式环流，在白令海西部沿着海盆西侧存在一支西边界流"Kamchatka current"，在白令海东北部存在朝西北方向的"Bering Slope current"。在阿留申群岛南侧存在一支较为强劲的"Alskan Stream"。同时，在阿留申群岛尾部存在着反气旋涡（见图5.27）。

（3）时间变化。

春季，白令海西北部主要是气旋式环流，总体环流和白令海多年平均环流相似。在东北部存在一支向西北方向流动的"Bering Slope Current"，在西部存在一支沿着白令海海盆西部

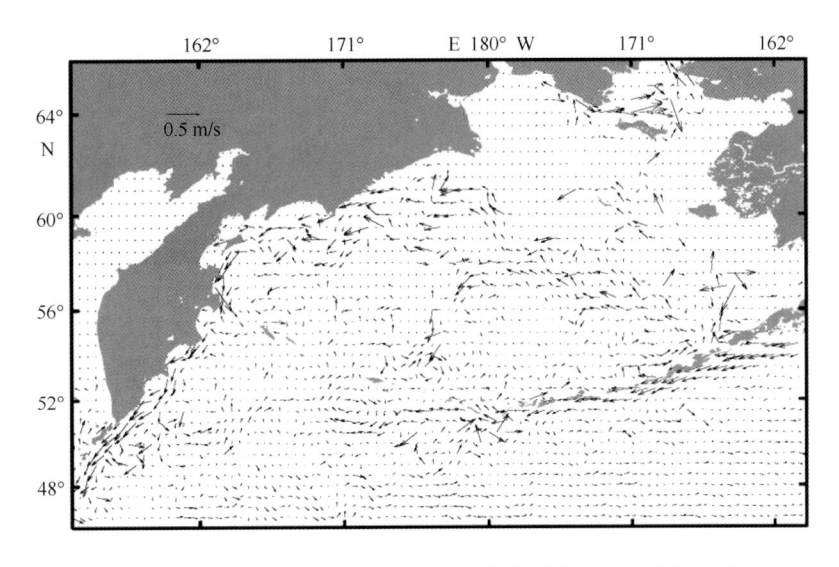

图 5.27　1991—2014 全球漂流浮标计算获得的白令海平均流场

边界流动的西边界流"Kamchatka current"（见图 5.28）。阿留申群岛南侧，一支较强"Alskan Stream"向西南方向流动。

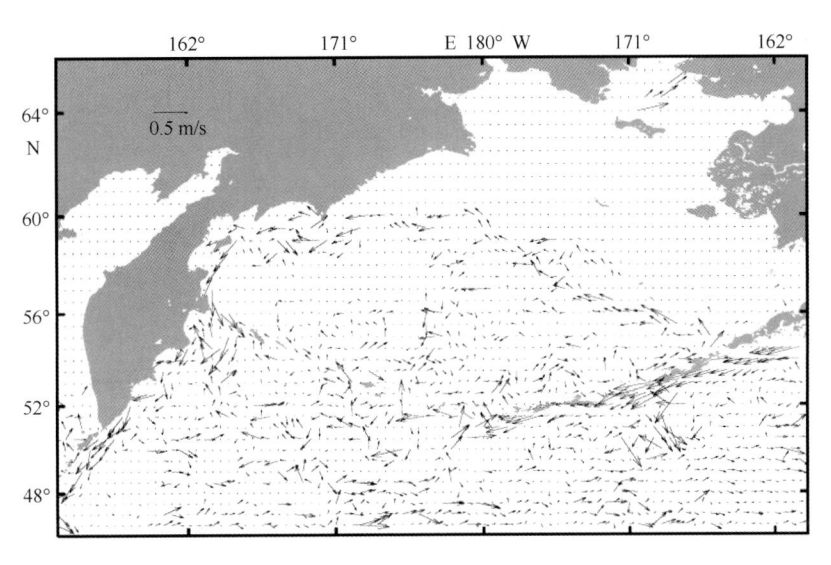

图 5.28　1991—2014 年春季白令海表层环流

夏季，阿留申群岛南侧"Alaskan Stream"依然存在，然而白令海总体气旋式环流未出现，在 51°N，168°E 可以发现一个反气旋涡（见图 5.29）。

秋季，在白令海海盆西部存在西边界流"Kamchatka current"。在阿留申群岛南部存在"Alskan Stream"。在 51.5°N，171°E 附近存在一个反气旋涡（见图 5.30）。

冬季，阿留申群岛南侧存在"Alskan Stream"。在堪察加半岛南部存在西南向强流（见图 5.31）。

（4）小结。

本节利用 1991—2014 年表层漂流浮标观测白令海表层环流的时间和空间变化特征。白令海主要存在一个气旋式环流，海盆东北部主要为西北向的"Bering Slope current"，海盆

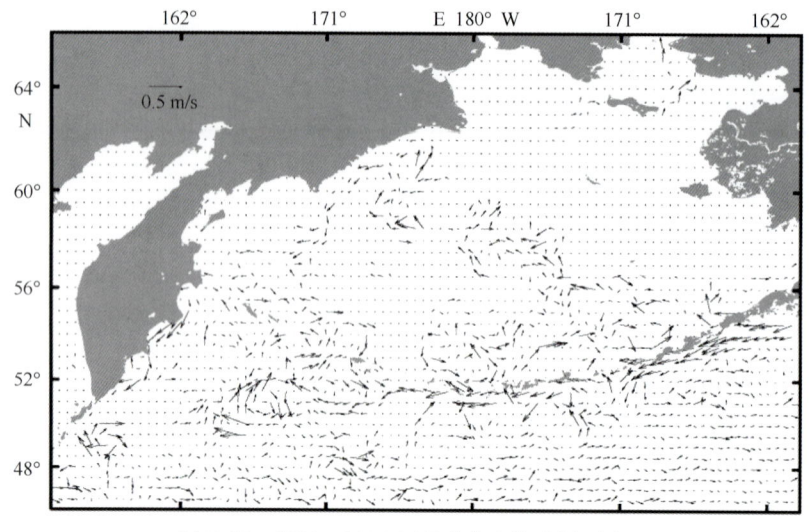

图 5.29　1991—2014 年夏季白令海表层环流

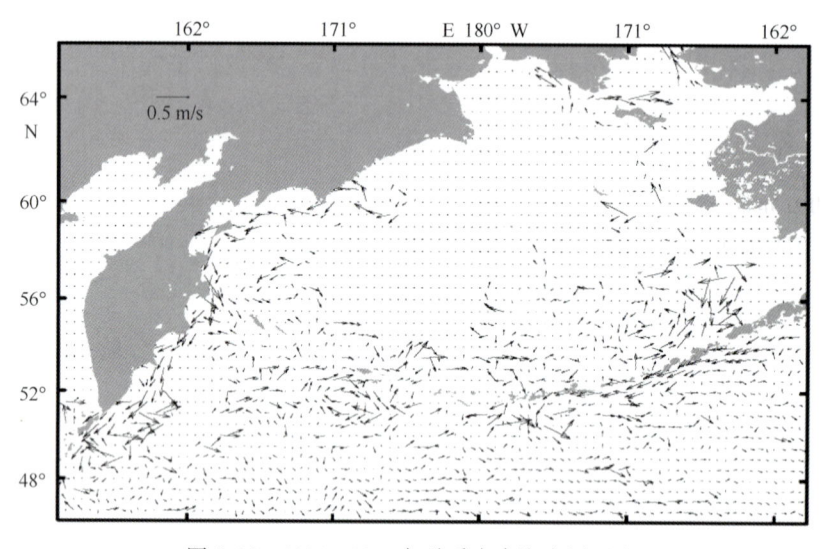

图 5.30　1991—2014 年秋季白令海表层环流

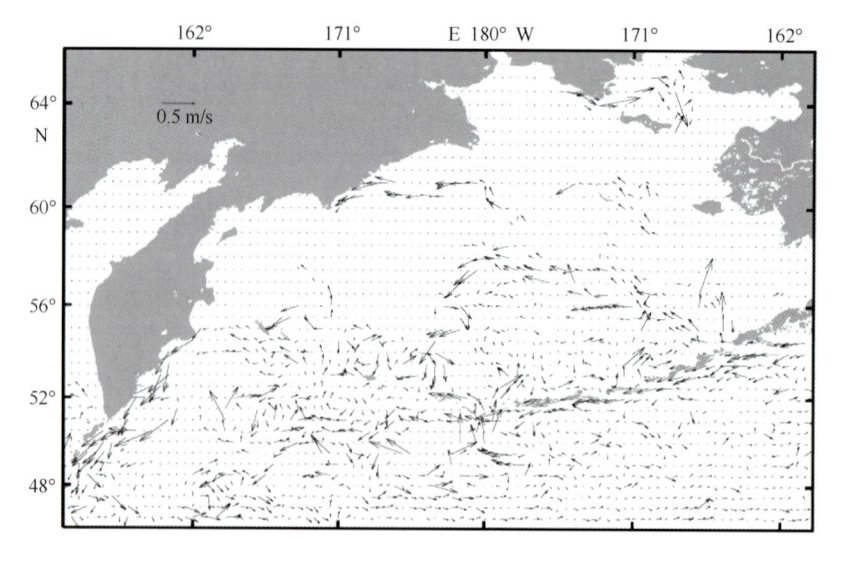

图 5.31　1991—2014 年冬季白令海表层环流

西部主要为沿着岸线的西边界流"Kamchatka current"。在海盆西南部存在着反气旋的涡旋。阿留申群岛南侧，存在较强的"Alskan Stream"。由于漂流浮标空间覆盖部均匀，多年平均表层流场主要表现为春季表层的流场。在夏季、秋季、冬季表层流场在白令海盆北部空间分辨率较低，但是也反映出了白令海盆南部的一些环流特征比如阿留申群岛南部的"Alskan Stream"和反气旋涡。

2. 断面海流分布与变化

（1）数据介绍。

白令海海域的流速观测资料主要来源于中国第三至第六次北极科学考察，主要的断面如图5.32所示。其中历次北极考察进行的B断面横跨白令海盆地、陆坡和陆架，是白令海海域调查的主要断面，但由于第四次和第五次北极科学考察时部分站位资料的不确定性较大，故本书主要以第三次和第六次北极科学考察的B断面进行分析。除了B断面之外，中国第四次、第五次和第六次北极科学考察在白令海陆坡区和白令海峡南部进行了流速的有效观测，文中一并给出分析结果。流速数据的采集方式是利用下放式声学多普勒流速剖面仪在定点站位进行剖面观测，此种观测方式无法去除观测点的潮流信息，故测得的流速为该站位的瞬时混合流速，而非定常流速。由于中国历次北极科学考察的流速观测均采用此种观测方式，故在流速分析中特别注意。

（2）空间分布。

由于受到阿拉斯加流、阿留申群岛和白令海地形等多重因素的影响，白令海中表层海水的流速特征十分复杂。主要由白令海涡旋、白令海陆坡流和白令海陆架流等组成。从图5.32所示，在白令海海盆区，通过阿留申群岛之后，海流向西北方向流动，此处主要体现了沿着阿留申群岛的阿拉斯加流穿过群岛的水道向堪察加方向流动的特征，该海流经水道进入白令海之后继续向西北方向流动，与堪察加海流构成了堪察加涡旋。通过阿留申群岛之后，在B断面上海流的方向突然转为东南方向，此处的海流是白令海涡旋的南边界。该边界的海流由两部分水团组成，一部分来自穿过阿留申群岛的阿拉斯加流，另一部分是来自北部受地形影响的堪察加陆坡流。穿过白令海海盆中部，海流的方向重新变为西北方向。此处的海流是白令海涡旋的北边界。到达白令海坡折处，海流的方向再次反向，表层海水向东南方向流动，该海流的源头是向西北方向运动的陆架流遇到堪察加沿岸后，受地形约束反向流动。进入陆架区后，B断面上显示的主要是西北方向的白令海陆架流。白令海表层海水的流速量级在0.3 m/s左右，其中2008年流速较大，部分海域大于0.5 m/s，2014年表层流速较小，基本维持在0.2 m/s左右。

尽管白令海海盆区深层海水较为清澈，而且流速很小，导致ADCP观测到的流速不确定性偏大，但从断面图上仍然可以看到一些明显的特征。首先，以2 000 m左右深度为分界线，海盆南部上下层海流的流速方向相反，而海盆北部上下层流速方向相同。说明白令海深层海流整体上而言向西北方向流动，海盆南部的上层海水受到阿拉斯加入流和地转偏向力的影响才出现了向东南方向的流动。相比较而言，2014年的深层流速反向分界线要深于2008年。

为了更加详细地了解白令海陆架区海水的流动特征，我们将白令海陆架区的流速断面图进行单独讨论。如图5.33所示，从获得的速度资料中可以看到观测期间陆架上的流速普遍较

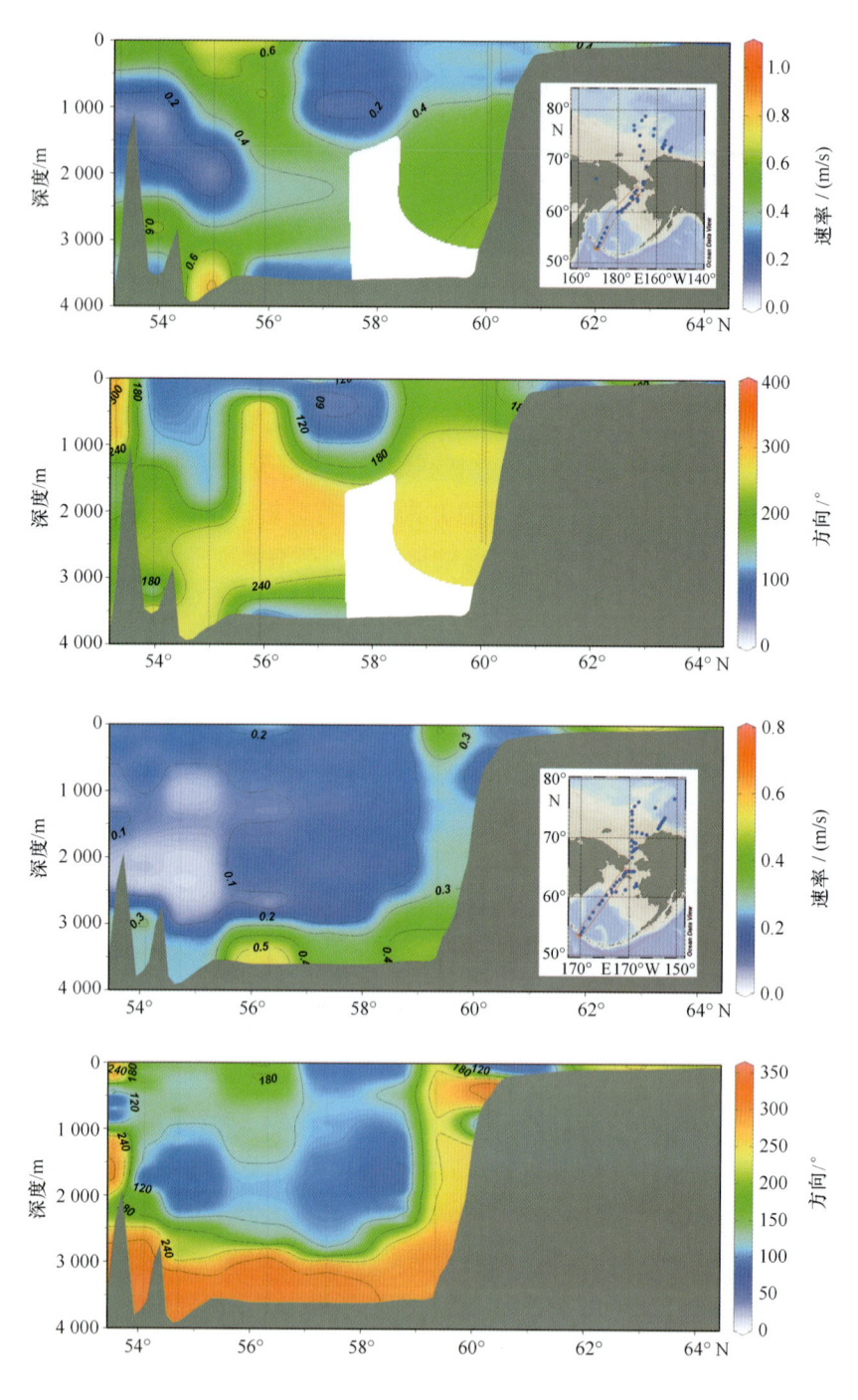

图 5.32　2008 年和 2014 年夏季白令海海盆区流速断面分布

小，约为 0.05~0.15 m/s，相对来说靠近阿纳德尔海峡（圣劳伦斯岛附近）的流速要偏大一些。断面上层（30 m 以浅）的流向整体上是向西北的，只是圣劳伦斯岛的南岸附近海域存在一支影响范围十分有限的东向流，这支流应当是分离自阿纳德尔海峡一侧，沿圣劳伦斯岛的沿岸最终会经右侧斯潘博格海峡进入白令海峡。虽然太平洋水进入北冰洋取决于两边的海表面高度差，但是这支分流更多表现出风生流的特征。从本航次白令海陆架的水团分布来看，底层冷水团大致分布于 25 m 以深，因此这一流速剪切基本和密度跃层吻合，表明垂向两种水团不仅温盐结构存在明显差别，在流动特征上也不一致。不仅在 30~40 m 的深度上普遍存在一个较为明显的流速剪切，从流向上看似乎冷水团内部的运动与表层水体运动方向相反。但是考虑到浅水区域受到潮流的显著影响，而潮流的速度与方向都是周期性变化的，因此，这条断面上所反应的流速特征只能说为我们研究该海域的水文条件提供一种参考，并不能等同于白令海陆架上定常的海水速度分布。

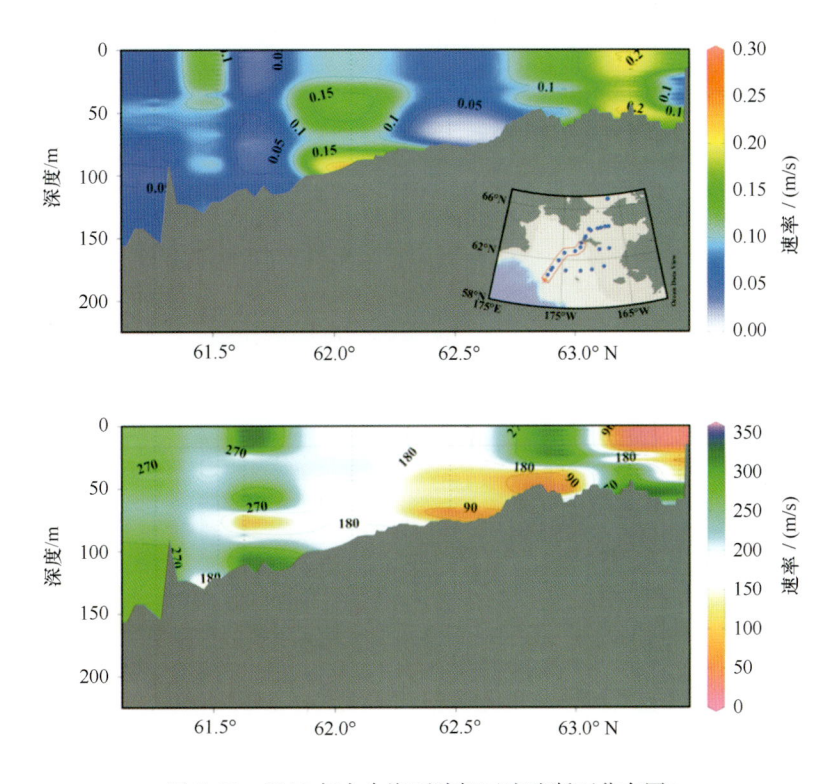

图 5.33　2012 年白令海西陆架区流速断面分布图

圣劳伦斯岛南侧的 BS 断面基本沿纬线分布，如图 5.34 所示，从观测期间断面上的海水速度分布来看与 B 断面的所反映的白令海陆架上流场基本特征是一致的。海水速度平均在 0.1~0.25 m/s 之间，靠近阿拉斯加一侧沿岸时流速增加。表层海水流动速度强于跃层之下的海水的流动速度；流动方向主要集中在西北方向。

NB 断面靠近白令海峡，从流速的分布中可以看到观测期间右侧的流速要偏大一些，超过了 0.25 m/s，这部分流速较大的水体高温低盐，具有阿拉斯加沿岸流的部分特征。在密度跃层位置（15 m 深度）同样可以看到垂向速度存在一个明显的变化，但是总的来说断面中段的下层水体速度变小而两侧下层水体速度反而变大。由于在太平洋和北冰洋存在海面高度差，故白令海峡处的海水总体而言向北进入北冰洋，图 5.35 也反映了这个主要的特征。

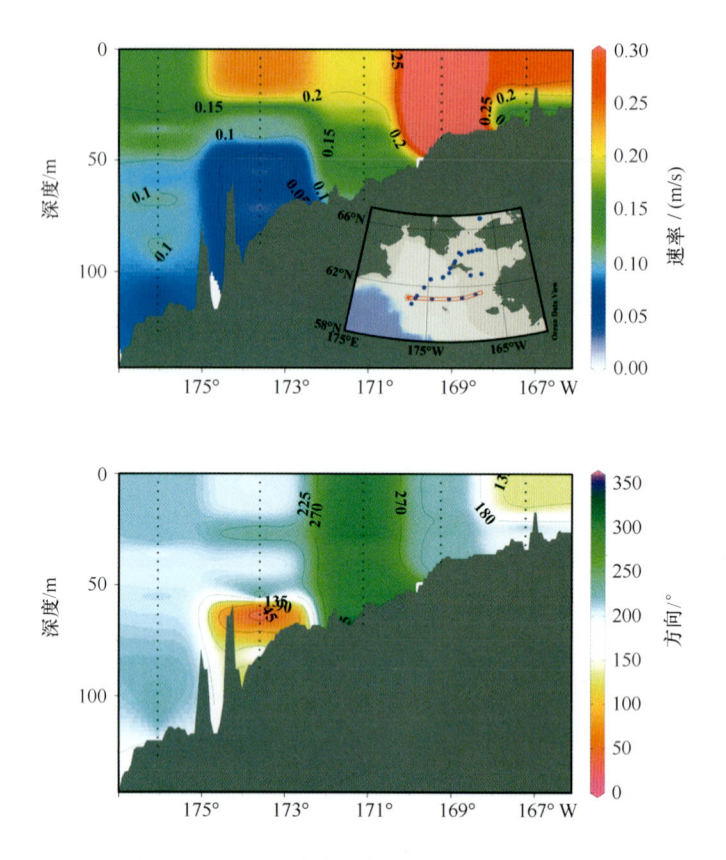

图 5.34 2012 年白令海东陆架区流速断面分布

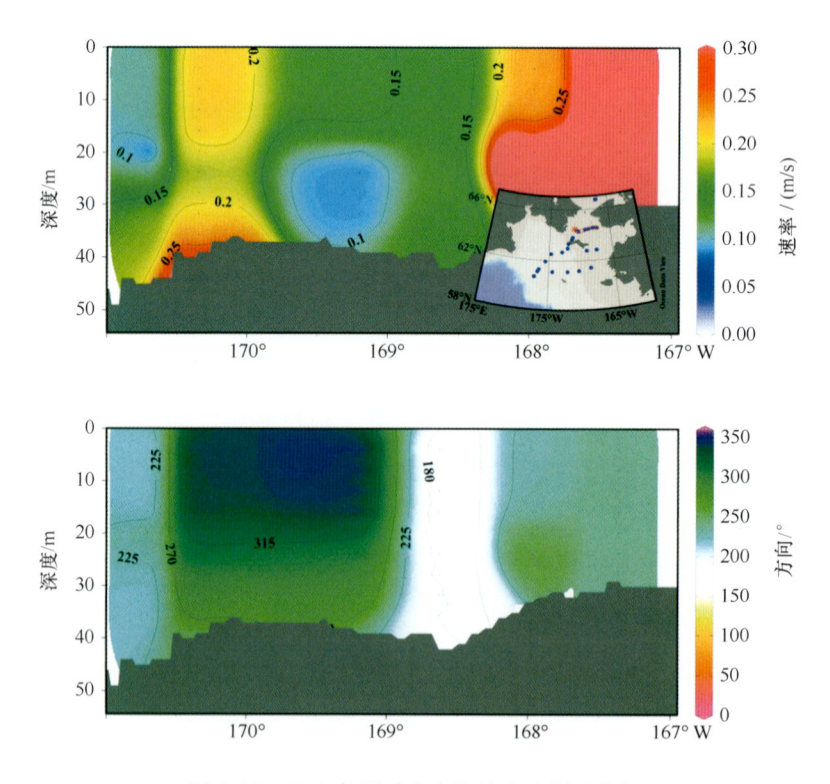

图 5.35 2012 年夏季白令海峡流速断面分布

### (五) 定点海气长期变化

1. 数据介绍

2014年7月第六次北极科学考察期间，在白令海布放锚碇海气通量观测浮标1套，用于北半球中高纬度海气界面连续长期观测。布放位置如图5.36所示。自7月20日开始采集数据，各观测要素及相关精度如表5.15所示。

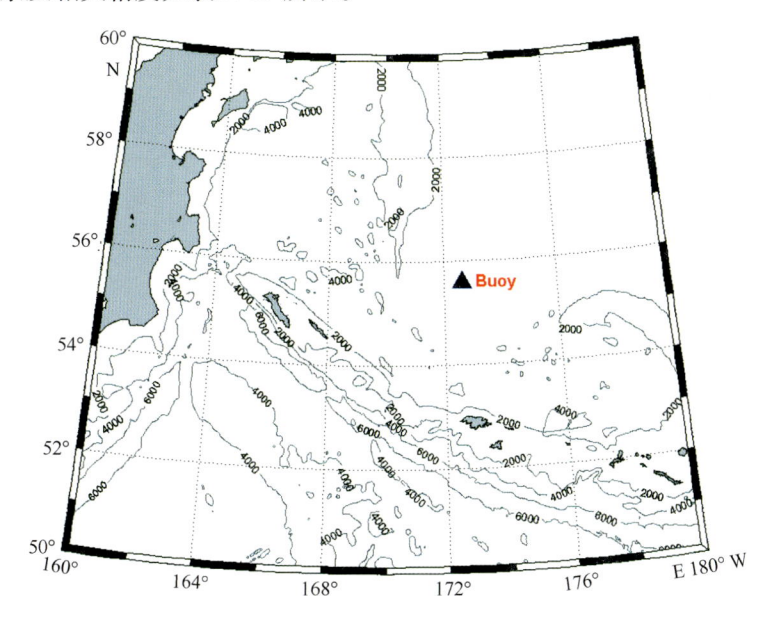

图5.36 浮标位置

**表5.15 锚锭海气通量浮标主要传感器技术指标**

| 项目 | 测量范围 | 准确度 |
| --- | --- | --- |
| 风速 | 0～75 m/s | ±0.3 m/s |
| 风向 | 0°～360° | ±5° |
| 气温 | -50～50℃ | ±0.5℃ |
| 气压 | 610～1 100 hPa | ±0.5 hPa |
| 湿度 | 0～100% | ±1% |
| 短波辐射 | 305～2 800 nm | ±1% |
| 长波辐射 | 4 500～50 000 nm | ±1% |
| 温度 | -5～35℃ | ±0.002℃ |
| 电导率 | 0～7 S/m | ±0.000 3 S/m |

2. 海洋要素长期变化

图5.37为2014年7月至2015年5月的日均海表面温度和盐度时间序列图，从图中可以看出，海水表层夏季高温低盐，冬季低温高盐的特征。海表温度最高为13.9℃，出现在2014年8月26日，海表盐度最低为32.71，出现在2014年9月15日。海表温度最低为2.2℃，出

现在 2015 年 4 月 2 日，盐度最高为 33.12，出现在 2015 年 4 月 12 日。温盐分布基本呈负相关趋势，温度降低最快的月份为 10 月和 11 月，同时也是盐度升高最快的时间。

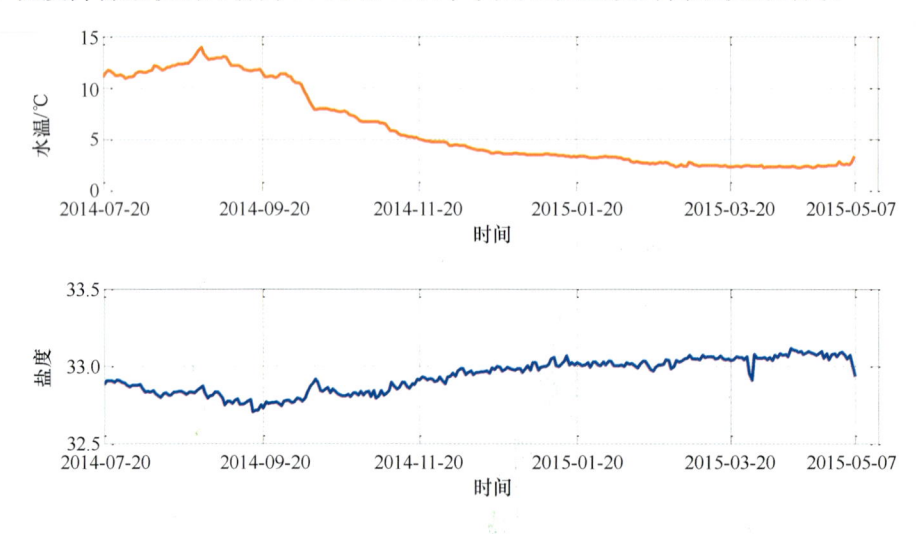

图 5.37　日均海水表层温度（上）和盐度（下）时间序列

### 3. 海气界面要素长期变化

图 5.38 为 2014 年 7 月至 10 月的日均海表气温时间序列图，从图出可以看出夏季海表最高气温为 11.91℃，出现在 8 月 27 日。10 月份海表气温迅速降低至 5℃。与同期海水表层温度相比，海表气温偏低。

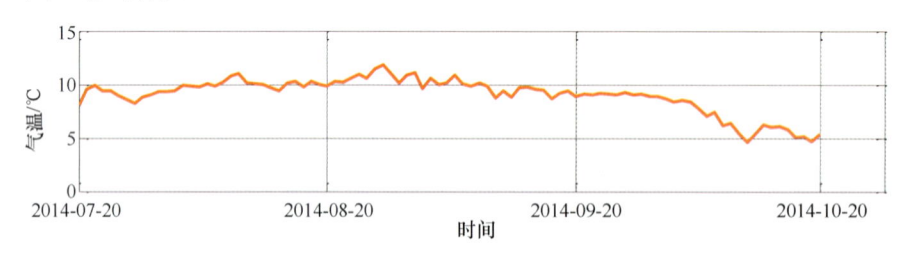

图 5.38　日均海表气温时间序列图

图 5.39 为 2014 年 7 月至 10 月的日均海表压强时间序列图，从图出可以看出海表压强最高为 1 027 hPa，出现在 7 月 25 日。最低为 989 hPa，出现在 8 月 11 日。

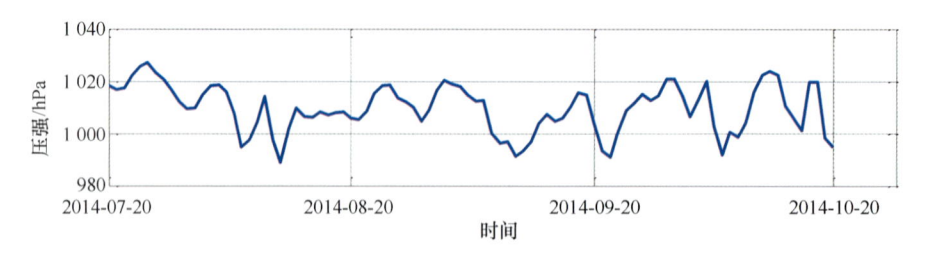

图 5.39　日均海表压强时间序列图

图 5.40 为 2014 年 7 月至 10 月的日均海表湿度时间序列图，从图出可以看出海表湿度日变化显著，7 月 20 日—8 月 22 日海表湿度最高，基本都在 90% 以上，最高达到 98%。海表

湿度最低出现在 10 月 17 日，为 77%。在三个月的时间里，共有三次湿度低于 80%，分别为 8 月 26 日、10 月 11 日和 10 月 17 日。

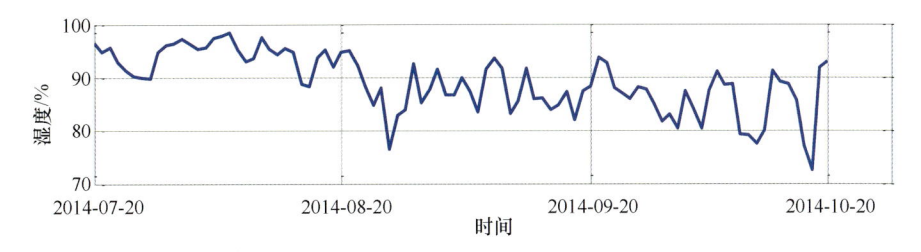

图 5.40　日均海表湿度时间序列图

图 5.41 给出了 7 月 20 日至 10 月 1 日的日均均向下、向下短波辐射和向上长波辐射的时间序列图，从图中可以看出，三者随时间变化趋势基本一致。向下短波辐射最高值为 435 W/m$^2$，出现在 7 月 21 日，同日向上短波辐射也最高，为 81 W/m$^2$。向上长波辐射最高为 82 W/m$^2$，出现在 9 月 29 日。

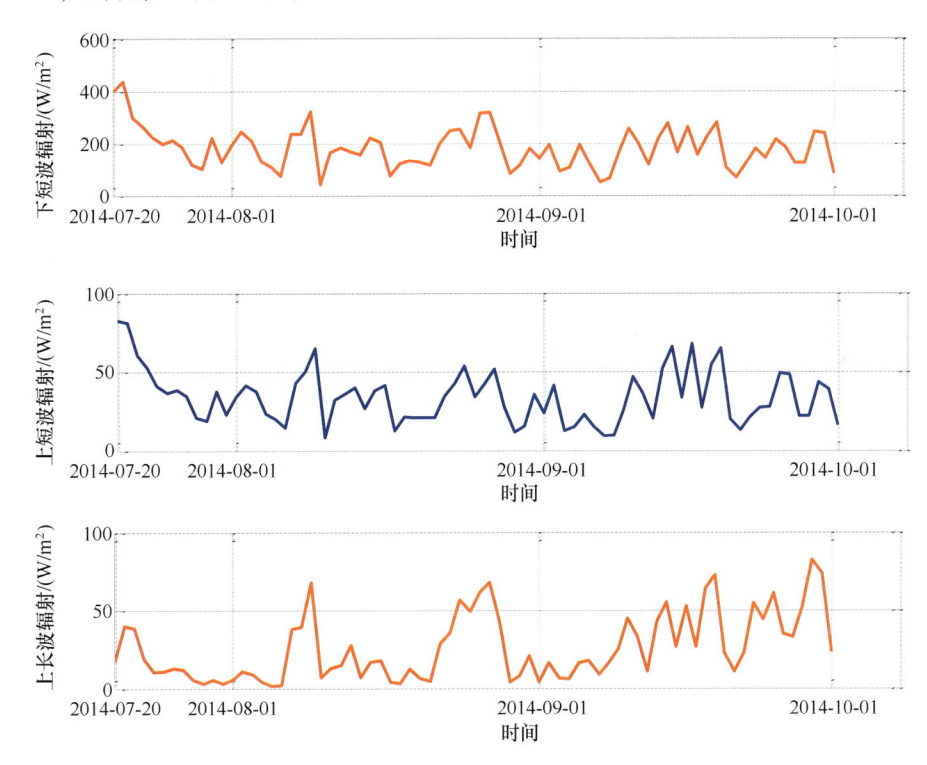

图 5.41　日均向下（上）、向下（中）短波辐射和向上长波辐射（下）时间序列图

图 5.42 给出的是 2014 年 7 月至 10 月日平均的最大风速。从图中可以看出，该点夏季盛行偏南风，最大风速为 24 m/s，出现在 10 月 8 日，最小风速为 3 m/s，出现在 8 月 25 日。在第六次北极考察浮标投放时有一个强的天气过程将要经过投放区域，考察队在 7 月 20 日该天气过程未经过之前将浮标顺利投放。锚锭浮标测得的风速监测到了这个投放投放之后持续十几天的天气过程。第六次北极科学考察回程过程中，"雪龙"船经过浮标所在区域周围时是也有两个接连的天气过程，为躲避台风，9 月 11 日和 12 日"雪龙"船在圣劳伦斯岛北侧抛锚，浮标也记录了这两次天气过程。

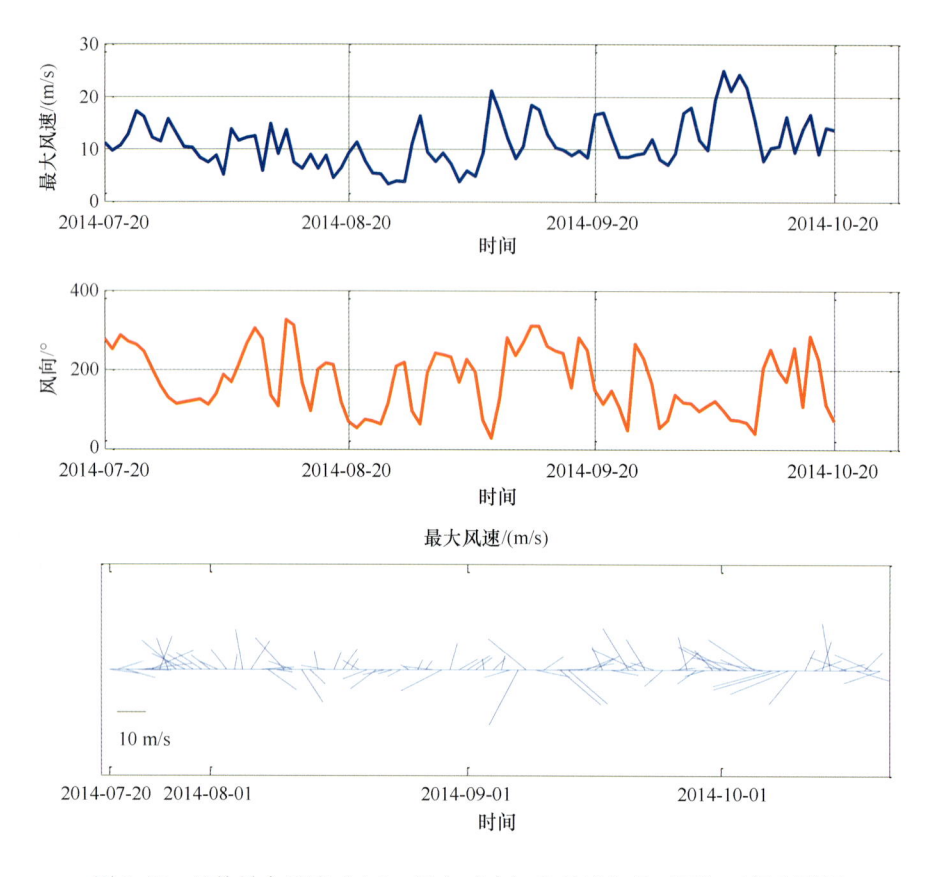

图5.42 日均最大风速（上）、风向（中）和风速矢量（下）时间序列图

### 4. 小结

本节利用白令海海盆区布放的锚碇长期浮标数据，分析了白令海海盆区定点海气要素长期变化特征。分析得出，海水表层夏季高温低盐，冬季低温高盐的特征。2014年7月至2015年5月，日均海表温度最高为13.91℃，最低为2.22℃，日均海表盐度最低为32.7，最高为33.1。温盐分布基本呈负相关趋势，温度降低最快盐度升高最快的月份为10月和11月。2014年7月至10月，日均海表压强变化范围为989~1 027 hPa，日均海表温度变化范围为5~11.91℃，日均湿度变化范围为77%~98%，日均最大风速变化范围为3~24 m/s，日均向下短波辐射最高值为435 W/m$^2$，向上短波辐射最高为81 W/m$^2$，向上长波辐射最高为82W/m$^2$，三者随时间变化趋势基本一致。

## 四、楚科奇海海域水文环境

### （一）楚科奇海介绍

#### 1. 地理位置

楚科奇海（Chukchi Sea）是北冰洋太平洋扇区边缘海（见图5.43），东西宽约500 km，南北宽约800 km。东与波弗特海为邻，西到弗兰格尔岛，南部为西伯利亚东北部和阿拉斯加西部大陆，通过窄而浅的白令海峡与白令海陆坡区相联，北至北冰洋陆坡。楚科奇海的水深较浅，一般在50 m之内，只有到大陆坡一带才有深水区。

楚科奇海海底还是有明显的起伏。楚科奇海南部是一片海底平原，称为希望海谷（Hope Valley），最大水深在60 m以上。楚科奇海北部存在两个浅滩，即中部的赫勒尔德浅滩（Herald Shoal）和东部的汉娜浅滩（Hanna Shoal）。在浅滩和海岸（或岛屿）之间存在三个峡谷，弗兰格尔岛与赫勒尔德浅滩之间是赫勒尔德峡谷（Herald Canyon），赫勒尔德浅滩与汉娜浅滩之间是中央水道（Central Channel），汉娜浅滩与阿拉斯加之间是巴罗峡谷（Barrow Canyon）。楚科奇海的海洋动力学一般体现为浅海的特征，海底地形对太平洋入流的流动路径有着明显的影响。

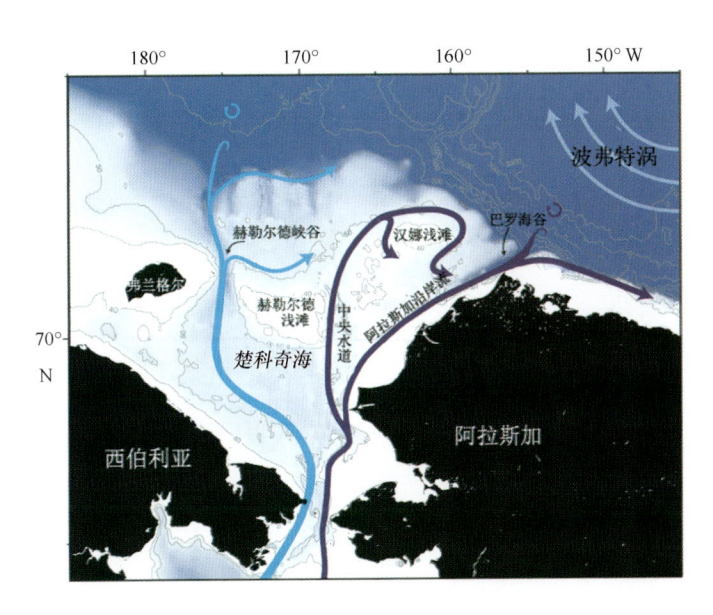

图5.43　楚科奇海流场分布示意图

### 2. 楚科奇海环流

由于白令海峡两侧动力高度南高北低，驱动太平洋水经过白令海峡向北进入楚科奇海。楚科奇海海底地形对太平洋入流的流动路径有着明显的影响。流入楚科奇海的太平洋水主要分为三支，东面的一支具有低盐、低营养盐的特征，沿着阿拉斯加沿岸向东北流，经过巴罗海谷后转向东，称为阿拉斯加沿岸流（ACC）；另外两支盐度和营养盐较高，它们分别从先驱浅滩的东西两侧流向北，东侧的一支穿过中央水道后，遇到汉娜浅滩又分为两支，西侧的一支在穿过赫勒尔德峡谷后也分为两支，一支继续向北，另一支沿等深线向东。

### 3. 楚科奇海水团

楚科奇海是北冰洋的边缘海，陆架宽广，水深较浅，南部通过白令海峡与白令海相连。其水团特性主要与该海域的冰况有关，并受到北冰洋环流、沿岸径流和北太平洋通过白令海峡的水交换的影响。由于楚科奇海水深较浅，其水团为浅海变性水团，季节性变化显著。前人对楚科奇海水团已经做了大量的研究，但对于各水团分类及明确的特征指标还没有统一的定论。主要原因是水团温盐特征具有显著的年际变化和空间变化，在不同年份、不同季节甚至不同月份都会发生明显的改变，很难给出一个统一的标准。按照最新的定义，楚科奇海水团主要包含阿拉斯加沿岸水（ACW, Alaska Coastal Water）、太平洋冬季水（PWW, Pacific Winter Water）、季节性冰融水（SMW, Season Melt Water）和楚科奇海夏季水（CSW, Chukchi Summer Water）。

## (二) 温盐分布与变化

### 1. 断面温盐分布与变化

(1) 数据介绍。

我国分别在 1999 年、2003 年、2008 年、2010 年、2012 年和 2014 年夏季组织了中国首次至第六次北极科学考察。自 2003 年开始，每个航次均在楚科奇海东部陆架区开展了自南向北多个东西向断面观测，站位、断面及观测时间信息如图 5.44 和表 5.16 至表 5.19 所示。从图中可以看出，2003 年和 2008 年站位设置基本相同，断面呈纬向分布，分别位于 69°N、70.5°N 和 71.4°N。2010 年、2012 年和 2014 年站位设置基本相同，与 2003 相比，断面走向由原来的纬向转为倾斜，增加了 68°N 附近的西南—东北走向断面，而去掉了 71.4°N 的纬向断面。69°N 和 70.5°N 附近断面呈西北—东南走向，最东端站位与 2003 年和 2008 年断面最东端站位重合。自南向北依次将断面命名为 C1—C4，如图 5.44 所示。各断面调查时间均集中在 7 月下旬和 8 月上旬。

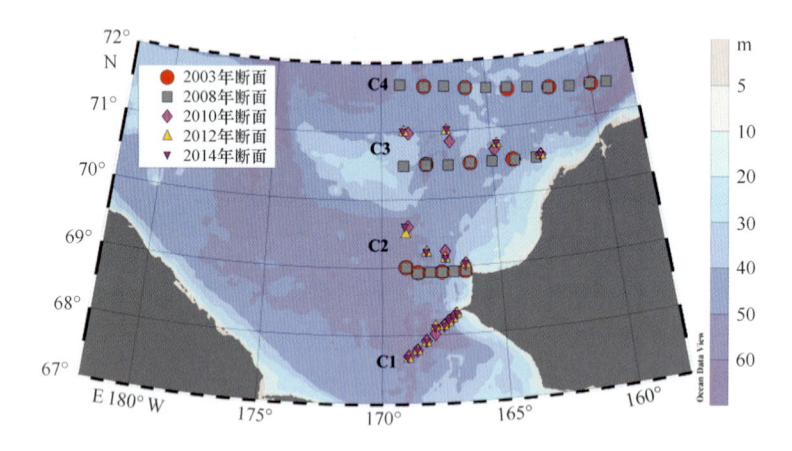

图 5.44 2003 年、2008 年、2010 年、2012 年和 2014 年夏季中国第二次至第六次北极科学考察在楚科奇海东部调查断面站位分布

表 5.16 中国历次北极科学考察 C1 断面考察时间表

| 年份 | 断面考察时间 | 断面纬度范围 | 断面经度范围 | 站位数 |
|---|---|---|---|---|
| 2010 年 | 07 - 20—07 - 21 | 67.67°N—68.30°N | 168.96°W—166.96°E | 8 |
| 2012 年 | 07 - 18 | 67.69°N—68.23°N | 168.94°W—166.98°E | 8 |
| 2014 年 | 07 - 28 | 67.67°N—68.30°N | 169.00°W—166.96°E | 8 |

表 5.17 中国历次北极科学考察 C2 断面考察时间表

| 年份 | 断面考察时间 | 断面纬度范围 | 断面经度范围 | 站位数 |
|---|---|---|---|---|
| 2003 年 | 07 - 30—08 - 08 | 68.91°N—69.00°N | 169.00°W—166.49°E | 6 |
| 2008 年 | 08 - 02 | 68.92°N—69.00°N | 169.00°W—166.51°E | 4 |
| 2010 年 | 07 - 21 | 69.03°N—69.50°N | 168.98°W—166.47°E | 4 |

续表

| 年份 | 断面考察时间 | 断面纬度范围 | 断面经度范围 | 站位数 |
|---|---|---|---|---|
| 2012 年 | 07-21 | 69.03°N—69.50°N | 168.98°W—166.47°E | 4 |
| 2014 年 | 07-29 | 69.03°N—69.60°N | 169.00°W—166.48°E | 4 |

表18 中国历次北极科学考察 C3 断面考察时间表

| 年份 | 断面考察时间 | 断面纬度范围 | 断面经度范围 | 站位数 |
|---|---|---|---|---|
| 2003 年 | 07-31—08-07 | 70.50°N | 169.00°W—162.97°E | 7 |
| 2008 年 | 08-03 | 70.50°N | 168.01°W—164.03°E | 3 |
| 2010 年 | 07-22—07-23 | 70.52°N—71.01°N | 168.98°W—162.75°E | 4 |
| 2012 年 | 07-19—07-20 | 70.53°N—70.98°N | 168.78°W—162.76°E | 4 |
| 2014 年 | 07-30 | 70.52°N—71.01°N | 169.01°W—162.78°E | 4 |

表5.19 中国历次北极科学考察 C4 断面考察时间表

| 年份 | 断面考察时间 | 断面纬度范围 | 断面经度范围 | 站位数 |
|---|---|---|---|---|
| 2003 年 | 07-30—08-10 | 71.44°N—71.69°N | 169.11°W—159.24°E | 11 |
| 2008 年 | 08-04—08-05 | 71.41°N—71.66°N | 167.98°W—157.85°E | 6 |

（2）空间分布。

按自南向北的方向依次讨论 C1—C4 断面温盐空间分布特征。C1 断面温盐分布如图 5.45 所示，2010 年 C1 断面上表层温度东高西低，最高温度为 6.6℃，表层最低盐度为 31.0。断面上存在显著的温跃层，东侧跃层深度最浅，在 15 m 附近；中部跃层深度最深，在 30 m 左右。在断面中部跃层以下 168°—168.5°W 范围是温度低于 2℃ 的低温水团，最低温度为 0.8℃。底层最高盐度为 32.6，出现在断面西侧 169°W 附近。2012 年 C1 断面表层温度两侧高，中间低，最高温度为 7.4℃，出现在断面东侧。盐度西高东低，东侧最低盐度为 31.9。温跃层出现在 15 m 附近，跃层以下断面 167.5°W 以西的海域均被温度低于 1℃ 而盐度高于 32.7 的低温高盐水占据。底层最低温度为 0.1℃，位于断面西侧底层。168°—168.5°W 20 m 以深是断面的一个高盐区，盐度均高于 32.8。2014 年 C1 断面表层温度东高西低，盐度东低西高，东侧最高温度为 8.1℃，最低盐度为 30.8。断面底层最低温度为 2.3℃，在 168°—168.5°W 范围内存在一个高盐区，最高盐度达到 32.9。

C2 断面温盐分布如图 5.46 所示。2003 年 C2 断面温度西低东高，盐度西高东低。表层最高温度为 8.0℃，表层最低盐度为 30.8，位于断面东侧。底层最低温度为 3.1℃，最高盐度为 32.6，位于断面西侧。断面西侧在 20 m 附近存在温盐跃层，层化现象显著。与西侧相比，断面东部温盐分布较均匀，温度均在 6.0℃ 以上，盐度低于 31.5。2008 年 C2 断面温盐也呈西部相对低温高盐，东部相对高温低盐的分布态势。表层最高温度为 6.7℃，最低盐度为 29.8，出现在断面东侧。底层最低温度为 1.7℃，最高盐度为 32.5，出现在断面西侧。断面整体层化明显，西侧跃层位于 15 m 附近，自西向东深度逐渐加深，东侧层化较弱。2010 年 C2 断面

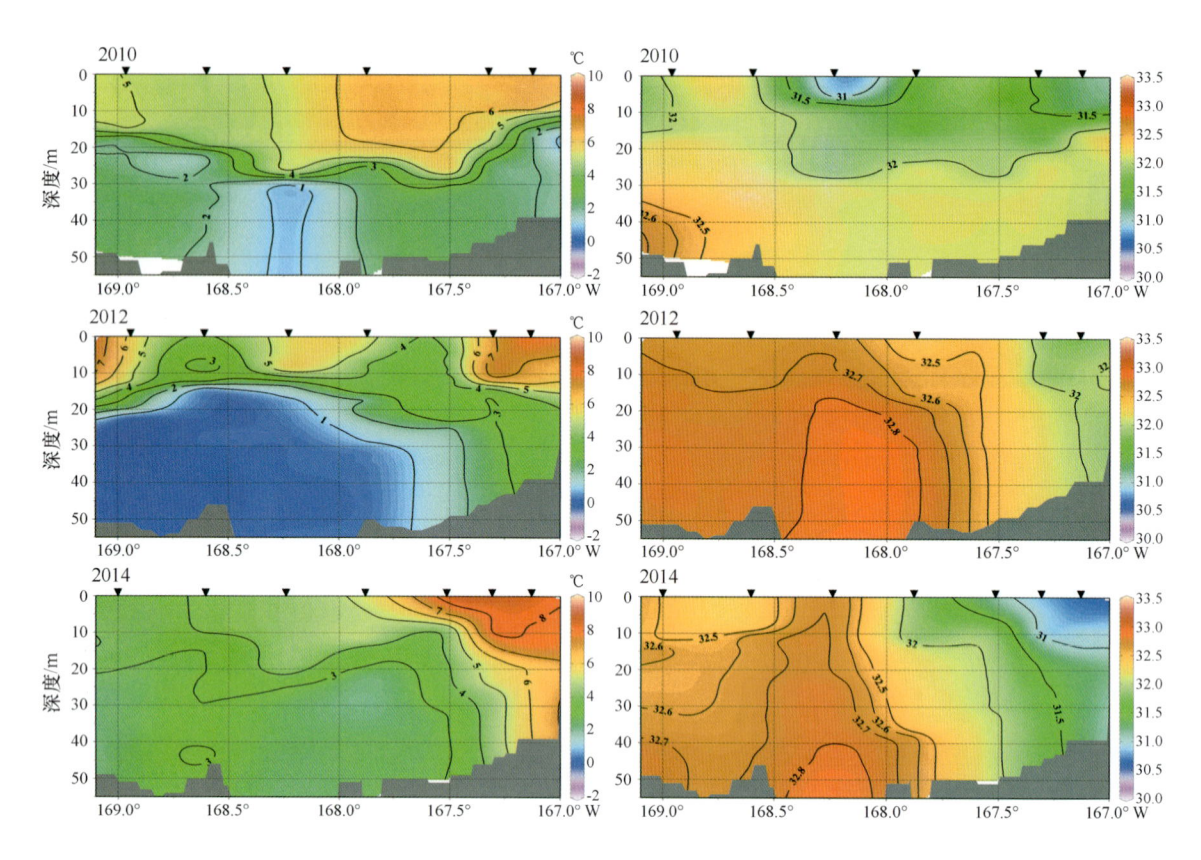

图 5.45　2010 年、2012 年和 2014 年楚科奇海 C1 断面温（左）盐（右）分布图

表层温度西高东低，盐度西低东高。表层最高温度为 6.3℃，表层最低盐度为 29.5，位于断面西侧。断面在 20 m 附近存在温跃层，层化现象显著。与西侧相比，断面东部温盐分布较均匀。底层最低温度为 -0.8℃，最高盐度为 32.7，位于断面西侧。2012 年 C2 断面也呈温度西低东高，盐度西高东低的分布趋势。断面东侧表层最高温度为 8.2℃，最低盐度为 27.0。断面在 10 m 附近存在温盐跃层，层化现象显著。底层最低温度为 -0.2℃，位于 168.9°W 33 m 深度上而非最底层；最高盐度为 32.7，位于断面西侧 168.2°W 附近底层。2014 年 C2 断面也呈温度西低东高，盐度西高东低的分布趋势。断面东侧表层最高温度为 8.2℃，最低盐度为 30.3。断面西侧层化明显而东侧垂向温盐分布较均匀。底层最低温度 0.7℃，最高盐度为 32.1，出现在断面西侧。

C3 断面温盐分布如图 5.47 所示。2003 年 C3 断面 30 m 以浅垂向混合较强，温盐等值线呈垂向分布。最高温度和最低盐度均出现在断面东侧，分别为 5.2℃ 和 31.1。30 m 深度上存在温盐跃层，温跃层较盐跃层更显著，跃层以下温度急剧降低而盐度逐渐升高，最高盐度为 32.4，最低温度为 -0.7℃，位于断面西侧 168°W 附近底层。2008 年 C3 断面温度垂向混合强，温度等值线从表至底呈垂向分布，断面自西向东温度逐渐升高，断面最高温度为 3.6℃，最低温度为 2.5℃。盐度分布特征与温度不同，在 15 m 附近存在盐跃层，跃层以上，盐度西低东高，最低盐度为 29.9，跃层以下盐度西高东低，最高盐度为 32.9。2010 年 C3 断面最显著的特点是温盐跃层的存在，位于 10～15 m 深度上。温跃层以上，温盐均呈西低东高分布，最高温度为 5.3℃，最低盐度为 30.0。跃层以下，温度依然呈西低东高分布，而盐度则呈西高东低分布。169°W 跃层以下出现温度低于 -1.0℃ 的冷水，最低温度达到 -1.7℃，最高盐

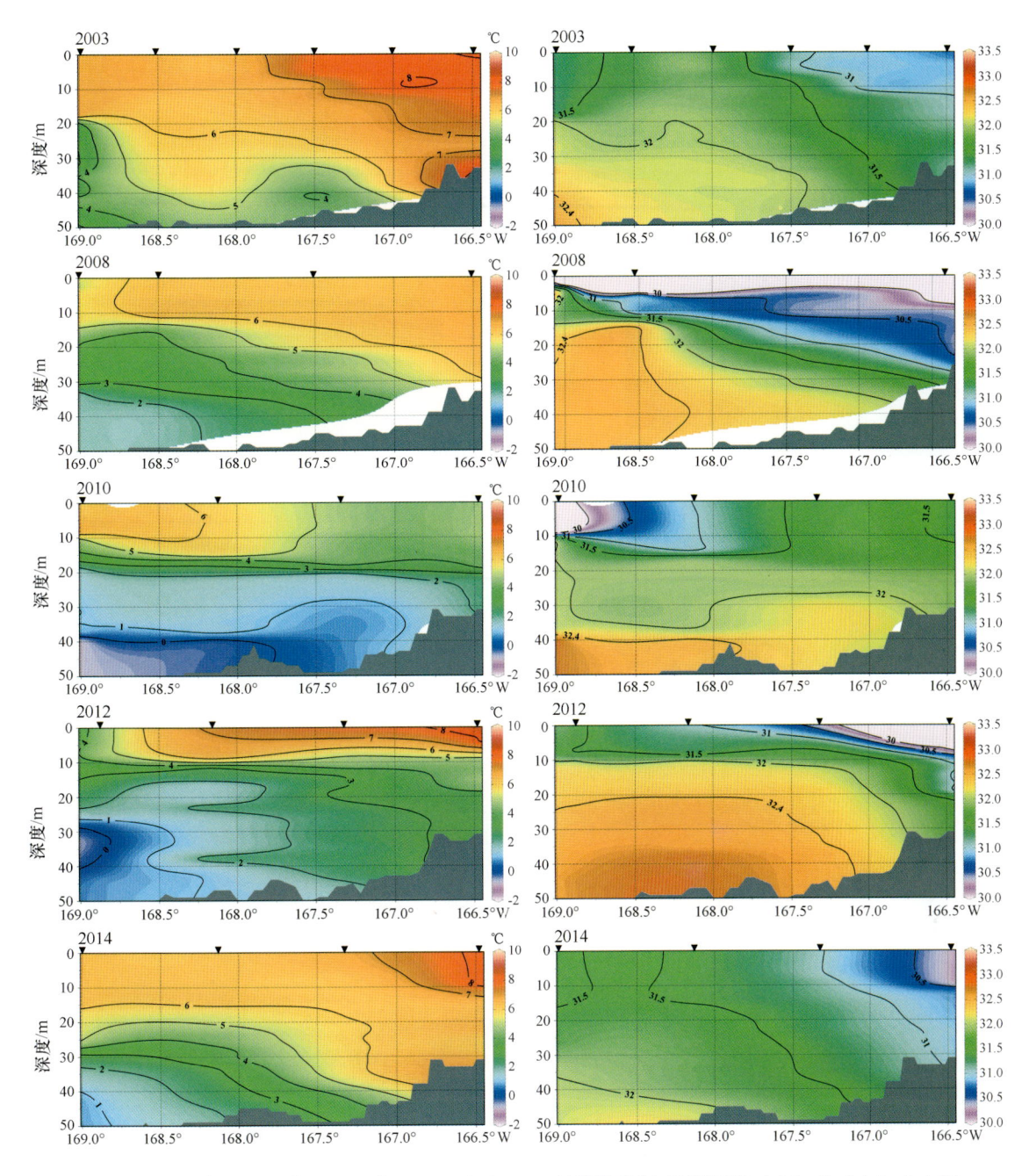

图 5.46  2003 年、2008 年、2010 年、2012 年和 2014 年楚科奇海 C2 断面温（左）盐（右）分布图

度达到 32.9。2012 年 C3 断面温盐跃层位于 15 m 左右，跃层以上温度西低东高，最高温度为 5.1℃。盐度两侧高中间低，最低盐度为 30.3。跃层以下温度迅速降低，断面 30 m 以深均被温度低于 -1℃，盐度高于 32.8 的高盐冷水占据。最低温度为 -1.7℃，最高盐度为 33.3，位于断面最西侧。2014 年温盐跃层在 15~20 m 附近，跃层以上温度垂向混合较均匀，最高温度为 6.0℃，位于 167°W。跃层以上盐度分布西低东高，最低盐度为 29.9。底层最低温度为 -0.7℃，位于 164.7°W 的底层，最高盐度为 32.3，位于断面西侧底层。

C4 断面温盐分布如图 5.48 所示。2003 年 C4 断面温度整体较低，最高温度仅为 1.2℃，且最高温度不是出现在表层，而是位于断面西侧 168°W、11 m 深度上。25 m 以浅断面温度两侧高中间低，25 m 以深则呈西高东低分布，底层最低温度可至 -1.7℃。断面上层盐度整体

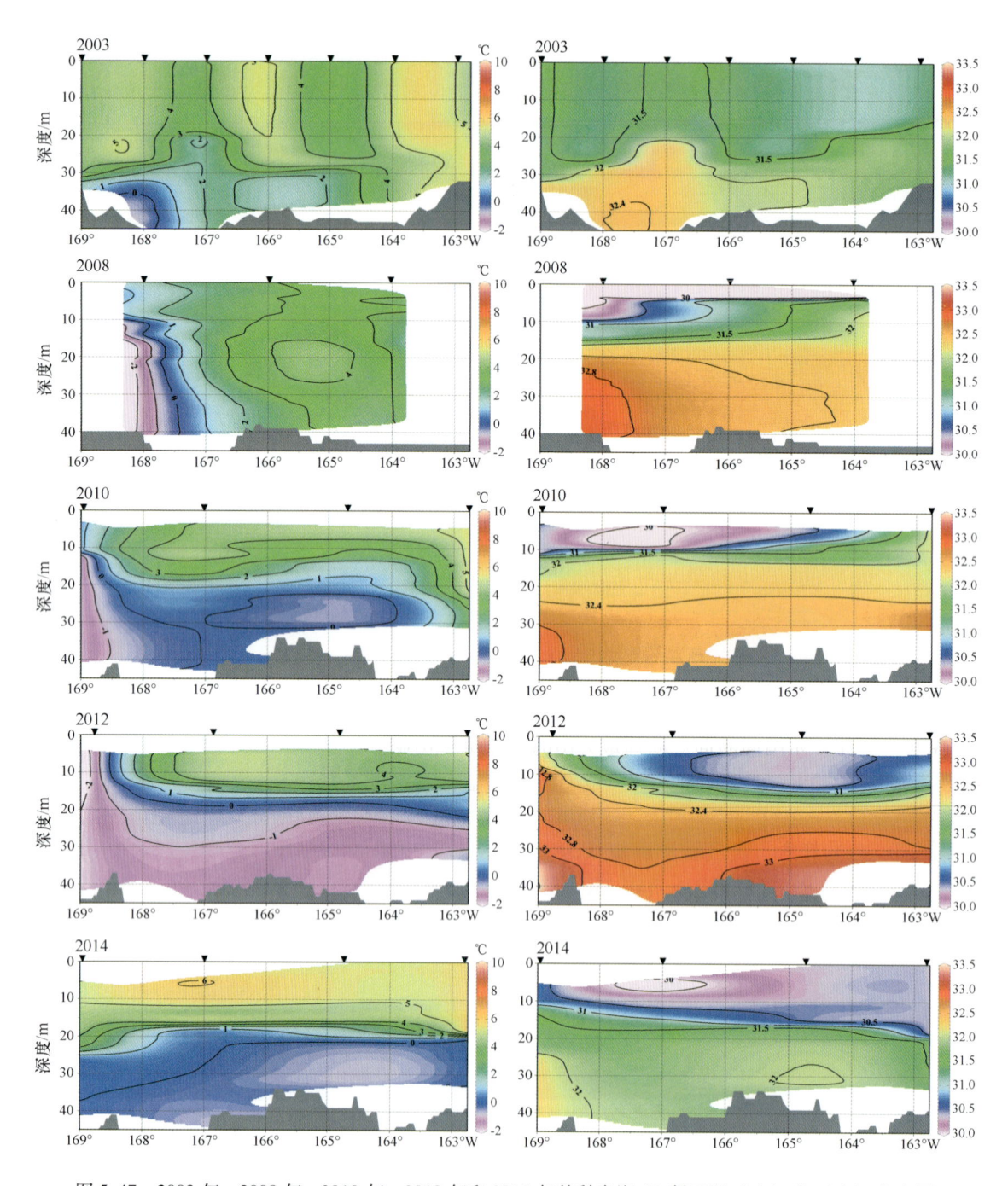

图 5.47　2003 年、2008 年、2010 年、2012 年和 2014 年楚科奇海 C3 断面温（左）盐（右）分布图

较低，最低盐度为 29.2，在 25 m 附近存在显著的盐跃层，跃层以下盐度最高至 32.8，位于断面 162°W 的底层。2008 年 C4 断面温度同样较低，最高温度仅为 1.2℃，出现在断面 168°W、10 m 深度上。断面温度整体西高东低，底层最低温度为 −1.7℃，位于断面东侧。表层最低盐度为 24.57，25 m 附近存在显著的盐跃层，跃层以下盐度西高东低，166°—163°W 范围为一个高盐区，盐度最高为 33.24。

（3）时间变化。

本部分将按自南向北方向分析楚科奇海东部温盐分布的时间变化特征。首先是最南端的 C1 断面，共有 2010 年、2012 年和 2014 年三个航次的调查数据。断面最突出特征是西部低温

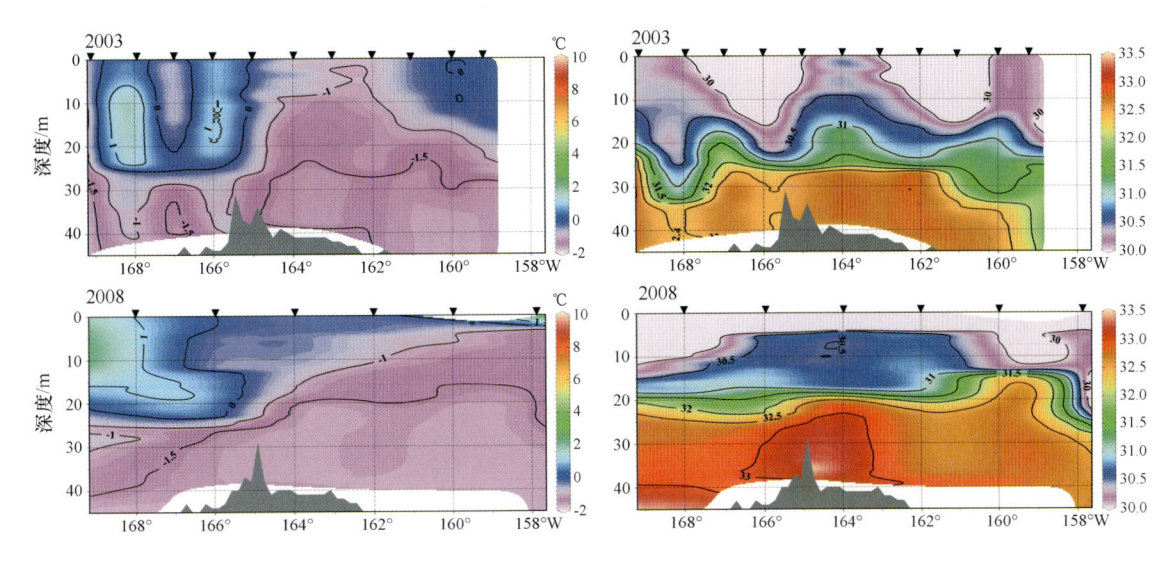

图 5.48　2003 年和 2008 年 C4 断面温（左）盐（右）分布图

高盐，东部高温低盐，因此 2012 年和 2014 年在 167.5°W 附近形成了显著的温盐锋面。2014 年断面东侧表层温度最高，为 8.09℃，同时表层盐度也最低，为 30.78。2012 年和 2014 年在 168.5°—168°W 之间，均存在一个高盐水团，盐度均高于 32.7，2014 年最高至 32.86。

位于 C1 北部的 C2 断面主要分为 2003 年和 2008 的纬向断面以及 2010 年、2012 年和 2014 年的西北—东南向断面。断面最突出的特点是层化显著，且有明显的年际变化。除 2010 年外，断面温度均呈西低东高分布，盐度则呈西高东低分布。2010 年跃层以上则比较特殊，呈相反的趋势。与 C1 断面相比，底层盐度相对降低，观测到的最高盐度为 32.74。且在 2010 和 2012 年断面西侧，出现了温度低于 0℃ 的冷水，最低温度为 -0.80℃。

位于 C2 北部的 C3 断面也分为 2003 年和 2008 的纬向断面以及 2010 年、2012 年和 2014 年的西北—东南向断面。受断面位置不用的影响，温度分布也分为两种态势。2003 年和 2008 年温度西低东高，30 m 以浅垂向混合较均匀，等值线呈垂向分布，而 2010 年、2012 年和 2014 年则以层化为主，在 15 m 附近存在明显的温跃层，温度也呈西低东高的趋势。底层出现温度低于 -1℃ 水体，2012 年范围最大，占据断面 30 m 以深的海域，最低温度为 -1.73℃。盐度分布垂向层化也很显著，盐跃层出现在 10~20 m 范围，有年际差异。2012 年底层出现盐度高于 33 的水体，最高盐度为 33.33。与南部断面相比，断面整体温度降低。

位于 C3 断面以北的 C4 断面，只有 2003 年和 2008 年两个航次的调查数据。断面温度整体较低，断面西部 25 m 以浅温度相对较高，其余区域均被温度低于 -1℃ 的冷水占据。在 20~25 m 附近存在显著的盐跃层，2008 年在 166°—163°W 25 m 以深出现盐度高于 33 的高盐水体，最高盐度达到 33.24。

（4）小结。

本节通过分析历次北极科学考察在楚科奇海获取的重复断面数据，对楚科奇海温盐分布的时空变化特征有了初步的认识，总结如下。

楚科奇海南部（C1，68°N 附近），温盐分布最突出特征是西部低温高盐，东部高温低盐，在 167.5°W 附近形成了显著的温盐锋面。再向北（C2，69°N 附近），最突出的特点是层化显著，且有明显的年际变化。温盐也呈西部低温高盐，东部高温低盐的分布趋势。在断面西侧，出现温度低于0℃的冷水。再向北（C3，70.5°N附近），温盐层化显著，温盐依然呈西部低温高盐，东部高温低盐的分布趋势。底层出现温度低于 $-1$℃的高盐水体。与南部断面相比，整体温度降低。再向北（C4，71.5°N附近），断面温度整体较低，大部分海域被温度低于 $-1$℃的冷水占据。在 $20\sim25$ m附近存在显著的盐跃层。

2. 抛弃式XBT/XCTD温盐分布与变化

（1）数据介绍。

数据主要来自第一次、第二次和第四次北极科学考察在楚科奇海和海台区获取的XCTD数据，如图5.49所示。

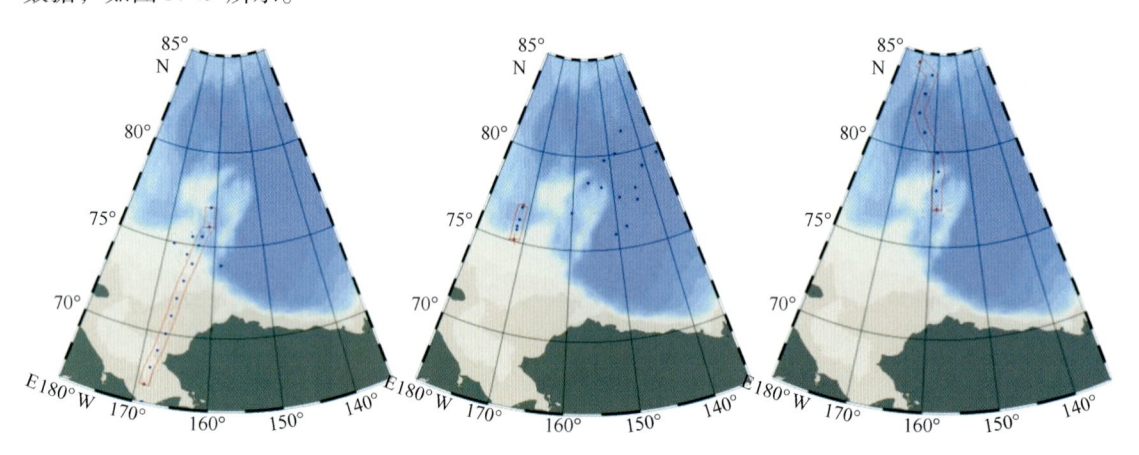

图5.49 第一次北极（左）和第二次（中）和第四次（右）北极科学考察XCTD站位分布

（2）空间分布。

第一次北极科学考察XCTD观测获得断面的温度和盐度分布图（见图5.50），从图中可以看出，总体而言，观测区域温度和盐度呈层分布，自白令海峡向北随纬度的升高，表层温度逐步降低，在75°N以北，表层温度都在 $-1$℃以下，主要由于海冰的覆盖，表层温度接近冰点的温度。从白令海峡至陆架边缘，温度的分布呈多个高温和低温的中心，这与观测时间，和海冰的消退有密切联系，这里温度最高可以超过6℃，而在陆架区的底层温度，有些区域仍然保持较低的温度，这与地形有关。在温度断面上可以看出温度最低的水层在陆架边缘区域，温度最低不超过1.5℃，对应盐度也是高值，这与冬季陆架上的结冰过程形成的低温高盐水。在陆架边缘和楚科奇海台的深水观测站点上可以看出温度的最高值在400 m左右，这是北极中层水的深度，该中层水的核心温度接近1℃，呈现较暖的特征。

从该航次走航XCTD观测获得盐度的断面分布可以看出，在陆架上有多个的高盐和低盐的中心，低盐的中心对应与高温度的中心，也验证了由于夏季局地的融冰和暖水的影响以及太阳辐射的增加，形成局地的孤立水体。在盐度断面，盐度34水体在73°N存在于海底，而向深水，该高盐度主要分布在200 m的深度，对应的温度在 $-1$℃，该水体是构成盐跃层水体的重要补充。

该断面是在171°W从楚科奇海陆架向海盆的一条断面，从该断面的温度分布可以看出200 m以浅都是比较一致显著的低温，表层温度在冰点附近，随深度的增加，海水温度升高，在200 m以上的深度温度在0℃左右，达到400 m左右的深度，温度升高达到最大值，在靠近陆架边缘的测站，最高温度在600 m附近，最高温度在1℃以上，呈一高温的沿陆坡的暖水带。在盐度断面图上，表层盐度也差异较小，都是在 30 左右，盐度随深度的增加呈升高趋势，同温度在陆坡区的分布相对应是一高盐带，这与陆坡流和陆架水的下泄有密切关系。

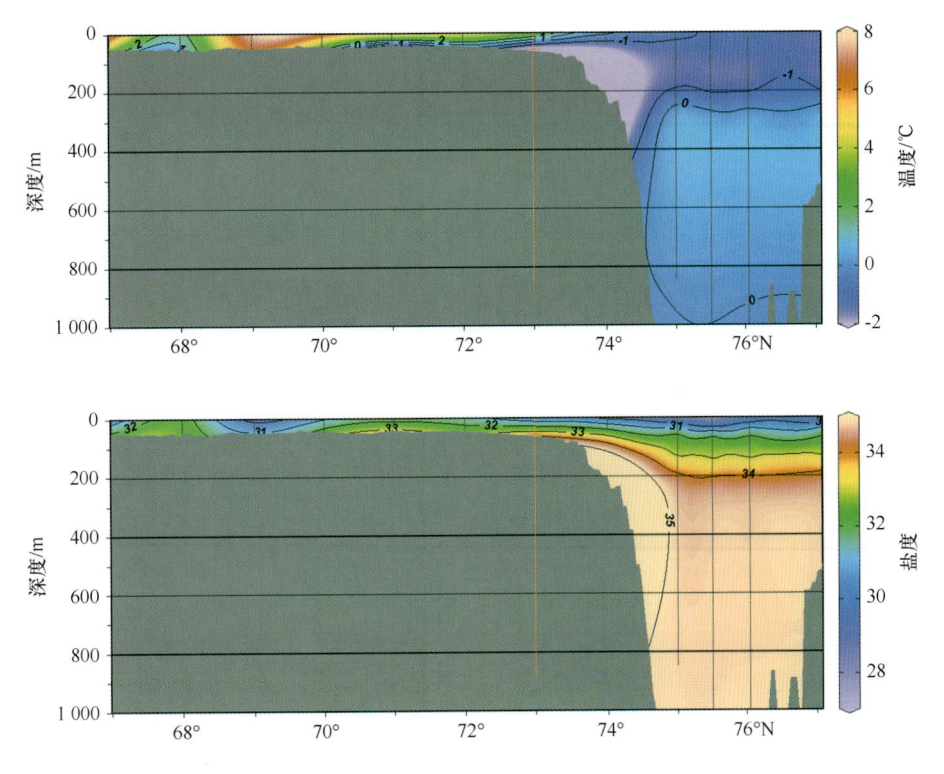

图 5.50　首次北极科学考察 XCTD 观测温度（上）和盐度断面分布

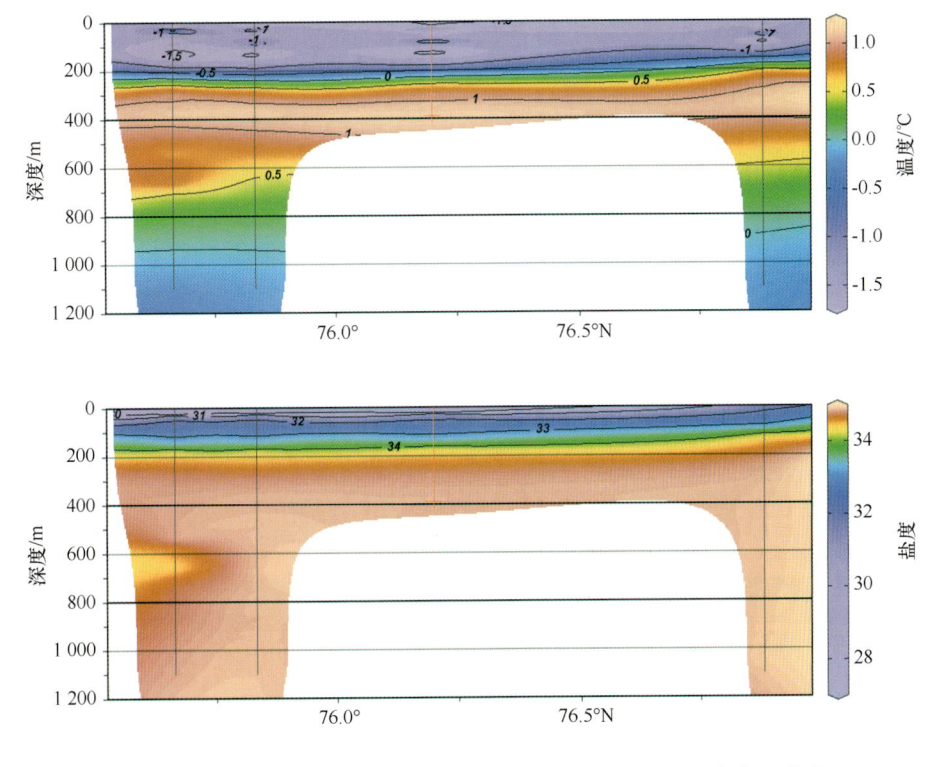

图 5.51　第二次北极科学考察 XCTD 观测温度（上）和盐度断面分布

第四次北极科学考察向高纬度有较深入的考察，从温度和盐度的断面观测结果看，呈现显著的层结结构，在温度断面上，表层呈低温特征，温度低于-1.5℃，随深度的增加，温度逐步升高，高温的北极中层水深度在80°N以南，深度在400 m以上，最高温度在0.75℃以上，而逐步向北中层水的深度变浅，核心温度差异较小，而在80°N以南在50 m深度附近存在温度在0.5℃以上的高温水体，而且随纬度的增加而逐步变薄而消失。而盐度的分布也与温度的分布类似，34等盐线在77°N深度在200 m附近，向北逐步变浅，在84.5°N提高到120 m附近。而以下的盐度的变化相对较小（见图5.52）。

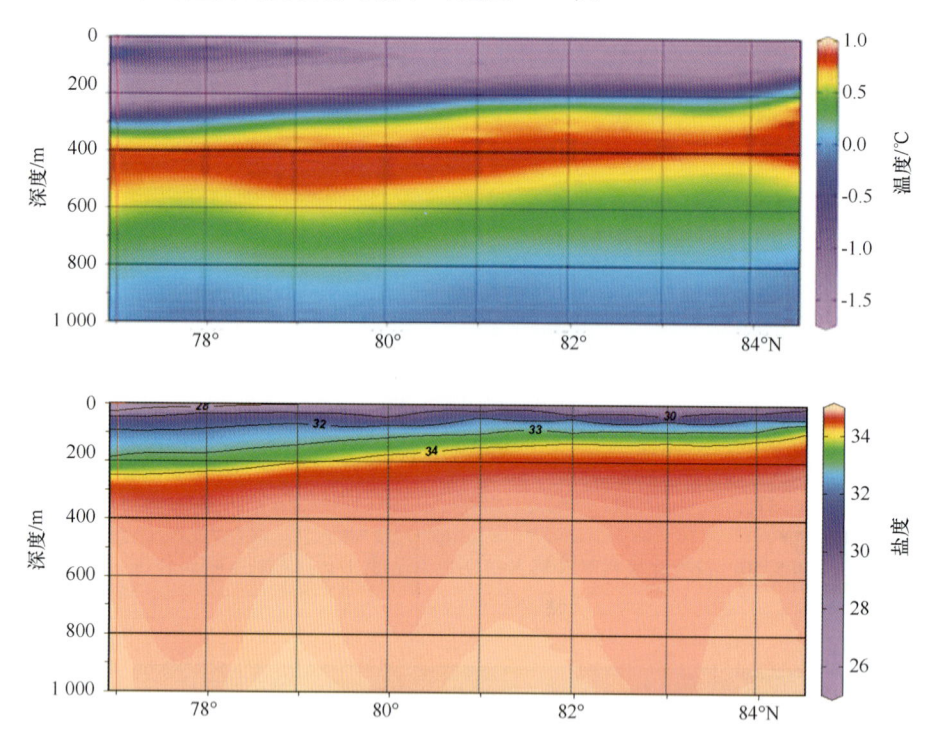

图5.52　第四次北极科学考察XCTD观测温度（上）和盐度断面分布

### 3. 走航表层温盐分布与变化

（1）数据介绍。

从观测时间上看，第四次和第五次北极考察较第三次和第六次北极考察提前一旬进入楚科奇海。第四次北极考察回程较其他航次提前一旬进入楚科奇海。在这四次北极考察中，楚科奇海的第一次观测始于7月底或8月初，结束于8月初，约5天时间。第二次观测始于8月末或9月初，结束于9月初，共计2天时间。从观测区域上看，四次北极考察主要围绕169°W断面及其东侧海域开展调查活动。但在169°W东侧海域，四次北极考察航迹差异较大。

表5.20　各个航次在楚科奇海的观测时间段

| 航次 | 去程起始日期 | 去程截止日期 | 回程起始日期 | 回程截止日期 |
|---|---|---|---|---|
| 第三次北极考察 | 2008-08-01 | 2008-08-06 | 2008-09-06 | 2008-09-08 |
| 第四次北极考察 | 2010-07-20 | 2010-07-25 | 2010-08-29 | 2010-08-31 |
| 第五次北极考察 | 2012-07-18 | 2012-07-23 | 2012-09-06 | 2012-09-08 |
| 第六次北极考察 | 2014-07-28 | 2014-08-02 | 2014-09-07 | 2014-09-09 |

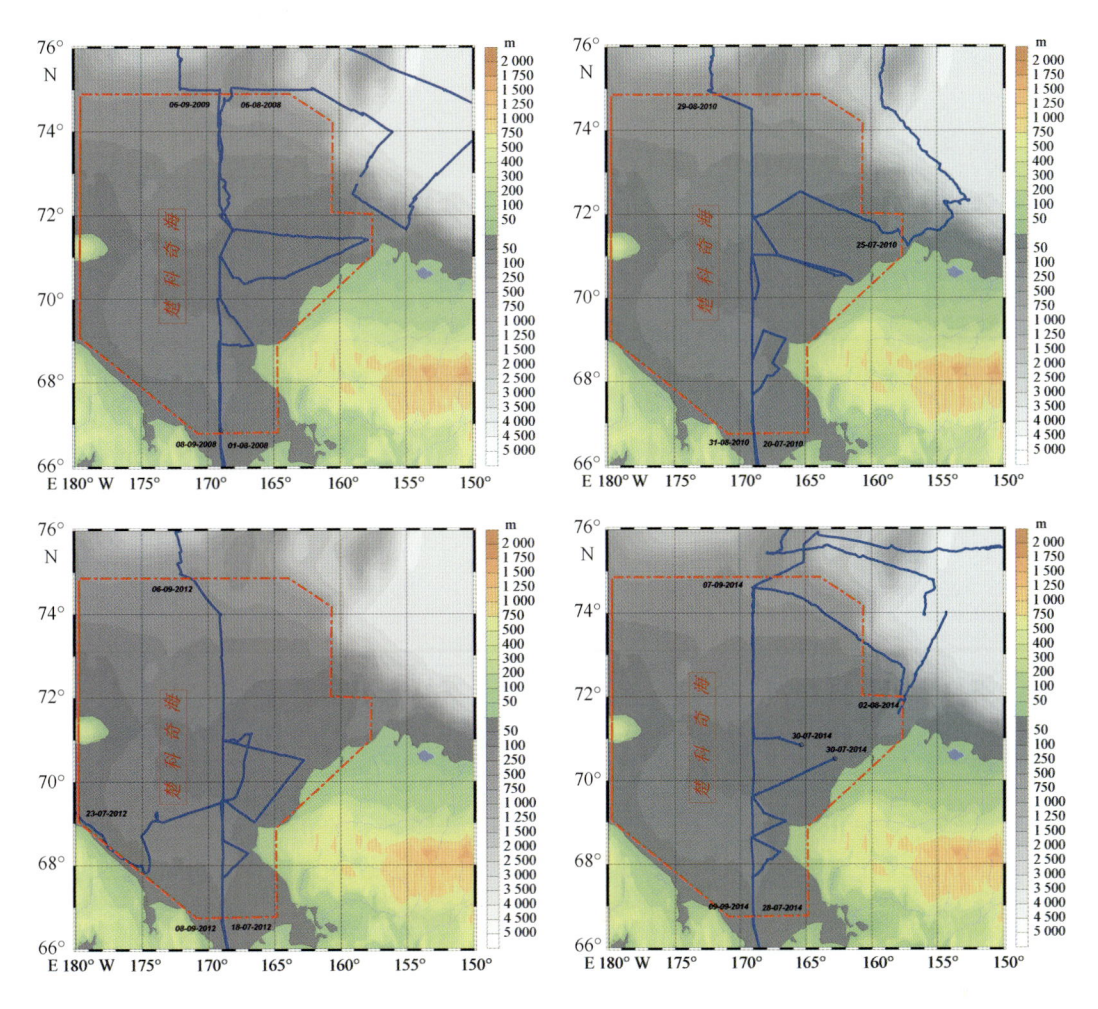

图5.53 中国第三（左上，2008）、第四（右上，2010）、第五（左下，2012）和第六（右下，2014）次北极科学考察在楚科奇海的航迹图

（2）空间分布。

楚科奇海表层海水温度存在明显的空间分布特征。自南向北，表层海水温度逐渐减小。169°W东侧表层海水温度在靠近沿岸处较大。从第五次北极考察数据中可以看出，在169°W西侧，沿岸表层海水的温度要小于中部海水的温度，两者差异达3℃。

楚科奇海表层海水盐度存在明显的空间分布特征。在169°W断面上，从南向北，表层海水盐度逐渐减小，同时也伴随着高低间断变化。

（3）时间变化。

在169°W断面上，回程观测的表层海水温度大于去程观测的温度；第四次北极考察观测的表层海水温度要大于其他航次观测的温度。

四次楚科奇海观测的盐度分布存在巨大差异，主要表现在169°W断面以及169°W东侧海域上。在第六次北极考察观测期间，楚科奇海169°W东侧海域存在大范围的高盐海水。在169°W断面上，68°N南北两侧海域存在大范围的低盐海水。

（4）小结。

楚科奇海表层海水温度存在明显的空间变化。从空间分布上看，该海域表层海水温度自南向北逐渐减小。在其东部靠近阿拉斯加沿岸海域温度要大于中部。在其西侧靠近西伯利亚

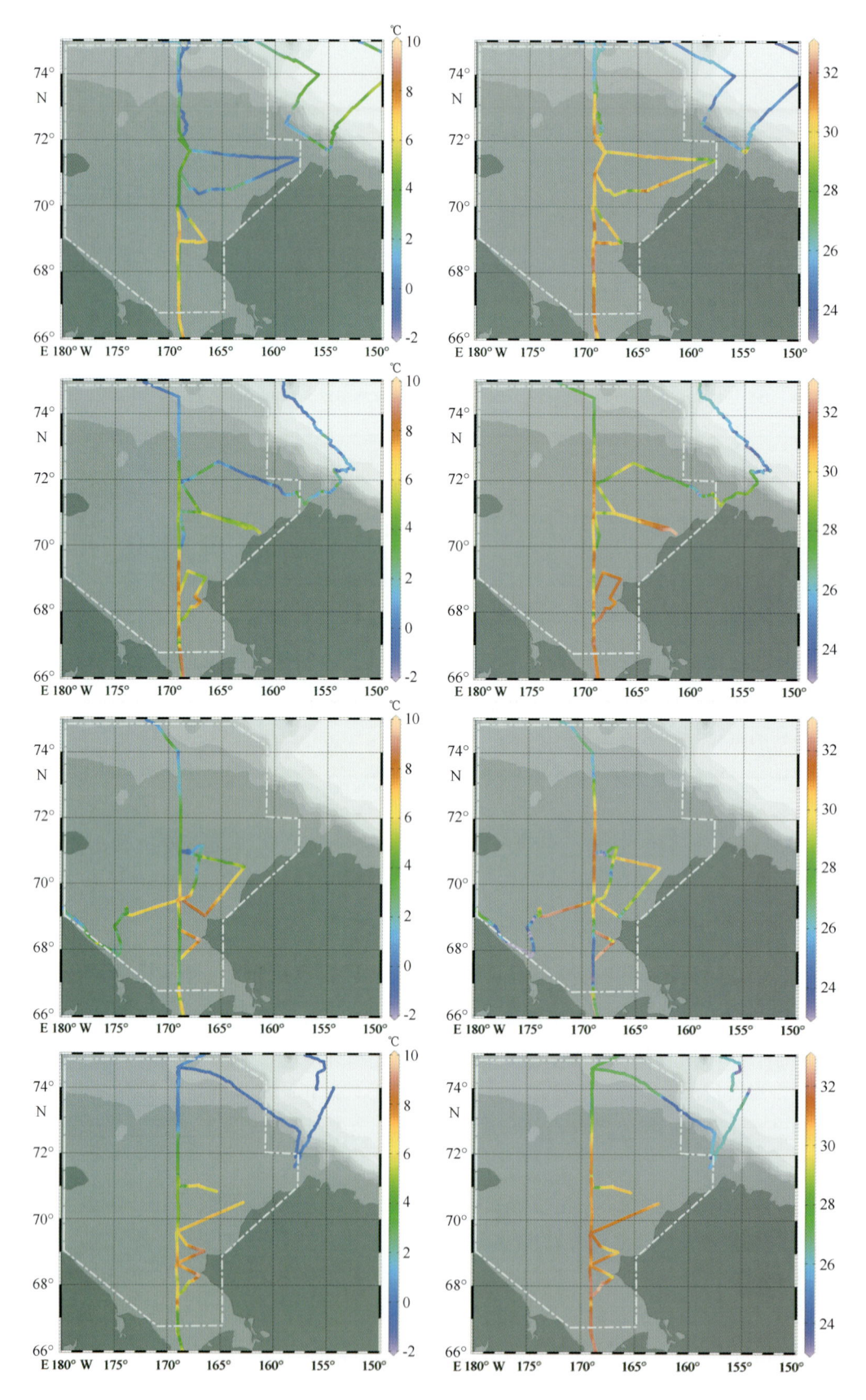

图 5.54　从上至下，依次为中国第三、第四、第五、第六次北极科学考察楚科奇海表层海水温度图（左）和盐度图（右）

沿岸海域小于中部海域。这样的空间分布特征与楚科奇海表层环流密切相关。

楚科奇海盐度的空间分布特征也与经白令海海峡进入楚科奇海的海流密切相关。

### (三) 水团/锋面分布与变化

#### 1. 数据介绍

水团数据与本章第二节断面分析所用数据相同。

#### 2. 空间分布

图 5.55 为本研究所收集的楚科奇海东部所有调查数据的温盐点聚图，各点所在深度用不同色标标识。在参考前人研究的基础上，依据现有数据，对楚科奇海东部海区水团进行了划分（ACW、PWW、SMW 和 CSW）并初步分析了各水团的基本特征。

阿拉斯加沿岸水（ACW，Alaska Coastal Water）主要分布在东部沿岸海域，是楚科奇海最暖的水团，具有高温低盐的特征。温盐特征为 $T>2℃$，$30<S<32$。ACW 来源于阿拉斯加沿岸，随阿拉斯加沿岸流穿过南部白令海海峡进入楚科奇海。

季节性冰融水（SMW，Season Melt Water）位于楚科奇海表层，是当地夏季融冰形成的相对低温低盐水团。温盐特征为 $T<2℃$，$S<31.5$。受太阳辐射的影响，温度变化较大，超出常规范围，最高可至 9℃。

楚科奇海夏季水（CSW，Chukchi Summer Water）位于楚科奇海中部，与 ACW 相比，相对低温高盐。温盐特征为 $T>-1℃$，$S>31.5$。CSW 主要来源于白令海中西部陆架，即白令海陆架水和阿纳德尔水混合演变而来。

太平洋冬季水（PWW，Pacific Winter Water）位于楚科奇海中部底层，是楚科奇海最冷的水团。温盐特征为 $T<-1℃$，$S>31.5$。PWW 源地为白令海北部，在进入楚科奇海后，受秋冬季节海气相互作用影响而形成。

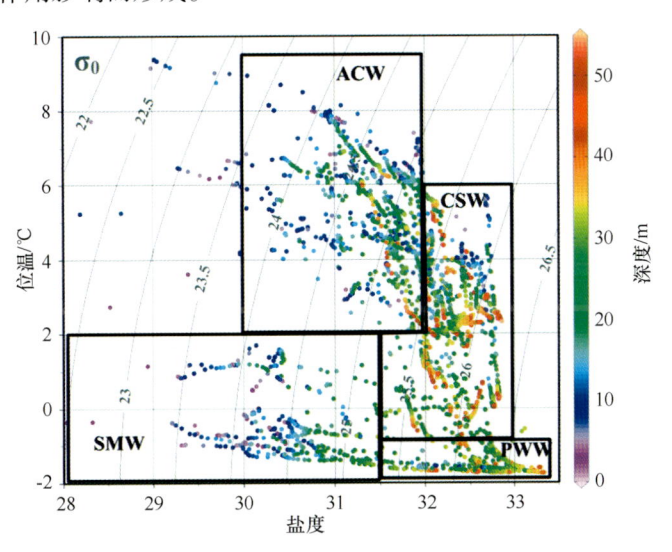

图 5.55 楚科奇海所有航次调查数据温盐点聚图

结合各航次断面分析结果，C1 断面自 2010 年开始观测，共有 3 个航次的调查数据。2010 年断面主要包含 ACW 和 CSW 两种水团，ACW 占据断面 168.5°W 以东约 25 m 以浅的海

域，最高温度为6.6℃，最低盐度为31。其余则被CSW占据，最低温度为0.8℃，位于断面中部底层，最高盐度为32.6，出现在断面西侧169°W附近。2012年断面上ACW仅分布在断面东侧167.3°W附近海域，最高温度为7.4℃，最低盐度为31.9。其余海域均被CSW占据，底层最低温度为0.06℃，最高盐度为32.84。ACW和CSW之间存在明显的温盐锋面。2014年断面上ACW占据167.5°—168°W 12 m以浅以及167°—167.5°W整个剖面。最高温度为8.1℃，最低盐度为30.8。CSW底层最高盐度为32.86，与ACW之间存在显著的温盐锋面。

2003年C2断面主要包含ACW和CSW两种水团，ACW主要占据166.5°—167.5°W整个垂向剖面和167.5°—169°W 25 m以浅的海域，最高温度为8℃，低盐度为30.8。CSW主要占据169°—167.5°W 25 m以深的海域，底层最低温度为3.11℃，最高盐度为32.55，位于断面最西侧。2008年断面主要包含SMW、ACW和CSW三种水团，SMW主要位于表层4 m以浅，表层最高温度为6.7℃，最低盐度为29.8；CSW主要位于167.5°—169°W 15m以深和167.5°W以西30 m以深，底层最低温度为1.71℃，最高盐度为32.48，出现在断面西侧；其余海域则为ACW。2010年断面主要包含SMW、ACW和CSW三种水团，SMW仅占据169°W 10 m以浅的海域，最高温度为6.3℃，最低盐度为29.5；ACW主要占据166.5°—169°W整个断面30 m以浅的海域；CSW主要占据断面30 m以深的海域，底层最低温度为-0.8℃，最高盐度为32.7，位于断面西侧。2012年断面主要包含SMW、ACW和CSW三种水团，SMW主要占据166.5°—167°W 8 m以浅海域，最高温度为8.2℃，最低盐度为27.0；ACW则占据167°—166.5°W 8 m以深整个垂向剖面和169°—167°W 10 m以浅的海域；CSW主要占据169°—167°W 10 m以深的海域，最高盐度为32.7，出现在断面西侧168.2°W附近底层。2014年断面主要包含ACW和CSW两种水团，其中CSW仅占据169°—168°W 40 m以深的范围，底层最低温度0.7℃，最高盐度为32.1，出现在断面西侧；断面大部分海域则被ACW占据，表层最高温度为8.2℃，最低盐度为30.3。

C3断面2003年主要包含ACW、CSW和PWW三种水团。其中ACW占据164.5°—169°W 30 m以浅以及163°—164.5°W整个剖面，最高温度和最低盐度均出现在断面东侧，分别为5.2℃和31.1；PWW出现在167.5°—169°W 32 m以深的海域，最高盐度为32.4，最低温度为-0.7℃，位于断面西侧168°W附近底层；CSW则占据164.5°—167.5°W 30 m以深的海域。2008年断面主要包含SMW、ACW、CSW和PWW四种水团。SMW主要位于断面164°—167°W 5 m以浅和167°—168°W 15 m以浅，最高温度为3.6℃，最低盐度为24.6；164°—167°W 5～15 m海域被ACW占据；PWW主要位于断面西侧168°W附近15 m以深，最低温度为2.5℃，最高盐度为32.9；其余164°—167.5°W 15 m以深的海域则为CSW。2010年断面主要包含SMW、ACW、CSW和PWW四种水团。SMW主要位于断面167°W 10 m以浅的表层，最低盐度为30.0；ACW主要占据跃层以上除SMW以外的海域，最高温度为5.3℃；PWW主要位于断面西侧169°W附近10 m以深，最低温度为-1.7℃，最高盐度为32.9；其余163°—168.5°W 15 m以深的海域则为CSW。2012年断面主要包含ACW、CSW和PWW三种水团。ACW主要占据跃层以上的海域，最高温度为5.1℃，最低盐度为30.3；PWW主要位于断面西侧169°W附近整个剖面以及163°—168°W 30 m以深的海域，最低温度为-1.7℃，最高盐度为33.3，位于断面最西侧；ACW与PWW之间则为CSW。2014年断面主要包含SMW、ACW和CSW三种水团。SMW主要位于断面167°W附近7 m以浅的表层，最高温度为6.0℃，最低盐度为29.9；ACW主要占据温跃层以上除SMW以外的海域；跃层以下为 CSW，最低温度为 -0.7℃，位于 164.7°W 的底层，最高盐度为 32.3，位于断面西侧底层。

C4 断面只包含两个航次的调查。2003 年断面主要包含 SMW 和 PWW，其中 SMW 主要占据断面 158°—168°W 25 m 以浅的上层，最高温度为 1.2℃，最低盐度为 29.2。虽然同为冰融水，但断面西侧 SMW 温度明显高于东侧，推测是受南来暖水的影响。PWW 位于 25 m 以深，最低温度可至 -1.7℃，盐度最高至 32.8，位于断面 162°W 的底层。2008 年断面主要包含 SMW 和 PWW 两种水团，其中 SMW 主要占据断面 158°—168°W 跃层上的海域，最高温度为 1.2℃，出现在断面 168°W 10 m 深度上，最低盐度为 24.6。PWW 位于跃层以下，最低温度为 -1.73℃，位于断面东侧，最高盐度为 33.24，出现在断面中部 164°W 底层。

### 3. 时间变化

本部分按自南向北方向分析楚科奇海东部温盐分布的时间变化特征。首先是最南端的 C1 断面，主要包含 ACW 和 CSW 两种水团，其中 CSW 体积最大。2010 年在断面中东部两种水团呈上下分布，CSW 盐度较其他年份偏低；2012 年和 2014 年两种水团呈东西分布，在 167.5°W 附近形成显著的温盐锋面。ACW 观测到的最高温度为 8.09℃，最低盐度为 30.78，出现在 2014 年；2012 年和 2014 年为 168°—168.5°W，CSW 存在一个高盐区域，盐度均高于 32.7，2014 年最高至 32.86，观测到的最低温度为 0.06℃。由此可以看出，太平洋水北上至楚科奇海东部 68°N 附近，ACW 主要沿 167.5°W 以东近岸海域向北运动，CSW 主要通道在 168°W 附近。

向北至 69°N 附近的 C2 断面，主要包含 SMW、ACW 和 CSW 三种水团。SMW 开始出现，但范围较小，仅出现在 2008 年、2010 年和 2012 年的表层，2008 年范围最大，占据整个断面 5 m 以浅。ACW 范围增大而 CSW 范围减小，ACW 逐渐扩展至整个断面，在断面中西侧 ACW 和 CSW 呈上下分布趋势，ACW 位于断面上层，CSW 位于断面下层，而在断面东侧，ACW 依然占据整个垂向剖面。2014 年 ACW 范围最大，CSW 仅出现在 169°—168°W 40 m 以深的范围。2008 年和 2012 年断面上 CSW 比 ACW 范围大，而 2003 年、2010 年和 2012 年则是 ACW 大于 CSW。CSW 最低温度为 -0.80℃，最高盐度为 32.74。由此可以看出，太平洋水沿楚科奇海东部向北运动的过程中，表层受融冰的影响，盐度进一步降低，ACW 与 CSW 相互作用，CSW 盐度逐渐降低，ACW 范围增大。

位于 70.5°N 中央水道附近的 C3 断面也有两种断面设置，分别为 2003 年和 2008 的纬向分布以及 2010 年、2012 年和 2014 年的西北—东南向分布。断面主要包含 SMW、ACW、CSW 和 PWW 四种水团，SMW 分布在 2008 年、2010 年和 2014 年的表层，最高温度为 6.0℃，最低盐度为 24.6；ACW 在 2003 年范围最大，占据整个断面约 2/3 的区域，其余年份主要占据 15 m 以浅除 SMW 以外的海域；PWW 2012 年范围最大，占据整个断面 30 m 以深，2008 年和 2010 年位于断面最西侧 10 m 以深，2012 年盐度最高达 33.33；CSW 在 ACW 与 PWW 之间，范围年际变化显著，2012 年范围最小，2014 年范围最大。由于 C3 断面横跨中央水道，可以看出北上的相对暖的 CSW 与 PWW 混合，使得水道附近（168°W）水体与西侧浅滩水体相比，相对高温低盐，2010 年和 2012 年尤其明显。

位于汉娜浅滩南部 71.5°N 附近的 C4 断面，主要包含 SMW 和 PWW 两种水团，与其他南部断面相比，SMW 水团范围最大，占据整个断面 25 m 以浅的上层，最低盐度为 24.6；PWW

占据断面 25 m 以深的海域，最高盐度达到 33.24。受南来暖水 CSW 的影响，断面西侧 SMW 温度明显高于东侧，说明 71.5°N 附近，CSW 从 166°—169°W 范围内北上。2003 年断面东侧 20 m 以浅水温与中部相比也较暖，推测这是受沿岸 ACW 的影响。163°—166°W 盐跃层以下的高盐 PWW，盐度均超过 33，这部分高盐水体正是汉娜浅滩西侧的南下冷水。

4. 小结

楚科奇海水团主要包含阿拉斯加沿岸水（ACW，Alaska Coastal Water）、太平洋冬季水（PWW，Pacific Winter Water）、季节性冰融水（SMW，Season Melt Water）和楚科奇海夏季水（CSW，Chukchi Summer Water）四种水体。

太平洋水进入楚科奇海后，主要分为 ACW 和 CSW 两种水团。在海区东部，高温低盐的 ACW 仍沿东侧近岸海域向北运动，低温高盐的 CSW 主要沿 168°W 向北运动。在刚进入楚科奇海 68°N 附近，两种水团呈东西分布，水团之间存在显著的温盐锋面。在向北运动的过程中，至 69°N 附近，表层受融冰等因素的影响，盐度降低，低温低盐的 SMW 开始出现。水团之间不断混合，CSW 盐度降低，ACW 范围增大。断面层化现象更加显著。至 70.5°N 附近，冬季残留的低温高盐水体——PWW 仍然存在，北上暖水 CSW 与之混合，使得中央水道附近（168°W）水体与断面其他水体相比高温低盐。再向北至汉娜浅滩南部 71.5°N 附近海域，盐度层化最显著，上层 SMW 受南来暖水 CSW 的影响，温度西高东低。下层低于 −1℃ 的 PWW 约占据断面 2/3。

楚科奇海东部夏季水文特征年际变化显著。在水团方面，ACW 和 CSW 受太平洋入流水水文特征的直接影响，SMW 主要受表层融冰、风场等当地因素的影响，PWW 则与前一年冬季气象条件、夏季 ACW、CSW 北向运动和冰消退情况有关。其中，以 SMW 和 PWW 变化最显著。在区域冷暖变化方面，2003 年和 2014 年各断面温度与其他年份同纬度断面相比，温度整体偏高。2008 年、2010 年和 2012 年温度则相对较低。

在楚科奇海东部主要存在两支流动，一支携带 ACW 沿阿拉斯加沿岸向东北流动，经巴罗海谷进入加拿大海盆；一支携带 CSW 沿 168°W 附近的中央水道向北，在汉娜浅滩分支，自浅滩两侧南下，带来低温高盐的 PWW。

（四）海流分布与变化

1. 表层海流分布与变化

（1）数据介绍。

现场考察数据：2014 年夏季中国第六次北极考察中，在楚科奇海域布放了 7 个表层漂流浮标。7 个表层浮标阻力帆设计在 15 m 深度，数据接收间隔为 1 h，GPS 定位误差小于 15 m。

国际公开数据：2008—2014 年全球漂流浮标计划中关于楚科奇海域中的表层漂流浮标。表层漂流浮标阻力帆设计在 15 m，数据时间间隔为 6 h。

（2）空间分布。

图 5.56 为 2014 年夏季第六次北极考察现场布放的表层漂流浮标轨迹图，反映了表层漂流浮标随海流运动的空间分布特征，其中 R05、C06 反映了在 71°N，167°W 的反气旋环流特征，S02 表明在 Hanna 浅滩东侧，流向西南流动，然后转向东边，进入 Barrow Canyon，最大流速可达 80 cm/s，随后流向东北方向。图 5.58 是利用国际公开表层漂流浮标数据得到的表

层漂流浮标流速分布图。北太平洋水通过白令海峡流入楚科奇海，沿着东北方向到达 Hope Point 的西侧海域。随后，流开始分开成三个主要方向，一支朝北流动，穿过位于赫勒尔德浅滩和汉娜浅滩中间的中央水道；一支朝西北流动，穿过希望峡谷（Hope Valley），最后进入赫勒尔德峡谷（Herald Canyon）；一支流动朝西流动穿过希望峡谷，到达德朗海峡（Long Strait）。此外，在俄罗斯沿岸，还有一支朝东南的东西伯利亚沿岸流。然而，或许由于漂流浮标空间覆盖不够，在阿拉斯加沿岸流，此图中却没有很好地反映出。

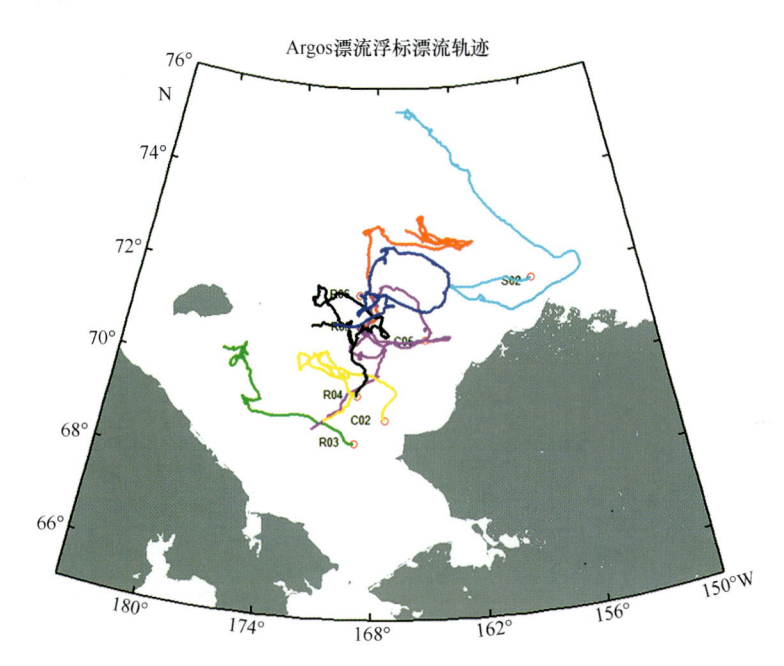

图 5.56　2014 年夏季—秋季表层漂流浮标轨迹分布

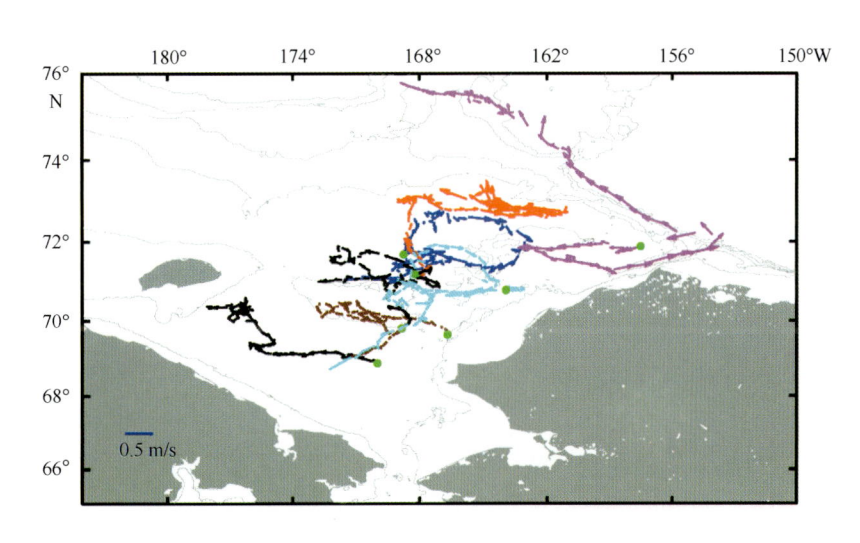

图 5.57　2014 年夏季—秋季表层漂流浮标流速分布图

（3）时间变化。

夏秋季，太平洋水沿着地形从白令海峡流入，在 Hope Point 西侧分为三支流动，一支向北流动穿过 Herald 浅滩和 Hannah 浅滩，一支流动向西北流动到达 Herald 浅滩西侧，一支流

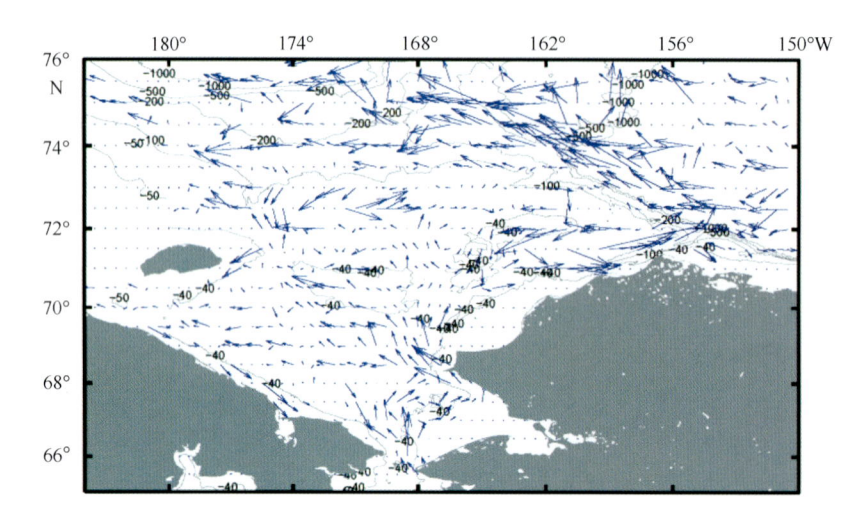

图 5.58　2008—2014 年楚科奇海表层流速分布图

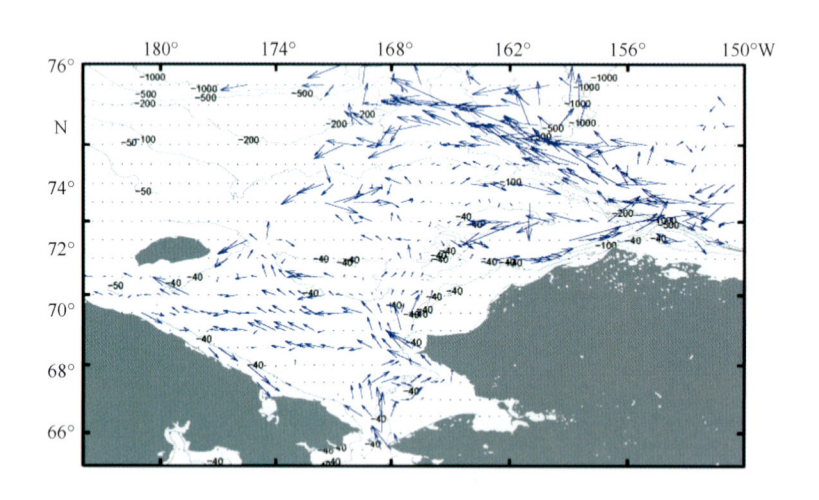

图 5.59　2008—2014 年夏季—秋季楚科奇海表层流速分布图

动跨过 Hope valley 穿过 Long Strait。此外，在俄罗斯沿岸，存在一支东南向的流动。

（4）小结。

本节利用 2008—2014 年表层漂流浮标观测楚科奇海表层环流特征，太平洋水进入楚科奇海分支成三支流动，一支朝北流动穿过 Herlad 浅滩和 Hannah 浅滩，一支流向西北流动到达 Herlad 浅滩西侧，一支流动跨过 Hope valley 穿过 Long Strait。此外，在俄罗斯沿岸，存在一支东南向的流动。由于楚科奇海季节性海冰的存在，所以利用表层漂流浮标观测环流时，夏秋季的表层环流特征能够很好地表示整体的表层环流。然而，由于漂流浮标空间分辨率的有限，在阿拉斯加沿岸，一支沿岸的流动却没有很好的呈现。

2. 断面海流分布与变化

（1）数据介绍。

楚科奇海是北冰洋太平洋扇区最重要的边缘海，该海域陆架分布广阔，北部有楚科奇海台探入到加拿大海盆。用于分析该处海流特征的数据来源于中国历次北极科学考察，主要的调查断面如图 5.1 所示，其中 R 断面是中国历次北极科学考察的必选断面，重点关注太平洋入流水的分布情况以及北部陆坡区大西洋中层水的运移路径。

（2）空间分布。

1）楚科奇海 R 断面。

通过白令海峡进入楚科奇海的海水主要有两个来源，一是来自富营养的阿纳德尔水团，二是来自阿拉斯加的沿岸暖水。白令海海水进入楚科奇海之后，来自阿拉斯加沿岸的暖水沿着阿拉斯加北部岸线流动，形成阿拉斯加沿岸流。来自阿纳德尔湾的海水受到地形影响形成三支海流，分别沿着楚科奇海的三个浅滩周围运动到达楚科奇海台。另外，在白令海峡北部的西伯利亚沿岸有一支从西伯利亚沿岸流自西向东运动，与进入楚科奇海的海水混合，形成复杂的水团和流速结构。

从图 5.60 至图 5.63 中的流向图可以看出，中国第三次至第六次北极科学考察期间，R 断面上的流速方向整体上体现为北向特征，但在不同的位置处，海流可能向西北方向，也可能向东北方向，主要原因是阿纳德尔水团形成的三支海流受地形的影响，导致具体方向不一致。同时，距离白令海峡越近，流速的方向特征越复杂，原因是一方面来自白令海的水团整体上向北运动，而西侧的西伯利亚沿岸流向东南方向运动，与进入的白令海水混合，加上近岸潮汐的作用，导致此处流速较为复杂。当海水经过楚科奇陆架进入陆坡时，海水向东南方向流动，与西侧来自大西洋的陆坡流混合，沿着陆坡向东南方向运动进入波弗特海。由于楚科奇海大陆架很浅，导致流速在垂直方向上分布基本一致。

从图 5.60 的流速大小分布上可以看出，楚科奇海陆架区海水的流速量级在 0.1 m/s 左右，白令海峡入口和浅滩处流速稍大，可以达到 0.25 m/s。从年际变化上来看，2008 年至 2012 年间，流速的量级变化很小，但 2014 年中国第六次北极科学考察期间观测到的流速值

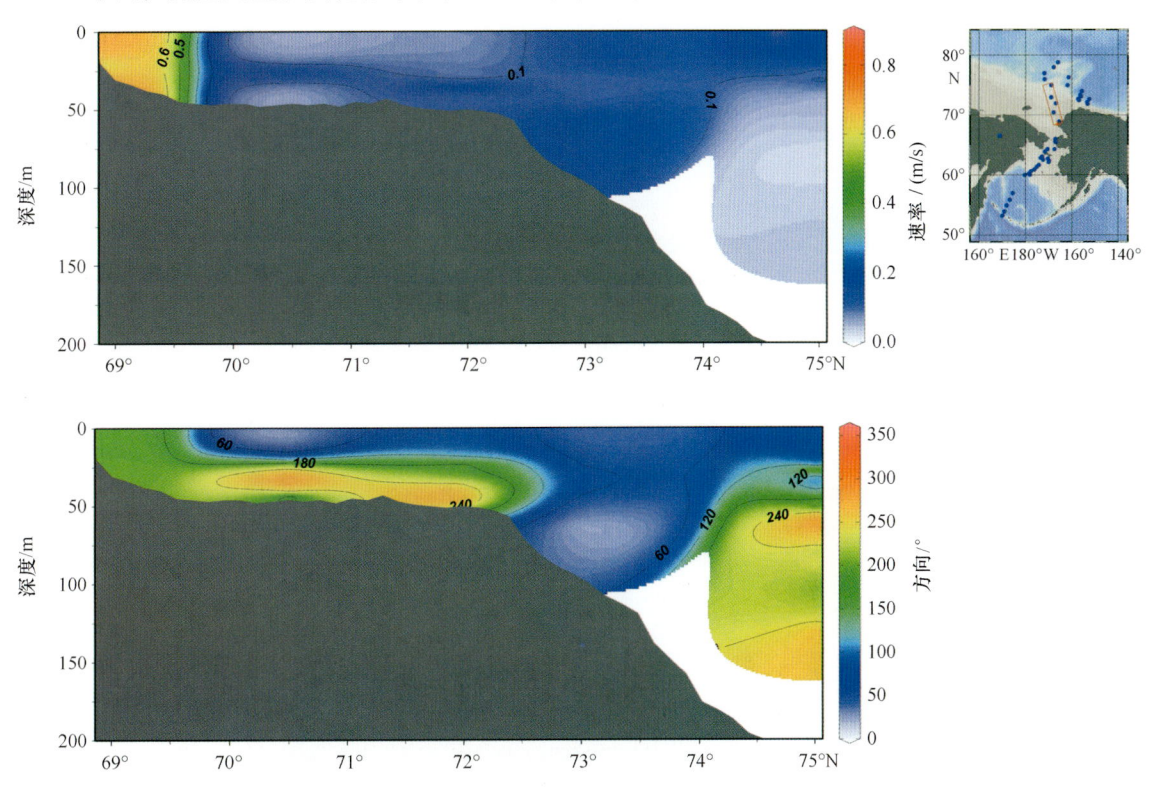

图 5.60 2008 年夏季楚科奇海 R 断面流速分布

整体偏大，可以达到 0.5 m/s，具体原因有待于进一步研究。

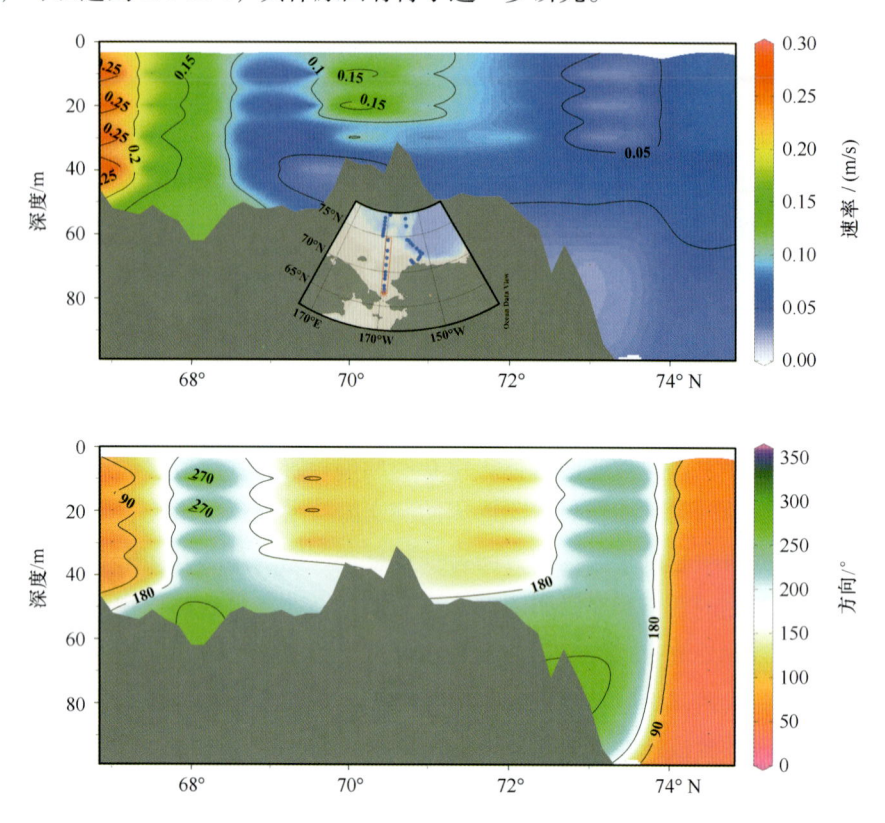

图 5.61　2010 年夏季楚科奇海 R 断面流速分布

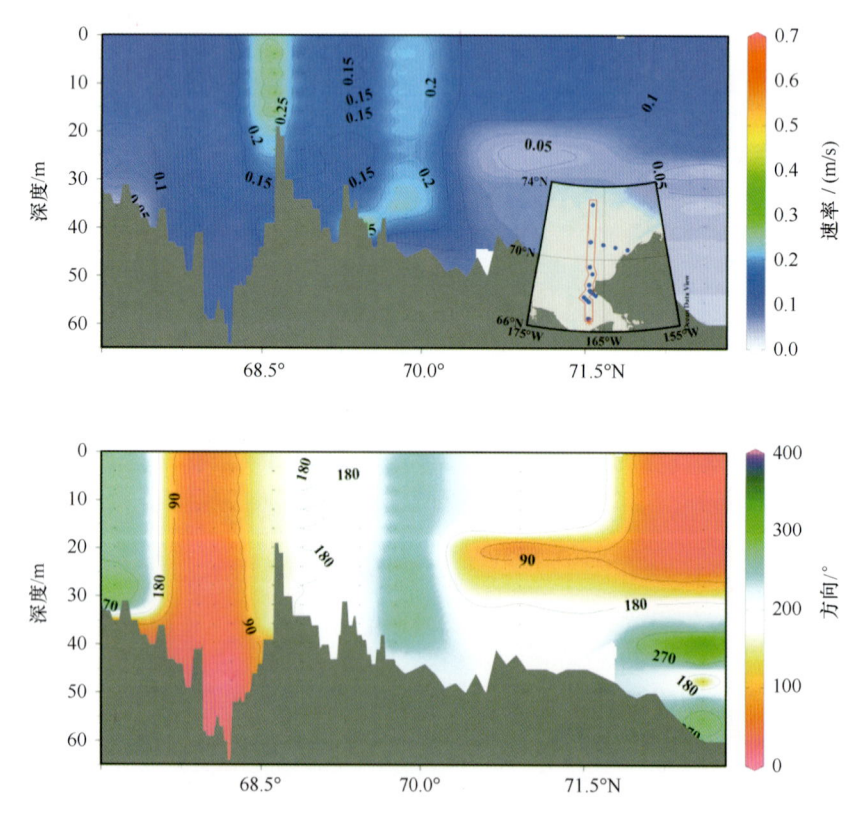

图 5.62　2012 年夏季楚科奇海 R 断面流速分布

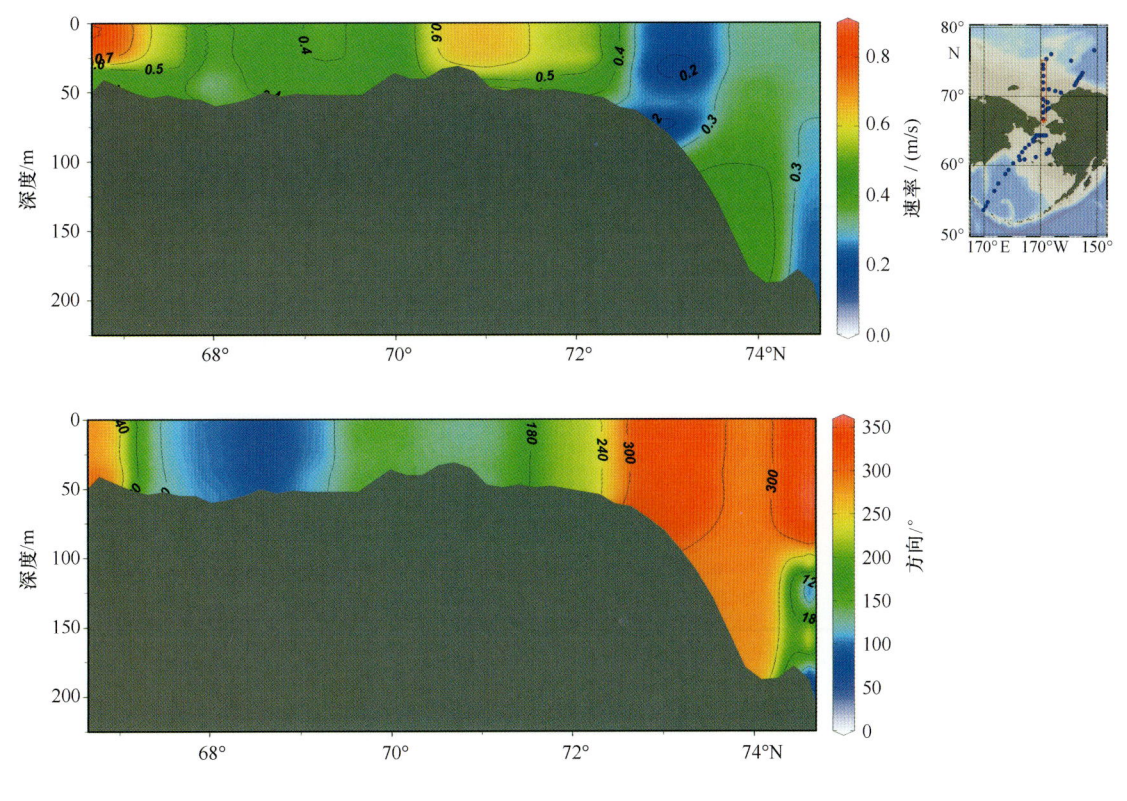

图 5.63　2014 年夏季楚科奇海 R 断面流速分布

2）波弗特海陆坡断面。

中国第六次北极科学考察期间，对阿拉斯加北部波弗特海陆坡区进行了水文观测。如图 5.64 所示，该海域表层流速主要体现为两个流系，其一是靠近岸界的阿拉斯加沿岸流，其二是波弗特高压引起的风生北部陆坡流，二者流速的量级在 0.1 m/s 左右。在垂直断面上，可以清晰地看到陆坡区和深海盆位置处流速方向相反，在海盆区是向东南方向的北冰洋边界流，而陆坡区中层位置的西南方向海流有待进一步验证。

（五）定点海洋长期变化

1. 2012 年楚科奇海定点海洋长期变化（He et. al., 2015）

（1）数据介绍。

第五次北极科学考察航次于 2012 年 7 月 21 日，在楚科奇海 69°30.155′N，169°00.654′W 站点布放 50 m 锚碇潜标一套，站位图见图 5.65。该套潜标主要搭载仪器包括 300 KHz ADCP 1 台，ALEC CT 2 台及 ALEC TD 1 台，RBR XR-620 CTD 2 台和单点海流计 1 台等，用于获取该站点温度、盐度、海流等水文要素的长期全深度剖面资料。2012 年 9 月 8 日考察队对潜标进行了成功回收，共获取约 50 天的温度、盐度、海流数据。仪器信息表如表 5.21 所示。

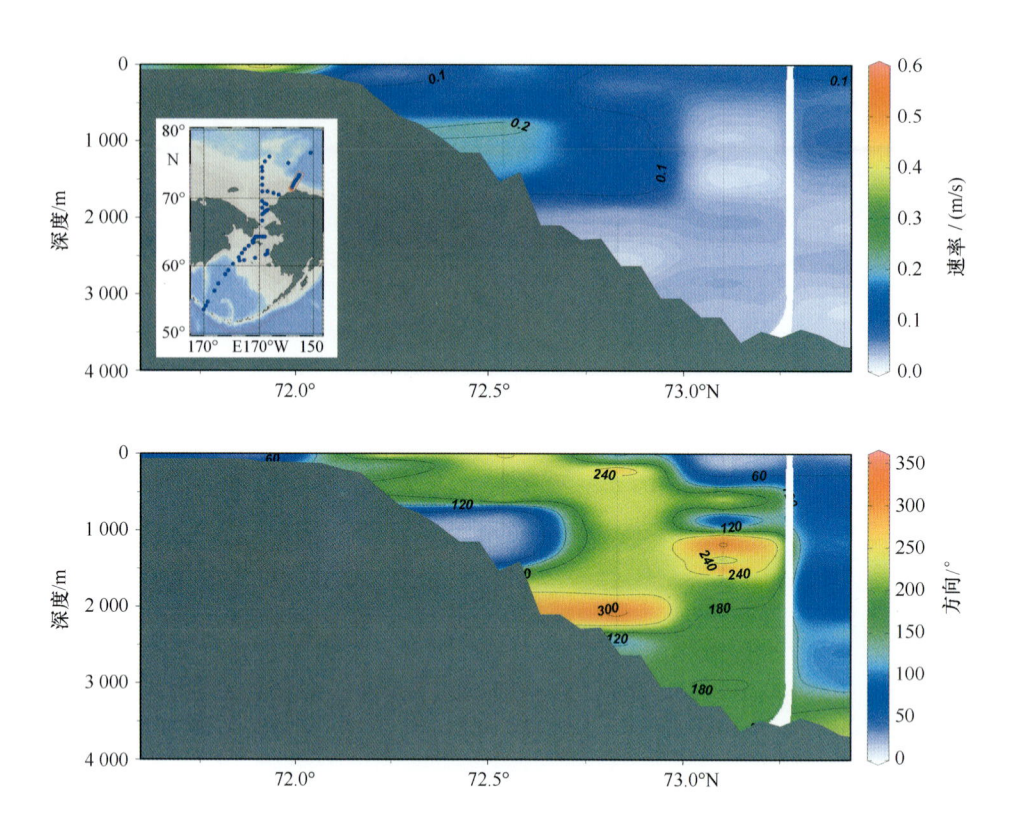

图 5.64　2014 年夏季波弗特海陆坡断面流速分布

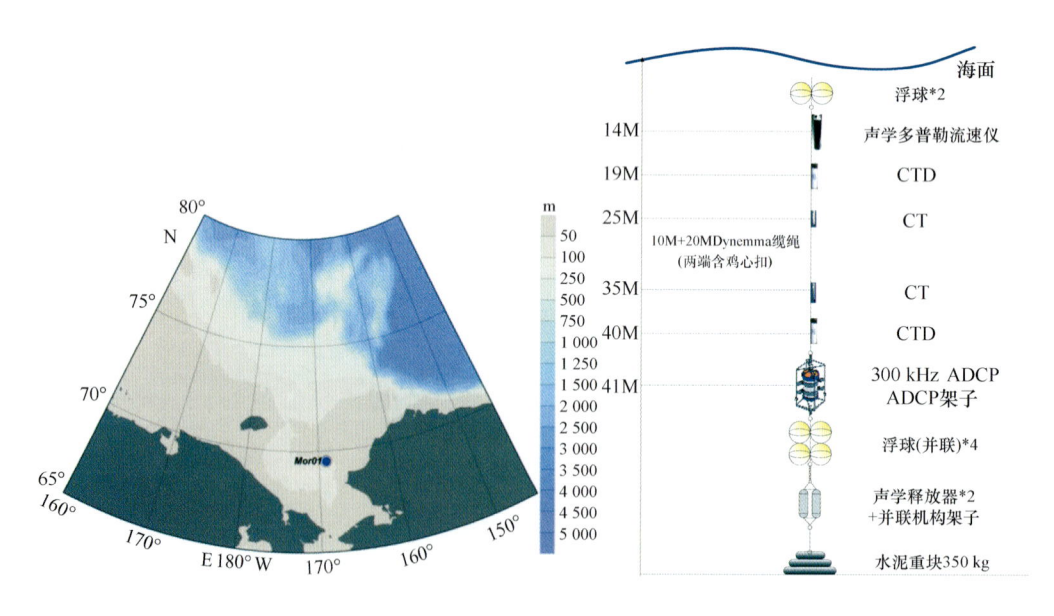

图 5.65　第五次北极科学考察潜标布放站位（左）和潜标结构（右）图

表 5.21　仪器信息表

| 仪器名称 | 所在深度/m | 开始时间 | 结束时间 | 观测物理量 | 工作间隔 |
| --- | --- | --- | --- | --- | --- |
| 单点海流计 | 14 | 2012－07－21 | 2012－09－08 | 流速、流向 | 10 min |
| RBR－CTD | 18 | 2012－07－21 | 2012－09－08 | 温、盐、深 | 1 min |

续表

| 仪器名称 | 所在深度/m | 开始时间 | 结束时间 | 观测物理量 | 工作间隔 |
|---|---|---|---|---|---|
| ALEC - TD | 19 | 2012 - 07 - 21 | 2012 - 09 - 08 | 温度、深度 | 1 min |
| ALEC - CT | 25 | 2012 - 07 - 21 | 2012 - 09 - 08 | 温度、盐度 | 30 s |
| ALEC - CT | 35 | 2012 - 07 - 21 | 2012 - 09 - 08 | 温度、盐度 | 30 s |
| RBR - CTD | 40 | 2012 - 07 - 21 | 2012 - 09 - 08 | 温度、盐度、深度 | 15 s |
| 300K ADCP | 41 | 2008 - 08 - 05 | 2008 - 09 - 07 | 流速、流向 | 20 min |

潜标从7月21日15：00入水到9月8日6：00回收总共得到了49余天的ADCP、声学多普勒流速仪、CTD、TD和CT数据，数据正常并且各仪器内存以及电池使用情况良好。

(2) 海洋要素长期变化。

1) 潮流分布。

潜标数据所反映的潮流特征为：6个主要分潮（M2，S2，N2，MSF，MM，O1）中，半日潮M2分潮的东分量和北分量2个流速分量振幅最大。在近底层，浅水分潮MSF的2个流速分量振幅在有效观测范围内皆小于1 cm/s。从潮流椭圆图可以看到，M2分潮潮流椭率变化最为平稳；O1、N2和S2的主轴大小及椭率垂线变化比M2较为显著，N2的长轴随深度变化与O1和S2相反，前者长轴随深度变深而变小，后者则相反；浅水分潮MM分潮和MSF分潮的椭率都很小。

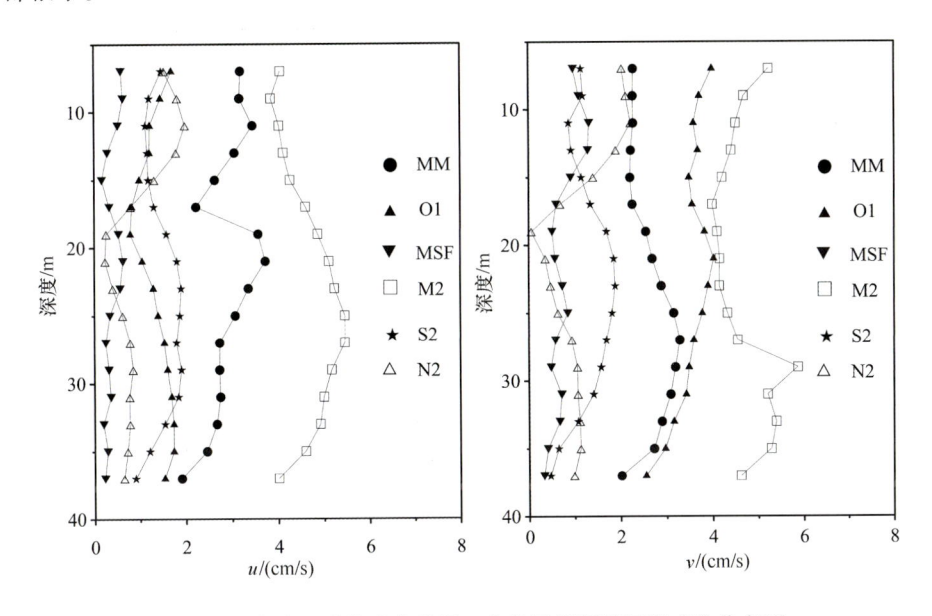

图5.66 各主要分潮流东分量、北分量振幅随深度变化分布图

2) 余流分布。

余流场特征为：在整个观测期间的海流剖面中，北向流占绝对优势；随着深度加深，平均余流大小变小，流向更加向北。按流速特征将海流分为三个特征时期，结合海面风场可以得出楚科奇海的上层海洋与海表面风场关系密切，太平洋入流随风场的变化而改变。观测期间潜标附近海水平均北向通量约为1.99 $m^3/s$。

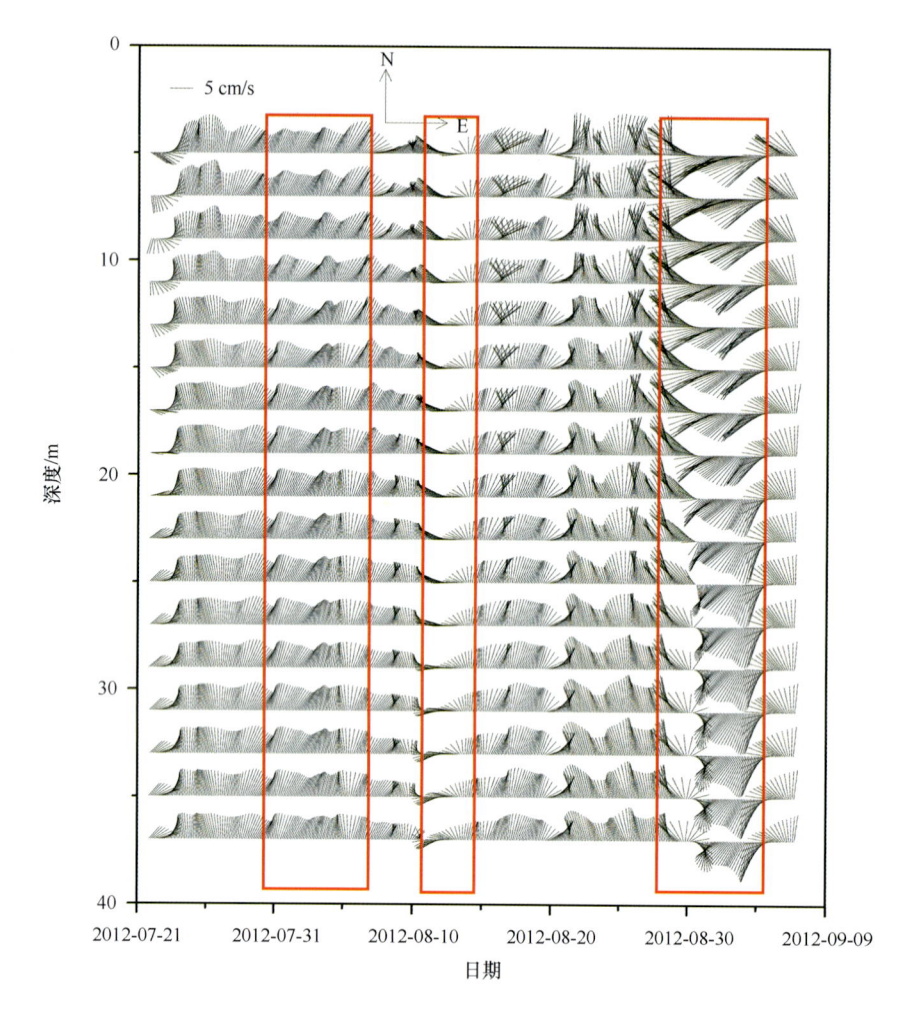

图 5.67　观测剖面的余流时间序列图

2 h 间隔，三个特征时期分别用红框标出

3）温度分布。

总体上，随着深度增加，海水温度降低。7 月下旬至 7 月底，整个水柱温度相差不大。8 月的上旬，上层海洋迅速升温，下层温度基本不变；之后的一周，下层海洋略有升温；到了 8 月 18 日上层海洋温度骤然从 6℃降低到 1℃，整个水柱温度保持在 1~2℃的低温状态；8 月下旬，海洋整体升温，上层在增温过程中伴有温度回降的现象；9 月上旬，上层海洋持续增温趋势，下层则温度降低。

中层（25 m 层）海洋在 8 月 12 日之后的变化特征与上层更相似，这说明垂向混合加强，上混合层增厚。

4）盐度分布。

7 月下旬至 8 月 12 日，各层海水盐度非常接近，且变化不大；8 月 12 日至 25 日，上层和中层海水盐度出现明显变化；之后，盐度发生了显著的波动变化，上、中层和下层盐度变化规律相反，上、中层盐度最低可达到 29。

5）基本机制探讨。

降水和盐度的关系：降水与盐度变化有着较好的对应关系。在几次较大的降水事件中，上、中层海水盐度都发生了明显的变化。8 月 16 日的大雨造成了上层（18 m）盐度降至

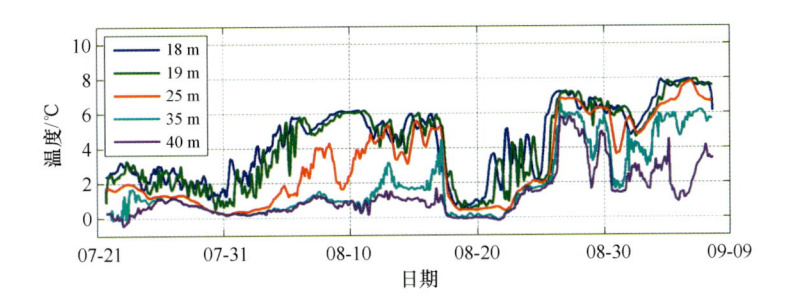

图 5.68　潜标数据测得的温度时间序列图

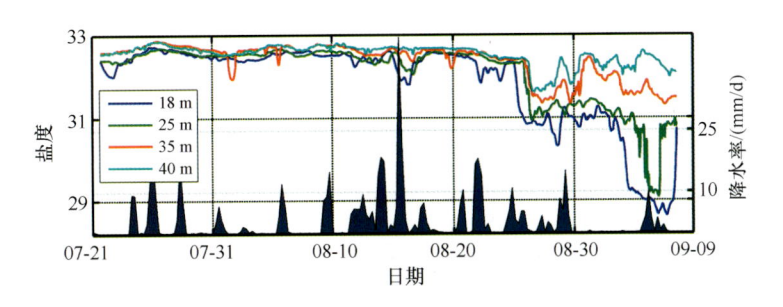

图 5.69　潜标数据测得的盐度时间序列和同时间短降雨分布特征图

31.8，约下降了 1 个盐度单位。8 月 21 日至 25 日也发生了类似的事件。但是，9 月上旬发生的降水时间虽然与盐度降低的时间相符，降水强度却远达不到可以造成盐度如此剧烈降低的程度。因此，盐度的降低是一个复杂的动力学过程，盐度的变化不仅仅由降水决定。

海表面风场和流场的关系：海流方向与海表面风场的方向有很好的一致性。当局地风场是南风时海流向北流动，而风向南吹时海流也随之转向。2012 年北冰洋夏季气旋活动频繁，海流可能更多地受整个海域上气旋系统的影响，而不是局地风场。这需要在以后的进行更深入系统的研究。

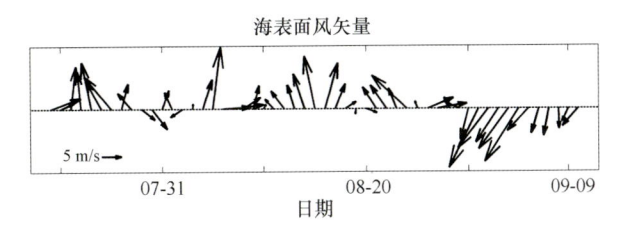

图 5.70　海表面风矢量图

（3）小结。

通过潜标数据分析得出，楚科奇海潮流特征为：6 个主要分潮（M2，S2，N2，MSF，MM，O1）中，半日潮 M2 分潮的东分量和北分量 2 个流速分量振幅最大。M2 分潮潮流椭率变化最为平稳。余流场特征为：在整个观测期间的海流剖面中，北向流占绝对优势；随着深度加深，平均余流大小变小，流向更加向北。总体上，随着深度增加，海水温度降低。8 月 12 日之后垂向混合加强，上混合层增厚。降水与盐度变化有着较好的对应关系。海流方向与海表面风场的方向有很好的一致性。

## 2. 2008—2009年楚科奇海定点海洋长期变化

（1）数据介绍。

第三次北极科学考察队于2008年8月12日在楚科奇海（74°24′N，158°14′W）附近布放深水潜标一套，布放位置如图5.71所示。该套潜标于2010年第四次北极科学考察期间被成功回收，获取了从2008年8月9日起到2009年12月31日近17个月的海水温度、盐度、深度、流速、流向等水动力环境要素数据。

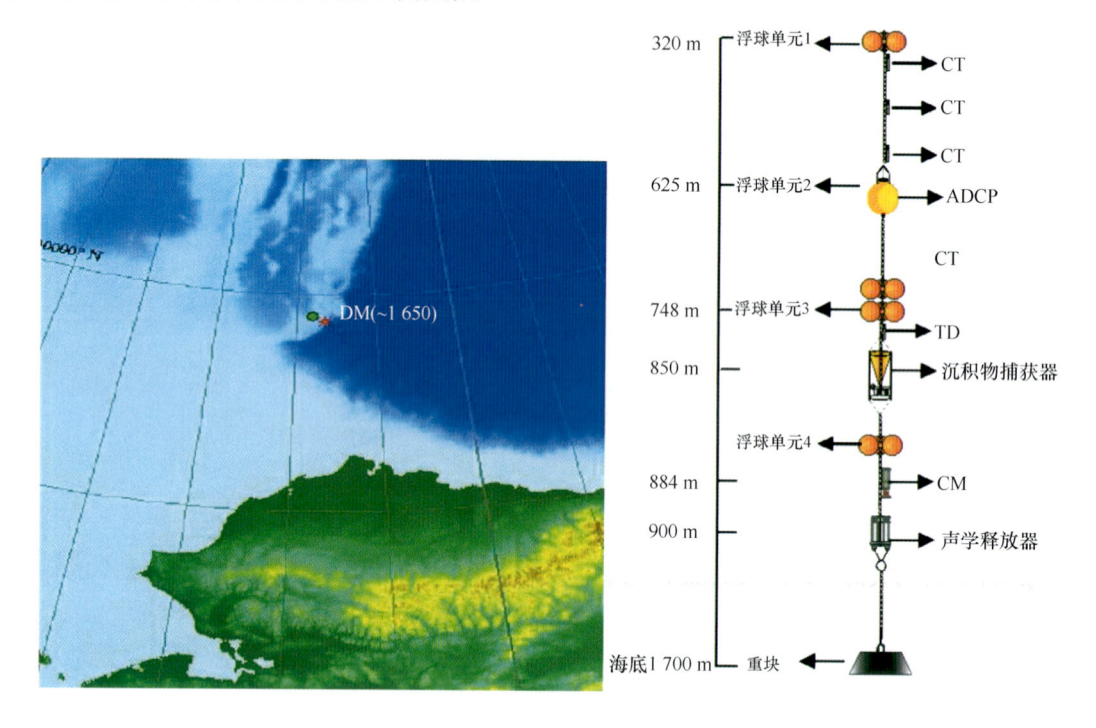

图5.71 深水潜标布放站位（左）和潜标结构（右）图

（2）海洋要素长期变化。

从已获得数据来看（见图5.72），在近17个月的记录中，锚碇观测点处中层存在5次显著的温度和盐度同步的升降过程，每次持续时间在30～45 d。变化最大层面出现在300 m附近，温度变化幅度为1～1.5℃，盐度变化幅度为0.4～0.6。发生显著温度、盐度变化的时间间隔为3个月左右。400 m深附近也出现类似变化，无论在持续时间上、还是在时间间隔与300 m深附近均保持一致，但变化幅度显著减小，其中温度变化幅度只有0.2～0.3℃，盐度变幅仅为0.1左右。这一显著变化过程仅出现在这2个观测层面，而在其上的200 m和其下的700 m处均未出现。

在最上层200 m深附近，温度除了在夏季温度变化幅度较大外，季节平均差异较小，在2009年8月出现显著的降温过程，降温幅度在0.2℃左右。2008年和2009年夏末均出现显著的盐度减小过程，2009年夏季最大降幅高达0.5。而在1—2月的初春时节盐度显著增加，最大增幅在0.4左右。盐度的季节变化比温度显著，在观测时间内存在显著的减小趋势。在最下方的700 m深附近，在中层出现显著的温盐变化时，几乎也同步地出现相应变化。但与中层不同的是，前两次和最后一次显著变化过程中其变化是反向的，而其他变化过程是同向的。

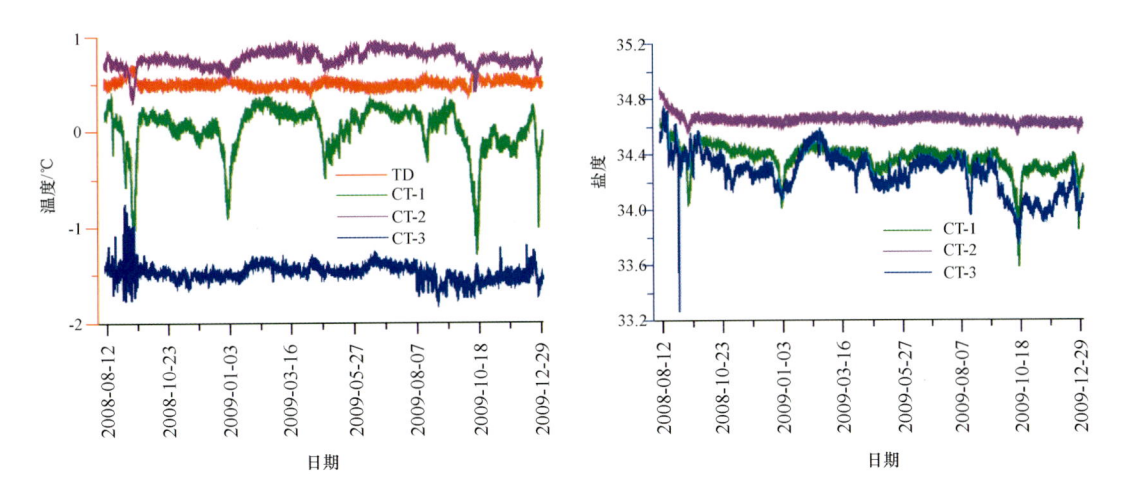

图5.72 ALEC CT/TD 观测资料时间序列图

## 五、加拿大海盆海域物理海洋环境

### （一）加拿大海盆介绍

#### 1. 地理位置和地形

北冰洋具有两大海盆，广义的加拿大海盆（Canadian basin）和欧亚海盆（Eurasian basin），被罗蒙诺索夫海脊分开（图5.73）。而广义的加拿大海盆又被阿尔法海脊和门捷列夫海脊分成了马卡罗夫海盆（Makarov basin）和狭义的加拿大海盆（Canada basin）。海盆大面积的水深超过3 000 m，是整个北冰洋深水体积最大和深层水年龄最大的区域。洋底呈波状起伏。

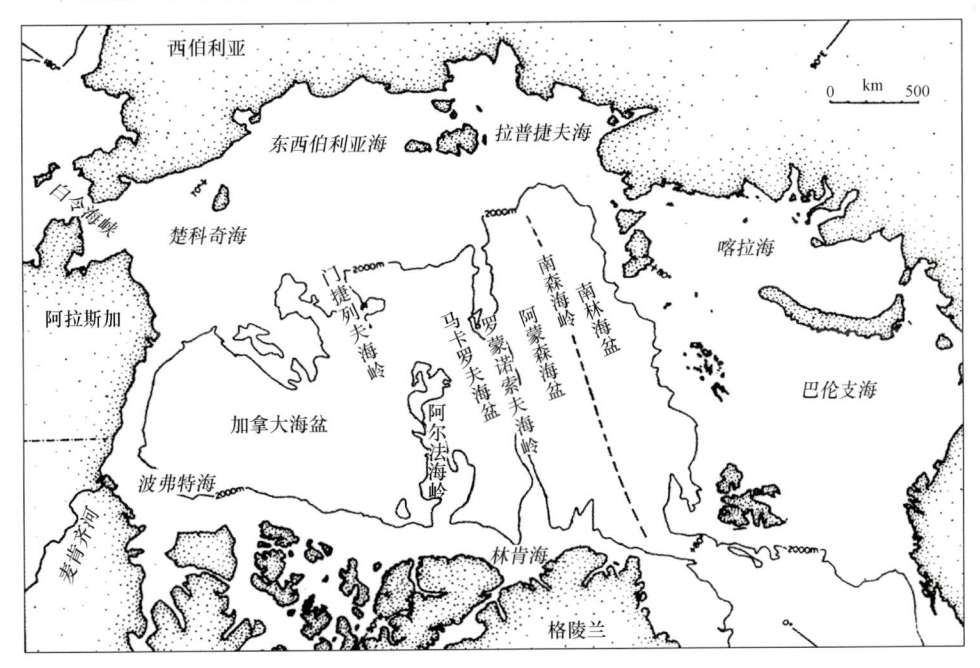

图5.73 加拿大海盆地形图

## 2. 加拿大海盆环流

作为北冰洋中最重要的大尺度海洋环流之一（另一支为穿极流），波弗特流涡在加拿大海盆盛行的高压系统作用下形成的反气旋式环流对北极的气候变异起到至关重要的作用。在波弗特海高压盛行下，反气旋式的波弗特环流使海冰和海水向波弗特流涡中心辐聚，形成北冰洋中最大的淡水库。

北冰洋受到两种多年代际低频振荡的调控，即在正位相/负位相时为低于/高于平均状态下的海表面气压，气旋式/反气旋式环流主导的环流形态，而波弗特流涡减弱/增强，海冰输出增加/减少。在过去十多年北冰洋长时间被反气旋式环流所主导（图5.74），体现在波弗特流涡上的就是其强度的增加。

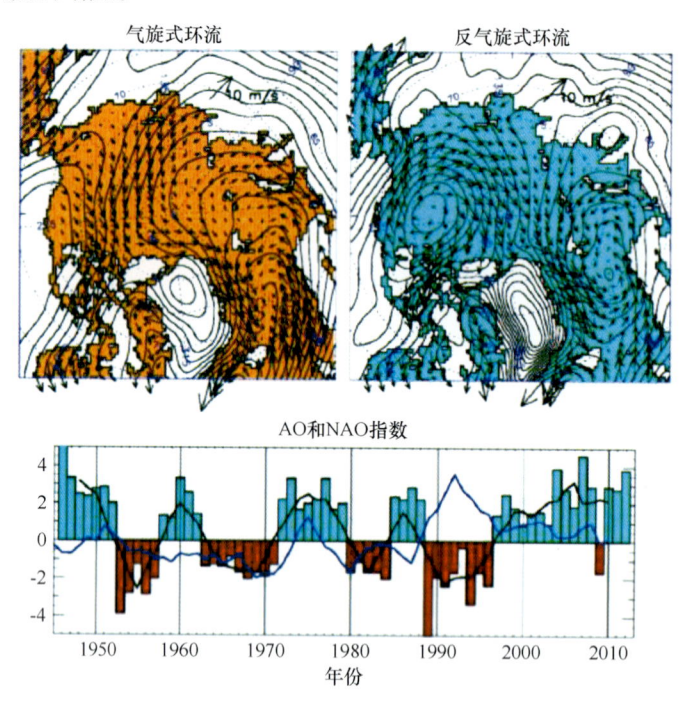

图5.74 北冰洋中存在两种环流形态：气旋式和反气旋式环流
（Proshutinsky et al., 2013）

## 3. 加拿大海盆水团

加拿大海盆中水团包括受融结冰影响较大的表层水团，深度在50 m以浅，温度约 $-1.0\,℃$，盐度为22.00~30.00，其下是次表层水团深度范围在50~150 m，温度在 $-0.5 \sim 1.2\,℃$，盐度为31.50~33.00，其来源为通过白令海峡输入的北太平洋的变性水，这一水层以下至1 500 m左右的深度为中层水团，该水团温度存在一个极大值和一个极小值，在200~400 m为上中层水，温度由 $-1.5\,℃$ 变化到 $0.7\,℃$，盐度由33.00变化到34.80，增加幅度较大；在400~1 500 m为下中层水，温度随深度增加而降低，但幅度较小，盐度的变化范围为34.80~34.90，其来源为北大西洋的入流水，故又称为北冰洋大西洋水层；在1 500 m以下是深层水团温度低于 $-0.4\,℃$，盐度为34.90~34.94。

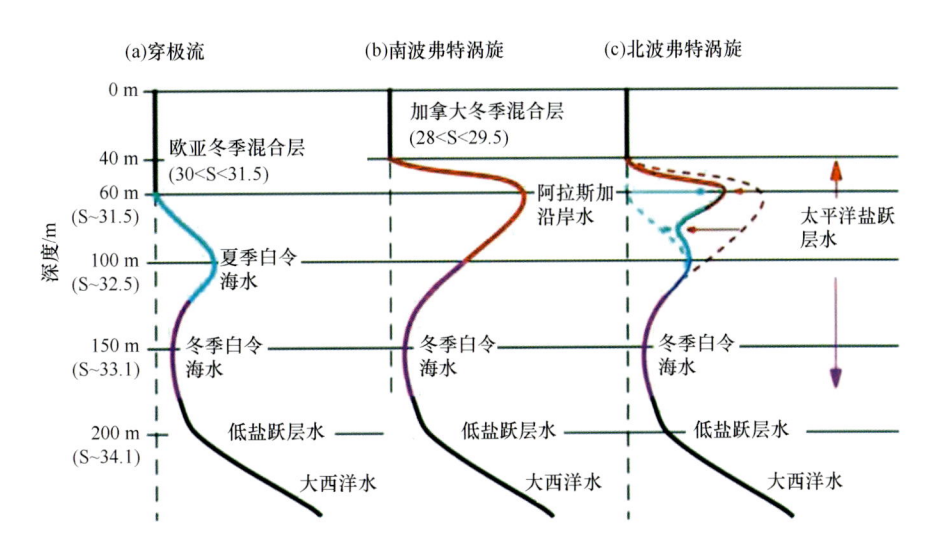

图 5.75　加拿大海盆上层海洋水体结构（Steele et al.，2004）

## （二）温盐分布与变化

### 1. 断面温盐分布与变化

（1）数据介绍。

2014 年 8 月我国第六次北极考察在加拿大海盆及邻近海域共进行了 20 个站位的定点 CTD 调查，站位分布图如图 5.76 所示。主要包括海盆西南部连接陆架和海盆的 S 断面、海盆西部楚科奇海台和海盆区的 C1 和 C2 断面以及高纬的 AD 断面。采用的仪器为美国海鸟公司生产的 SBE 911Plus CTD，搭载的主要传感器为温度、盐度和溶解氧，均为双探头。其数据温度精度为 0.001℃，电导率精度为 0.000 3 S/m，各传感器在航次前已经过校正。各断面调查时间见表 5.22，除 AD 断面外，其他站位调查时间均比较集中，每个断面调查时间为 2～3 天，可认为是准同步的。

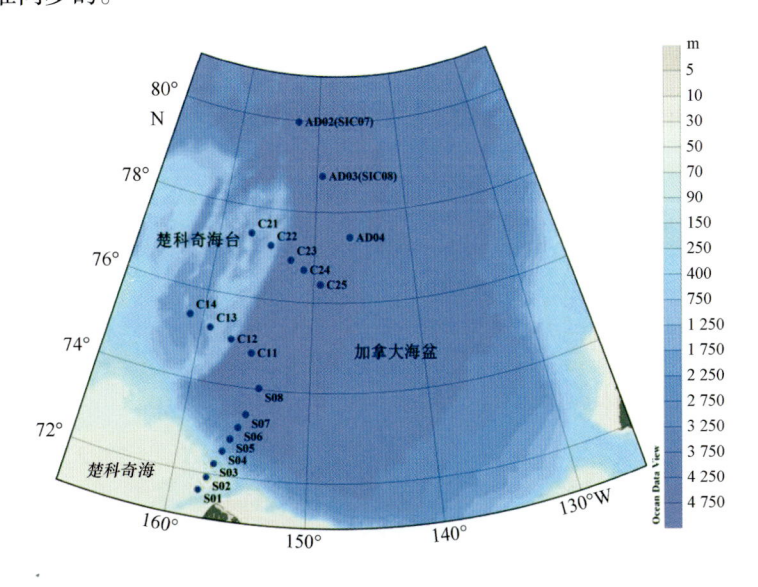

图 5.76　第六次北极考察加拿大海盆站位分布图

表 5.22　第六次北极考察加拿大海盆站位调查时间表

| 断面 | 站位 | 调查时间 |
| --- | --- | --- |
| S | S01～S08 | 2014-08-02—2014-08-04 |
| C1 | C11～C14 | 2014-08-05—2014-08-06 |
| C2 | C21～C25 | 2014-08-09—2014-08-11 |
| AD | AD02～AD04 | 2014-08-27—2014-08-29 |

（2）空间分布特征。

1）海盆西南部水文特征分析。

加拿大海盆西南部 S 断面，从陆架延伸至海盆区，共包含 8 个站位。从图 5.77 的温度分布图中可以看出，表层温度普遍低于 0℃，盐度低于 28。在表层水以下，50 m 左右的深度，大部分站位存在一个温度极大值，盐度为 31～32。S05 站温度极大值最大，达到 2.48℃，站位温度极大值在 -1.01～2.48℃，变化范围很大。随后温度逐渐降低，最低值出现在 S04 站，为 -1.57℃，各站位冷水最低温度变化范围为 -1.57～-1.51℃，相对比较稳定。在 200 m 以深，温度逐渐升高，在 400 m 附件出现又一温度极大值，最高温度可以达到 0.8℃。盐度分布上呈现多盐跃层结构，除了表层 10 m 左右出现的融冰水形成的盐跃层，在冷水与其下中层水之间也存在一个盐跃层，该盐跃层是长年存在的，有别于夏季融冰时形成的季节性盐跃层。

2）海盆西部水文特征分析。

加拿大海盆西部 C1 断面，从楚科奇海台延伸至加拿大海盆区，共包含 4 个站位。从图 5.78 中可以看出，自西向东，暖水核心深度逐渐变深，核心温度逐渐变低。核心温度变化范围为 -0.10～0.08℃，深度变化范围为 42～65 m。如图 5.78 所示，温度剖面在 94 m 深度上出现另一温度极值 -1.08℃，盐度为 32.16。冷水的核心深度自西向东逐渐变浅，深度变化范围为 187～207 m，核心温度在 -1.55～-1.50℃ 范围内变化。中层水核心最高温度出现在 C12 站，最高值为 0.83℃。盐度分布上呈现多盐跃层结构，除了表层 10 m 左右出现的融冰水形成的盐跃层，还包含次表层暖水和冬季冷水形成的盐跃层，以及在冷水与其下中层水之间也存在一个盐跃层。

（3）小结。

加拿大海盆中上层海洋自上而下温盐分布特征为：表层相对低温低盐，次表层高温低盐，再往下存在一个温度极大值水体，在 150 m 左右存在一个温度极小值水体，再往下中层为相对高温高盐的暖水。垂向上呈多盐跃层结构。

**2. 抛弃式 XBT/XCTD 温盐分布与变化**

（1）数据介绍。

在专项执行中，依托 2014 年度第六次北极科学考察开展了北冰洋重点海域的抛弃式 XCTD 和 XBT 观测，获取到 1 100 m 以浅的温度、盐度和深度的剖面观测数据，为研究北极的海洋环境变异提供基础数据。选取其中 ST1 与 ST2 两个断面的 XCTD 和 XBT 温盐数据（如图 5.79），用以分析加拿大深海盆夏季温盐分布的特点。

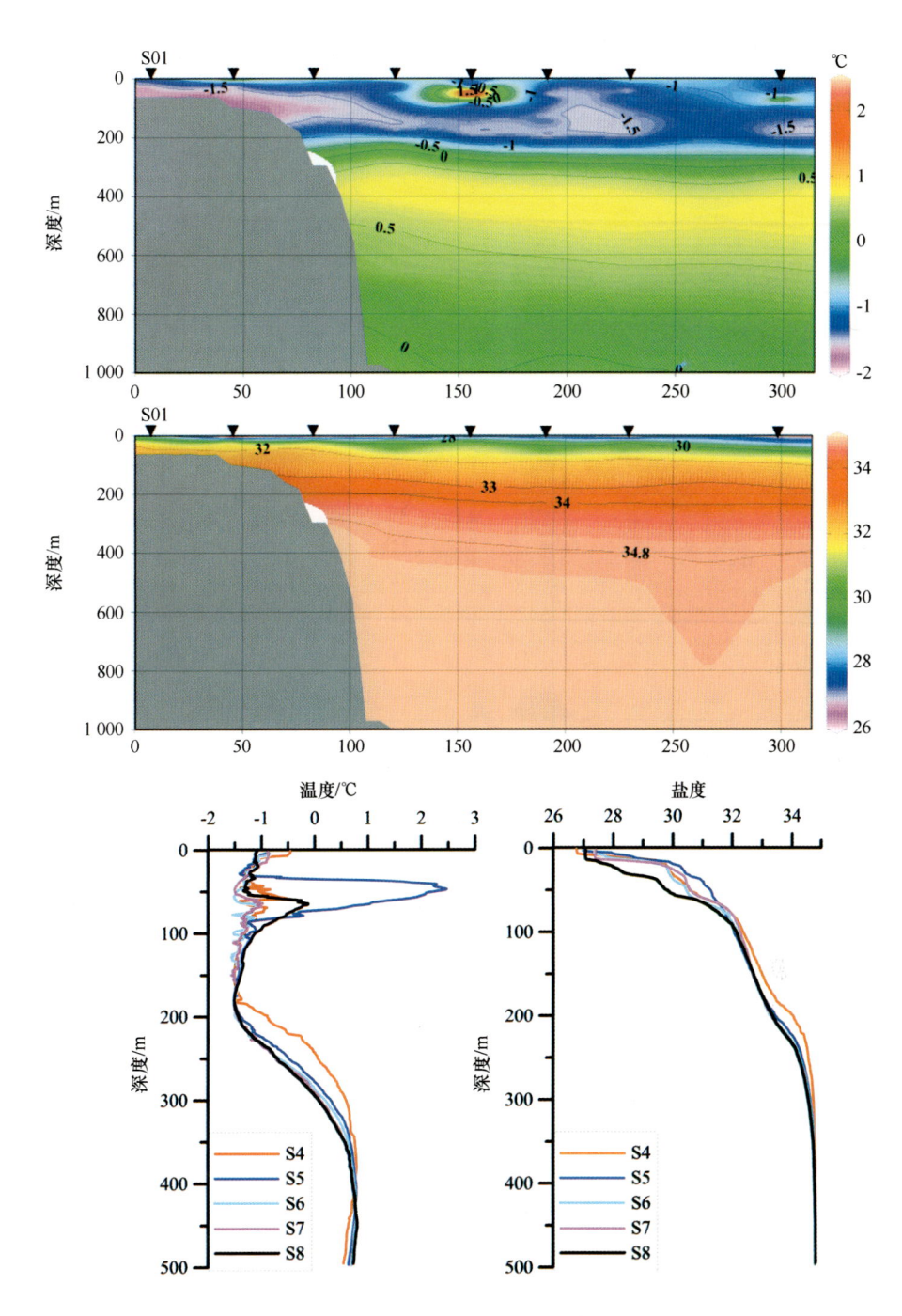

图 5.77　S 断面温盐断面图（上）和剖面图（下）

（2）空间分布。

1）XBT。

ST1 和 ST2 断面均为北冰洋中的 2 个典型断面，其中 ST2 断面为横跨楚科奇海台和加拿大海盆的经向断面，包括 32 个 XBT 站位，海台处站点水深在 300 m 左右，加拿大海盆部分站点水深在 3 700 m 左右，过度部分站点水深在 1 200～1 500 m，自海台向海盆深处延伸，具体如图 5.80 所示。

ST1 为加拿大深海盆自赤道向北极延伸的纬向断面，站点水深 3 000～4 000 m；观测时间

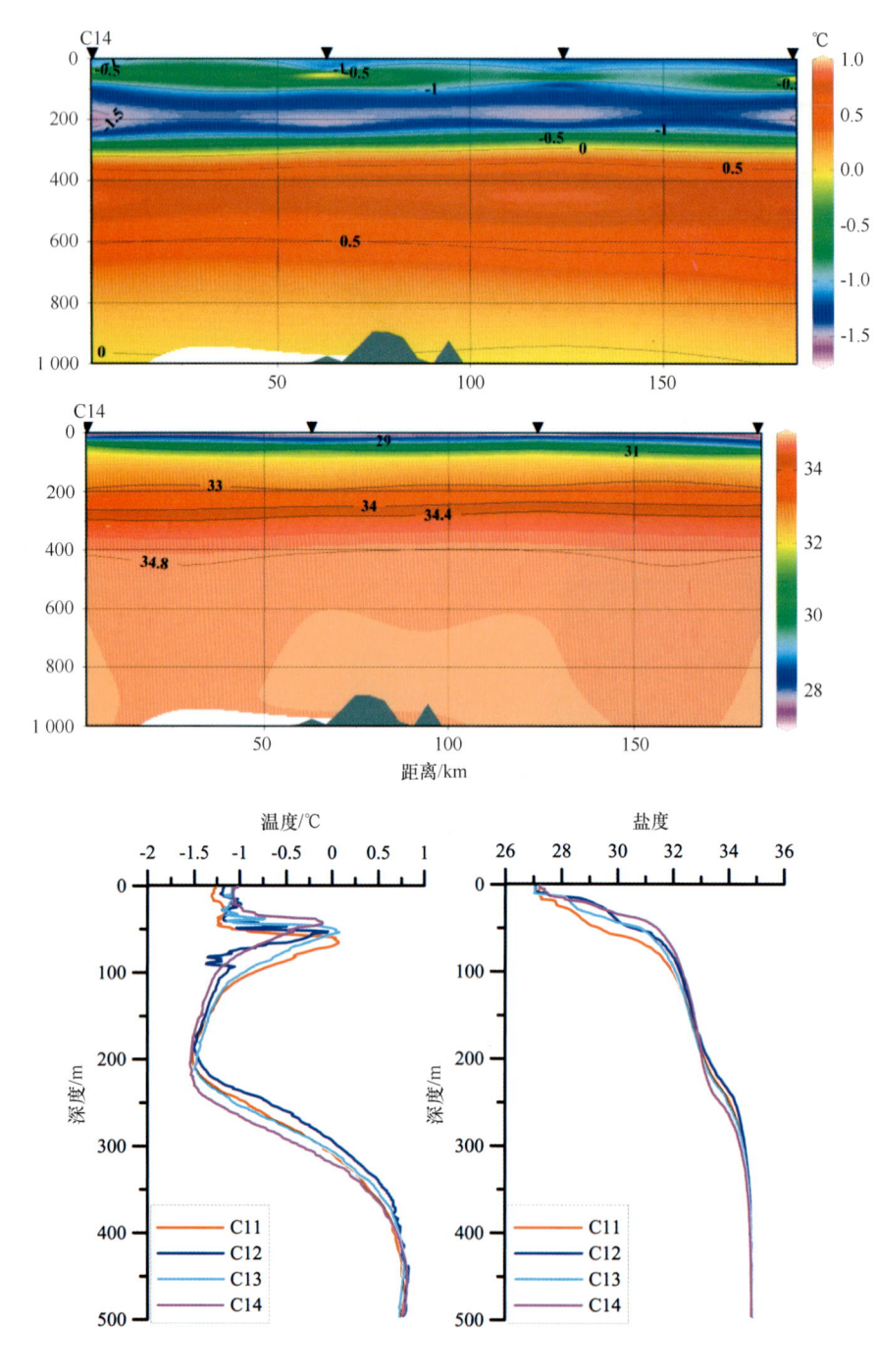

图5.78 C1断面温盐断面图（上）和剖面图（下）

为8月下旬，大部分区域处于常水状态，浮冰较多。其温度剖面如图5.81所示。从图中可以看出，约30 m以上夏季表层海水具有低温特征，温度普遍低于 −1℃。在30~75 m的深度内，为由白令海峡进入的太平洋入流水，具有高温特征，在进入加拿大海盆过程中，不断与周围水团混合交换，在ST1断面上，该水团的核心温度约在 −0.5℃左右，并且随着纬度的增加，温度逐渐降低，水团层厚越来越小。在70~300 m深度，为极地冷水团，温度低于 −1℃。在300~650 m深度，为高温水层，温度均超过1℃，水团核心温度甚至超过1.5℃。该水层为北冰洋中层水，来源于北大西洋，通常亦称其为大西洋水层。650 m深度以下，温度又有所降低，具体变化特征需要结合 XCTD 进行分析。

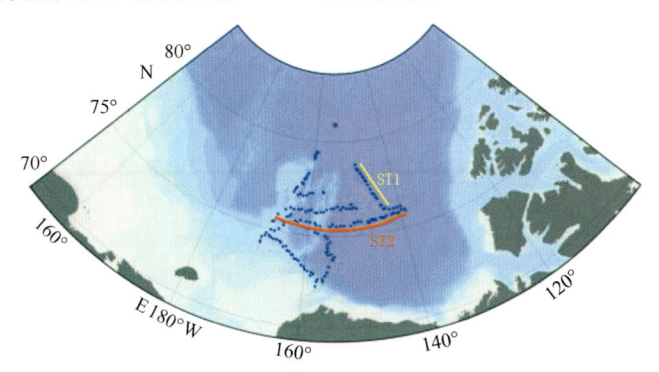

图 5.79　2014 年第六次北极考察 XBT/XCTD 考察断面分布图

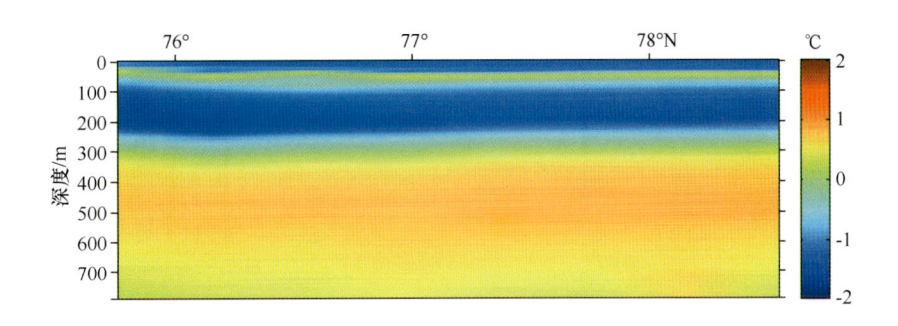

图 5.80　2014 年第六次北极考察 ST1 断面 8 月份温度剖面分布

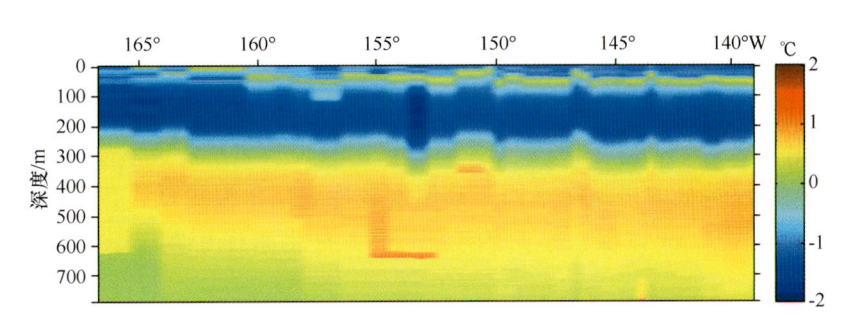

图 5.81　2014 年第六次北极考察 ST2 断面 8 月份温度剖面分布

ST2 断面为横跨楚科奇海台和加拿大海盆主要沿 75.7°N 的经向断面，经度范围约为 168°—138°W，海台处站点水深在 300 m 左右，加拿大海盆部分站点水深在 3 700 m 左右，过度部分站点水深在 1 200～1 500 m，自海台向海盆深处延伸。该断面的观测时间为 9 月上旬，大部分区域处于常水状态，浮冰较少。ST2 的温度断面如图 5.81 所示。不同于 ST1 断面，该断面的夏季表层水并不明显，尤其在水深较浅的东侧更没有明显的冷表层水，从温度断面看，主要集中在表层 30 m 以内，且在 150°W 以西更为明显。太平洋入流水的影响主要集中在 160°W 以西，160°W 以东并不明显。在 ST2 断面上，太平洋水集中在 40～60 m 深度，核心温度约在 -0.2℃ 左右，略高于 ST1 断面。在 60～220 m 深度内，为低温极地水，温度低于 -1℃，核心温度约为 -1.5℃。在 250～600 m 深度，为高温大西洋水，温度均超过 1℃，水团核心温度甚至超过 1.5℃。600 m 深度以下，温度降有所下降，至深层水后温度数据需要结

合具有更深测量能力 XCTD 数据进行分析。

取 ST2 断面上靠近楚科奇海台附近（即浅水区）的两个站点数据，绘制温度垂向分布图。从图中可以看出：BB61、BB173 站垂向存在 2 个明显温层，表层至 200 m 水深以浅，水团以极地冷水团为主，接近表层水温受夏季太阳辐射作用，温度相对较高，近 0℃；200～300 m 之间为极地冷水团与太平洋暖水团的过渡水层，300 m 以深的水体以北大西洋水团为主。

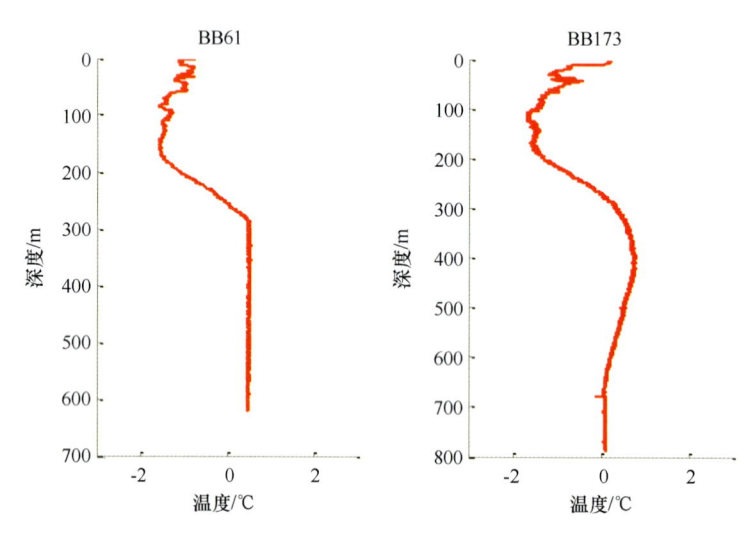

图 5.82　2014 年第六次极地科考白令海 ST2 断面浅水区附近站点温度垂向分布

取 ST2 断面上靠近加拿大深海盆一侧（即深水区）的两个站点数据，绘制温度垂向分布图。从图中可以看出：BB143、BB144 站垂向存在 2 个显著的低温水层和 2 个暖水层。表层至 40 m 水深以浅，以冷表层水为主，温度约在 -1℃；40～50 m 是薄薄的温跃层，下降过程中温度上升约 1.5℃，以下紧接的是具有高温特征的太平洋流入水；100～250 m 间的水层，是具有低温特征的极地冷水团，其温度较冷表层水温更低，普遍低于 -1℃，有部分接近 -1.5℃；300 m 以深，是具有高温特征的北冰洋中层水，温度相对稳定在 0.2～0.8℃。

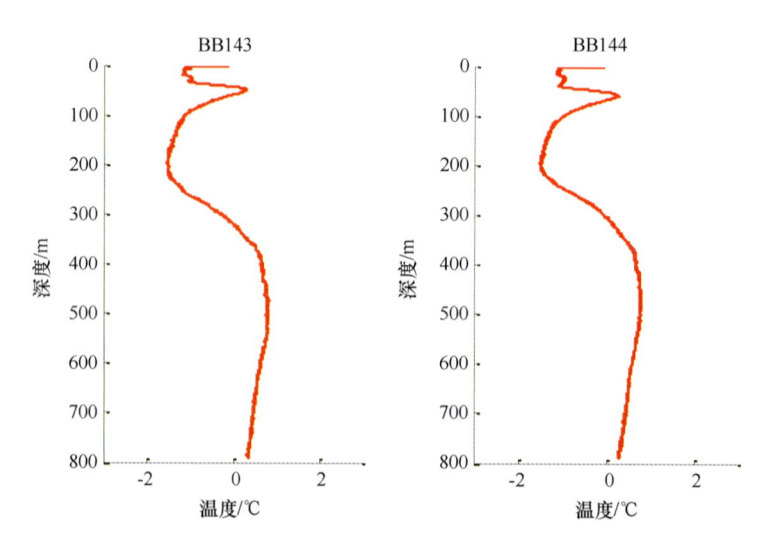

图 5.83　2014 年第六次极地科考 ST2 断面加拿大深海盆附近站点温度垂向分布

取 ST1 断面上的任意两个站点数据，绘制温度垂向分布图。从图中可以看出：BB127、BB128 站垂向结构与 ST2 断面上深水区处的垂向结构一直，存在 2 个显著的低温水层和 2 个暖水层，两个低温水层分别为冷表层水、极地冷水团，两个暖水层分别为太平洋流入暖水团、北冰洋中层暖水团。

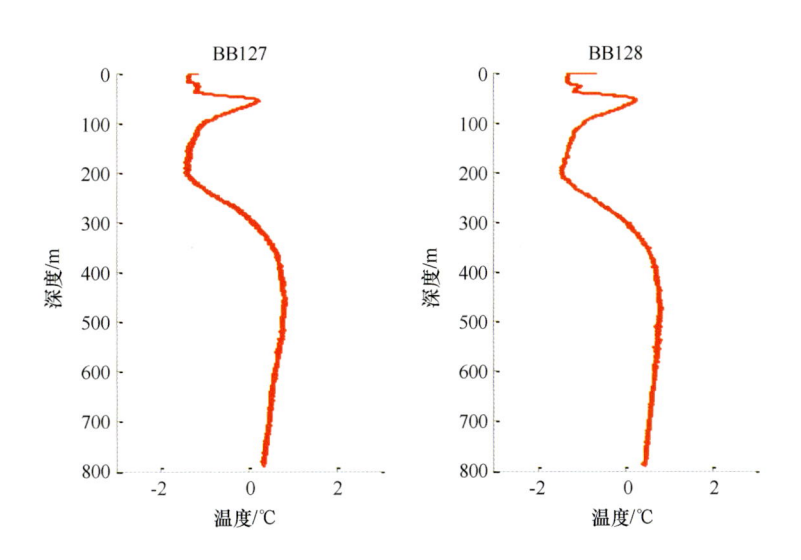

图 5.84　2014 年第六次极地科考 ST1 断面加拿大深海盆附近站点温度垂向分布

2) XCTD。

第六次北极科学考察加拿大海盆 ST1 断面的温度和盐度断面如图 5.85 所示。从图中可以看出，约 50 m 以上夏季表层海水具有低温、低盐特征，温度普遍低于 $-1℃$，盐度普遍低于 30。在 50~80 m 的深度内，为由白令海峡进入的太平洋入流水。太平洋入流水具有高温、高盐特征，在进入加拿大海盆过程中，不断与周围水团混合交换，该断面上，该水团的核心温度约在 $-0.5℃$ 左右，并且随着纬度的增加，温度逐渐降低，水团层厚越来越小；其盐核心盐度约为 31。在 80~300 m 深度，为极地水，温度低于 $-1℃$，盐度介于 31~33 之间。在 300~800 m 深度，在 200~600 m 深度，为高温、高盐的水层，温度均超过 $1℃$，水团核心温度甚至超过 $1.5℃$；盐度介于 34.5~35 之间，随着纬度的增加，盐度稍有降低。该水层为北冰洋中层水，来源于北大西洋，通常亦称其为大西洋水层。800 m 深度以下，温度降至 $0℃$ 左右，盐度介于 34.8~35 之间，无明显变化。

第六次北极科学考察水体 ST2 断面主要为沿 75°N 的东西延伸，经度范围约为 168°—138°W。该断面的观测时间为 8 月下旬，大部分区域处于常水状态，浮冰较少。该断面的夏季表层水并不明显，从温度断面看，主要集中在表层 30 m 以内，且在 150°W 以西更为明显。太平洋入流水的影响主要集中在 160°W 以西，160°W 以东并不明显。断面上，太平洋水集中在 40~60 m 深度，核心温度约在 $-0.2℃$ 左右，略高于加拿大海盆断面。在 60~220 m 深度内，为低温低盐的极地水，温度低于 $-1℃$，核心温度约为 $-1.5℃$，盐度介于 31~34。在 250~600 m 深度，为高温、高盐的大西洋水，温度均超过 $1℃$，水团核心温度甚至超过 $1.5℃$；盐度介于 34.5~35。600 m 深度以下，温度降至 $0℃$ 左右，盐度介于 34.8~35，无明显变化。

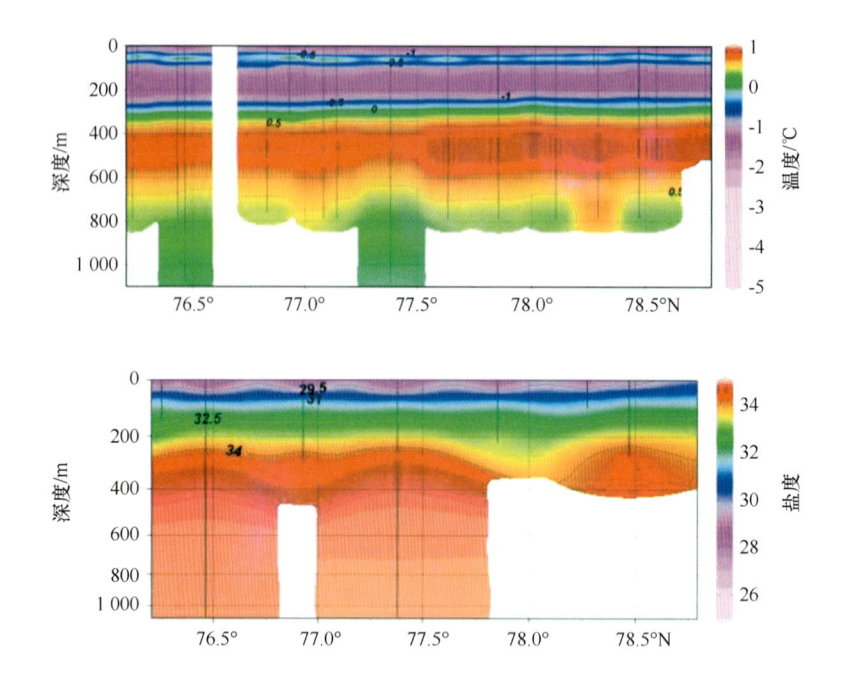

图 5.85　第六次北极科学考察 XCTD 观测 ST1 断面温度（上）和盐度断面分布

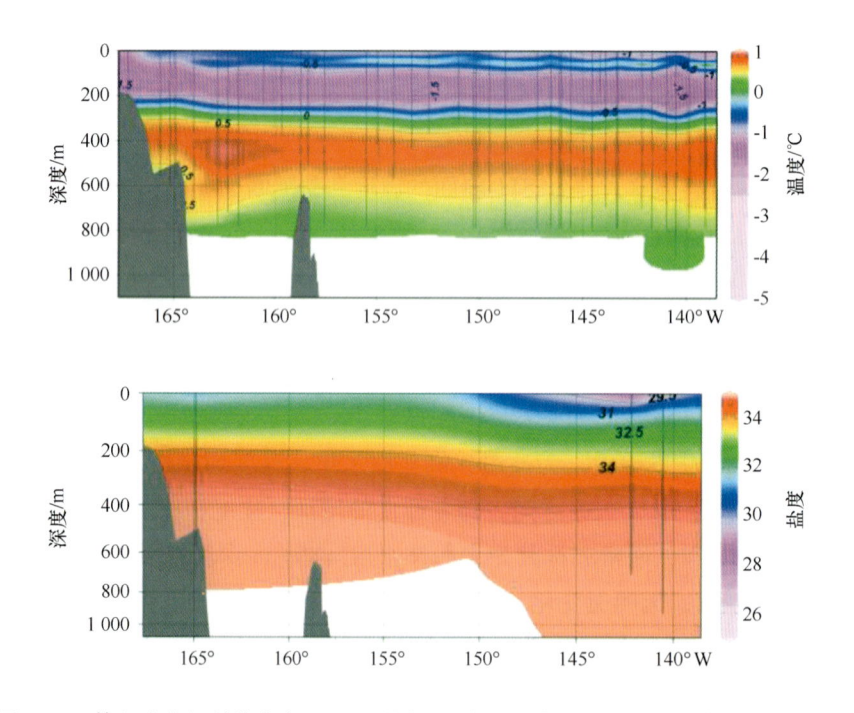

图 5.86　第六次北极科学考察 XCTD 观测 ST2 断面温度（上）和盐度断面分布（下）

（3）小结。

从 2014 年第六次北极科学考察所获取的数据可知加拿大海盆海域的典型剖面具有以下特征和变化规律：夏季，在 ST1 剖面上，自表至 800 m 左右的垂向依次分布的是低温表层水体、白令海峡进入的太平洋入流高温水体、极地冷水团、北冰洋中层高温水北冰洋下层低温水；在 ST2 剖面的楚科奇海台附近（即浅水区），上层主要受极地冷水团控制，下层以大西洋暖水团控制，而中间层为二者的过渡水层；在 ST2 剖面靠近加拿大深海盆一侧（即深水区），垂向存在 2 个显著的低温水层和 2 个暖水层，自表而下依次为表层低温水、太平洋流入高温水、极地冷水团、北冰洋中层高温水。

### 3. 走航表层温盐分布与变化

（1）数据介绍。

在加拿大海盆区，四次考察的观测时段差异较大。第三次北极考察为 8 月初至 9 月初。第四次北极考察在 7 月末至 8 月初进行了第一次观测，又在 8 月末实施了第二次观测。第五次北极考察为 9 月初。第六次北极考察与第三次北极考察观测时段相近。从观测区域上看，四次考察航迹差异较大。

表 5.23　各个航次在加拿大海盆区的观测时间段

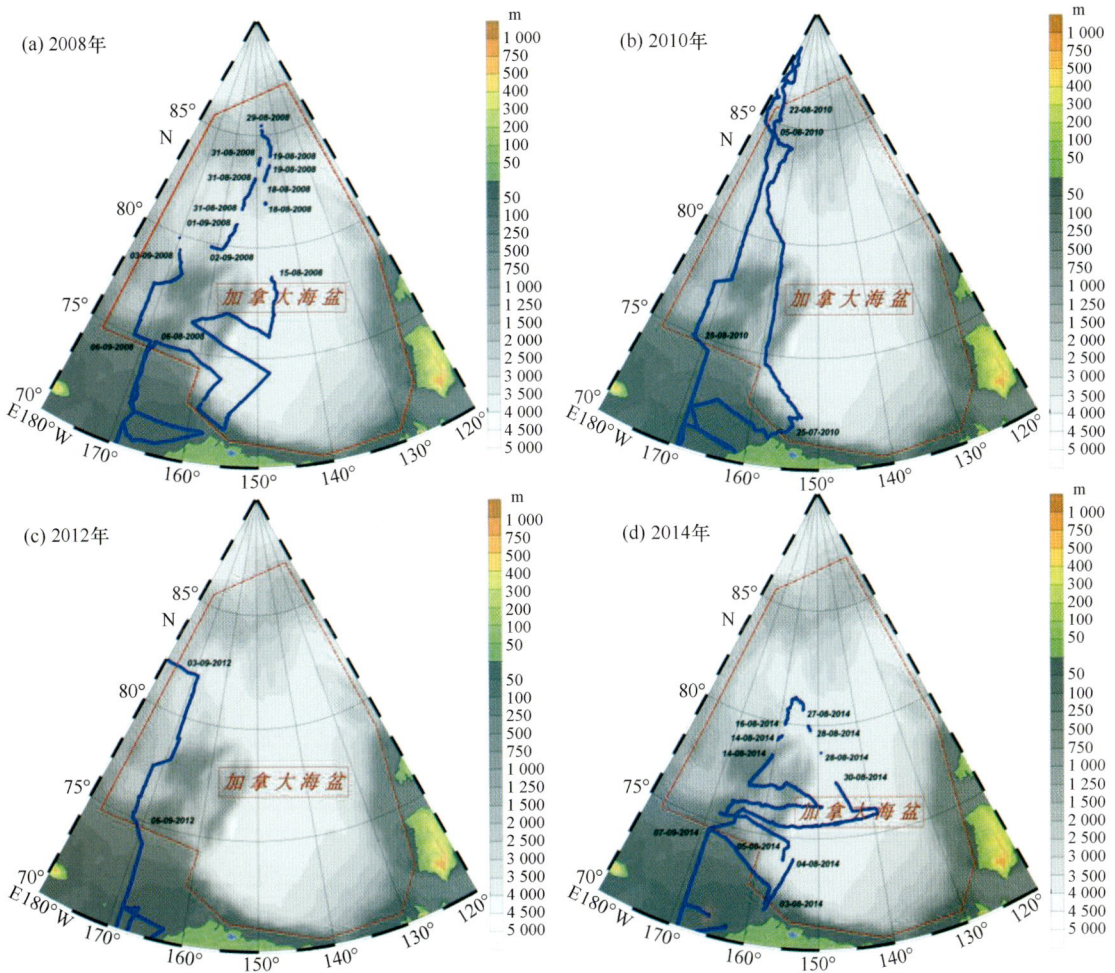

| 航次 | 去程起始日期 | 去程截止日期 | 回程观测日期 | 回程截止日期 |
| --- | --- | --- | --- | --- |
| 第三次北极考察 | 2008-08-06 | — | — | 2008-09-06 |
| 第四次北极考察 | 2010-07-25 | 2010-08-05 | 2010-08-22 | 2010-08-28 |
| 第五次北极考察 | 2012-09-03 | — | — | 2012-09-06 |
| 第六次北极考察 | 2014-08-03 | — | — | 2014-09-07 |

图 5.87　中国第三（a）、第四（b）、第五（c）和第六（d）次北极科学考察在加拿大海盆的航迹图

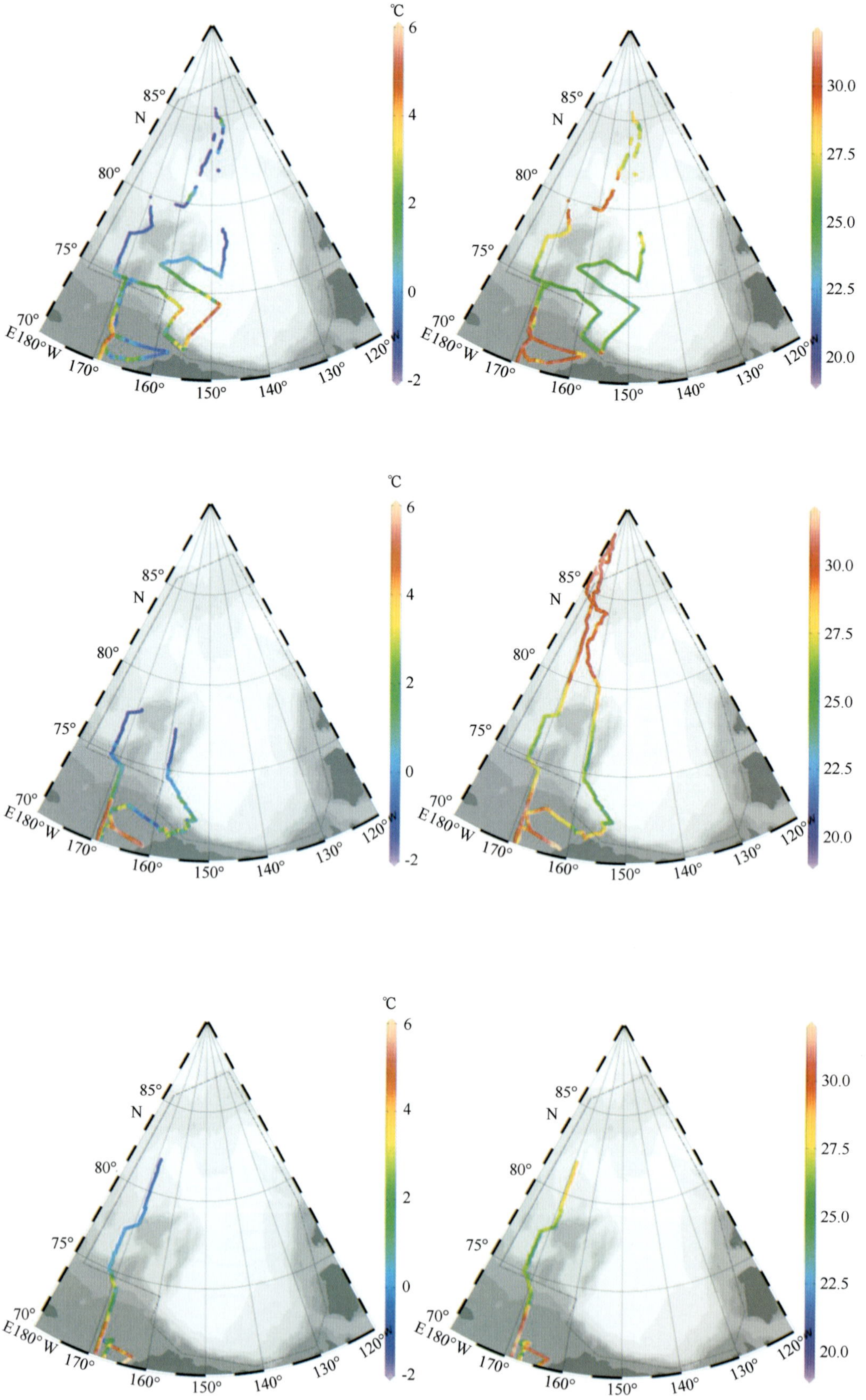
℃
6
4
2
0
-2
30.0
27.5
25.0
22.5
20.0
85°
N
80°
75°
70°
E180°W
170°
160°
150°
140°
130°
120°W

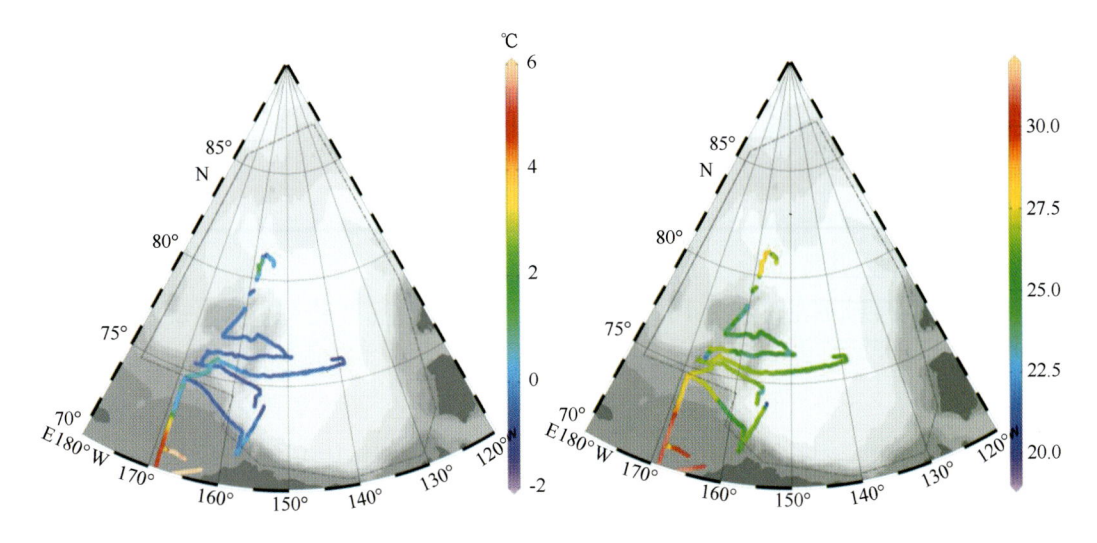

图 5.88 从上至下，依次为中国第三、第四、第五、第六次北极科学考察加拿大海盆区表层海水温度图（左）和盐度图（右）

（2）空间分布。

加拿大海盆区表层海水温度存在明显的空间分布特征。自南向北，温度逐渐减小，直达冰点附近。

加拿大海盆表层海水盐度存在明显的空间分布特征。在楚科奇海台和波弗特海处呈现出明显的低盐区，在79°N以北区域表层海水盐度明显偏大，两个区域相差近2.5。

（3）时间变化。

从观测时间上看，第三次北极考察在波弗特海观测到大量的暖水，可能与当年北极海冰大量融化有关。四次考察在加拿大海盆区观测到的表层海水温度变化不明显。

在80°N以北海域，第三次、第四次北极考察观测到的表层海水盐度明显大于第五次和第六次北极考察观测到的盐度，两者相差近1，呈现出高纬度海域表层海水正逐渐变淡。

（4）小结。

在加拿大海盆区内表层海水温度自北向南逐渐减小，但从时间变化上看，四次考察观测的表层海水温度变化不大。

加拿大海盆区表层海水盐度展现出低纬度淡、高纬度咸的特征。从四次北极考察可以看出，北极高纬度海域表层海水正逐渐变淡。

（三）水团/锋面分布与变化

1. 数据介绍

本部分所用船测水文数据具体介绍见本章第二节第（二）部分。

2. 空间分布

（1）表层水团（the Surface Arctic Water – SAW）

表层水团处于50 m以浅的水层，由于海面强烈的融结冰过程，该水团主要特性是低温、低盐。表层温度低于－1.0℃，最低温度为－1.6℃，盐度变化范围为22.0～30.0。从表层向下，温度随深度增加而升高，盐度也是随深度增加而增大，在30 m附近，盐度达到30.0左右，盐度跃层的强度可以达到 0.12 m 以上。

由于这一低盐的"淡水帽"存在，海水有较大的稳定度，即使冬季冷却结冰增密作用，也无法达到足够的强度，产生较深范围的对流混合作用。因此，北冰洋的这一区域无法像南大洋的一些区域那样大量形成大洋底层水。

（2）次表层水团（the Sub-surface Arctic Water-SSAW）。

1）次表层水团温盐特征。

次表层水团深度范围在 50~150 m 之间，主要特征是高温（相对于表层水团）而低盐。水温是整个水层中最高，在 -0.5℃~1.2℃ 范围内变化。在不同的测站，这一极大值以及对应深度都不同。由这一极大值对应深度向下，温度逐渐减小，而盐度则逐渐增加，并且盐度增幅较大，变化范围为 31.5~33.0，盐度跃层的强度可以达到 0.015 m 左右。

这一水层的最大温度随着纬度的向北推移会有所下降，并且不同季节和不同年份也会有较大差异。同时由于盐度的变化，影响到密度增减，这也会导致整个水层的升降。这一水团的特性，直接与通过白令海峡的太平洋水本身性质有关。

2）次表层水来源。

自 50 m 起，直到 150 m 的深处，由于受到来自白令海峡的太平洋高温、高盐的水体影响，其层化现象较欧亚海盆更加显著。

北冰洋显著的层化出现在 5~150 m 之间，这使得上层水柱垂直扩散率十分薄弱。加之"淡水帽"存在，使得下层的暖水与上层冷水之间的热交换几被隔绝，这是北冰洋为什么总是有冰覆盖的重要原因。

（3）中层水团（the Atlantic Arctic Water-ATAW）。

1）中层水团温盐特征。

在次表层水团以下，就是中层水团。又因为该水团温度存在一个极大值和一个极小值，所以该水团又可细分为上下两层：从最低温度起（大约 200 m），到温度极大值（大约 400 m）之处止的水体，称为北冰洋上中层水。最低温度在 200 m 附近，最低值可以达到在 -1.5℃ 左右。在 400 m 左右的深度，温度可以达到 0.5~0.7℃。上中层水中盐度随深度增加而增加，增加幅度较大，在 33.0~34.8 之间变化。在温度极大值以下至 1 500 m 左右的深度是北冰洋下中层水，该水层温度随深度增加而减小，但盐度变化幅度不大，变化范围为 34.8~34.90。

2）中层水团来源。

根据温盐特征，它来源于北大西洋入流水，所以又称为大西洋层，或北冰洋大西洋水，由北冰洋的环流携带，可以遍布整个北冰洋。在运动过程中，不断与周围水体相混合，其温盐度有较大变化。

（4）北极深层水（the Arctic Deep Water-ADW）。

在 1 500 m 以下，温度在 -0.4℃（位温 -0.5℃）左右变化，随深度增加而降低，但变化很小，盐度由 34.90 增加到 34.94，由于 Lomonosov 海槛的影响，加拿大海盆的深层温度会较北冰洋其他海盆略高，深层水更新较慢。

在加拿大海盆，由于"淡水帽"屏蔽作用，上层水的融结冰过程难以影响到深层，只是由于受到陆坡的对流和夹卷作用，会使水团性质发生一些变化：在陆坡上由于风的作用可以破坏层化结构，加强对流，会产生低温羽状流，从而影响加拿大海盆水团。通过白令海峡的太平洋入流水的变化，也会使加拿大海盆水团发生局部变动。

另外，在 150~200 m 范围是次表层水高温的太平洋水与中层的大西洋水的重要的混合层，有时将这一水层的水团单独分析，并将水团定为北极次生水（the Arctic Lower Water）。

### 3. 时间变化

（1）中层水核心温度和深度变化。

下面在通过 LSSL 水文考察大面数据来看下整个加拿大海盆中层水的多年时空变化特征。

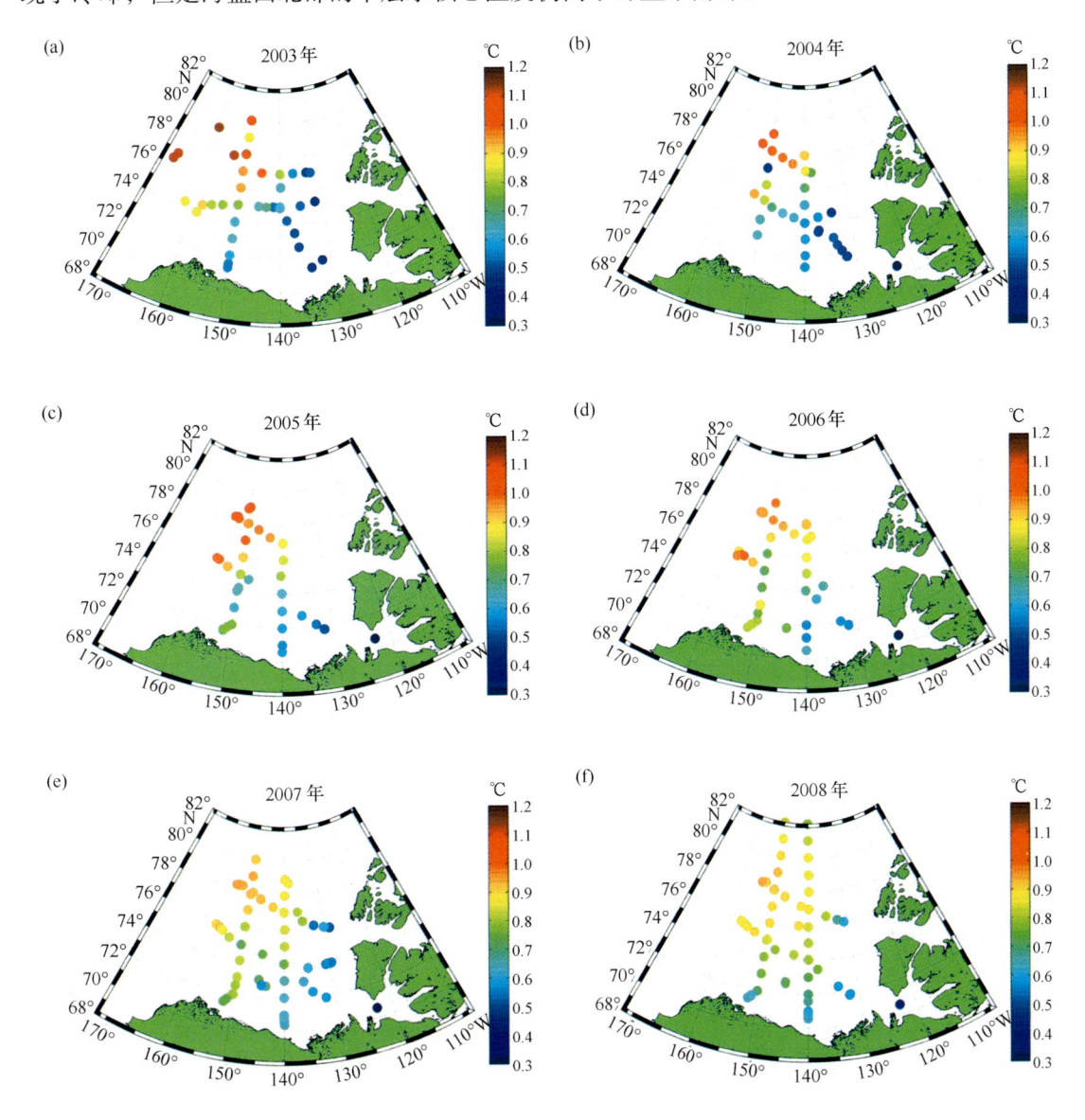

图 5.89 展示的是 2003—2013 年加拿大海盆北极中层水核心温度的空间分布情况。从中可以看出，加拿大海盆西北角靠近楚科奇海台区的中层水核心温度从 2003 年开始呈下降趋势，这一现象与 B 站点所呈现的结果一致，但是海盆中央区（加拿大深海平原）中层水核心温度却呈现出上升趋势，并且增暖信号在向海盆东南部波弗特海区域扩张。虽然 AW 入流出现了冷却，但是海盆西北部的中层水核心温度仍高于海盆东南部。

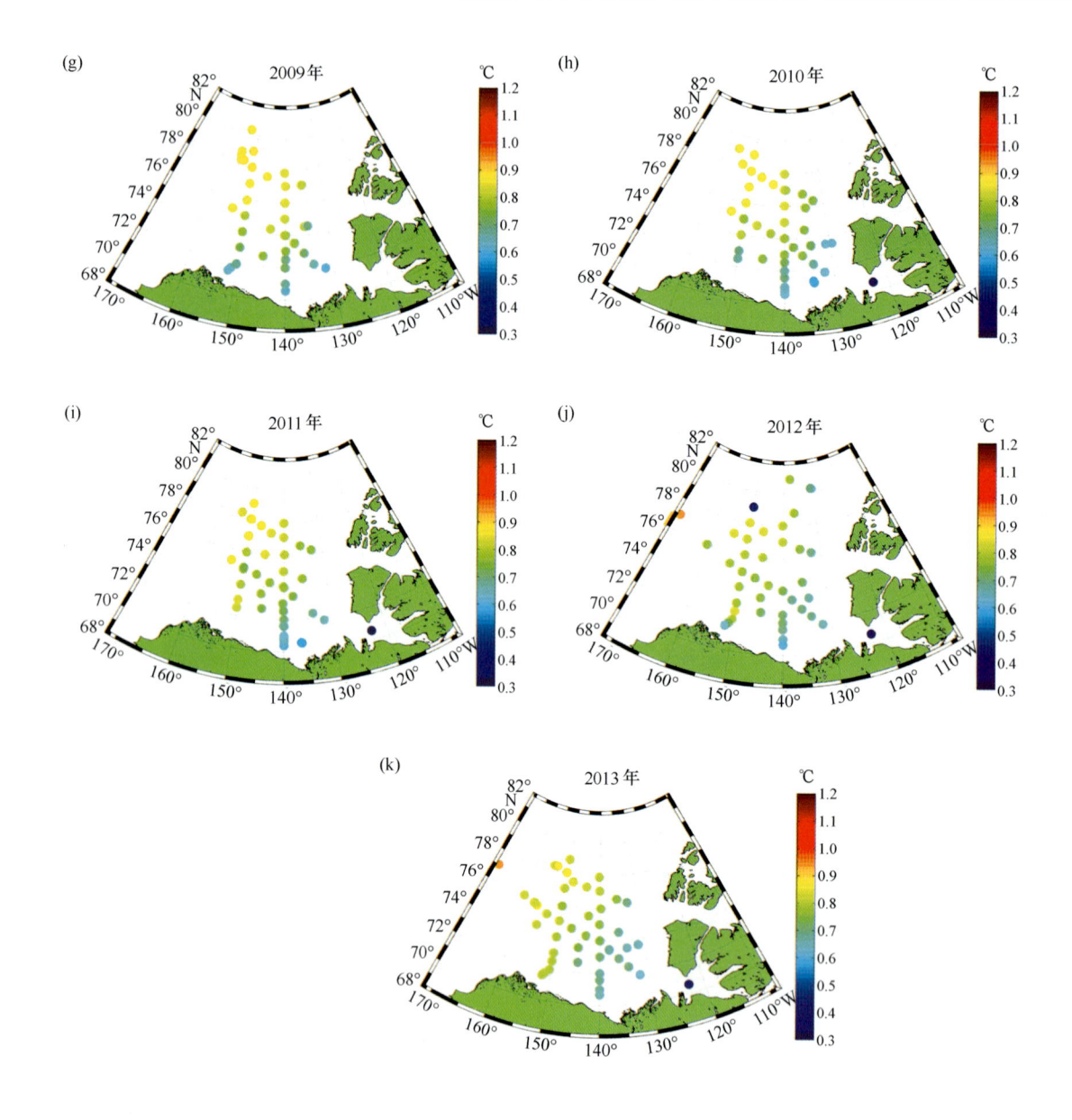

图 5.89　2003—2013 年加拿大海盆北极中层水核心温度（℃）的空间分布

图 5.90 展示的是 2003—2013 年加拿大海盆北极中层水核心深度的空间分布情况。从中可以看出，2003 年海盆波弗特海区域中层水核心深度较其他区域更深，部分已超过 450 m 深度，而其他区域则在 400 m 深度附近，从 2003 年开始中层水核心深度就开始出现了加深趋势，而且海盆西部核心深度增长趋势大于海盆东部，在 2007 年整个海盆中层水核心深度都处于 420～440 m 附近，2007 年之后海盆西部加深趋势变强，海盆西部的核心深度已超过海盆东部，到 2011 年为止，除海盆陆坡边缘区外，整个海盆中层水核心深度都已超过 440 m。2012 年和 2013 年波弗特海区域的中层水核心深度出现了回落。

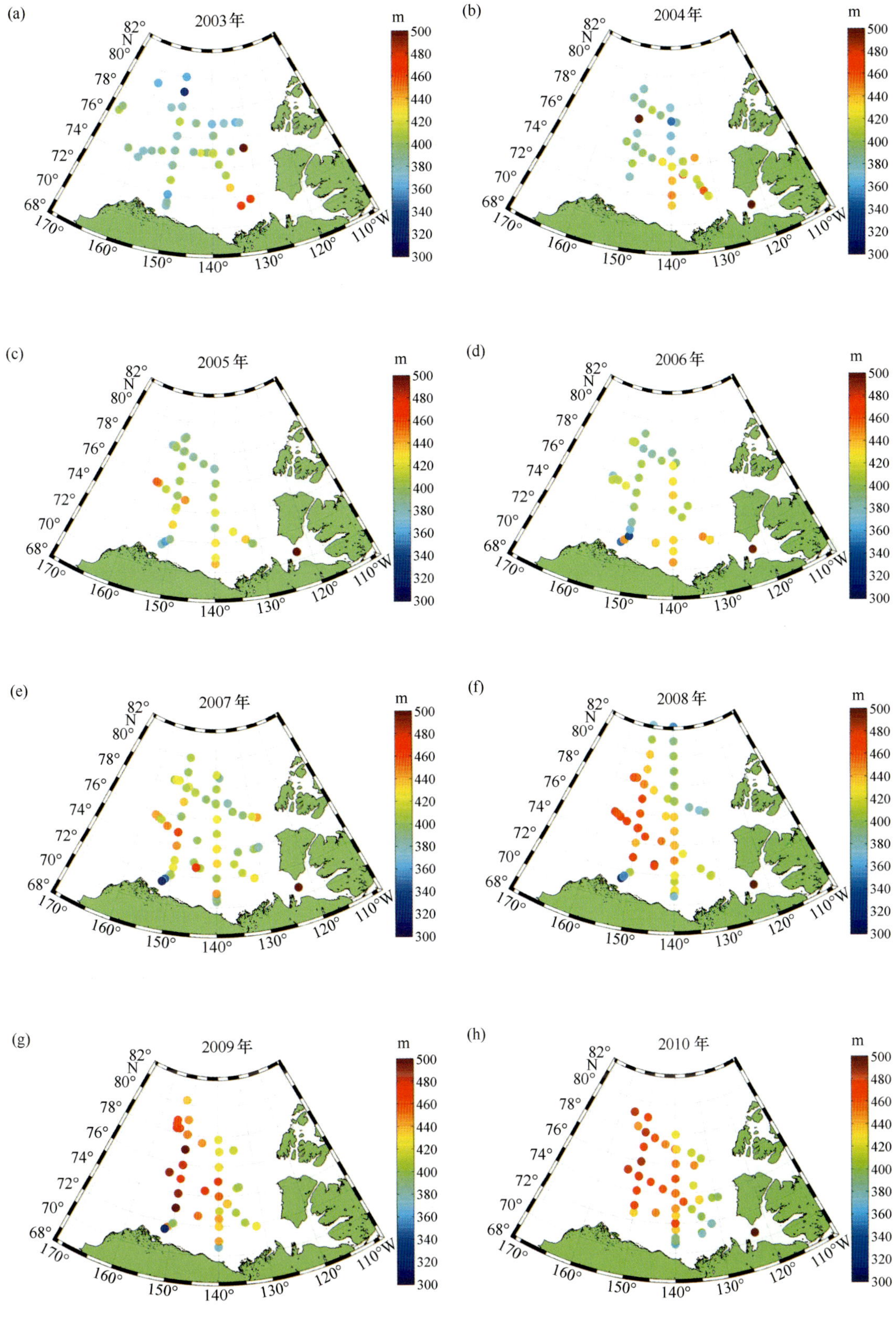
(a)
2003年
(b)
2004年
(c)
2005年
(d)
2006年
(e)
2007年
(f)
2008年
(g)
2009年
(h)
2010年
m
500
480
460
440
420
400
380
360
340
320
300
82°
N
80°
78°
76°
74°
72°
70°
68°
170°
160°
150°
140°
130°
120°
110°W

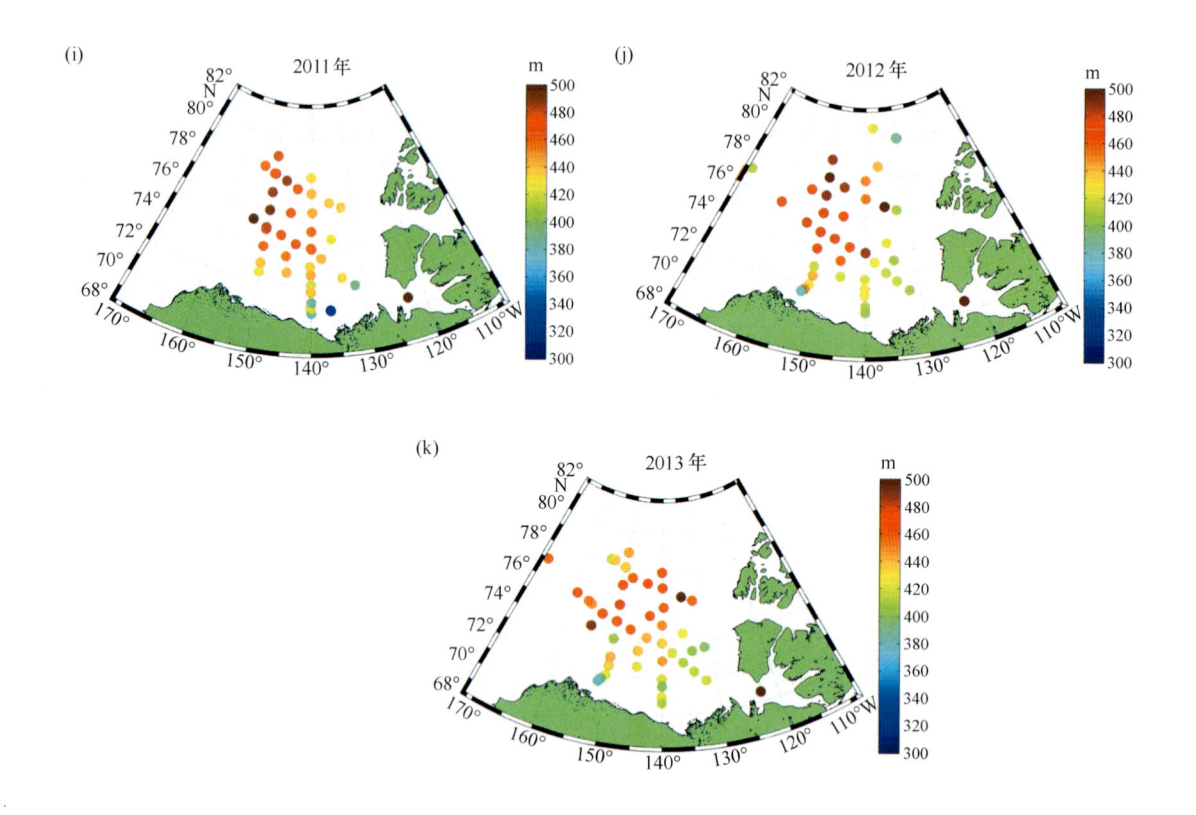

图 5.90　2003—2013 年加拿大海盆北极中层水核心深度（m）的空间分布

（2）加拿大海盆淡水量 FWC 的变化。

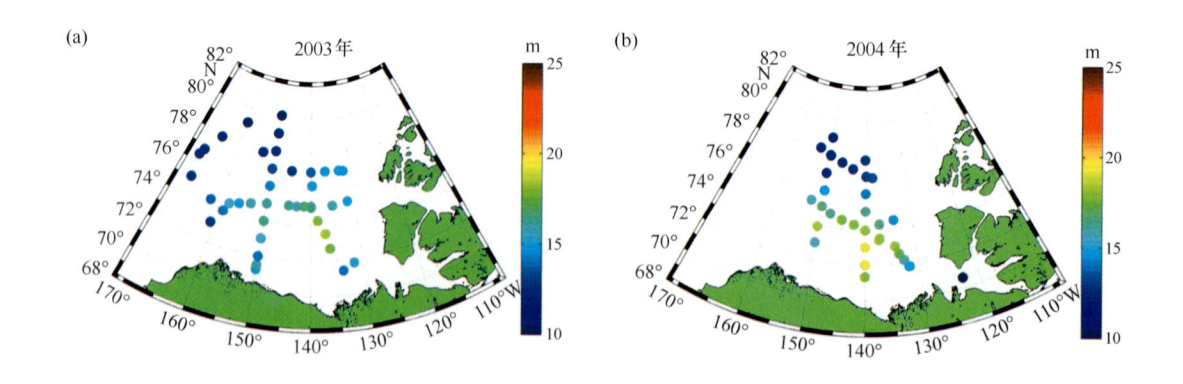

图 5.91 显示的是 2003—2013 年加拿大海盆上层淡水含量的空间分布情况。2003 年除波弗特海外（>15 m）海盆其他区域淡水处于一个低值（<15 m），但是二者淡水含量相差并不大，2007 年开始，波弗特海的淡水含量出现爆发式增长，出现了淡水含量大于 20 m 的高值中心，2007 年之后淡水含量高值中心逐渐向海盆西北方向移动，2012 年开始，加拿大海盆内的淡水含量总体出现了减少的趋势。海盆陆坡边缘区的上层淡水含量并没有表现出明显的年际变化，一直保持着一个低值。

(c) 2005年  (d) 2006年

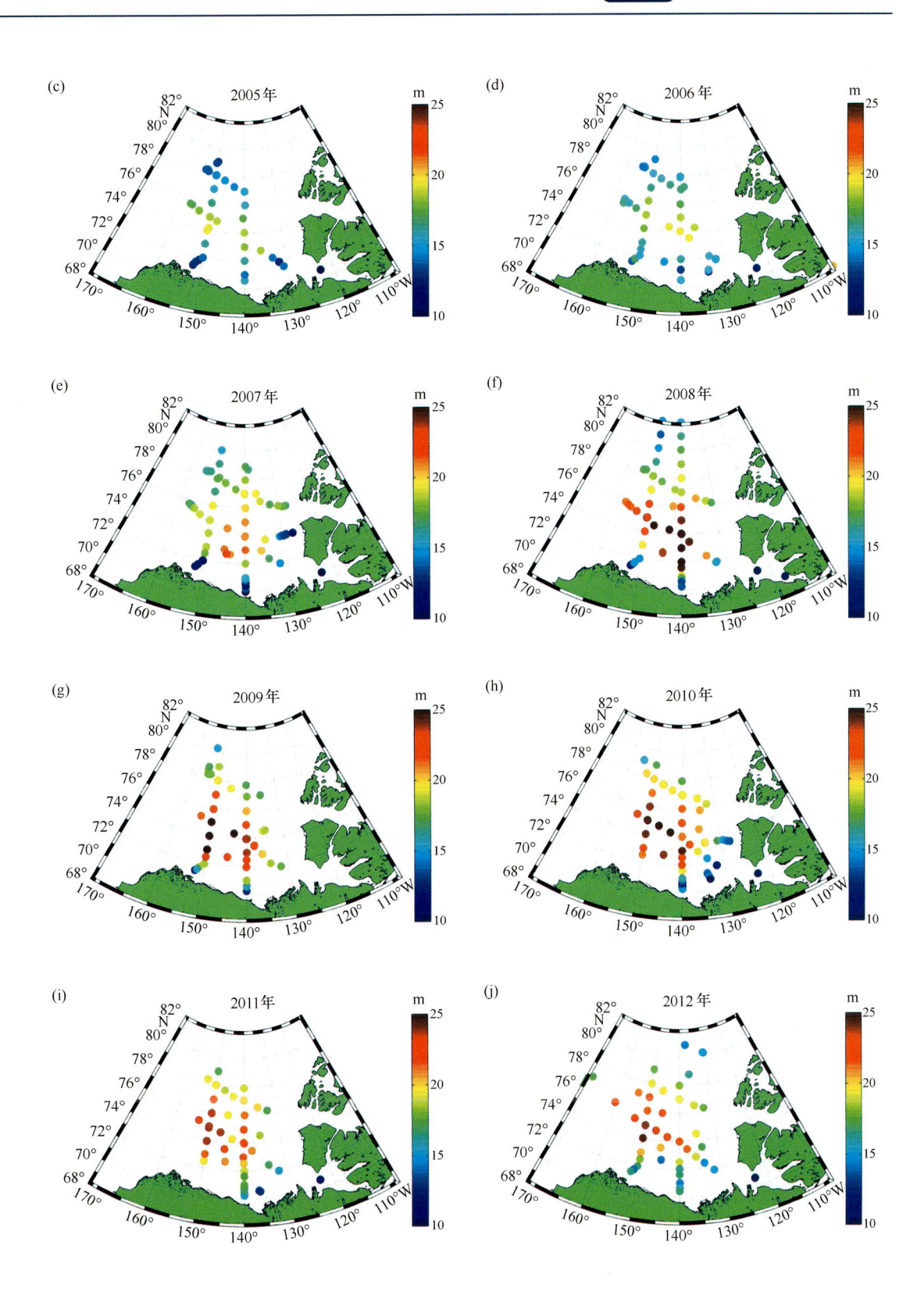

(e) 2007年  (f) 2008年

(g) 2009年  (h) 2010年

(i) 2011年  (j) 2012年

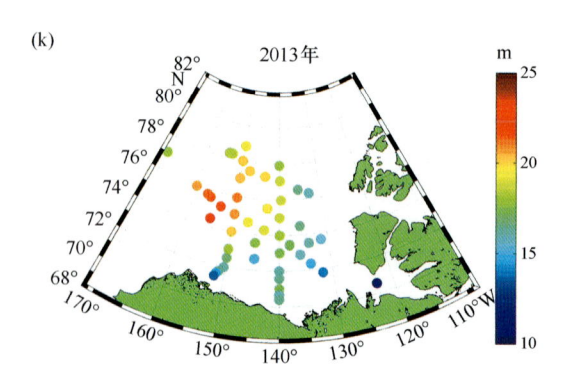

图 5.91　2003—2013 年加拿大海盆上层淡水含量（m）的空间分布

（3）加拿大海盆水体热含量的变化。

1）75～200 m 热含量。

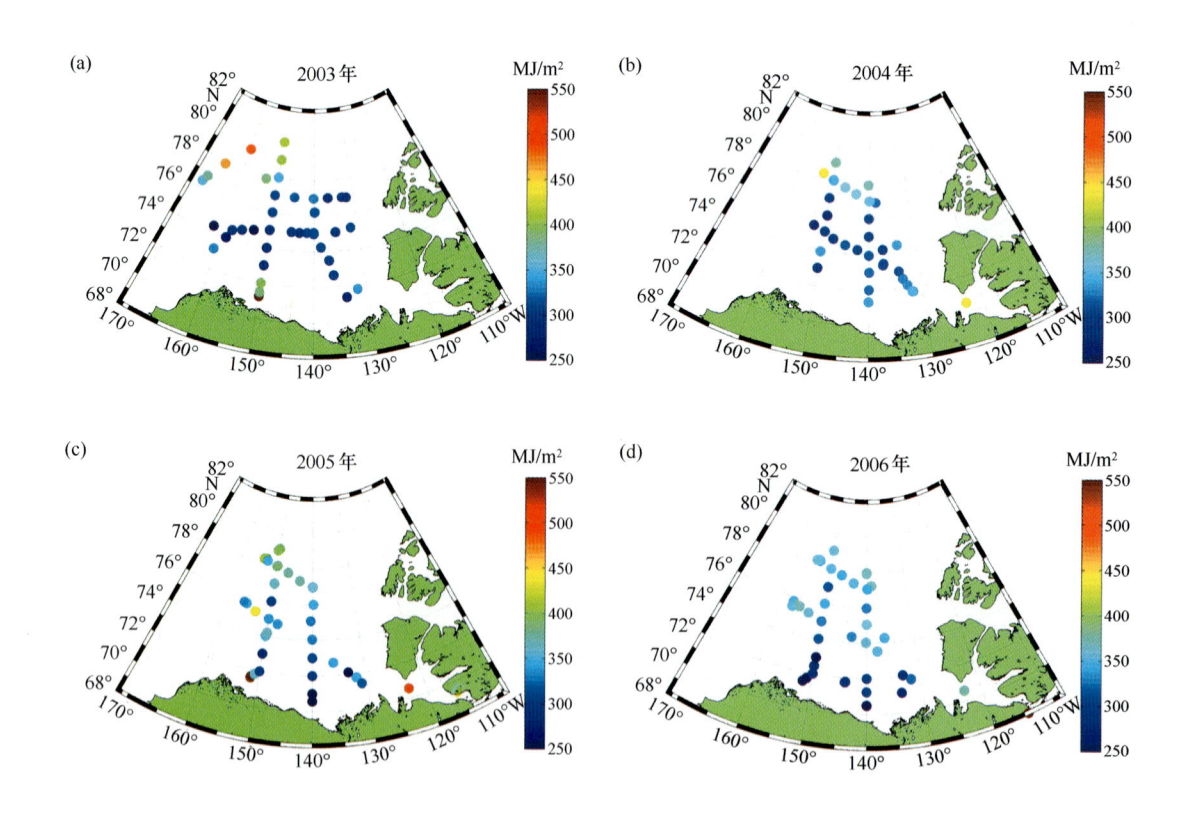

图 5.92 展示的是 2003—2013 年加拿大海盆 75～200 m 热含量在海盆的空间分布，从中可以看出，2007 年之前，整个海盆 75～200 m 热含量偏低，基本上都在 400 MJ/m² 以下，2008 年波弗特海区域出现了表层热含量的增长，之后高热含量区开始慢慢向海盆中央移动，随后向楚科奇海台区域移动。结合锚系附表数据结果可以看出，D 站点 2008 年热含量的降低主要是因为高热含量区的西移，同时这一年 A 站点的热含量出现了增长并在之后保持高值，B 和 C 站点没有收到高热含量区移动的影响因此仍处于较低值且变化不明显。

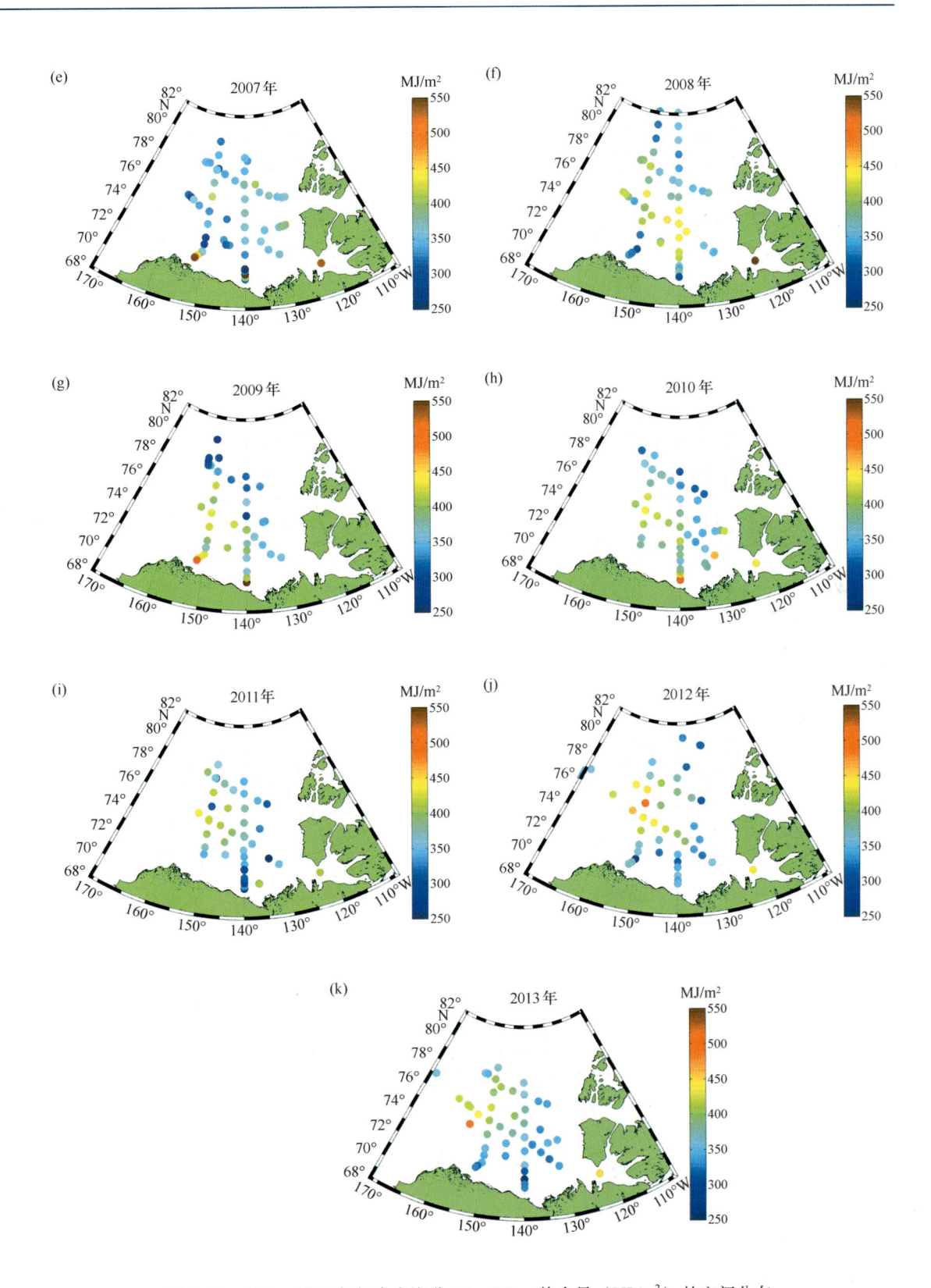

图 5.92　2003—2013 年加拿大海盆 75～200 m 热含量（MJ/m²）的空间分布

2）200～400 m 热含量。

图 5.93 展示的是 2003—2013 年加拿大海盆 200～400 m 热含量在海盆的空间分布，从中可以看出，2003—2013 年整个海盆 200～400 m 的热含量是一个下降的趋势。2003 年海盆热

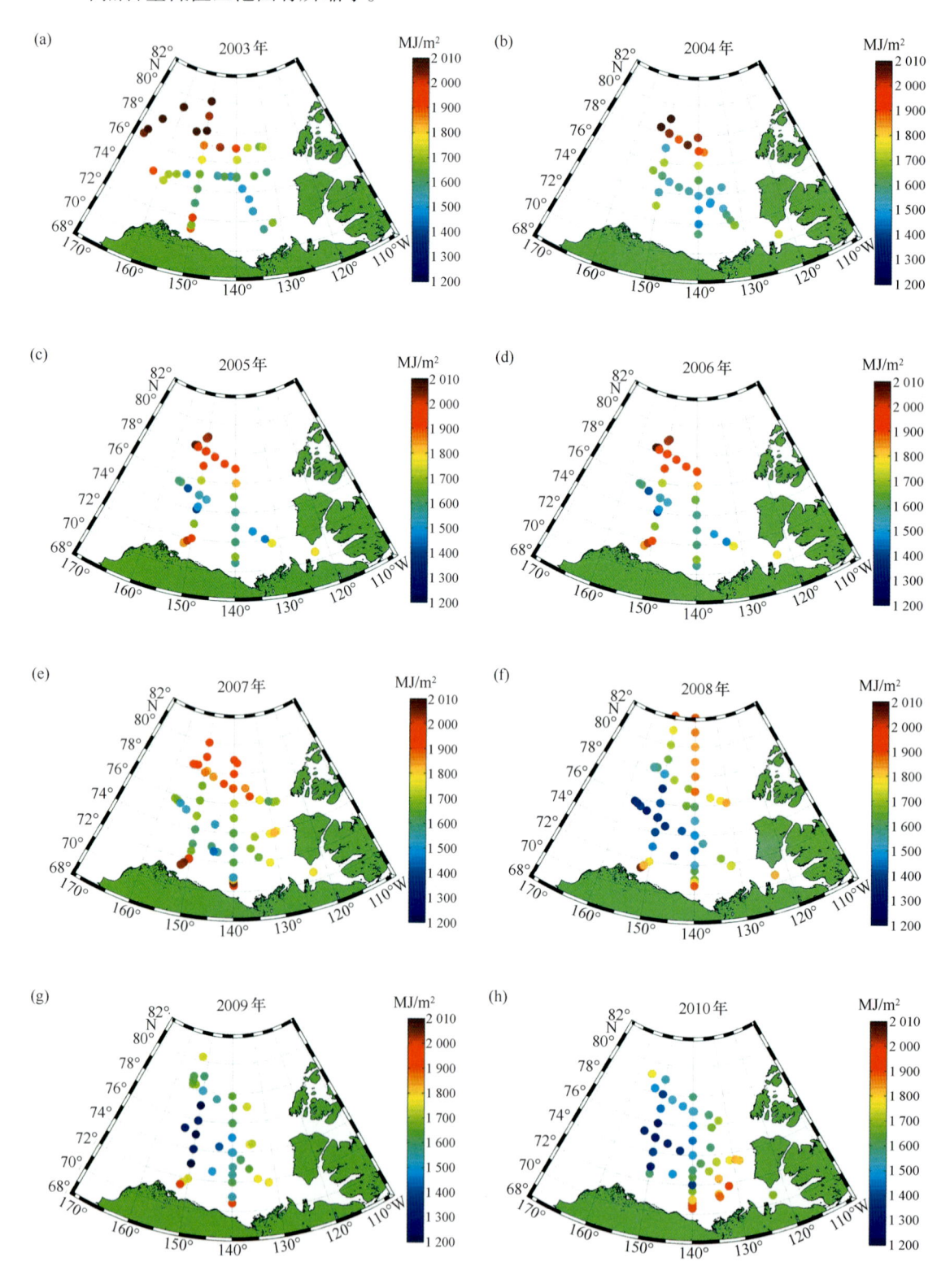

含量的分布是一个北高南低的情况，2007年开始整个海盆200～400 m热含量开始减少，到2010年除一些靠近大陆架的区域外，海盆200～400 m的热含量基本稳定在1500 MJ/m²附近。2013年热含量低值区范围有所缩小。

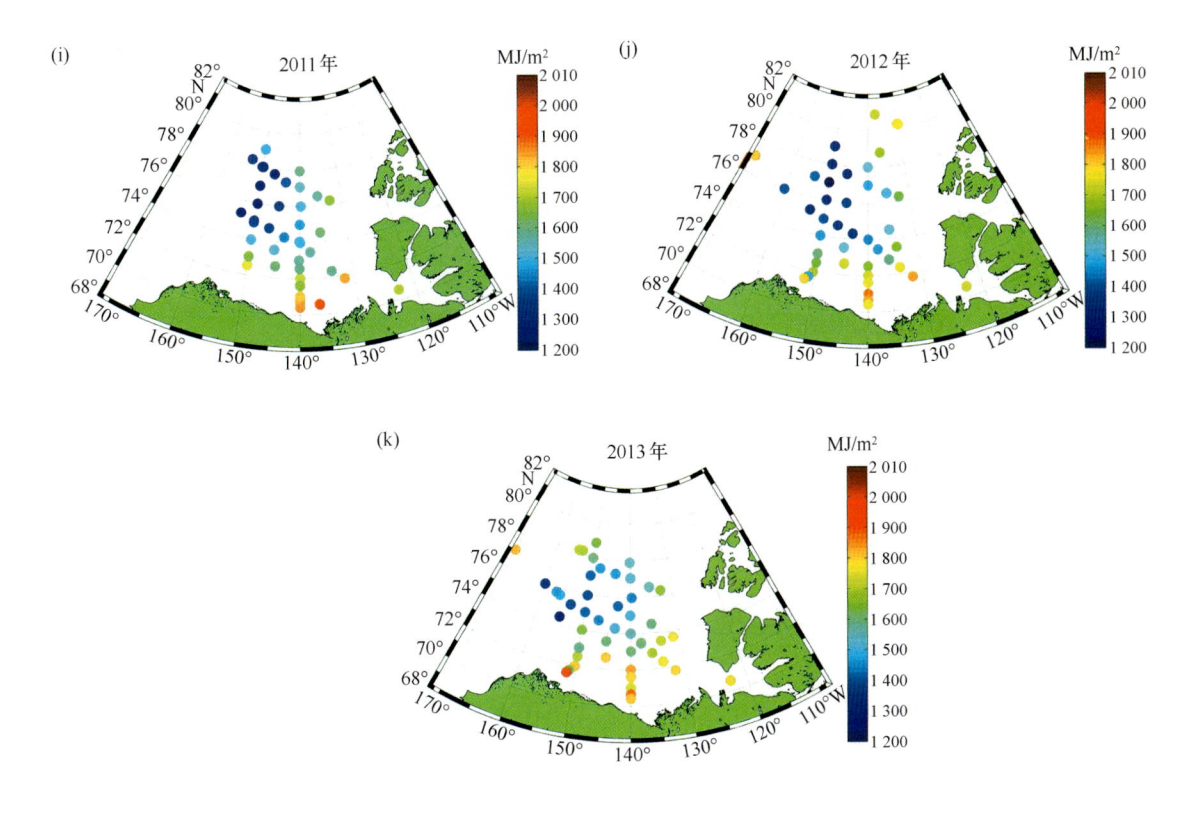

图 5.93　2003—2013 年加拿大海盆 200~400 m 热含量（MJ/m²）的空间分布

3）400~800 m 热含量。

图 5.94 是 2003—2013 年加拿大海盆 400~800 m 热含量在海盆的空间分布，从中可以看出，海盆 400~800 m 的热含量西北部和东南部存在很大差异，西北部的热含量大于东南部。从 2003 年开始，西北部的热含量就逐渐增长并且向东南部扩张，2007 年之后海盆中央区就成了热含量高值区，边缘陆坡区仍然没有受到很大影响依旧保持一个低值范围。结合图 5.89 中层水核心深度分布图可以看出，2007 年之前中层水核心深度与 400~800 m 范围热含量并没有表现出很强的相关性，但是从 2008 年开始，中层水核心深度的高值区就成了 400~800 m 范围热含量的高值区，两者有着很高的一致性，因此可以看出，2007 年之前 400~800 m 范围热含量的变化主要受垂直方向热量传输影响，2008 年开始，400~800 m 范围热含量主要受中层水核心水层深度变化影响。

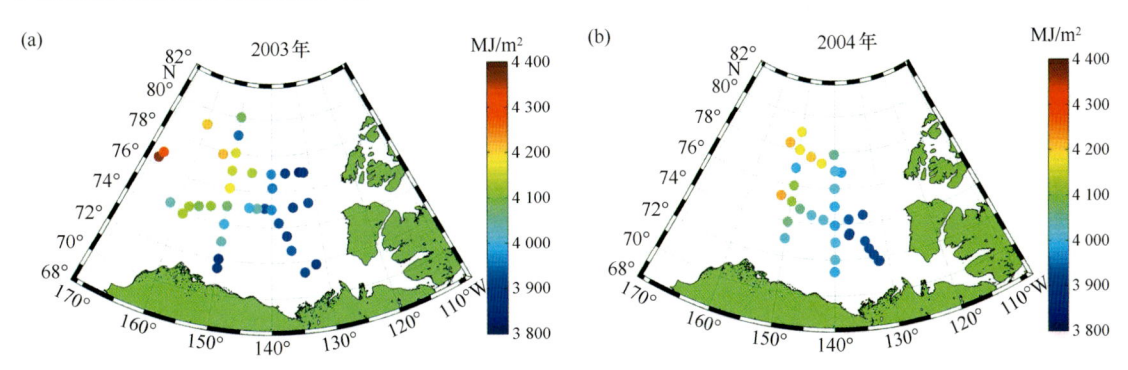

(c) 2005年

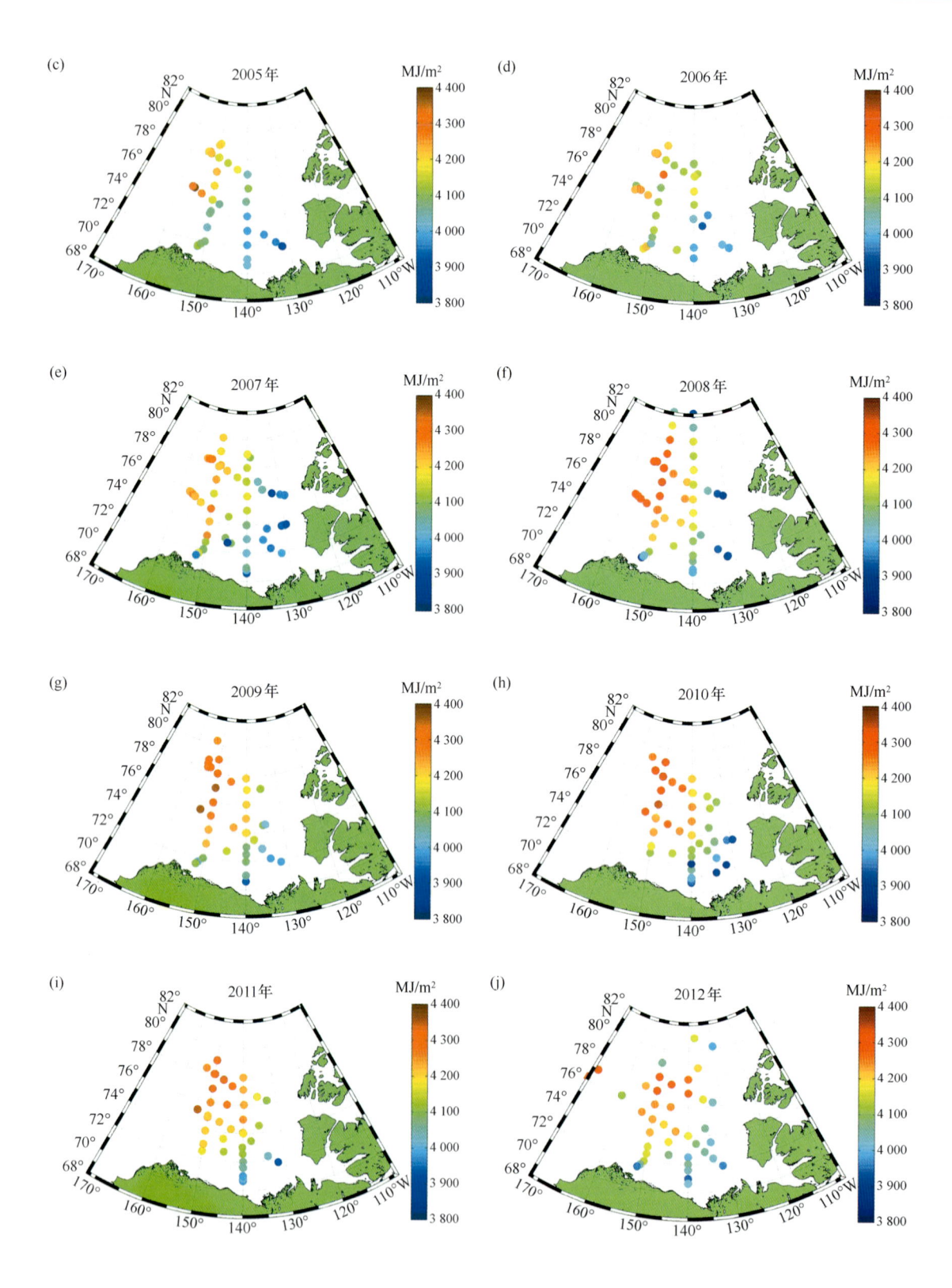

(d) 2006年

(e) 2007年

(f) 2008年

(g) 2009年

(h) 2010年

(i) 2011年

(j) 2012年

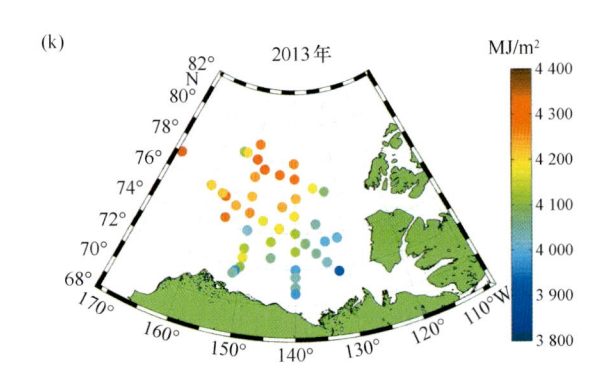

图 5.94　2003—2013 年加拿大海盆 400～800 m 热含量（MJ/m²）的空间分布

4. 小结

表层水团处于 50 m 以浅的水层，由于海面强烈的融结冰过程，该水团主要特性是低温、低盐。次表层水团深度范围在 50～150 m 之间，主要特征是高温（相对于表层水团）而低盐。在次表层水团以下，就是中层水团。又因为该水团温度存在一个极大值和一个极小值，在 1 500 m 以下，温度随深度增加而降低，盐度随深度增加而升高，但变化很小，深层水更新较慢。

加拿大海盆西北角靠近楚科奇海台区的中层水核心温度从 2003 年开始呈下降趋势，但是海盆中央区（加拿大深海平原）中层水核心温度却呈现出上升趋势，并且增暖信号在向海盆东南部波弗特海区域扩张。从 2003 年开始中层水核心深度就开始出现了加深趋势，而且海盆西部核心深度增长趋势大于海盆东部，2012 年和 2013 年波弗特海区域的中层水核心深度出现了降低。

从结果显示的不同深度范围上热含量的分布和变化情况来看，毫无疑问，中层水核心温度所处的 400～800 m 深度范围上热含量最大，200～400 m 深度范围上热含量次之，75～200 m 深度范围上热含量最小。在 75～200 m 范围上，2007 年之前热含量变化并不大，2008 年开始在波弗特海出现了热含量快速增长并出现了高值区，随后几年高值区逐渐向海盆西部移动同时最高值维持稳定状态，没有太大变化；在 200～400 m 范围上，热含量的变化总体呈下降的趋势，2003 年海盆热含量的分布是一个北高南低的情况，2007 年开始整个海盆热含量开始减少，到 2010 年除一些靠近大陆架的区域外，海盆热含量基本稳定在 1 500 MJ/m² 附近。2013 年热含量低值区范围有所缩小；而在 400～800 m 深度范围上，也是北极中层水的核心层上，海盆西北部的热含量明显大于东南部。从 2003 年开始，西北部的热含量就逐渐增长并且向东南部扩张，2007 年之后海盆中央区就成了热含量高值区，边缘陆坡区仍然没有受到很大影响依旧保持一个低值范围。

（四）海流分布与变化

1. 数据介绍

加拿大海盆位于 80°N 以北，常年被密集海冰覆盖，流速观测资料极少，中国历次北极科学考察中，仅有 2010 年第四次北极考察在该海域进行了大面积的物理海洋学观测，观测时间是 2010 年 8 月底至 9 月初。

## 2. 空间分布

中国第四次北极科学考察期间，在加拿大海盆西侧进行了南北方向的流速断面调查，如图 5.95 该海域表层流速方向基本向北，主要体现为穿极流的特征，陆坡区流速较小，约为 0.2 m/s，而在深海盆区流速很大，可以达到 1 m/s 的量级。在海盆中层海域，受楚科奇海台地形影响，大西洋水团沿着楚科奇海台陆坡向东南及西南方向运动，导致中层流速方向与表层相反，并且在地势较高的区域，流向比较集中。中层水团的流速量级在 0.4 m/s 左右，部分区域流速达到 1 m/s，有待进一步确认。

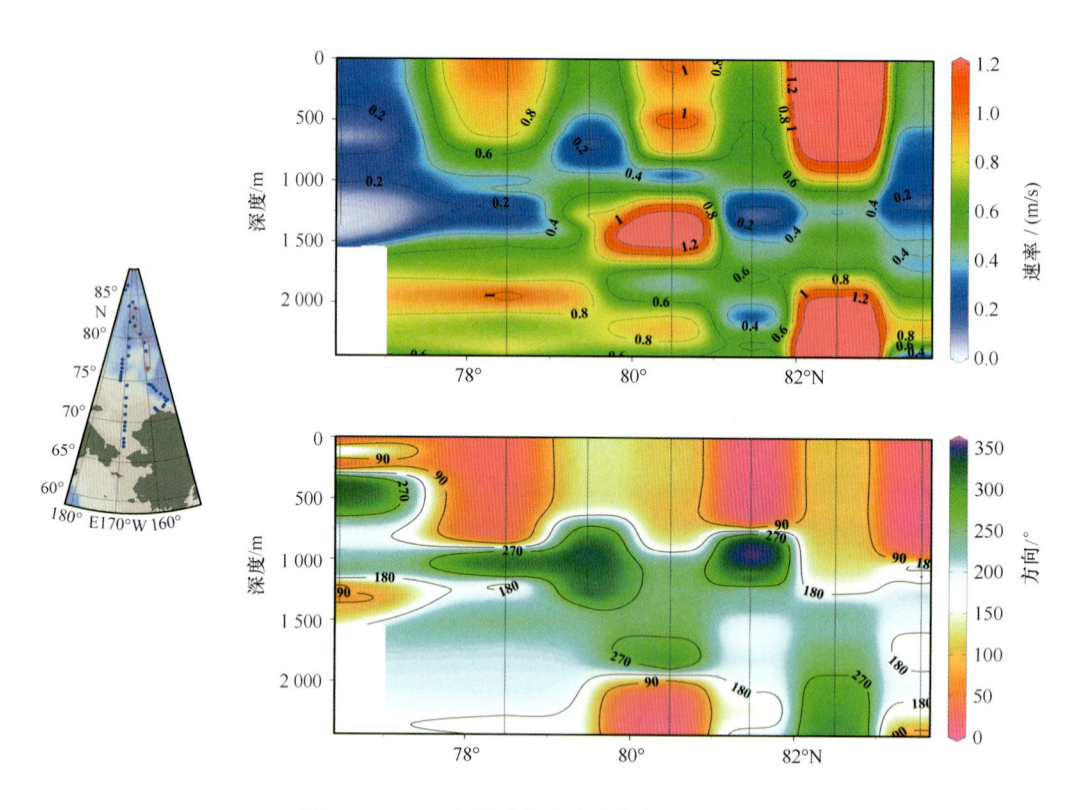

图 5.95　2010 年夏季加拿大海盆断面流速分布

### （五）冰下海洋环境

#### 1. 冰下温盐分布与变化

（1）数据介绍。

中国第五次北极科学考察以来，在冰站期间都进行了冰下温盐的观测。中国第五次北极科学考察期间共进行了 6 个冰站共计 14 个剖面（含钻孔和通透融池）的冰下水文要素特征观测，每个剖面深度不同，最深达到 220 m，最浅为 25 m，其中在阿蒙森海盆观测 7 个剖面，罗蒙诺索夫海脊观测 2 个剖面，马可罗夫海盆观测 5 个剖面。第六次北极科学考察期间，在长期冰站进行了为期 5 天的冰下温盐连续观测。观测深度为 200～300 m，共获得 200 组剖面数据。

（2）空间分布。

阿蒙森海盆冰下海水的盐度最高，达到 30.6，图 5.96 示，罗蒙诺索夫海脊处海表层盐度降低，约为 28，进入马可罗夫海盆后，冰下海表面盐度显著降低，达到 26.2 左右，初步估计是俄罗斯沿岸陆地径流的影响。大部分海域冰下海水存在一个 15~20 m 的均匀混合层，如图 5.96 左上所示，然后温度开始降低，在 50 m 左右达到温度极小值，然后温度开始上升，主要受到北极中层暖水的影响。但在马可罗夫海盆的 ICE05 站位观测到了明显的次表层暖水，临近的 ICE06 站位却没有发现，根据当时的天气记录，ICE06 站位时气温很低，风速很大，天气条件异常恶劣，海冰开始冻结，可能是析盐过程导致表层海水充分混合使得次表层暖水结构消失。

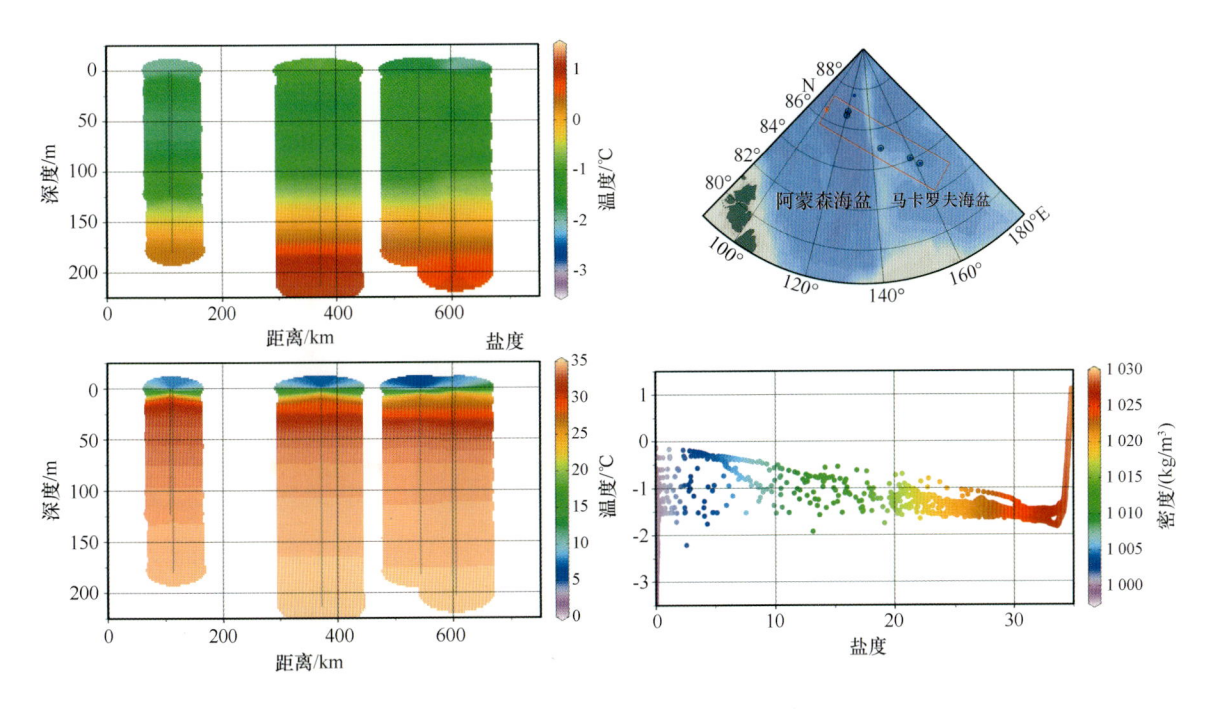

图 5.96　索夫海脊两侧上层温盐分布特征

（3）时间变化。

图 5.97 为冰下海水温盐观测期间长期冰站漂移的轨迹。观测期间将 RBR 从水中提出几次进行数据读取，这里选取了 8 月 20 日至 8 月 22 日间段的观测数据进行分析。图 5.98 中第一段空白为将 RBR 绞车观测深度从 200 m 修改为 250 m 时空缺的时间段，中间两处空白为 RBR 提出水面进行读取数据时空缺的时间段，最后一段空白为 RBR 提出水面进行读取数据后修改绞车观测深度从 250~300 m 时空缺的时间段。从图 5.98 中可以看到 200 m 以浅上层海洋的低温低盐特性水体，主体为呈现两个温度极大值的夏季太平洋水，一个温度极小值对应的冬季太平洋水。而 200 m 之下为大西洋水，相对高温高盐，在观测深度内最暖超过 0.6℃，盐度值在 34 以上。长期冰站所漂移的路径位于中层水进入加拿大海盆的入口之处，中层水在图 5.97 的红星点以南靠近北风海脊的位置分为两支，一支向东随着波弗特涡进入海盆中，一支继续沿着北风海脊向南成为绕极边界流的一部分。观测期间冰站漂移的走势表明作业冰站受到波弗特涡的作用有进入波弗特涡中的趋势。

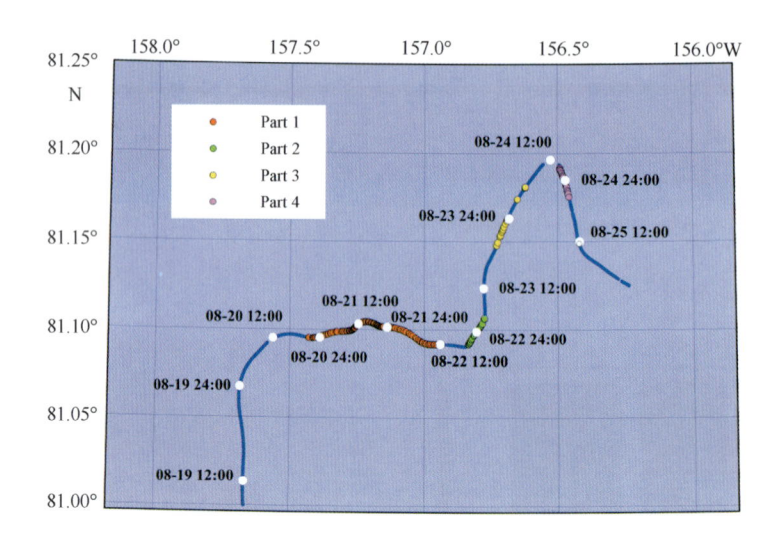

图 5.97　RBR 观测期间长期冰站漂移的轨迹

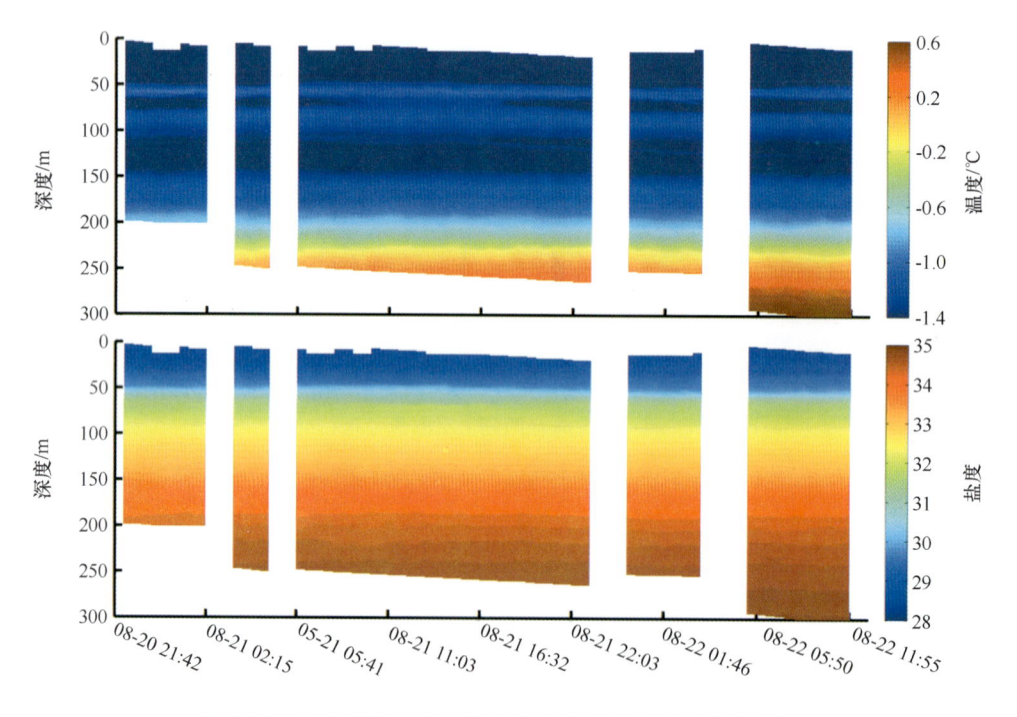

图 5.98　RBR 获取的温盐数据剖面（空白处为缺测时间段）

图 5.99 为选取的两个代表性剖面，在 100 m 以浅出现夏季太平洋水温度极大值的双峰结构，浅的温度极值在 60 m 左右，深的近 90 m，根据其温盐性质分析浅的应为阿拉斯加沿岸水（ACW），深的应为夏季白令海水（sBSW）。在 140 m 左右盐度 33.1 对应的温度极小值应为冬季白令海水（wBSW）。在 250 m 之下可以看到中层水上界面所形成的温盐双扩散阶梯结构，该结构的存在有碍于中层水向上热量的传输。RBR 观测期间捕捉到了次表层暖水随着时间的变化，次表层暖水的温度略微降低，而阿拉斯加沿岸水（ACW）的降温最明显，从观测初始的高于 $-1\,\mathrm{℃}$ 降低到后期的低于 $-1.1\,\mathrm{℃}$。夏季白令海水（sBSW）的温度变化不大。位于次表层暖水之下的冬季混合残留水的温度的升高可能与 ACW 向上释放

的热量有关。

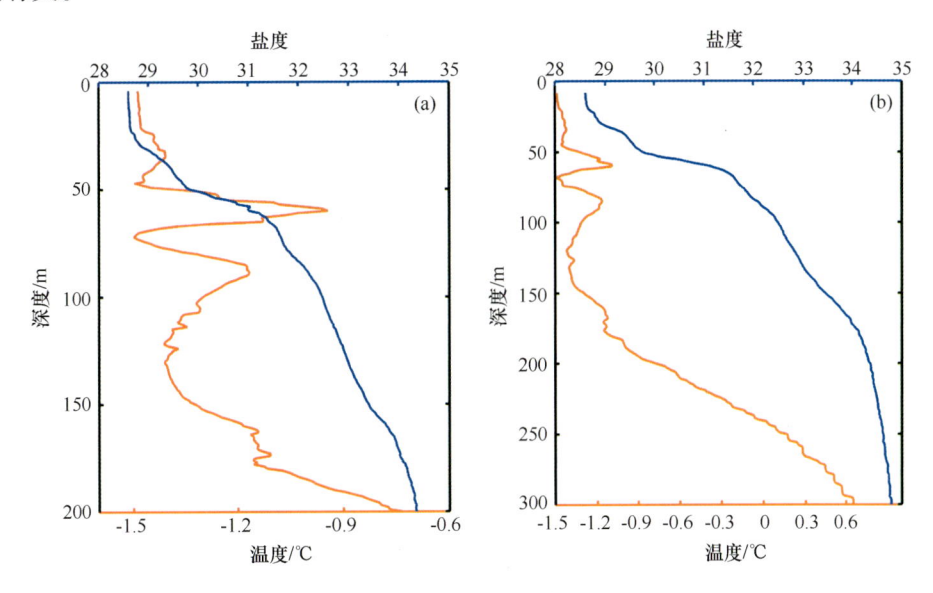

图 5.99 RBR 获取数据的剖面
(a) 为观测初期，(b) 为观测末期

### 2. 冰下海流分布与变化（刘国昕和赵进平，2012）

（1）数据介绍。

冰下海流的数据来源于中国第四次和第六次北极科学考察。观测位置是在加拿大海盆海域，作业方式是将 ADCP 声学多普勒海流剖面仪放置在多年冰下，观测冰下 100 m 以内海流的变化特征。

（2）时间变化。

2010 年中国第四次北极科学考察中，ADCP 为每 6 分钟观测一次。作为示例，在图 5.100 和图 5.101 中，将计算 Ekman 流（红线）与实测 Ekman 流的 $u$、$v$ 分量（蓝线）进行对比，图中分别为 8 月 9 日 21 点 22 分（86.82°N，178.04°W）、8 月 10 日 2 点 5 分（86.84°N，177.68°W）、8 月 10 日 4 点 7 分（86.84°N，177.35°W）、8 月 10 日 7 点 20 分（86.83°N，177.09°W）的 CTD 测量剖面的计算 Ekman 流与前后 2.5 h 内的实测 Ekman 流的对比。

从图 5.100 和图 5.101 中可以看出，实测流速剖面并不十分稳定，有一定的时间变化。另外，20 m 以下 $v$ 分量并不接近零，显然是地转流的成分。由于受未完全分离的地转流的影响，图中部分流速下部实测与计算结果存在一定差异。但是整体上体现了 Ekman 漂流的结构。从图中的数值计算结果可见，考虑密度层化计算得到的 Ekman 漂流 $u$ 分量和 $v$ 分量都与实测结果吻合很好，表明计算结果正确的模拟出了层化海洋下的 Ekman 流。

有时，计算得出的流速剖面部分与 Ekman 漂流明显偏离。例如，图 5.102 中 8 月 10 日 19：30 至 21：30 两小时内每半小时的平均流速显示，10 m 以上流速变化不符合 Ekman 漂流。

使用 GPS 数据分析海冰漂移速度，作出海冰漂移速度大小和漂移方向随时间变化图，如

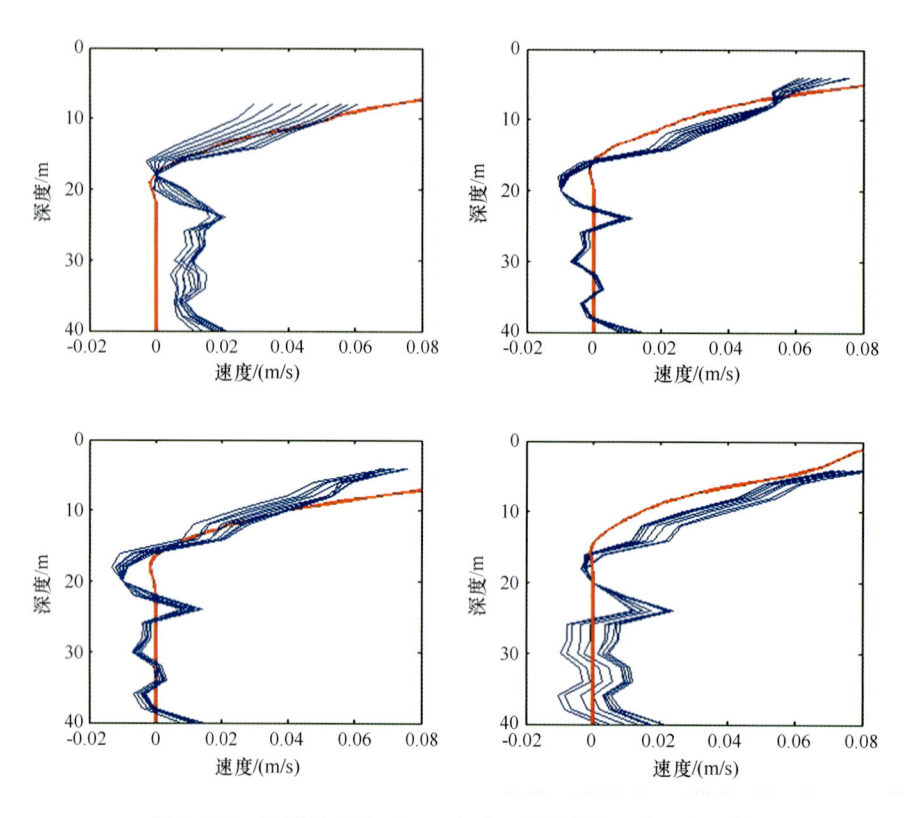

图5.100 计算得出的Ekman流速于实测数据$u$分量的比较

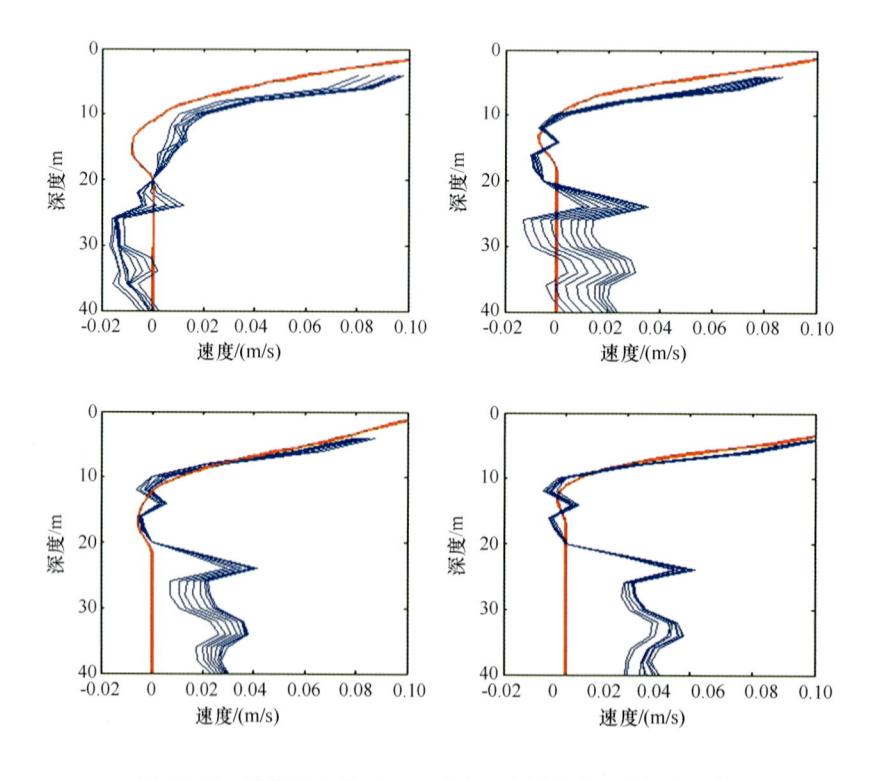

图5.101 计算得出的Ekman流速于实测数据$v$分量的比较

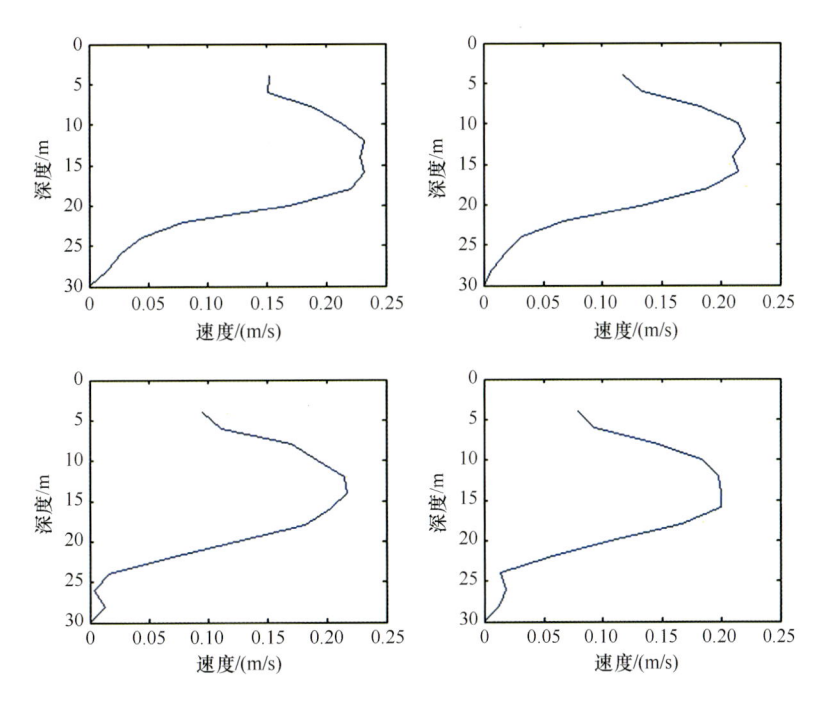

图 5.102　8 月 10 日 19 时 28 分到 21 时 28 分的平均 Ekman 流流速垂向剖面图

图 5.103 所示。其中蓝色曲线为海冰漂移速度大小随时间变化曲线，红色曲线为海冰漂移方向的相位随时间变化曲线，灰色阴影部分为类似图 5.98 中所显示的不完全与 Ekman 漂流吻合的情况。从图 5.99 中可以看出，不完全与 Ekman 漂流吻合的情况较少，大部分实测结果与计算得出的结果相吻合。其中阴影部分处漂移速度大小和和漂移方向的变化率都较大，我们分析认为，不完全与 Ekman 漂流吻合的情况是由于表层海冰流速发生变化，速度变化或者发生方向变化，导致较浅处海水流速发生变化，下层海水还未响应过来，仍保持原有流速，导致流速剖面与 Ekman 流不符。经过表层海冰一段时间的较为稳定的拖曳后，表层海水达到稳定，将会形成新的 Ekman 流动。

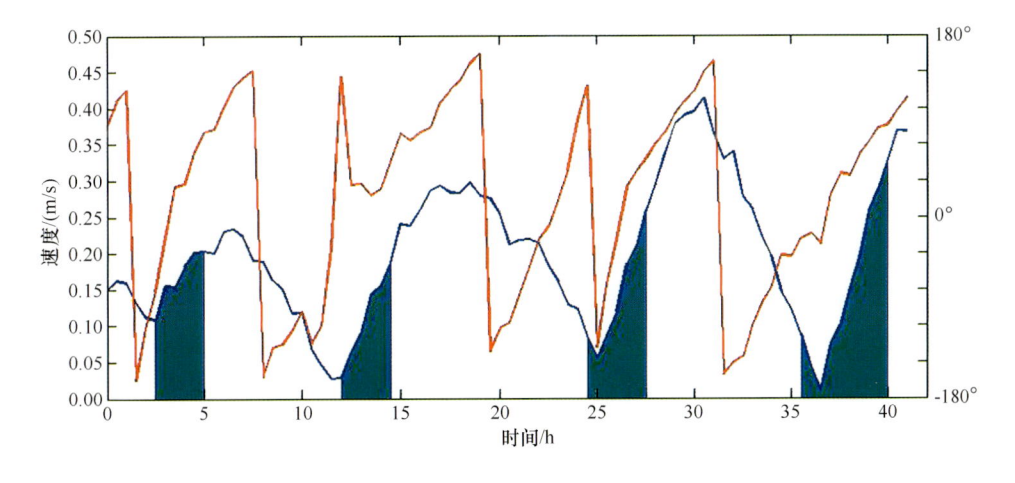

图 5.103　海冰漂移速度图

以上结果表明，使用海水的密度数据计算得出 Ekman 流剖面与观测结果吻合，可以对冰下层化海洋中表层 Ekman 流流场进行准确的模拟。这个结果有两方面的意义。第一，在没有 ADCP 观测的条件下，可以依据实测的温盐数据和层化海洋的 Ekman 漂流理论，计算获得上层海洋的 Ekman 漂流场，该流场可以很好地体现上层海洋的漂流运动，并且代表了上层海洋的流场剪切，对研究上层海洋海水运动有重要意义。第二，由于海洋湍流黏性系数和湍流扩散系数都可以由密度梯度和流速剪切计算出来，用密度剖面数据和 Ekman 理论得到的上层海洋剪切可以用来描述海洋湍流结构，有助于理解上层海洋的垂向湍流运动，以及与此相关的能量传输问题。

在极地海洋研究中，由于南北极的观测存在很大困难，现场观测数据比较稀少，在很多时候在处理温盐数据时缺少相应的流场数据，而在数据的处理计算中往往又需要使用流速进行计算，这时可以使用上述方法，使用理论计算得出的 Ekman 流流场对表层流场进行估算，尤其是在计算流速垂向剪切时，可以得出较好的结果。

2014 年夏季在加拿大海盆海域，从 8 月 21 日至 22 日两天数据记录来看（图 5.104），流速和流向均存在一个半日的周期变化，表明观测海域的上层存在较明显的半日潮信号。而流速大小在 50 m 的深度位置存在一个明显的极大值，这一深度与海水的温度极大值（太平洋夏季水）深度相当。但是 8 月 23 日至 24 日这两天中半日周期的信号变得模糊（图 5.105），取而代之的是 23 日 09 点至 24 日 09 点持续约一天时间的一次流速生消变化。期间流速方向基本维持稳定，但垂向整体的速度大小逐渐增大，极值可以达到 230 mm/s 以上，位于 40～60 m 的深度范围。

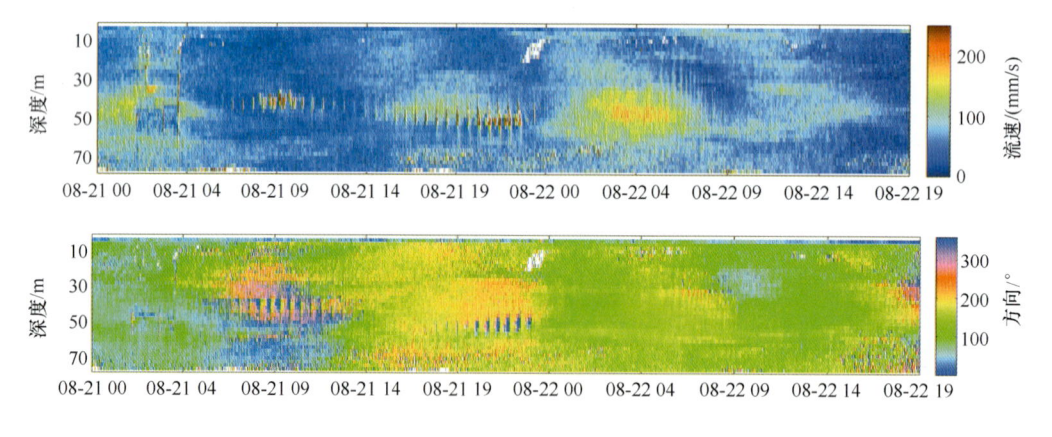

图 5.104　8 月 21 日至 22 日期间 LADCP 观测的流速大小（mm/s）和方向（°）（未订正）变化

考虑到以上分析是基于原始的 ADCP 观测记录，并未剔除掉仪器自身随海冰的旋转（角度误差）和漂移（速度误差）。但是这些误差对于流速的垂向剪切并不会产生影响。而观测期间，速度的剪切主要存在于 30 m 深度（混合层底）和 60 m 深度（夏季太平洋水下界面），对应着不同水团的界面。这种速度剪切可能引起的层流不稳定对于不同深度上水团温盐性质，尤其是温度特征的维持值得更多的关注。

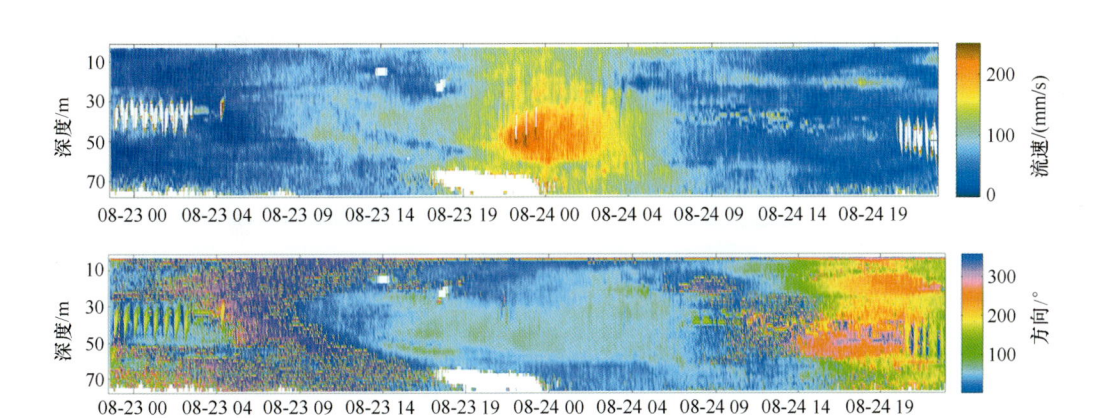

图 5.105　8 月 23 日至 24 日期间 ADCP 观测的流速大小（mm/s）和方向（°）（未订正）变化

## （六）光学环境

### 1. 数据介绍

本部分主要使用 2006 年参加加拿大科学考察海洋光学数据和 CTD 数据，研究加拿大海盆漫衰减系数的水平分布和垂直分布。并且利用此次考察数据中的密集站点 013～028 站点研究了太阳辐射能在海水中的分配。图 5.106 右图给出了加拿大科学考察中站点分布。

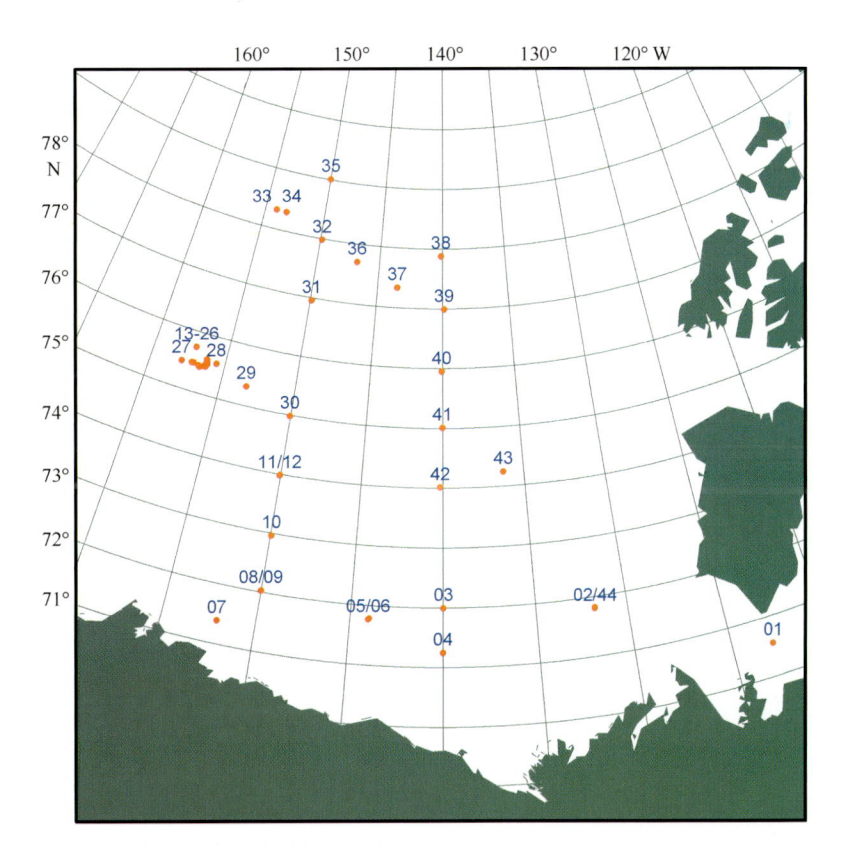

图 5.106　2006 年加拿大北极科学考察站位图

在中国第三次和第四次北极考察中实施了海洋光学观测。两次观测时间基本相同，都处于海冰融化阶段以及海洋生物过程活跃阶段。我们分别选取了18个站点和9个站点，都位于72°—80°N，172°—145°W之间，分布在楚科奇海、楚科奇海台、陆坡海域、北风海脊以及加拿大海盆西部海域（如图5.107）。

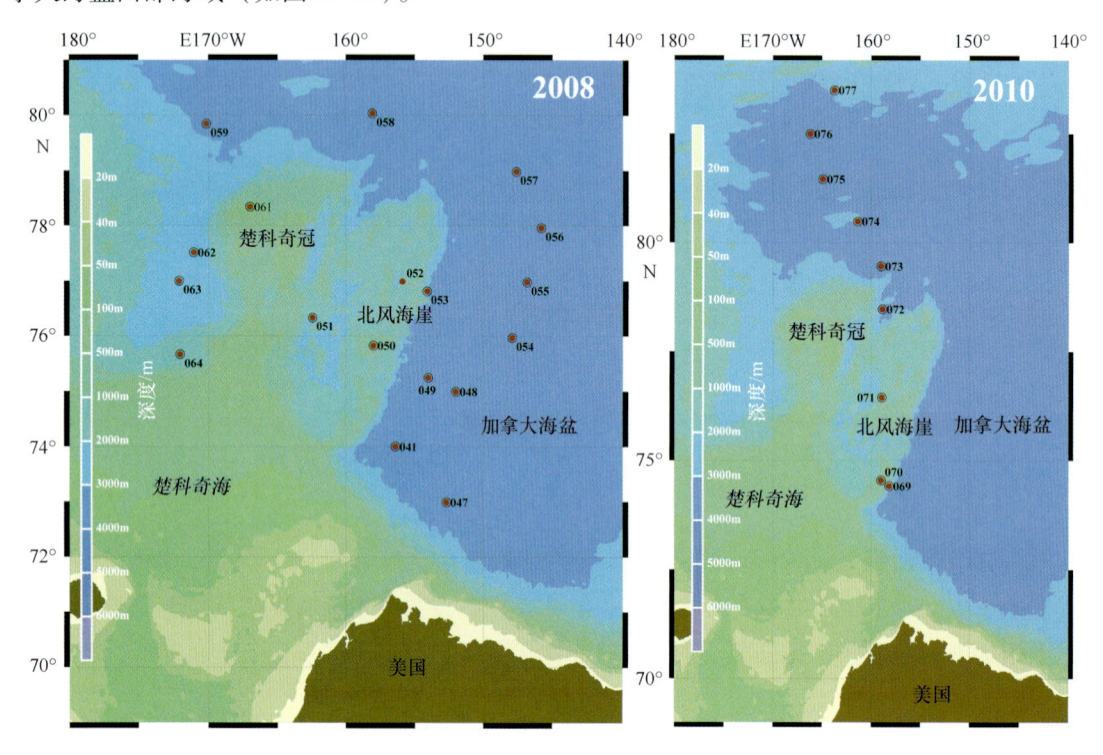

图5.107 中国第三次（左）和第四次（右）北极科学考察海洋光学站位图

### 2. 加拿大海盆漫衰减系数的垂直分布

如图5.108所示，实测海水漫衰减系数垂向分布用红色曲线表示，绿色阴影表示的纯海水光束衰减系数。计算衰减系数时取辐照度阈值为，以避免因辐照度过弱带来的衰减系数的误差。结果表明，625 nm及以上的光在海水中衰减很大，与纯海水中这些光的衰减基本一致，主要是海水分子的吸收为主。紫外波段313 nm的光在纯净海水中衰减系数并不大，但在真实海水中衰减系数很大，在很短的垂直范围内被全部吸收。已有研究表明，紫外辐射主要被CDOM中的氨基酸、嘌呤和嘧啶化合物、腐殖酸和木质素所吸收。衰减较弱的主要是380~589 nm的光。在纯净海水中，这些波长的光衰减范围都在100 m以上，然而，即使在最洁净的海水中，海水的衰减系数也要比纯净海水大得多（图5.108）。对于纯净海水，380 nm的光衰减系数非常小（0.042 9 m），衰减深度为107 m。然而，在实测的数据中，380 nm的光衰减深度只有不到50 m。

对所有站进行分析，得到加拿大海盆光学衰减系数的垂向分布主要有3个典型结构，如图5.109所示。

第一种是以07站为代表的水体，衰减系数上层最大，465 nm衰减系数的最大值达到0.25/m，衰减深度很浅。这种水体主要是受近岸过程影响的水体，上层生物含量高，对光学衰减影响很大。

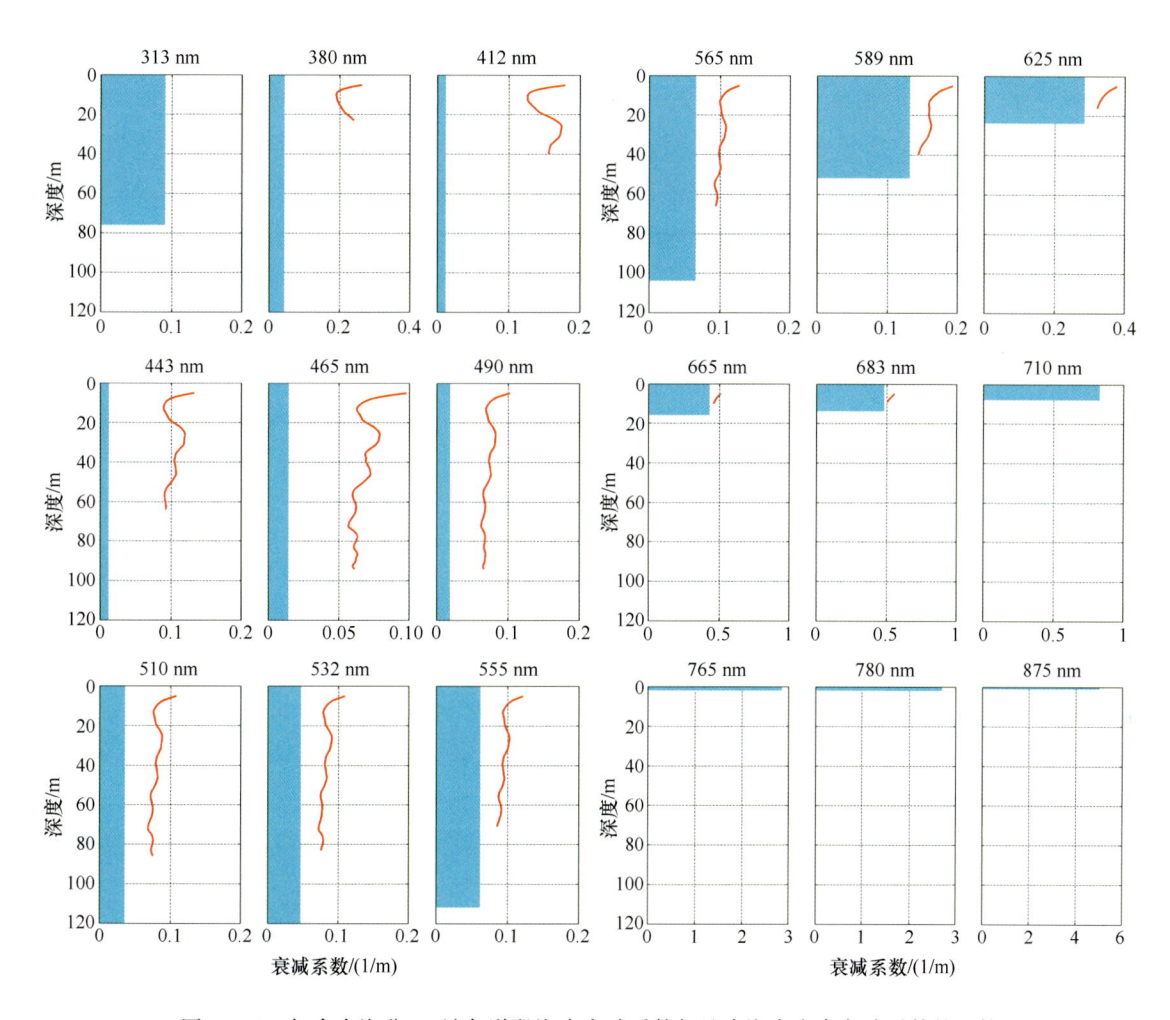

图 5.108　加拿大海盆 06 站各谱段海水衰减系数与纯净海水光束衰减系数的比较

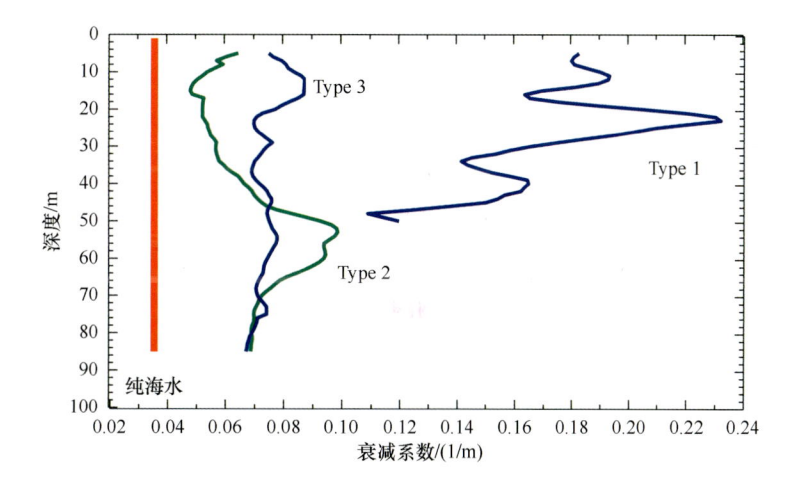

图 5.109　加拿大海盆三种典型的光学衰减剖面

图中曲线为 465 nm 光的衰减系数。Type 1 水体以 07 站为代表，Type 2 水体以 12 站为代表，Type 3 水体以 32 站为代表，红线为纯海水的衰减系数

第二种以 12 站为代表，衰减系数最大的在 60 m 左右的水层，465 nm 最大衰减系数为 0.08/m 左右，远小于近岸水体，衰减深度很大。这部分主要是加拿大海盆西部的水体，太平

洋水在中层最为丰富，引起 60 m 左右的较高衰减系数的水层。

第三种以 32 站为代表，465 nm 漫衰减系数近乎均匀，最大值出现在近表层，大约在 0.07/m 左右。这部分水体主要在加拿大海盆东部，大都被海冰覆盖，大量的太阳光只能通过冰间水道进入上层海洋。大量浮游植物在表层繁殖，引起表层漫衰减系数比下层要大。同时下层海水浮游植物很少，衰减系数趋于均匀。

从衰减系数的计算结果中体现出，所有测站的水体可以划分为近岸水体和深海水体。近岸水体很容易区分，表层高衰减系数是其典型特点。北冰洋的深海水体实际上也分为具有典型差异的两种水体。一种是以 Type 3 为代表的加拿大海盆东部水，其上层受海冰的影响衰减略大，中下层保持为低值常数。另一种是以 Type 2 为代表的加拿大海盆西部水，510 nm 的衰减系数在 20~70 m 范围的隆起，在 43~53 m 出现峰值，与加拿大海盆东部水完全不同。

3. 加拿大海盆漫衰减系数的水平分布

上一节给出了衰减系数的垂向分布及几种典型的垂向结构。本节主要研究衰减系数的水平分布特征。由于整个衰减系数的空间分布是三维的，我们需要计算若干有用的积分物理量，来描述衰减系数的空间分布。在海洋学研究中，有各种物理量测量光在海水中的特性，例如：透明度、真光层厚度、衰减长度等。这里我们主要计算衰减深度、光学厚度和光合有效辐射三个物理量。

（1）光学衰减深度的分布。

图 5.110 是计算得到的各站各谱段光衰减深度的分布图。可见，红光谱段和紫光谱段的衰减深度普遍较小，313 nm 和波长长于 625 nm 的光衰减深度在 10 m 之内。衰减深度最大的光是 465 nm，可以达到 100 m 以上，表明较深水体中的光主要是以 465 nm 为中心的蓝光。

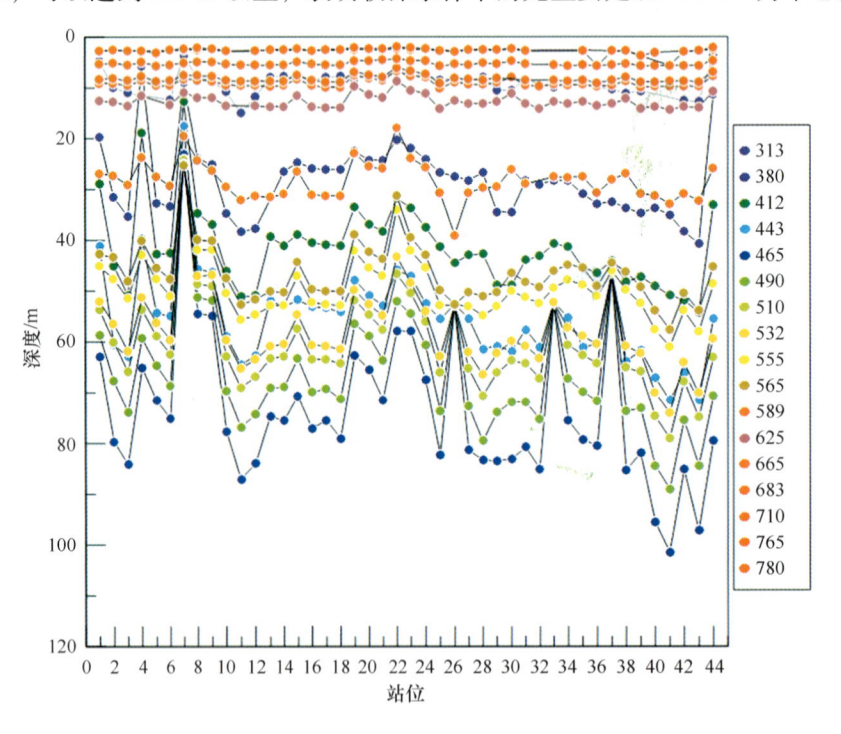

图 5.110 各站各谱段的衰减深度

图中两虚线之间为连续测站

## 第五章 考察主要分析与研究成果

然而,同样波长的光在不同海区衰减的深度很不一样。引起衰减深度变化的原因是浮游植物的繁殖,如上节所述。影响浮游植物浓度的原因一方面与太平洋入流水携带的高营养盐有关,另一方面是海冰融化导致太阳辐射增加。因此,光学衰减深度实际上代表了对整个水柱积分的海洋浮游植物引起的光衰减,与浮游植物的总量有关。图 5.110 中两虚线之间是 13~26 剖面,所有 14 个站位集中在一个小区域内。在这个区域内衰减深度也在变化,可以从 80 m 变到 60 m,我们后面将看到,这个变化与 19 站开始的一场大风过程有关。

图 5.111 是 510 nm 光衰减深度的水平分布图。从图中可见,衰减深度最大达到 70 m 以上,位于加拿大海盆的东部海域。衰减深度最小的地方位于巴罗峡谷,衰减深度不足 30 m,是来自太平洋的水体进入加拿大海盆的主要通道。太平洋水丰富的浮游植物是引起光衰减的主要因素。研究表明,到达巴罗海谷的太平洋水主要向北输送,有时沿着海岸向东输送,水体的高浮游植物含量被稀释形成加拿大海盆光衰减深度西低东高以及沿岸地区较高的态势。另外一个衰减深度比较小的地方在北部的海冰边缘区,那里浮游植物旺发,导致衰减深度减小为 60 m 以内。在加拿大海盆东部的海冰覆盖区,浮游植物很少,衰减深度达到最大。

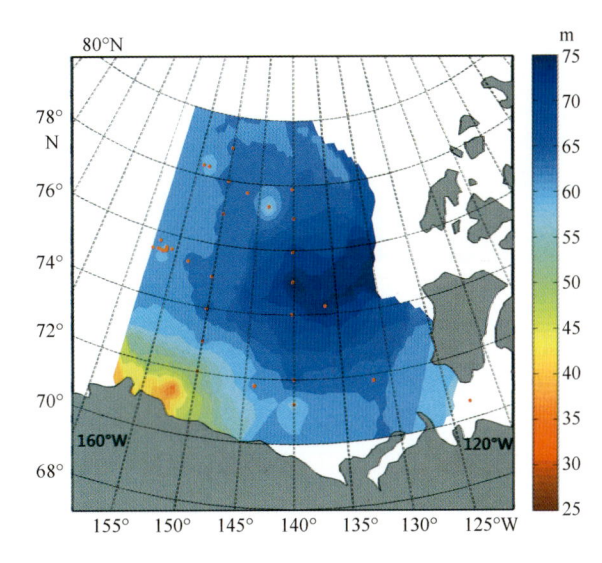

图 5.111 510nm 光衰减深度的水平分布

(2) 光学积分厚度分布特征。

光学厚度的结果进一步体现了北冰洋的深海水体在不同水层上光学特性的差异,如图 5.142 所示,巴罗外海的高衰减系数出现在各个水层中,清楚地体现了近岸水体的特征。深海水体比较清,表层衰减系数较低。加拿大海盆西部水在 30~60 m 深度范围内有比较高的衰减,意味着生物繁殖相对旺盛。而加拿大海盆东部水相对贫瘠。加拿大海盆西部水可能来源于陆架,也可能来源于 Barrow 海谷,沿北风海脊东缘向北输送。而在 0~30 m 的水层,以及 60 m 以下的水层,加拿大海盆东西两部分的水体并没有明显的区别,表明太平洋水体的影响深度主要在 30~60 m 之间,其他水层的水体光学特性在整个加拿大海盆是接近的。在上层水体中,在北部的海冰边缘区总是存在较强的衰减,而在 60 m 以下,光学厚度几乎没有体现海冰边缘区的影响。

实际上,衰减深度和光学厚度都是光学衰减系数派生的量,衰减深度侧重于描写整个水

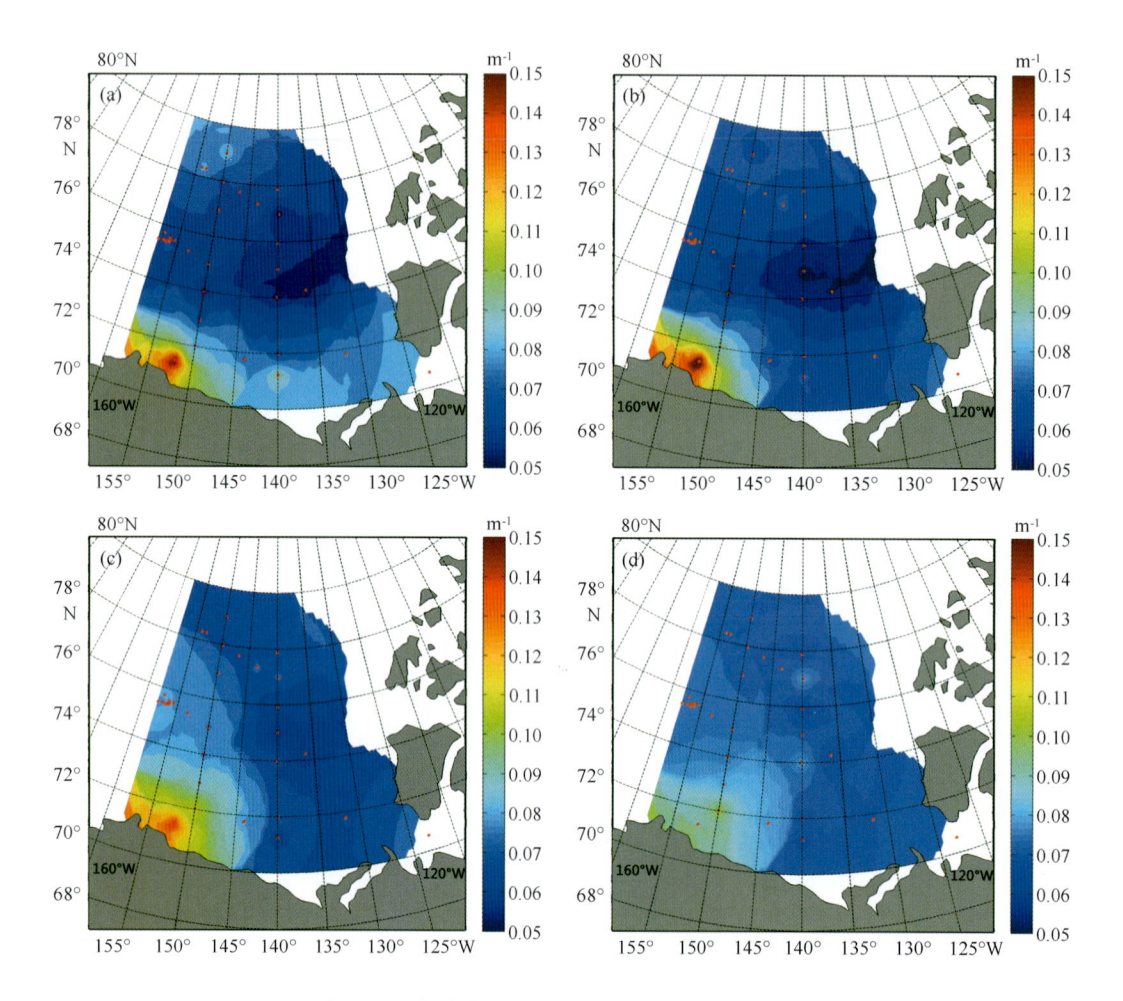

图 5.112 加拿大海盆 510nm 海水光学厚度的分布

(a) 0~15 m; (b) 15~30 m; (c) 30~60 m; (d) 60~90 m

柱内的总衰减特性，而光学厚度则可以给出不同水层衰减特性的差别。这几个量的关系是，水体浊（清）时，衰减系数大（小），衰减深度小（大），光学厚度大（小）。因此，衰减深度和光学厚度是反向变化的物理量。

**4. 垂直衰减系数与叶绿素浓度之间的关系**

在 I 类海水中，垂直衰减系数一方面受纯水垂直衰减系数（$K_w$）影响，另一方面受生物过程影响。我们常使用叶绿素浓度 a 描述生物量，表示为 Chl a。在 1988 年，Morel 开发了一个 I 类海水生物光学模型描述 $K_d$ 和 Chl a 之间的关系，详见下式（Morel，1988）：

$$K_d(\lambda) = \chi(\lambda)[\text{Chl a}]^{e(\lambda)} + K_w(\lambda) \quad (5-1)$$

其中 $\chi(\lambda)$ 和 $e(\lambda)$ 是拟合系数。$K_w$ 常使用下式获得：

$$K_w \approx a_w + \frac{1}{2}b_w \quad (5-2)$$

其中 $a_w$ 和 $b_w$ 为纯海水的吸收和散射系数，$K_w$ 的值取自前人的研究成果，表 5.24，对式（5-1）经过简单处理可得如下：

$$K_{bio} = K_d - K_w \quad (5-3)$$

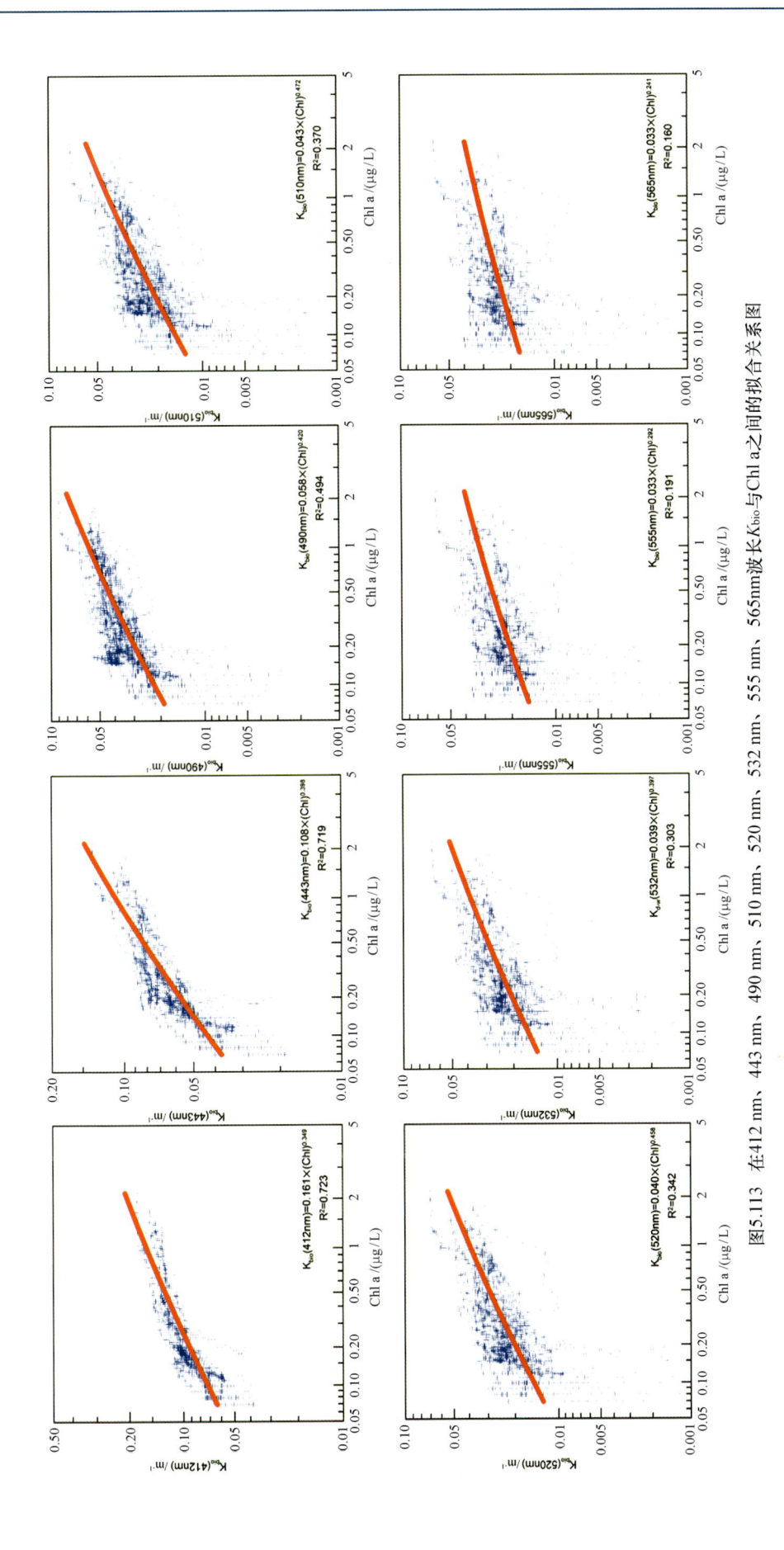

图5.113 在412 nm、443 nm、490 nm、510 nm、520 nm、532 nm、555 nm、565nm波长$K_{bio}$与Chl a之间的拟合关系图

由于观测区域常年被海冰覆盖且远离海岸，非常清澈，这里的海水依据 Jerlov 分类而被视为 I 类海水。于是，本文首先利用式（5-1）试图建立观测区域垂直衰减系数与叶绿素浓度 a 之间的关系式，见图 5.113 所示，得到的拟合系数 $\chi(\lambda)$ 和 $e(\lambda)$ 见表 5.24。

表 5.24 $\chi(\lambda)$ 和 $e(\lambda)$ 拟合得到的和与 Morel 的结果对比

| | 波长/nm | $K_w/m^{-1}$ | $e(\lambda)$ | $\chi(\lambda)$ | $R^2$ |
| --- | --- | --- | --- | --- | --- |
| 拟合结果 | 412 | 0.007 95 | 0.349 | 0.161 | 0.723 |
| | 443 | 0.009 55 | 0.398 | 0.108 | 0.719 |
| | 490 | 0.016 60 | 0.412 | 0.058 | 0.494 |
| | 510 | 0.033 85 | 0.472 | 0.043 | 0.370 |
| | 520 | 0.042 14 | 0.458 | 0.040 | 0.342 |
| | 532 | 0.045 60 | 0.397 | 0.039 | 0.303 |
| | 555 | 0.060 55 | 0.292 | 0.033 | 0.191 |
| | 565 | 0.065 05 | 0.241 | 0.033 | 0.160 |
| Morel | 415 | 0.007 65 | 0.655 55 | 0.123 32 | — |
| | 445 | 0.009 90 | 0.674 43 | 0.105 60 | — |
| | 490 | 0.016 60 | 0.689 55 | 0.072 42 | — |
| | 510 | 0.033 85 | 0.685 67 | 0.059 43 | — |
| | 520 | 0.042 14 | 0.680 15 | 0.053 41 | — |
| | 530 | 0.044 54 | 0.672 24 | 0.048 29 | — |
| | 555 | 0.060 53 | 0.642 04 | 0.039 96 | — |
| | 565 | 0.065 07 | 0.630 00 | 0.037 50 | — |

拟合得到的决定性系数（$R^2$）在 412 nm 和 443 nm 都超过了 0.70，且大于其他波长的决定性系数。决定性系数在长波长处较小，例如在 555 nm 和 565 nm 仅仅只有 0.191 和 0.190。超过 600 nm，由于 $K_d(\lambda)$ 和 Chl a 不再满足幂函数，而没有给出拟合结果。拟合系数 $\chi(\lambda)$ 表现出明显的向下减小的趋势，范围在 0.03～0.16，与 Morel 得到的结果类似。拟合系数 $e(\lambda)$ 表现出先增大后减小的趋势，范围在 0.24～0.48。趋势与 Morel 的结果类似，但值只有 Morel 结果的一半。

垂直衰减系数与叶绿素浓度相关性最好位于 443 nm，是因为此波长刚好位于叶绿素吸收波段上。在北极，浮游植物作为叶绿素的载体必然极大影响垂直垂直衰减系数。正如前人的研究结果，生物颗粒与浮游植物在 443 nm 总的吸收系数据与叶绿素浓度密切相关。虽然垂直衰减系数不明确相等于吸收系数，但在 I 类海水中吸收系数确实对垂直衰减系数影响最大的因素。

拟合得到的系数在与低纬度海域得到的拟合系数对比发现，两者最大的不同在于系数 $e(\lambda)$。这说明了，北极生物存在特殊的生物光学特征。而这种特殊的生物光学特征也早已被其他科学家发现。依据前人的研究结果，可以肯定，由于大的生物个体以及高包裹类型的浮游植物存在直接导致低叶绿素-光谱吸收系数，最终导致垂直衰减系数偏小。由于这种特殊的生物光学特性，导致的结果是，在北极，高浓度叶绿素浓度产生较低纬度偏小的垂直衰减系数。

拟合系数的不同必然要在数字模拟中体现，否则，北极海水将吸收更多的太阳辐射，从而融化更多的海冰，可能会对模拟结果造成影响。

同时，需要注意的是，虽然 500 nm 的垂直衰减系数与叶绿素浓度拟合关系不好，但是不可否认得是，该部分的太阳能也是很重要的，确定这些波长的垂直衰减系数也是非常重要的。需要其他方法确定该波段内的垂直衰减系数。

5. 小结

由于海冰长期覆盖，加拿大海盆水体透光性很好，光学衰减系数远小于世界其他大洋。本项研究不仅采用 NASA 半宽度为 4 m 的标准算法计算了海水衰减系数的垂向剖面，依据垂向衰减系数的结构，可以将加拿大海盆的垂向光学衰减特征分为 3 种类型，即近岸高衰减类型、中部高衰减类型和垂向均匀类型。

文章中用两个积分量表征海水衰减的水平分布，衰减深度和光学厚度。衰减深度体现海水柱整体的衰减特性，得到了衰减特性不同的三个海区。Barrow 外海是衰减深度最小的近岸海域。深海的衰减深度要大得多，其中西部是来自太平洋的水体平流与扩散的海域，衰减深度比东部要小，体现了稀释了的太平洋水体中浮游植物的影响。而太平洋水没有到达加拿大海盆的东部，那里的水体清澈，衰减深度很大。文章中还用不同水层的光学厚度来揭示不同水层衰减特性的空间分布。光学厚度越小，表明光衰减得越少。光学厚度除了体现衰减深度所表征的三个区域特征之外，还关注了不同水层的特点，揭示了太平洋水主要在 30~60 m 的水深范围内沿加拿大海盆西侧向北扩展。

由于观测海域海水为 I 类海水，可以断定，该处垂直衰减系数主要受叶绿素浓度控制。本文采用幂函数描述垂直衰减系数与叶绿素浓度之间的关系。发现，拟合系数 $\chi(\lambda)$ 表现出明显的向下减小的趋势，范围在 0.03~0.16，与 Morel 得到的结果类似。拟合系数 $e(\lambda)$ 表现出先增大后减小的趋势，范围在 0.24~0.48。拟合关系最好的位于短波波长，例如 412 nm 和 443 nm，它们的决定性系数都超过 0.7。在长波波长，决定性系数小于 0.2，可以看出，此时，垂直衰减系数和叶绿素浓度之间的关系不再符合幂函数。

与低纬度海水最大的差别在于拟合系数 $e(\lambda)$ 仅为低纬度海水得到的系数的一半。可以肯定，是由北极大个体和高包裹性浮游植物引起的低吸收系数引起的。需要指出的是，两者的差别需要在以后生物光学模型中特别说明。

（七）海洋湍流

1. 数据介绍

中国第六次北极科学考察期间，在加拿大海盆进行了海洋湍流的观测，观测时间是 2014 年 7 月底至 8 月初，观测站位如图 5.114 所示。

2. 海洋湍流环境空间分布

从 S03 站的谱分析中来看，如图 5.115，剪切谱值 $sh1$（$sh2$）高于水平加速度 $A_x$（$A_y$）的谱值，与 Nasmyth 理论谱值变化趋势较为接近，湍动能耗散率在接近海底时增大，应为地形作用的结果。

船载 VMP 的结果显示在陆架上湍动能耗散率较大，海盆内部湍动能耗散率减小，如图 5.116 所示，在无双扩散区域的湍动能耗散率到达 $10^{-8}$ W/kg 的量级（如：S04，S06 和 S07

站位），而在有双扩散区域的站位湍动能耗散率要小于 $10^{-8}$ W/kg。湍动能耗散率在 50 m 以下（VMP 下降速度稳定阶段）总体为 $10^{-9}$ W/kg 的量级。

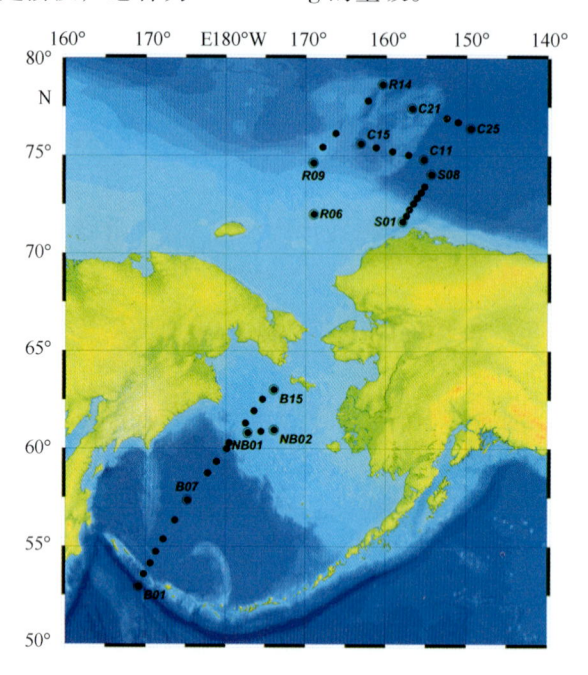

图 5.114　海洋湍流观测站位

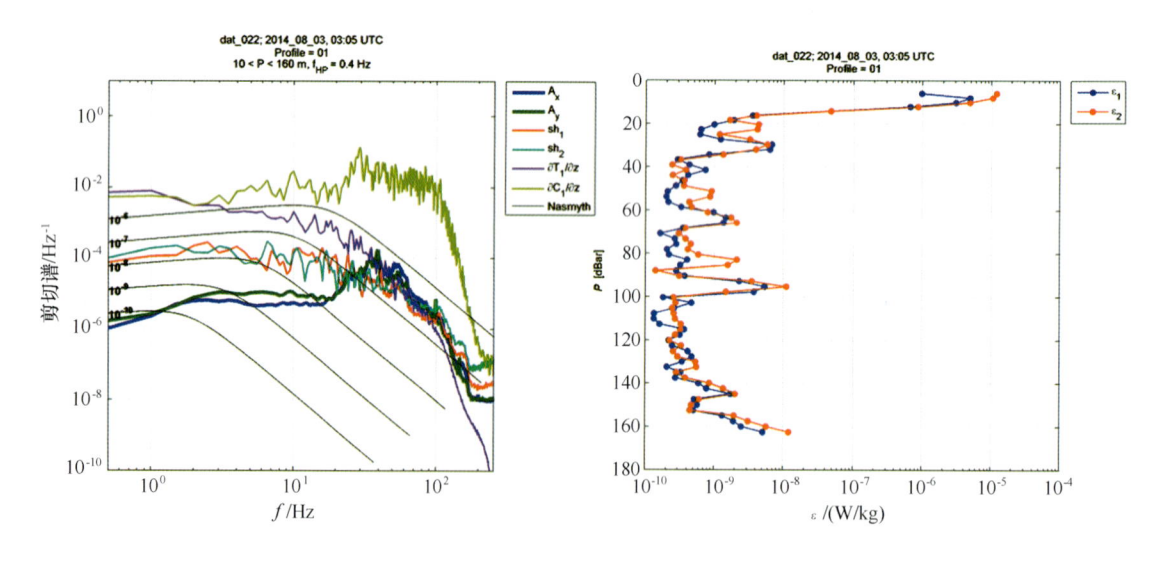

图 5.115　S03 站的剪切谱分析和湍动能耗散率

可以看到在跃层之下对应着湍流扩散系数的极小值，在中层水与上层水的阶梯结构界面上，湍流扩散系数的增大，到达 $10^{-4}$ m²/s 的量级，在上盐跃层底部和下盐跃层上部之间的湍扩散系数为 $10^{-6}$ m²/s 的量级。

相比船载 VMP 的观测，冰上观测的 MSS 结果显示出 450 m 之上较为均一的弱湍流环境。计算的垂向热通量小于 1 W/m²，在阶梯结构界面会有所增强，如图 5.117 所示。

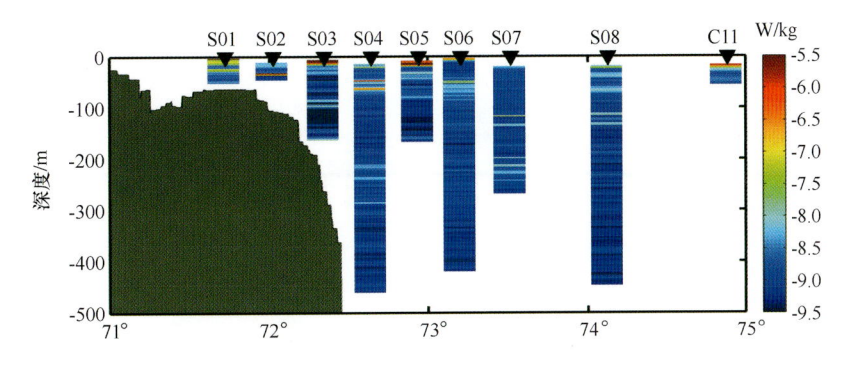

图 5.116　加拿大海盆 S 断面 VMP 观测结果

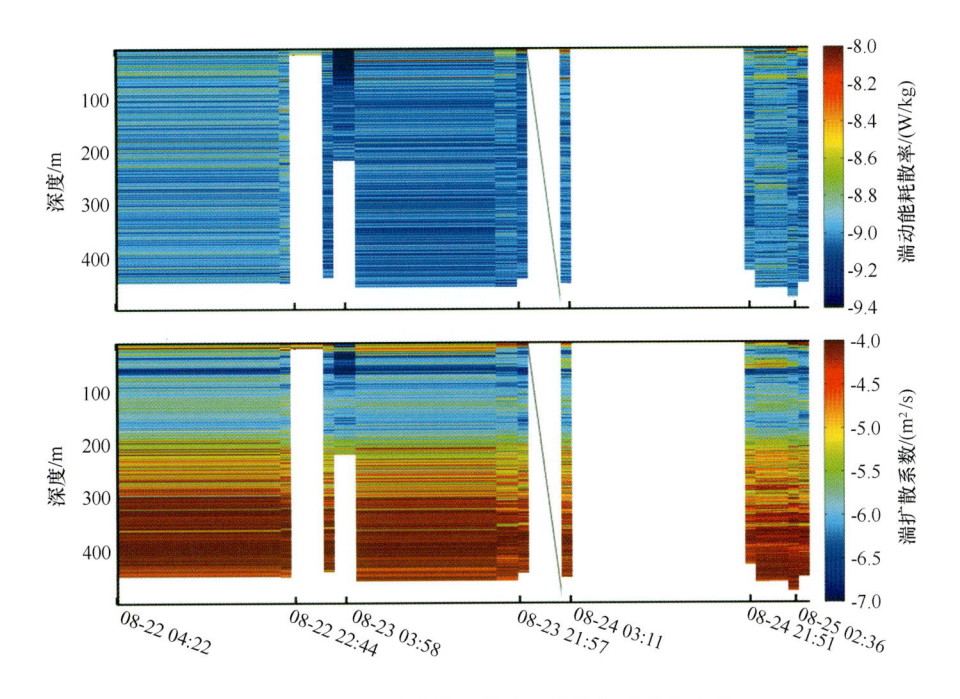

图 5.117　冰下湍动能耗散率和湍扩散系数的变化

## 六、北欧海海域物理海洋环境

### （一）北欧海介绍

#### 1. 地形

北欧海（The Nordic Seas）是对格陵兰海（Greenland Sea），挪威海（Norwegian Sea）以及冰岛海（Iceland Sea）的统称（图 5.118）。海区主体部分被莫恩海脊（Mohn Ridge）、Knipovick 海脊以及扬马延破碎带（Jan Mayen Fracture Region）分成了 3 个相对独立的海盆：格陵兰海盆（Greenland Basin，GB），罗弗敦海盆（Lofton Basin，LB）和挪威海盆（Norwegian Basin，NB）。北部的弗拉姆海峡（Fram Strait，FS）的海槛深度约为 2 600 m，是连接北冰洋唯一的深水通道。在南部，通过格陵兰—苏格兰海脊与北大西洋相接，最深的海槛位于

Faroe Bank Channel，深度约为 850 m。北欧海的海域总面积大约 $2.5 \times 10^6$ km²。

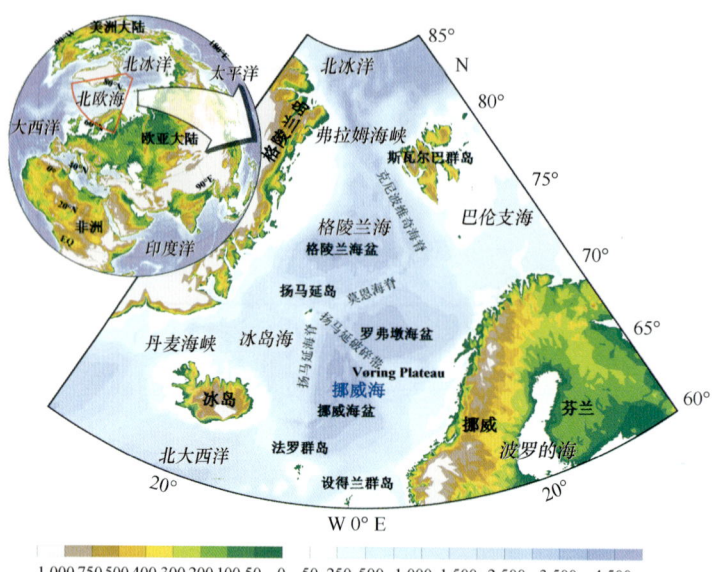

图 5.118　北欧海地形及地理称呼介绍

### 2. 北欧海环流

由于地形的约束作用，进北欧海的流动主要沿着陆坡或者洋中脊运动，北欧海上层环流的基本形式见图 5.119。根据漂流浮标记录的轨迹信息，对北欧海内的上层海洋环流进行了大量的研究，发现北欧海内的海水整体上以气旋式环流运动为主，在由海脊和陆坡围绕形成的几个主要海盆中，其内部的次级环流也呈现出气旋式运动的特征。北大西洋暖流自冰岛-法罗-设得兰通道进入北欧海之后，并不是完整的一支流动，而是存在两个分支：最主要的一支海流（挪威陆坡流）沿着挪威的陆架和陆坡继续向北到达罗弗墩海盆，该支海流主要通过法罗-设得兰通道进入，并因流幅窄、流量大而较好地维持了自身的高温和高盐特征；而另外一支位于暖流西边界的支流自法罗-设得兰通道进入挪威海（被称为挪威海流），这支海流在到达挪威海盆的北部时会沿着扬马延海脊产生一个南向的分支，构成大西洋暖流水在挪威海盆内的气旋式环流。北欧海的中层环流与上层环流基本一致，Voet 等根据布放在 1 000 ~ 1 500 m 深度上的中性浮子运动轨迹指出在这三个主要海盆中以气旋式的运动为主。

### 3. 北欧海水团

北欧海表层的水文特征受到沿着挪威陆坡北向流动的挪威海大西洋暖流（Nowegian Atlantic Current，NwAC）和自弗拉姆海峡向南流动的东格陵兰寒流（East Greenland Current，EGC）的共同影响。在北极锋（Arctic Front，AF）以西是低温低盐的极地水（Polar Water，PW），以东则是高温高盐的大西洋水（Atlantic Water，AW）。

北欧海中层的水体以低盐为显著特征，被称为北极中层水（Arctic Intermediate Water，AIW），其产生于冬季格陵兰海与冰岛海表面至中层的冷却对流，格陵兰海的 AIW（GAIW）向东入侵到大西洋层下形成了挪威海内的中层水（NAIW）。一方面 NAIW 向南越过冰岛-法罗-苏格兰海槛对北大西洋深层水的形成有直接的重要贡献，另一方面，部分 NAIW 会随着

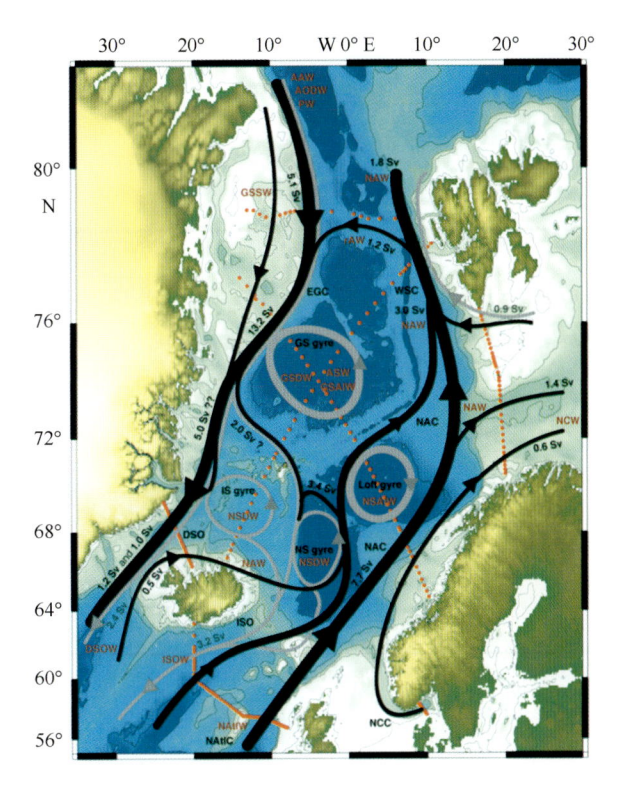

图 5.119　北欧海基本环流示意图（引自 Hawker，2005）

图中黑色箭头表示表层流速，灰色箭头表示中层流速。图中黑色字母表示为各支流系：
EGC：东格陵兰寒流，NAC：北大西洋暖流，WSC：西斯匹兹卑尔根流，DSO：丹海峡溢流，ISO：冰岛至设得兰岛溢流，NCC：挪威沿岸流

西斯匹次卑尔根流向北通过弗拉姆海峡，对北冰洋内的水团性质产生影响。新形成的 AIW 在温度和盐度特征上均存在一个极小值，但是在随后的离开源地的运动过程中极小值特征会因为海水内部的混合而逐渐弱化。此外，格陵兰海流涡中的亚中尺度涡对 500 m 以深至 2 000 m 深度内水的通风也可能存在重要的贡献。

在北欧海深层（>1 500 m），水体性质已经相对均匀，不过微弱的温盐差异表明这里依然存在弱的分层结构：向下盐度逐渐升高的深层水、盐度存在极大值但溶解氧含量低的北冰洋深层水（Arctic Ocean Deep Water，AODW）以及盐度相对较低但溶解氧含量高的底层水。越过弗拉姆海峡海槛的北冰洋深层水可以分为加拿大海盆深层水（CBDW）和欧亚海盆深层水（EBDW），均具有高盐和相对高温的特征，随着东格陵兰寒流自格陵兰海陆坡向南进入北欧海。其中，CBDW 盐度极大值的核心位于上层 1 500~1 800 m 深度内，不过会受到冬季对流过程的破坏而被 AIW 所取代。EBDW 的盐度极大值分布在 2 000~2 500 m 的深度上，通过洋中脊间的深海通道，分别参与到格陵兰海和挪威海气旋式的深层环流中。

传统上认为是冬季格陵兰海表面的冷却对流过程逐渐加深并最终导致深层水的形成，但是随后的观测显示尽管格陵兰海深层水体性质接近均匀，但仍存在微弱的层化，所以深层水的形成可能还存在其他的机制。由于挪威海冬季对流仅限于上层的大西洋水，因此，挪威海的深层水团的分布主要依赖来自于格陵兰海和北冰洋深层的平流与混合过程。

(二) 温盐分布与变化

1. 断面温盐的分布与变化

（1）数据介绍。

挪威海海域的水文观测包括两个航次的断面观测和一个海气耦合浮标的长期观测。断面观测分别是2012年中国第五次北极科学考察和2014年北欧海联合调查。中国第五次北极科学考察期间在挪威海海域进行了19个站位的观测，站位如图5.120（左）所示，观测时间是2012年8月4日至11日。2014年北欧海联合观测期间共进行了76个站位的观测，观测站位如图5.120（右）所示，观测时间是2014年9月20日至10月5日。

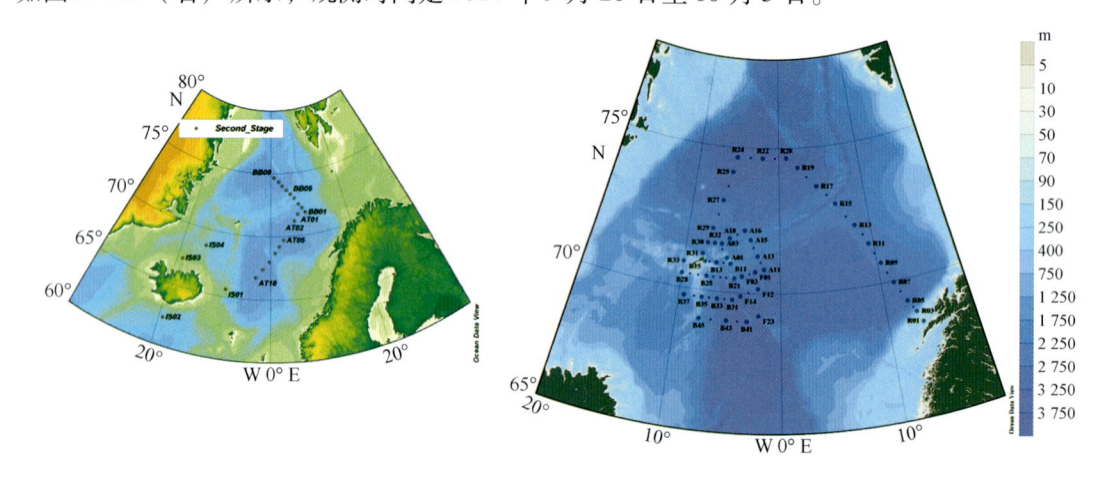

图5.120 北欧海水文观测站位图：中国第五次北极科学考察（左）和北欧海联合调查（右）

（2）空间分布。

根据中国第五次北极科学考察的观测数据，我们发现，从格陵兰海—挪威海跨脊断面图中可以清楚地看到右侧向北流动的挪威暖流和左侧向南流动的格陵兰寒流，它们之间存在明显的锋面，如图5.121所示。挪威暖流为高温高盐水体，主要来源是北大西洋水，在其下部为相对低温低盐的北极深层出流水。

挪威海AT断面表层高温高盐，最高温度高于10℃，温盐结构分布相似。如图5.122所示，断面是倾斜的，断面北部上层为向北流动的北大西洋暖水，下层为相对低温低盐的北极深层出流水。南部上层相对较薄的暖水层为北大西洋回流水。在垂直剖面上，温度、盐度均随深度的增加而减小。温度变化范围为0.8~10.9℃，盐度变化范围为34.85~35.25，由此可以看出温度变化比盐度变化更剧烈。

2014年的北欧海考察共完成75个站点的CTD观测，根据后文研究需要只列出部分断面，如图5.123所示，分别为：格陵兰海流涡中央至扬马延岛附近的R2断面，沿扬马延岛北部莫恩海脊陆坡的R3A2断面，横切莫恩海脊的两条断面（A1断面和A0断面），横跨扬马延水道的B1断面，横跨扬马延海脊、挪威海盆和罗弗敦海盆的三条断面（自北向南依次为B2F0断面、B3F1断面和B4F2断面）。

1）R2断面。

R2断面为格陵兰海流涡中央至扬马延岛北部的一条断面，包括R24站至R31站共8个站

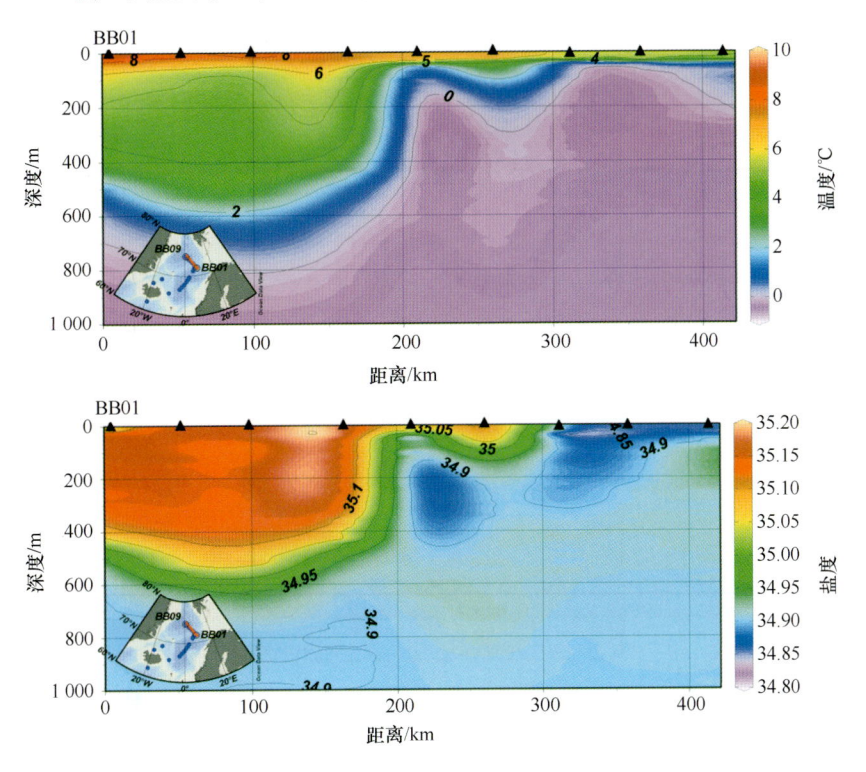

点，其中 R25 站位于流涡中央，R31 站位于扬马延岛北部。

图 5.121　格陵兰海 – 挪威海跨脊断面温度盐度分布特征

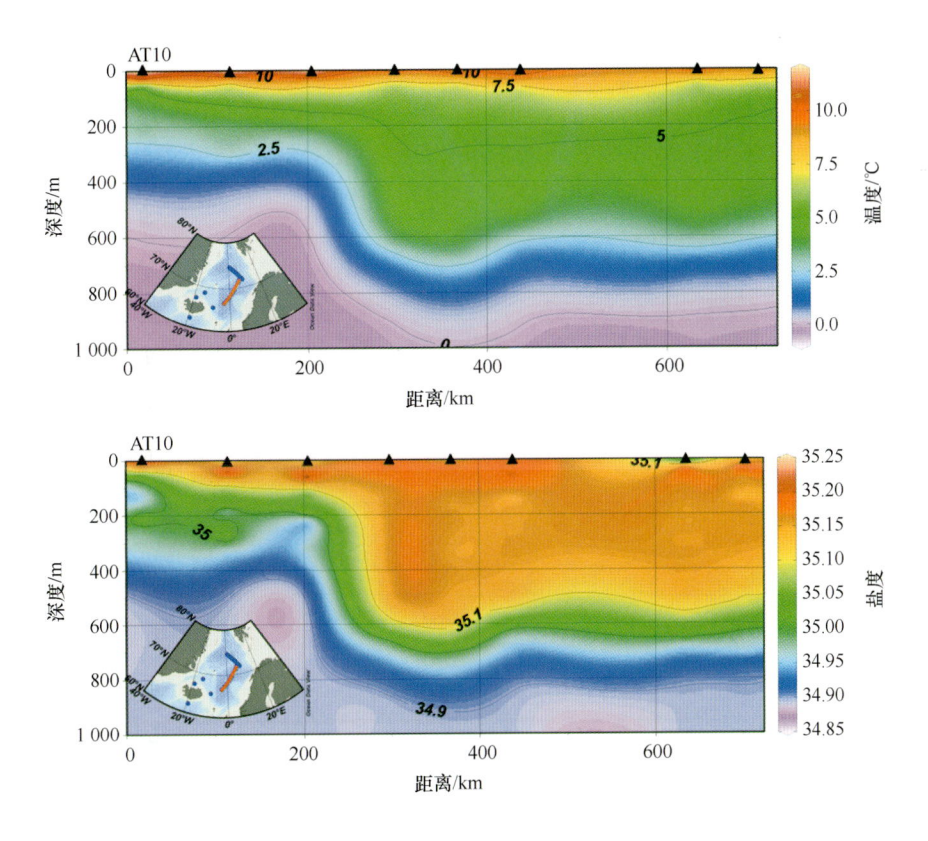

图 5.122　挪威海断面温度盐度分布特征

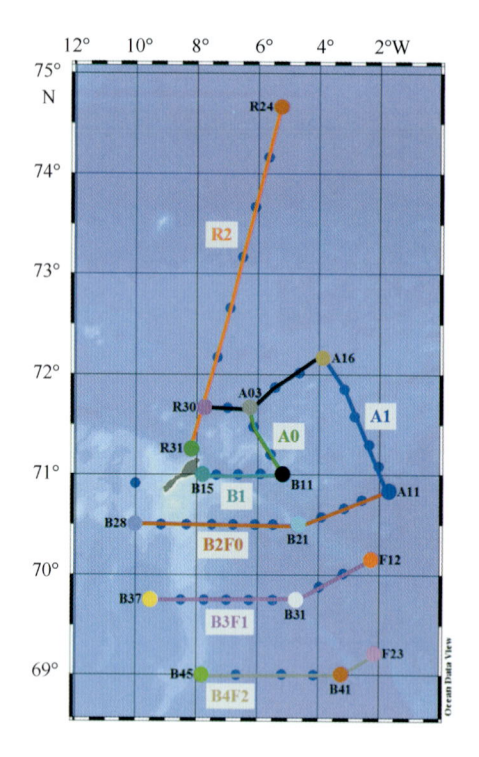

图 5.123　北欧海观测断面分布图

图 5.124 给出了 R2 断面的温度分布图。表层受到夏季加热的影响温度升高，但是格陵兰海中央表层温度仍然较低。格陵兰海的混合层较浅，约 30 m，其下的季节性温跃层也仅至 40 m。次表层温度最显著的特征为 R27 站温度较高的水体深度较大，而 R30 站存在一个低温低盐水核，位于 50~120 m，温度可低至 -0.39℃，为来自东格陵兰流的极地水。该断面中层的温度结构表现为流涡中央低温水体的拱形结构以及流涡南侧深达 500 m 的略高温水体。在此背景下，R31 站 350 m 的低温水很可能为融冰水或极地中层水，将在后文进行讨论。

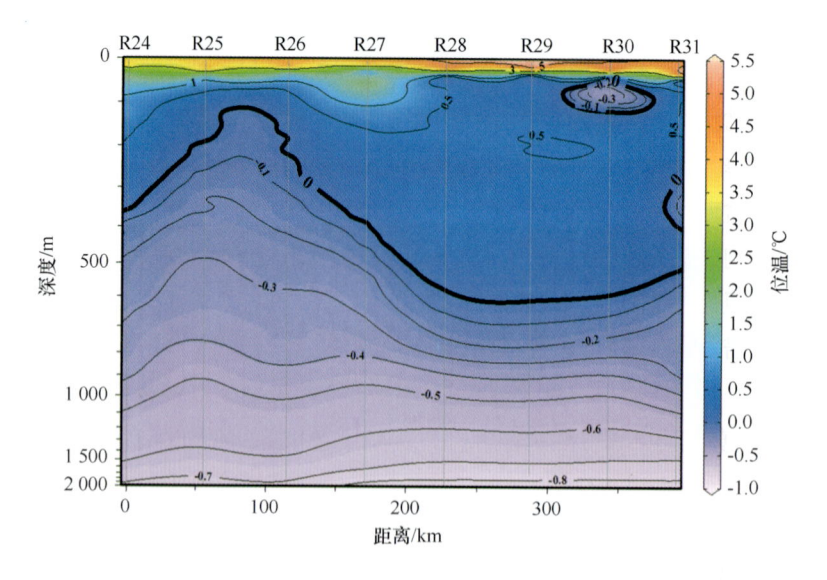

图 5.124　R2 断面（自北向南）温度分布

为了清晰起见，采用了非线性纵坐标，插值过程考虑了地形的影响（下同）

对比之下，格陵兰海的盐度分布相对复杂，体现了复杂的水团特性（图 5.125）。流涡中央的 R24 站次表层的高盐水盐度可达 35.0，但是温度仅为 2℃ 左右，该水体在 R26 站、R27 站表层也有分布，但是厚度较小，中间被盐度小于 34.91 的低盐水分离开来（R26 站和 R27 站之间的高盐值 35.0 是由插值过程导致的）。由其高温特性可知，该高盐水应为西斯匹次卑尔根流直接回流的大西洋水，由于其温度较高无法到达更大的深度。断面南部盐跃层之下为低盐水体，其中 R30 站对应于其次表层低温特性，盐度相对较低。中层 300 m 之下为相对高盐的水，可至 1 000 m。该高盐水在海盆中央盐度相对较低，对应于其低温特性，为格陵兰海北极中层水，可能形成于冬季的冷对流过程。而断面南部中层盐度较高，其中最高可达 34.931（R28 站 500 m）。格陵兰海的中层盐度最小值深度在 1 500 m 左右，该深度一定程度反映了上个冬季的对流强度。

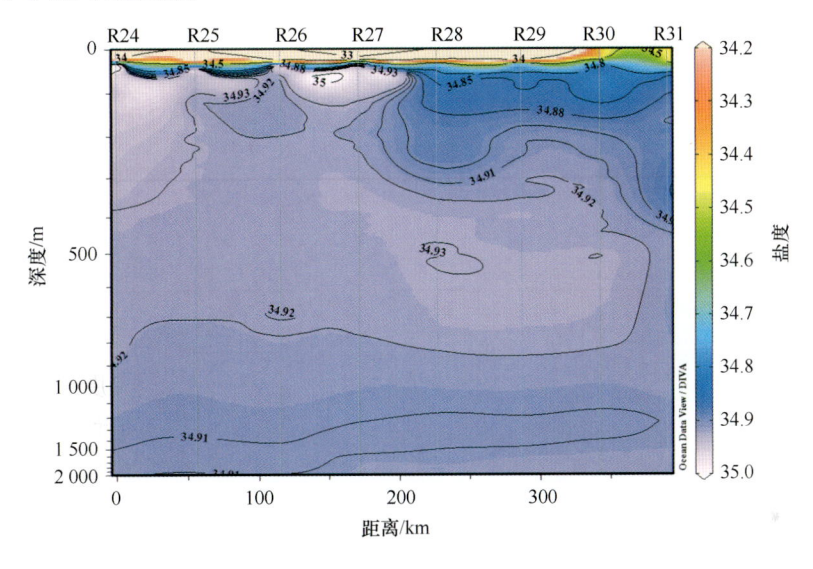

图 5.125　R2 断面（自北向南）盐度分布图

对于 R2 断面出现的两种高盐水团（R24 站等次表层盐度高达 35.0 以及 R28 站等 300 m 以下的略高盐水），不同学者对此有不同定义，这造成了一定程度上理解的困扰。格陵兰海中央次表层的水体盐度较高，温度约为 2℃，应为西斯匹次卑尔根流直接回流的大西洋水，可以称之为格陵兰海大西洋水。东格陵兰流（以及扬马延流）中 300 m 以下略高盐水，很可能形成于加拿大海盆大西洋水和太平洋水之间等密度混合，本文中称之为大西洋回流水。

受到温度的影响，海盆中央等密度面呈现拱形结构（图 5.126）。由此导致该处的水体有较大的重力势能。但是受到地形的限制和风场的影响，格陵兰海盆中央的水体并不能任意流出，可以在海盆中滞留一年以上。

2）R3A2 断面。

R3A2 断面位于莫恩海脊的格陵兰海陆坡一侧，包括 R30 站、R32 站、A03 站、A18 站、A17 站和 A16 站。

如图 5.127 和 5.128 所示，上层 50 m 基本为 Swift 和 Aagaard（1981）定义的北极表层水，该水团主要形成于夏季的加热和淡化以及与冷而淡的极地水的混合。虽然 Swift 和 Aagaard（1981）定义的该水团主要出现在夏季，但在我们的观测时间为 9 月底（夏末秋初），该水团仍然显著存在。注意到该断面中表层盐度最小值出现在最东侧的 A16 站，这可能是受到格陵兰海内部表层低盐水的影响。

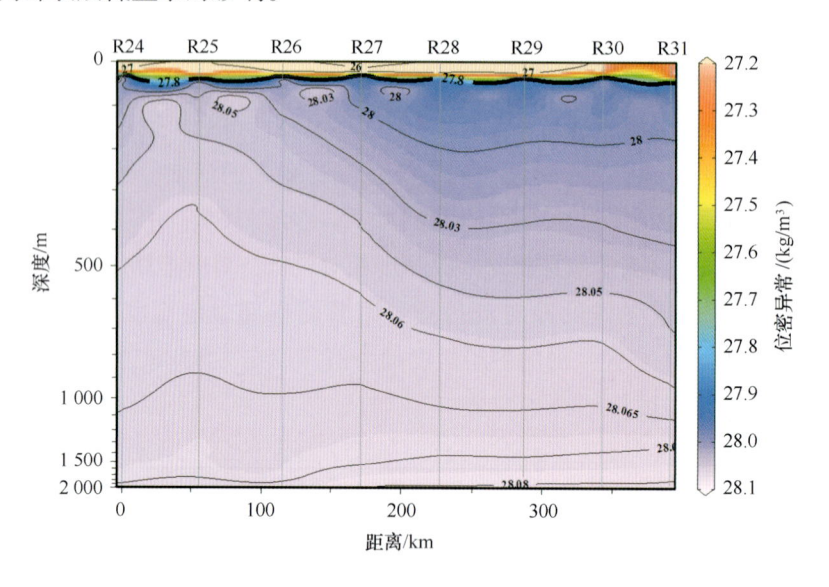

图 5.126　R2 断面（自北向南）密度分布图

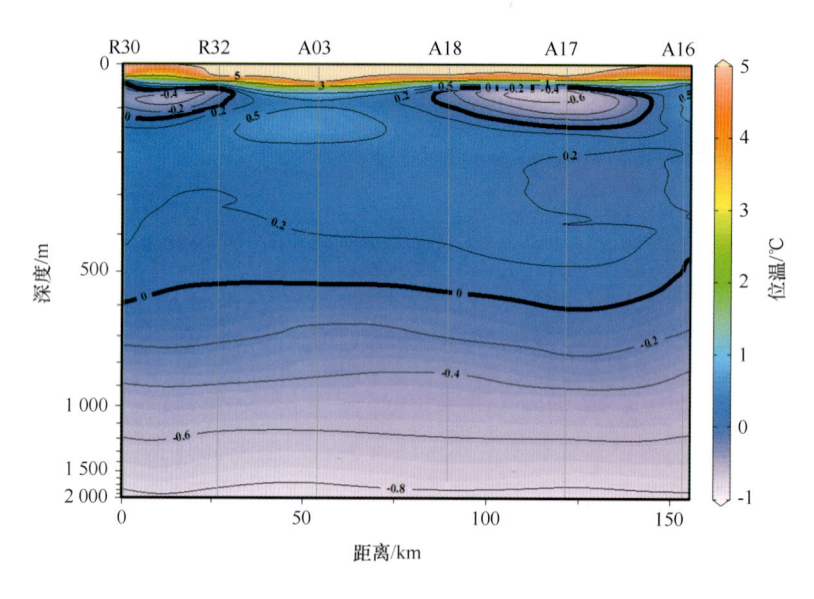

图 5.127　R3A2 断面（自西向东）温度分布图

在北极表层水之下，最显著的特征为两个低盐低温的水团（盐度 < 34.88、温度 < 0℃，位势密度可达 28.0）。Blindheim 和 Østerhus（2005）认为，格陵兰海中央的次表层冷水可能来自上个冬季的冷对流，但是该断面位于格陵兰流流涡边缘，很可能为来自东格陵兰流的低温低盐的极地中层水。断面西侧，该水团以 R30 站和 R32 站为中心，在 50～120 m 之间，温度可低至 -0.39℃。东侧的低温低盐水团则位于 A18 站和 A17 站，最低温度可达 -0.63℃（A17 站 70 m 处），对应盐度约为 34.79。该低盐性质表明其为北冰洋的水体转化而来，但是在观测站位中的相应深度及其该深度附近，并没有发现如此低温的水体，这可能是流动本身的变率所致。由此可见，格陵兰海流涡的南侧分支—扬马延流（Swift and Aagaard，1981）流经 R30 站、R32 站，之后经 A18 站后由 A17 站北上。该流动将东格陵兰流所携带的极地水团

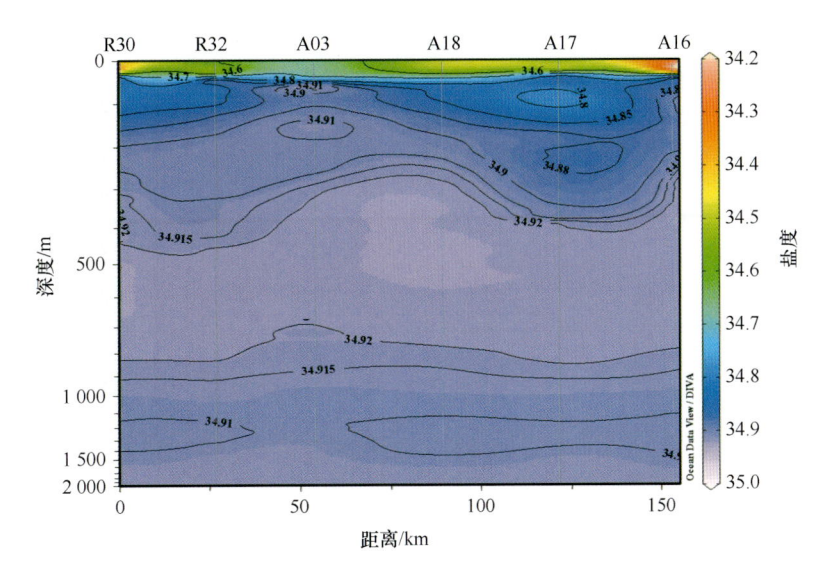

图 5.128　R3A2 断面（自西向东）盐度分布图

输运到海盆内部，对格陵兰海内部的对流过程以及水体稳定性有重要影响。格陵兰流涡的东分支中该低温低盐的水体稳定在 50~100 m 北上。在 A17 站所占厚度最大，可达 350 m。由此，A17 站上层 350 m 以浅均为低盐水（盐度<34.90），而其他的低盐水则至 200 m 左右。

200~600 m，具有大西洋回流水的性质，中层的盐度最大值出现在这一区域。0℃等温线约在 530~610 m 之间。该大西洋回流水与 Swift 和 Aagaard（1981）定义的北极中层水的下层部分相联系。该流动来自东格陵兰流，可能由大西洋水在格陵兰海中冷却形成。由于该水团是由扬马延流输运而来，且温度位于 0~0.5℃之间，Stepanov（1960）称之为扬马延大西洋中层水（JMAtIW）。

近年来，格陵兰海深层水的性质有所变化，现在已经没有严格意义上的格陵兰海深层水（盐度<34.90，温度<-1.0℃）的存在，可以将 600~1 200 m 的水体统一称为格陵兰海北极中层水（GSAIW），该水团具有中层盐度的极小值。Hawker（2005）定义温度小于 0℃，盐度大于 34.90 且位势密度大于 28.05 称之为格陵兰海深层水 GSDW），此处可以定义为深度大于 1 200 m 的水体。1 000 m 以下，水体性质相对均匀，但是 A03 站的盐度最小值（1 200 m 左右）较其他站点略高。

由于低温状态下海洋状态方程的特性，高纬度温度对密度结构的贡献相对较小（主要是由于低温状态下海水的热扩散系数很小），所以盐度的作用相对显著。因此，在低盐的作用下，相对低温低盐的 A17 站等密度线深度最大。断面其他站点的等密度线所在的深度相差不多，如图 5.129 所示。

3）A1 断面。

A1 断面从西北向东南依次穿过格陵兰海、莫恩海脊以及挪威海的罗弗敦海盆，包括 A16 站至 A11 站共 6 个站点。其中，A16 站位于格陵兰海盆中，水团性质与该断面其他站点显著不同。断面北部上层为冷而低盐的水体。南部的两个站点（A15 和 A14）位于莫恩海脊上，为两个海盆的交界的区域，水体具有显著的过渡性质；南部的三个站点 A13 站至 A11 站上层为高温高盐的大西洋水。位于莫恩海脊的北极锋（A14 站和 A15 站）将来自格陵兰海冷而淡

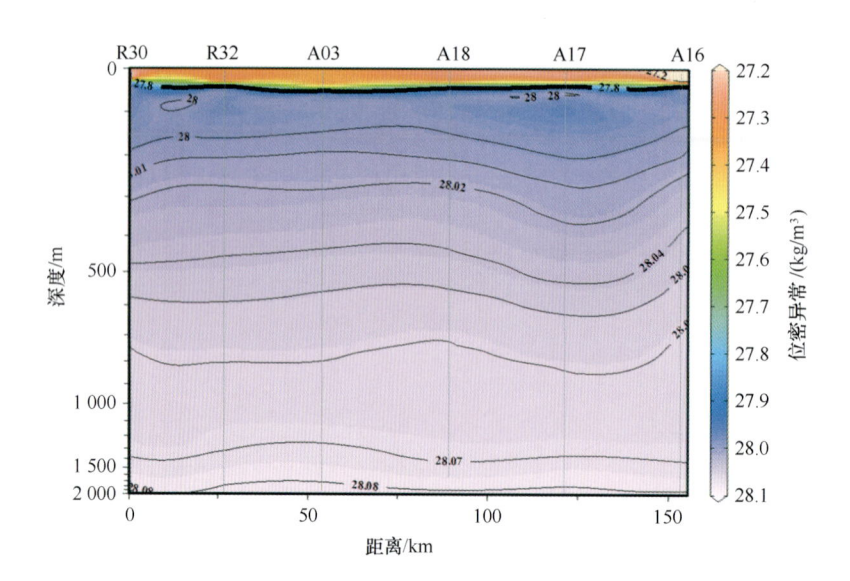

图 5.129　R3A2 断面（自西向东）位势密度分布图

的北冰洋水体与挪威海暖而咸的大西洋水体分隔开来。

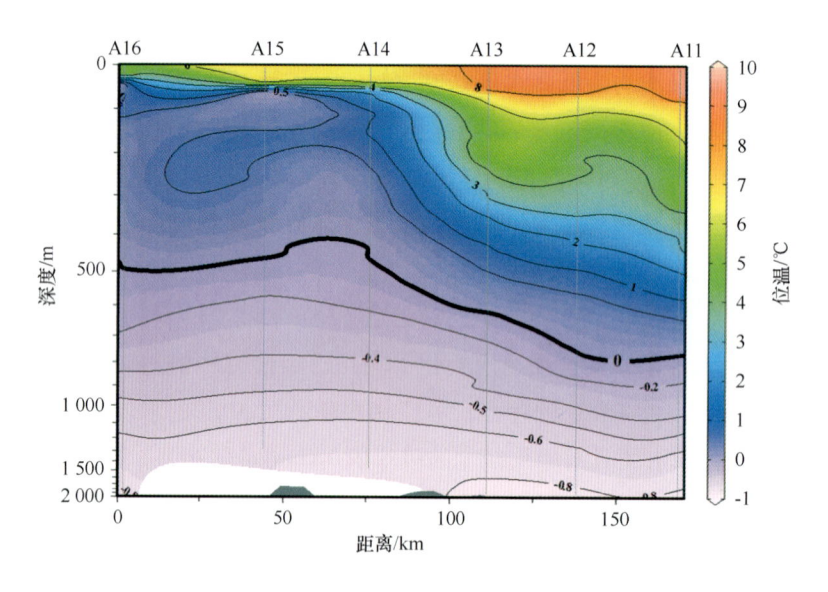

图 5.130　A1 断面温度分布，左侧为格陵兰海，右侧为罗弗敦海盆

表层 50 m 温度自北向南依次升高。断面北部的 A16 站和 A15 站上层 150 m 为北极表层水（ASW），该水团在莫恩海脊处的 A14 站仅至 50 m。值得注意的是，A15 站表层为相对高盐的水体（盐度 >34.90），这主要是挪威海大西洋水的影响。莫恩海脊存在多处缺口，来自格陵兰海和挪威海的水体可以通过这些区域发生相互作用。北极锋位于莫恩海脊处（A14 站和 A15 站）。一般来说，北欧海温度和盐度气候态平均的水平梯度分别小于 0.01℃/km 和 0.001 km，可将此阈值作为锋面的定量化判据。由 A1 断面盐度分布图（图 5.131）上可以看出，该锋面表层和下层位置不一致。在本次考察中，表层锋面（0～50 m）位于 A13 站和 A14 站之间，在两站约 35 km 的距离中，自北向南表层温度增加 2.0℃（梯度为 0.06℃/km），同时盐度增加 0.22（梯度为 0.006/km）。次表层锋面（50～100 m）则在 A14 站和 A15 站之

间，在35 km的距离中，温度增加1.1℃，盐度增加为0.08。可见，至少在此处，北极锋表层梯度较次表层要强很多。另外，需要注意的是，A14站表层和次表层垂向盐度梯度显著，盐度从40 m处的34.868增加至52 m处的34.966。而在相应深度，A15站温度跃层内的温度梯度较大，在25 m的深度内温度下降6.5℃。A15站150~200 m出现一个异常的略高温的水团，温度大于0.50℃（盐度为34.908~34.911）。可能为大西洋水入侵所致。

在北极锋的南部，为高温高盐的大西洋水控制，局部最大盐度可达35.162（A11站80米）。通常大西洋水定义为盐度大于35.0且温度大于3.0℃的水体。本次考察中，35.0等盐度线对应的温度在2~3℃之间。若严格按照大西洋水的温盐性质定义，则该断面最南端的A11站深度可达470 m，该深度向格陵兰海方向依次变浅，至A13站为330 m。位于莫恩海脊处的A14站没有完全符合大西洋水的水团，但是在中层受到该水团的影响，在50~200 m之间呈现相对高温高盐的特征（盐度>34.92，温度>0.63℃）。

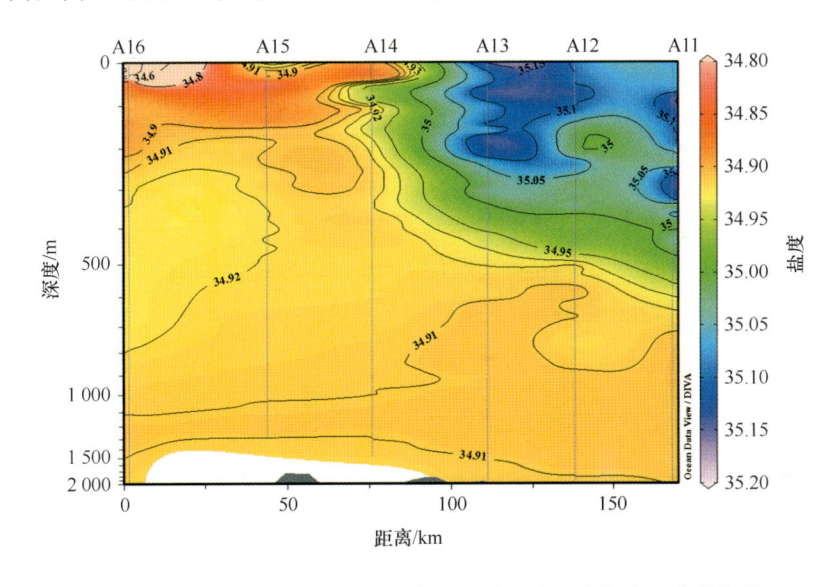

图5.131 A1断面盐度分布，左侧为格陵兰海，右侧为罗弗敦海盆

该断面的中深层水包括格陵兰海和挪威海两种水团系统（regime）。罗弗敦海盆的三个站点（A11站至A13站）500~1 000 m表现为挪威海北极中层水的性质。但是可能受北冰洋深层水高盐（以及由此引发的格陵兰海水性质的变化）的影响，盐度较Blindheim和Østerhus（2005）定义的数值（<34.90）要高，为34.905~34.907。1 500~2 000 m，为深层水。断面最北端的A16站（位于格陵兰海）北极表层水之下为大西洋回流水，250~1 100 m均为相对高盐的水体（盐度>34.91）。受该回流水的影响，莫恩海脊的两个站点300~1 000 m均为相对高盐的水体。而在罗弗敦海盆对应深度，海水经历着从大西洋水向挪威海北极中层水的快速转变。由此可见，莫恩海脊为一个非常重要的屏障，其阻碍了绝大部分中深层水的交换以及部分上层水的交换。

高温状态下，温度对密度的影响更大。如图5.132所示，受高温高盐的大西洋水的影响，罗弗敦海盆三个站等密度线较深，500 m以浅密度均小于28.0。

4）A0断面。

A0断面自西北向东南依次包括A03站、A02站、A01站以及B11站。

如图5.133至图5.135该断面上层50 m为北极表层水（温度>3℃，盐度<34.90）。

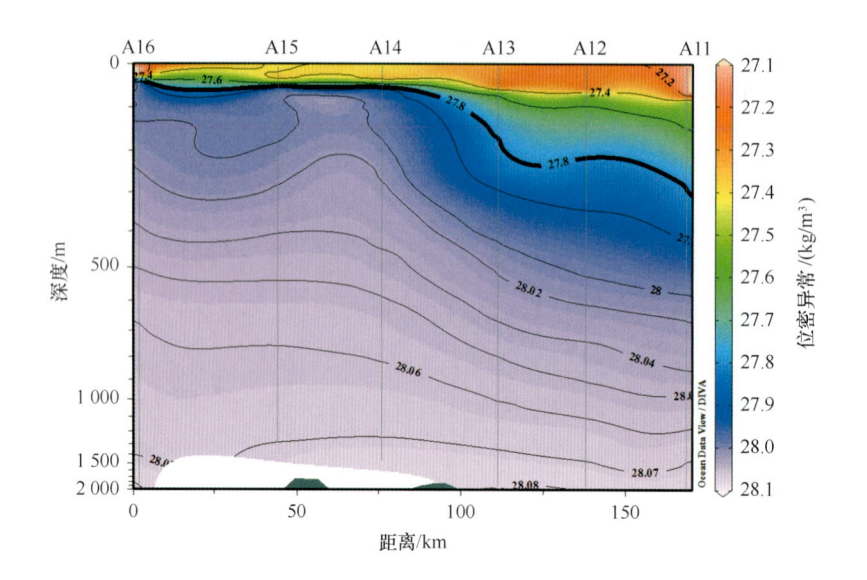

图 5.132　A1 断面位势密度分布，左侧为格陵兰海，右侧为罗弗敦海盆

50～200 m，最显著的特征为断面中央存在一个高盐且相对高温的水团，由其高盐性质可知，该水团来自大西洋水，以 A01 站强度最大，盐度可达 35.007（70 m，对应温度为 2.28℃），该高盐水的影响可达 A02 站。A02 站高盐层较薄，为 50～120 m（盐度 >34.92），最大盐度为 34.961，位于 70 m 处。200～300 m，包括 A01 至 A03 站三个站点均为盐度略低于 34.91 的水体（可低至 34.906，温度约为 0.22～0.32℃），其下 34.91 等盐度线均位于 340 m 左右。

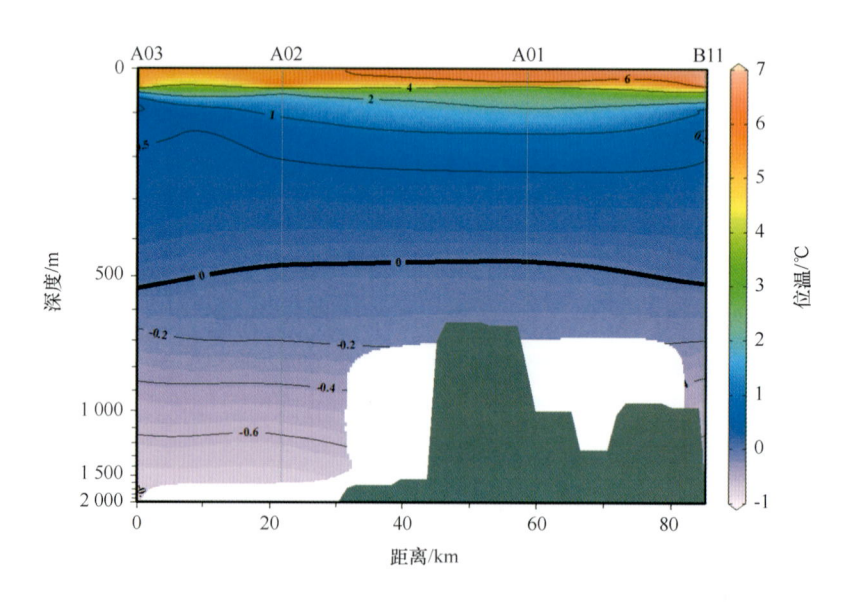

图 5.133　A0 断面温度分布，左侧为格陵兰海

300 m 以下，该断面各个站点的水团性质显著不同。300～700 m，位于格陵兰海的 A03 站具有相对高盐性质（盐度 >34.92）。结合 A1 断面及 B1 断面的水团分析，可以推测这一高盐水体为扬马延流携带的大西洋回流水。该水团向南部蔓延，占据 A02 站的 600～800 m，在 300～1 300 m 之间均有不同程度的体现（盐度为 34.91～34.92）。由于莫恩海脊的阻碍作用，

A01 站没有高盐水体，其 200 m 以下可能为挪威海北极中层水控制。莫恩海脊南部的 B11 站较相应深度 A01 站高盐且低温，具有大西洋回流水的性质。

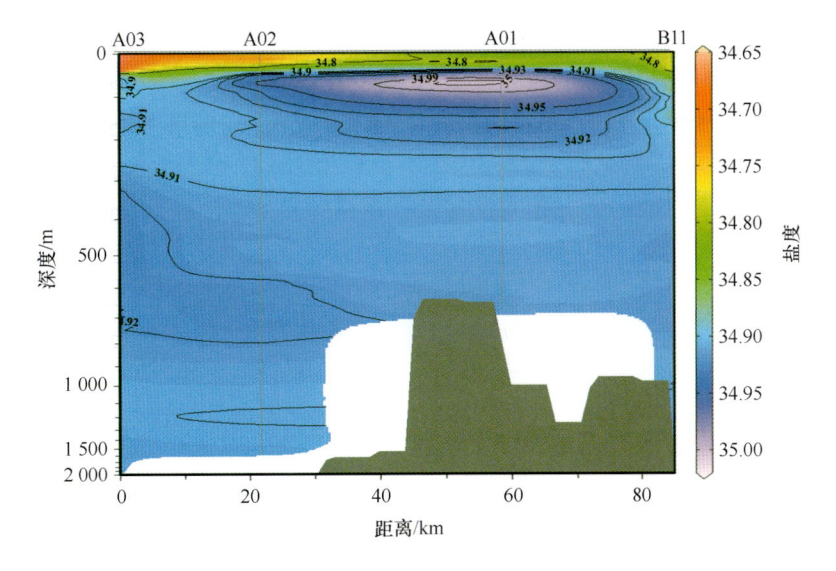

图 5.134　A0 断面盐度分布，左侧为格陵兰海

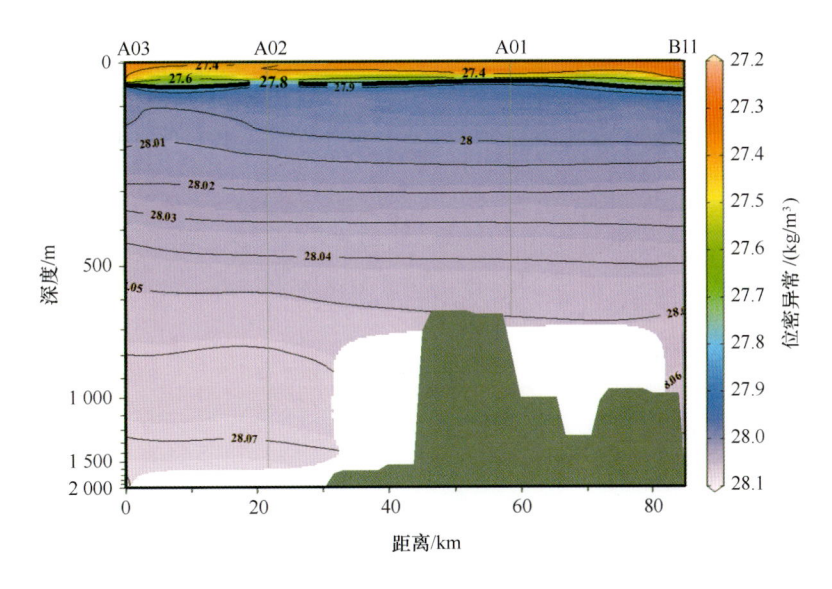

图 5.135　A0 断面位势密度分布，左侧为格陵兰海

前已提及，近年来对流减弱，没有新的格陵兰海深层水形成。但是前人定义的格陵兰海深层水通常盐度较格陵兰海北极中层水高，这里我们认为下层盐度极小值（约为 34.909）所在的深度（约 1 200 m）为中层水的下边界，其下至观测最大深度可认为是深层水。

5）B1 断面。

B1 断面包括 B11 站至 B15 站共 5 个站点。B15 站测量深度至 320 m，所以中深层的温盐度变化不包括该站点。

B1 断面表层 50 m 为北极表层水，几乎没有受到大西洋水的影响。在相对温暖低盐的北极表层水至 300 m 之间，各站点受到不同水团的影响，表现出不同的水团性质。首先，在断面最西部位于扬马延陆坡的 B15 站，50～100 m 之间为相对高盐高温的水体，盐度大于

34.91，局部可高达 34.935（70 m）。由其周围站点的温度和盐度的剖面图（见图 5.136）可知，该高盐水体很可能受到 A0 断面或南部 B2 断面高温高盐的大西洋水的影响，而非来自东格陵兰流（或扬马延流）的大西洋回流水。该高盐水的影响在 B14 站表现为 80 m 处的 34.915。除此之外，整个断面在 200 m 以浅均为低盐水（盐度<34.91），特别是在 B14 站 100~200 m 存在一个低盐低温水团（温度<0.50℃，盐度<34.90），局部盐度可低至 34.853，该水团入侵至 B15 站，位于高盐水之下。由图 5.137 至图 5.139 可知，该低盐低温水团来自格陵兰海方向（R30 站），很可能起源于东格陵兰流中的极地中层水。

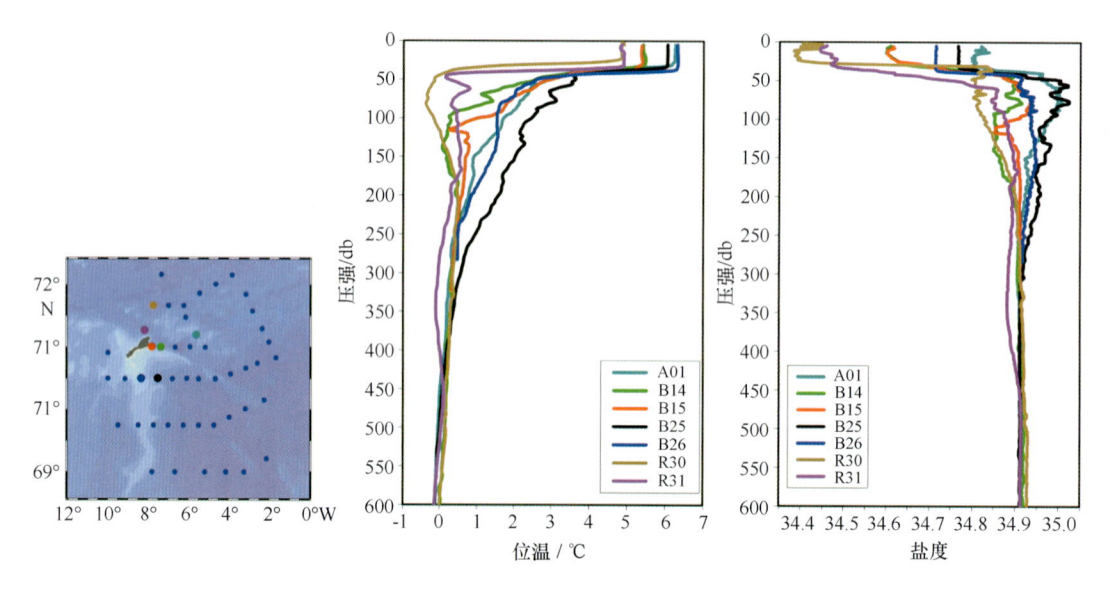

图 5.136　站周围站点的温盐剖面图（0~600 dB）

左图中红点为 B15 站所在的位置，该站的温度和盐度分布如中图和右图中红线所示

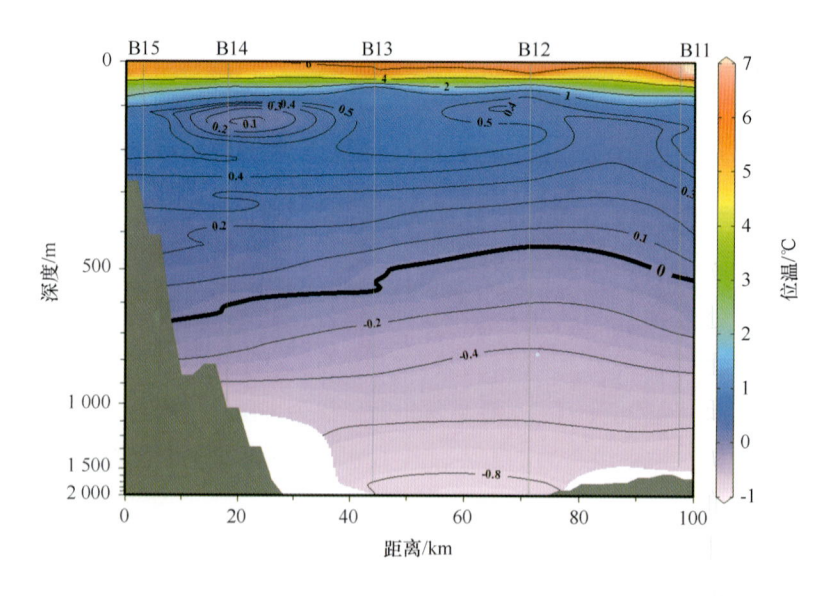

图 5.137　B1 断面（自西向东）温度分布图

400~1 000 m，整个断面由相对高盐的水体控制（盐度>34.91），该水层可见大西洋回

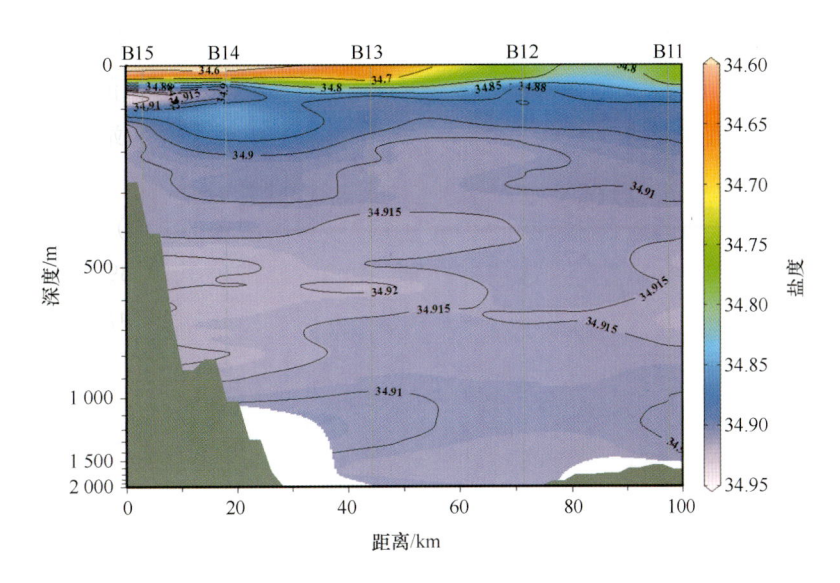

图 5.138　B1 断面（自西向东）盐度分布图

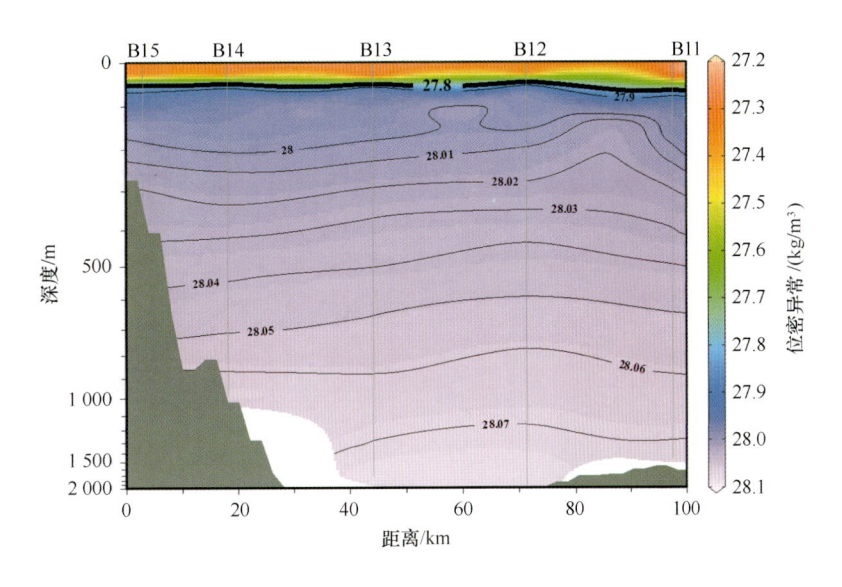

图 5.139　B1 断面（自西向东）位势密度分布图

流水的痕迹，如 B13 站和 B14 站局部盐度可达 34.92（温度 >0℃）。该水团应来自格陵兰海方向。B14 站 800 米处盐度为 34.92 的水团对应温度较低为 -0.22℃，对应于 Rudels 和 Quadfasel（1991）定义的上北极中层水（温度为 -0.5~0℃，盐度为 34.90~34.92）。B1 断面的大西洋回流水盐度较低，可能为该水团流动过程中与周围水团混合所致。

1 200 m 可以认为是北极中层水与深层水的分界线。中层水的盐度极小值层出现在这一深度，为 34.909（B12 的盐度极小值为 34.911），温度略低于 -0.62℃。据其性质来看，该水团应为格陵兰海北极中层水。值得注意的是，B12 站深层盐度极小值较其东西两侧的站点略高，而 400~1 000 m 温度和盐度均较断面其他站点低，可能具有不同于其他站点的水体来源。

6）B2F0 断面。

该断面自西向东依次经过扬马延岛西南陆坡、扬马延海脊、挪威海盆，最后到达罗弗敦海盆，包括 B28 站、B27 站、B26 站、B25 站、B24 站、B23 站、B22 站、B21 站、F03 站、F02 站、F01 站。

该断面除罗弗敦海盆外，上层 40 m 均为混合相对均匀的低温低盐的北极表层水。如图 5.140 和图 5.141 所示，在北欧海，总体水团分布为相对低温低盐的水体来自北部或者西部，高温高盐的水体起源于南部或东部。在该断面的北极表层水控制区，由于该地区复杂的地形作用，相对低温低盐和高盐高温的水体交错分布，主要表现在 B22 站和 B23 站。而罗弗敦海盆除西侧的 F03 站上层为北极表层水覆盖外，其余站点均为高温高盐的大西洋水控制（盐度 >35.0，温度 >8.0℃）。该断面的表层锋面（北极锋）在罗弗敦海盆的 F02 站和 F03 站之间，在两站 30 km 的距离中温度和盐度的变化分别为 2.12℃（梯度为 0.071℃/km）和 0.23（梯度为 0.008/km）。该断面的 35.0 等盐度线通常对应的位势温度在 2.0~3.0℃ 之间。高温高盐的大西洋水在罗弗敦海盆北部（A11 站）可达 420 m，该深度（同时厚度）向西侧递减，至挪威海盆北部（B22 站）仅在 90 m 观测到大西洋水的痕迹。但大西洋水的影响可达 B23 站，在低温低盐的北极表层水之下侵入。

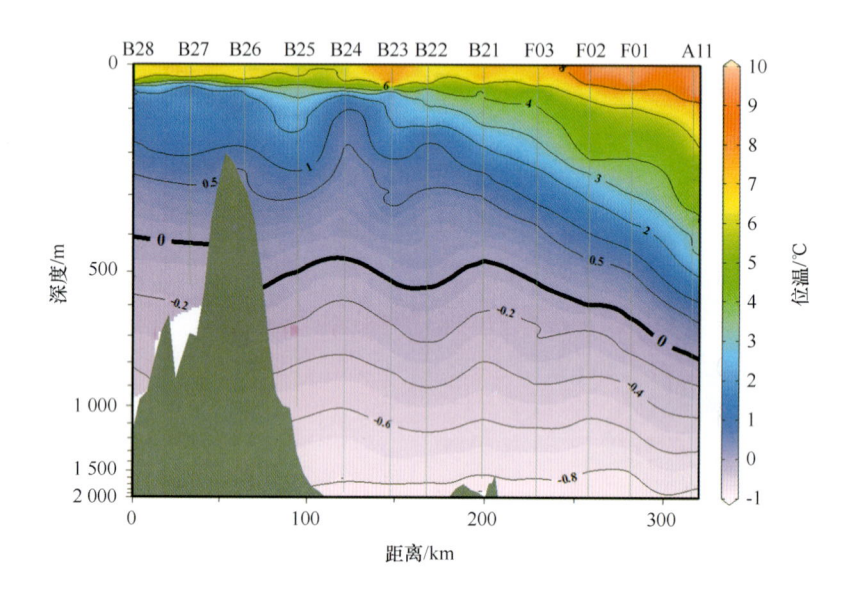

图 5.140　B2F0 断面（自西向东）温度分布图

由于该断面大部分由低温低盐的北极表层水覆盖，所以在次表层（50 m 以下）受大西洋水影响的站点（F03 站、B21 站、B25 站等）盐度跃层较为强烈，其他站点（B24 站、B26 站等）则温度跃层更强。

值得注意的是，在扬马延海脊东侧 50~300 m 之间存在一个高温高盐的大西洋水团（核心温度为 3.54℃，盐度为 35.021），该高盐水团可以跨越扬马延海脊，影响到扬马延海脊西侧陆坡处——B28 站 150~250 m 之间（盐度为 34.910~34.921）。B24 站相对低盐低温的水体（盐度 <34.91）将高盐水团和断面东部的大西洋水隔离开来。该站整个水柱均不存在高盐水体（盐度均小于 34.913），是这一断面的分界站点。B24 站的水体可能来自格陵兰海，为 Østerhus 和 Gammelsrød（1999）描述的通过扬马延水道后沿 2 000 m 等深线绕挪威海盆西部边缘流动的格陵兰海水。

受地形的影响，扬马延海脊两侧 300 m 以下的水体表现出不同的水团性质。扬马延海脊

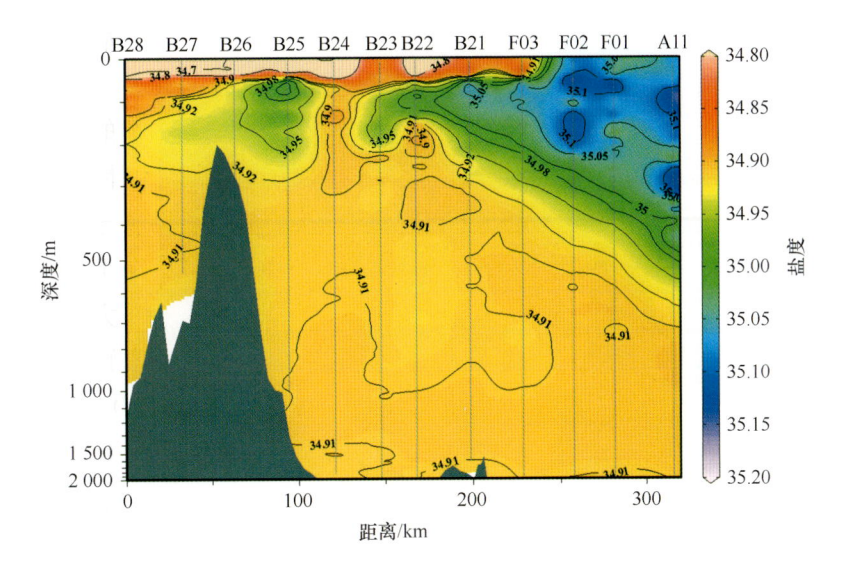

图5.141　B2F0断面（自西向东）盐度分布图

西侧陆坡处（B28站），300~550 m为相对低盐的水体（盐度低于34.91，温度为-0.18~0.30℃），该低盐水向东入侵至紧靠陆坡的B27站450 m左右，受上层高盐水压制厚度仅为40 m，为冰岛海北极中层水。该盐度极小值水层以下表现为深层水的性质。扬马延海脊在该断面最浅处约为200 m，由于该地形的阻挡，200 m以浅，两侧水体可以自由交换，但是中深层水团性质不同。

罗弗敦海盆内上层完全被大西洋水覆盖的三个站点中层和深层的温度和盐度表现为同一个水系特征。中深层等温线与上层一致，向东依次加深。大西洋水之下直至800 m，等盐度线自西向东加深。1 000 m之下，水平梯度减弱。挪威海北极中层水的范围约至1 000 m（温度>-0.50℃）。该深度之下是挪威海深层水（盐度>34.907，温度<-0.50℃）。

断面中部，受该地区复杂地形的影响，水团分布相对复杂。扬马延海脊东侧，B24站的低盐水（盐度<34.91）可达300 m，该低盐水在B23站和B22站的大西洋水层底（150~220 m）侵入，可达400 m。400~1 000 m之间基本为盐度略高于34.91的水体控制，B22站可达34.918（温度为-0.03℃，深度为590 m）。该水团在F03站入侵至盐度相对较低（盐度<34.91）的挪威海北极中层水内部，厚度约300 m（700~1 000 m）。位于扬马延海脊东部陆坡的B25站中层略高盐的水体（盐度>34.91）厚度最小（300~550 m），且中层水深度较浅，很可能来自格陵兰海。

盐度低于34.91（34.90~34.91）的水体自东部的A11站的720 m向东扩散，占据了至B24站900~1 800 m左右的水层。中层盐度极小值约为34.906~34.908，深度约位于1 100 m，该深度之下为深层水。

同样由于温度的影响，等密度线在断面东部的大西洋水控制区最深，等值线分布与温度分布相似，如图5.142所示。

7）B3F1断面。

该断面自西向东依次跨越冰岛海、扬马延海脊、挪威海盆，最东部位于挪威海盆和罗弗敦海盆的交界处，包括B31站至B37站和F12站至F14站共10个站点。B37站是本次考察中唯一完全位于冰岛海的站位。由此该站点表出现相对独立的水团特征（图5.143）。

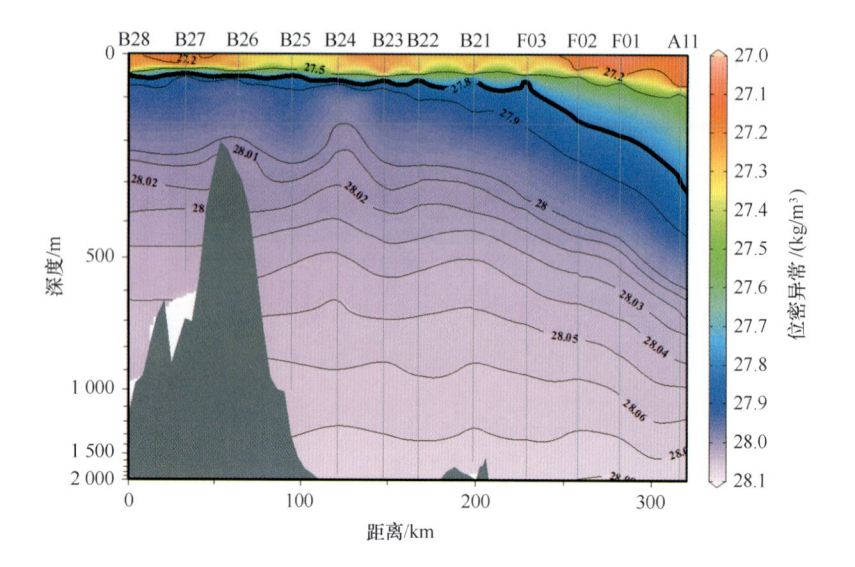

图 5.142　B2F0 断面（自西向东）位势密度分布图

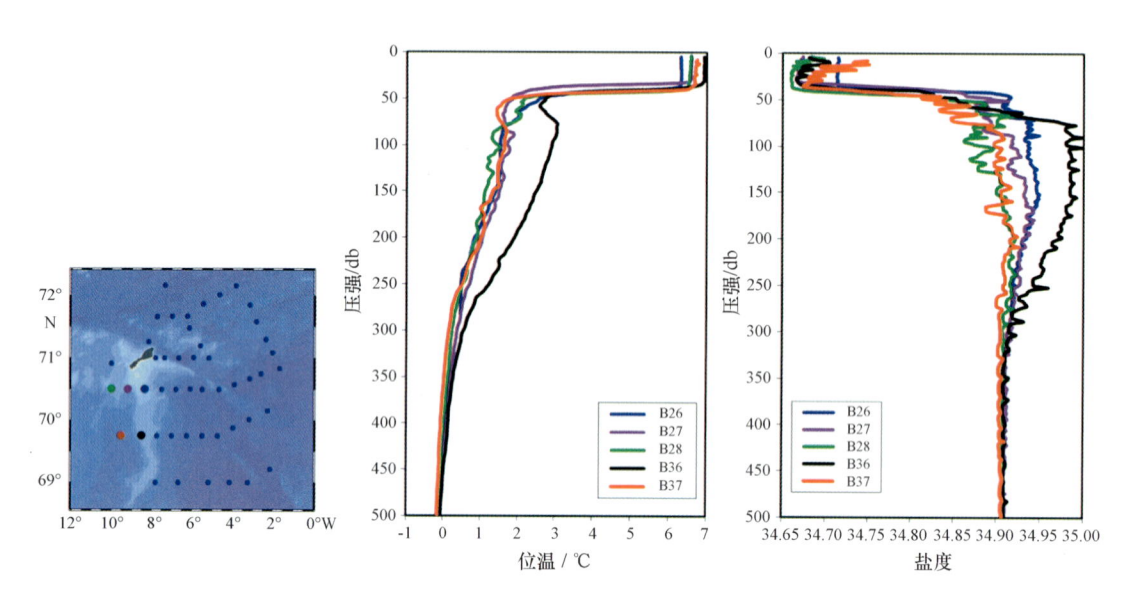

图 5.143　B37 站及周围站点的温度和盐度剖面图（0～500 dB）
左图中红点表示 B37 站，其温盐性质如右图红线所示

如图 5.144 和图 5.145 所示，B37 站上层 50 m 为温暖低盐的北极表层水，且整个水柱的盐度均较低，通常低于 34.91。北极表层水之下，为冰岛海北极中层水（盐度介于 34.904 与 34.910 之间，温度小于 1.70℃）。冰岛海的中层水厚度较大，可达观测层底约 1 400 m。在观测范围内，没有明显的冰岛海深层水特征的水团。

北极表层水的范围可至扬马延海脊东侧（B35 站），其东部则全部为大西洋水控制。由此在 B35 站和 B34 站之间形成扬马延锋（北极锋的延伸体）。该锋面为盐度锋，水平温度梯度很小，盐度差则为 0.17（约 30 km）。在大西洋水控制区，上层 50 m 盐度分布并不均匀，存在局部的低值区（盐度略低于 35.0）。在断面中部的 50～300 m 的大西洋水控制区，存在两个相对高盐的水核，最大盐度分别为 35.121（B34 站 130 m）和 35.087（B31 站 135 m），相应地，这两个站点的大西洋水深度最大（由此厚度最大），可至 300 m。

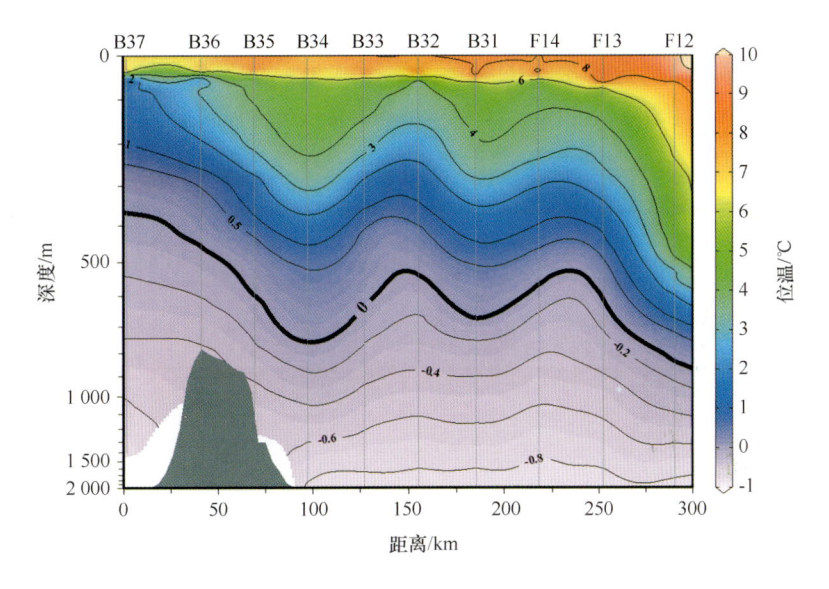

图 5.144　B3F1 断面（自西向东）温度分布图

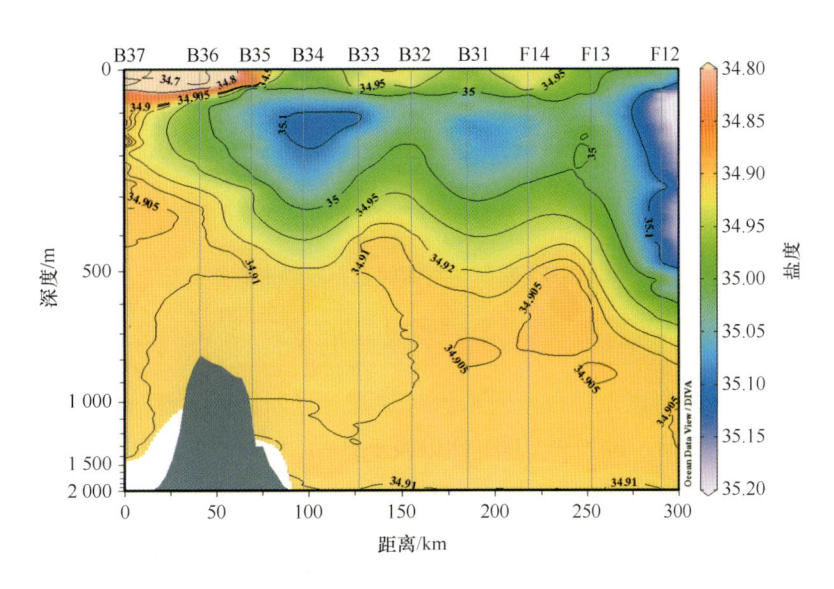

图 5.145　B3F1 断面（自西向东）盐度分布图

大西洋水在罗弗敦海盆和挪威海盆的交界处（F12 站）所及深度最大，可达 530 m，该深度之上，温度和盐度均大于断面中部站点相应深度，最大盐度可达 35.208（84 m），其中有 430 m 的厚度（50～480 m）盐度大于 35.10。

扬马延海脊在该断面最浅处约为 800 m，该深度以浅，两侧水团发生广泛相互作用。B37 站总体低盐，但在 200 m 左右，可观测到盐度为 34.924 的水体，该水团厚度较小（位于 180～210 m 之间约 30 m）。B28 站次表层也可发现略高盐的水体。该水团为经过挪威海盆的气旋式环流后进入冰岛海的变性大西洋水，该水体进入冰岛海后将加入到冰岛海的气旋式流涡中，Mork 等（2014）估计这一水体流量为 0.2～0.5 Sv。冰岛海（B37 站）的冰岛海北极中层水呈楔子状入侵到扬马延海脊最浅处的海脊上方（约 500 m），位于高温高盐的大西洋水之下。

扬马延海脊东侧 500 m 以下大部分为相对低盐的水体（盐度低于 34.91），局部盐度可低至 34.904，表现出挪威海北极中层水的特征。深层水可以认为是温度小于 -0.50℃ 的水体，深层水的上界在 1 000~1 200 m 不等。扬马延海脊东侧 100 km 范围内，500~1 000 m 均为盐度略高（盐度 >34.91）的水体占据，该水团可能来自格陵兰海方向，或为大西洋回流水。

受高盐高温水的影响，等密度线在 B35 站和 B32 站深度较大。等密度线在 F12 站最深，27.80 等密度面可达 400 m。位势密度的等值线分布形态与温度的分布相似，如图 5.146 所示。

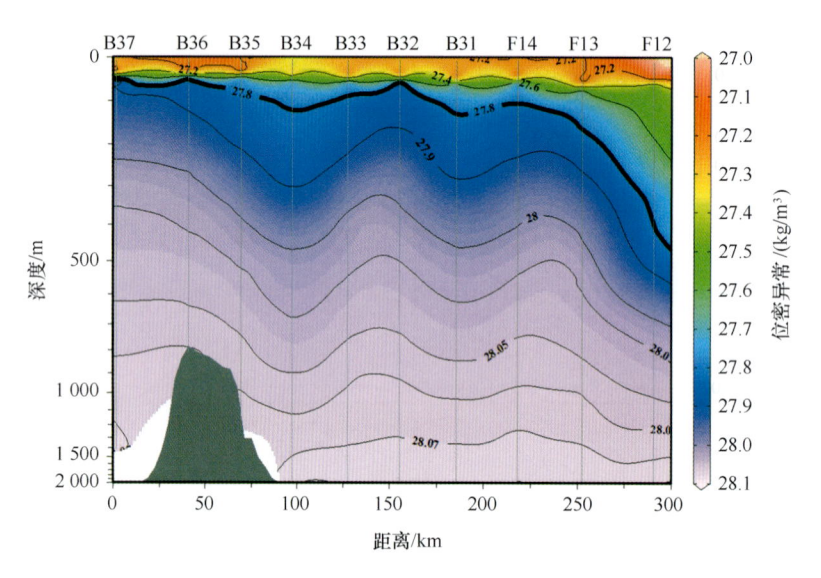

图 5.146　B3F1 断面（自西向东）位势密度分布图

8）B4F2 断面。

该断面位于扬马延海脊以东，自西向东水深加深，且断面绝大部分位于挪威海盆中，包括 B45 站、B44 站、B43 站、B42 站、B41 站以及 F23 站。

该断面上层 40 m 温度均在 6℃ 以上，大部分站点温度在 8℃ 以上。如图 5.147 和图 5.148 所示，除最东侧的 F23 站外，6℃ 等温线相对平直，位于 44 m 左右。温度略低（6~8℃ 之间）的两个站点（B45 站和 B42 站）对应盐度也相对较低（盐度 <34.90），其中 B45 站该低盐低温水体可能受到冰岛海或格陵兰海海水的影响，B42 站的低盐水产生原因将在后文详细探讨。由于两侧低盐水的影响，B44 站和 B43 站上层盐度具有低盐水和大西洋水之间过渡水体的性质。B42 站和 B45 站两个低盐低温站点的存在，导致上层 50 m 出现几个水文性质梯度极大值，其中最大值位于 B41 站和 B42 站之间，从该极地水体（B42 站）向大西洋水体（B41 站）一侧温度和盐度分别增加 1.64℃ 和 0.14。

断面中部相对低盐的表层水之下，50~300 m 为大西洋水控制。该高盐水的影响可向西扩展至扬马延海脊东部陆坡（B45 站）。受东西两侧高盐水的影响，B42 站低盐水（盐度 <34.90）之下，50~300 m 为相对高盐的水体（盐度 >34.95），局部盐度高于 35.0，但是大西洋水在该站厚度最小，仅限于 60~120 m 之间。

该断面中最东部的两个站点（B41 站和 F23 站）位于挪威海盆内部，完全受到大西洋水的控制，该水团可从表面延伸至 400~500 m 处，局部最大盐度可达 35.217（F23 站 64 m 处）。

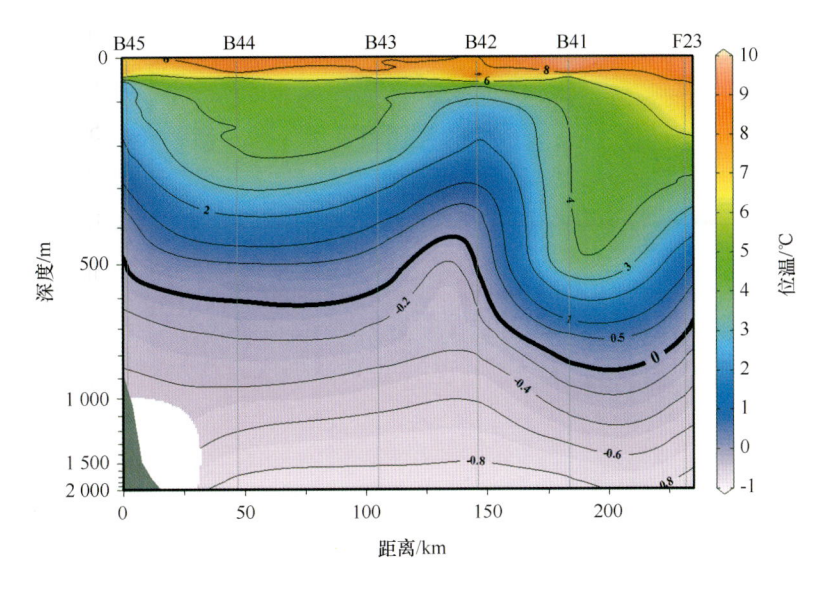

图 5.147　B4F2 断面（自西向东）温度分布图

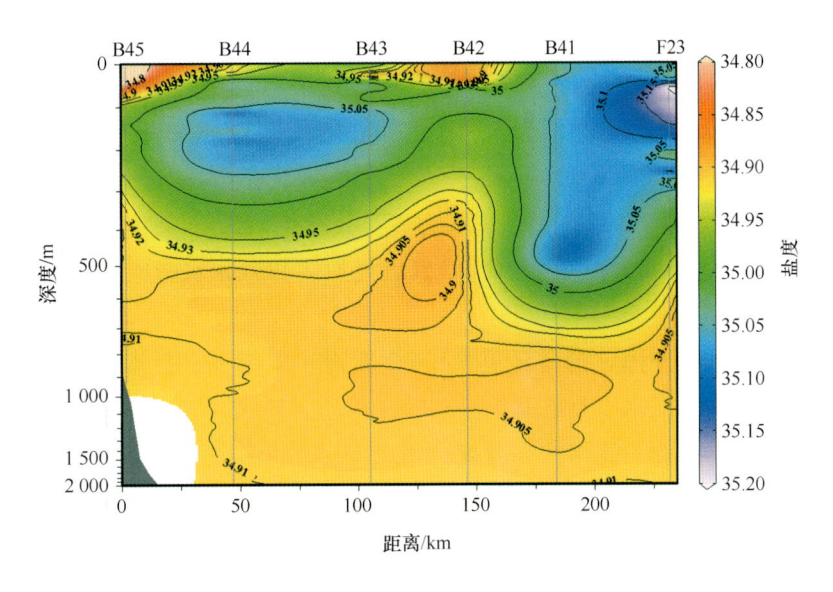

图 5.148　B4F2 断面（自西向东）盐度分布图

大西洋水与中层水相对低盐的水的过渡相对迅速。除位于扬马延海脊东部陆坡的 B45 站外，断面中其余站点均在 80 m 的深度内就完成了盐度从 34.93 降至 34.91（B45 站约为 300 m）。

该断面 500 m 以下几乎全部为盐度小于 34.91 的中层水控制［但 B42 站和 B43 站之间 500 m 左右的盐度水核（盐度小于 34.90）是由插值过程引起的虚假低值区］，断面中西部 1 000 m 左右均为盐度低于 34.905 的水体，局部盐度可低至 34.903。深层水的性质不明显，可以认为是中层低盐水以下盐度开始增加的水体，上界约为 1 500 m，在扬马延海脊东部陆坡上可攀升至 700 m。

该断面的位势密度分布也与温度相似，表现出高温状态下温度的主导作用，如图 5.149 所示。

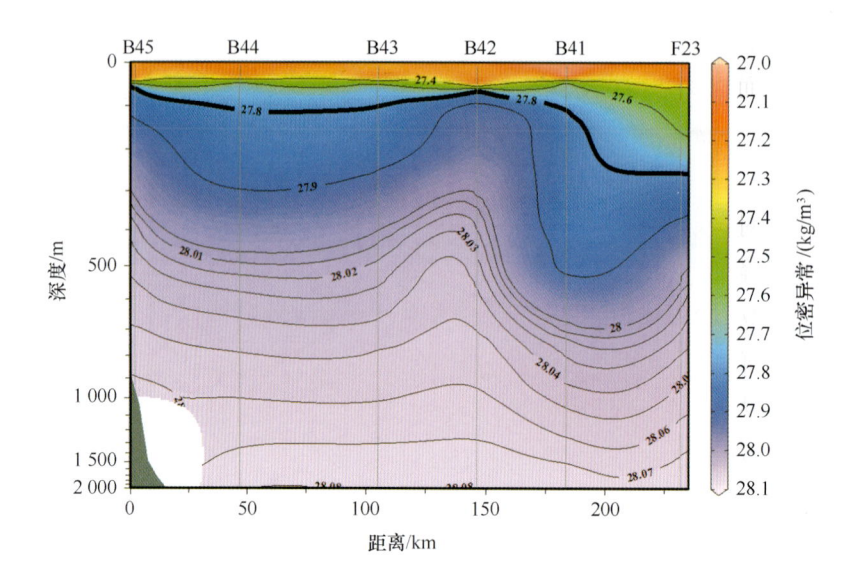

图 5.149　B4F2 断面（自西向东）位势密度分布图

（3）小结。

本章对 2014 年北欧海考察数据进行了初步分析，给出了部分断面的水文特征及可能的水团分布。该区域跨越极地区、北极区和大西洋区，水文特征具有明显的区域性的特点。

表层受到海气热交换的直接影响，温度总体呈现由西南部向东北部降低的分布特点。表层以莫恩海脊和扬马延海脊为界，东南部为高温高盐的大西洋水及其衍生的高温高盐水（温度 >7.0℃，盐度 >34.80），西北部为受到大气加热和融冰水影响的极地水——北极表层水。

作为东格陵兰流的延伸体，扬马延流（R3A2 断面）携带上层低温低盐水——极地中层水和中层高盐的大西洋回流水沿莫恩海脊流动，在扬马延岛北部分为两支：一支继续沿莫恩海脊陆坡流动，形成了格陵兰流涡的东分支，所以 R3A2 断面中表现为次表层低盐的冷水团和中层的大西洋回流水，该水团可达莫恩海脊的格陵兰海一侧陆坡——A1 断面；另一支通过扬马延水道流向挪威海，所以扬马延水道南端的 B1 断面部分站点次表层存在低温水团以及中层为大西洋回流水；中层流动经过 B2F0 断面、B3F1 断面以及 B4F2 断面的扬马延海脊东部陆坡，在此过程中受到其他水团的影响，温度和盐度略为升高。

挪威海大部分站点上层为高温高盐的水占据，该高盐水可达 A0 断面，位于低温低盐的北极表层水之下。大西洋水性质最显著的区域位于罗弗敦海盆和挪威海盆的交界处，表明该处为挪威大西洋流的主要流经区域。B4F2 断面、B3F1 断面和 B2F0 断面的东部大西洋水厚度最大。大西洋水之下通常为挪威海北极中层水，该相对低盐的中层水占据了除扬马延陆坡附近（由格陵兰海水控制）的挪威海大部分区域，如 B4F2 断面中层最低盐度可低至 34.903。

从 B1 断面和 B2F0 断面可以看出格陵兰海水和挪威海水的相互影响。由扬马延水道流出的格陵兰海水对挪威海盆北部的水文特征有显著影响。两种水团的相互作用导致该区域呈现高温高盐水和低温低盐水交错分布的复杂局面，如 B24 站 50～300 m 的低盐水将 B25 站高盐水核和断面东部的大西洋水隔离开来，B23 站格陵兰海水则出现在高盐的大西洋水之下，而挪威海水可能影响到扬马延岛东侧的 B15 站等。

地形作用显著。莫恩海脊作为一个非常重要的地形屏障，阻碍了（A1 断面）绝大部分中深层水的交换，而在海脊以浅的深度，格陵兰海水和挪威海水存在一个过渡区。B2 断面扬马延海脊深度以浅，冰岛海和挪威海的海水可以自由交换，但是由于地形的阻挡，中深层水团性质不同。

由于地形作用对流动的限制，锋面基本沿海脊分布。北极锋在莫恩海脊表层和次表层锋面位置不同，北极锋表层梯度较次表层要强很多。表层锋面位于 A13 站和 A14 站之间，温度和盐度梯度分别为 0.06℃/km 和 0.006/km，次表层锋面（50～100 m）则在 A14 站和 A15 站之间，温度和盐度梯度分别为 0.031℃/km 和 0.002/km。受锋面偏移的影响，格陵兰海一侧的 A15 站温度跃层内的温度梯度较大，在 25 m 的深度内温度下降 6.5℃。在挪威海，该锋面分为两条：一条在罗弗敦海盆北极表层水和大西洋水（F02 站和 F03 站）之间，表层温度和盐度梯度分别为 0.071℃/km 和 0.008/km（盐度差为 0.23）；另一条则为扬马延锋，该锋面为盐度锋，在 B3F1 断面盐度差为 0.17（约 30 km）。这两条锋面的位置随深度逐渐向西移动，与大西洋水的楔形分布密切相关。

2. 走航表层温盐分布与变化

（1）数据介绍。

在观测时间上，第五次北极考察针对北欧海观测可分为两个时段，第一个时段是从 8 月 2 日至 14 日；第二个时间段是从 8 月 21 日至 24 日。在观测区域上，第五次北极考察主要针对挪威海西北部和格陵兰海东南侧，如图 5.150 所示。

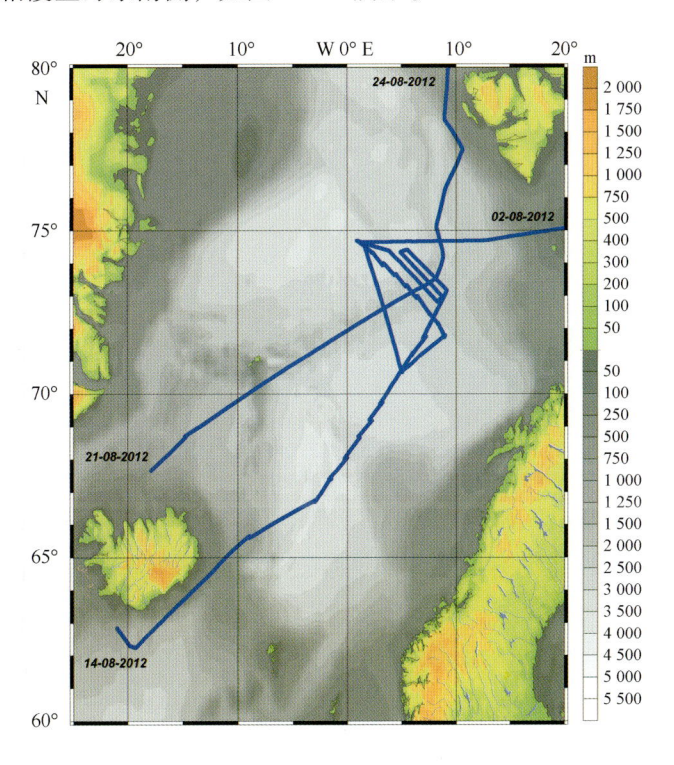

图 5.150　中国第五次北极科学考察在北欧海的航迹图

（2）空间分布。

北欧海表层海水温度存在明显的空间分布特征。表层海水温度在冰岛海最高、挪威海次

之、格陵兰海最低。

北欧海表层海水盐度要远大于北冰洋以及白令海表层海水的盐度。格陵兰海表层海水盐度要略小于挪威海和冰岛海表层海水的盐度，与北冰洋通过弗拉姆海峡向北欧海海输送大量海冰有密切相关，如图5.151所示。

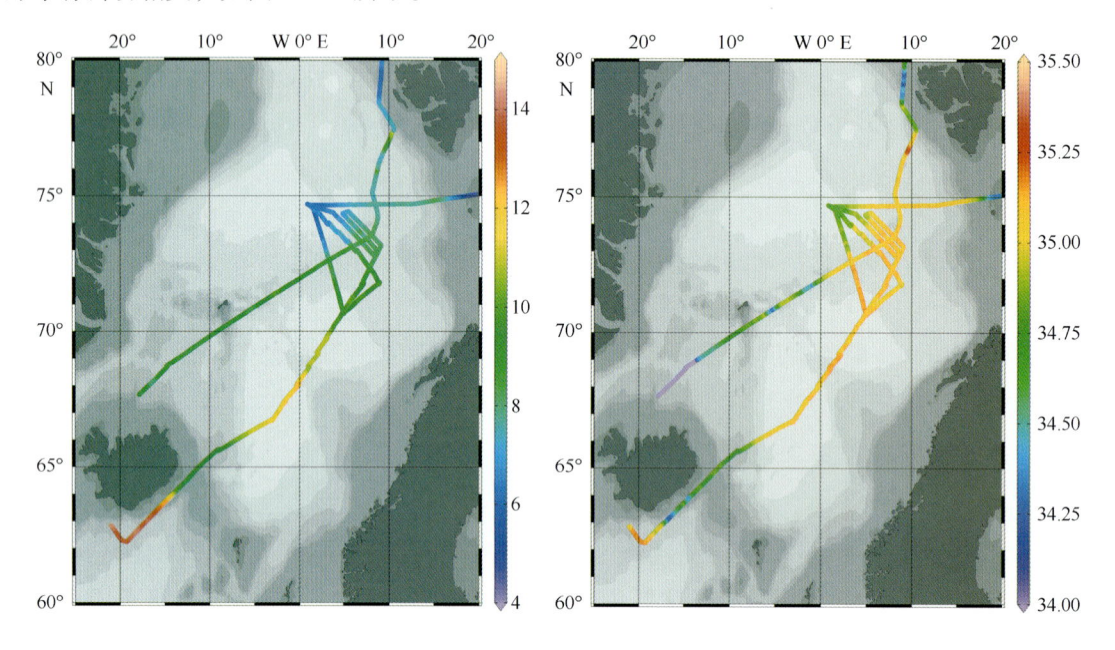

图5.151 中国第五次北极科学考察北欧海的表层海水温度图（左）和盐度图（右）

（3）小结。

北欧海表层海水温度在冰岛海最高、挪威海次之、格陵兰海最低。

北欧海表层海水盐度要远大于北冰洋和白令海表层海水的盐度。格陵兰海表层海水盐度要略小于挪威海和冰岛海表层海水的盐度。

### （三）锋面/水团特征与变化

#### 1. 数据介绍

2012年8月4日至8月11日，中国第五次北极考察在北欧海完成了两个断面（BB、AT）合计17个站位的船基CTD观测，观测的最大深度为3 700 m。其中BB断面自挪威海的北部BB01站（71.80°N，8.99°E）向西北方向经Mohn海脊至格陵兰海海盆的中部BB09站（74.62°N，0.97°E），时间跨度为8月4日至6日。AT断面自挪威海的北部AT01站（71.71°N，7.01°E）向西南至AT10站（66.74°N，3.10°W），纵贯罗弗敦海盆和挪威海盆，时间跨度为8月9日至11日。温盐和深度数据的观测采用的是美国SBE公司生产的SBE 911Plus CTD剖面仪，温度探头和电导率探头的实际精度分别可以达到0.001℃和0.000 3 S/m。

#### 2. 空间分布

本次考察的站位基本上覆盖了北欧海的三个深海盆，即挪威海盆、Lofton海盆和格陵兰海盆。根据所获得的数据，通过$T-S$温盐图（图5.152）我们可以获得2012年夏季在调查覆盖区域内各类海洋水团（或水体）的基本性质特征及其分布。鉴于研究海域内的水团性质在水平以及垂向空间上均存在显著的变化，为了便于归纳分析以及突出不同水团之间性质上的相异性，在下文中我们会按照深度将研究海区分为上层海洋、中层海洋和下层海洋来分别进行研究。

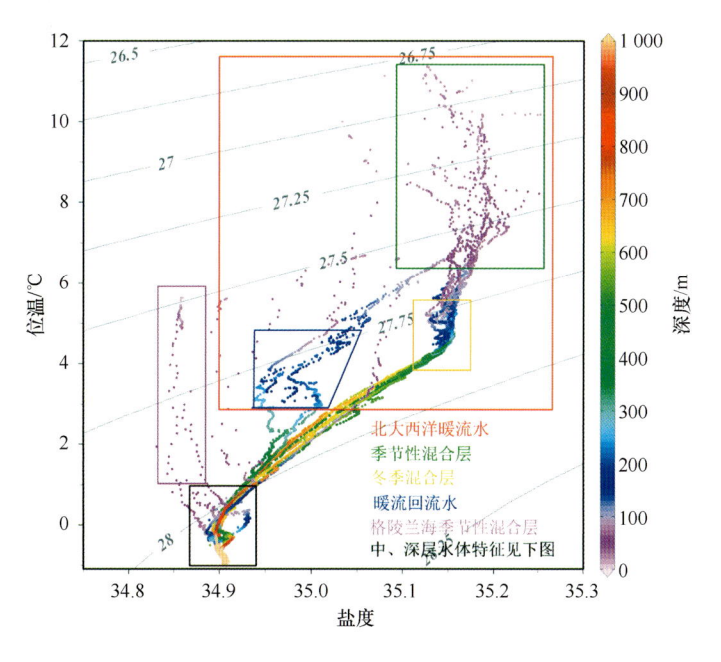

图 5.152　所有站点 CTD 数据在全深度上的 $T$-$S$ 图解

（1）挪威海及格陵兰海北部。

1）上层海洋（本文指从表层到 800 m 深度的范围）。

在这个深度内主要分布着挪威海大西洋暖水、东格陵兰寒流水（由于考察范围未到达格陵兰海盆的西部，因此只观测到了位于寒流路径下游的回流水）以及性质介于二者之间的过渡水体，三者自西向东依次被东格陵兰极地锋（EGPF）和极地锋（AF）分开。它们之间的运动、交换和混合导致了这个深度范围存在多种形式的变性水体，水团在空间上的分布更加复杂和不稳定。

（a）挪威大西洋暖流水（Norwegian Atlantic Current Water，NACW）。

有时也被称为 Modified North Atlantic Water，主要位于挪威海表层至 700 m 的上层海洋中，位于 Lofton 海盆内的大西洋水影响深度最深，几乎是其在挪威海盆内分布深度的两倍。

NACW 根据性质上进一步的差异可以分为 3 类，分别如下。

i）挪威海季节性混合层：位于季节性跃层之上，垂向的性质十分均匀，具有大西洋暖流最为典型的高温高盐特征（图 5.152，绿色框，$T>6℃$，$S>35.1$），主要分布在 30 m 以浅，其高温源于暖平流所带来的大量热量以及夏季中太阳辐射与大气对海洋的加热。

ii）Lofton 海盆冬季混合层：尽管大西洋暖水占据的西部海域在冬季并不能发生深层对流，但是随着表面的降温整个大西洋暖水在垂向区域均匀，直至春季之后季节性跃层再次出现。此时，季节性跃层和主温跃层之间，约在 100～700 m 的深度内的水体具有相对均匀和稳定的性质（图 5.152，黄色框，$4℃<T<5℃$，$S>35.1$），这部分水体在环流结构相对封闭的 Lofton 海盆内最为典型。

iii）挪威海盆大西洋回流水：由于表层太阳辐射和大气的加热，这部分水体在季节性跃层之下的特征更加明显，相对于 Lofton 海盆内的冬季混合层，其盐度和温度均略低一些（图

5.152，蓝色框，$T \sim 4℃$，$34.95 < S < 35$ 之间）。大西洋暖水自 VØRING Plateau 沿着扬马延破碎带到达扬马延岛之后会有一个分支折向南参与到挪威海上层气旋式的环流中，同时在流动过程中会与西侧东冰岛寒流的低盐低温水体发生混合而变性，使得挪威海盆内 100~400 m 深度上的大西洋回流水表现出相对低温低盐的特征。

(b) 格陵兰海盆上层水（Greenland Basin Upper Layer Water）。

该类性质的水体在 BB05 - BB09 站被观测到，位于北极锋西侧的格陵兰海盆中，其上层（0~800 m）因温盐特征的差异可以细分为 4 类。

i) 格陵兰海季节性混合层：位于格陵兰海盆中央 30 m 以浅（图 5.152，粉色矩形框），其温度（$T < 6℃$）和盐度（$S < 34.9$）介于西部的格陵兰海寒流（$T < -1℃$，$S < 34.5$，Rudels，2002）和东部的北大西洋暖水之间，但是因为东格陵兰极地锋和极地锋的存在，分别限制了西、东纬向上水体的交换和混合，因此，北部暖水的回流和南部冷水的回流对于海盆内部的水体性质有重要的贡献。

ii) 格陵兰海冬季混合层：在季节性混合层之下，上层海水的温度和盐度由于接近海盆中层水的性质而难以在图 5.152 中清晰地表现出来，因此，为了便于区分和研究，我们对 $T - S$ 温盐图解的坐标范围进行了调整，只选取图 5.152 黑色矩形框分布进行分析。

冬季由于格陵兰海海气界面上存在强的海气热量交换过程，表面因冷却而增密的水体会不断地通过垂向对流过程向更深处混合，同时破坏了上层的层化结构。在季节性混合层之下，上层海水的温盐性质（$34.89 < S < 34.93$，$-0.45℃ < T < 0.35℃$）已经与中、深层已经十分接近，相对于挪威海在 600~700 m 深度还存在一个较强的密度跃层来说，格陵兰海内这种垂向均匀的结构有利于冬季深对流过程的发展。

iii) 东格陵兰寒流回流水：在图 5.153 中用黄色线条圈出来的这部分水体来源于 BB07~BB09 三个站的观测，但是从季节性跃层之下的水文特征来看，断面最西段靠近寒流区的 BB09 站在 200 m 深度附近的温度反而高于 BB07 和 BB08，分析认为 BB07 - 08 两站观测到的低温水体来源于东格陵兰寒流，虽然这支寒流分支在沿着扬马延破碎区、Mohn 海脊向北运动的过程中逐渐发生变性，但寒流水低温低盐的性质被一定程度上保留下来。同时，紧靠 Mohn 海脊西侧的 BB06 站在 500~700 m 深度上还存在一个相对暖而咸的核心（$T \approx -0.30$，$S \approx 34.914$），这是北冰洋中层水通过弗拉姆海峡进入格陵兰海之后随着寒流的回流分支平流而来的，只是其性质已经发生了较大的改变。BB 断面上观测到的这支寒流回流水随着深度变化存在水平上的位移，从 700 m 深度时位于 BB06 到 200 m 深度时位于 BB08，向西移动了将近 100 km，这种在垂向上倾斜的结构与 BB 断面上大西洋水的楔形结构一致，可能与地形的约束效应以及两个海盆内的海洋动力条件差异有关。

2）中层海洋（本文中指 800~1 500 m 左右的深度范围）。

以垂向上盐度极小值为典型特征的中层水，即格陵兰海北极中层水（图 5.153 灰蓝色框，Greenland Sea Arctic Intermediate Water，GSAIW）和挪威海北极中层水（图 5.153 红色框，Norwegian Sea Arctic Intermediate Water，NSAIW）分布在这个深度上。Swift 和 Aagaard（1981）认为 GSAIW（$-0.9 \sim -0.5℃$，$34.86 \sim 34.89$）源于发生在格陵兰海内的对流，而 NSAIW（$-0.5 \sim 0.5℃$，$34.7 \sim 34.9$）的源地则是在冰岛海和格陵兰海，通过平流输送进入挪威海中层。

通过研究发现，在 2012 年的夏季，中层水的强度、深度存在明显的空间变化。其中

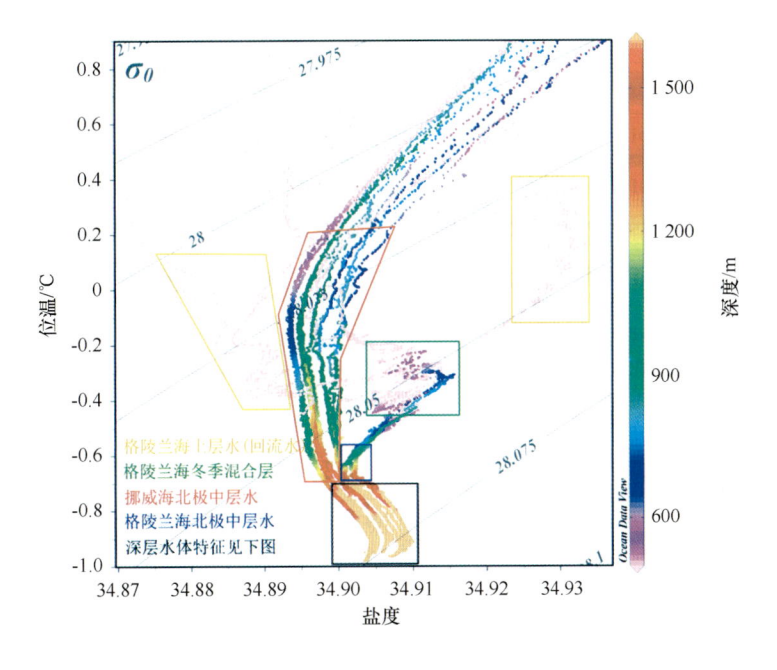

图 5.153 所有站点 CTD 数据在中、深层深度上的 $T-S$ 图解

GSAIW 在格陵兰海盆中心的位置，即 BB09 站具有最大的平均深度（$h \approx 1\ 470$ m），同时中层水的厚度也是所有测站中最大的，表明该区域靠近或者处于中层水的一个源地。沿着 BB 断面向东 GSAIW 的深度逐渐变浅，至 BB06 站其平均深度上升至约 1 180 m 而盐度逐渐增加至 34.902。如果以中层水的盐度极小值所在深度作为中层水的核心位置，在挪威海盆观测的三个站由于均位于海盆偏北的区域其 NSAIW 的核心位置和盐度极小值非常接近（$h \approx 630$ m，$S \approx 34.894$）。Lofton 海盆内的 NSAIW 在海盆南部以及中央的深度约 1 100 m，向北深度逐渐减少且其盐度小值微弱地增加到 34.897。在本次观测中挪威海盆内的 NSAIW 分布深度仅约为 Lofton 海盆内分布深度的一半，见图中的 AT09 和 AT06 中的盐度极小值分布深度，这一特征与 Blindheim（1990）在挪威海盆和 Lofton 海盆的调查发现一致，NSAIW 的深度分别为 500~800 m 和 800~1 200 m。

通过调查发现格陵兰海内的北极中层水盐度极小值要高于挪威海内的北极中层水盐度极小值，且挪威海内自南向北中层水的盐度极小值逐渐升高。这种现象表明挪威海内北极中层的水源地不可能是格陵兰海盆，依据周围海区内的水文条件推测其源地可能位于扬马延岛和冰岛之间的 Iceland Plateau，根据观测结果得到的这一推测与 Swift 和 Aagaard（1981）的结论一致。东冰岛寒流为其流经的海区提供了丰富的低盐水，通过冬季的冷却对流将低盐特征传递到中层水所在深度，随后进入挪威海盆并随着海盆内气旋式的环流向北部扩展来补充当地的中层水，在其流动过程中盐度极小值因混合变性而略有升高。但由于本次调查没有在这一海域进行观测，尚缺少直接的观测数据来支持。NSAIW 除参与海区内的环流而影响局地的水文分布特征外，一部分还会向南越过冰岛–法罗–苏格兰海槛对北大西洋深层水的生成产生重要影响，因此关于北欧海内 NSAIW 的生成与输运机制还需要进一步的系统观测和深入研究。

3）深层海洋（本文指 1 500 m 至底层的深度范围）。

自 1 500 m 至底层（观测最深处在 BB08 站，$h = 3\ 707$ m），3 个海盆内的水团性质在这个

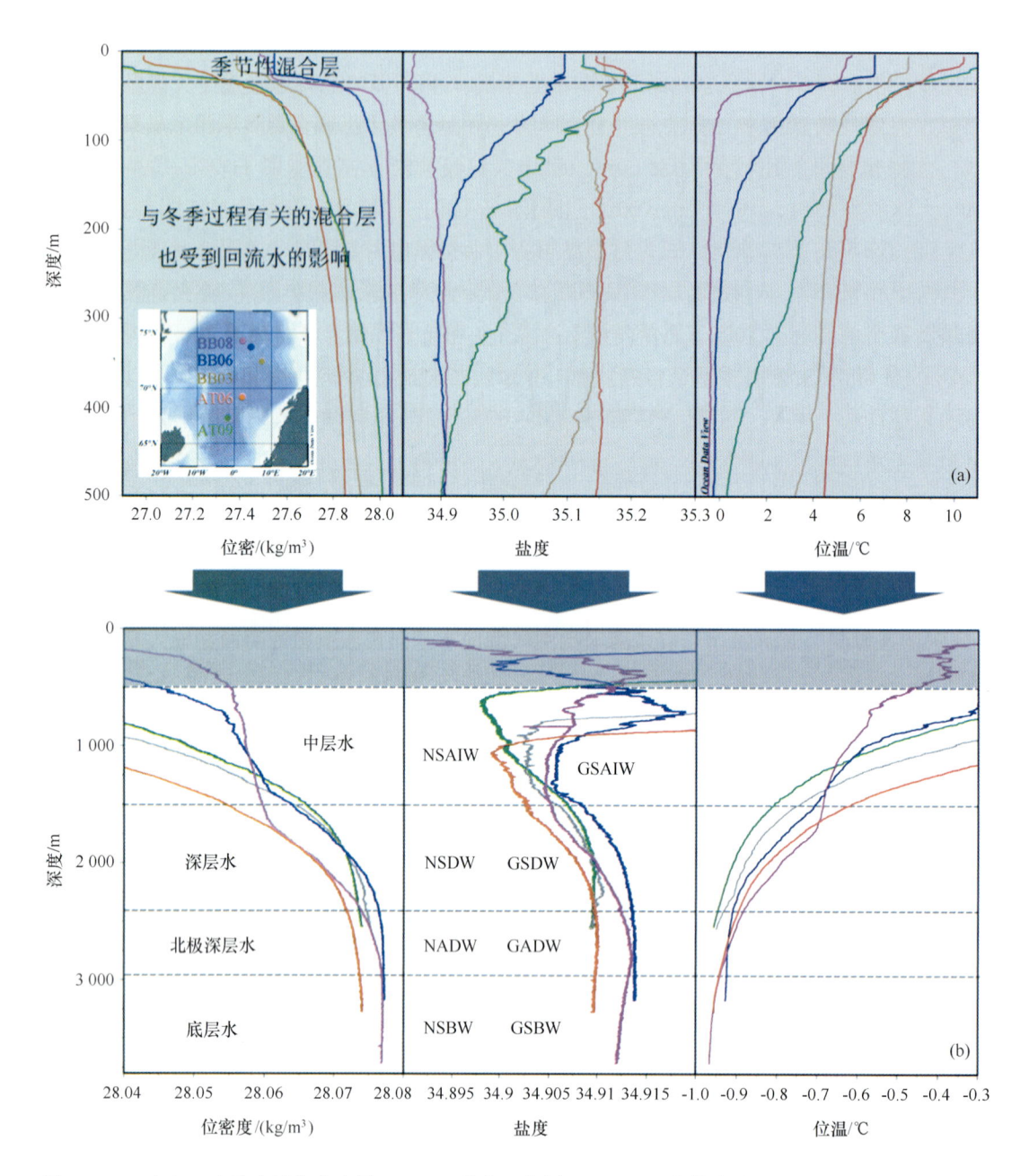

图 5.154　(a) 5 个代表站位在上层 500 m 以浅的温盐剖面；(b) 5 个代表站位在全深度下的温盐剖面，从左至右分别是位密、盐度和位温，标注的水团其颜色与其站位的颜色一致

深度上已经近似均匀，我们需要进一步调整 $T-S$ 图解（图 5.155）的温盐刻度，选取图 5.155 中黑色矩形框部分来比较和分析深层水团之间的微弱差异，从而对海盆深层存在的 3 大类水团，即深层水、北极深层水和底层水的性质进行研究。

(a) 海盆深层水（Deep Water, DW）。

海盆深层水依据所在海区以及性质上的微弱差异可进一步分为格陵兰海深层水（图 5.155 蓝色框内，Greenland Sea Deep Water, GSDW）和挪威海深层水（图 5.155 绿色框，Norwegian Sea Deep Water, NSDW）。在中层水之下，其分布深度大约为 1 500～2 500 m，盐度随着深度的加深而轻微地增加，但变化幅度仅为 0.005 左右。与中层水的情况相似，

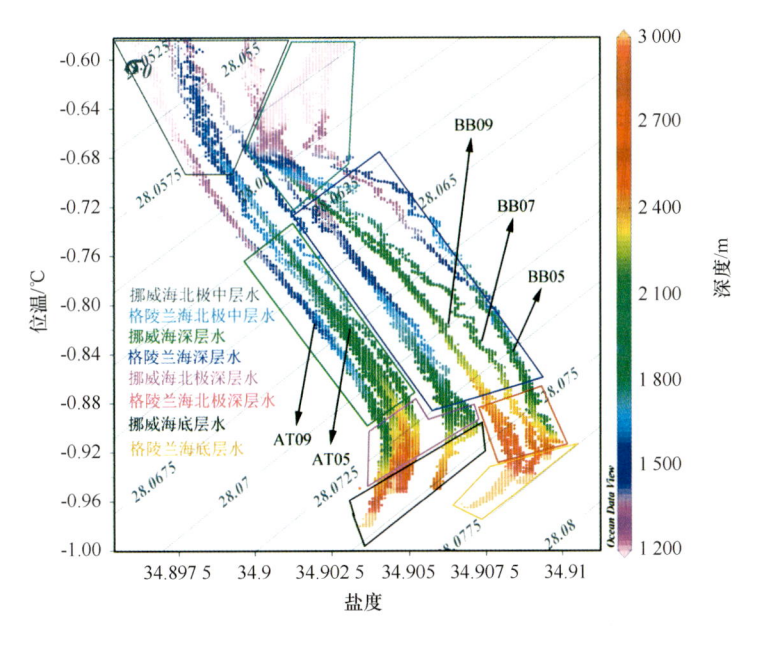

图 5.155　所有站点 CTD 数据在深层的 $T-S$ 温盐图解

GSDW 所在深度是三个海盆之中最大的，也是三个海盆中唯一可以通过对流过程与上、中层直接进行水体交换的海盆。在 $T-S$ 图解中，海盆深层水的性质介于 AIW 和 ADW 之间，从而难以准确地界定出其核心所在的深度，更多地表现出一种"过渡水体"的特征，但是，其形成于发生在格陵兰海内部的深层对流过程，对流的深度和强度对海盆深层水的性质有重要影响。

（b）北极深层水（Arctic Deep Water，ADW）。

其典型特征是在 2 500 m 左右深度上存在一个盐度的极大值，这支水团源于通过弗拉姆海峡进入格陵兰海的 Eurasian Basin Deep Water（Blindheim and Rey，2004）。根据所处的海盆，也可以将其再分为格陵兰海北极深层水（GADW）和挪威海北极深层水（NADW），见图 5.155 红色和粉色框内的水体。2012 年夏季，格陵兰海内的 ADW 分布位置相对深一些，大约在 2 600～2 900 m 的范围内，而挪威海内的 ADW 分布要相对浅一些，大约在 2 200～2 500 m 的范围内，这种深度变化与弗拉姆海峡的海槛深度（2 600 m）和连接格陵兰海与挪威海的海槛深度（2 400 m）有关，体现了海底地形结构对深层水层结的贡献。另外，BB05 站观测到的 ADW 其温盐散点在 $T-S$ 图解中位于 "S" 型分布曲线拐点的最右侧（图 5.155），意味着较 BB06－09 来说 BB05 更好地维持了北极深层水高盐的特征，从这一点上，我们推测 BB05 站所在的海脊位置很可能处于东格陵兰流的深层回流的核心区域，而相对于上层回流水核心所在的位置，深层回流的位置更加靠近 Mohn 海脊，表明地形效应对深层环流有更强的约束作用，支持了 Voet（2010）利用漂流浮标得出的深层环流更加孤立和稳定的结论。

本次调查还发现在 Lofton 海盆的深层，ADW 在北部陆坡和海脊的衔接区域具有最大的厚度和高盐属性，向南逐渐变薄，导致在 AT 断面的盐度分布中呈现出一个沿着约 2 500 m 深度向南延伸的高盐水舌，这种分布特征表明 ADW 通过格陵兰海盆进入 Lofton 海盆的深层通道很可能位于 Mohn 海脊的北部，之后进入 Lofton 海盆气旋式的深层环流并不断地与周围海水发生混合，至 VØRING Plateau 以北，只有在 ADW 核心深度（约 2 500 m）上还保留着原来高盐的特征。

(c) 海盆底层水 (Bottom Water, BW)。

又可以再分为格陵兰海底层水 (GSBW) 和挪威海底层水 (NSBW)。位于北极深层水 (ADW) 之下，分布在 2 700 m 至底层的范围内，盐度相对于北极深层水轻微地减少，但是其温度是所有深层水团中最低的，所以仍然具有最大的密度而下沉至底部。本次观测到的格陵兰海内的底层水最低位温为 $-0.97$℃，位于 BB08 和 BB09 站的底层 ($h \approx 3\ 600$ m，$S \approx 34.907\ 0$)，而挪威海底层水最低位温为 $-0.98$℃，位于 AT08 的底层 ($h \approx 3\ 500$ m，$S \approx 34.903\ 5$)。

通过格陵兰海在冬季的冷却对流难以直接将小于 $-1$℃ 的低温性质传递到底层，因此底层水的低温性质不可能仅仅通过垂向的冷却对流过程在局地形成。关于深层的对流机制，很可能是一个复杂的，通过多种途径共同实现的过程。目前大量的研究表明底层水的生成不是每年都存在的，对底层水的补充只有在部分特殊的年份可以实现，而由于海水性质的变化近些年来底层水的更新变得更难。在我们的观测中，BB09 站位置处于格陵兰海盆的中央区域，在 3 000 ~ 3 500 m 深度范围内的平均位温为 $-0.96$℃，相比较 20 世纪 70 年代在同一区域相同深度上观测到的 $-1.30$℃ 低温，深层水的温度表现出显著的增温，成为近些年来深层水更新减缓的间接证据。尽管由于海底地形的阻隔北欧海内的深层水难以参与到全球尺度上的热盐环流中，但是其通过弗拉姆海峡与北冰洋深海盆相连，是整个北极地中海深层环流重要的一环，其变化趋势一方面可以作为高纬度海洋气候系统发生变化的重要指标，另一方面也可以通过改变海洋深层的温盐和环流结构而对北半球极区海洋系统带来影响，这种反馈机制以及可能带来的影响需要在今后的研究中得到足够的重视。

表 25　2012 年夏季挪威海（灰色底纹）以及格陵兰海海盆内水团性质一览

| 水团 | | 分布深度 /m | 位温 /℃ | 盐度 | 密度差异 /(kg/m³) |
|---|---|---|---|---|---|
| 北大西洋暖流水 | 季节性混合层 | <35 | 8.0 ~ 11.3 | 35.05 ~ 35.19 | 26.81 ~ 27.64 |
| | 冬季混合层 | 60 ~ 600 | 2.0 ~ 7.0 | 35.00 ~ 35.22 | 27.55 ~ 27.95 |
| | 暖流回流水 | 60 ~ 360 | 1.5 ~ 6.0 | 34.94 ~ 35.10 | 27.62 ~ 27.96 |
| 格陵兰海上层水 | 季节性混合层 | <30 | 5.0 ~ 6.0 | 34.86 ~ 35.10 | 27.49 ~ 27.57 |
| | 冬季混合层* | 60 ~ 1 000 | -0.6 ~ 0.6 | 34.89 ~ 34.93 | 28.00 ~ 28.06 |
| | 寒流回流水** | 60 ~ 230 | -0.3 ~ 0.3 | 34.88 ~ 34.90 | 28.00 ~ 28.05 |
| 挪威海北极中层水 | | 650 ~ 1 100 | -0.3 ~ -0.1 | 34.895 ± 0.002 | 28.02 ~ 28.04 |
| 格陵兰海北极中层水 | | 1 100 ~ 1 500 | -0.69 ~ -0.61 | 34.900 ~ 34.901 | ≈28.06 |
| 挪威海深层水 | | 1 200 ~ 2 100 | -0.82 ~ -0.35 | 34.901 ± 0.004 | 28.05 ~ 28.07 |
| 格陵兰海深层水 | | 1 600 ~ 2 500 | -0.91 ~ -0.70 | 34.905 ± 0.004 | 28.06 ~ 28.08 |
| 挪威海北极深层水 | | 2 200 ~ 2 500 | -0.92 ~ -0.90 | 34.904 ~ 34.905 | ≈28.07 |
| 格陵兰海北极深层水 | | 2 600 ~ 2 800 | -0.93 ~ -0.92 | 34.908 ~ 34.909 | ≈28.08 |
| 挪威海底层水 | | >2 800 | -0.98 ~ -0.94 | 34.904 ~ 34.905 | ≈28.07 |
| 格陵兰海底层水 | | >3 000 | -0.96 ~ -0.94 | 34.907 ~ 34.909 | ≈28.08 |

注：* 是指在格陵兰海冬季冷却对流所及的深度范围内出现的水体的统称，由于夏季格陵兰海上层环流是由寒流、暖流及其各自的回流所构成的复杂系统，在这一深度范围内水团的分布相比 Lofton 海盆内的情况要复杂得多。** 是指从东格陵兰海流分离的沿扬马延破碎区以及 Mohn 海脊的西侧向北运动的回流。

(2)格陵兰海南部。

1)表层。

格陵兰海上层40 m均为低盐（盐度＜34.90）且相对低温（温度＜5.5℃）的北极表层水（图5.156）。其中R27站的表层盐度最低，仅为32.50。格陵兰海盆内部的站点（R26站、R27站、R28站和R29站）20 m以浅盐度均低于34.0，为极地水。

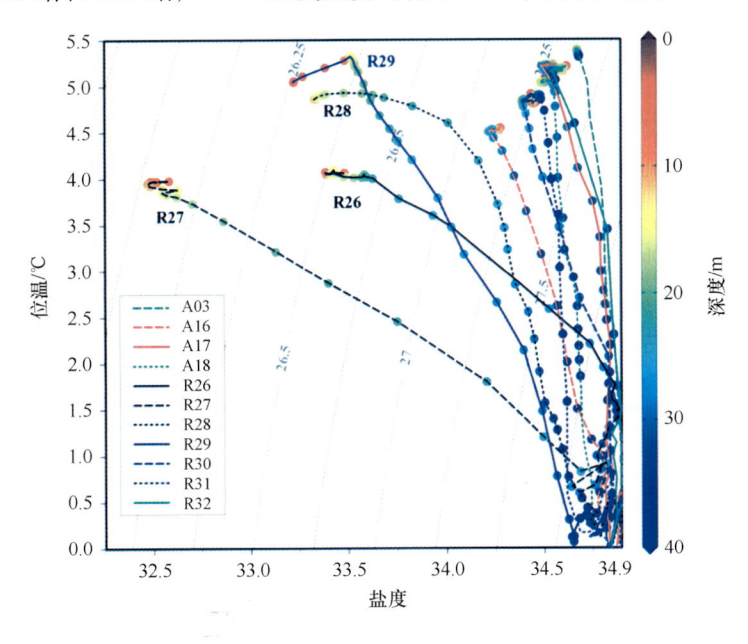

图5.156 格陵兰海部分站点0~40 m温盐关系图

其中，横轴为盐度，纵轴为位势温度（单位:℃），圆点的颜色表示深度，线型用以区分不同站点，下同

2)次表层。

（a）大西洋回流水。

在低盐的北极表层水之下，R26站、R27站以及A03站均存在相对高盐的水体（图5.157），三个站点的次表层盐度极大值分别位于46 m（34.955）、60 m（34.974）以及60 m（34.920）。显然，R26站、R27站该高盐的水体很可能来自由西斯匹次卑尔根流直接回流的大西洋水。

A03站位于沿莫恩海脊流动的扬马延流中，考虑到其上游如R30站、R32站等相应深度均不存在盐度大于34.90的水体，初步推测A03站次表层的高盐水可能为海脊另一侧大西洋水的影响，将在后文进一步探讨。

（b）R3A2断面次表层低盐低温水核。

R3A2断面上，R30站、R32站、A18站和A17站在厚约40 m左右的混合层之下均存在低温低盐的水团（图5.158）。Blindheim和Østerhus（2005）认为，格陵兰海中央的次表层冷水可能来自上个冬季的冷对流。但是，R3A2断面的次表层低温低盐水团应来自东格陵兰流，原因有二：① 由于盐析过程等，冬季发生对流的表层水应具有较高的盐度，然而此处的低温水核对应于较低的盐度；② 该水团位于格陵兰海流涡的南分支上，冷对流的水体不容易长期维持。由此，可推测该低温低盐水团应来自东格陵兰流中的极低水体，通过R2断面中的R30站附近在50~150 m之间流入。该流动紧贴陆坡，沿2 000~3 000 m等深线流动。

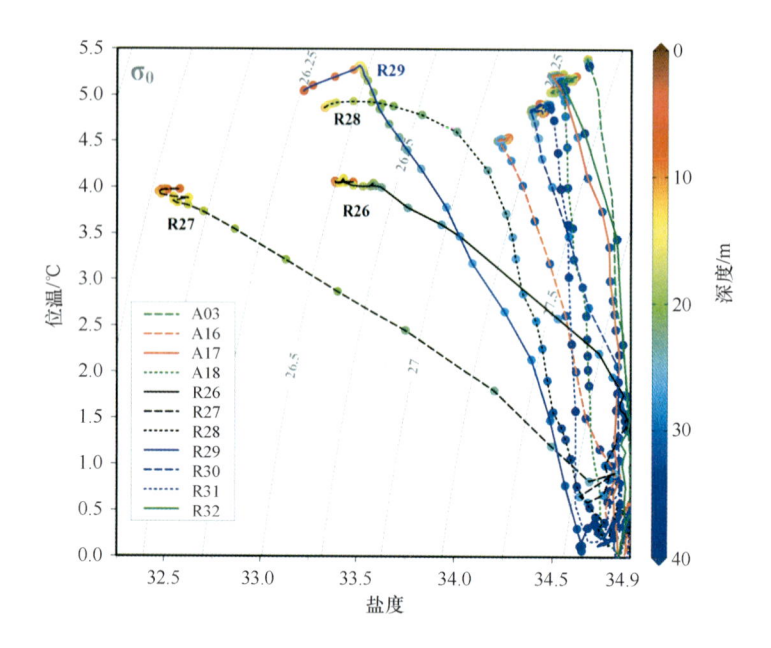

图 5.157　格陵兰海盆中南部站点上层 200 米盐度大于 34.90 且
位势温度高于 0.50℃ 的部分温盐关系图

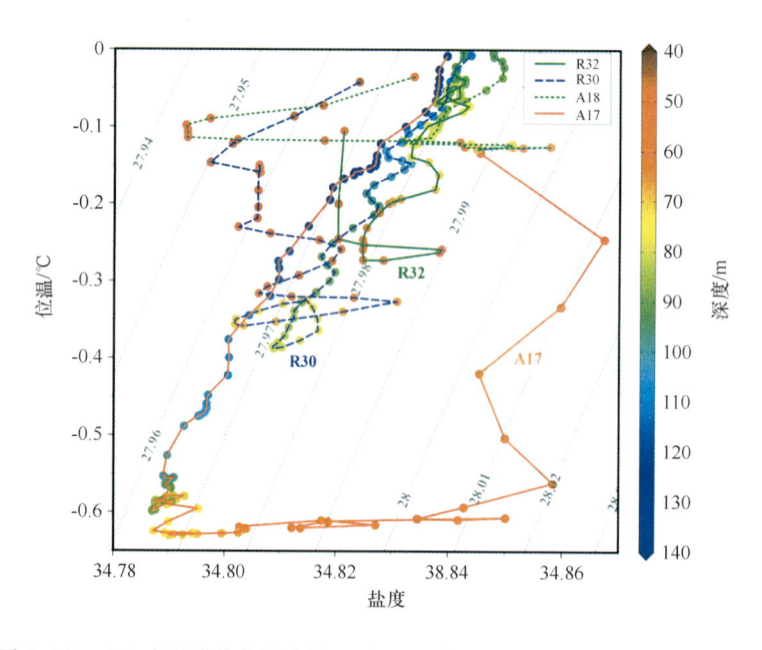

图 5.158　200 米以浅位势温度低于 0℃ 且盐度小于 34.90 的水体温盐关系图

A17 站该低温水体温度最低可达 -0.63℃，低于其西侧站点对应低温低盐水核的核心温度，且 200~250 m 之间存在另一个强度略小的低盐水核（图 5.158 和图 5.159），盐度低于 34.88，温度在 0~0.20℃），这可能是流动内部变率所致。

3）中层。

（a）中层高盐水团。

除 R26 站和 R31 站外，其他站点 300~800 m 均为相对高盐的水团占据。R28 站、R29 站以及 R30 站该高盐水团位于上层冷而低盐的北极表层水之下，应为来自东格陵兰流的大西洋回流水。图 5.159 给出了 300 m 以下高盐部分（盐度 >34.925）的温盐关系，为了清晰起见，对温度和盐度每隔 10 dB 进行平均。主要站点和具体深度范围如下。

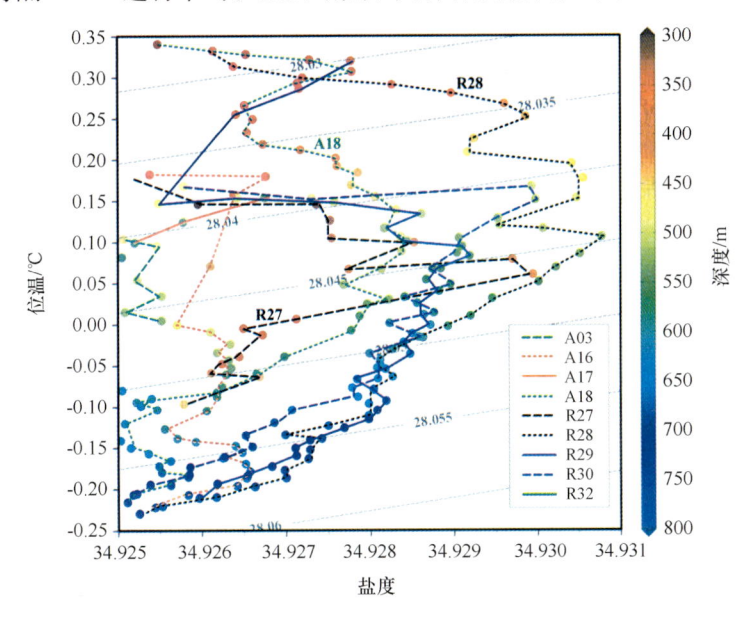

图 5.159　300 m 以下盐度大于 34.925 的部分温盐关系图（10dB）

括号中的数值表示温度和盐度值平均的压力间隔，下同

- A16 站（480～710 m）
- A18 站（320～720 m）
- R28 站（380～770 m）
- R27 站（300～450 m）
- R29 站（430～780 m）
- R30 站（470～740 m）

R32 站、A03 站以及 A17 站仅在某些深度出现盐度为 34.925 的高盐水，表明这些站点受到某一低盐水团的影响。R27 站盐度大于 34.925 的水体厚度最小，且深度相对较浅，应为该流动的边缘。R28 站、R29 站以及 R30 站深度相当，其中 R28 站和 R29 站性质相近，R28 盐度最高，500 m 左右盐度可达 34.931。从温盐性质来看，A18 站相应深度的高盐水很可能来自 R28 站。R28 站该高盐水在流动过程中温度和盐度逐渐降低，很可能沿等密度面流向 A18 站。

（b）中层盐度极小值。

中层温盐关系图（图 5.160）上一个显著的特征为 R31 站 200～450 m 以及 450～900 m 之间两个相对低温低盐的水团，较浅的水团核心位于 340 m，对应的核心温度（盐度）分别为 $-0.10℃$（34.882），较深的水团最低盐度为 34.912（720 m）。R31 站该深度范围内的密度在所有站点中最低，R32 站相应深度和 R26 站 100～300 米的温盐特性介于 R31 站与其他站点之间。R26 站位于格陵兰海盆中央，且该温盐性质所在的深度较浅，应为流涡内部活动所致。对比 R32 站和 R31 站的温盐性质，可以大胆猜测，R31 站部分低盐水可能流向 R32 站，R32 站 300～600 m 之间的水体来自 R31 的低盐水和来自东格陵兰流中的大西洋回流水混合而成。同样，A03 站 600～750 m 略低盐的水体也受到来自 R31 站低盐水的影响。

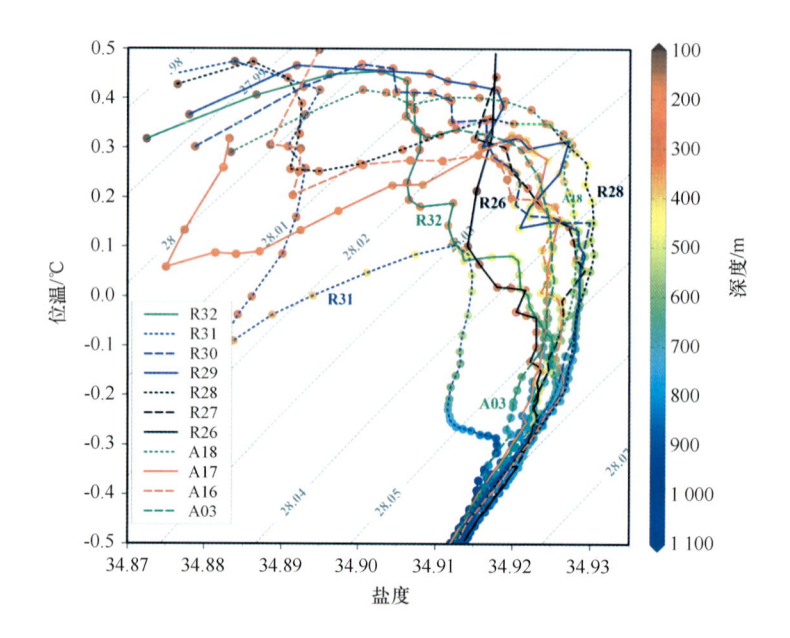

图 5.160　100~2 000 m 盐度大于 34.87 且温度在 -0.50~0.50℃的水体温盐关系

(c) 流幅。

由于莫恩海脊地形的引导作用，格陵兰海流涡南部分支基本沿陆坡流动。从 A1 断面温盐图，可以看出，A16 站中层高盐（盐度大于 34.920）部分可以到达其东南部 45 km 处的 A15 站，影响其深度位于 250~750 m 之间的水体，而 A14 站中层也可以看到略高盐的水体，由此可见，该流动的流幅至少为 75 km。

4) 中深层。

中深层水温盐变化相对较小，可以用盐度极小值作为水团判断的依据之一。图 5.161 给出了 R3A2 断面 1 000~2 000 m 的水团温盐关系。R26 站靠近格陵兰海流涡中心，盐度极小值（34.907）所在的深度最大，为 1 650 m，其次为 R27 站 1 460 m（34.908）。R31 站和 A03 站盐度极小值最大，均为 34.910，分别位于 1 240 m 和 1 180 m。其他站点盐度极小值介于 34.908~34.909 之间。除 A03 站和 R31 站外，其他站点盐度极小值附近盐度低于 34.910 的厚度为 250~400 m 不等。由此可以推测，A03 站中深层水来自 R31 站。更细致的温盐分析表明，A03 站 1 000~2 000 m 之间的水体以及 R32 站 1 500~2 000 m 的水体均来自 R31 站。

在低盐的极地水之下，格陵兰海 R26 站和 R27 站为高盐水控制，次表层盐度可达 34.974，而相应深度，扬马延流中为低温低盐的水体，这表明格陵兰海盆内部的高盐水可能直接来自西斯匹次卑尔根流的大西洋回流，且该流动与东格陵兰流并行流动至格陵兰海，之后流向格陵兰海中央的一支进入格陵兰海流涡内部，而东格陵兰流的延伸体——扬马延流在 8°W 左右流幅小于 100 km，其携带着次表层的低温低盐水团一部分沿莫恩海脊的陆坡流动，流经 R30 站、R32 站、A18 站和 A17 站。在莫恩海脊的格陵兰陆坡一侧中层均为高盐的大西洋回流水，如 A14 站等。格陵兰海流涡内部表层为极地水（盐度<34.0），该水体受到夏季加热过程的影响温度升高（4.0~5.5℃），该水体之下为高温高盐的水团，该部分由西斯匹次卑尔根流回流的大西洋水体被扬马延流阻隔在格陵兰海流涡内部。

扬马延流中次表层的低温低盐水（温度<0℃，盐度<34.90）为东格陵兰流的极地水

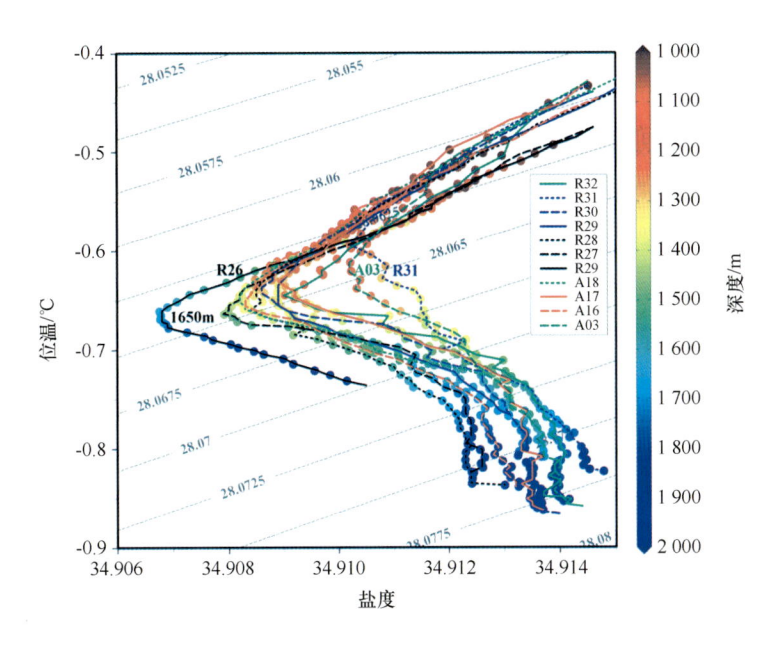

图 5.161　格陵兰海部分站点 1 000 ~ 2 000 m 温盐关系图

体，其下为高温高盐的大西洋回流水，盐度普遍大于 34.92，最高可达 34.931，温度则在 -0.35 ~ 0.40℃ 之间。其下为格陵兰海北极中层水，该层盐度极小值约为 34.908 ~ 34.911，深度在 1 100 ~ 1 300 m 之间。

（3）扬马延水道附近的水团性质。

1）表层。

该处混合层约为 40 m，多数站点表层为北极表层水控制（图 5.162）。东南部的 A02 站、A01 站和 B11 站、B12 站受到挪威海高温水体的影响，相对高温高盐，其中 B11 站表层温度可达 6.8℃，A01 站 40 m 的盐度则可达 34.963。

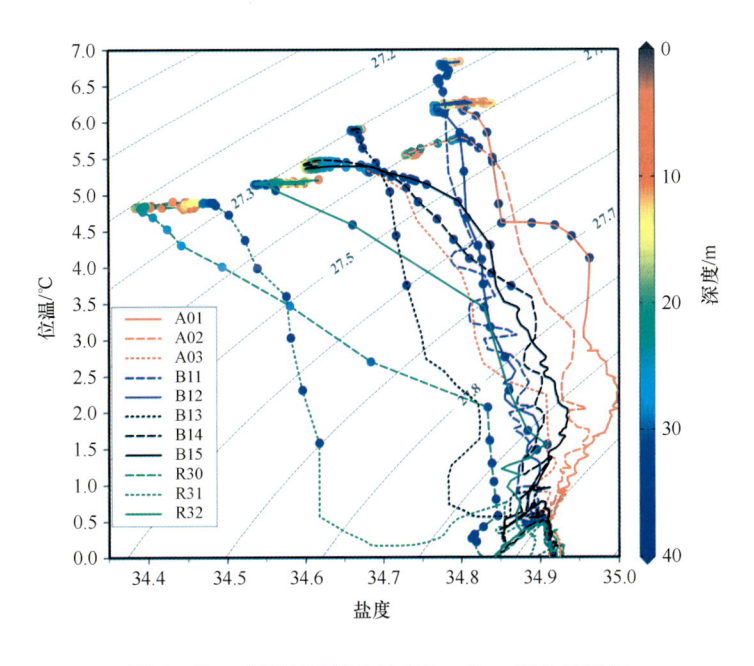

图 5.162　莫恩海脊部分站点 0 ~ 40 m 温盐关系图

2）次表层。

在季节性温跃层（40～60 m）之下，大部分站点仍为低温低盐水团占据，深度可至150 m。除此之外，次表层最显著特征包括① R30 站、R32 站的低温低盐水团；② B14 站的低温低盐水团；③ A01 站、A02 站的高温高盐水团；④ B15 站的高盐水团。

前文已提及，R30 站、R32 站次表层的低温低盐水团为来自东格陵兰流的极地水体。本节重点讨论后三个水文特征及其产生的原因。

① 低温低盐水团。

在 B14 站暖而低盐的北极表层水（盐度小于 34.80，温度大于 3℃）及其下相对高盐的水体（盐度最高可达 34.915）之下，90～180 m 之间为一个强度较弱的低盐且相对低温的水团占据，最低盐度可低至 34.849（对应温度为 0.06℃，位势密度 27.984）。

B12 站相应深度也存在一个有类似水团特征的水体，但是其厚度较小，且强度较弱。该水团在西侧的 B15 站出现在中心位于 70 m 左右的相对高盐高盐水团之下，厚度仅为 20 m。

考虑到周围站点 200 m 以浅均为随深度增加温度降低、盐度升高，B12 站、B14 站和 B15 站的该低温低盐水团应来自格陵兰海方向，该水团与位于扬马延流中的 R30 等站次表层低温低盐水团的相应深度。

② 高温高盐水团。

（a）断面上的高温高盐水团。

A01 站高温高盐（图 5.163，盐度大于 34.915）水团厚度最大，为 180 m（40～220 m），最高盐度可达 35.008（位于 58 m）。A01 站盐度最大值对应的位势温度仅为 2.47℃，并非严格意义上的大西洋水（盐度大于 35.0，温度大于 3.0℃）。但是考虑到其高盐特征，该水团应该来自挪威大西洋流，可能为其一个较小分支。

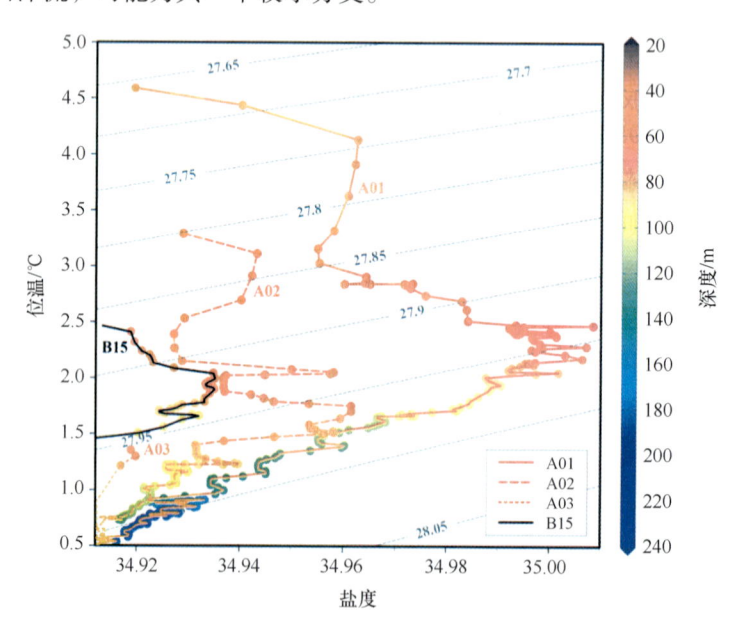

图 5.163　莫恩海脊部分站点 300 m 以浅且盐度大于 34.915，温度大于 0.50℃ 的水体温盐关系图

A02 站和 A03 站次表层盐度最大值所在的深度与 A01 站相同，但是自 A01 站向 A03 站方

向盐度最大值依次减小（A02 站为 34.961，A03 站为 34.920），且高盐水的厚度依次减小。由此可见，A03 站次表层高盐水应来自挪威大西洋流，但是该站高盐水的垂向分布并不集中，可能为大西洋水与格陵兰海次表层的低盐水混合所致（R32 站 30 m 盐度为 A03 站，与 A03 站盐度相近，表明携带该高盐水的流动流幅可至 R32 站边缘）。

A0 断面次表层的该高盐水团可能来自挪威海盆或罗弗敦海盆大西洋入流的延伸，考虑到 B11 站 300 m 以浅的深度内盐度均小于 34.910，不存在显著高盐的水团，所以 A01 站次表层的高盐水团应来自罗弗敦海盆的大西洋入流，并且受到海气相互作用的影响以及与格陵兰海流出的低温水的混合，温度降低。该流动主要流经 A01 站，其高盐特性可延伸至北部的 A03 站，可见该流动的流幅约为 60~80 km（A01 站至 A03 站的距离约 60 km，A01 站与 B11 站距离为 20 km）。

(b) B15 次表层的高温高盐水。

B15 站的高盐水位于 60~90 m，其盐度最大值为 34.935（位于 71 m）。该高盐水团可扩展至东侧的 B14 站，表现为 40~90 m 的盐度略高值。B15 站的该高盐水团可能来自两个方向：① 与到达 A0 断面的高盐水团具有同一水体来源；② 受到挪威海盆的大西洋水的影响。考虑到 B14 站低温低盐水团可能来自东格陵兰流，无论其通过扬马延水道还是通过莫恩海脊间的缝隙到达 B1 断面，都排除了到达 A01 站的高盐水团可以到达 B15 站的可能性，所以 B15 站的高温高盐水团应来自挪威海盆。

由于 B15 站北部邻近站点次表层并无明显高盐迹象，可见 B15 站的高盐水应来自南部，如图 5.164 给出了 B25 站、B26 站和 B27 站 40~200 m 的温盐关系图，从地形上来讲，三个站点相应深度的水体均可能到达 B15 站。但是 B27 站总体盐度偏低，B25 站相应深度则高温高盐，B15 站次表层的略高盐水团极有可能来自 B26 站并且在地形引导下沿扬马延岛东南部的陆坡上的等深线流动。

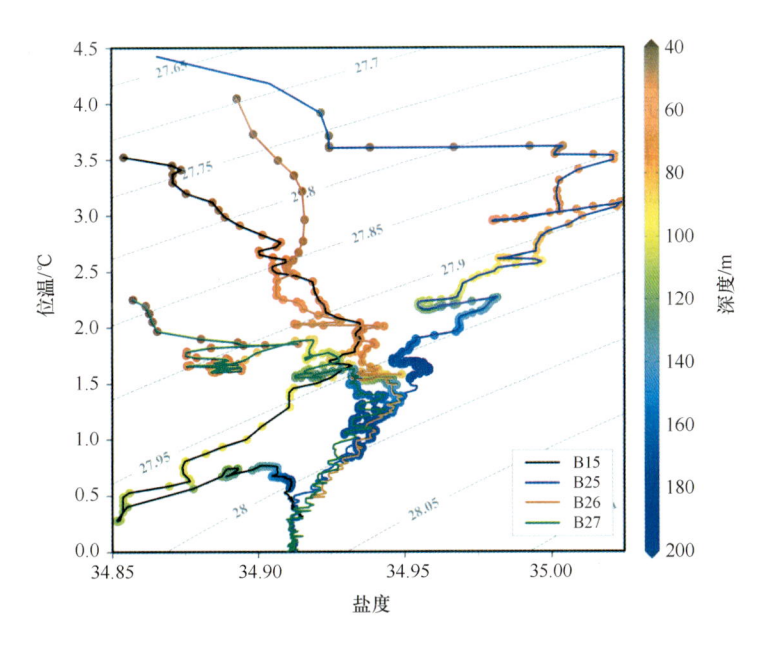

图 5.164　B15 站、B25 站、B26 站和 B27 站 40~200 m 的温盐关系图

3) 中层大西洋回流水。

格陵兰海次表层以下以及挪威海大西洋水以下的水体盐度通常均小于 34.915。扬马延水道周围的站点中层均不同程度受到大西洋回流水及其产物的影响。图 5.165 给出了 300 ~ 1 000 m 盐度大于 34.905 的所有站点的温盐关系图。R31 站温盐特征相对独立（图 5.166），整个水柱的盐度最大值为 34.918（约 900 m），其 900 m 以浅相对低温低盐，其中 420 m 以浅盐度均低于 31.905，所以图 5.166 中 R31 站最小深度为 430 m。

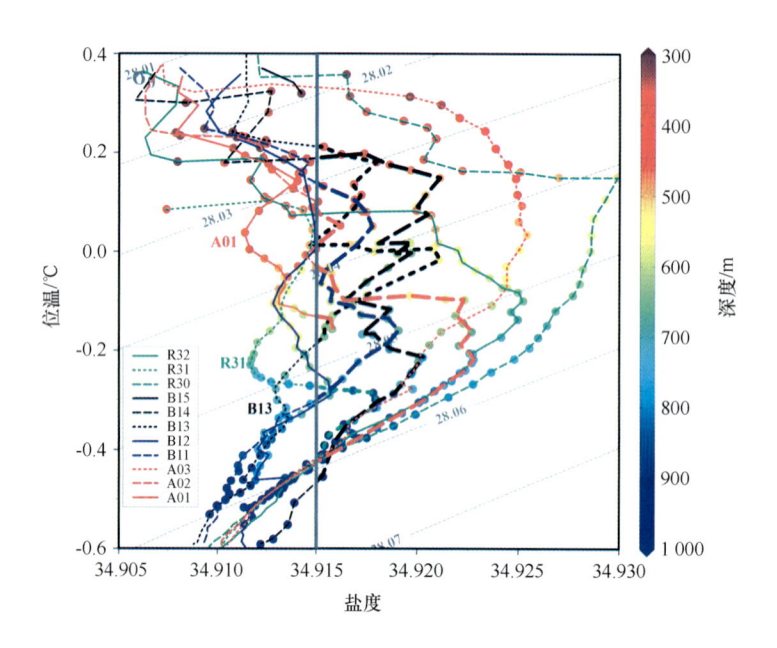

图 5.165　扬马延水道周围站点 300 ~ 1 000 m 且盐度大于 34.905 的部分温盐关系图（10 dB）
图中圆点的颜色表示其所在的深度，各站点见图例，其中 R31 站、B11 站、B13 站、B14 站、A01 站、A02 站的高盐部分（盐度 > 34.915）以相应颜色的粗线表示

中层最为高温高盐的站点为 R30 站和 A03 站，其主要水团为大西洋回流水，其水文性质已在前文进行讨论。A02 站 720 ~ 1 000 m 的温盐性质与 R32 站相应深度一致，可推断 A02 站的大西洋回流水来自 R32 站。A01 站的高盐水厚度较小，为 600 m 至观测最底部的 660 m。该站次表层的水团来自挪威大西洋流的一个分支，其高盐水团之下至 600 m 之间相对低盐的水体具有挪威海北极中层水的性质。

R31 站 800 m 以浅均为低盐水，其具有典型大西洋回流水特征的水团分布在 800 ~ 1 000 m。在格陵兰海方向流出的相对高盐水和来自挪威海的低盐水共同影响下，B1 断面的五个站点中层高盐水分布特征相对复杂。B15 站位于扬马延岛东部的陆坡上，测量深度仅至 320 m（对应盐度为 34.915）。B14 站受到次表层低温低盐水团的压制，高盐水的深度较其东侧的 B13 站和 B11 站更大。B11 站、B13 站和 B14 站的中层高盐部分（盐度 > 34.915）均存在两个比较明显的盐度极大值，应来自同一流动。B12 站的中层盐度一般低于 34.915，仅在 670 m 处存在一个厚度约 50 m 的高盐水团，可能受到来自 R31 站同等深度低温低盐水或南部挪威海盆中层水的影响。

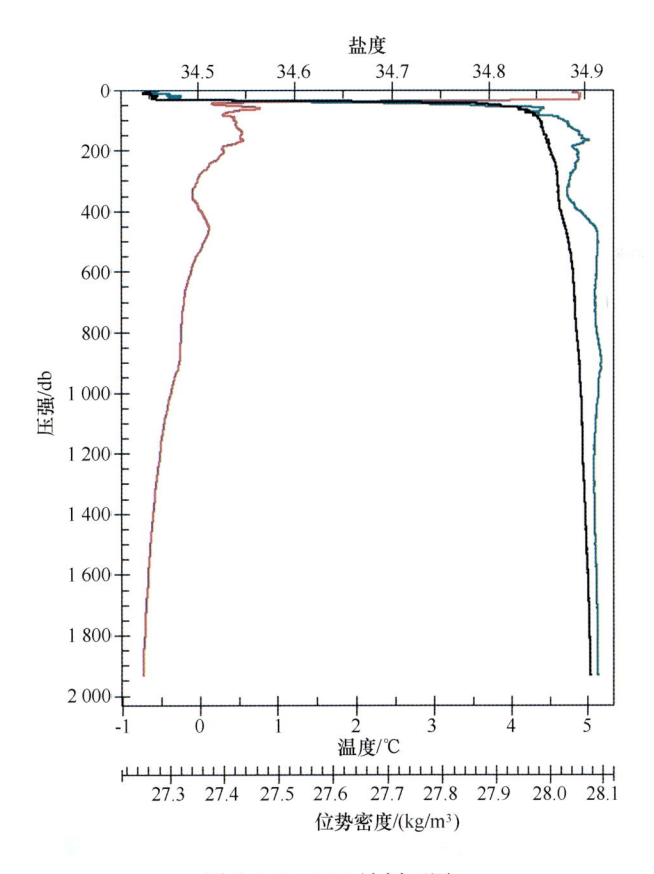

图 5.166　R31 站剖面图

横轴为温度（红线）、盐度（蓝线）和位势密度（黑线）

4) 中深层。

R30 站、R31 站和 R32 站 1 000~2 000 m 的温盐分布已在前文进行讨论。R31 站 1 000 m 盐度和温度最高（图 5.167），其他站点同等深度温度相近，但是盐度差别较大。A02 站温盐性质与 R30 站、R32 站相近，盐度最小值为 34.909，可见 A02 站该层的水团来自 R32 站方向。

B14 站测量深度至 990 m，该站点中层（图 5.167 中黑色虚线）较周围站点表现出低温高盐的特征。1 000~1 450 m，B11 站和 B13 站温盐分布形态基本一致，这两站盐度总体最低，且该深度区间内温度和盐度的变化幅度最小，应具有同一水体来源。但是位于性质相近的两个站（B11 站和 B13 站）之间的 B12 站，在这一深度表现出相对独立的温盐特征。B12 站没有明显的盐度极小值，其 1 000~1 150 m 较周围站点（除 R31 站外）盐度略高，可以推测该水团为其上游（R31 站、R30 站等）流入的相对高温高盐水团与来自南部的低盐水混合的结果。而 B12 站 1 650~1 950 m（B13 站 1 650~1 700 m）较其他站点盐度略低，再次证明该处受到来自南部相应深度低盐水的影响。

由此可见，扬马延水道作为东格陵兰流水体输出的重要通道，其南端 B1 断面上层 200 m 的水体大部分来自扬马延流，但是在流动过程中受到大气的加热以及在扬马延水道受到其南侧变性大西洋水的影响，温度和盐度均有所升高，其上层 200 m 盐度大部分低于 34.90，温度则大多高于 0.3℃。

中层大西洋回流水与扬马延流中相应水团几乎位于同一深度，温度介于 $-0.40$~$0.30$℃

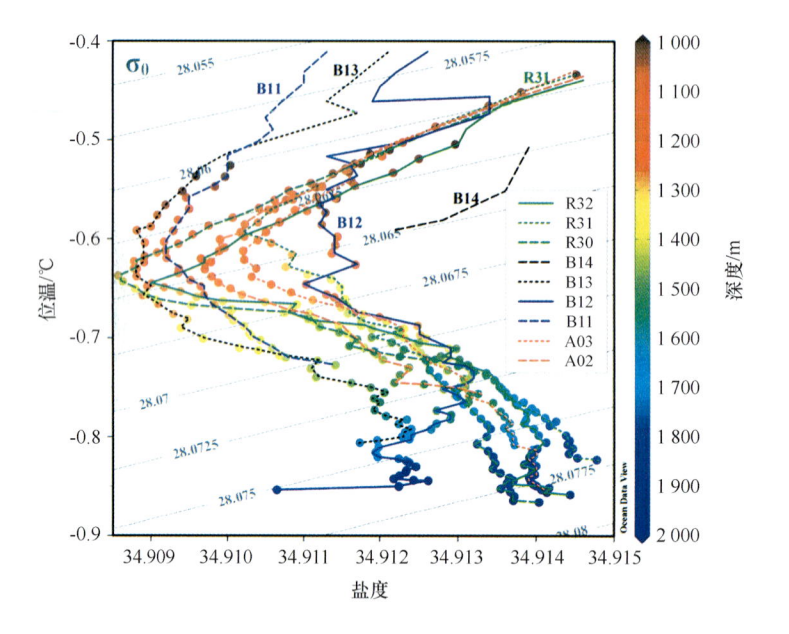

图 5.167 扬马延水道周围站点的 1 000~2 000 m 温盐关系图（10 dB）

之间，但是盐度略有降低，最大盐度约为 34.922（出现在 B13 站和 A02 站），其他站点中层盐度为 34.912~34.920。深层（1 200 m 以下）盐度较格陵兰海略有降低。这表明，格陵兰海流涡内部的海水与扬马延流中的水体进行混合，从而部分改变了其特性，如导致了其中层大西洋回流水盐度降低。混合之后的水体通过扬马延水道流出格陵兰海。而在扬马延东部，则受到挪威海上层变性大西洋水的影响，盐度增加，但是通过扬马延水道流出的海水总体上保持了其在格陵兰海中的原有性质。

3. 小结

（1）从 2012 年夏季在北欧海获得的水文调查数据来看，500 m 以浅的上层海洋中水团的种类和分布最为复杂，差异也最显著。从表层暖而咸的大西洋水（$T$ 约 11℃，$S$ 约 35.1）至格陵兰海盆次表层低温低盐的冬季混合水（$T$ 约 -0.4℃，$S$ 约 34.90），在这个温盐范围内至少存在 6 种不同性质的水体。中层及深层水体的性质和分布相对均匀和稳定，三个海盆内从浅到深依次分布着北极中层水，海盆深层水，北极深层水以及海盆底层水。由于生成源地和经历的混合、变性过程不同以及北欧海三个海盆显著的动力条件差异，垂向上的各类水团在不同海区内的分布深度以及性质存在明显差别。关于本次调查期间水团种类及性质分布见表 5.25。

（2）格陵兰海的上层环流伴随着大西洋水在 Mohn 海脊附近上宽下窄的楔形结构，其中心会向西发生偏移，本次观测发现从 700 m 深度至 200 m 深度，环流的中心向 Mohn 海脊以西移动了近 100 km。通过对格陵兰海和挪威海内北极中层水的性质进行比较发现，尽管格陵兰海是北极中层水的源地之一，但是受到沿着 Mohn 北向的环流的限制，其并不能直接越过海脊而贡献于挪威海内的中层水。挪威海中层水的源地可能位于冰岛海台，并自西进入挪威海盆后随中层气旋式环流向整个挪威海扩展。调查还发现，北极深层水通过格陵兰海盆进入 Lofton 海盆的深层通道很可能位于 Mohn 海脊的北部，相比较上层环流，深层海水流动受到更强的地形约束作用，其流动核心更加靠近 Mohn 海脊。

(3) 在格陵兰海盆中央区的观测表明，海盆深层水位温在 3 500 m 以深约为 -0.97℃，而 20 世纪 70 年代在同一区域约 3 500 m 观测到的 -1.30℃ 低温，深层水的温度表现出显著的增温，成为近些年来深层水更新减缓的有力证据之一。

### （四）定点海气长期变化

#### 1. 数据介绍

2012 年在挪威海布放的海气耦合浮标（位置如图 5.168）自 8 月份开始采集数据，期间经历了几次数据传输故障和现场维修，故有效数据的时间范围如表 5.26 所示。

表 5.26 海气耦合浮标观测要素时间范围

| 观测要素 | 时间范围 |
| --- | --- |
| 气象数据 | 2012-08-04—08-18 |
| | 2013-07-26—12-31 |
| | 2014-01-01—03-24；2014-04-03—08-01 |
| 湍流数据 | 2012-08-04—08-18 |
| | 2013-07-26—08-14 |
| 波浪数据 | 2012-08-04—12-31 |
| | 2013-01-01—05-09；2013-07-19—12-31 |
| | 2014-06-19—12-31 |
| | 2015-01-01—02-25 |
| 温盐数据 | 2012-08-04—12-31 |
| | 2013-01-01—05-09；2013-07-19—12-31 |
| | 2014-01-01—12-31 |
| | 2015-01-01—02-25 |
| 流速数据 | 2012-08-04—12-31 |
| | 2013-01-01—05-09；2013-07-19—12-31 |

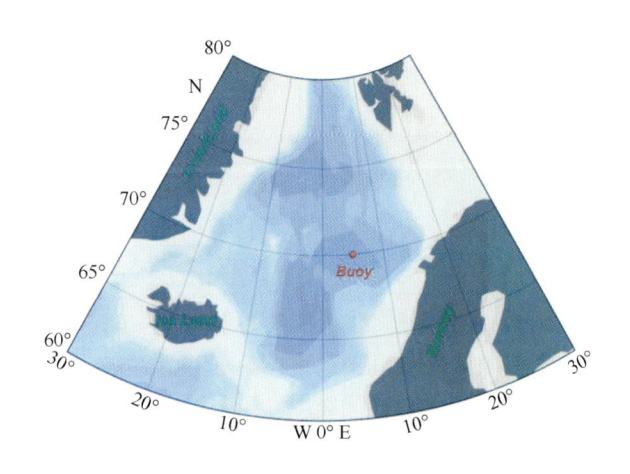

图 5.168 海气耦合浮标布放位置

## 2. 温度、盐度和波浪变化

从数据作图上来看大浮标的温盐数据测量的数值似乎是同一个传感器测量的结果，考虑到在几天之内该数据变化具有明显的起伏，推测其应为温度传感器测量的数值。数据进行了第一步的处理剔除明显的异常值，依据是在短时间内某一时刻观测值明显高于这段时间内的其他值便将其定义为奇异值。第二步对仪器的系统误差处理上还没有进行，进行系统误差的校正需要一个参照，如邻近海域的其他仪器观测值。以及需要知道仪器出厂时的标称值存在的误差。第三步对环境误差的校正也没有进行。大浮标漂移时间段内需要进行这部分的校正，从漂移阶段所作图上来看，一些类似小毛刺的摆动可能与浮标运动观测中的摆动相关，对于一些高频的摆动也许需要进行滤波处理。

1）2012 年 8 月 4 日至 2012 年 8 月 17 日。

在这段时间内，如图 5.169 所示，温度和电导率的变化曲线看起来重合过好，有可能电导率的通道接收的是温度传感器测量的数据。表层温度（1.5 m）这个时间段内略有升高，可能是受太阳辐射加热的结果。500 m 层的温度在 8 月 7 日到 8 月 9 日这段时间内似乎捕捉到了一个涡旋。

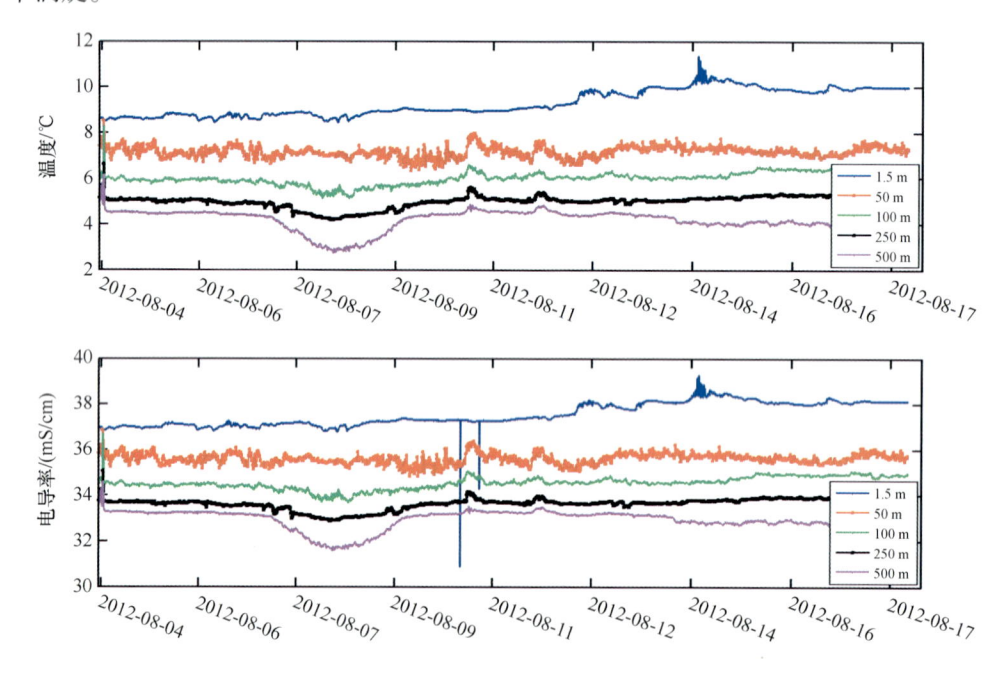

图 5.169　2012 年 8 月 4 日至 8 月 17 日之间温度和电导率时间序列

在此期间内，波浪在 2012 年 8 月 9 日到 8 月 14 日可能经历了一次大风天气过程，如图 5.170 所示，波高变大。波高最大接近 4 m，周期为 4~8 s，该时间段内波向偏向西南—东南方位角。

2）2012 年 11 月 6 日至 2012 年 11 月 26 日。

2012 年 11 月 6 日到 11 日表层温度呈现一个升温过程，持续了 10 多天之后在 11 月 22 日左右开始降温，如图 5.171 所示。2012 年 11 月 6 日到 12 日期间波高的变幅较大。波浪周期变化较为平稳。波向总体偏南。

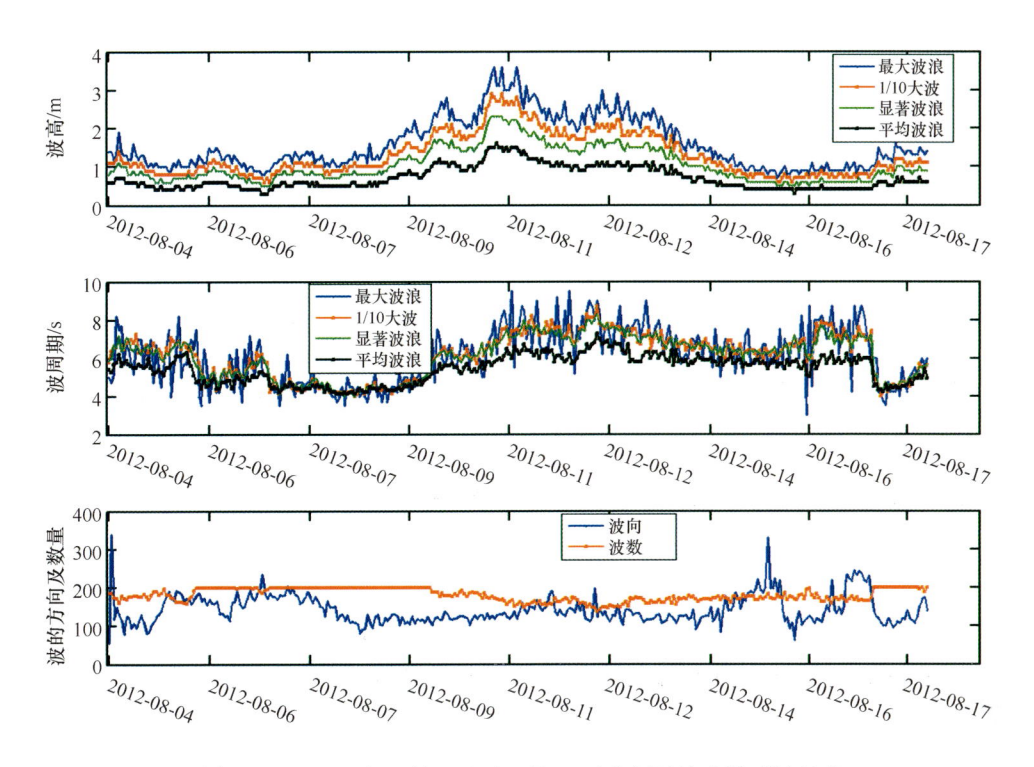

图 5.170　2012 年 8 月 4 日至 8 月 17 日之间波浪参数时间序列

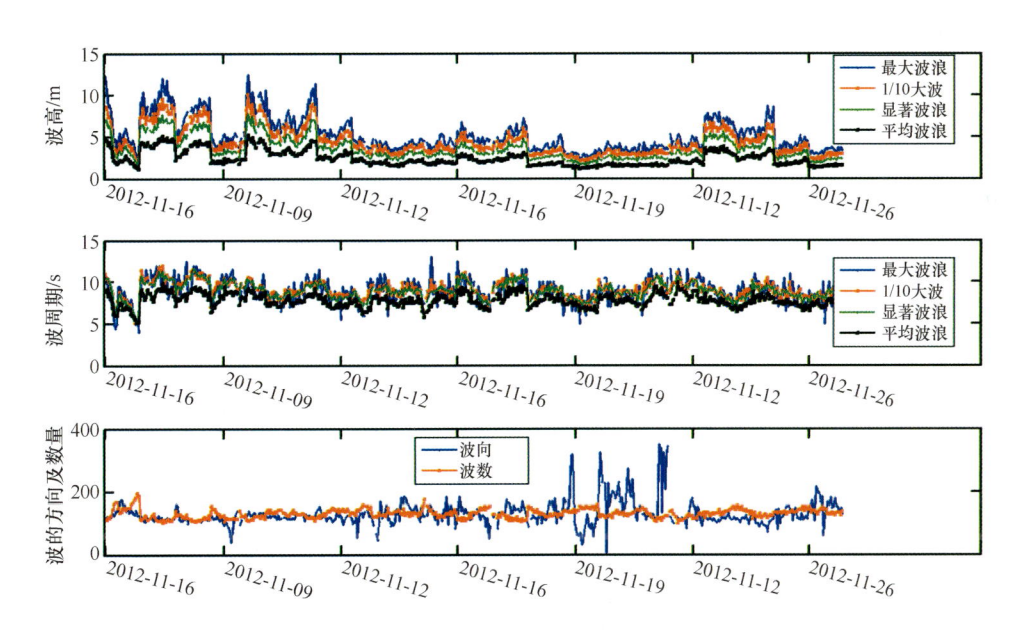

图 5.171　2012 年 11 月 6 日至 11 月 26 日波浪要素时间序列

3）2012 年 11 月 27 日至 2013 年 2 月 1 日。

2012 年 11 月 27 日到 2013 年 2 月 1 日表层温度先是逐渐降低，如图 5.172 所示，到了 2012 年 12 月底温度又逐步回升，在 15 日到 17 日之间最高达到 7℃，而后温度又逐渐降低至 5.5℃左右。波高在 2012 年 12 月 30 日前后出现较高值，最大波高超过 10 m。

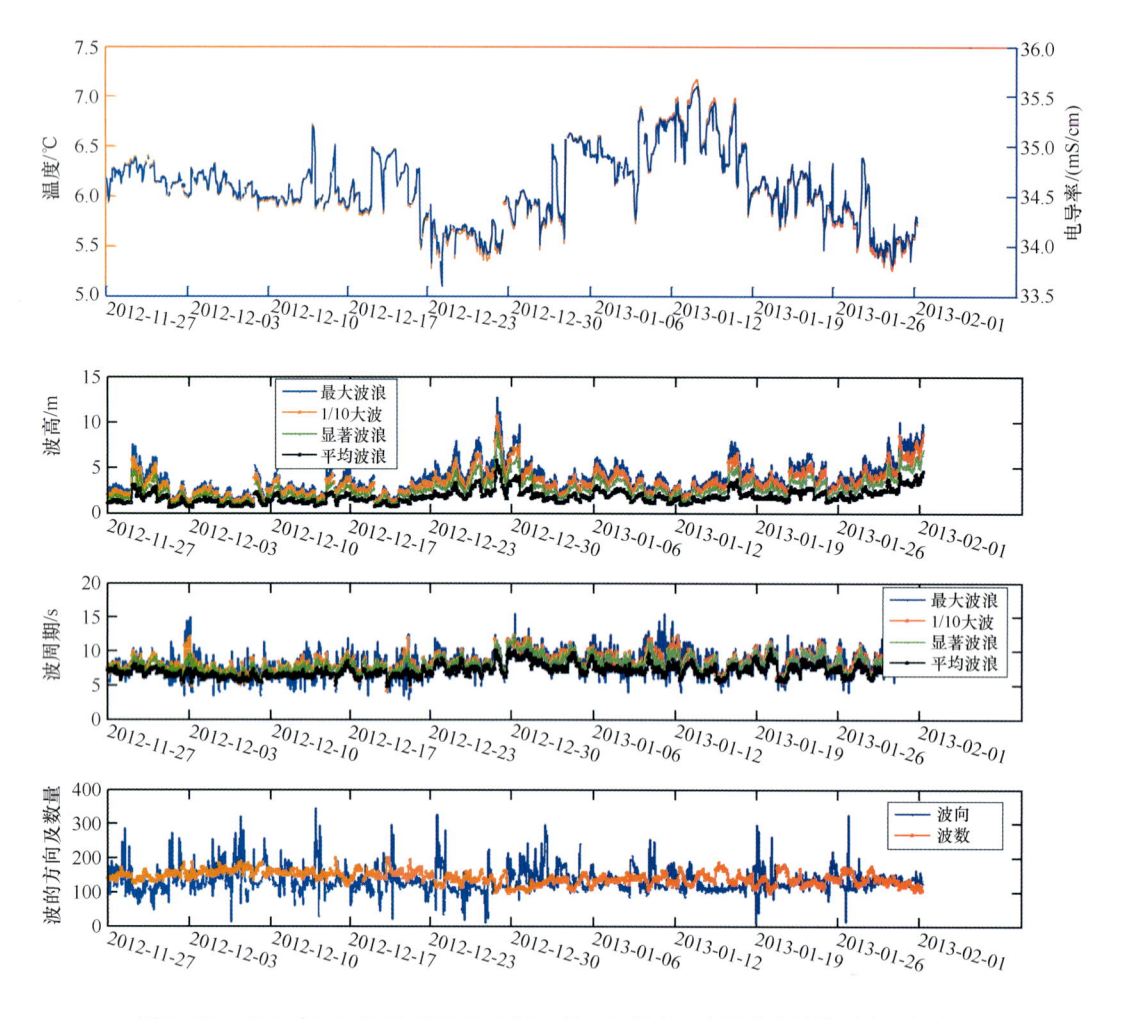

图 5.172　2012 年 11 月 27 日至 2013 年 2 月 1 日温度，电导率和波浪要素时间序列

4）2013 年 2 月 2 日至 2013 年 4 月 21 日。

2013 年 2 月 2 日至 2013 年 4 月 21 日浮标走标，运动轨迹如图 5.173 所示。2 月 8 日到 27 日之间浮标向远离挪威海岸的方向（西北方向）运动，温度降低，而后浮标向东运动温度又回升，如图 5.174，这应与浮标距离挪威暖流的远近有关。大浮标 12 日左右开始向南运动，在 3 月 19 日到 4 月 2 号之间温度骤降，这应与浮标脱离挪威暖流主轴进入法罗海流回流所主导的表层水体有关（参见气候态 3 月份的表层温度和流，如图 5.175。4 月 2 日之后浮标又重新向着挪威沿岸运动回到挪威暖流主轴上，温度也随之回升。

5）2013 年 8 月 6 日至 2013 年 9 月 8 日。

如图 5.176 所示，2013 年 8 月 6 日至 2013 年 9 月 8 日，该时间段内的温度是挪威暖流温度高值时期，一般在 10℃以上。这段时间内，波高存在几个高值时段，最高能达到 6 m 左右，波向变化幅度较大。

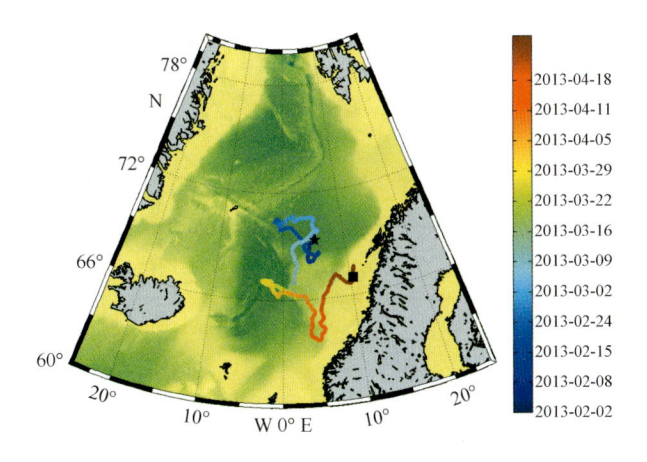

图 5.173　2013 年 2 月至 4 月布标运动轨迹

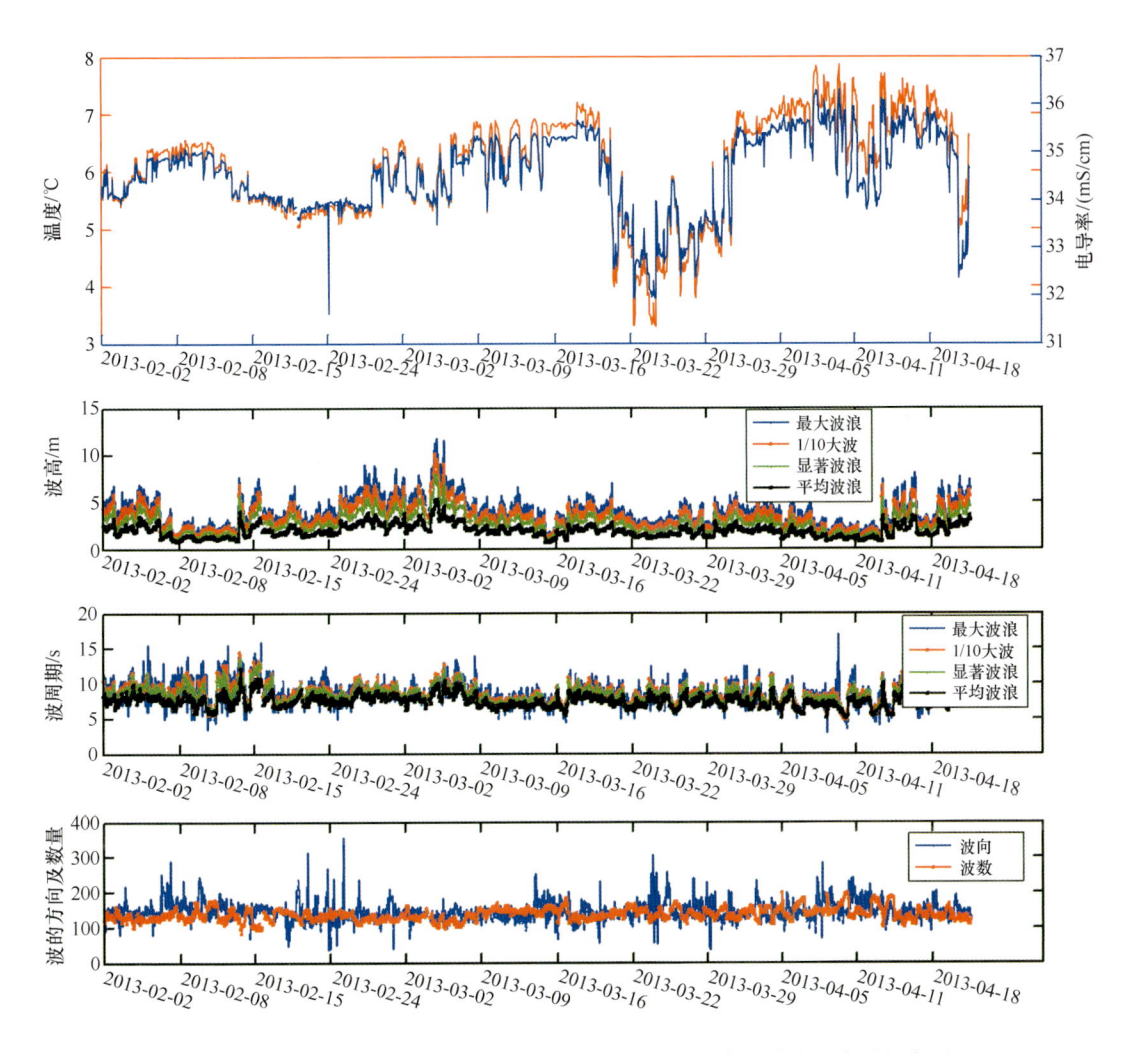

图 5.174　2013 年 2 月 2 日至 4 月 18 日温度、电导率和波浪要素时间序列

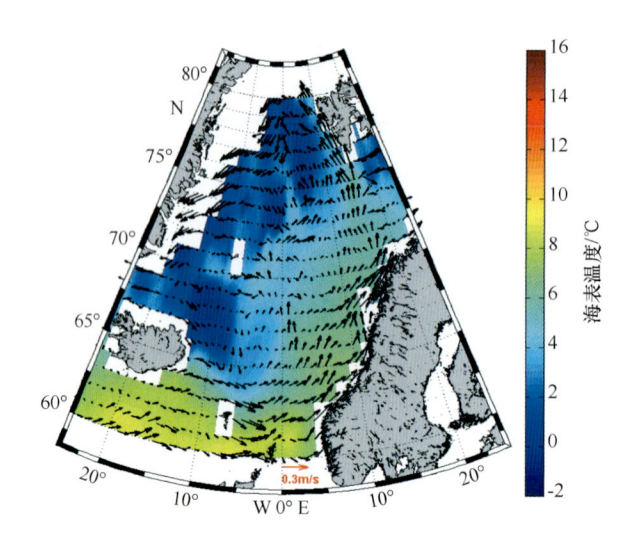

图5.175　SST和表层流场的气候态数据（3月份）

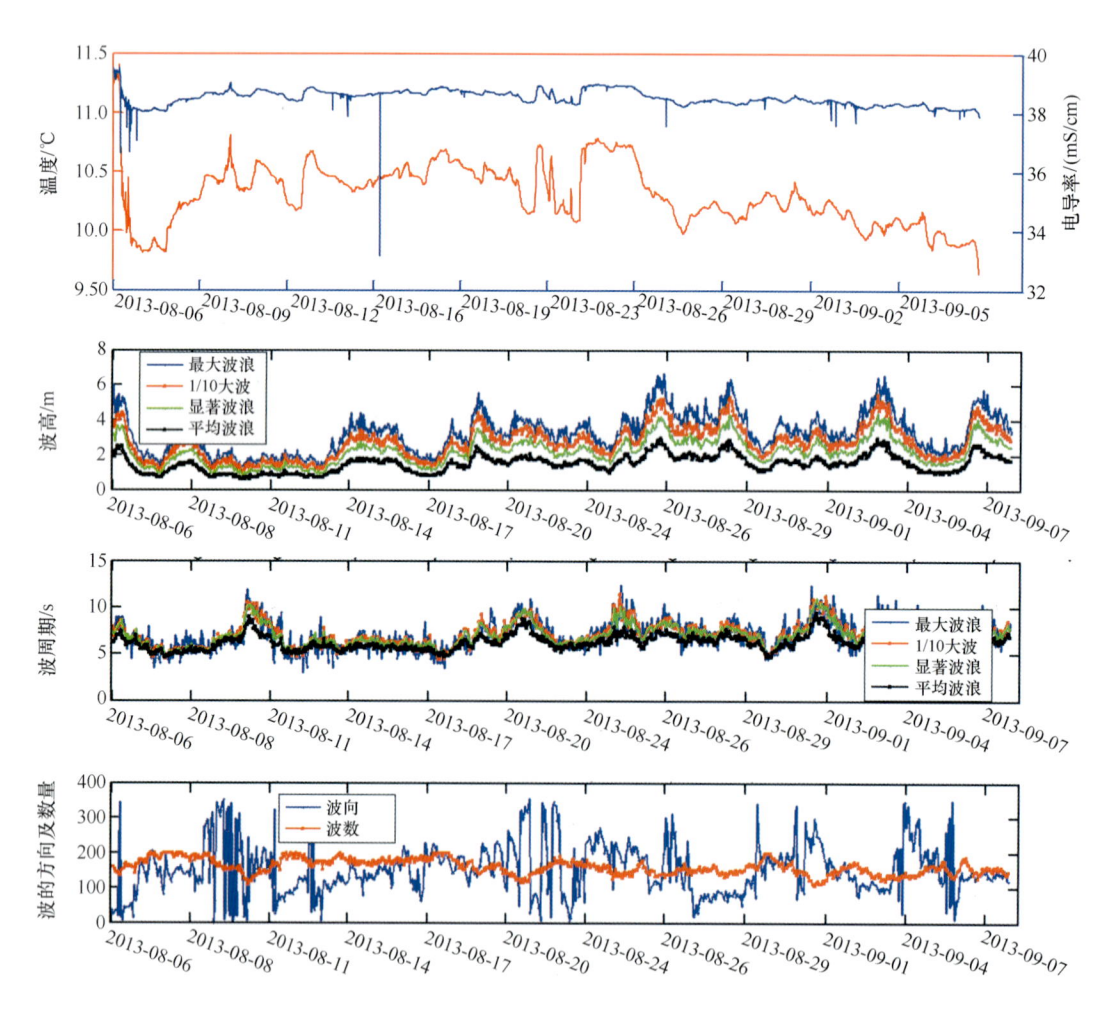

图5.176　2013年8月6日至9月7日温度、电导率和波浪要素时间序列

### 3. 表层流速变化

ADCP 挂载于浮标浮体的内部，每隔 10 min 进行一次观测，分别测量海表面（0 m）、5 m、10 m、20 m、30 m、50 m 以及 80 m 深度处的水平流速。观测期间由于仪器维护而中断过 3 次观测，因此所获得的连续观测的流速数据基本可以分为 4 个时间段：

① 2012－08－04—2012－08－17；
② 2012－11－06—2013－02－01；
③ 2013－02－02—2013－04－21；
④ 2013－08－06—2013－09－08。

数据进行初步质量控制使用的条件：① 对单一速度分量（北分量或者东分量）大小超过 150 cm/s 的数据进行剔除（只有在走锚状态时存在少量速度异常大的情况，锚定状态下所测基本都低于该阈值）；② 对于 80 m 深度北分量的观测在每个小时内第 50 分钟的观测出现的奇异值（速度大小是 25.6 的倍数）剔除。

初步的数据结果如下：

① 时间：2012－08－06 00：00—2012－08－17 23：50。

目前流速数据还没有滤掉潮流的影响，其值并不代表该海域内定常流的速度大小。从图 5.177 中我们初步可以看到，该海域的流速大小一般低于 20 cm/s（含潮流影响），且多以北向流为主。8 月 7 日至 11 日流速的异常增大与天气有关，这几天该海域属于大风天气，"雪龙"船当时因为海况恶劣而临时取消掉两站的观测，CTD 钢缆的倾角一度达到 70°以上。该海域的季节性混合层只有 20 m 深，季节性跃层在 20～60 m 之间。而流速观测告诉我们这里季节性跃层上下的流速非常接近，表明大西洋暖水在罗弗敦海盆的输运具有垂向较为一致的特点。

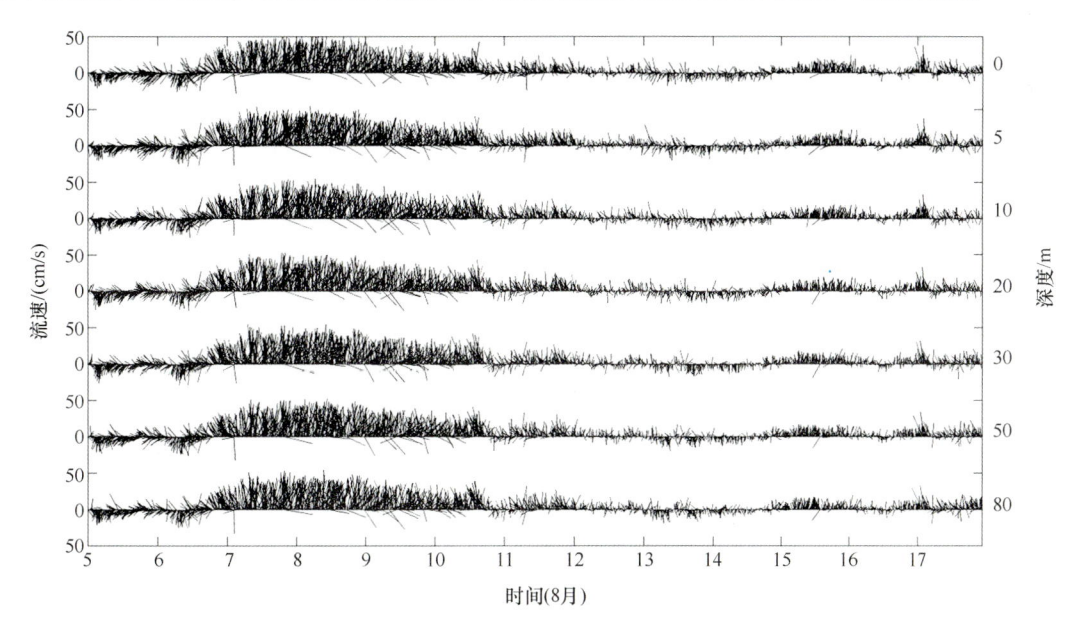

图 5.177 2012 年 8 月期间北欧海上层 0 m、5 m、10 m、20 m、30 m、50 m 和 80 m 流失量的时间序列

② 时间：2012－11－06 00：00—2012－11－30 23：50。

如图 5.178 所示，此时已经是北欧海的冬季，相对比夏季的观测，最明显的变化有两点：

ⅰ) 瞬时的流速大小出现明显增大，很多时间段的流速都超过 50 cm/s，这应该与当地冬季风速增大有关。

ⅱ) 流向多变，几乎 2~3 天的间隔后都会发生转向，这应该与潮汐无关，很可能是风的影响，需要从风速数据上来寻找证据。不过这种流向的多变性相对于单一方向的平均流对于海水的搅拌和混合作用显然更强。

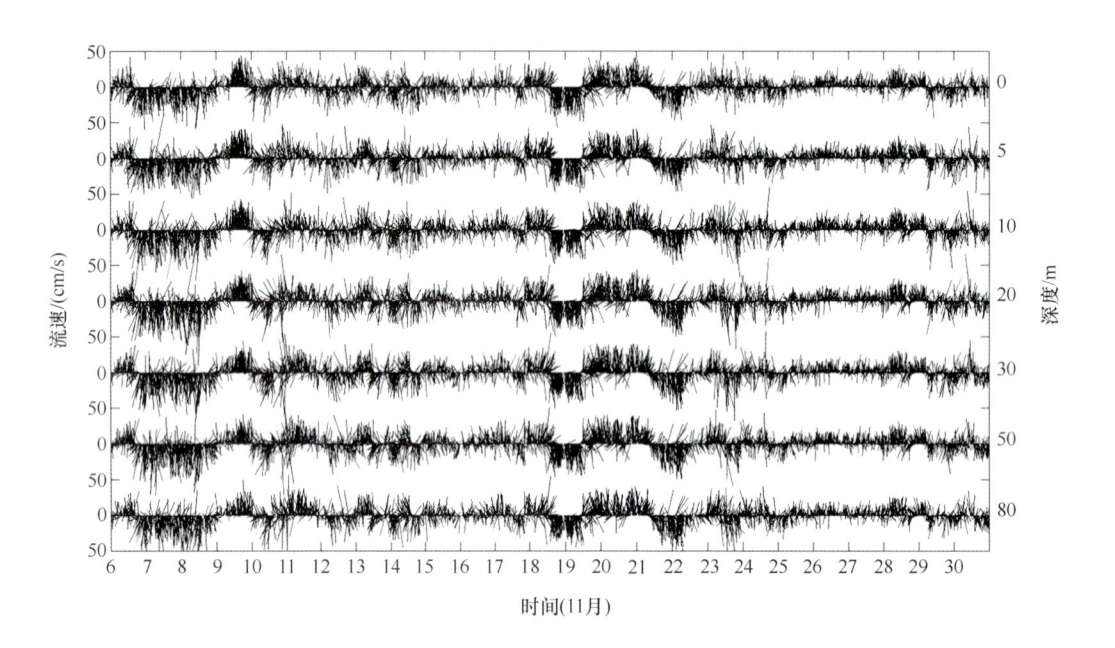

图 5.178　2012 年 11 月期间北欧海上层 0 m、5 m、10 m、20 m、30 m、50 m 和 80 m 流矢量的时间序列

③ 时间：2012 - 12 - 01 00：00—2012 - 12 - 31 23：50。

2012 年 12 月份的海流分布与 11 月份类似（图 5.179），只是该月的后半段对应 11 月上中旬的流速较大期间。不过依然是冬季的流速要大于夏季（但如果考虑月平均因为流向存在南北的变化，平均后可能冬季流速会变小很多）。

④ 时间：2013 - 01 - 01 00：00—2013 - 01 - 31 23：50。

2013 年 1 月份在 26 日之前流向比较一致地向北，尤其是在 9—16 日之间流速和流向均很好地保持了一致，这与 2012 年 8 月份（图 5.180）大风期间的观测较为相似，如果看风速记录这几天应该还是大风天气。

⑤ 时间：2013 - 02 - 01 00：00—2013 - 02 - 28 23：50。

从 2 月 2 日开始，浮标走锚开始在北欧海内漂流。如图 5.181 所示，由于浮标露出水面的部分较多，相对于漂流浮标它更像是一艘帆船，决定浮标运动方向的应该是风而不是流。从偏大（$u > 50$ cm/s）的且较一致的北向流速来看，浮标应该主要是向南而去的，这有这样才可能使得相对流速大于锚定时观测到的北向流速。不过这说明北欧海冬季盛行北风。

⑥ 时间：2013 - 03 - 01 00：00—2013 - 03 - 31 23：50。

3 月份的观测同 2 月份，走锚状态的相对流速大部分时间都是向北的，表明浮标总体趋势应该是向南，如图 5.182 所示。后期浮标开始向西，观测到的速度大小的波状分布与浮标在下旬做了一个圆周运动后西进的轨迹有关。

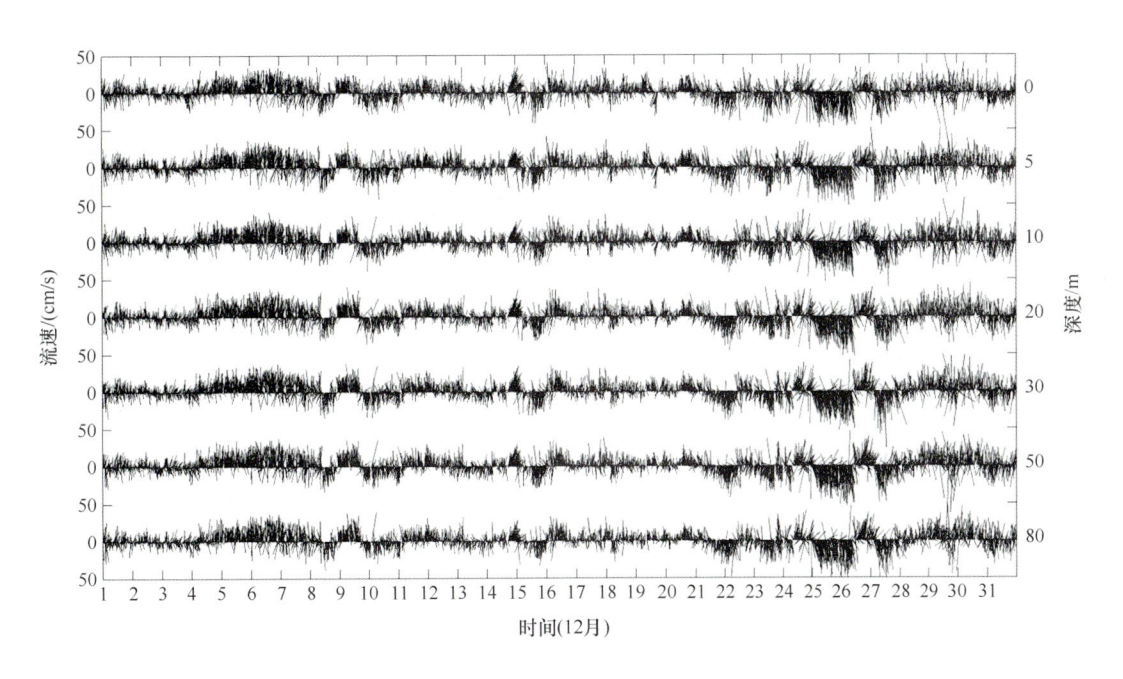

图 5.179　2012 年 12 月期间北欧海上层 0 m、5 m、10 m、20 m、30 m、50 m 和 80 m 流失量的时间序列

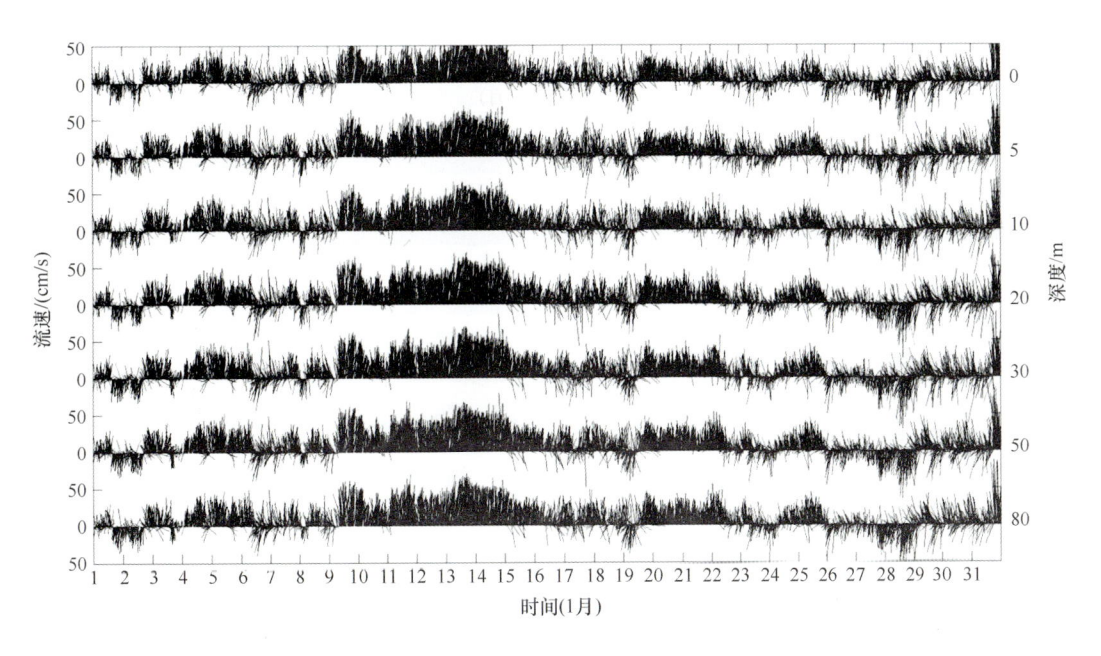

图 5.180　2013 年 01 月期间北欧海上层 0 m、5 m、10 m、20 m、30 m、50 m 和 80 m 流失量的时间序列

⑦ 时间：2013-04-01 00：00—2013-04-21 23：50。

4 月份浮标的漂流趋势是先向东南后向北，如图 5.183 所示，但是后面向北的时间段观测的速度有点不对应。相对速度向北，意味着当浮标向北运动时，相对向北的流速依然可以达到 70 cm/s 的量级，而浮标这段期间向北的速度是整个漂移期间比较快的时间。

⑧ 时间：2013-08-06 00：00—2013-08-31 23：50。

浮标重新布放后，在 6 日的观测还可以看出船只拖动的痕迹，如图 5.184 所示，如果是

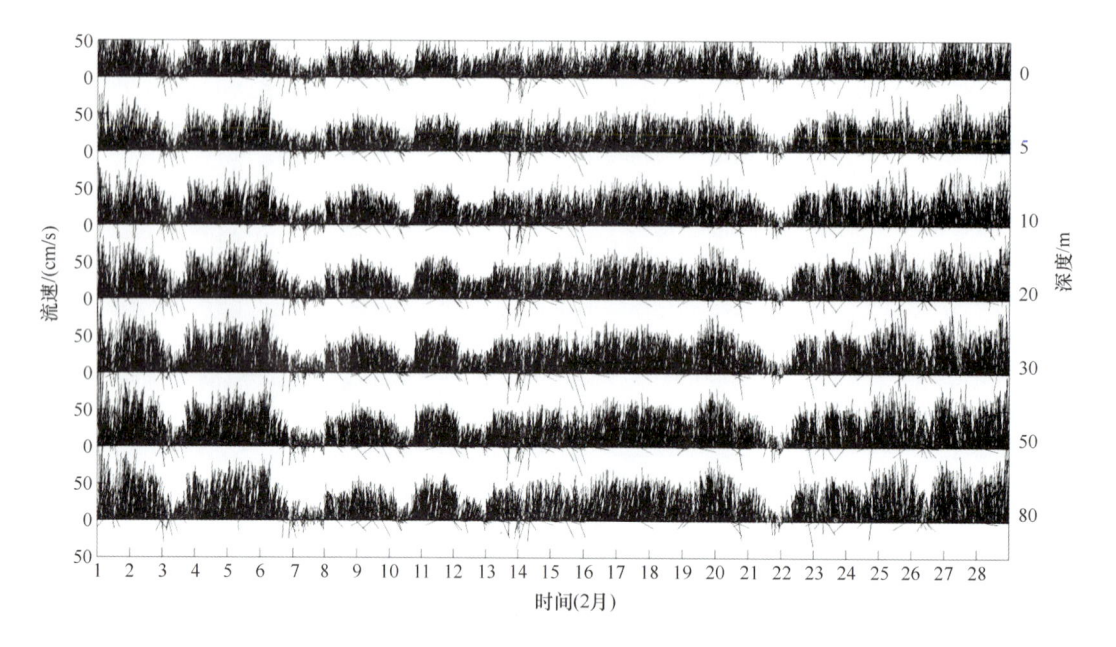

图5.181　2013年02月期间（漂流状态）北欧海上层0 m、5 m、10 m、20 m、30 m、50 m和80 m流失量的时间序列

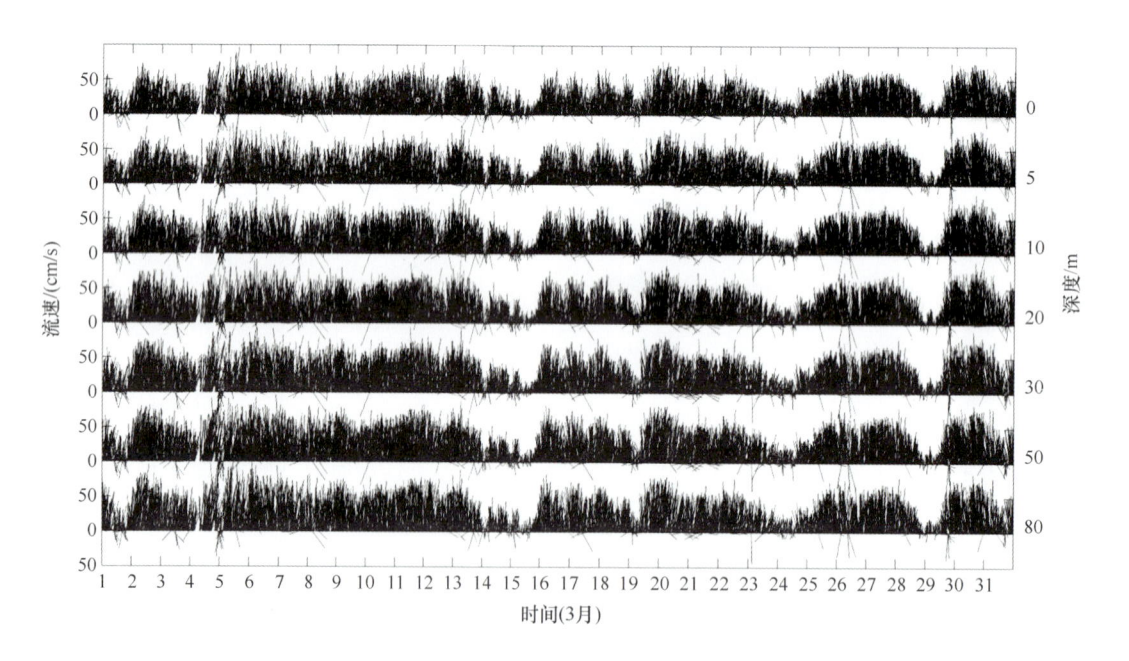

图5.182　2013年03月期间（漂流状态）北欧海上层0 m、5 m、10 m、20 m、30 m、50 m和80 m流失量的时间序列

从南向北拖的话速度还可以对应上。随后锚定之后，浮标在2013年8月的观测与2012年8—9月的观测相类似，从速度大小的分布或者方向的变化上看。

⑨ 时间：2013-09-01 00：00—2013-09-08 23：50。

2013年9月的观测时间比较短，只有8天。不过从图5.185可以更加清晰地查看流速的日变化。该月份比较特殊的是处于东南—东—东北这个方位之间的流向比较多。

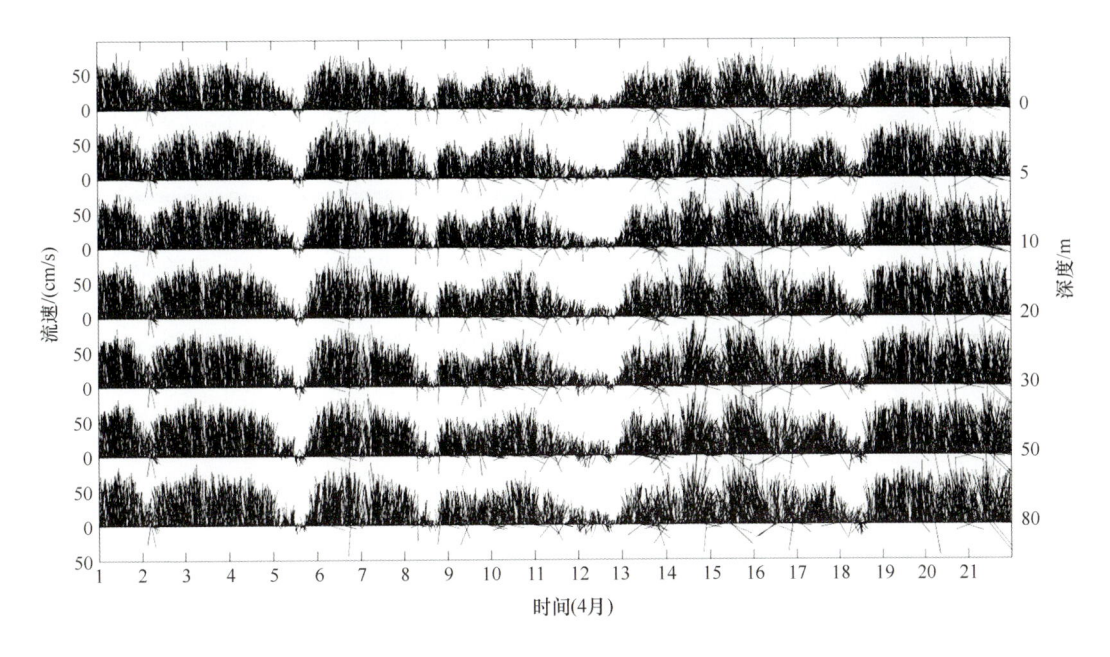

图 5.183　2013 年 04 月期间（漂流状态）北欧海上层 0 m、5 m、10 m、20 m、30 m、50 m 和 80 m 流失量的时间序列

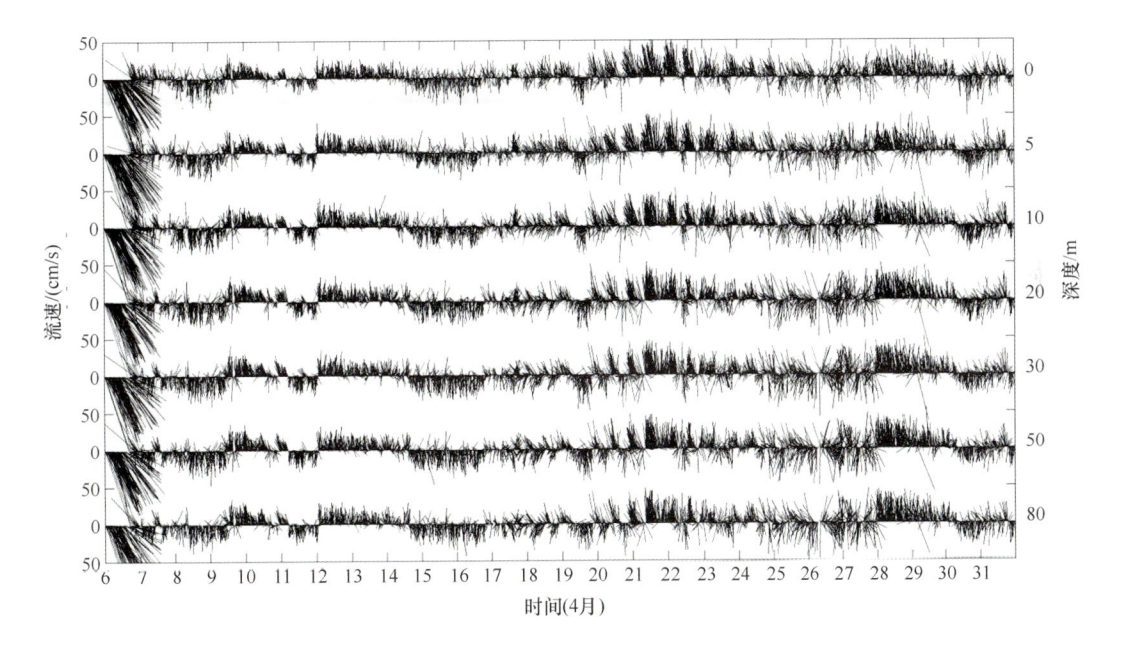

图 5.184　2013 年 08 月期间（锚定）北欧海上层 0 m、5 m、10 m、20 m、30 m、50 m 和 80 m 流失量的时间序列

图 5.185　2013 年 09 月期间（锚定）北欧海上层 0 m、5 m、10 m、20 m、30 m、50 m 和 80 m 流失量的时间序列

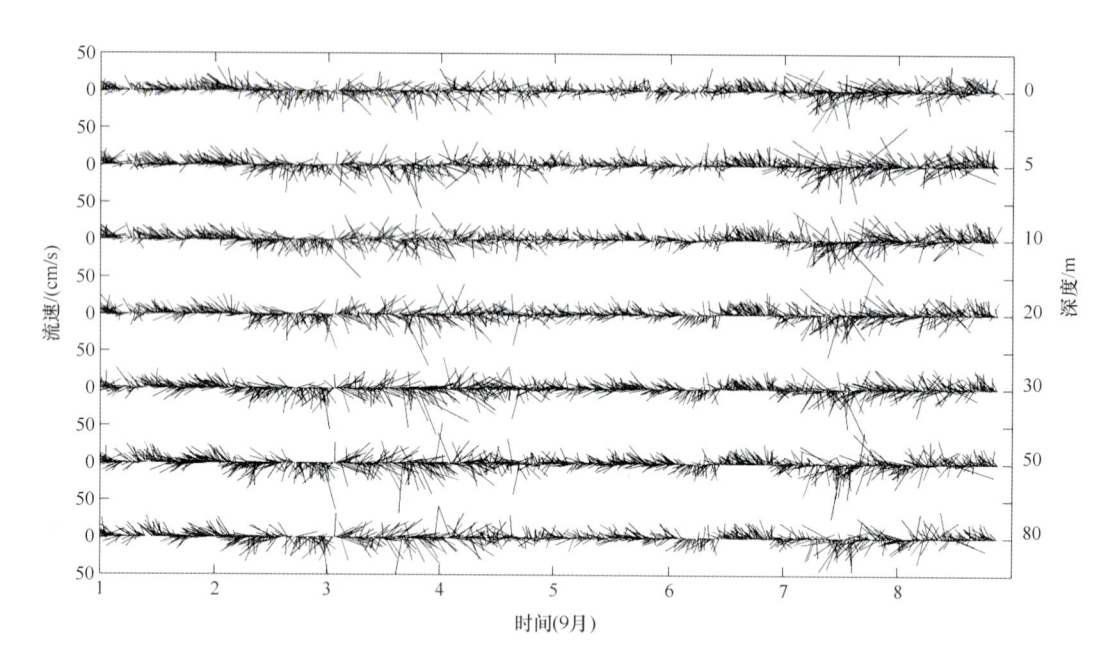

### 4. 辐射变化

2012 年的总体有效数据是从 2012 – 08 – 05—2012 – 10 – 30。两层的向下短波辐射和向上短波辐射以及第一层的大气长波辐射在 2012 – 09 – 12 11：00 至 2012 – 09 – 14 23：30、2012 – 09 – 25 23：00 至 2012 – 09 – 30 03：00 以及 2012 – 10 – 14 20：00 之后数据缺测。

两层向下的短波辐射和向上的短波辐射都呈现显著的日变化，其中第一层和第二层的向下短波辐射最大值分别为 625.2（单位为 W/m$^2$，下同）和 663.1（图 5.186），两层的向上短波辐射最大值分别为 68.95 和 97（图 5.187）。

第一层的大气长波辐射和地球长波辐射平均值分别为 328.25 和 346.14（图 5.188），第二层的大气长波辐射平均值则为 320.89（图 5.189）。

第二层的地球长波辐射数据在 2012 – 09 – 12 20：30 至 2012 – 09 – 30 03：30 以及 2012 – 10 – 10 06：30 之后数据极其紊乱，甚至出现负值，可能是仪器发生故障或传输过程中出现问题（图 5.190）。

2013 年的有效数据是从 2013 – 08 – 06 00：03—2013 – 08 – 30 17：03，2013 – 08 – 31—09 – 07 无数据，9 月 7 日有部分数据，但是数据不可用。第一层大气长波数据和地球长波在 2013 – 07 – 19 03：03 至 2013 – 07 – 19 20：03 以及 2013 – 07 – 23 08：03 至 2013 – 07 – 25 13：03 存在明显的异常波动。

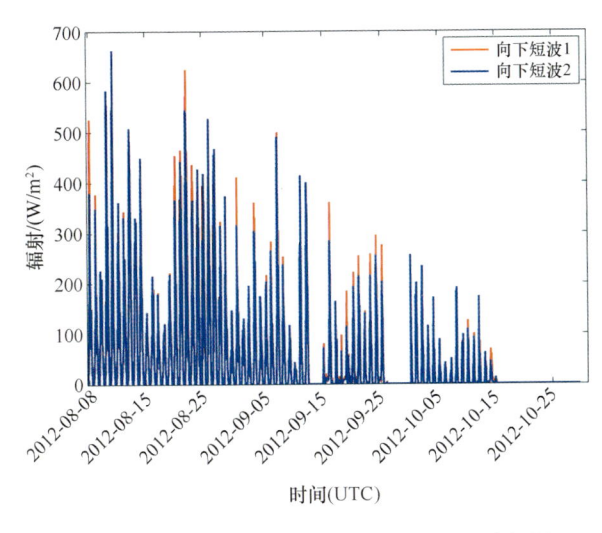

图 5.186　2012 年 8—10 月两层的向下短波辐射

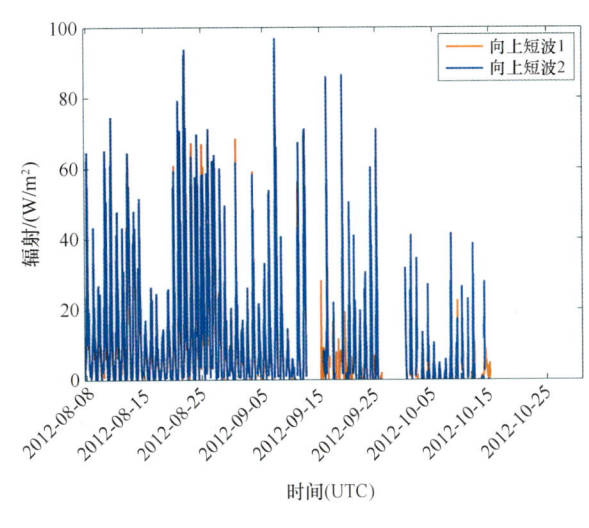

图 5.187　2012 年 8—10 月两层的向上短波辐射

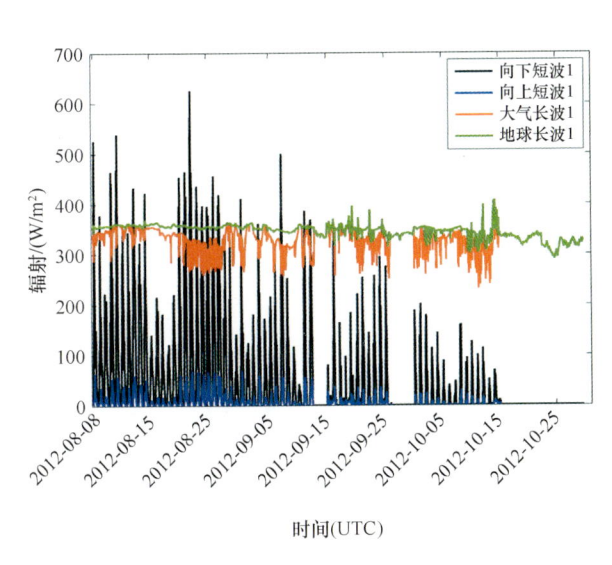

图 5.188　2012 年 8—10 月第一层的辐射情况

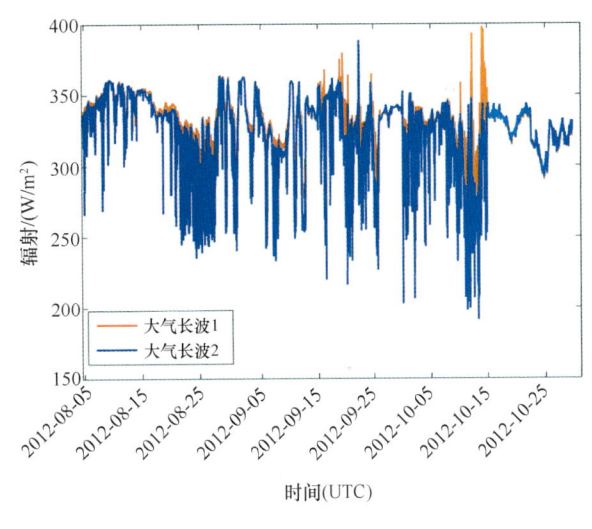

图 5.189　2012 年 8—10 月两层的大气长波辐射

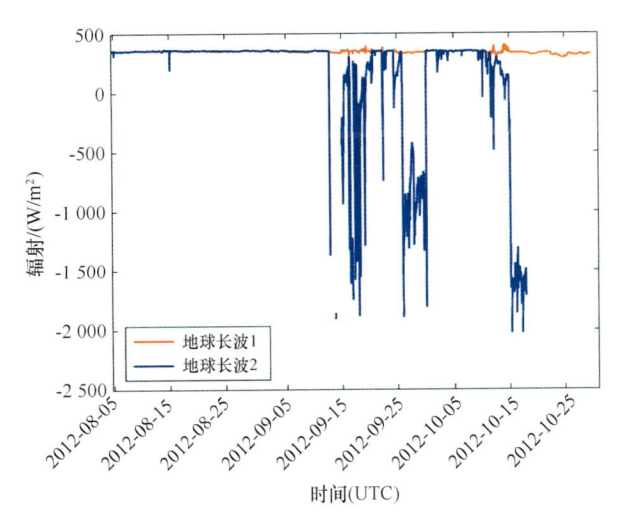

图 5.190　2012 年 8—10 月两层的地球长波辐射

两层向下的短波辐射和向上的短波辐射都呈现显著的日变化,其中第一层和第二层的向下短波辐射最大值分别为699和656(图5.191),两层的向上短波辐射最大值分别为91和108(图5.192)。

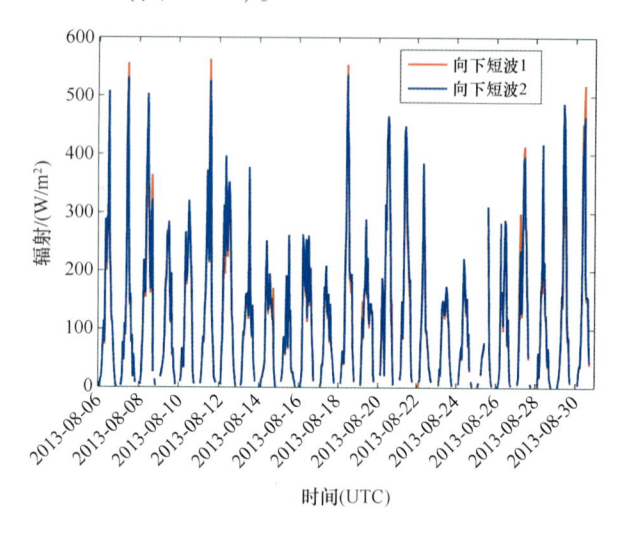

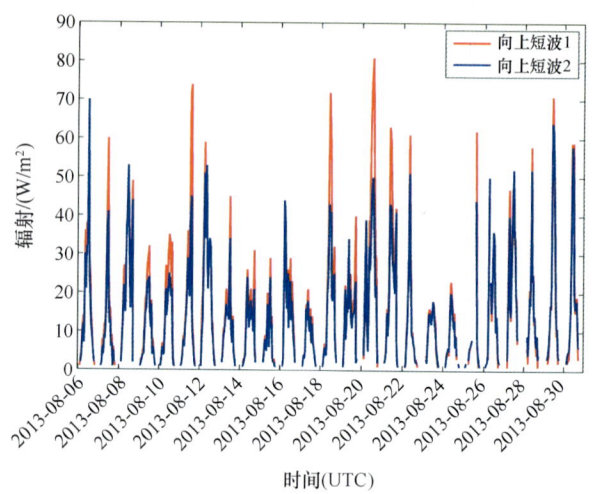

图5.191　2013年8月两层的向下短波辐射

图5.192　2013年8月两层的向上短波辐射

第二层的大气长波辐射及地球长波辐射平均值分别为338.44和371.78(图5.193)。另外,第一层的辐射情况如5.194所示。

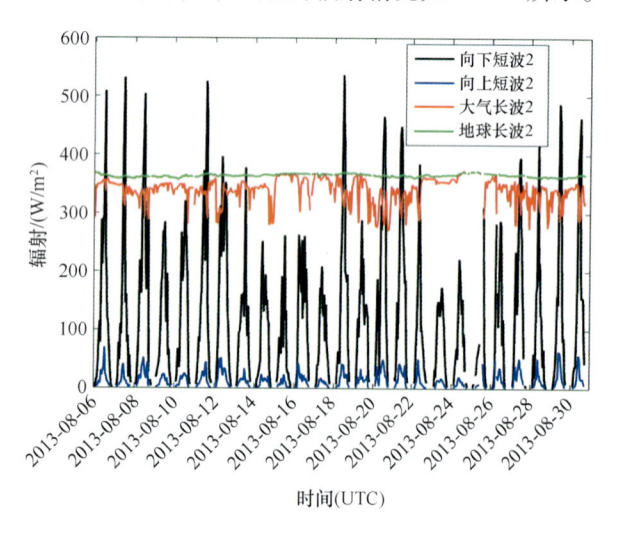

图5.193　2013年8月第二层辐射情况

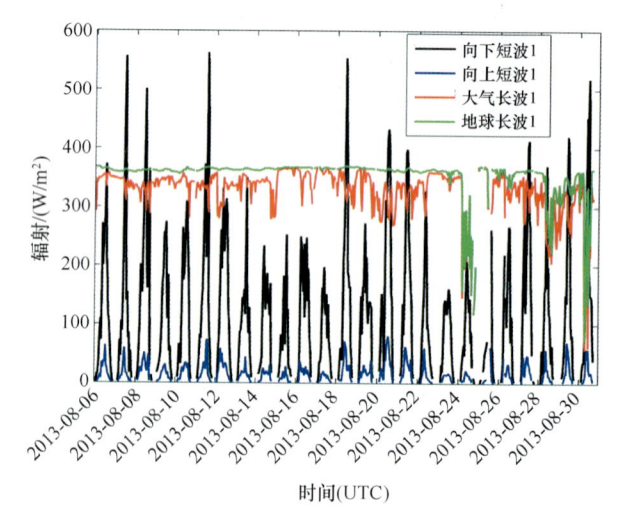

图5.194　2013年8月第一层辐射情况

2012年和2013年比较如下。

截取2012年和2013年共同时间段2013-08-06 00:00—2013-08-30 23:00进行比较,可以看出短波辐射峰值出现时间不一致(图5.195和图5.196),可能是时间获取的时间不同。

2012年和2013年的第一层的大气长波辐射均值分别为332.86和334.00,但是峰值出现的时间不同(图5.197)。2012年和2013年的地球长波辐射差异显著(图5.198)。

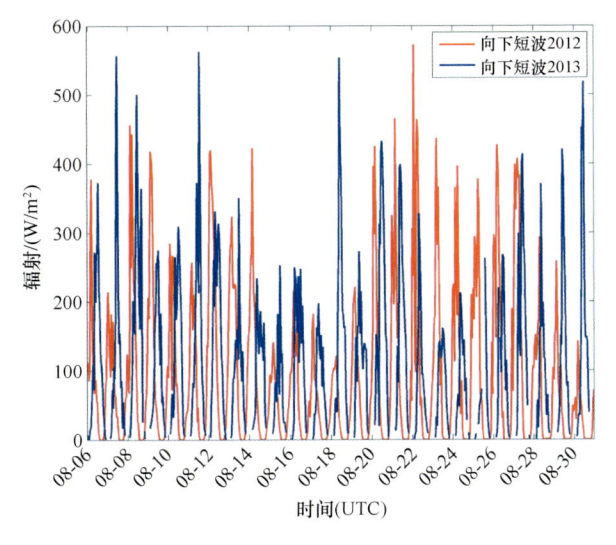

图 5.195　第一层向下短波辐射

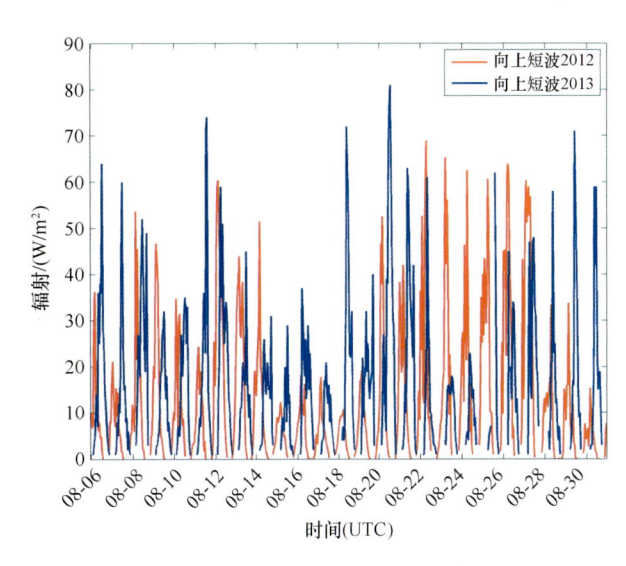

图 5.196　第一层向上短波辐射

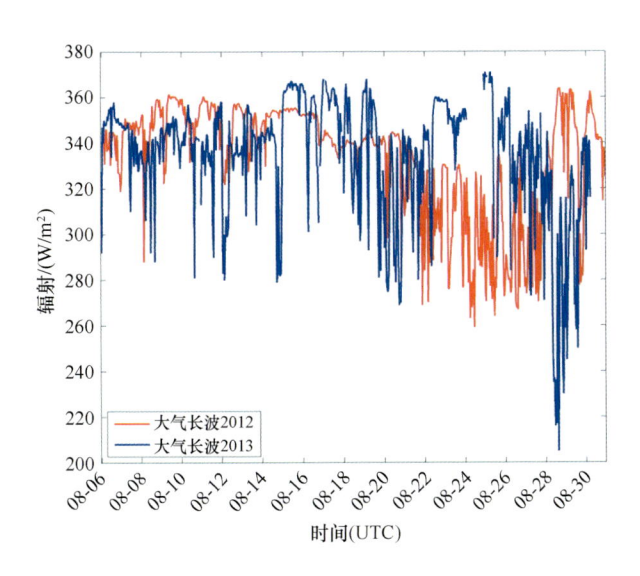

图 5.197　第一层大气长波辐射

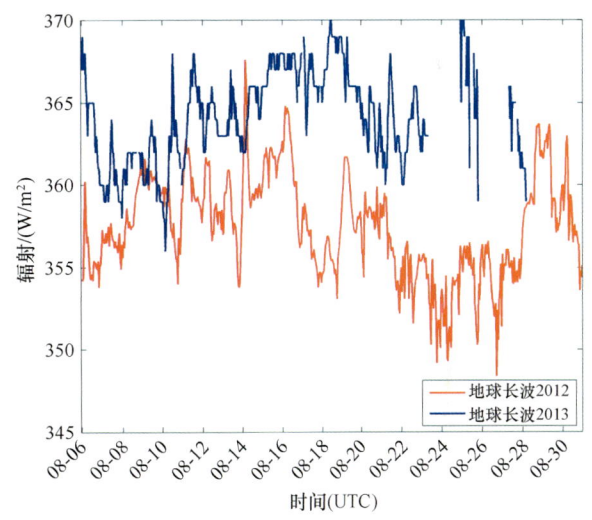

图 5.198　第一层地球长波辐射

## 七、物理海洋环境时空变化特征总结

本部分主要收集和整理了历次北极科学考察物理海洋调查数据以及部分国际北极水文数据，以这些数据为基础，分析了白令海、楚科奇海、加拿大海盆以及北欧海等重点海域的温盐、水团、锋面和海流等水文要素的时空变化特征。主要分析结果总结如下。

### （一）白令海海域

#### 1. 温盐分布与变化

（1）断面温盐分布与变化。

1）白令海盆区温盐分布层化显著，主要分为三层，第一层是高温低盐的上层暖水，主要占据断面 30 m 以浅；第二层是中部冷水层，低温是其主要特征，观测到的最冷水温度为

0.60℃，主要占据断面400 m以浅，且自南向北冷水层逐渐加深和增厚；第三层是高盐低温的底层水，主要占据断面400 m以深。

2）白令海中部陆架区可以分为三个区域，西部陆坡区、中部陆架区和东部浅水陆架区。西部陆坡区垂向上主要分为三层，20 m以浅高温低盐的混合层、中部冷水层和混合变性水层。中部陆架区垂向上主要分为两层，上混合层与下层冷水团。东部陆架区水深最浅，层化最弱，整体高温低盐。

3）白令海峡南部陆架区断面水文特征复杂，不仅上层与下层不同，东侧与西侧也有明显差异，年际变化显著。最突出特点是断面上层东西两侧与中部之间形成显著的温盐锋面，且垂向上层化现象显著，形成温盐跃层。在跃层以下，盐度西高东低。

（2）走航表层温盐分布与变化。

白令海表层海水温度基本保持南高北低、沿岸高远洋低的变化特征。由于去程和回程观测时间的不一致性，也同样产生回程观测的表层海水温度要远高于去程观测的温度。同时，在白令海峡，由于海峡东西部海水来源不同，产生了西高东低的温度差异。

从时间变化规律上看，白令海表层海水的温度的巨大差异与全球气候变暖存在关联。同时，局部区域的温度差异（例如63.34°N断面靠近阿拉斯加沿岸）可能与局地冰间湖或河流径流水存在联系。

在低纬度海洋（太平洋北部）与北冰洋海冰的共同作用下，白令海表层海水盐度呈现出明显的时空变化特征。从四次北极考察航次中可以看出，白令海表层海水盐度呈现出南部高、中部低、北部高的特征。从东西方向上看，呈现出东部低、西部高的变化规律。这些基本特征与局地海域河流，尤其是北极第一大河流育空河位于白令海中东部密切相关。大量的河流径流稀释了表层海水的盐度。

从时间上看，白令海在2014年呈现大范围的高盐特征，可能是低纬度海洋（太平洋北部）和北冰洋海冰变化共同作用的结果。

2. 水团/锋面分布与变化

总体来看，白令海深水海盆主要分为三种水团，分别为上层暖水、中层冷水和底层高盐水，三种水团的特征差异十分明显。自上而下，温度呈现高—低—次高分布。上层水温度最高，中层水温度最低，底层水温度介于上层水和中层水之间。盐度自上而下呈低-次高-高逐步增加的趋势分布，上层水盐度最低，下层水盐度最高，中层水介于两者之间。1999年至2014年，中层冷水有缩小增暖趋势。

白令海中部陆架区主要包含BSW、BSCW、MW和ACW四种水团。其中BSW又分为表层陆架暖水和陆架冷水团。将中部陆架区分为三个区域，西部陆坡区、中部陆架区和东部浅水陆架区。西部陆坡区主要分为三层，20m以浅上层陆架暖水温盐分布均匀，垂向范围稳定，中层冷水团垂向范围年际变化显著，最低温度为－1.53℃，2014年没有出现冷水团。冷水团以下，是BSCW和MW，BSCW位于177°W以西，MW范围主要受陆架冷水团与BSCW相互作用影响，年际变化显著。中部陆架区主要分为上层陆架暖水和底层陆架冷水团，2014年陆架冷水团范围最小。位于170°W以东的东部陆架区则被ACW占据。

白令海峡以南陆架区，ACW、BSW和AW在断面上共存，ACW位于断面东侧，高温低盐是其显著特征，通常与BSW呈上下分布，经度范围最大占据3°；AW位于断面西侧，温盐等值线多呈垂向分布，垂向深度可直达海底，与 BSW 形成温盐锋面。在北向移动过程中，AW 有向东扩展的趋势；BSW 位于 AW 与 ACW 之间，是断面上体积最大，温度最低的水团，稳定性较弱。

3. 海流分布与变化

（1）表层海流分布与变化。

白令海主要存在一个气旋式环流，海盆东北部主要为西北向的白令海陆架流（Bering Slope current），海盆西部主要为沿着岸线的西边界流——Kamchatka current。在海盆西南部存在着反气旋的涡旋。阿留申群岛南侧，存在较强的 Alskan Stream。由于漂流浮标空间覆盖部均匀，多年平均表层流场主要表现为春季表层的流场。在夏季、秋季、冬季表层流场在白令海盆北部空间分辨率较低，但是也反映出了白令海盆南部的一些环流特征比如阿留申群岛南部的 Alskan Stream 和反气旋涡。

（2）断面海流分布与变化。

尽管白令海海盆区深层海水较为清澈，而且流速很小，导致 ADCP 观测到的流速不确定性偏大，但从断面图上仍然可以看到一些明显的特征。首先，以 2 000 m 左右深度为分界线，海盆南部上下层海流的流速方向相反，而海盆北部上下层流速方向相同。说明白令海深层海流整体上而言向西北方向流动，海盆南部的上层海水受到阿拉斯加入流和地转偏向力的影响才出现了向东南方向的流动。相比较而言，2014 年的深层流速反向分界线要深于 2008 年。

白令海峡南部海水速度平均为 0.1 ~ 0.25 m/s，靠近阿拉斯加一侧沿岸时流速增加。表层海水流动速度强于跃层之下的海水的流动速度；流动方向主要集中在西北方向。白令海峡处的海水总体而言向北进入北冰洋。

4. 定点海气长期变化

海水表层夏季高温低盐，冬季低温高盐的特征。2014 年 7 月至 2015 年 5 月，日均海表温度最高为 13.91℃，最低为 2.22℃，日均海表盐度最低为 32.71，最高为 33.12。温盐分布基本呈负相关趋势，温度降低最快盐度升高最快的月份为 10 月和 11 月。2014 年 7 月至 10 月，日均海表压强变化范围为 989 ~ 1 027 hPa，日均海表温度变化范围为 5 ~ 11.91℃，日均湿度变化范围为 77% ~ 98%，日均最大风速变化范围为 3 ~ 24 m/s，日均向下短波辐射最高值为 435 W/m$^2$，向上短波辐射最高为 81 W/m$^2$，向上长波辐射最高为 82 W/m$^2$，三者随时间变化趋势基本一致。

（二）楚科奇海海域

1. 温盐分布与变化

（1）断面温盐分布与变化。

楚科奇海南部（C1，68°N 附近），温盐分布最突出特征是西部低温高盐，东部高温低盐，在 167.5°W 附近形成了显著的温盐锋面。再向北（C2，69°N 附近），最突出的特点是层化显著，且有明显的年际变化。温盐也呈西部低温高盐，东部高温低盐的分布趋势。在断面西侧，出现温度低于 0℃ 的冷水。再向北（C3，70.5°N 附近），温盐层化显著，温盐依然呈西部低温高盐，东部高温低盐的分布趋势。底层出现温度低于 -1℃ 的高盐水体。与南部断面相比，整体温度降低。再向北（C4，71.5°N 附近），断面温度整体较低，大部分海域被温度

低于 -1℃ 的冷水占据。在 20~25 m 附近存在显著的盐跃层。

(2) 抛弃式 XBT/XCTD 温盐分布与变化。

在陆架上有多个的高盐和低盐的中心，低盐的中心对应与高温度的中心，也验证了由于夏季局地的融冰和暖水的影响以及太阳辐射的增加，形成局地的孤立水体。在盐度断面盐度 34 水体在 73°N 存在于海底，而向深水，该高盐度主要分布在 200 m 的深度，对应的温度在 -1℃，该水体是构成盐跃层水体的重要补充。

(3) 走航表层温盐分布与变化。

楚科奇海表层海水温度存在明显的时空变化。从空间分布上看，该海域表层海水温度自南向北逐渐减小；东部靠近阿拉斯加沿岸海域温度要大于中部；西侧靠近西伯利亚沿岸海域小于中部海域。这样的空间分布特征与楚科奇海表层环流密切相关。

楚科奇海盐度的空间分布特征与三条经白令海海峡进入楚科奇海的表层流密切相关。可以断定，楚科奇海表层海水盐度分布特征的时间变化规律是白令海与北冰洋变化共同作用的结果。

### 2. 水团/锋面分布与变化

楚科奇海水团主要包含阿拉斯加沿岸水（ACW, Alaska Coastal Water）、太平洋冬季水（PWW, Pacific Winter Water）、季节性冰融水（SMW, Season Melt Water）和楚科奇海夏季水（CSW, Chukchi Summer Water）四种水体。

楚科奇海东部 68°N 断面（C1 断面）上主要包含 ACW 和 CSW 两种水团，ACW 主要分布在断面东侧，CSW 主要占据断面中西部，是断面上体积最大的水体，但两种水团的范围也有显著的年际变化。再向北至 69°N 附近（C2 断面），SMW 开始出现，但范围较小，仅出现在 5 m 以浅的表层，与 C1 断面相比，ACW 范围增大而 CSW 范围减小，在断面中西侧 ACW 和 CSW 呈上下分布趋势。再向北至 70.5°N 附近（C3 断面），PWW 开始出现，分布在 2008 年、2010 年断面最西侧 10 m 以深以及 2012 年整个断面 30 m 以深，最高盐度为 33.33。ACW 和 CSW 占据范围年际变化较大。再向北至 71.5°N 附近（C4 断面），只观测到 SMW 和 PWW 两种水团，与其他南部断面相比，SMW 水团范围最大，占据整个断面 25 m 以浅的上层，但同为冰融水，断面西侧温度明显高于东侧，推测是受南来暖水的影响。PWW 范围也达到最大，占据整个断面 25 m 以深的海域。

### 3. 海流分布与变化

(1) 表层海流分布与变化。

太平洋水进入楚科奇海分支成三支流动，一支朝北流动穿过 Herlad 浅滩和 Hannah 浅滩，一支流向西北流动到达 Herlad 浅滩西侧，一支流动跨过 Hope sea valley 穿过 Long Strait。此外，在 Siberian 沿岸，存在一支东南向的流动。由于楚科奇海季节性海冰的存在，所以利用表层漂流浮标观测环流时，夏秋季的表层环流特征能够很好地表示整体的表层环流。然而，由于漂流浮标空间分辨率的有限，在阿拉斯加沿岸，一支沿岸的流动却没有很好地呈现。

(2) 断面海流分布与变化。

楚科奇海陆架区海水的流速量级在 0.1 m/s 左右，白令海峡入口和浅滩处流速稍大，可以达到 0.25 m/s。从年际变化上来看，2008—2012 年间，流速的量级变化很小，但 2014 年中国第六次北极科学考察期间观测到的流速值整体偏大，可以达到 0.5 m/s，具体原因有待于进一步研究。

阿拉斯加北部波弗特海陆坡区表层流速主要体现为两个流系，其一是靠近岸界的阿拉斯加沿岸流，其二是波弗特高压引起的风生北部陆坡流，二者流速的量级在 0.1 m/s 左右。在垂直断面上，可以清晰地看到陆坡区和深海盆位置处流速方向相反，在海盆区是向东南方向的北冰洋边界流，而陆坡区中层位置的西南方向海流有待进一步验证。

#### 4. 定点海洋长期变化

楚科奇海潮流特征为 6 个主要分潮（M2，S2，N2，MSF，MM，O1）中，半日潮 M2 分潮的东分量和北分量 2 个流速分量振幅最大。M2 分潮潮流椭率变化最为平稳。余流场特征为：在整个观测期间的海流剖面中，北向流占绝对优势；随着深度加深，平均余流大小变小，流向更加向北。总体上，随着深度增加，海水温度降低。8 月 12 日之后垂向混合加强，上混合层增厚。降水与盐度变化有着较好的对应关系。海流方向与海表面风场的方向有很好的一致性。

### （三）加拿大海盆海域

#### 1. 温盐分布与变化

（1）断面温盐分布与变化。

加拿大海盆中上层海洋自上而下温盐分布特征为：表层相对低温低盐，次表层高温低盐，再往下存在一个温度极大值水体，在 150 m 左右存在一个温度极小值水体，再往下中层为相对高温高盐的暖水。垂向上呈多盐跃层结构。

（2）抛弃式 XBT/XCTD 温盐分布与变化。

夏季，在 ST1 剖面上，自表至 800 m 左右的垂向依次分布的是低温表层水体、白令海峡进入的太平洋入流高温水体、极地冷水团、北冰洋中层高温水北冰洋下层低温水；在 ST2 剖面的楚科奇海台附近（即浅水区），上层主要受极地冷水团控制，下层以大西洋暖水团控制，而中间层为二者的过渡水层；在 ST2 剖面靠近加拿大深海盆一侧（即深水区），垂向存在 2 个显著的低温水层和 2 个暖水层，自表而下依次为表层低温水、太平洋流入高温水、极地冷水团、北冰洋中层高温水。

（3）走航表层温盐分布与变化。

表层海水在加拿大海盆区内表层海水温度自北向南逐渐减小，但从时间变化上看，四次考察观测到的表层海水温度变化不大。

加拿大海盆区表层海水盐度展现出低纬度小、高纬度大的特征。从四次北极考察可以看出，北极高纬度海域表层海水正逐渐变淡。

#### 2. 水团/锋面分布与变化

表层水团处于 50 m 以浅的水层，由于海面强烈的融结冰过程，该水团主要特性是低温、低盐。次表层水团深度范围为 50~150 m，主要特征是高温（相对于表层水团）而低盐。在次表层水团以下，就是中层水团。又因为该水团温度存在一个极大值和一个极小值，在 1 500 m 以下，温度随深度增加而降低，盐度随深度增加而升高，但变化很小，深层水更新较慢。

盆西北角靠近楚科奇海台区的中层水核心温度从 2003 年开始呈下降趋势，但是海盆中央区（加拿大深海平原）中层水核心温度却呈现出上升趋势，并且增暖信号在向海盆东南部波

弗特海区域扩张。从2003年开始中层水核心深度就开始出现了加深趋势，而且海盆西部核心深度增长趋势大于海盆东部，2012年和2013年波弗特海区域的中层水核心深度出现了回落。

从结果显示的不同深度范围上热含量的分布和变化情况来看，毫无疑问，中层水核心温度所处的400～800 m深度范围上热含量最大，200～400 m深度范围上热含量次之，75～200 m深度范围上热含量最小。在75～200 m范围上，2007年之前热含量变化并不大，2008年开始在波弗特海出现了热含量快速增长并出现了高值区，随后几年高值区逐渐向海盆西部移动同时最高值维持稳定状态，没有太大变化；在200～400 m范围上，热含量的变化总体呈下降的趋势，2003年海盆热含量的分布是一个北高南低的情况，2007年开始整个海盆热含量开始减少，到2010年除一些靠近大陆架的区域外，海盆热含量基本稳定在1 500 MJ/m$^2$附近。2013年热含量低值区范围有所缩小；而在400～800 m深度范围上，也是北极中层水的核心层上，海盆西北部的热含量明显大于东南部。从2003年开始，西北部的热含量就逐渐增长并且向东南部扩张，2007年之后海盆中央区就成了热含量高值区，边缘陆坡区仍然没有受到很大影响依旧保持一个低值范围。

### 3. 海流分布与变化特征

在加拿大海盆西侧表层流速方向基本向北，主要体现为穿极流的特征，陆坡区流速较小，约为0.2 m/s，而在深海盆区流速很大，可以达到1 m/s的量级。在海盆中层海域，受楚科奇海台地形影响，大西洋水团沿着楚科奇海台陆坡向东南及西南方向运动，导致中层流速方向与表层相反，并且在地势较高的区域，流向比较集中。中层水团的流速量级在0.4 m/s左右，部分区域流速达到1 m/s，有待进一步确认。

### 4. 光学环境

由于海冰长期覆盖，加拿大海盆水体透光性很好，光学衰减系数远小于世界其他大洋。本项研究不仅采用NASA半宽度为4 m的标准算法计算了海水衰减系数的垂向剖面，依据垂向衰减系数的结构，可以将加拿大海盆的垂向光学衰减特征分为3种类型，即近岸高衰减类型、中部高衰减类型和垂向均匀类型。

文章中用两个积分量表征海水衰减的水平分布，衰减深度和光学厚度。衰减深度体现海水柱整体的衰减特性，得到了衰减特性不同的三个海区。Barrow外海是衰减深度最小的近岸海域。深海的衰减深度要大得多，其中西部是来自太平洋的水体平流与扩散的海域，衰减深度比东部要小，体现了稀释了的太平洋水体中浮游植物的影响。而太平洋水没有到达加拿大海盆的东部，那里的水体清澈，衰减深度很大。文章中还用不同水层的光学厚度来揭示不同水层衰减特性的空间分布。光学厚度越小，表明光衰减得越少。光学厚度除了体现衰减深度所表征的三个区域特征之外，还关注了不同水层的特点，揭示了太平洋水主要在30～60 m的水深范围内沿加拿大海盆西侧向北扩展。

由于观测海域海水为I类海水，可以断定，该处垂直衰减系数主要受叶绿素浓度控制。本文采用幂函数描述垂直衰减系数与叶绿素浓度之间的关系。发现，拟合系数表现出明显的向下减小的趋势，范围在0.03～0.16，与Morel得到的结果类似。拟合系数表现出先增大后减小的趋势，范围在0.24～0.48。拟合关系最好的位于短波波长，例如412 nm和443 nm，它们的决定性系数都超过0.7。在长波波长，决定性系数小于0.2，可以看出，此时，垂直衰减系数和叶绿素浓度之间的关系不再符合幂函数。

与低纬度海水最大的差别在于拟合系数仅为低纬度海水得到的系数的一半。可以肯定，是由北极大个体和高包裹性浮游植物引起的低吸收系数引起的。需要指出的是，两者的差别需要在以后生物光学模型中特别说明。

(四) 北欧海海域

1. 温盐分布与变化

(1) 断面温盐分布与变化。

该区域跨越极地区、北极区和大西洋区，水文特征具有明显的区域性的特点。

表层受到海气热交换的直接影响，温度总体呈现由西南部向东北部降低的分布特点。表层以莫恩海脊和扬马延海脊为界，东南部为高温高盐的大西洋水及其衍生的高温高盐水（温度 $>7.0℃$，盐度 $>34.80$），西北部为受到大气加热和融冰水影响的极地水——北极表层水。

作为东格陵兰流的延伸体，扬马延流（R3A2 断面）携带上层低温低盐水——极地中层水和中层高盐的大西洋回流水沿莫恩海脊流动，在扬马延岛北部分为两支：一支继续沿莫恩海脊陆坡流动，形成了格陵兰流涡的东分支，所以 R3A2 断面中表现为次表层低盐的冷水团和中层的大西洋回流水，该水团可达莫恩海脊的格陵兰海一侧陆坡——A1 断面；另一支通过扬马延水道流向挪威海，所以扬马延水道南端的 B1 断面部分站点次表层存在低温水团以及中层为大西洋回流水；中层流动经过 B2F0 断面、B3F1 断面以及 B4F2 断面的扬马延海脊东部陆坡，在此过程中受到其他水团的影响，温度和盐度略为升高。

挪威海大部分站点上层为高温高盐的水占据，该高盐水可达 A0 断面，位于低温低盐的北极表层水之下。大西洋水性质最显著的区域位于罗弗敦海盆和挪威海盆的交界处，表明该处为挪威大西洋流的主要流经区域。B4F2 断面、B3F1 断面和 B2F0 断面的东部大西洋水厚度最大。大西洋水之下通常为挪威海北极中层水，该相对低盐的中层水占据了除扬马延陆坡附近（由格陵兰海水控制）的挪威海大部分区域，如 B4F2 断面中层最低盐度可低至 34.903。

从 B1 断面和 B2F0 断面可以看出格陵兰海水和挪威海水的相互影响。由扬马延水道流出的格陵兰海水对挪威海盆北部的水文特征有显著影响。两种水团的相互作用导致该区域呈现高温高盐水和低温低盐水交错分布的复杂局面，如 B24 站 $50\sim300$ m 的低盐水将 B25 站高盐水核和断面东部的大西洋水隔离开来，B23 站格陵兰海水则出现在高盐的大西洋水之下，而挪威海水可能影响到扬马延岛东侧的 B15 站等。

地形作用显著。莫恩海脊作为一个非常重要的地形屏障，阻碍了（A1 断面）绝大部分中深层水的交换，而在海脊以浅的深度，格陵兰海水和挪威海水存在一个过渡区。B2 断面扬马延海脊深度以浅，冰岛海和挪威海的海水可以自由交换，但是由于地形的阻挡，中深层水团性质不同。

由于地形作用对流动的限制，锋面基本沿海脊分布。北极锋在莫恩海脊表层和次表层锋面位置不同，北极锋表层梯度较次表层要强很多。表层锋面位于 A13 站和 A14 站之间，温度和盐度梯度分别为 $0.06℃/km$ 和 $0.006/km$，次表层锋面（$50\sim100$ m）则在 A14 站和 A15 站之间，温度和盐度梯度分别为 $0.031℃/km$ 和 $0.002/km$。受锋面偏移的影响，格陵兰海一侧的 A15 站温度跃层内的温度梯度较大，在 25 m 的深度内温度下降 $6.5℃$。在挪威海，该锋面分为两条：一条在罗弗敦海盆北极表层水和大西洋水（F02 站和 F03 站）之间，表层温度和盐度梯度分别为 0.071℃/km 和 0.008/km（盐度差为 0.23）；另一条则为扬马延锋，该锋面为盐度锋，在 B3F1 断面盐度差为 0.17（约 30 km）。这两条锋面的位置随深度逐渐向西移动，与大西洋水的楔形分布密切相关。

（2）走航表层温盐分布与变化。

北欧海表层海水温度在冰岛海最大、挪威海次之、格陵兰海最小。

表层海水盐度要远大于北冰洋以及白令海表层海水的盐度。观测到格陵兰海表层海水盐度要略小于挪威海和冰岛海表层海水的盐度。

（3）锋面/水团特征与变化。

1）500 m 以浅的上层海洋中水团的种类和分布最为复杂，差异也最显著。从表层暖而咸的大西洋水（$T \sim 11℃$，$S \sim 35.1$）至格陵兰海盆次表层低温低盐的冬季混合水（$T \sim -0.4℃$，$S \sim 34.90$），在这个温盐范围内至少存在 6 种不同性质的水体。中层及深层水体的性质和分布相对均匀和稳定，三个海盆内从浅到深依次分布着北极中层水，海盆深层水，北极深层水以及海盆底层水。由于生成源地和经历的混合、变性过程不同，以及北欧海三个海盆显著的动力条件差异，垂向上的各类水团在不同海区内的分布深度以及性质存在明显差别。

2）格陵兰海的上层环流伴随着大西洋水在 Mohn 海脊附近上宽下窄的楔形结构，其中心会向西发生偏移，本次观测发现从 700 m 深度至 200 m 深度，环流的中心向 Mohn 海脊以西移动了近 100 km。通过对格陵兰海和挪威海内北极中层水的性质进行比较发现，尽管格陵兰海是北极中层水的源地之一，但是受到沿着 Mohn 北向的环流的限制，其并不能直接越过海脊而贡献于挪威海内的中层水。挪威海中层水的源地可能位于 Iceland Plateau，并自西进入挪威海盆后随中层气旋式环流向整个挪威海扩展。调查还发现，北极深层水通过格陵兰海盆进入 Lofton 海盆的深层通道很可能位于 Mohn 海脊的北部，相比较上层环流，深层海水流动受到更强的地形约束作用，其流动核心更加靠近 Mohn 海脊。

3）在格陵兰海盆中央区的观测表明，海盆深层水位温在 3 500 m 以深约为 -0.97℃，而 20 世纪 70 年代在同一区域 ~3 500 m 观测到的 -1.30℃ 低温（Karstensen et al., 2005），深层水的温度表现出显著的增温，成为近些年来深层水更新减缓的有力证据之一。

# 第二节　海洋气象环境数据分析

## 一、序言

走航海洋气象环境观测是极地科学考察工作的一项重要内容，也是随船气象保障人员的一项基本工作，从 1999 年我国第一次北极科学考察开始至 2014 年第六次北极考察，随船气象保障人员在每次北极考察期间，都会在每日世界时 00、06、12、18 时的三个时次对走航海洋气象要素进行正点观测，记录下船载自动气象站正点时刻观测到的气温、露点温度、相对湿度、气压、风向风速，并通过人工对能见度、天气现象、云量云状、浪高涌高进行观测和记录。此外在第五次和第六次北极考察期间增加了船载走航涡动通量的观测，可以得到海-气、冰-气间的感热、潜热和动量通量。长期的观测资料积累分析对于研究考察海域海洋气象环境要素特征具有重要作用，也为考察船航行和科考作业安全提供了重要的气象保障。本章对白令海、楚科奇海、加拿大海盆和挪威海等海域的 6 次北极科考走航气压、气温、相对湿度、风向、风速、能见度及通量变化特征等进行了对比分析与总结。

## 二、数据说明

历次北极科学考察期间，反映航渡和科考作业期间海洋气象环境特征的主要海洋气象要素如气温、相对湿度、气压、风向风速等是通过船载自动气象站观测结果进行记录的，能见度在第一次北极科学考察航次没有观察，在第二次至第五次考察航次由人工目测得到，在第六次考察由 SH3000 自动气象站配备的能见度观测仪得到。走航涡动通量的观测系统采用超声风速仪和红外气体的分析仪的组合，并结合船舶姿态仪进行风速校正，此外还有海水皮温的观测。

"雪龙"号船载自动气象站安装在驾驶室上部桅杆顶部，周围遮挡较少，且受人为因素影响亦较少，能够较真实、准确地反映航线上的气象环境状况。第一次至第五次考察航次使用的自动气象观测站为 Vaisala Milos500，第六次考察使用的自动气象站为北京天诺基业科技 SH3000 自动气象站。

第六次北极科学考察航渡期间，随船气象保障人员开展了高空大气廓线探测，探测要素包括气压、温度、相对湿度、风向和风速，探测时间是 2014 年 7 月 21 日至 9 月 11 日，每天观测 2 次（船时 9：00 和 15：00），如遇到恶劣天气条件，则取消观测，共进行 68 次 GPS 探空观测，其中有 61 次探空观测获得了较好的连续数据，下显示了此次 GPS 探空观测的站点分布图。

白令海、楚科奇海、加拿大海盆等海域是我国历次北极科学考察的重点海域，六次北极科学考察均对白令海和楚科奇海进行了考察，第一次至第四次次和第六次考察均对加拿大海盆进行了考察，此外第五次北极考察期间还对挪威海海域进行了首次考察。历次北极科学考察在白令海、楚科奇海、加拿大海盆和挪威海开展的海洋气象正点观测次数统计见表 5.27 和表 5.28。

**表 5.27 历次北极考察各海域气压、气温、相对湿度、风向风速正点观测次数**

| 航次\海域 | 白令海 | 楚科奇海 | 加拿大海盆 | 挪威海 |
|---|---|---|---|---|
| 第一次 | 63 | 42 | 51 | |
| 第二次 | 48 | 52 | 108 | |
| 第三次 | 72 | 48 | 108 | |
| 第四次 | 42 | 102 | 24 | |
| 第五次 | 36 | 33 | | 45 |
| 第六次 | 36 | 24 | 108 | |
| 第二次 | 48 | 52 | 108 | |
| 第三次 | 72 | 48 | 108 | |
| 第四次 | 42 | 102 | 24 | |
| 第五次 | 36 | 33 | | 45 |
| 第六次 | 36 | 24 | 108 | |

表5.28 历次北极考察各海域能见度走航正点观测次数

| 航次\海域 | 白令海 | 楚科奇海 | 加拿大海盆 | 挪威海 |
|---|---|---|---|---|
| 第一次 | 48 | 52 | 108 | |
| 第二次 | 72 | 48 | 108 | |
| 第三次 | 42 | 102 | 108 | |
| 第四次 | 36 | 33 | | 45 |
| 第五次 | 36 | 24 | 108 | |

## 三、白令海海域海洋气象环境特征分析

在第一次至第六次北极考察过程中，"雪龙"号在白令海航行和调查作业期间，随船气象人员通过船载的气象观测设备对气压、气温、相对湿度、风向、风速进行了走航正点观测，观测时间为每天00、06、12、18世界时的3~4次。具体情况见表5.29。

表5.29 白令海海域气压、气温、相对湿度、风向、风速走航观测情况

| 航次 | 观测设备 | 观测时段 | 观测频率 | 观测次数 |
|---|---|---|---|---|
| 第一次 | Vaisala milos 500 自动气象站 | 1999-07-10—07-13<br>1999-07-20—08-02<br>1999-08-28—08-30 | 每天3次 | 63 |
| 第二次 | Vaisala milos 500 自动气象站 | 2003-07-24—07-29<br>2003-09-11—09-16 | 每天4次 | 48 |
| 第三次 | Vaisala milos 500 自动气象站 | 2008-07-20—08-01<br>2008-09-10—09-14 | 每天4次 | 72 |
| 第四次 | Vaisala milos 500 自动气象站 | 2010-07-11—07-19<br>2010-08-31—09-04 | 每天3次 | 42 |
| 第五次 | Vaisala milos 500 自动气象站 | 2012-07-11—07-17<br>2012-09-09—09-13 | 每天3次 | 36 |
| 第六次 | 天诺基业 SH 3000 自动气象站 | 2014-07-20—07-27<br>2014-09-10—09-13 | 每天3次 | 36 |

在第二次至第六次北极考察过程中，"雪龙"号在白令海航行和调查作业期间，随船气象人员通过人工目测（第二次至第五次）或船载气象观测设备（第六次）对能见度进行了走航正点观测，观测时间为每天00、06、12、18世界时的3~4次。具体情况见表5.30。

表5.30 白令海海域能见度走航观测情况

| 航次 | 观测设备 | 观测时段 | 观测频率 | 观测次数 |
|---|---|---|---|---|
| 第二次 | 人工目测 | 2003-07-24—07-29<br>2003-09-11—09-16 | 每天4次 | 48 |

续表

| 航次 | 观测设备 | 观测时段 | 观测频率 | 观测次数 |
|---|---|---|---|---|
| 第三次 | 人工目测 | 2008-07-20—08-01<br>2008-09-10—09-14 | 每天4次 | 72 |
| 第四次 | 人工目测 | 2010-07-11—07-19<br>2010-08-31—09-04 | 每天3次 | 42 |
| 第五次 | 人工目测 | 2012-07-11—07-17<br>2012-09-09—09-13 | 每天3次 | 36 |
| 第六次 | 天诺基业 SH3000<br>自动气象站 | 2014-07-20—07-27<br>2014-09-10—09-13 | 每天3次 | 36 |

### （一）走航气压的变化特征分析

#### 1. 数据介绍

见表5.29。

#### 2. 变化特征分析

图5.199 至图5.204 为第一次至第六次北极考察过程中，"雪龙"号在白令海航行和调查作业期间的气压走航观测结果。

第一次北极考察过程中（图5.199），"雪龙"号在白令海航行和调查作业期间，气压最高为1 026.0 hPa，最低为992.5 hPa，平均为1 007.7 hPa。从气压变化序列上可以看出其存在明显的3～7天天气尺度的振荡，说明白令海海域受西风带槽脊活动影响明显，振荡幅度有时超过20 hPa，相对于天气尺度振荡，气压的日变化不明显。

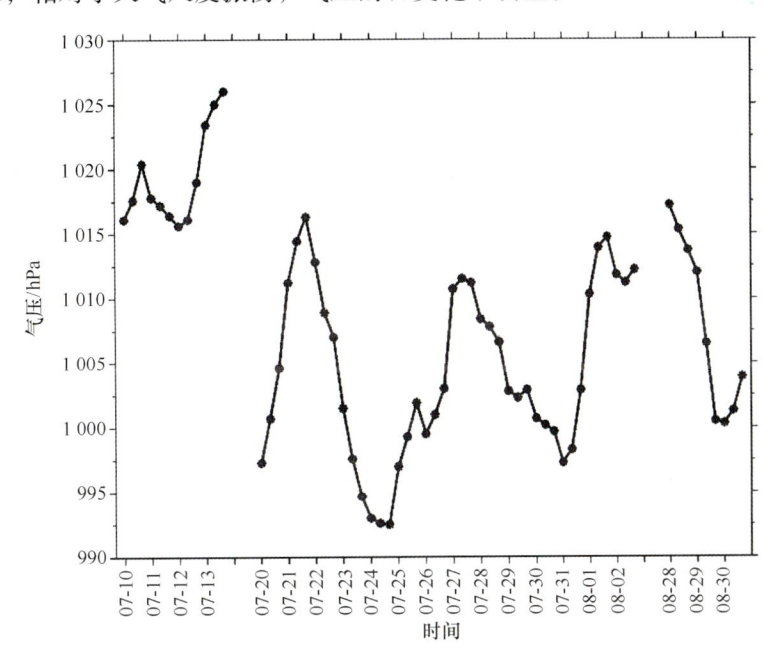

图5.199 第一次北极考察白令海海域气压走航观测结果

第二次北极考察"雪龙"号在白令海航行和调查作业期间（图5.200），气压最高为

1 028.9 hPa，最低为1 002.7 hPa，平均为1 016.6 hPa。第三次北极考察"雪龙"号在白令海航行和调查作业期间（图5.201），气压最高为1 018.5 hPa，最低为999.2 hPa，平均为1 009.0 hPa。第四次北极考察"雪龙"号在白令海航行和调查作业期间（图5.202），气压最高为1 020.6 hPa，最低为995.1 hPa，平均为1 011.9 hPa。第五次北极考察"雪龙"号在白令海航行和调查作业期间（图5.203），气压最高为1 022.3 hPa，最低为1 004.6 hPa，平均为1 013.3 hPa。第六次北极考察"雪龙"号在白令海航行和调查作业期间（图5.204），气压最高为1 020 hPa，最低为998 hPa，平均为1 012 hPa。第二次至第五次考察期间，白令海海域的气压也存在3～7天的天气尺度振荡，但振荡幅度不如第一次考察期间明显。

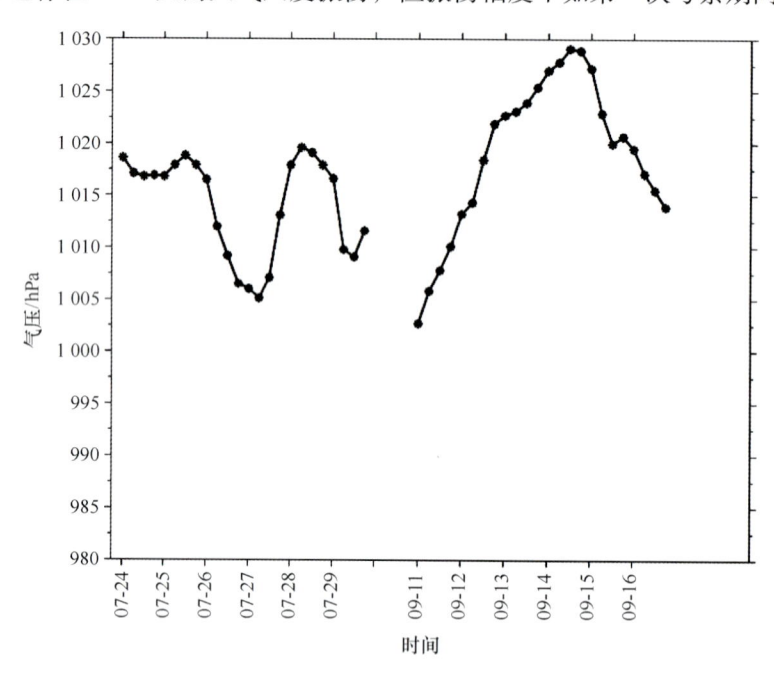

图5.200　第二次北极考察白令海海域气压走航观测结果

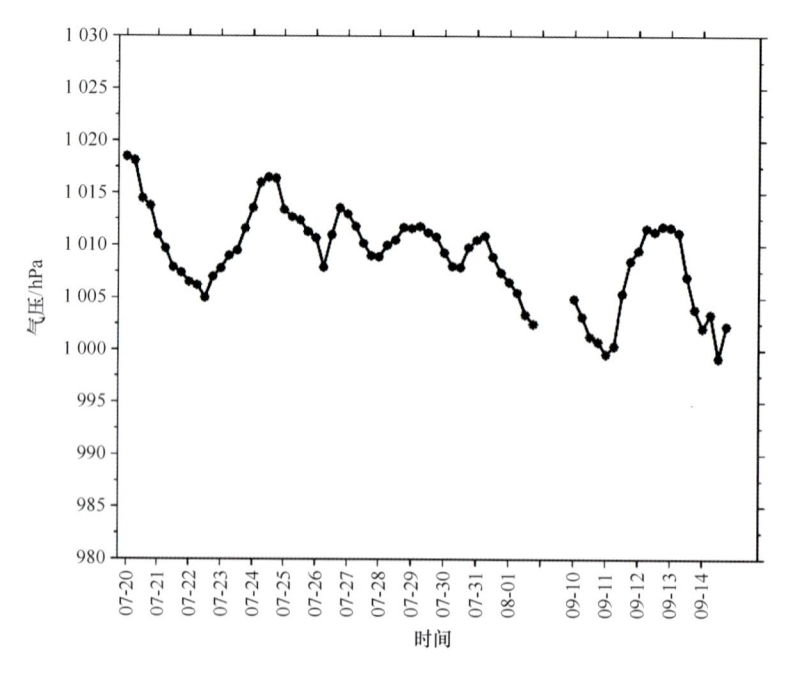

图5.201　第三次北极考察白令海海域气压走航观测结果

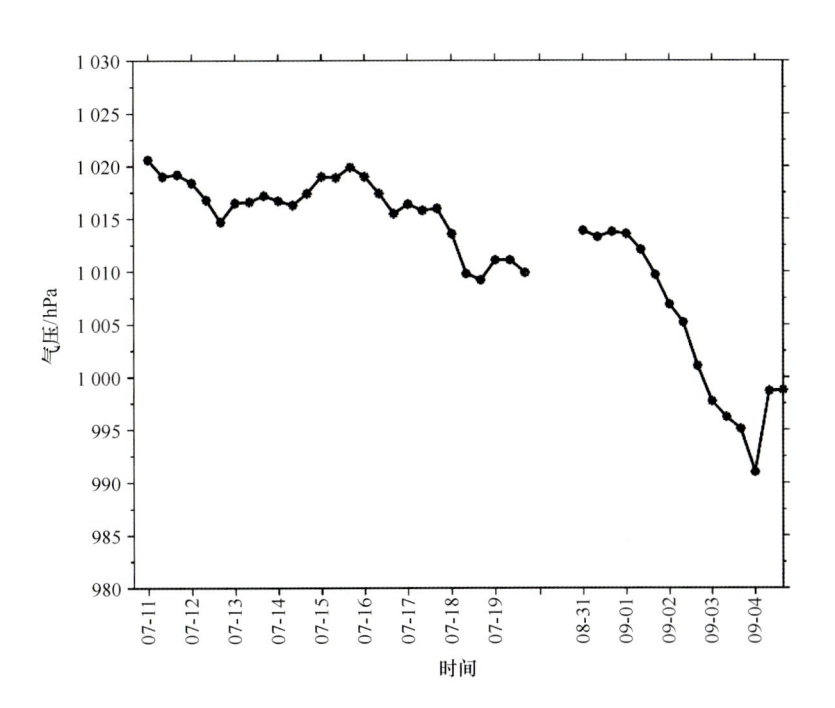

图 5.202　第四次北极考察白令海海域气压走航观测结果

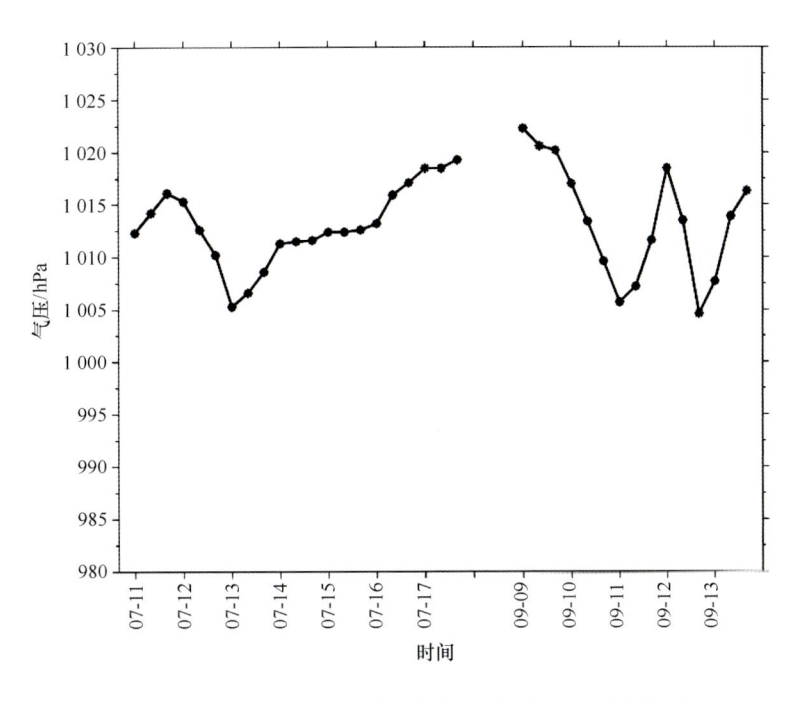

图 5.203　第五次北极考察白令海海域气压走航观测结果

### 3. 小结

综合第一次至第六次考察期间观测结果，白令海海域气压平均值在 1 010 hPa 左右，最高为第二次考察，平均气压为 1 016.6 hPa，最低为第一次考察，平均气压为 1 007.7 hPa。考察期间，白令海海域气压受高纬度西风带槽脊活动影响而存在明显的 3~7 天的天气尺度振荡，振荡幅度有时超过 20 hPa，第二次至第五次考察期间天气尺度振荡幅度不如第一次考察期间明显。

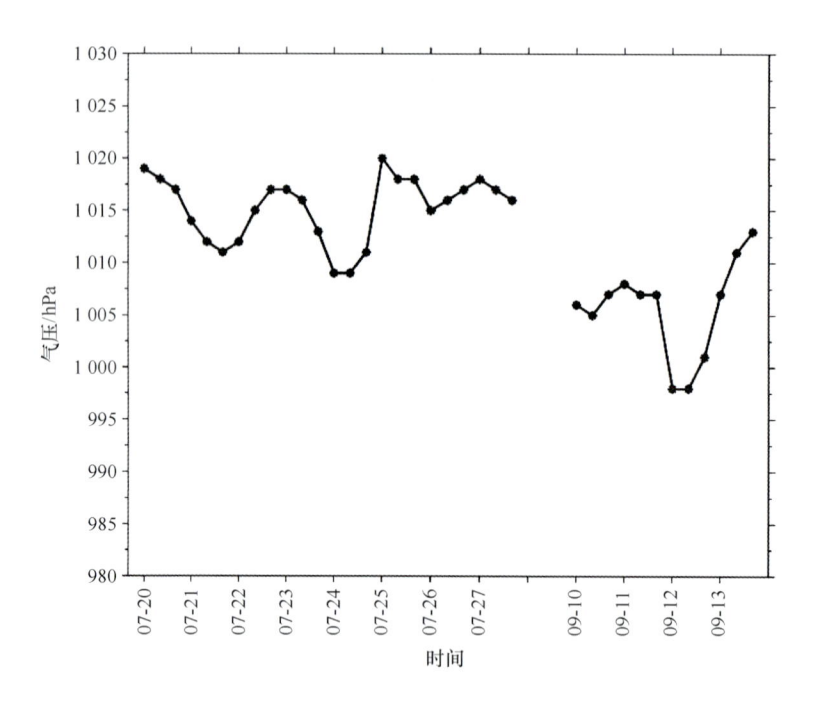

图 5.204　第六次北极考察白令海海域气压走航观测结果

（二）走航温度/湿度的变化特征分析

1. 数据介绍

见表 5.29。

2. 变化特征分析

图 5.205 至图 5.210 为第一次至第六次北极考察过程中"雪龙"号在白令海航行和调查作业期间的气温和相对湿度走航观测结果。

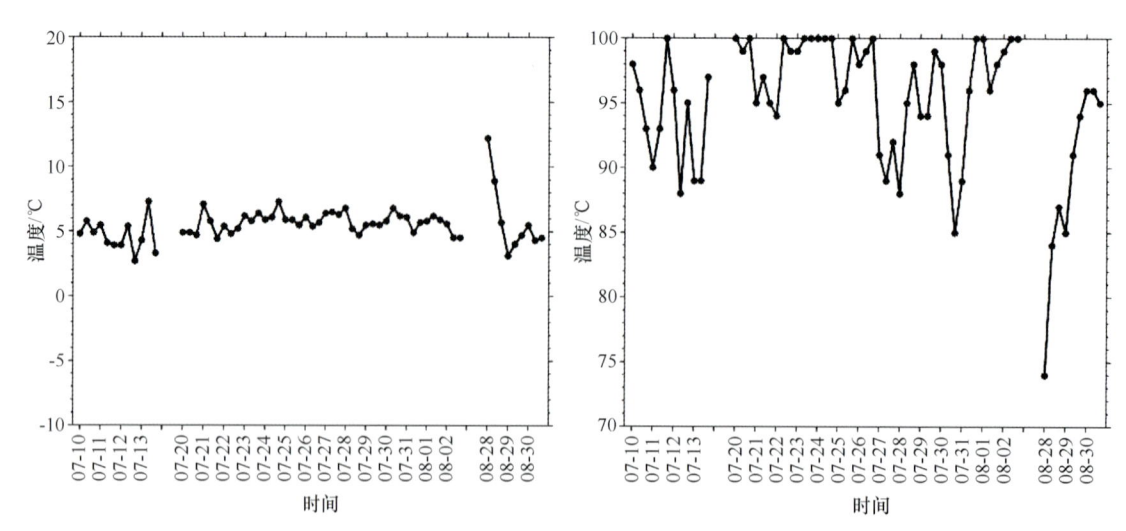

图 5.205　第一次北极考察白令海气温、湿度走航观测结果（左图气温，右图湿度。下同）

第一次北极考察"雪龙"号在白令海航行和调查作业期间（图 5.205），气温最高为

12.2℃，最低为2.7℃，平均为5.5℃，相对湿度最高为100，最低为74，平均为95.0。从气温变化序列上可以看出其存在较为明显的日变化，另外相对于气压，气温和湿度的天气尺度振荡都不明显。

第二次北极考察"雪龙"号在白令海航行和调查作业期间（图5.206），气温最高为11.5℃，最低为3.6℃，平均为7.9℃，相对湿度最高为97，最低为51，平均为85.0。

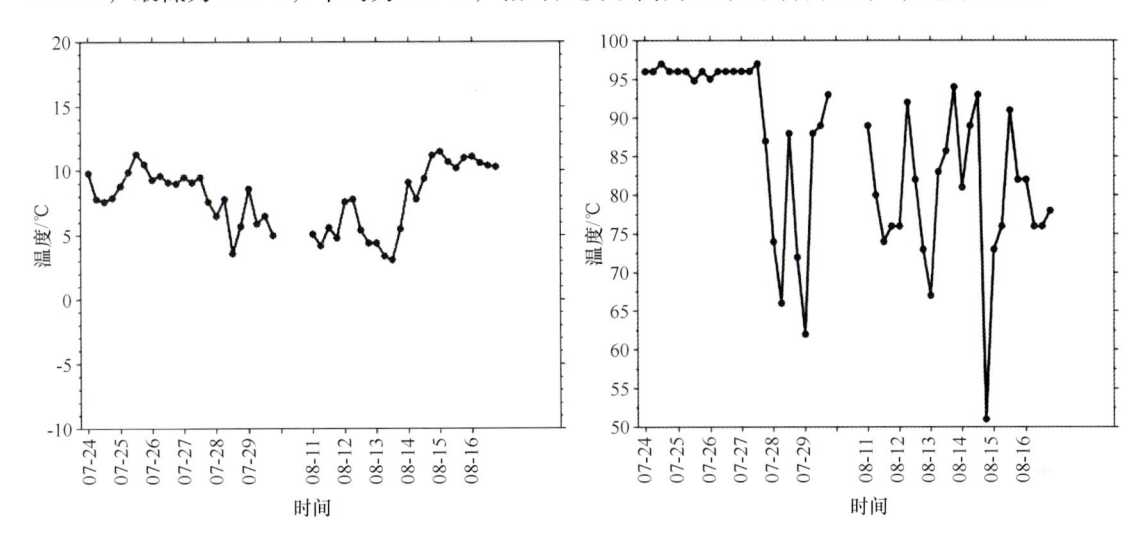

图5.206 第二次北极考察白令海气温、湿度走航观测结果

第三次北极考察"雪龙"号在白令海航行和调查作业期间（图5.207），气温最高为15.5℃，最低为3.2℃，平均为8.5℃，相对湿度最高为100，最低为59，平均为89.4。

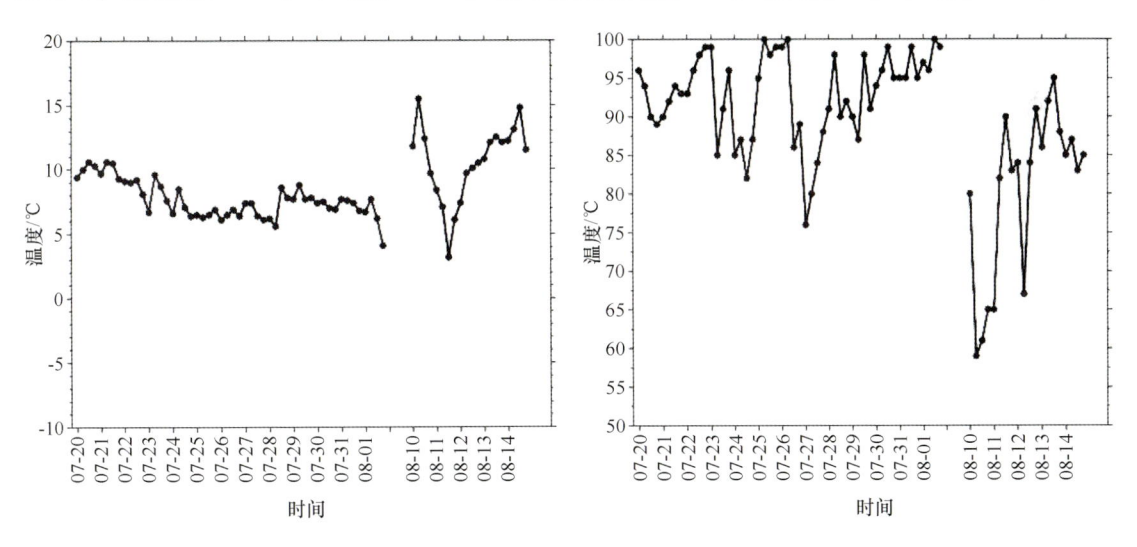

图5.207 第三次北极考察白令海气温、湿度走航观测结果

第四次北极考察"雪龙"号在白令海航行和调查作业期间（图5.208），气温最高为11.8℃，最低为3.8℃，平均为8.1℃，相对湿度最高为92，最低为76，平均为88.0。

第五次北极考察"雪龙"号在白令海航行和调查作业期间（图5.209），气温最高为10.8℃，最低为2.9℃，平均为7.2℃，相对湿度最高为93，最低为58，平均为81.6。

第六次北极考察"雪龙"号在白令海航行和调查作业期间（图5.210），气温最高为

12.6℃，最低为0.9℃，平均为8.6℃，相对湿度最高为100，最低为60，平均为95.3。

比较6次考察数据，白令海海域平均气温和相对湿度都是在第六次考察期间最高，而在第五次北极考察期间最低。

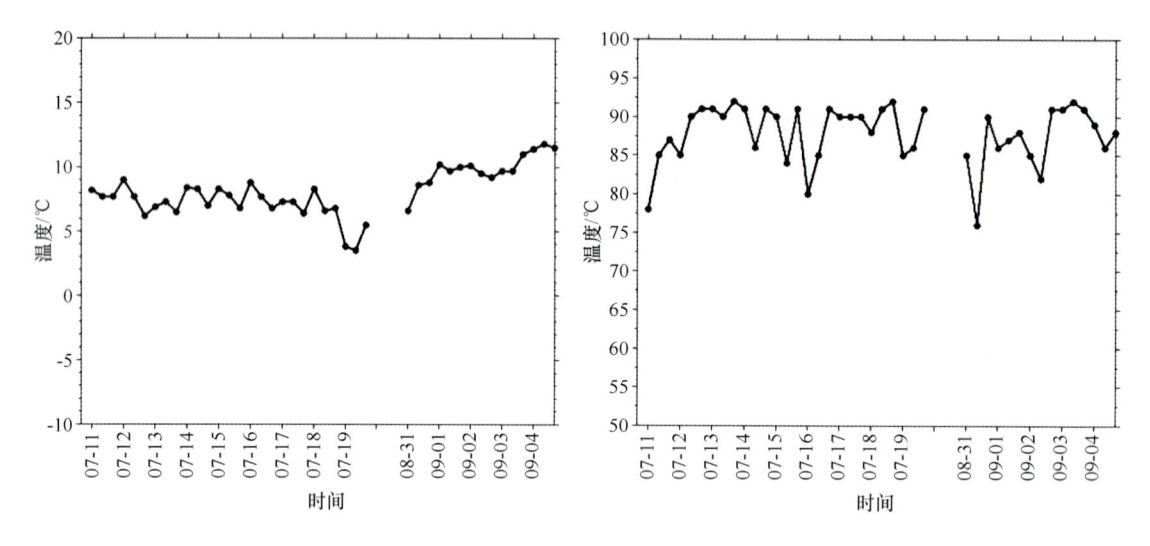

图5.208　第四次北极考察白令海气温、湿度走航观测结果

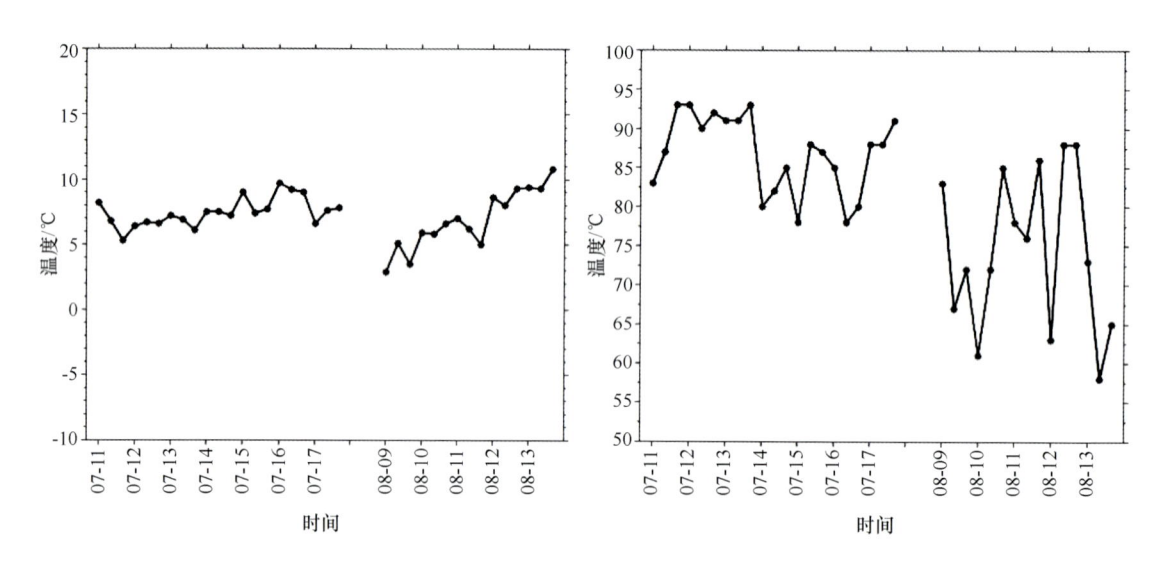

图5.209　第五次北极考察白令海气温、湿度走航观测结果

### 3. 小结

综合六次考察期间观测结果，考察期间白令海海域气温平均值在8.0℃左右，航次之间差别不大，相对湿度平均值在80~95，航次之间差别相对较大，气温和相对湿度都是在第六次考察期间最高，分别为12.6℃和95.3，而在第五次北极考察期间最低，分别为7.2℃和81.6。此外，白令海海域气温存在较为明显的日变化，也存在3~7天的天气尺度振荡，但不如气压明显。

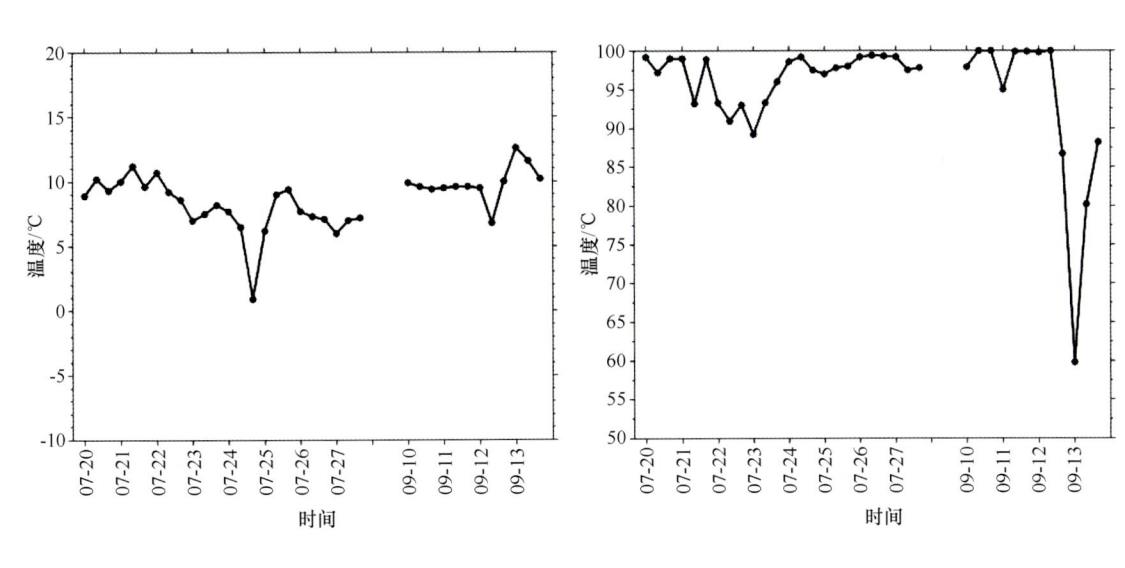

图 5.210　第六次北极考察白令海气温、湿度走航观测结果

### (三) 走航风向/风速变化特征分析

1. 数据介绍

见表 5.29。

2. 变化特征分析

图 5.211 至图 5.216 为第一次至第六次北极考察过程中 "雪龙"号在白令海航行和调查作业期间的风速、风向走航观测结果。

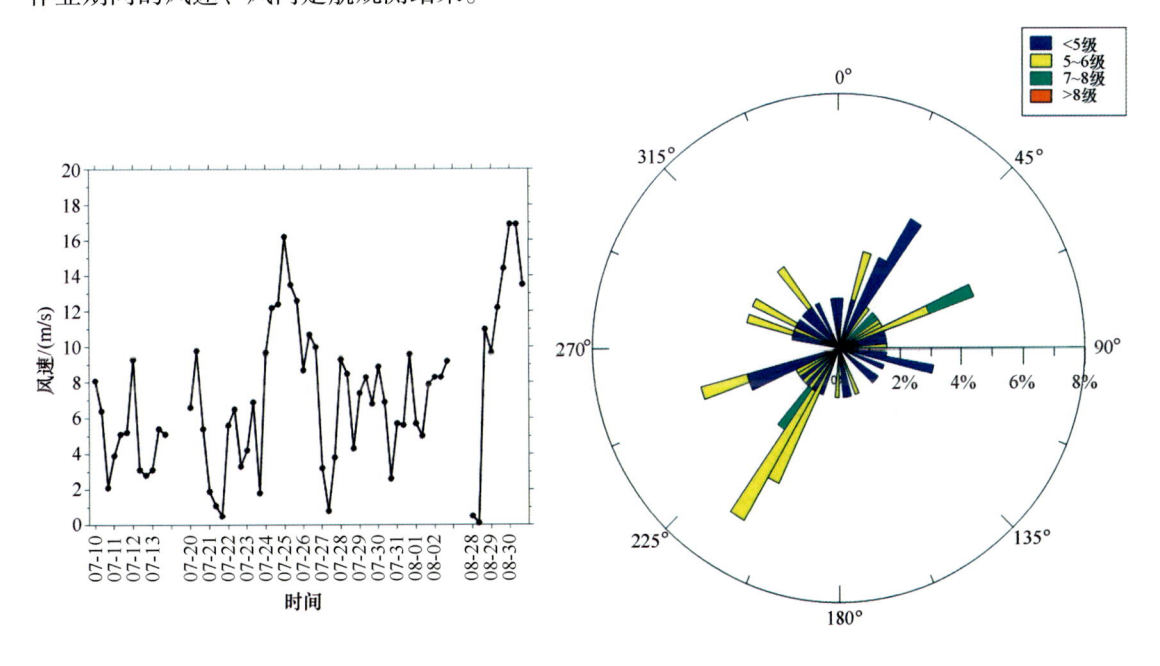

图 5.211　第一次北极考察白令海风速风向走航观测结果

第一次北极考察 "雪龙"号在白令海航行和调查作业期间（图 5.211），风速最大为 16.9 m/s，平均风速为 7.3 m/s，以 4~5 级风为主，大于等于 6 级的大风过程出现 3 次，当

289

有强系统影响时风力可达7~8级，风向以东北风和西南风居多。7月24—25日，受较强气旋影响，考察海域出现7~8级的西南风，"雪龙"船观测到的气压降至992.5 hPa。8月29—30日，受高低压系统配合产生的强梯度风影响，"雪龙"号所在海区出现7~8级的东北大风，且持续时间较长。

第二次北极考察"雪龙"号在白令海航行和调查作业期间（图5.212），风速最大为16.9 m/s，平均风速为7.3 m/s，以4~5级风为主，大于等于6级的大风过程出现5次，当有强系统影响时风力可达7~8级，风向以东北风和西南风居多。7月20日，东西伯利亚有强气旋发展，中心982 hPa，"雪龙"号航行海域出现7~8级的偏南风。9月15日，"雪龙"号在驶出白令海的过程中遇到7~8级的偏东大风。

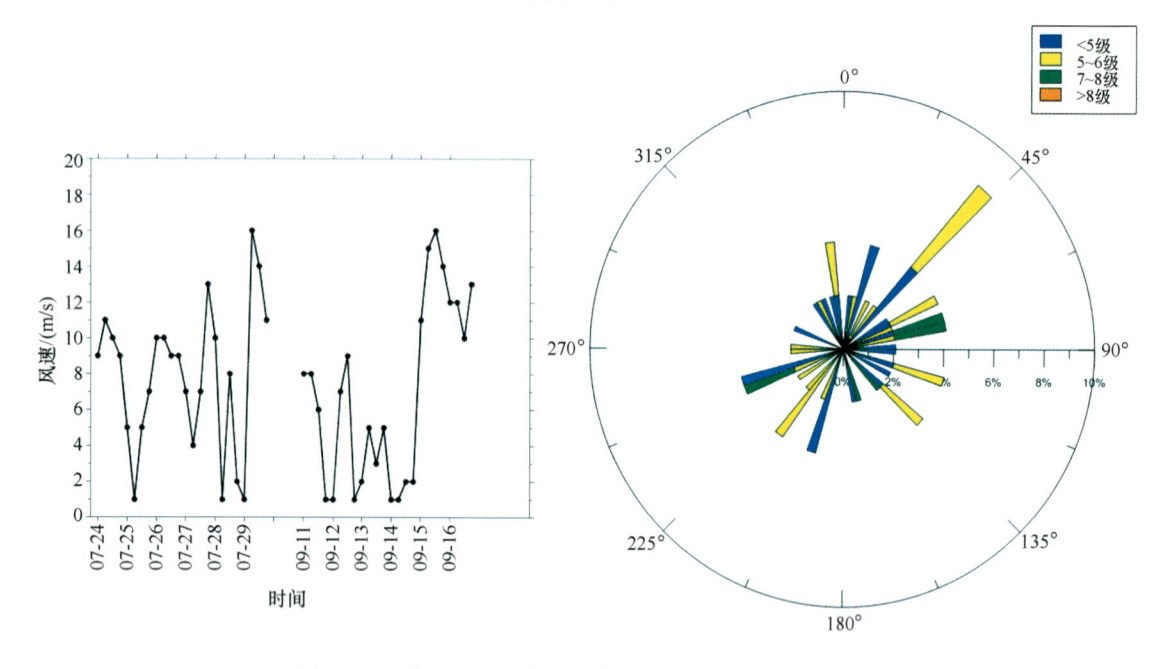

图5.212　第二次北极考察白令海风速风向走航观测结果

第三次北极考察"雪龙"号在白令海航行和调查作业期间（图213），风速最大为15.4 m/s，平均风速为7.0 m/s，以4~5级风为主，大于等于6级的大风过程出现6次，当有强系统影响时风力可达7级，风向以南—西南风居多。7月30日，受较强绕极气旋影响，"雪龙"号所在的罗姆港锚地出现7级左右的西—西南风。9月11日，由于受到东西伯利亚高压东移产生的较强梯度风的影响，"雪龙"船航行海域出现偏北风6~7级。

第四次北极考察"雪龙"号在白令海航行和调查作业期间（图5.214），风速最大为16 m/s，平均风速为8.0 m/s，以4~5级风为主，大于等于6级的大风过程出现5次，当有强系统影响时风力可达7~8级，风向以西—西南风居多。7月18日，受绕极气旋的影响，"雪龙"号航行海域出现7~8级的西南风。

第五次北极考察"雪龙"号在白令海航行和调查作业期间（图5.215），风速最大为14 m/s，平均风速为6.6 m/s，以4~5级风为主，大于等于6级的大风过程出现2次，当有强系统影响时风力可达7级，风向以东北风、西南风、西北风居多。9月11日，受西风带气旋影响，"雪龙"船考察海域出现7级的东—东北风。

第六次北极考察"雪龙"号在白令海航行和调查作业期间（图5.216），风速最大为

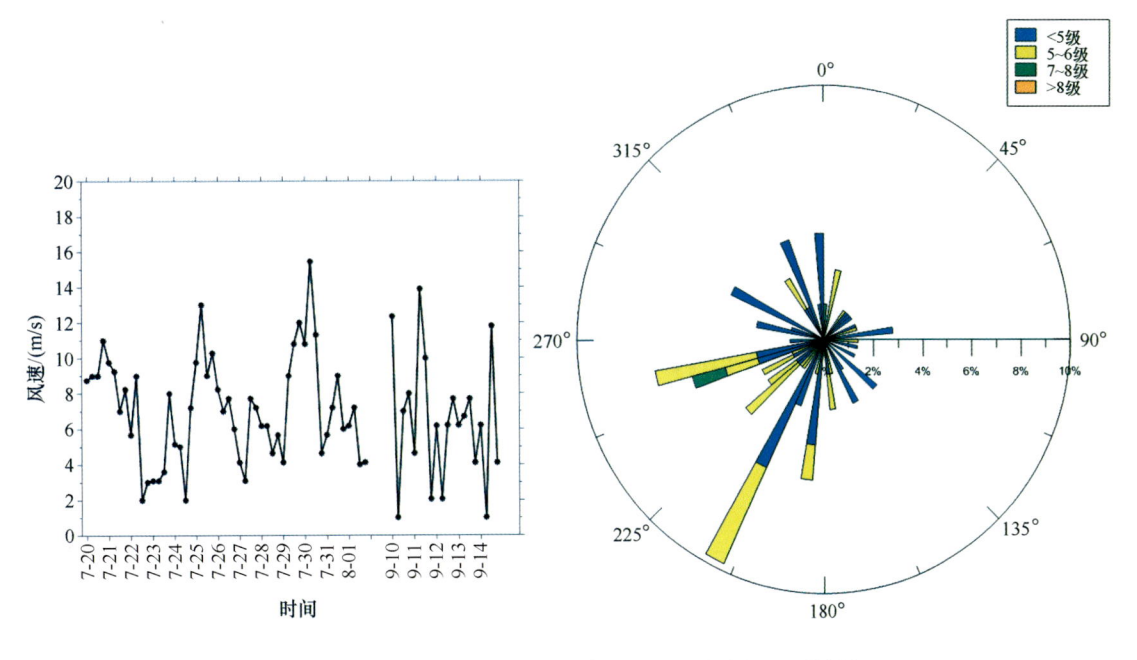

图 5.213　第三次北极考察白令海风速风向走航观测结果

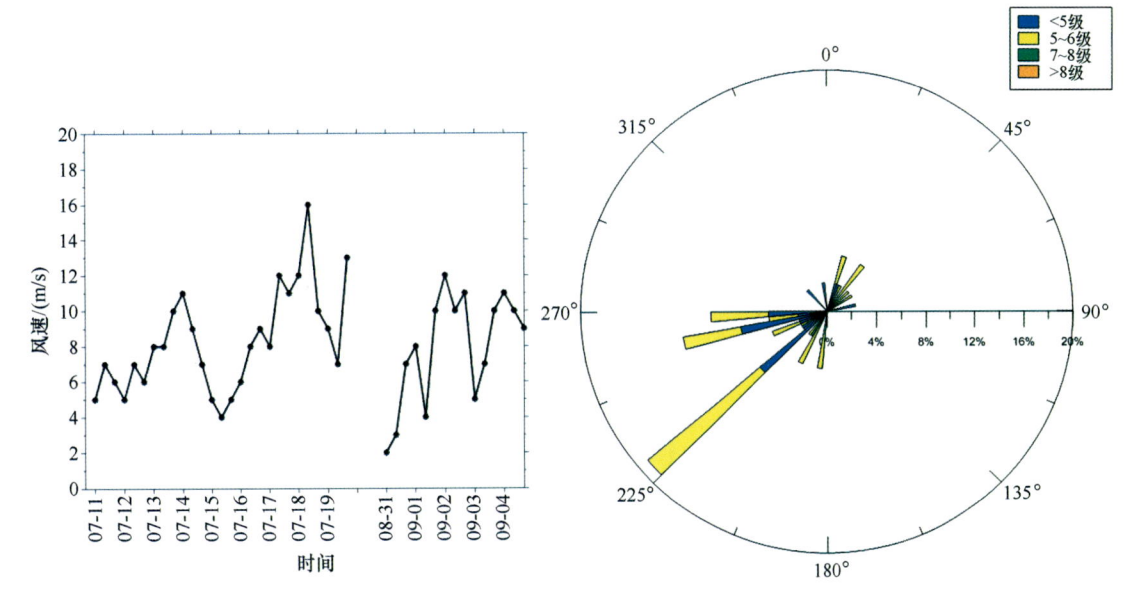

图 5.214　第四次北极考察白令海风速风向走航观测结果

16.0 m/s，平均风速为 7.8 m/s，以 4~5 级风为主，大于等于 6 级的大风过程出现 4 次，当有强系统影响时风力可达 7~8 级，风向以西南风和东—东北风居多。9 月 12 日，受较强气旋系统影响，"雪龙"船考察海域出现 7~8 的西北大风。

### 3. 小结

综合 6 次考察期间观测结果，考察期间白令海海域平均风速在 6~8 m/s，风力以 4~5 级为主，风向以东北风和西南风居多，最大风速在 14~17 m/s，平均出现 4 次大于等于 6 级的大风过程，但不同航次差别较大，第三次考察期间大风过程最多，出现了 6 次，第五次考察期间大风过程最少，只出现了 2 次。中高纬度的气旋是引起白令海考察海域出现大风的最主

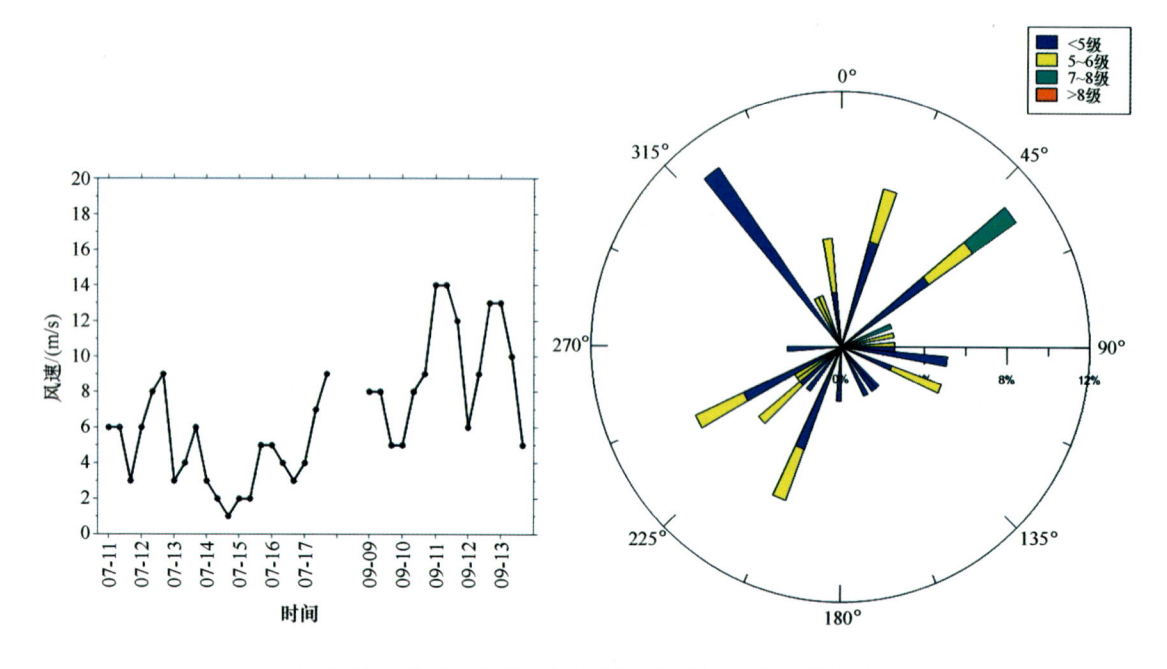

图 5.215　第五次北极考察白令海风速风向走航观测结果

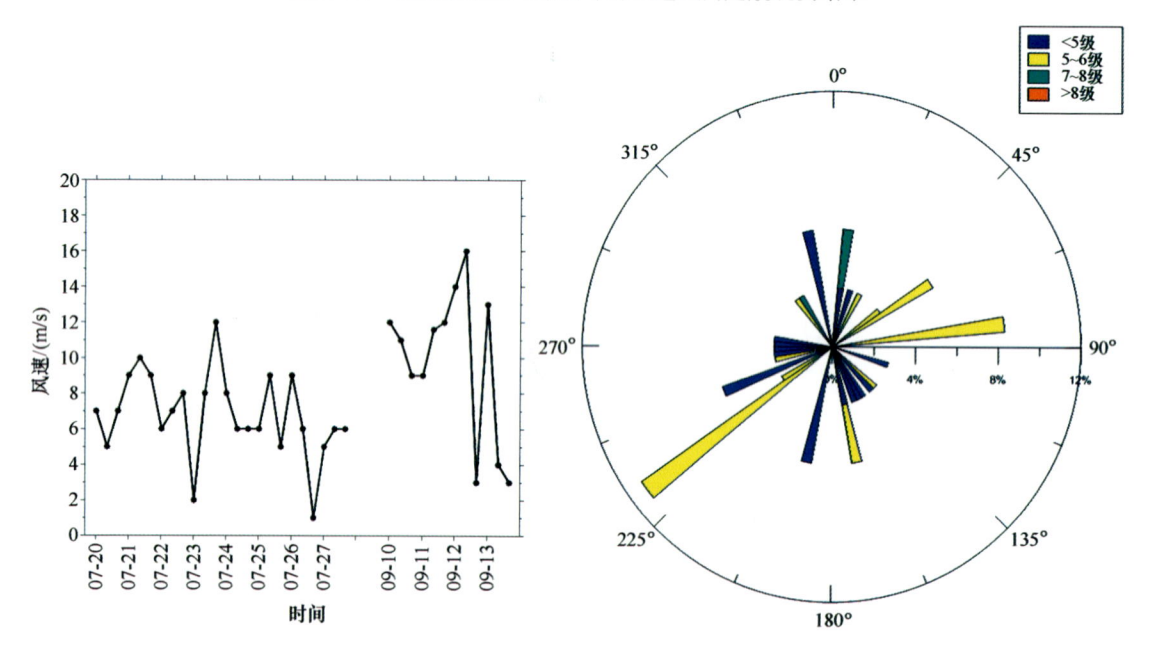

图 5.216　第六次北极考察白令海风速风向走航观测结果

要天气系统，其次是东西伯利亚高压移动产生的梯度风。

**（四）走航能见度变化特征分析**

**1. 数据介绍**

见表 5.30。

**2. 变化特征分析**

图 5.217 至图 5.221 为第二次至第六次北极考察过程中，"雪龙"号在白令海航行和调查

作业期间的能见度走航观测结果。由于第二次至第五次考察期间的能见度观测由随船气象人员人工目测完成，误差相对较大，只能对当时能见度情况做定性分析。

第二次北极考察"雪龙"号在白令海航行和调查作业期间（图5.217），能见度低于10 km的时次接近一半（46%），其多是由于小雨和雾所致，其中能见度低于1 km的浓雾天气接近1/4（23%）。第三次北极考察"雪龙"号在白令海航行和调查作业期间（图5.218），能见度低于10 km的时次约27%，其多是由于小雨和雾所致，其中能见度低于1 km的浓雾天气约5%。第四次北极考察"雪龙"号在白令海航行和调查作业期间（图5.219），能见度低于10 km的时次接近一半（45%），其多是由于小雨和雾所致，其中能见度低于1 km的浓雾天气接近1/4（21%）。第五次北极考察"雪龙"号在白令海航行和调查作业期间（图5.220），能见度低于10 km的时次约25%，其多是由于小雨和雾所致，其中能见度低于1 km的浓雾天气约11%。

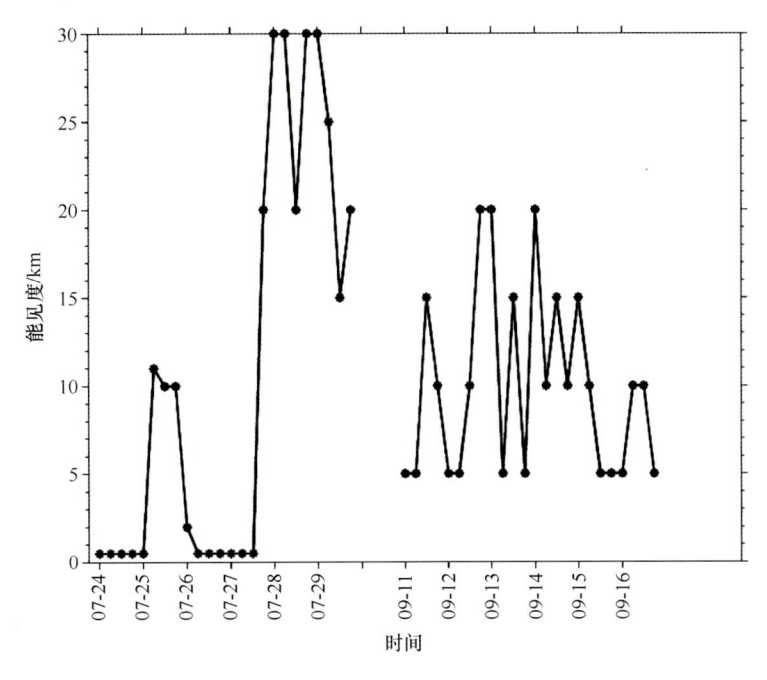

图5.217　第二次北极考察白令海能见度走航观测结果

第六次北极科学考察时"雪龙"号在白令海航行和调查作业期间（图5.221），利用船载SH 3000自动气象站的能见度仪，对能见度进行了定量观测。能见度最高超过12 km，最低不足0.1 km，平均约6.5 km，能见度低于10 km的时次达到2/3（66%），其多是由于小雨和雾所致，其中能见度低于1 km的浓雾天气接近1/4（22%）。

### 3. 小结

综合5次考察期间观测结果，考察期间白令海海域雾和雨频繁出现，使得能见度总体较差，有30%~60%的观测时次能见度不足10 km，其中有10%~20%的观测时次能见度不足1 km。比较5个航次，第六次考察期间白令海海域能见度最差，第三次考察期间白令海海域能见度最好。

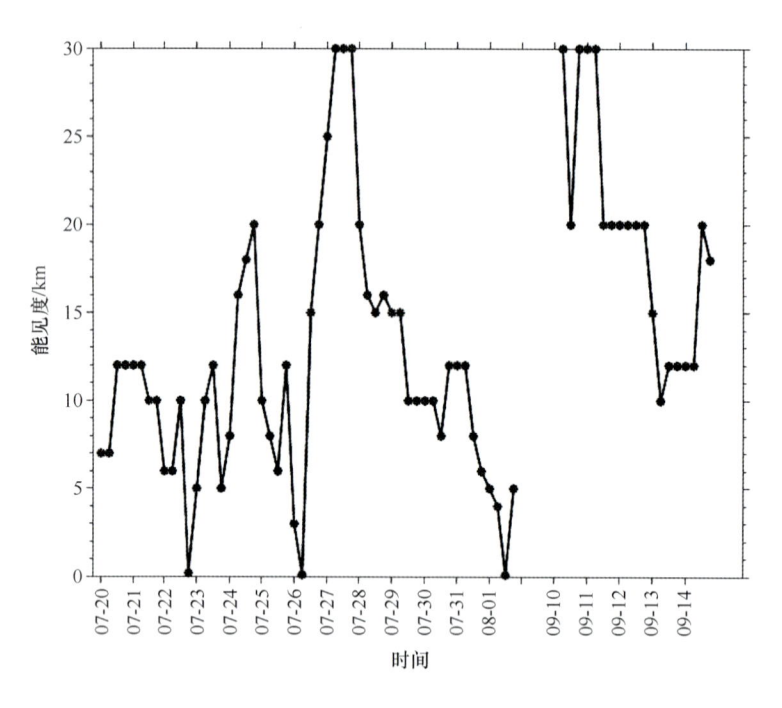

图 5.218　第三次北极考察白令海能见度走航观测结果

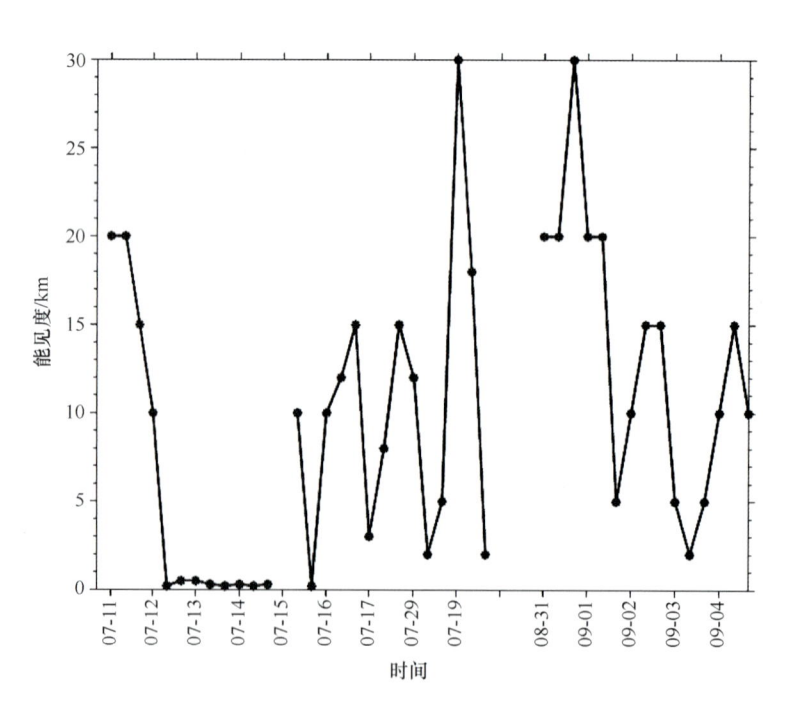

图 5.219　第四次北极考察白令海能见度走航观测结果

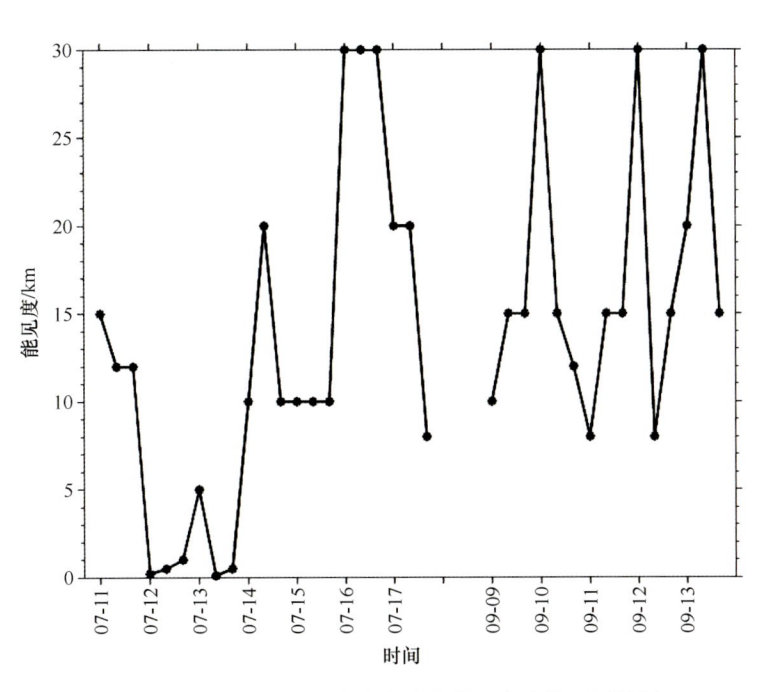

图 5.220　第五次北极考察白令海能见度走航观测结果

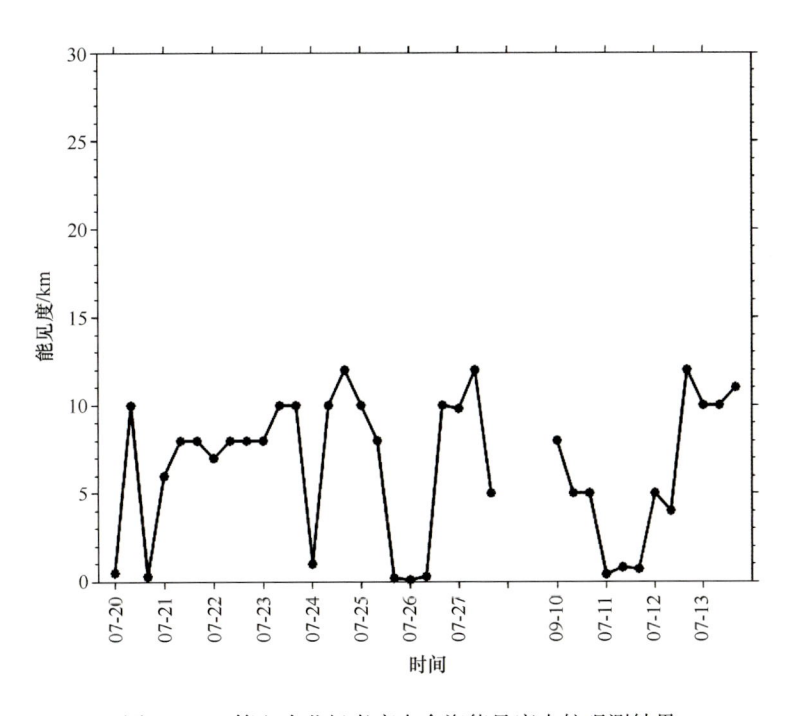

图 5.221　第六次北极考察白令海能见度走航观测结果

### （五）走航通量变化特征分析

#### 1. 数据介绍

通量计算使用的数据来自"雪龙"船上走航涡动通量观测系统和自动气象站，包括三维湍流风速、超声虚温、船舶姿态、皮温和风速、气温、湿度、气压等，可利用涡动相关法和整体输送法分别计算感热、潜热和动量通量，整体输送法采用的 COARE 3.0 算法。下面给出了中国第六次北极科学考察和第五次北极科学考察白令海海域感热、潜热和动量通量的时间

序列，第六次北极科学考察包括了涡动通量和 COARE 3.0 通量，第五次北极考察的走航涡动通量系统自"雪龙"船启航不久就工作不正常，故第五次北极考察没有涡动通量数据。此外还和 NCEP/NCAR 再分析的通量资料进行了比较。

**2. 变化特征分析**

图 5.222 给出了第六次北极考察期间"雪龙"船返航途径白令海海域测量的涡动通量和整体通量的时间序列图，由图可见，涡动法和 COARE 3.0 计算的感热通量吻合较好，相关系

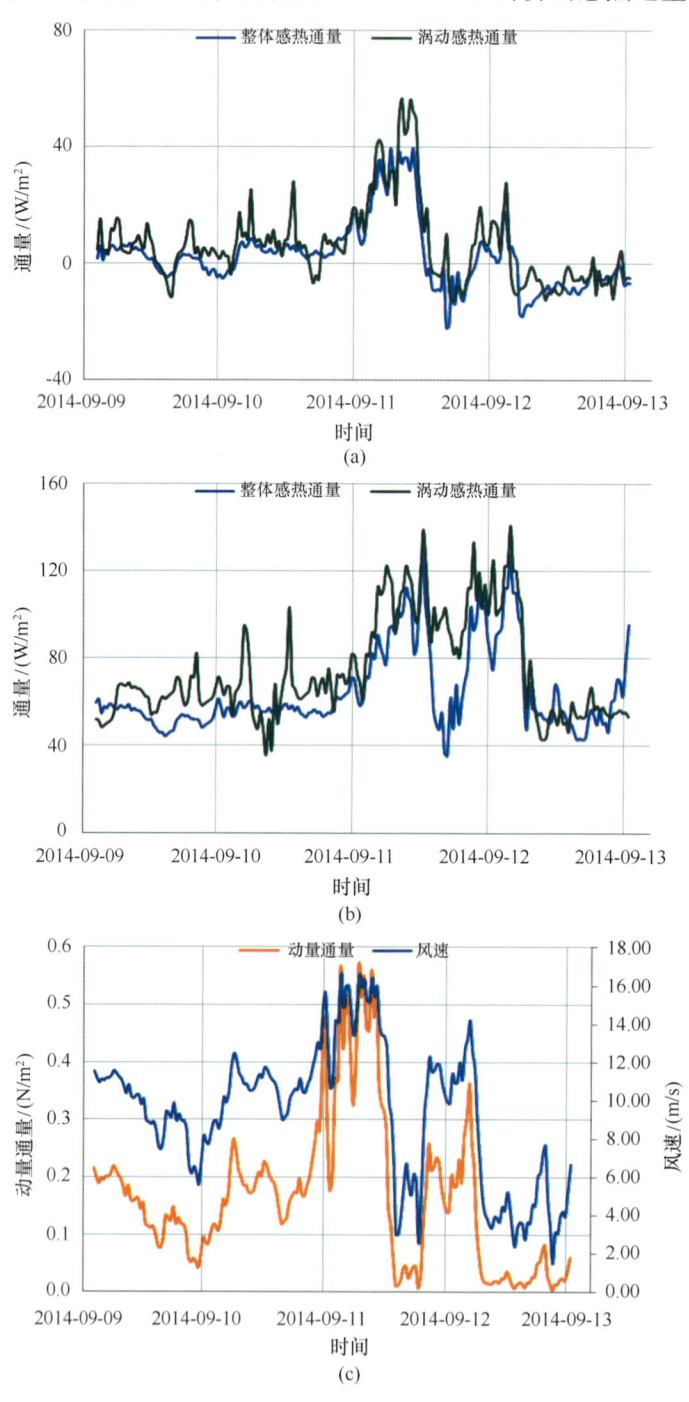

图 5.222　第六次北极科学考察白令海（a）涡动和整体感热通量（b）涡动和整体潜热通量
（c）动量通量和风速的时间序列

数 0.88,涡动潜热通量和整体通量趋势一致,有一个偏差,其相关系数是 0.79。涡动感热通量的变化范围(-22,57)W/m²,平均 3.2 W/m²;涡动潜热通量的变化范围(36,129)W/m²,平均 65 W/m²。动量通量变化范围(0,0.6)N/m²,和风速呈正相关。图 5.223 是根据 NCEP/NCAR 再分析资料画出的感热和潜热通量的月平均平面图,从整个海域平均来说,感热通量在 5 W/m² 左右,潜热通量在 45 W/m² 左右,和我们的观测值不尽吻合,考虑到观测区域仅是一条航线,而且时间也很短,是造成两者有差别的一个重要因素。

(a)

(b)

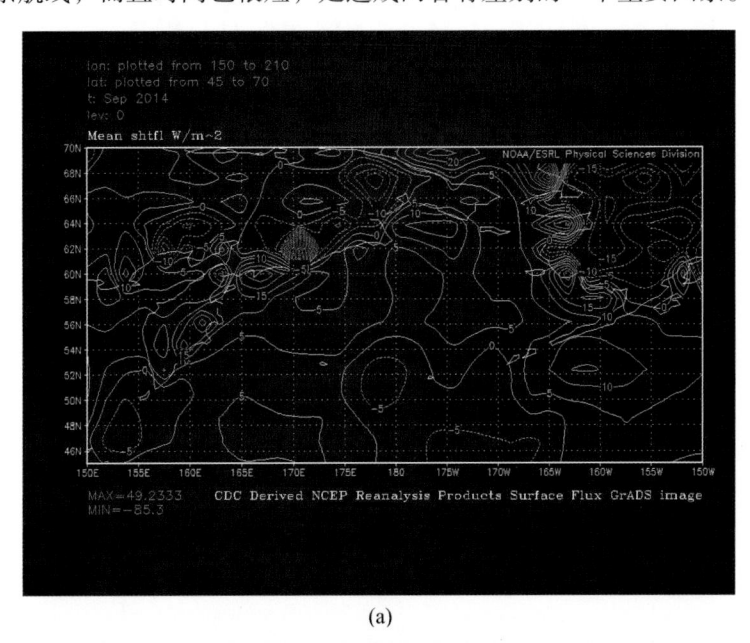

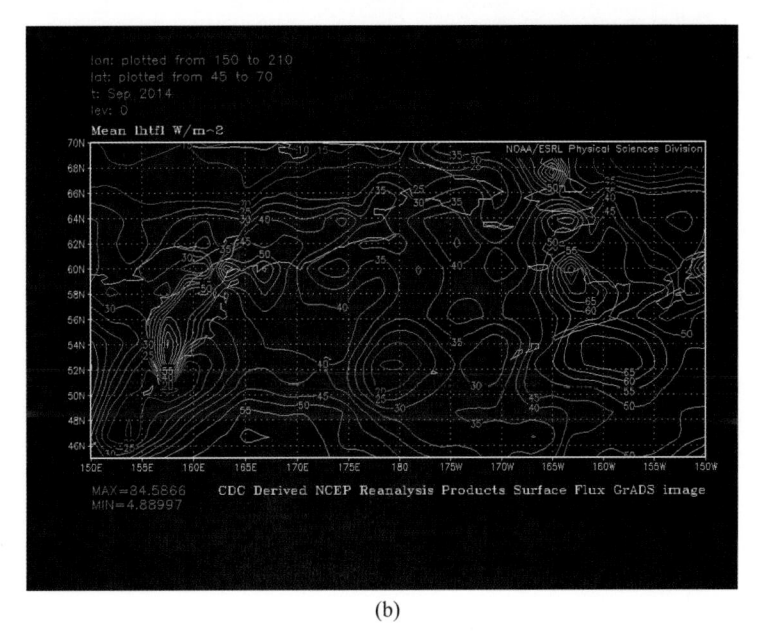

图 5.223  2014 年 9 月 NCEP/NCAR 再分析感热(a)和潜热(b)
通量的月平均平面图

图 5.224 给出的是 2012 年 7 月第五次北极考察期间"雪龙"船去航途经白令海的观测结果,感热通量有更明显的日变化,变化范围为(-28,33)W/m²,平均 3.5 W/m²;潜热通

量变化范围（17，117）W/m²，平均59.4 W/m²。动量通量变化范围（0，0.4）N/m²，和风速正相关。和第六次北极考察的观测结果相当，但都偏小。

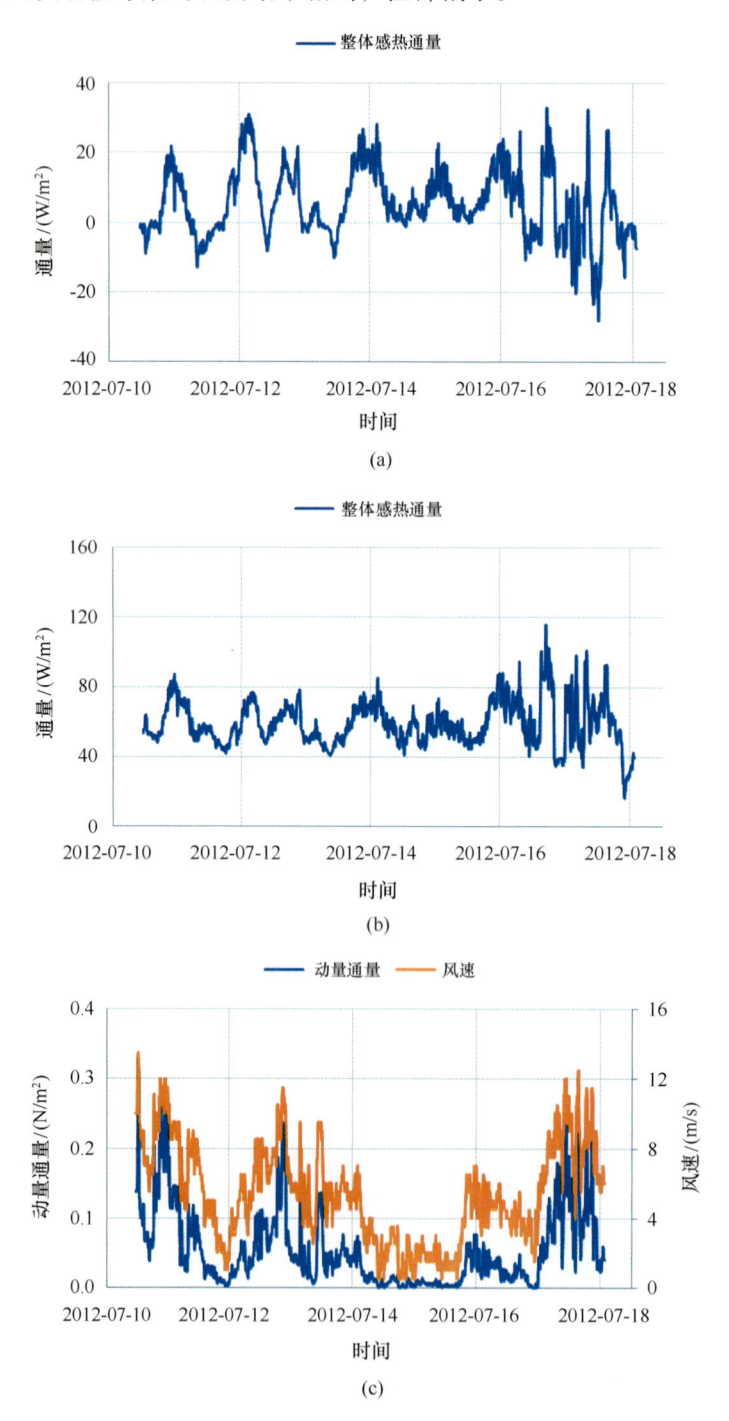

图5.224　第五次北极科学考察白令海（a）整体感热通量（b）整体潜热通量（c）动量通量和风速的时间序列

3. 小结

从以上分析可见，夏季白令海海域感热通量有明显日变化，平均感热通量都为正值，海洋向大气输送热量。潜热通量也都为正值，平均潜热通量相比感热通量来说是大值。和再分析资料相比量级相当，有差别的一个重要原因应该是时空的不对称。

## 四、楚科奇海海域海洋气象环境特征分析

在第一次至第六次北极考察过程中，"雪龙"号在楚科奇海航行和调查作业期间，随船气象人员通过船载的气象观测设备对气压、气温、相对湿度、风向、风速进行了走航正点观测，观测时间为每天00、06、12、18世界时的3~4次。详细说明见表5.31。

表5.31 楚科奇海海域气压、气温、相对湿度、风向、风速走航观测数据说明

| 航次 | 观测设备 | 观测时段 | 观测频率 | 观测次数 |
| --- | --- | --- | --- | --- |
| 第一次 | Vaisala milos 500 自动气象站 | 1999-07-14—07-19<br>1999-08-03—08-08<br>1999-08-26—08-27 | 每天3次 | 42 |
| 第二次 | Vaisala milos 500 自动气象站 | 2003-07-30—08-03<br>2003-08-07—08-10<br>2003-09-07—09-10 | 每天4次 | 52 |
| 第三次 | Vaisala milos 日 500 自动气象站 | 2008-08-02—08-06<br>2008-09-03—09-09 | 每天4次 | 48 |
| 第四次 | Vaisala milos 500 自动气象站 | 2010-07-20—07-24<br>2010-08-02—08-30 | 每天3次 | 102 |
| 第五次 | Vaisala milos 500 自动气象站 | 2012-07-18—07-23<br>2012-09-04—09-08 | 每天3次 | 33 |
| 第六次 | 天诺基业自动气象站 | 2014-07-28—08-01<br>2014-09-07—09-09 | 每天3次 | 24 |

在第二次至第六次北极考察过程中，"雪龙"号在白令海航行和调查作业期间，随船气象人员通过人工目测（第二次至第五次）或船载气象观测设备（第六次）对能见度进行了走航正点观测，观测时间为每天00、06、12、18世界时的3-4次。具体情况见表5.32。

表5.32 楚科奇海海域能见度走航观测情况

| 航次 | 观测设备 | 观测时段 | 观测频率 | 观测次数 |
| --- | --- | --- | --- | --- |
| 第二次 | 人工目测 | 2003-07-30—08-03<br>2003-08-07—08-10<br>2003-09-07—09-10 | 每天4次 | 52 |
| 第三次 | 人工目测 | 2008-08-02—08-06<br>2008-09-03—09-09 | 每天4次 | 48 |
| 第四次 | 人工目测 | 2010-07-20—07-24<br>2010-08-02—08-30 | 每天3次 | 102 |

续表

| 航次 | 观测设备 | 观测时段 | 观测频率 | 观测次数 |
|---|---|---|---|---|
| 第五次 | 人工目测 | 2012－07－18—07－23<br>2012－09－04—09－08 | 每天3次 | 33 |
| 第六次 | 天诺基业 SH3000 自动气象站 | 2014－07－28—08－01<br>2014－09－07—09－09 | 每天3次 | 24 |

（一）走航气压的变化特征分析

1. 数据介绍

见表5.31。

2. 变化特征分析

图5.225至图5.230为第一次至第六次北极考察过程中，"雪龙"号在楚科奇海海域航行和调查作业期间的气压走航观测结果。

第一次北极科学考察期间在楚科奇海海域观测的气压变化（图5.225）没有明显的规律特征。期间，观测的气压平均值为1 012.1 hPa，最高值1 027.0 hPa 出现在1999年7月14日00时 UTC（下同），最低值1 001.8 hPa 出现在1999年7月17日00时。从气压变化可以判断"雪龙"船在进入楚科奇海时遇到一高压气团，而在7月17日，结合风速观测数据分析可知，有一气旋影响"雪龙"船所在海域，造成气压出现一个低值。

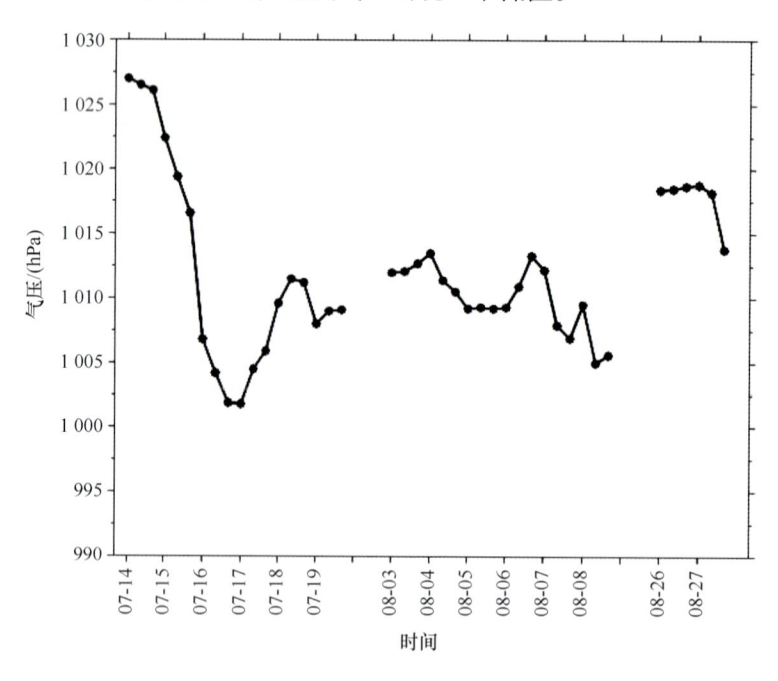

图5.225　第一次北极科学考察楚科奇海海域气压观测

第二次北极科考期间在楚科奇海海域观测的气压（图5.226）平均值为1 008.2 hPa，最高值1 023.9 hPa 出现在8月8日06时，最低值982.8 hPa 出现在9月8日12时。9月7日至

10日期间,"雪龙"船所在海域受到一次强气旋过程影响,由于当时"雪龙"船位于气旋中心附近,因此,气压出现明显低值。此外,在没有强气旋影响期间,观测到的该海域的气压平均值为1 016.1 hPa。

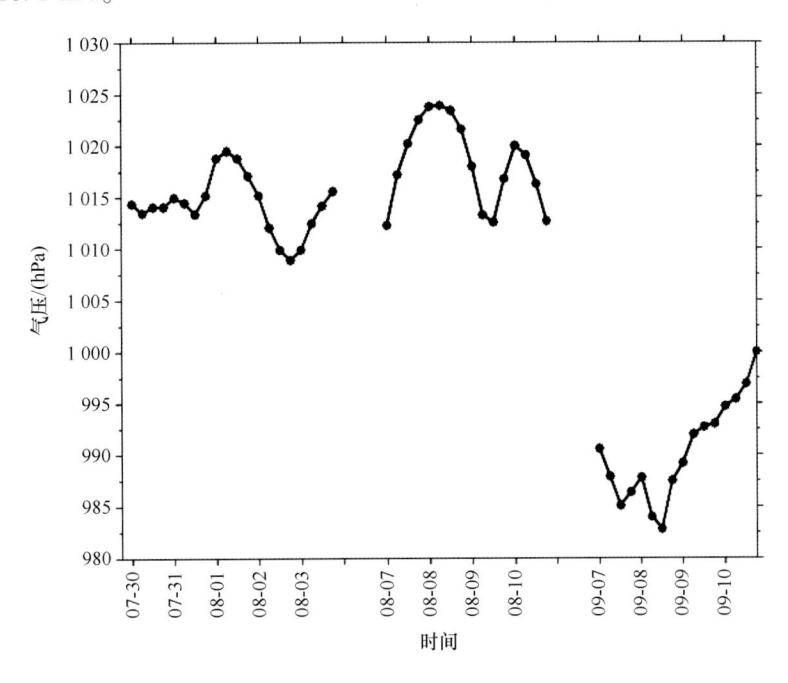

图5.226 第二次北极科学考察楚科奇海海域气压观测

第三次北极科考期间在楚科奇海海域观测的气压(图5.227)平均值为1 018.8 hPa,最高值1 029.7 hPa出现在9月4日20时和9月5日02时,最低值1 004.7 hPa出现在8月2日02时刚进入该海域时。此次科考"雪龙"船在该海域主要受高压系统控制,无较强气旋影响,因此,气压平均值较高。

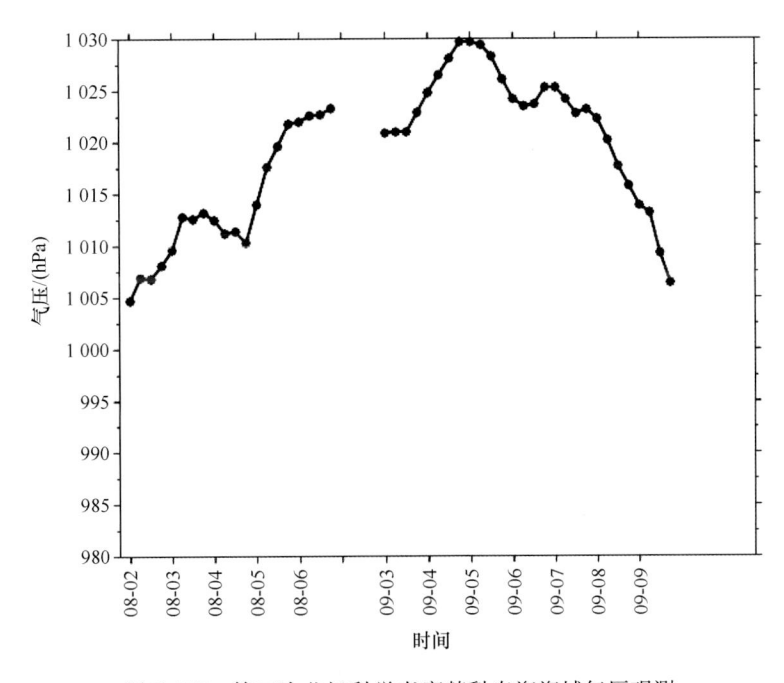

图5.227 第三次北极科学考察楚科奇海海域气压观测

第四次北极科考期间在楚科奇海海域观测的气压（图5.228）平均值为1 011.6 hPa，最高值1 025.2 hPa出现在8月24日00时，最低值992.1 hPa出现在7月22日12时刚进入该海域时，主要是受一强气旋发展影响。21—22日期间，"雪龙"船在该海域受气旋外围影响，出现低压值，并伴随有一次大风过程。

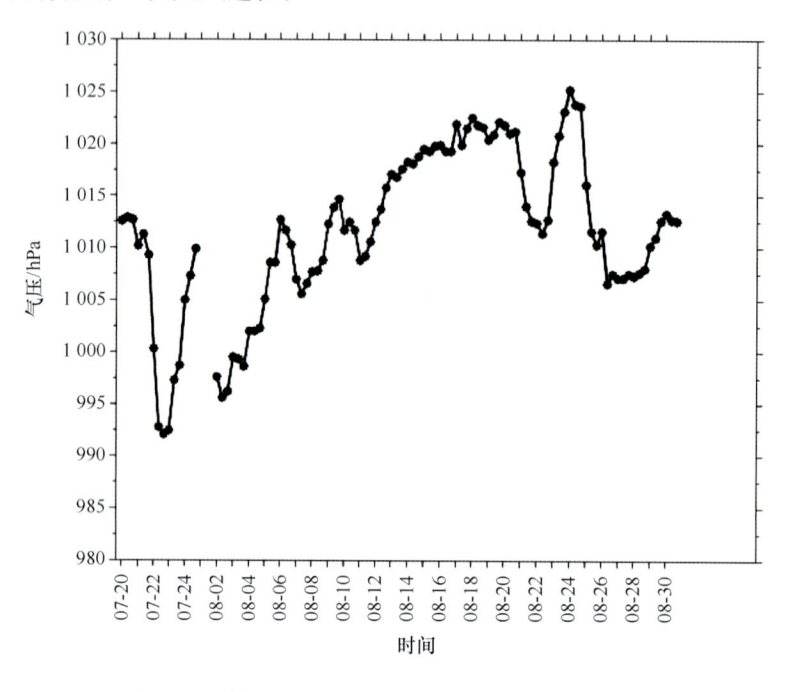

图5.228　第四次北极科学考察楚科奇海海域气压观测

第五次北极科考期间在楚科奇海海域观测的气压（图5.229）平均值为1 009.5 hPa，最高值1 020 hPa出现在9月8日12时，最低值999.7 hPa出现在7月23日12时。7月20日、24日和9月6日，分别受气旋发展影响，出现气压低值，并伴有大风过程。该航次在楚科奇海海域气压平均值较低，与经常受到气旋影响有较大关系。

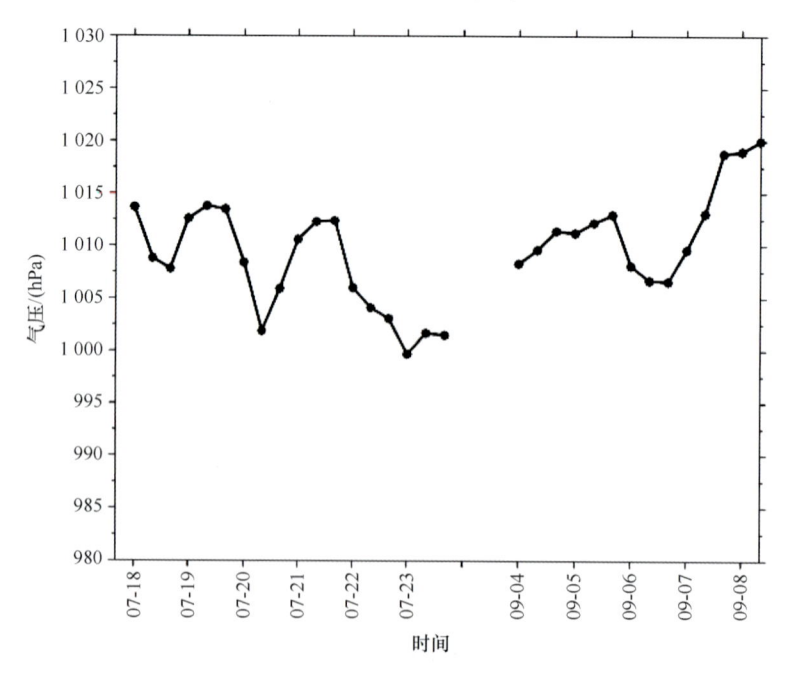

图5.229　第五次北极科学考察楚科奇海海域气压观测

第六次北极科考期间在楚科奇海海域观测的气压（图 5.230）平均值为 1 016 hPa，最高值 1 027 hPa 出现在 7 月 29 日，最低值 1 004 hPa 出现在 8 月 1 日 12 时。7 月 28—29 日，受高压冷空气影响，出现气压高值，而 8 月 1 日受气旋影响，气压出现明显降低，并伴有 5～6 级大风过程。

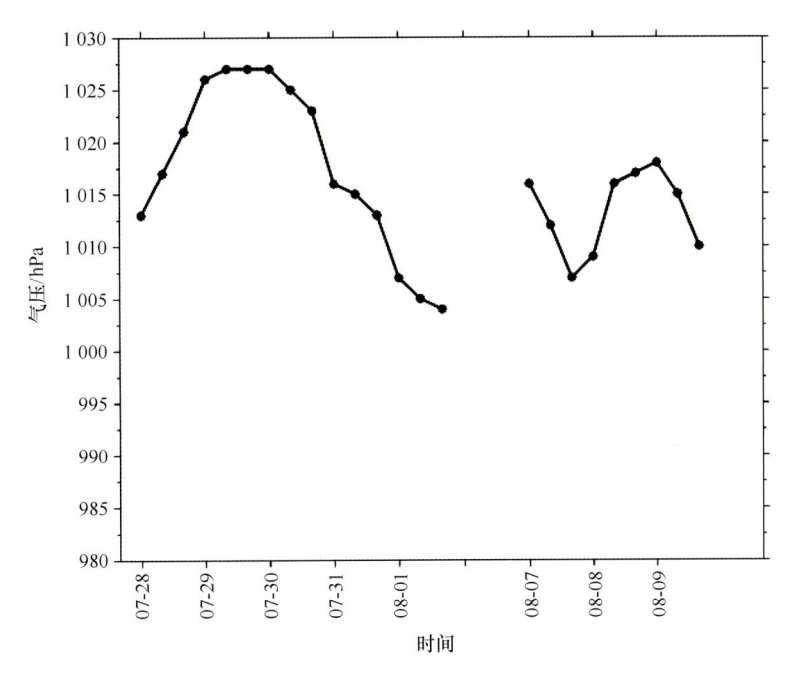

图 5.230　第六次北极考察楚科奇海海域气压观测

3. 小结

"雪龙"号在楚科奇海考察航行期间，经常受到西北方向移动过来的冷高压以及气旋影响。其中，第三次北极考察期间，该海域无强气旋影响，且主要受高压气团控制，平均气压值较高，达到 1 018 hPa。而第二次科考期间，受强气旋影响，平均气压值为 1 008 hPa。历次科考期间，受气旋影响观测到的最低气压值为 982.8 hPa。由于"雪龙"船在各次北极科考中经过楚科奇海的时间、位置不同，而气压的变化主要依赖于天气系统，因此走航观测数据对气压变化特征的分析作用有限。

（二）走航温度/湿度的变化特征分析

1. 数据介绍

见表 5.31。

2. 变化特征分析

图 5.231 至图 5.236 为第一次至第六次北极考察过程中"雪龙"号在楚科奇海航行和调查作业期间的气温和相对湿度走航观测结果。

第一次北极科学考察在楚科奇海海域观测的温度数据（图 5.231）平均值为 1.3℃，最大温度 8.5℃出现在 1999 年 8 月 27 日 12 时，最低温度 -1.7℃出现在 1999 年 8 月 7 日 06 时。该海域观测的相对湿度平均值为 96%，最大相对湿度为 100%，最小相对湿度为 84%出现在

楚科奇海与白令海峡边缘海域。楚科奇海位于北极圈之内，夏季受偏南气流携带的暖湿空气影响，该海域的相对湿度较大，经常达到饱和状态。

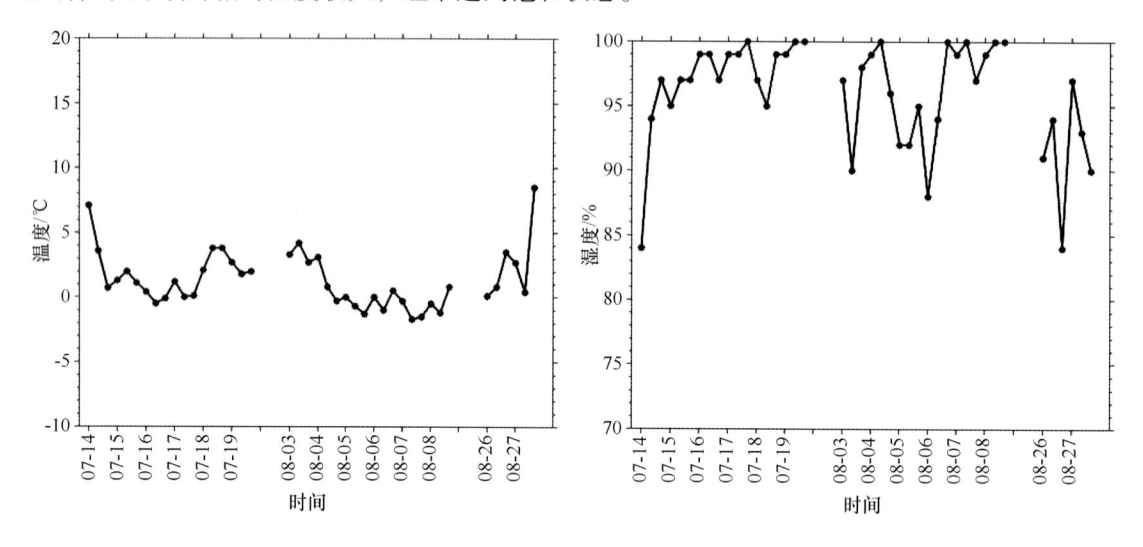

图 5.231　第一次北极科学考察楚科奇海海域气温、湿度观测

第二次北极科考期间在楚科奇海海域观测的温度数据（图 5.232）平均值为 0.1℃，最高温度 7.7℃ 出现在 8 月 8 日 06 时，此时刻其他观测值也为最高，说明在高压控制期间，该海域天气状况良好，太阳辐射最强，因此温度较高。而最低温度 -4.7℃ 出现在 9 月 7 日 18 时，该时期正值强气旋影响期间，根据天气状况记录可知有降雪发生，因此气温较低。该海域观测的相对湿度平均值为 93%，最大相对湿度为 98%，最小相对湿度为 73% 也出现在楚科奇海南部外围海域。

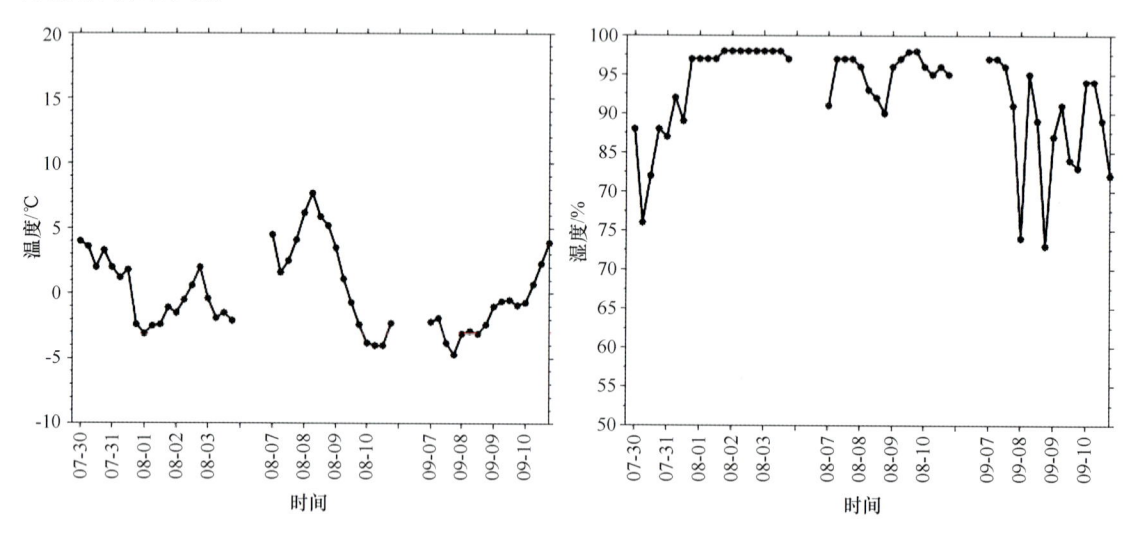

图 5.232　第二次北极科学考察楚科奇海海域气温、湿度观测

第三次北极科考期间在楚科奇海海域观测的温度数据（图 5.233）平均值为 0.8℃，最高温度 12.1℃ 出现在 9 月 9 日 20 时"雪龙"号驶出该海域进入白令海峡时。而最低温度 -5.6℃ 出现在 9 月 3 日 02 时，该时间段仍在浮冰区航行，纬度较高，因此气温较低。该海域观测的相对湿度平均值为 96%，最大相对湿度为 100%，最小相对湿度为 80% 也出现在楚

科奇海南部外围海域。对比分析温湿度变化，相对湿度为100%的发生时段的气温都接近0℃。

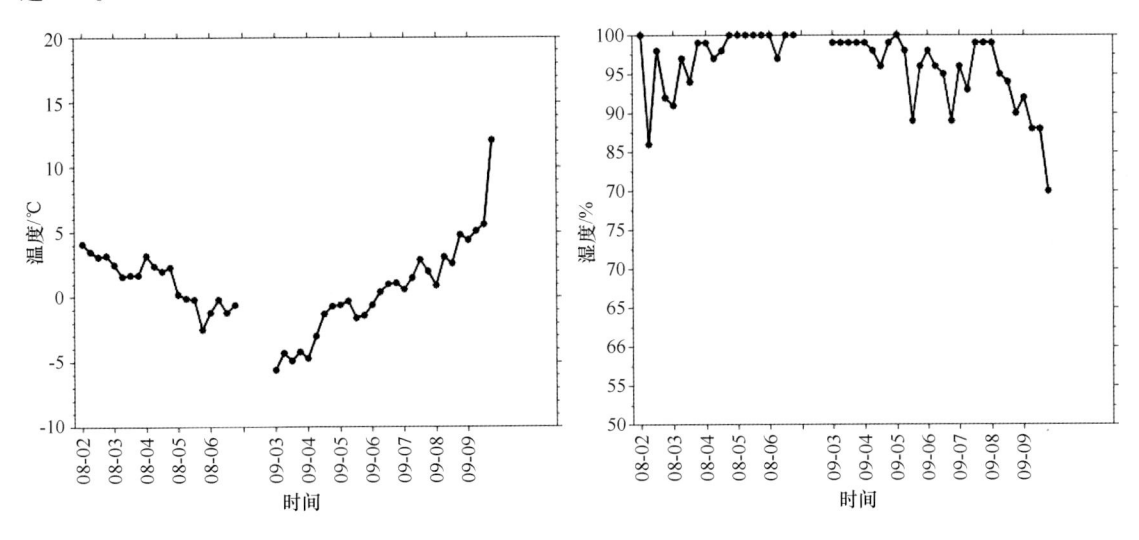

图5.233　第三次北极科学考察楚科奇海海域气温、湿度观测

第四次北极科考期间在楚科奇海海域观测的温度数据（图5.234）平均值为0.5℃，最高温度10.8℃出现在7月21日00时"雪龙"号刚驶入该海域时，而最低温度-3.7℃出现在8月6日06时。该海域观测的相对湿度平均值为90%，最大相对湿度为95%，最小相对湿度为72%。

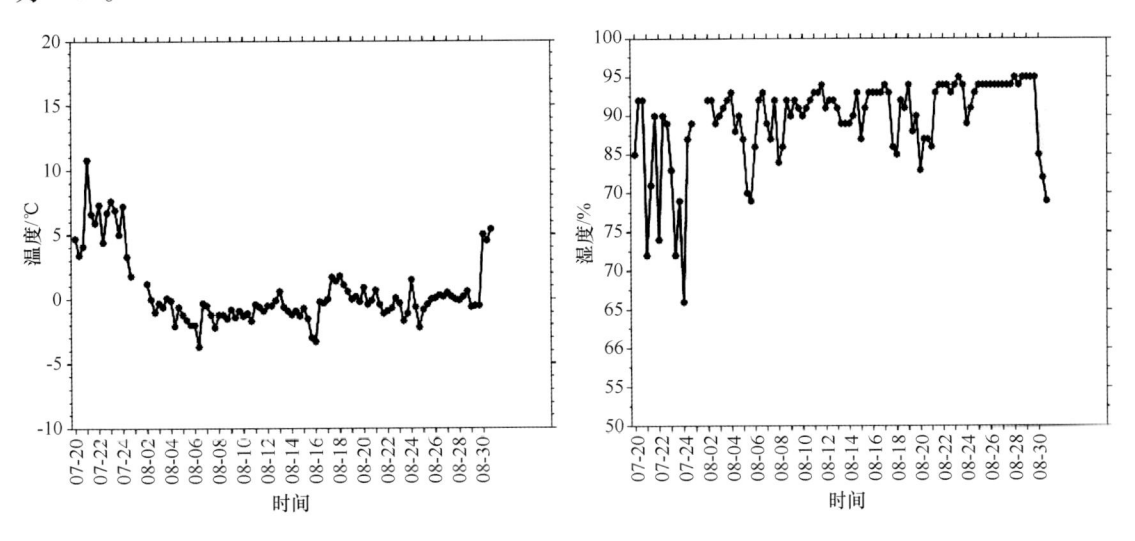

图5.234　第四次北极科学考察楚科奇海海域气温、湿度观测

第五次北极科考期间在楚科奇海海域观测的温度数据（图5.235）平均值为2.5℃，最高温度16.2℃出现在7月23日00时，而最低温度-2.6℃出现在9月5日12时。该海域观测的相对湿度平均值为84%，最大相对湿度为94%，最小相对湿度为54%。

第六次北极科考期间在楚科奇海海域观测的温度数据（图5.236）平均值为3.8℃，最高温度6.7℃出现在7月30日00时，而最低温度-0.6℃出现在8月1日12时。该海域观测的相对湿度平均值为94%，最大相对湿度为99.4%，最小相对湿度78.5%出现在7月30日06时。

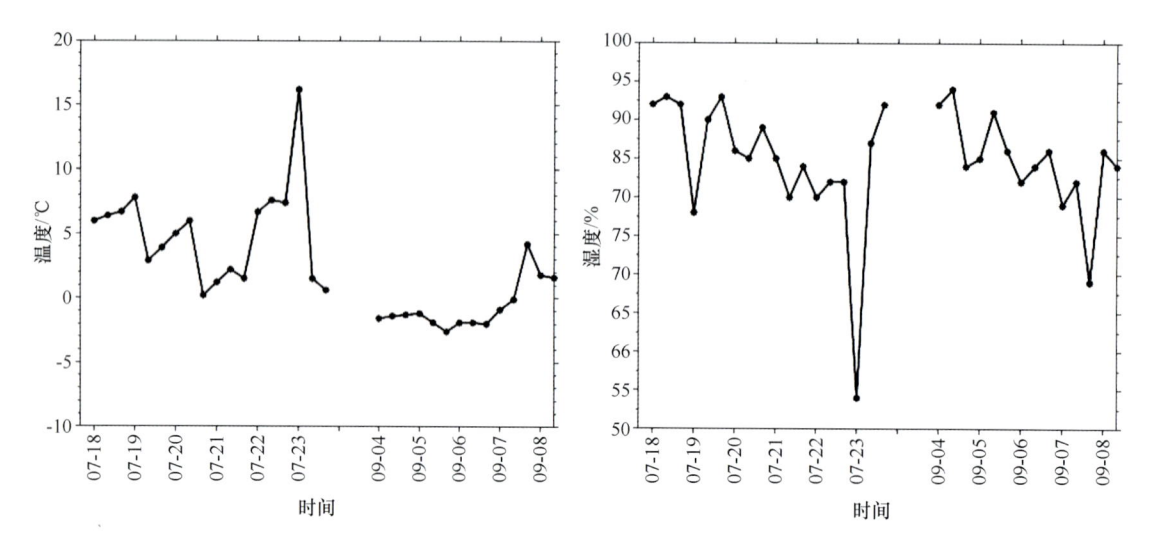

图 5.235　第五次北极科学考察楚科奇海海域气温、湿度观测

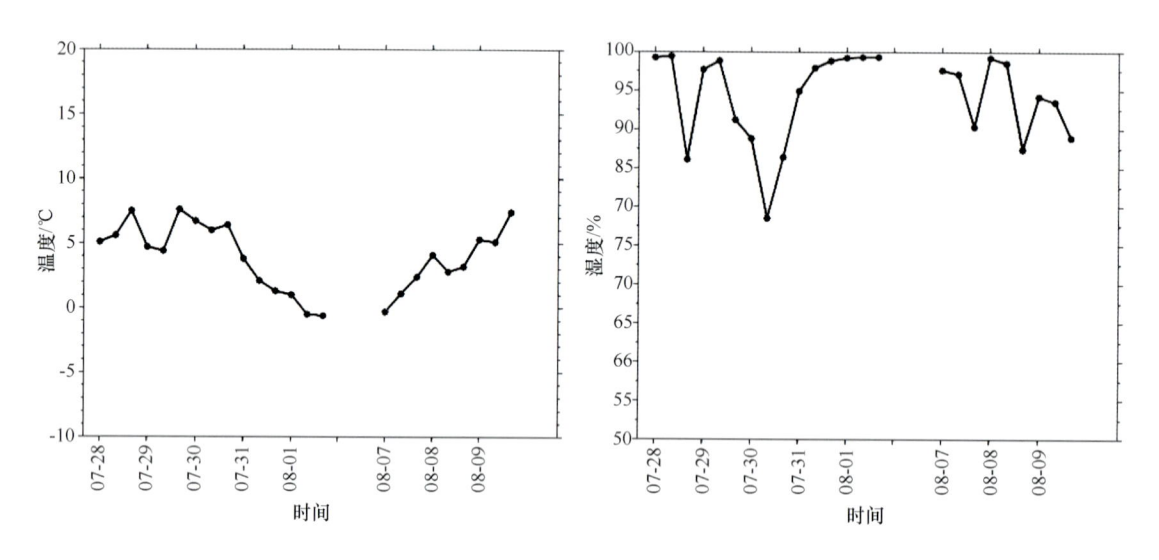

图 5.236　第六次北极科学考察楚科奇海海域气温、湿度观测

### 3. 小结

夏季楚科奇海海域的平均气温大于零度,但是在浮冰区气温仍在零度以下。该海域由于海温较低,在有暖湿气流流经的情况下,经常会出现空气相对湿度达到100%的情况,这是由于暖湿气流冷却达到饱和的作用,同时如果有北方来的冷空气流经该海域,由于气温一般低于海水温度,海水蒸发后会使空气达到饱和状态。因此,该海域相对湿度均大于80%,且经常在90%以上。

### (三) 走航风向/风速变化特征分析

### 1. 数据介绍

见表5.31。

## 2. 变化特征分析

图 5.237 至图 5.242 为第一次至第六次北极考察过程中"雪龙"号在楚科奇海航行和调查作业期间的风速、风向走航观测结果。

第一次北极科学考察在楚科奇海域观测的风要素数据（图 5.237）主要受天气系统影响出现明显的波动性。其中风向主要以偏北风和东南风为主，风速平均值为 6.5 m/s，最大值 13.9 m/s 出现在 7 月 17 日 00 时，最小值 0.3 m/s 出现在 8 月 6 日 06 时。综合分析气压场变化可知，7 月 17 日出现的大风速是由于受到一次气旋过程影响。

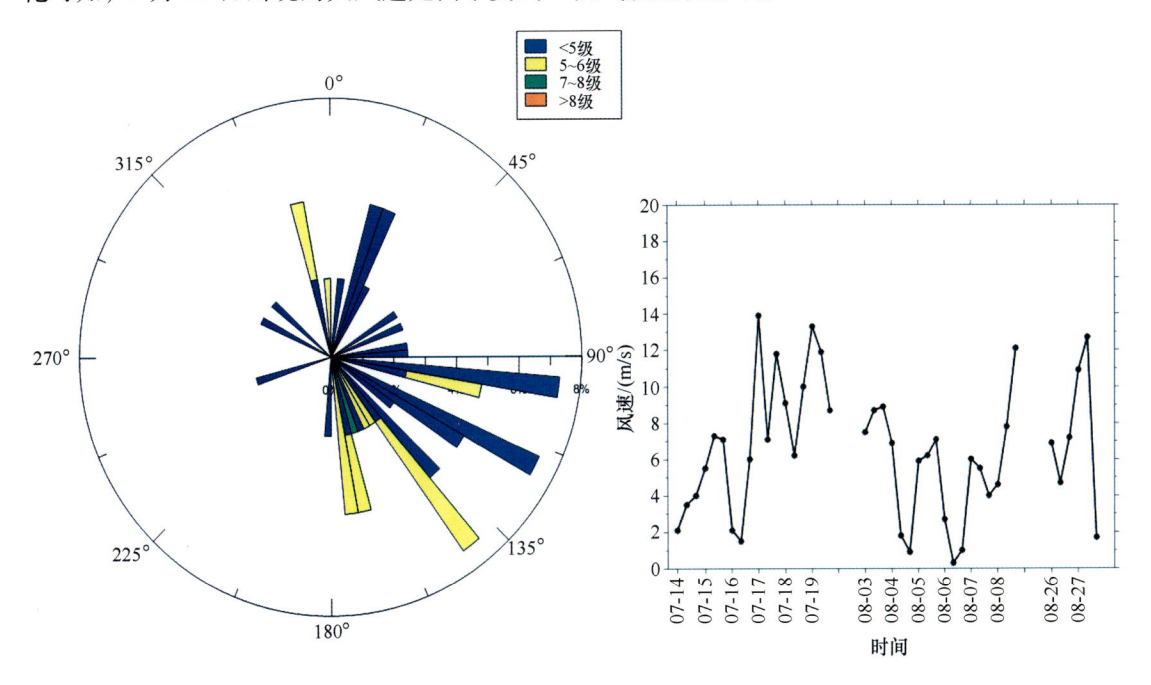

图 5.237　第一次北极科学考察楚科奇海海域风向、风速观测

第二次北极科学考察在楚科奇海域观测的风要素数据（图 5.238）主要受一次强气旋天气系统影响出现波动性。在该海域航行期间，风向主要以西北向为主，风速平均值为 8 m/s，最大值 19 m/s 出现在 9 月 9 日 00 时、06 时，最小值 0 m/s 出现在 8 月 1 日 18 时。在无强天气系统影响期间，该海域观测的平均风速为 6 m/s。

第三次北极科学考察在楚科奇海域观测期间（图 5.239）主要受一次东移气旋外围影响。在该海域航行期间，风向主要以西北向为主，风速平均值为 6.7 m/s，最大值 14 m/s 出现在 9 月 9 日 14 时，最小值 0 m/s 出现在 9 月 3 日 08 时。在无强天气系统影响期间，该海域观测的平均风速为 6.3 m/s。

第四次北极科学考察在楚科奇海域观测期间（图 5.240）主要受两次气旋外围影响。在该海域航行期间，风向主要以西南和东南向为主，风速平均值为 8 m/s，最大值 19 m/s 出现在 7 月 22 日 12 时，最小值 0 m/s 出现在 8 月 28 日 00 时。在无强天气系统影响期间，该海域观测的平均风速为 7 m/s。

第五次北极科学考察在楚科奇海域观测期间（图 5.241）多次气旋影响出现大风过程。期间，风向主要以西北和偏西向为主，风速平均值为 8.5 m/s，最大值 18 m/s 出现在 7 月 20 日 06 时，最小值 1 m/s 出现在 7 月 18 日刚进入楚科奇海海域时。

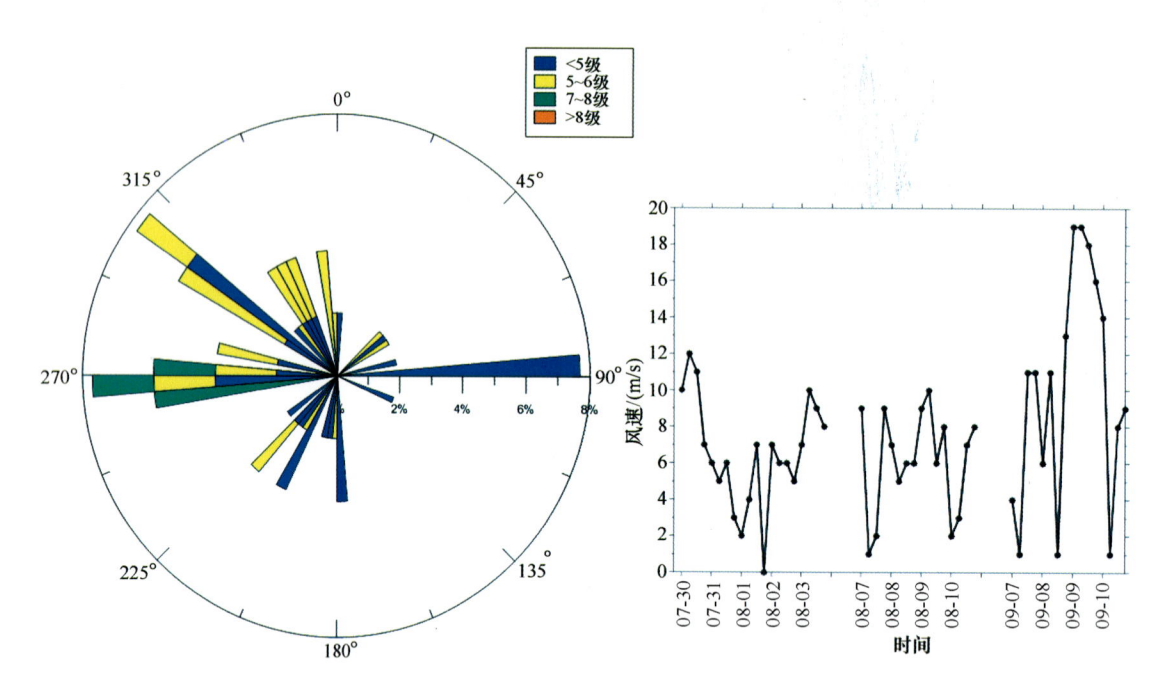

图 5.238　第二次北极科学考察楚科奇海海域风向、风速观测

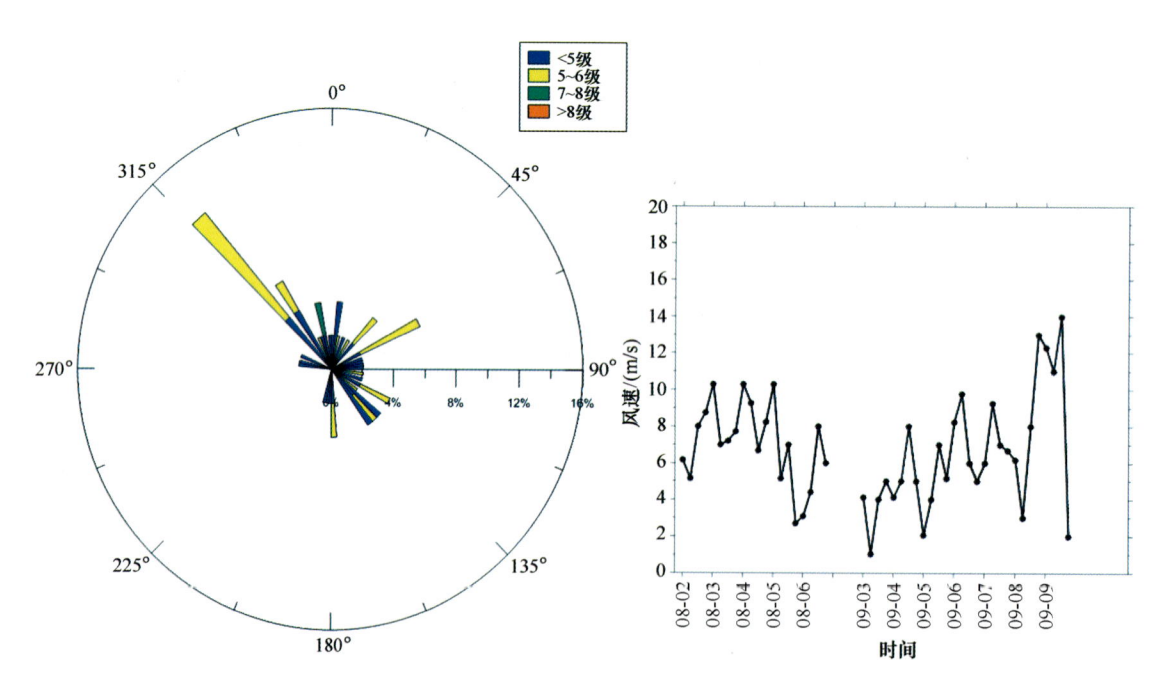

图 5.239　第三次北极科学考察楚科奇海海域风向、风速观测

第六次北极科学考察在楚科奇海域观测期间（图 5.242）9 月 7—9 日受到白令海气旋影响出现大风过程。在该海域航行期间，风向主要以东北向为主，风速平均值为 9.3 m/s，最大值 16 m/s 出现在 9 月 7 日气旋影响期间，最小值 6 m/s 出现在 7 月 28 日、29 日和 9 月 8 日。在无强天气系统影响期间，该海域观测的平均风速为 8 m/s。

### 3. 小结

"雪龙"号在楚科奇海海域经常受到气旋影响而出现大风天气过程，在气旋影响期间，

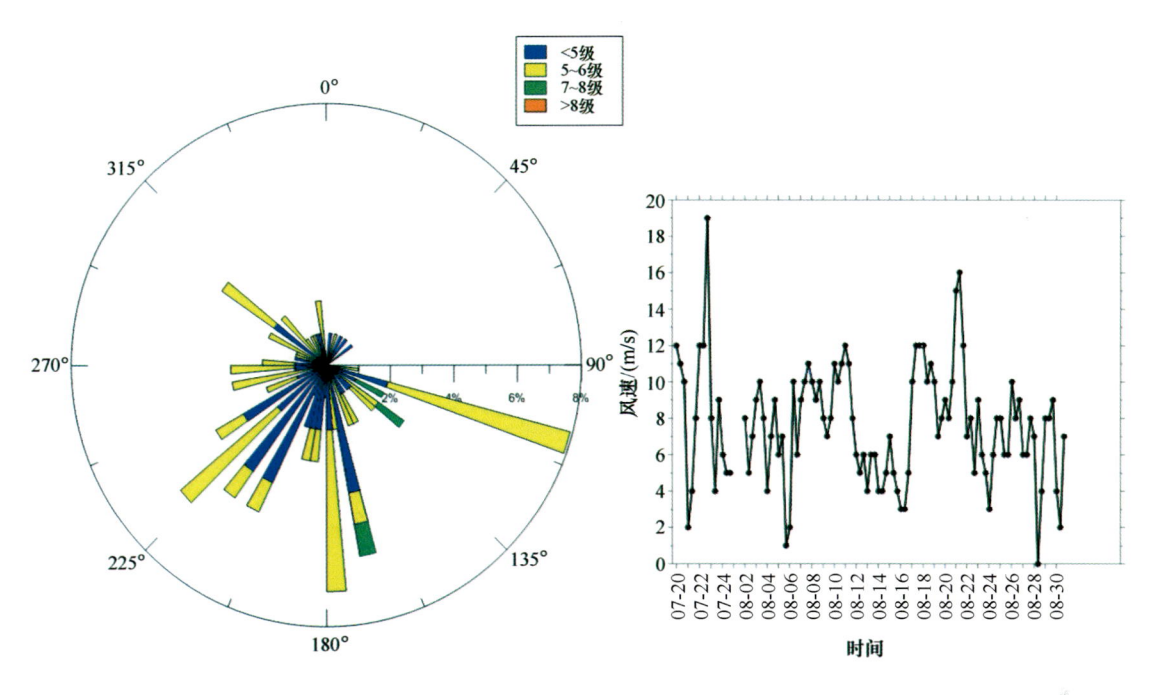

图 5.240　第四次北极科学考察楚科奇海海域风向、风速观测

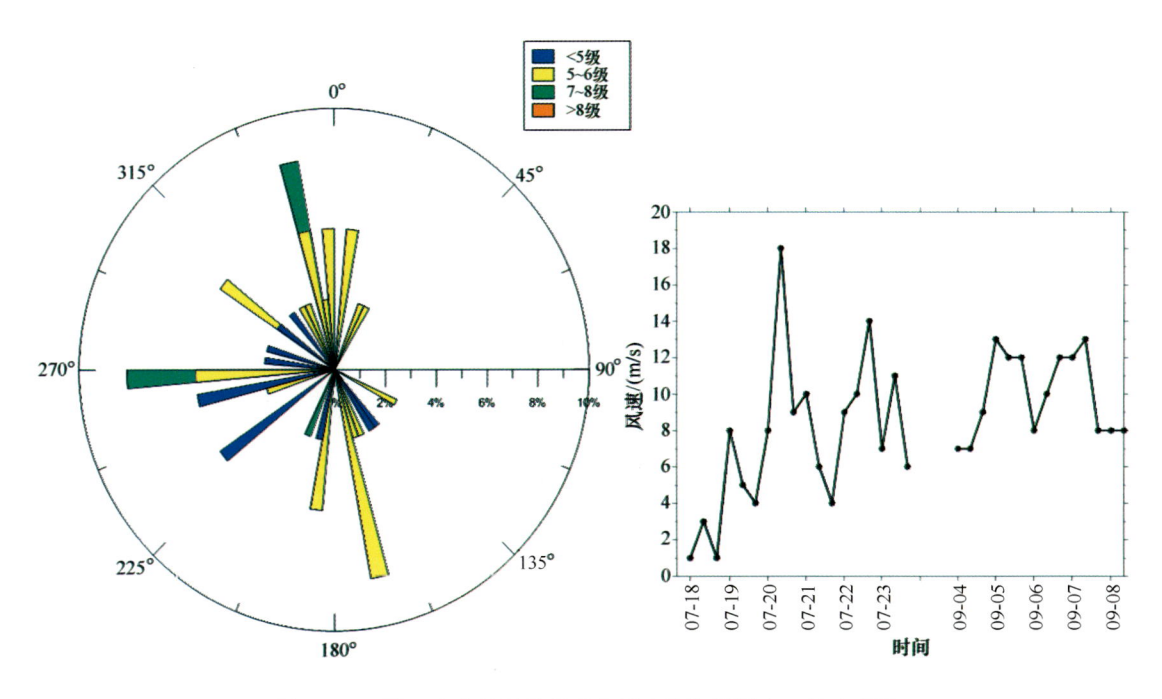

图 5.241　第五次北极科学考察楚科奇海海域风向、风速观测

风力一般达到 6~8 级，而在无强天气系统影响期间，由于该海域受极地高压控制，受其南部梯度风影响，平均风速也达 5 级左右。而且风向变化根据天气系统的移动路径和"雪龙"号的观测位置、时间有较大关系。结合气压场观测可知，在高压场内部或者均压场当中，观测点可出现风速很小的静风区。

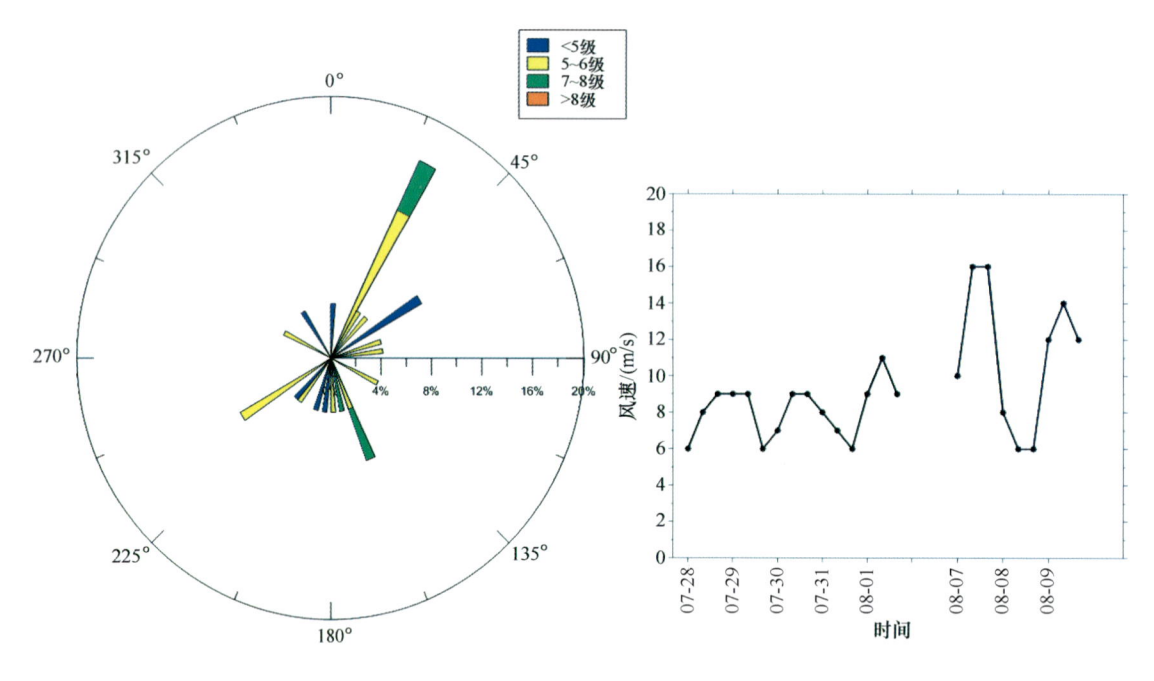

图 5.242　第六次北极科学考察楚科奇海海域风向、风速观测

### (四) 走航能见度变化特征分析

#### 1. 数据介绍

见表 5.31。

#### 2. 变化特征分析

图 5.274 至图 5.278 为第二次至第六次北极考察过程中，"雪龙"号在白令海航行和调查作业期间的能见度走航观测结果。

第二次北极科学考察在楚科奇海域观测的能见度数据（图 5.243）没有明显的规律性，"雪龙"船在楚科奇海域航行共 13 天，出现能见度小于 10 km 的轻雾天数为 6 天，出现能见度小于 1 km 的大雾天数达 5 天，因此，该海域超过 90% 的时间均有海雾影响。根据气象场及风场变化分析，8 月 8 日受高空控制期间，海面能见度较好，而在高压后部弱的偏南暖湿气流的影响下，有利于海雾的生成。

从第三次北极科学考察在楚科奇海域观测的能见度数据（图 5.244）中分析可知，"雪龙"船在楚科奇海域航行 16 天观测 48 个时次，期间发生了一次大雾过程，能见度小于 1 km 出现了 4 个时次，能见度小于 10 km 的轻雾过程出现了 16 个时次。其他时刻由于受到高空控制，海面能见度较好，平均能见度达 12 km。

从第四次北极科学考察在楚科奇海域观测的能见度数据（图 5.245）中分析可知，该海域平均能见度约 12 km，最大能见度 30 km，最低能见度 100 m。"雪龙"号在楚科奇海域航行期间共观测 102 个时次，共有 44 个时次观测有雾发生，其中大雾 13 个时次。

从第五次北极科学考察在楚科奇海域观测的能见度数据（图 5.246）中分析可知，在"雪龙"号刚进入该海域及向北航行期间时遇到 2 次大雾过程，能见度 100～1 000 m。在该海域航行期间共观测 33 个时次，平均能见度约 15.6 km，最大能见度 30 km，最低能见度

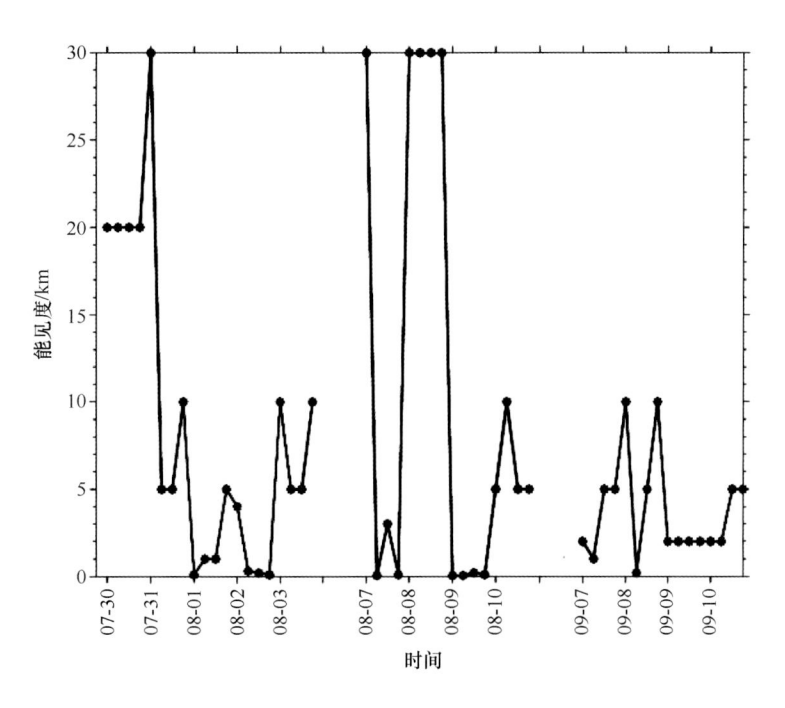

图 5.243　第二次北极科学考察楚科奇海海域能见度观测

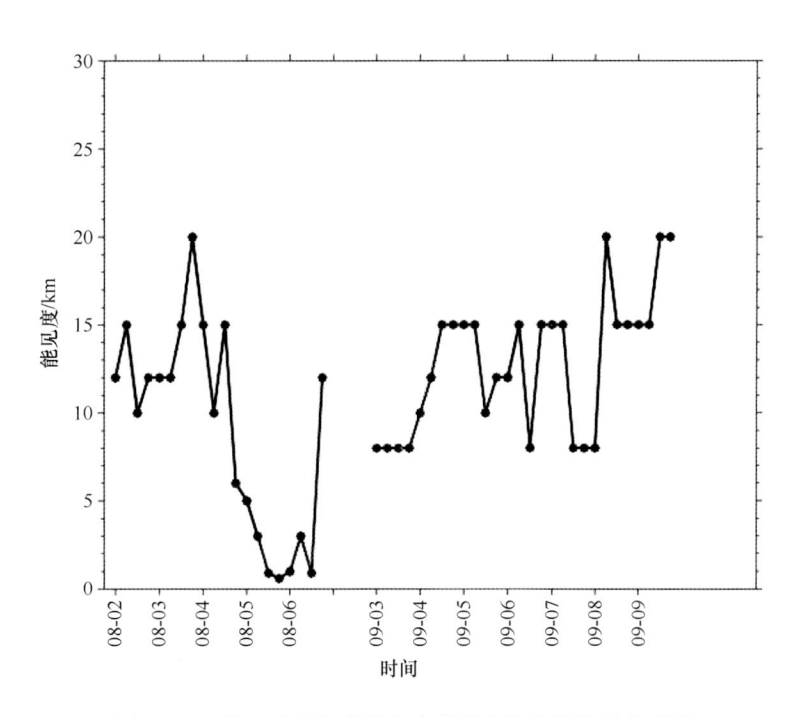

图 5.244　第三次北极科学考察楚科奇海海域能见度观测

100 m，共有 8 个时次观测有雾发生，其中大雾 5 个时次。

第六次北极科学考察在楚科奇海域观测的能见度数据（图 5.247）分析可知，"雪龙"号在该海域航行期间共观测 24 个时次，平均能见度约 6 km，最大能见度 30 km，最低能见度 100 m，共有 18 个时次观测有雾发生，其中大雾 6 个时次。

3. 小结

雾的出现频率较大是北极地区具有特征性的天气现象之一，在楚科奇海海域也不例外。

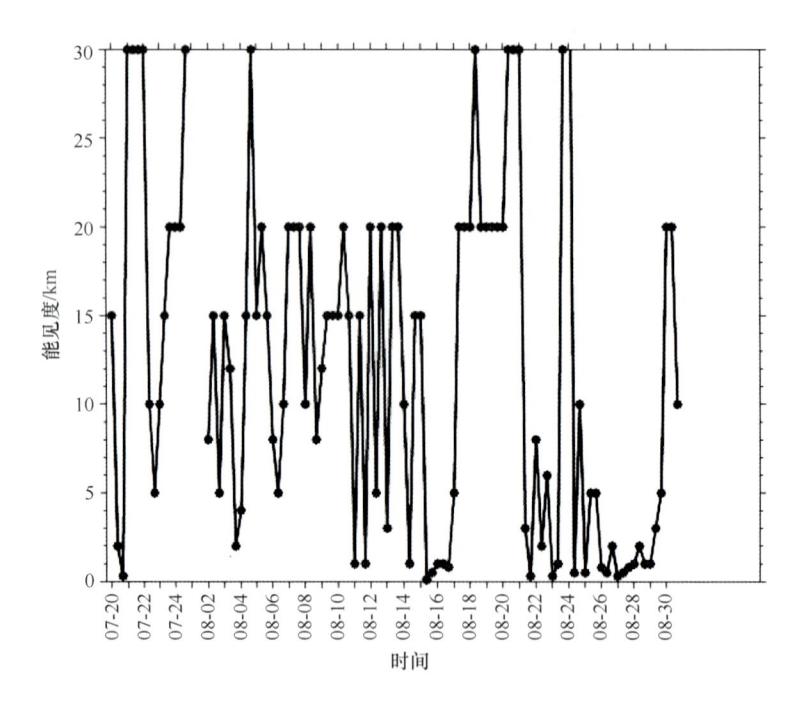

图 5.245　第四次北极科学考察楚科奇海海域能见度观测

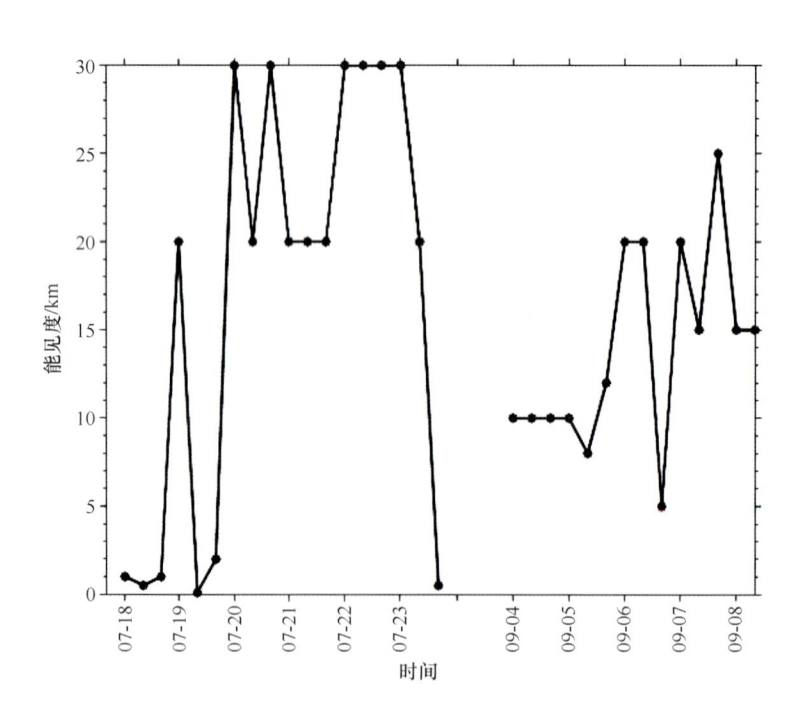

图 5.246　第五次北极科学考察楚科奇海海域能见度观测

由于夏季楚科奇海大部分海域海温在零度左右，而北部来的冷空气和南部来的暖湿气流与海温均存在一定的温差，在气象条件合适的情况下就容易发生海雾。该海域由于有浮冰存在，海气交换较为复杂，因此，海雾的形成主要是以平流雾、辐射雾和蒸发雾为主，单一形成因素的情况较少。能见度小于 10 km 的轻雾在该海域约占观测时次的 2/3，而能见度小于 1 km 的大雾因航次不同出现次数有较大差异，但是每个航次都能观测到大雾发生，说明该海域在

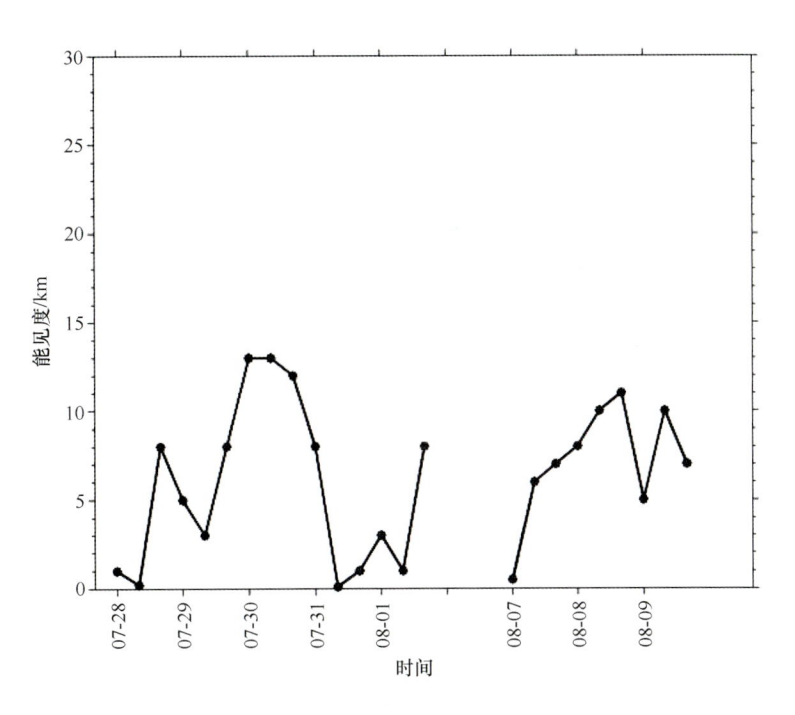

图5.247　第六次北极科学考察楚科奇海海域能见度观测

夏季是海雾多发季，平均能见度较差。

(五) 走航通量变化特征分析

1. 数据介绍

通量计算数据来自"雪龙"号上的自动气象站，包括皮温和风速、气温、湿度、气压等，利用整体输送法COARE 3.0分别计算感热、潜热和动量通量。这里只给出了中国第五次北极科学考察楚科奇海的整体通量时间序列，因为仪器故障，没有涡动通量。

2. 变化特征分析

图5.248是第五次北极考察楚科奇海整体感热通量、整体潜热通量和整体)动量通量随风速变化的时间序列，由图可见，第五次北极考察楚科奇海感热通量有明显的日变化，变化范围 $(-33, 34)$ W/m$^2$，平均 $-0.5$ W/m$^2$；潜热通量也有比较明显的日变化，其变化范围为 $(1, 146)$ W/m$^2$，平均 33.6 W/m$^2$。动量通量变化范围 $(0, 0.4)$ N/m$^2$，和风速呈正相关。相比白令海海域，感热通量更多的时候是负值，表明大气向海面传递热量，潜热通量平均值也低。图5.249是2012年7月份NCEP/NCAR再分析感热和潜热通量的月平均分布图，和观测值相比，潜热通量相当，但是感热通量绝对值要大很多。

3. 小结

综上所述，夏季楚科奇海域感热通量和潜热通量都有明显的日变化，感热通量整体上来说减弱，平均值为负值，潜热通量相比低纬度海域减小。通过与再分析资料比较，发现感热通量偏差较大。

(a)

(b)

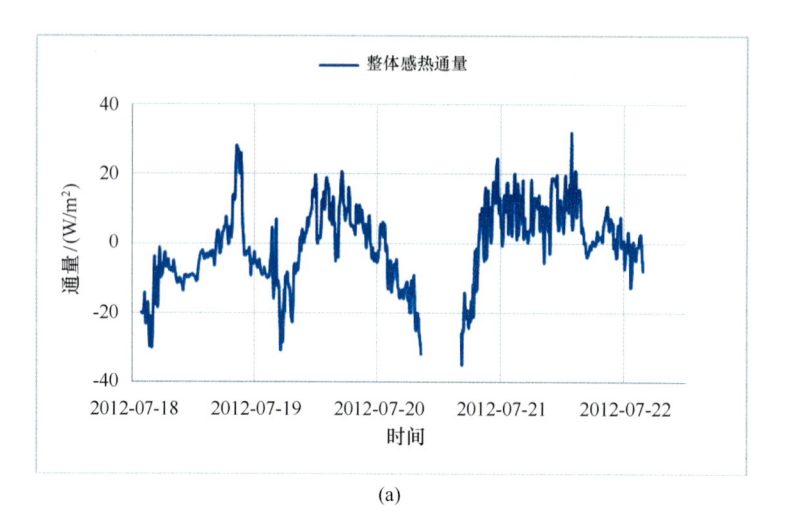

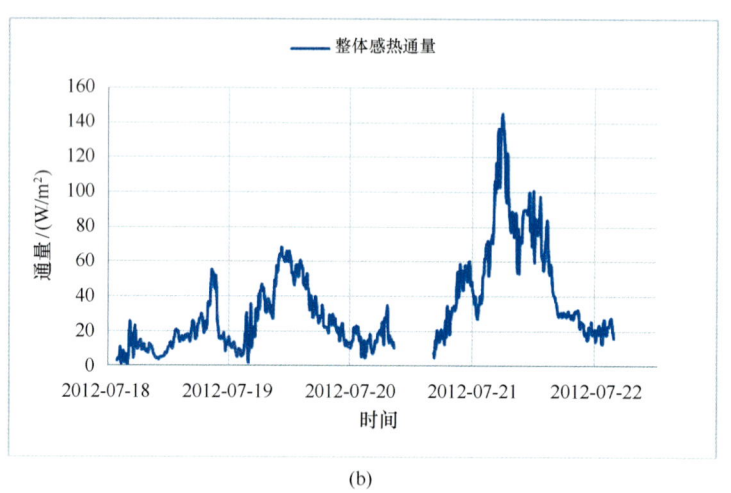

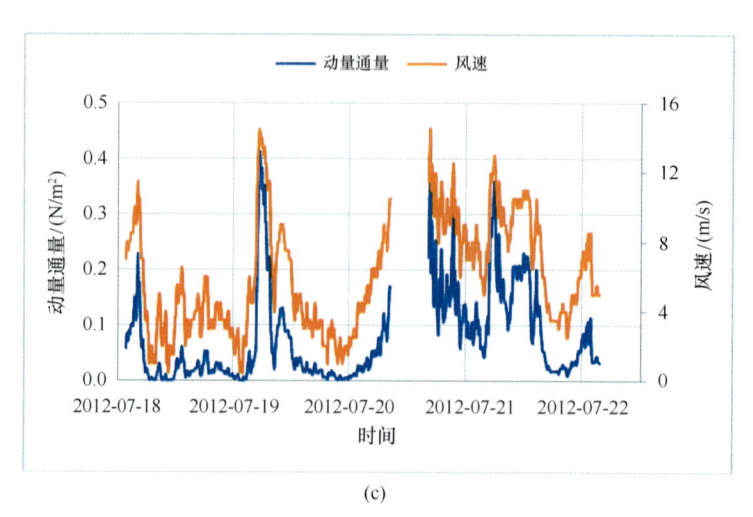

(c)

图5.248 第五次北极科学考察楚科奇海（a）整体感热通量（b）整体潜热通量（c）动量通量和风速的时间序列

(a)

(b)

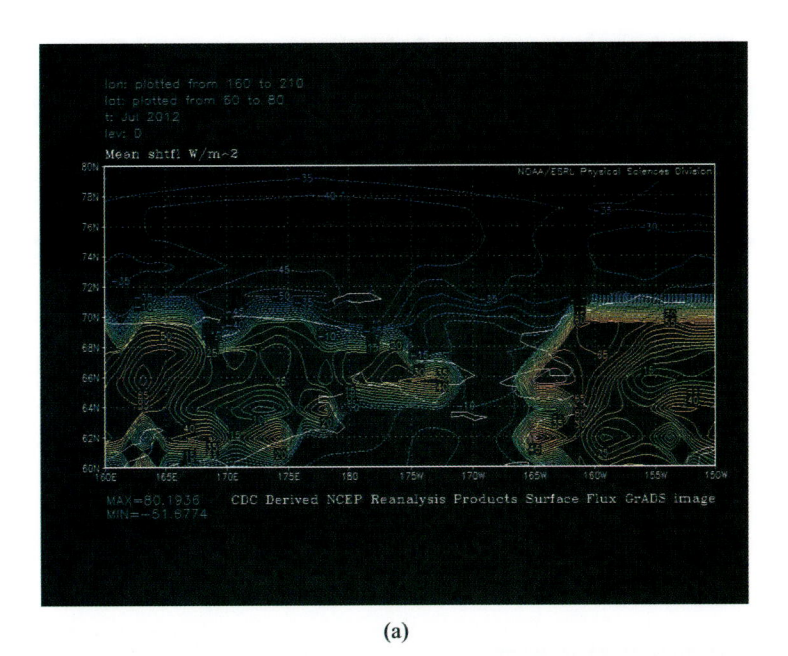

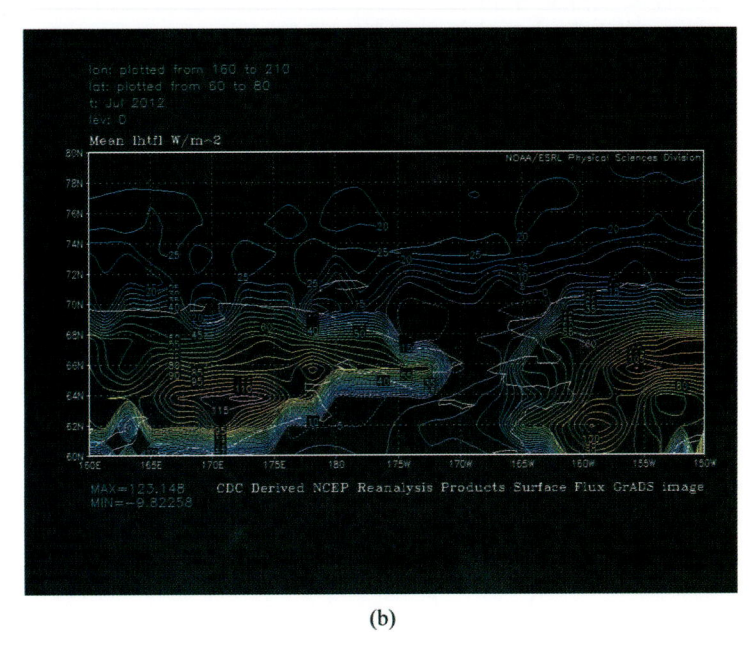

图 5.249　2012 年 7 月 NCEP/NCAR 再分析感热（a）和潜热（b）
通量的月平均平面图

## 五、加拿大海盆海洋气象环境特征分析

在第一次至第六次北极考察过程（第五次除外）中，"雪龙"号在加拿大海盆航行和调查作业期间，随船气象人员通过船载的气象观测设备对气压、气温、相对湿度、风向、风速进行了走航正点观测，观测时间为每天 00、06、12、18 世界时其中的 3~4 次。具体情况见表 5.33。

表 5.33　加拿大海盆海域气压、气温、相对湿度、风向、风速走航观测情况

| 航次 | 观测设备 | 观测时段 | 观测频率 | 观测次数 |
| --- | --- | --- | --- | --- |
| 第一次 | Vaisala milos500 自动气象站 | 1999-08-09—08-25 | 每天3次 | 51 |
| 第二次 | Vaisala milos500 自动气象站 | 2003-08-11—09-06 | 每天4次 | 108 |
| 第三次 | Vaisala milos500 自动气象站 | 2008-08-07—09-02 | 每天4次 | 108 |
| 第四次 | Vaisala milos500 自动气象站 | 2010-07-25—08-01 | 每天3次 | 24 |
| 第五次 | 天诺基业自动气象站 | 2014-08-02—09-06 | 每天3次 | 108 |

（一）走航气压的变化特征分析

1. 数据介绍

见表 5.33。

2. 变化特征分析

从图 5.250 来看，第一次北极考察在加拿大海盆海域气压变化在 1 003 ~ 1 026 hPa 之间，在考察期间有 1 次低压活动影响。

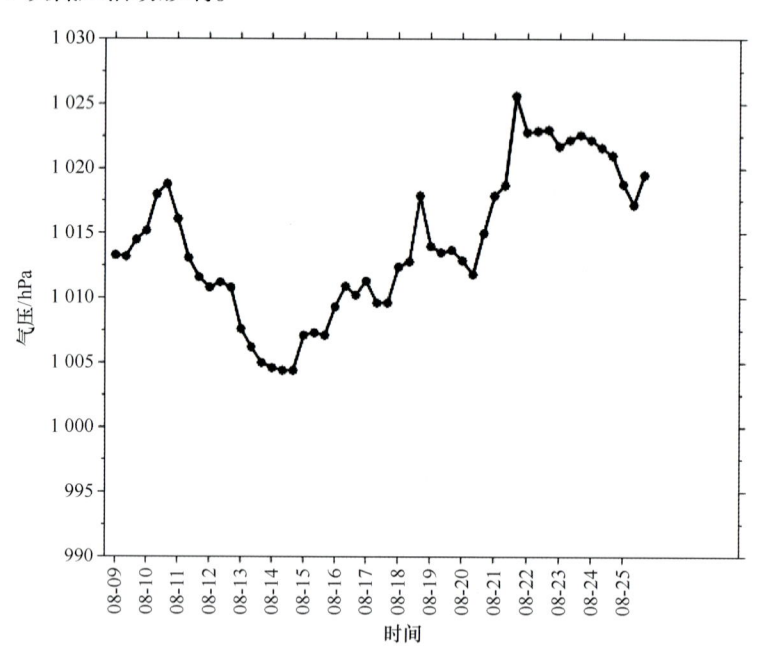

图 5.250　第一次北极考察加拿大海盆海域气压变化

从图 5.251 来看，第二次北极考察在加拿大海盆海域气压变化在 988 ~ 1 025 hPa 之间，在考察期间有 4 次低压活动影响。

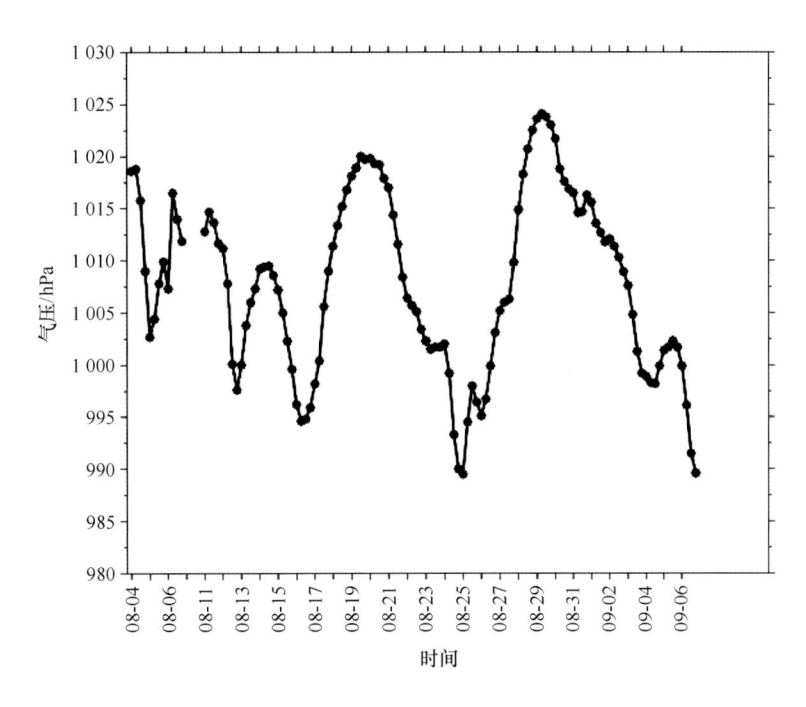

图 5.251　第二次北极考察加拿大海盆海域气压变化

从图 5.252 来看,第三次北极考察在加拿大海盆海域气压变化在 998～1 030 hPa 之间,在考察期间有 1 次低压活动影响。

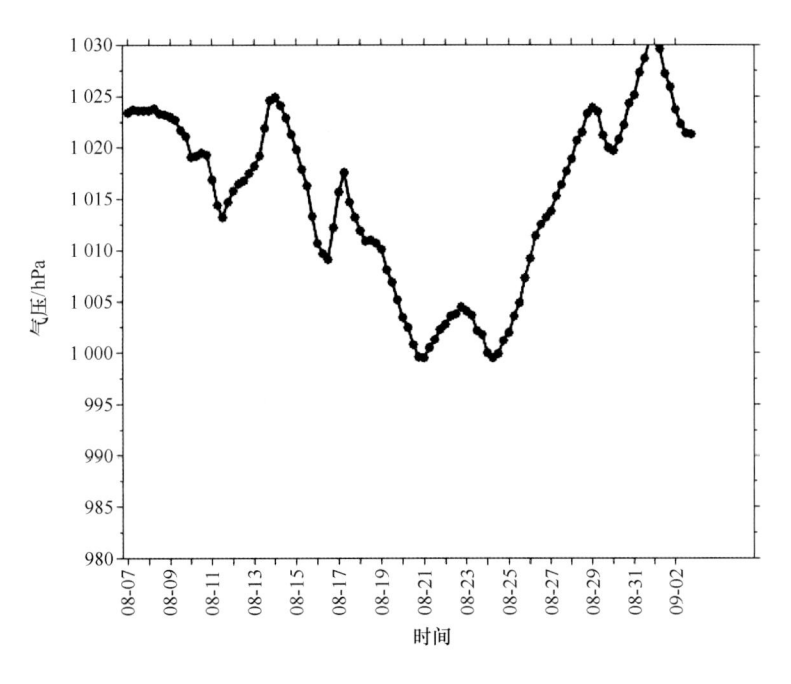

图 5.252　第三次北极考察加拿大海盆海域气压变化

从图 5.253 来看,第四次北极考察在加拿大海盆海域气压变化在 997～1 015 hPa 之间,在考察期间有 1 次低压活动影响。

从图 5.254 来看,第六次北极考察在加拿大海盆海域气压变化在 992～1 030 hPa 之间,在考察期间有 1 次低压活动影响。

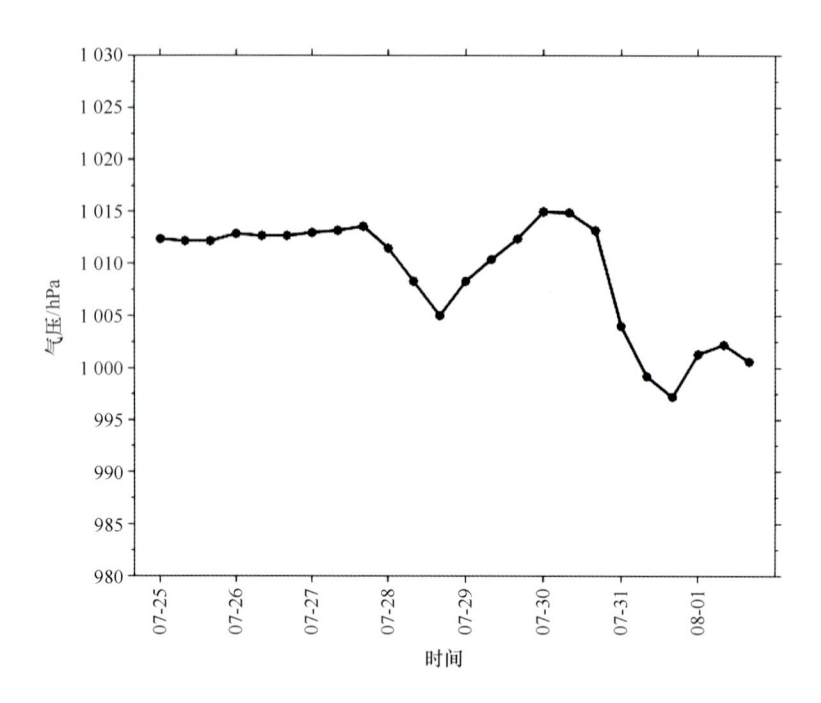

图 5.253　第四次北极考察加拿大海盆海域气压变化

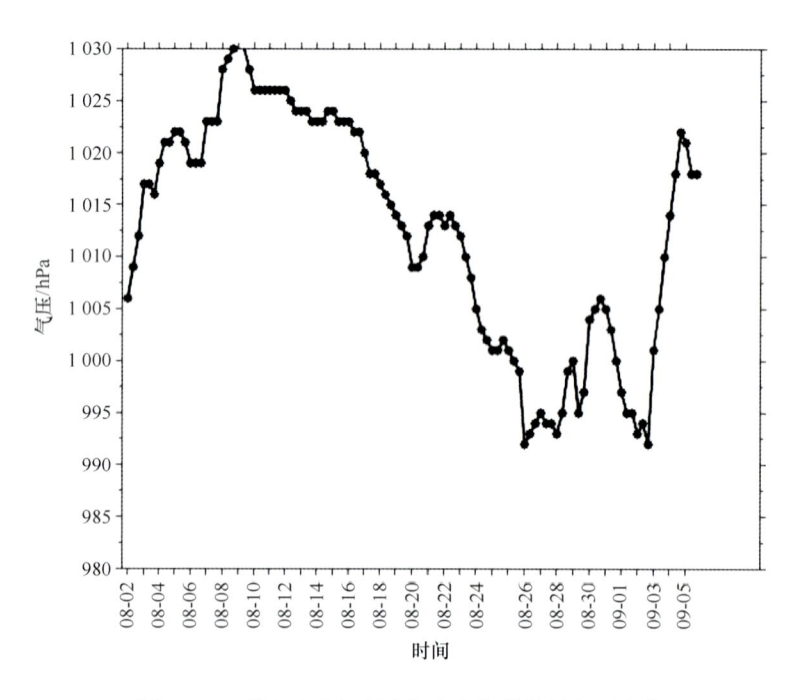

图 5.254　第六次北极考察加拿大海盆海域气压变化

## 3. 小结

从历次北极考察的资料来看，北极考察在加拿大海盆海域气压变化在 988～1 030 hPa 之间，在考察期间都会有低压活动影响。

## （二）走航温度/湿度的变化特征分析

### 1. 数据介绍

见表 5.33。

### 2. 变化特征分析

从图 5.255 来看，第一次北极考察在加拿大海盆海域气温变化在 -5~10℃ 之间，在考察期间有 1 次升温和 1 次降温过程。第一次北极考察在加拿大海盆海域湿度变化在 79%~100% 之间，在考察期间大部分时间水汽充足湿度较大，有 1 次湿度减小过程。

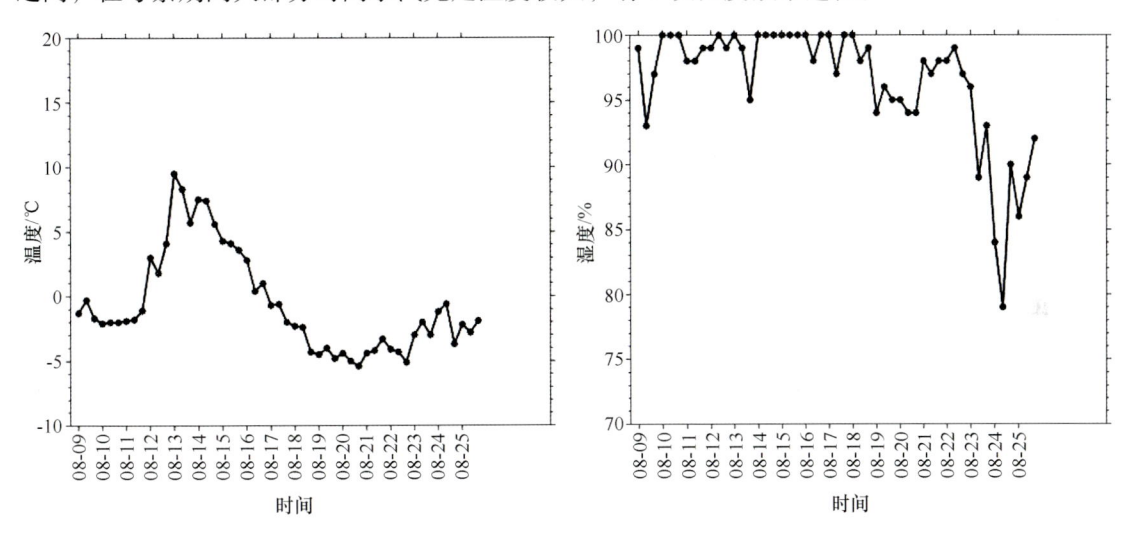

图 5.255　第一次北极考察加拿大海盆海域气温、湿度变化

从图 5.256 来看，第二次北极考察在加拿大海盆海域气温变化在 -6~6℃ 之间，在考察期间除日变化外主要是 1 次降温过程。第二次北极考察在加拿大海盆海域湿度变化在 80%~100% 之间，在考察期间大部分时间水汽充足湿度较大，有 5 次湿度减小过程。

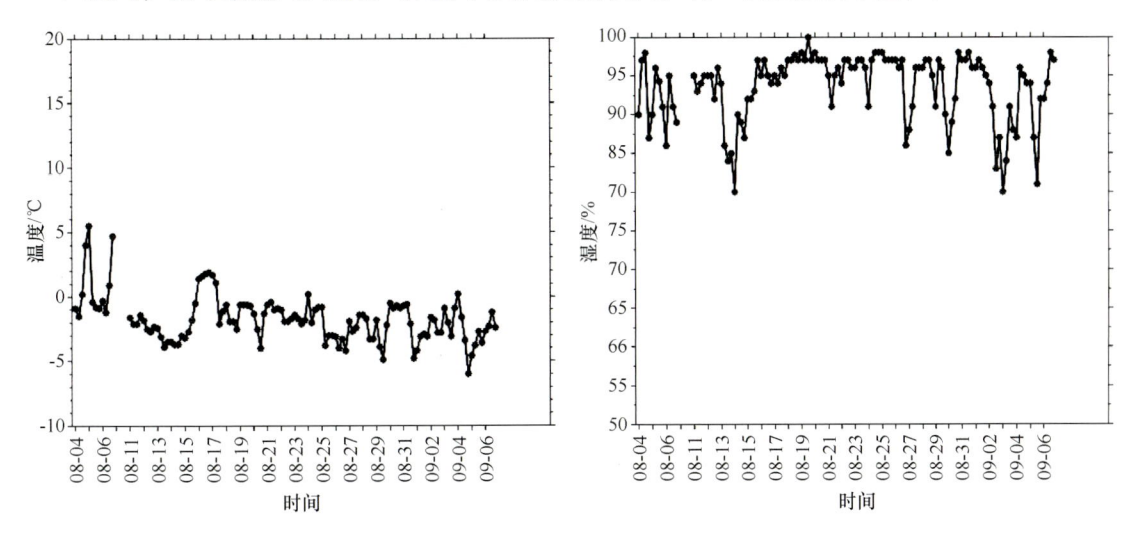

图 5.256　第二次北极考察加拿大海盆海域气温、湿度变化

从图5.257来看，第三次北极考察在加拿大海盆海域气温变化在 -6~5℃ 之间，在考察期间除日变化外主要是1次降温过程。第三次北极考察在加拿大海盆海域湿度变化在86%~100%之间，在考察期间大部分时间水汽充足湿度较大，有3次湿度减小过程。

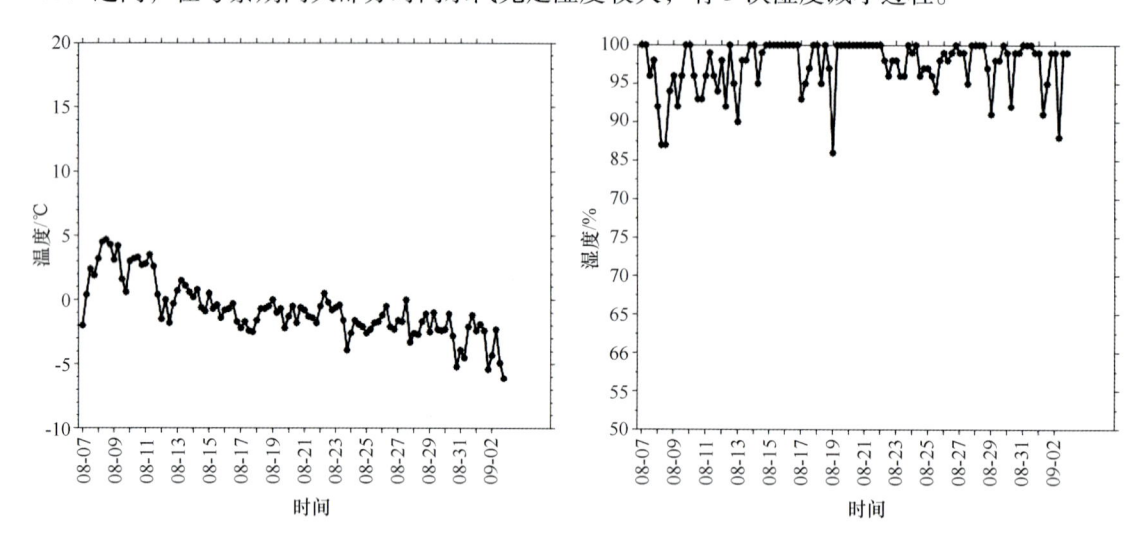

图5.257　第三次北极考察加拿大海盆海域气温、湿度变化

从图5.258来看，第四次北极考察在加拿大海盆海域气温变化在 -3~7℃ 之间，在考察期间除日变化外主要是1次降温过程。第四次北极考察在加拿大海盆海域湿度变化在67%~93%之间，在考察期间有3次湿度减小过程。

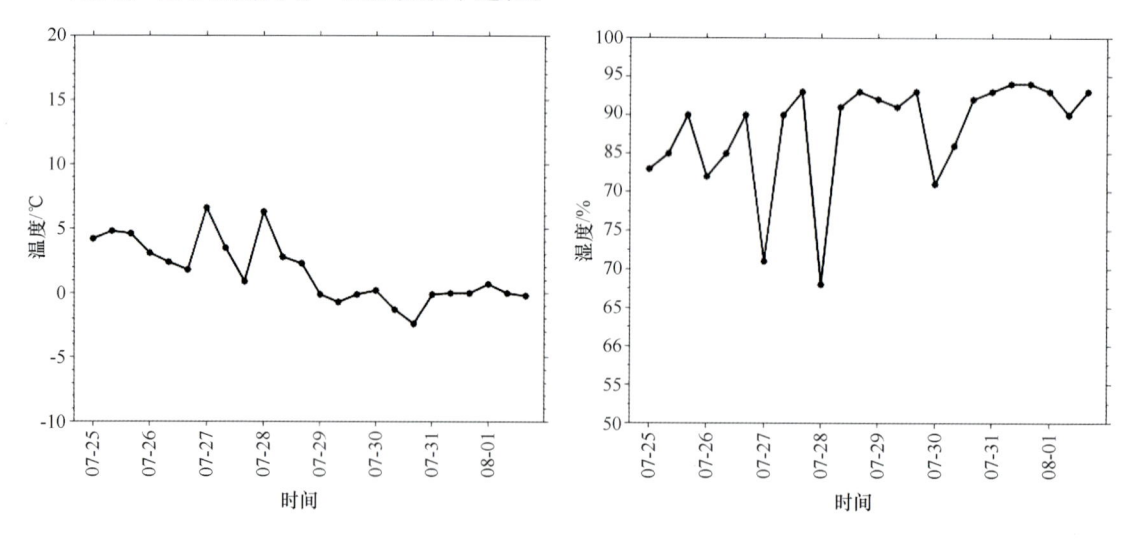

图5.258　第四次北极考察加拿大海盆海域气温、湿度变化

从图5.259来看，第六次北极考察在加拿大海盆海域气温变化在 -5~4℃ 之间，在考察期间除日变化外主要是2次升温和2次降温过程。第六次北极考察在加拿大海盆海域湿度变化在63%~100%之间，在考察期间大部分时间水汽充足湿度较大，有3次湿度增大和3次湿度减小过程。

3. 小结

从历次资料来看，北极考察在加拿大海盆海域气温变化在 -6~10℃ 之间，湿度变化在

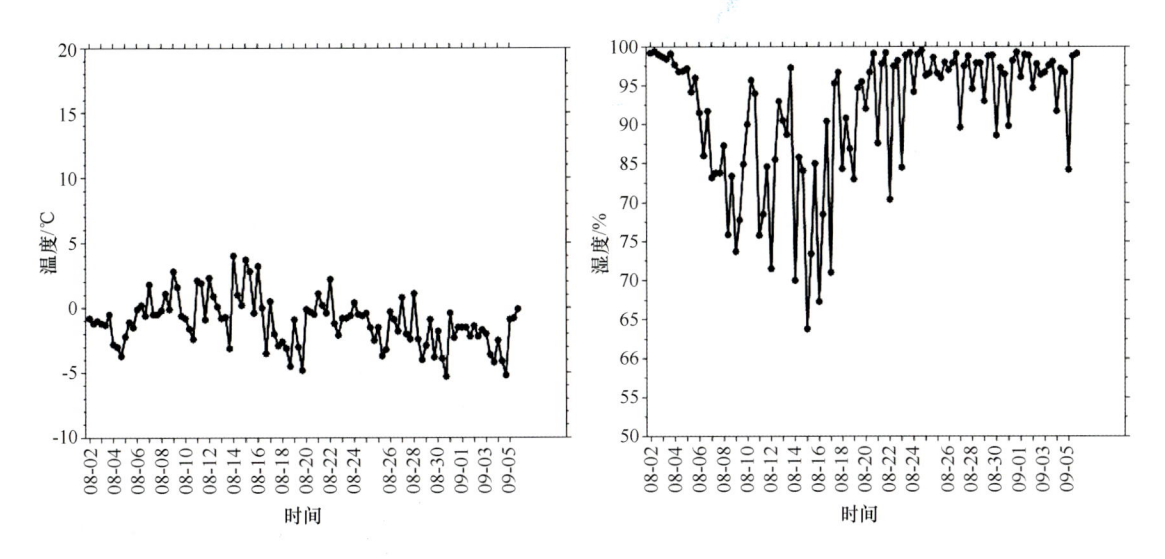

图 5.259　第六次北极考察加拿大海盆海域气温、湿度变化

63%~100%之间，在考察期间大部分时间水汽充足湿度较大，温度和湿度都有日变化，受系统影响时会有明显的气温和湿度变化过程。

(三) 走航风向/风速变化特征分析

1. 数据介绍

见表 5.33。

2. 变化特征分析

从图 5.260 来看，第一次北极考察在加拿大海盆海域主要有 4 次 5 级风过程，风向以东北和偏东风为主。

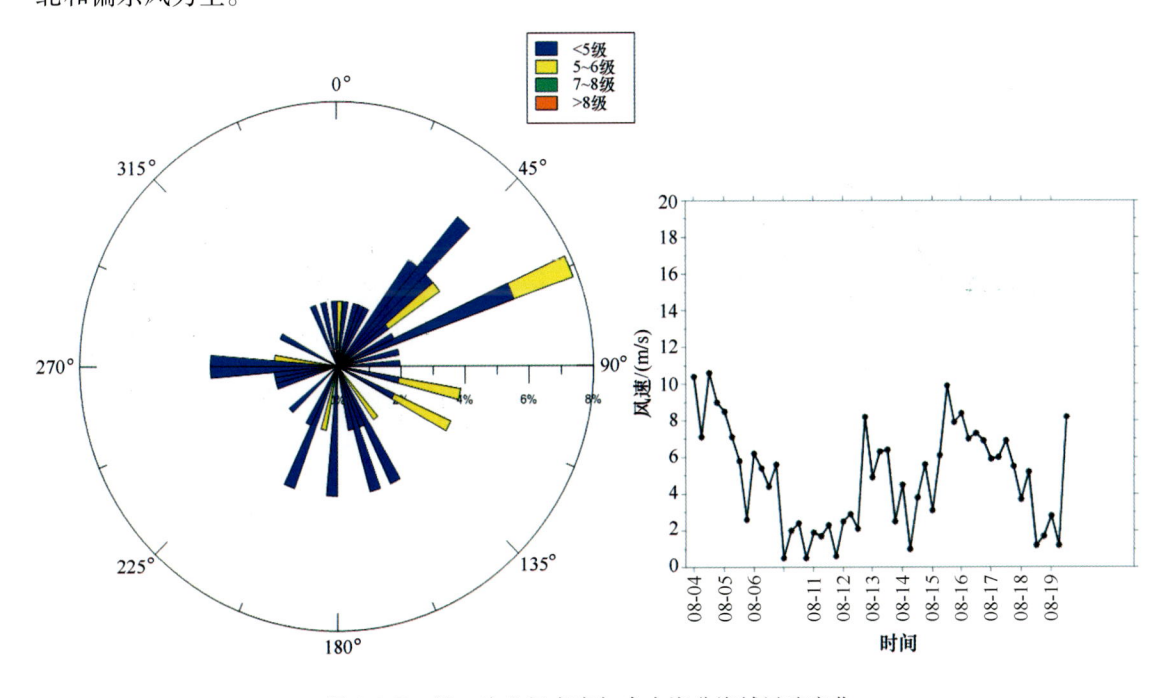

图 5.260　第一次北极考察加拿大海盆海域风速变化

从图5.261来看，第二次北极考察在加拿大海盆海域主要有2次7～8级风过程风向西北、东北、西南风都有，8次5～6级风过程风向以西北和西南风为主。

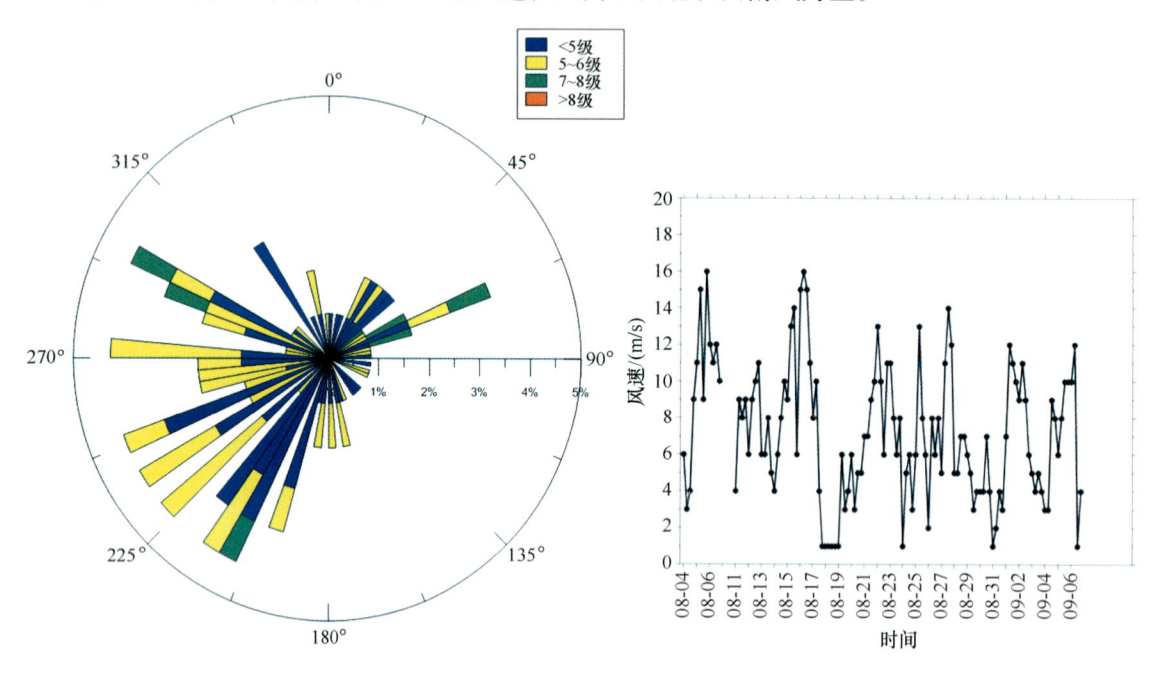

图5.261　第二次北极考察加拿大海盆海域风速变化

从图5.262来看，第三次北极考察在加拿大海盆海域主要有9次5～6级风过程，风向以西北、东北和东南风为主。

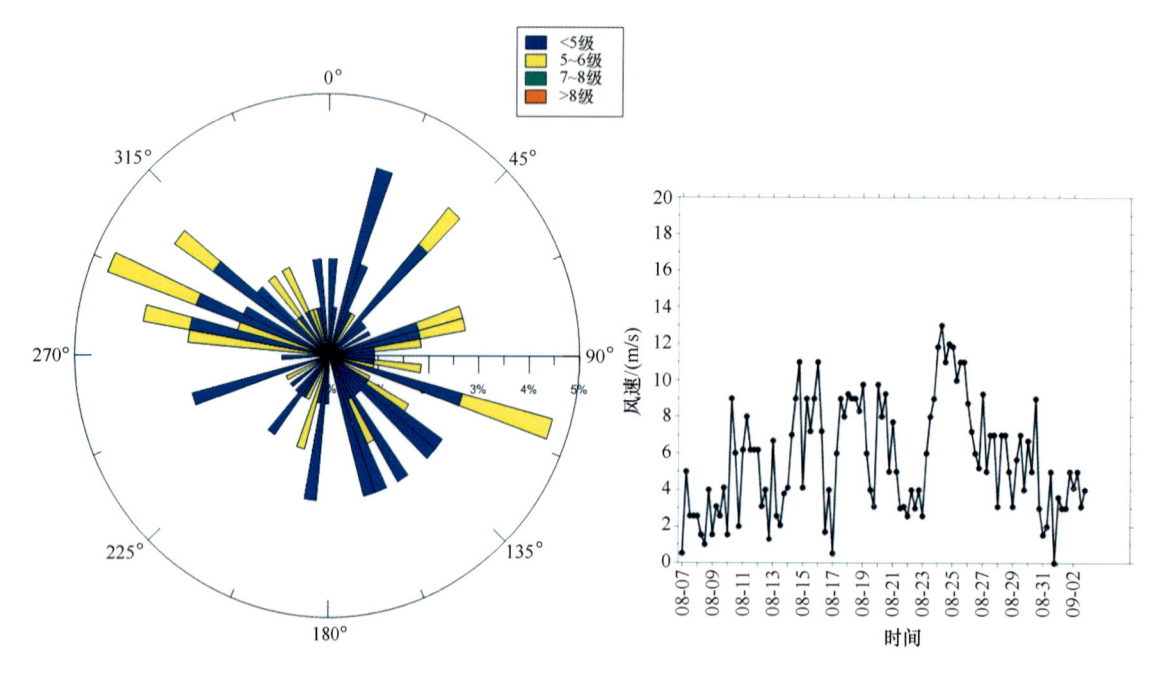

图5.262　第三次北极考察加拿大海盆海域风速变化

从图5.263来看，第四次北极考察在加拿大海盆海域主要有5次5～6级风过程，风向以偏东和偏南风为主。

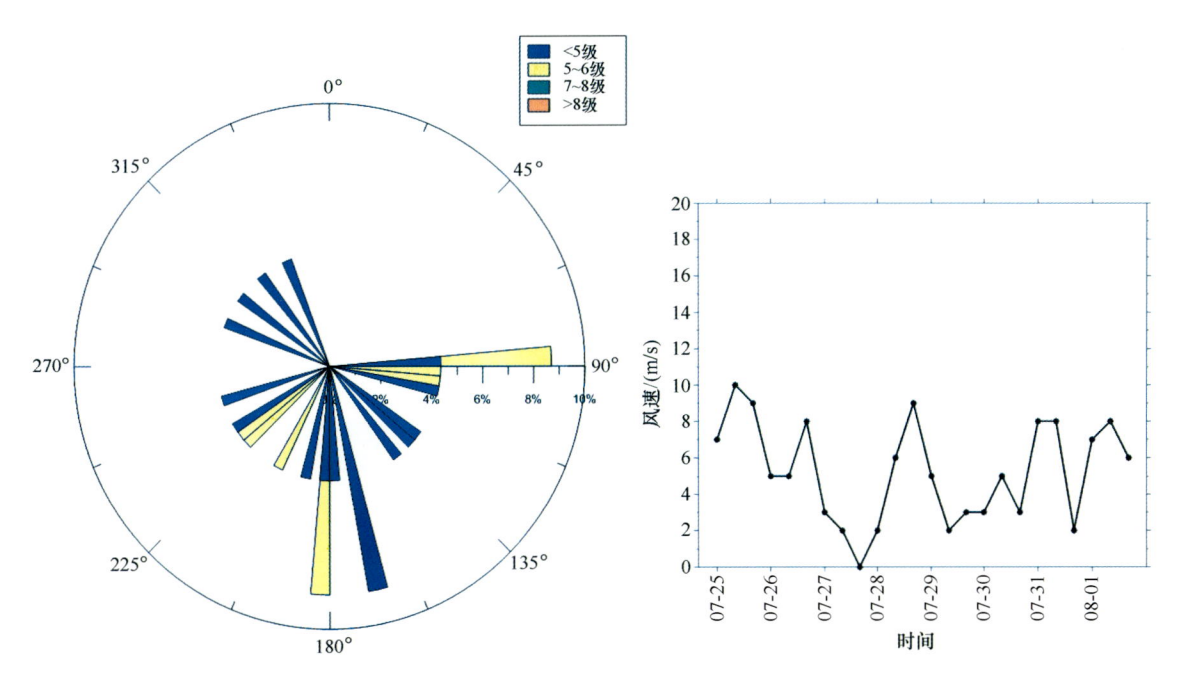

图 5.263　第四次北极考察加拿大海盆海域风速变化

从图 5.264 来看，第六次北极考察在加拿大海盆海域主要有 1 次 7~8 级风过程风向以东南风为主，7 次 5~6 级风过程风向以东南风为主。

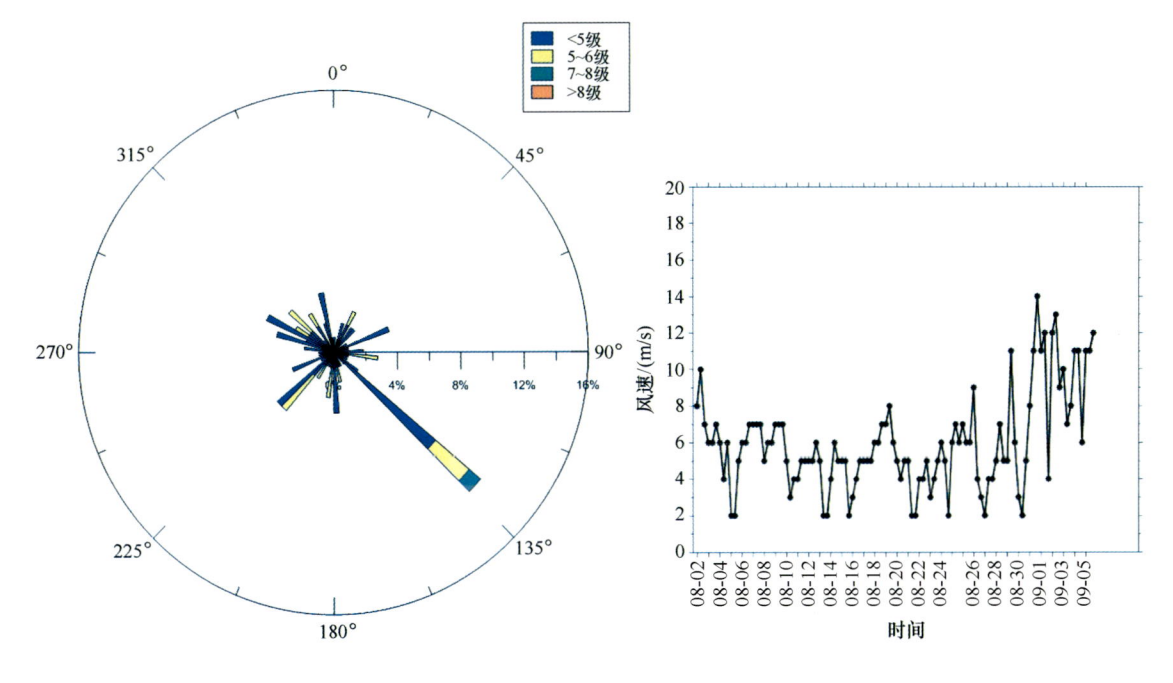

图 5.264　第六次北极考察加拿大海盆海域风速变化

### 3. 小结

从历次资料来看，北极考察在加拿大海盆海域主要有 3 次 7~8 级风过程，风向各个方向都有，应该是受系统影响时，考察地点位于系统的位置不同，每次考察都会有 5~6 级风过程。

## （四）走航能见度变化特征分析

### 1. 数据介绍

在第二次至第六次北极考察过程中，"雪龙"号在加拿大海盆航行和调查作业期间，随船气象人员通过人工目测（第二次至第五次）或船载气象观测设备（第六次）对能见度进行了走航正点观测，观测时间为每天00、06、12、18世界时其中的3~4次。具体情况见表5.34。

表5.34 加拿大海盆海域能见度走航观测情况

| 航次 | 观测设备 | 观测时段 | 观测频率 | 观测次数 |
| --- | --- | --- | --- | --- |
| 第二次 | 人工目测 | 2003-08-11—09-06 | 每天4次 | 108 |
| 第三次 | 人工目测 | 2008-08-07—09-02 | 每天4次 | 108 |
| 第四次 | 人工目测 | 2010-07-25—08-01 | 每天3次 | 24 |
| 第六次 | 天诺基业自动气象站 | 2014-08-02—09-06 | 每天3次 | 108 |

### 2. 变化特征分析

从图5.265来看，第二次北极考察在加拿大海盆海域能见度范围是0~30 km，能见度大于10 km的约占1/3，能见度小于5 km的约占1/3。

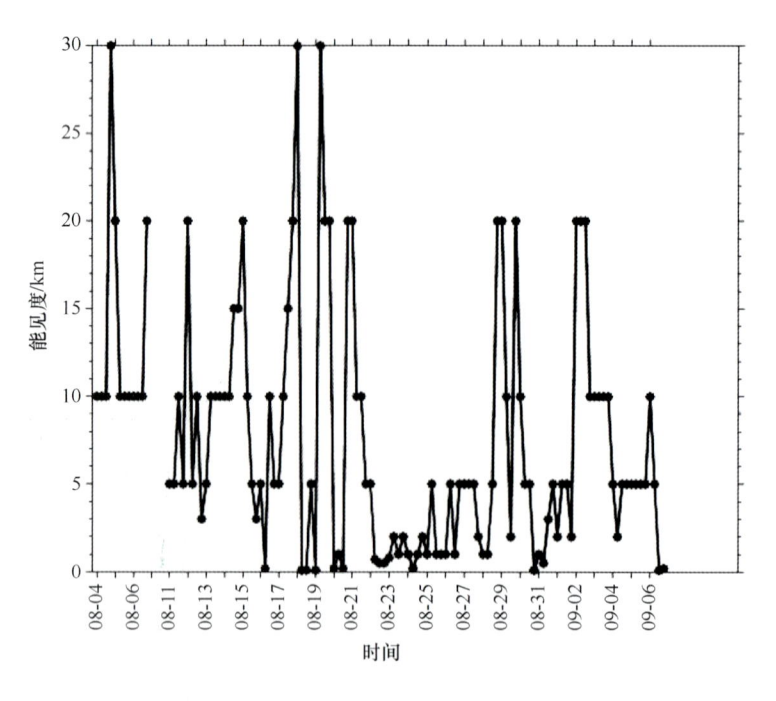

图5.265 第二次北极考察加拿大海盆海域能见度变化

从图5.266来看，第三次北极考察在加拿大海盆海域能见度范围是0~20 km，能见度大于10 km的约占1/2，能见度小于5 km的约占1/3。

从图5.267来看，第四次北极考察在加拿大海盆海域能见度范围是0~30 km，能见度大于 10 km 的约占 1/2，能见度小于 5 km 的约占 1/3。

从图 5.268 来看，第六次北极考察在加拿大海盆海域能见度范围是 0～15 km，能见度大于 10 km 的约占 1/3，能见度小于 5 km 的约占 1/3。

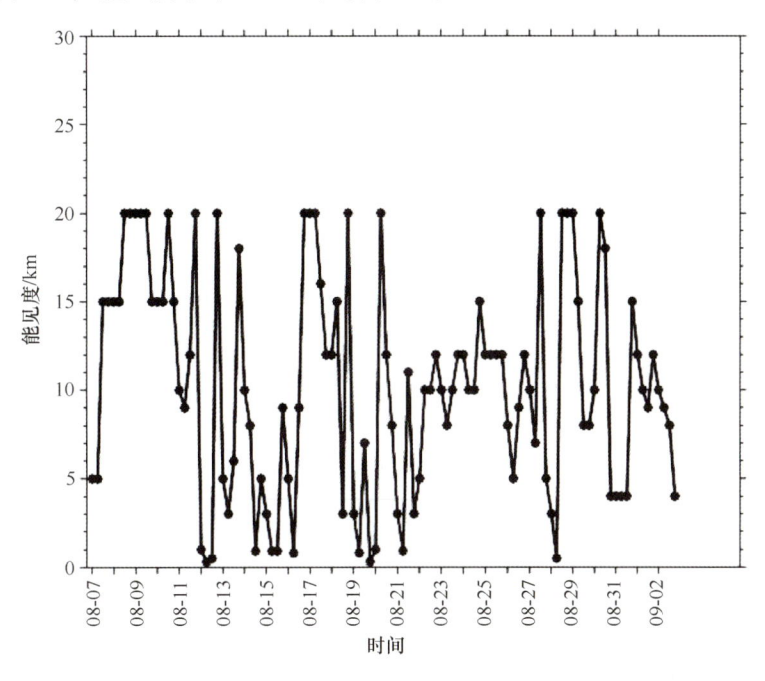

图 5.266　第三次北极考察加拿大海盆海域能见度变化

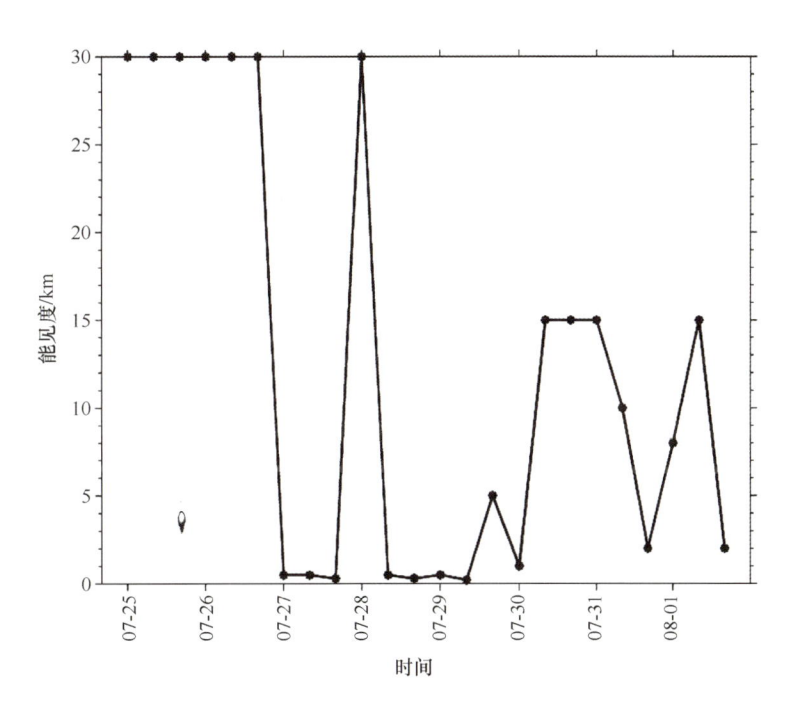

图 5.267　第四次北极考察加拿大海盆海域能见度变化

### 3. 小结

从历次资料来看，北极考察在加拿大海盆海域能见度范围是 0～30 km，能见度大于

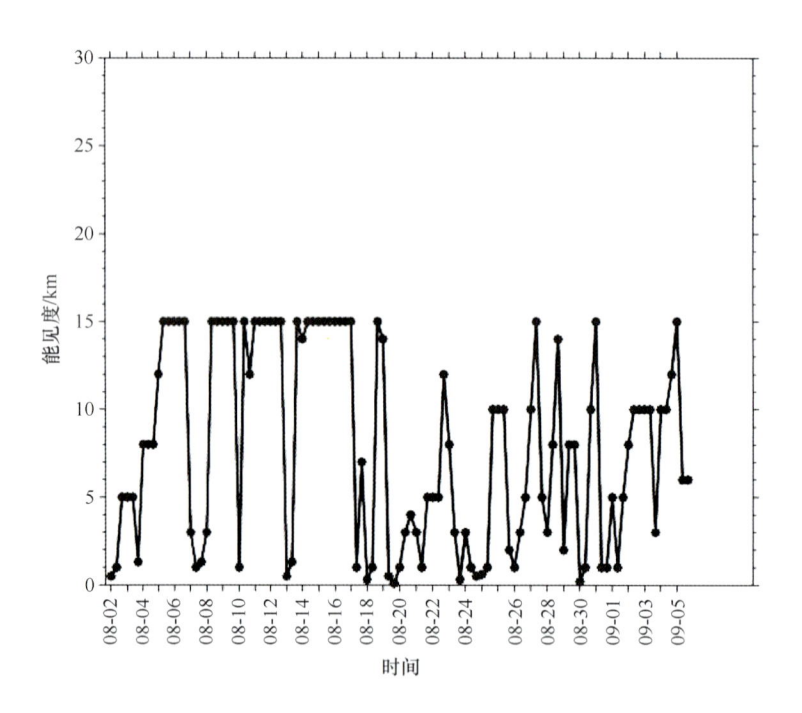

图 5.268  第六次北极考察加拿大海盆海域能见度变化

10 km 的约占 1/3，能见度小于 5 km 的约占 1/3，能见度小于 10 km 即说明有雾。

### (五) 走航通量变化特征分析

#### 1. 数据介绍

通量计算使用的数据来自"雪龙"船上走航涡动通量观测系统和自动气象站，包括三维湍流风速、超声虚温、船舶姿态、皮温和风速、气温、湿度、气压等，可利用涡动相关法和整体输送法分别计算感热、潜热和动量通量，整体输送法采用的 COARE 3.0 算法。这里分别给出了中国第六次北极考察和第五次北极考察加拿大海盆海气通量的时间序列，第六次北极考察包括了涡动通量和 COARE 3.0 通量，第五次北极考察因为仪器故障没有涡动通量数据。此外，第五次和第六次北极考察的通量观测值都和 NCEP/NCAR 再分析的通量资料进行了比较。

#### 2. 变化特征分析

图 5.269 显示的是第六次北极考察加拿大海盆观测的涡动通量、整体通量以及动量通量和风速的时间序列，涡动法和 COARE 3.0 计算的感热通量趋势一致，相关系数 0.6，涡动潜热通量和整体通量的相关系数是 0.7。涡动感热通量的变化范围 (−25, 13) $W/m^2$，平均 −1.7 $W/m^2$；潜热通量的变化范围 (−6, 29) $W/m^2$，平均 8.5 $W/m^2$。两者日变化均比较明显。动量通量变化范围 (0, 0.4) $N/m^2$，和风速呈正相关。和 NCEP/NCAR 再分析通量 (见图 5.270) 相比，感热通量同为负数，但绝对值要小，潜热通量相当，都为正值。和低纬度的楚科奇海相比，感热和潜热通量的绝对值都要小，表明高纬度海域湍流交换减弱。

图 5.271 显示了 2012 年 8 月第五次北极考察期间加拿大海盆的通量变化，感热通量的变化范围为 (−25, 17) $W/m^2$，平均 −2.7 $W/m^2$；潜热通量变化范围 (−2, 36) $W/m^2$，平均 8.2 $W/m^2$。动量通量变化范围 (0, 0.3) $N/m^2$，和风速呈正相关。通量特征和第六次北

极考察的很相似，也和 NCEP/NCAR 再分析通量结果（图 5.272）相近。

(a)

(b)

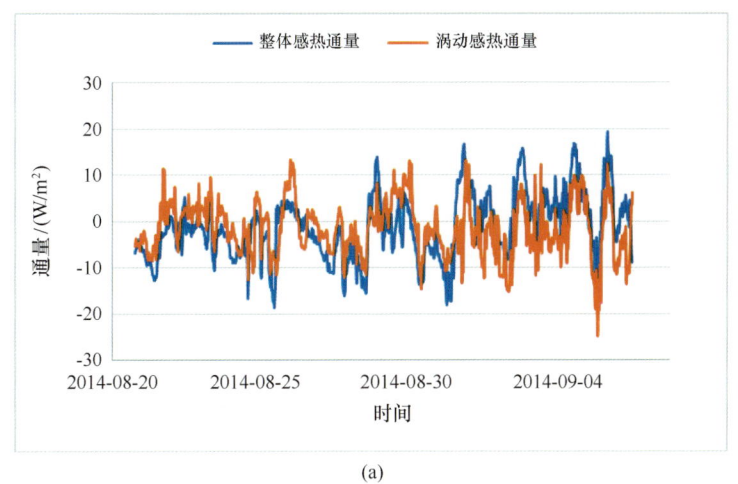

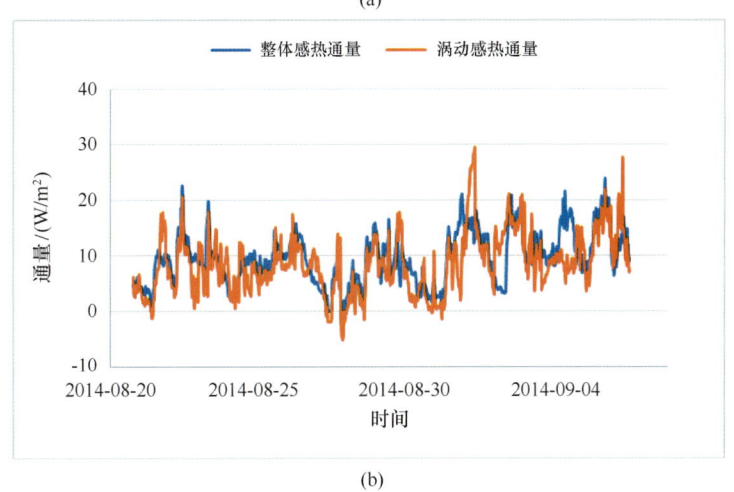

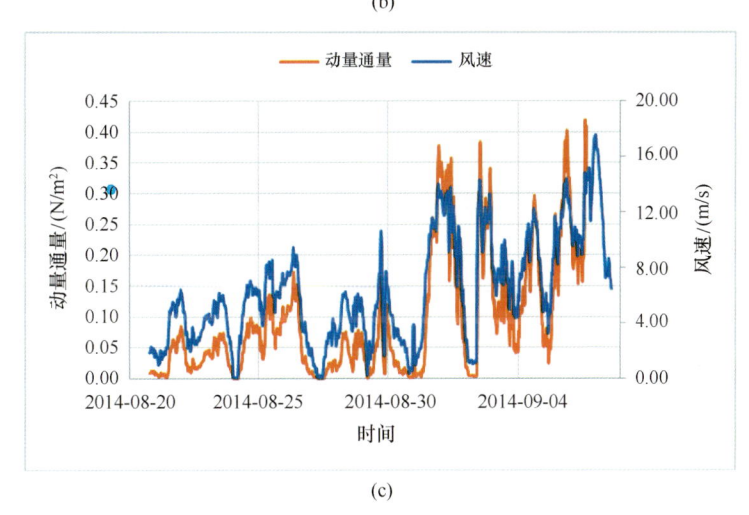

(c)

图 5.269　第六次北极科学考察加拿大海盆（a）涡动和整体感热通量
（b）涡动和整体潜热通量（c）动量通量和风速的时间序列

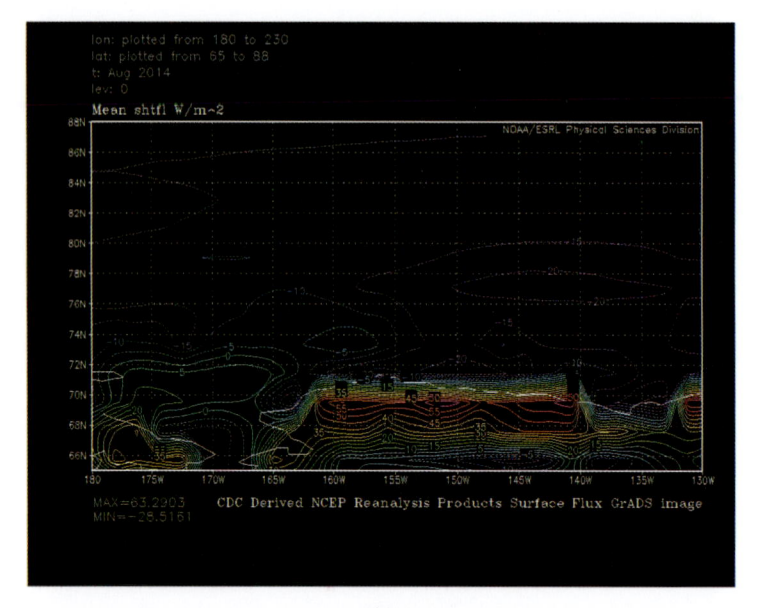

(a)

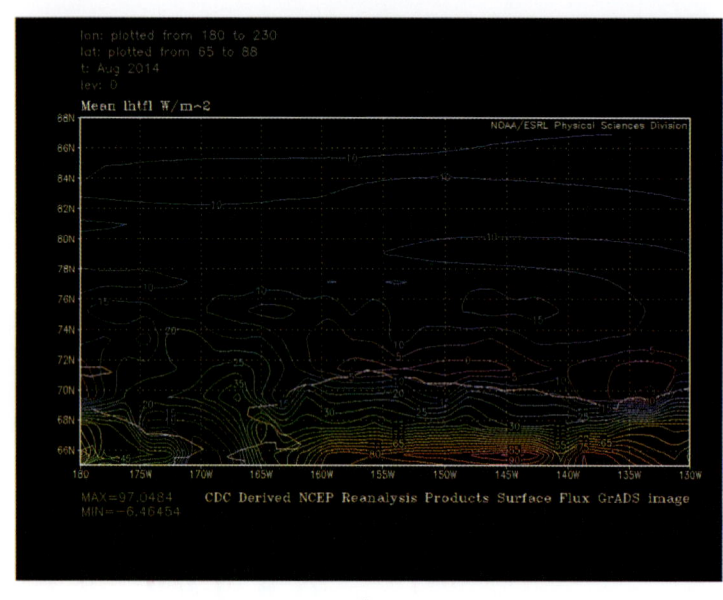

(b)

图5.270 2014年8月 NCEP/NCAR 再分析感热（a）和潜热（b）通量的月平均平面图

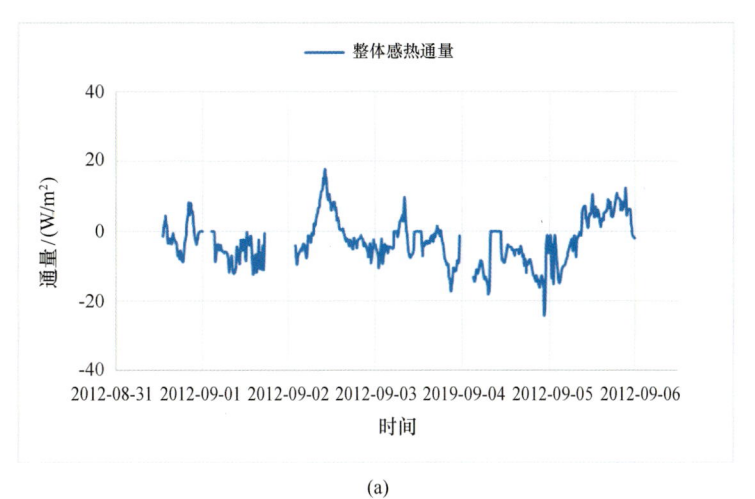

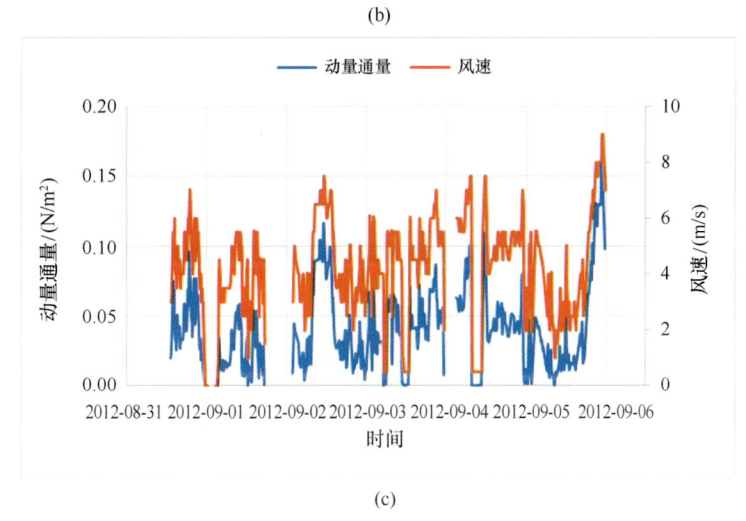

图 5.271　第五次北极科学考察加拿大海盆（a）整体感热通量（b）整体潜热通量（c）动量通量和风速的时间序列

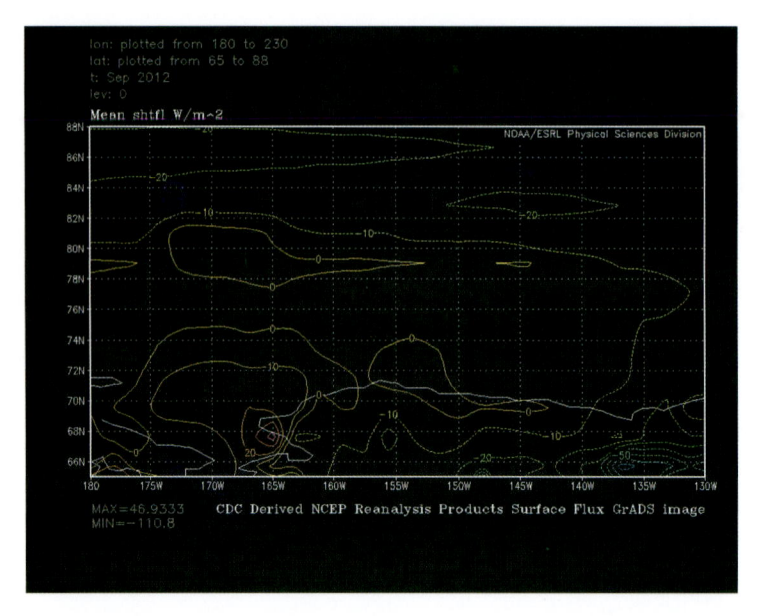

(a)

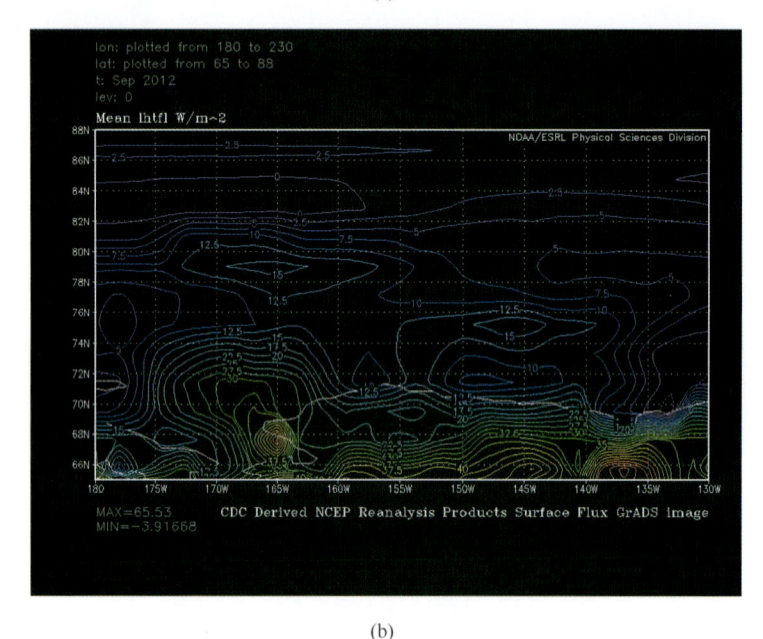

(b)

图 5.272　2012 年 9 月 NCEP/NCAR 再分析感热（a）和潜热（b）
通量的月平均平面图

### 3. 小结

从以上分析可见，夏季加拿大海盆海域感热通量有日变化，第五次和第六次北极考察平均感热通量都为负值。潜热通量都为正值，平均潜热通量相比感热通量来说是大值。和 NCEP/NCAR 再分析通量相比，感热通量同为负数，但绝对值要小，潜热通量相当，都为正值。和低纬度的楚科奇海相比，感热和潜热通量的绝对值都要小，表明高纬度海域湍流交换减弱。

## 六、北欧海海域海洋气象环境特征分析

在第五次北极考察过程中,"雪龙"号在北欧海航行和调查作业期间,随船气象人员通过船载的气象观测设备对气压、气温、相对湿度、风向、风速进行了走航正点观测,并通过人工目测对能见度进行了走航正点观测,观测时间为每天 00、06、12、18 世界时其中的 3 次。具体情况见表 5.35。

表 5.35 北欧海海域域走航观测情况

| 航次 | 观测设备 | 观测时段 | 观测频率 | 观测次数 |
| --- | --- | --- | --- | --- |
| 第五次 | Vaisala milos 500 自动气象站 | 2012 – 08 – 03—08 – 13<br>2012 – 08 – 19—08 – 23 | 每天 3 次 | 45 |

### (一)走航气压的变化特征分析

1. 数据介绍

见表 5.35。

2. 变化特征分析

图 5.273 为第五次北极考察过程中,"雪龙"号在北欧海航行和调查作业期间的气压走航观测结果,气压最高值为 1 015.9 hPa,最低为 993.1 hPa,平均为 1 009.8 hPa。从气压变化序列上可以看出其存在一定的 3~7 天天气数据尺度的振荡,说明北欧海受高纬度槽脊活动的一定影响,但与白令海相比振荡幅度相对较小。8 月 22—23 日,受气旋逐渐靠近的影响,"雪龙"号航行海域气压 24 小时下降接近 20 hPa。

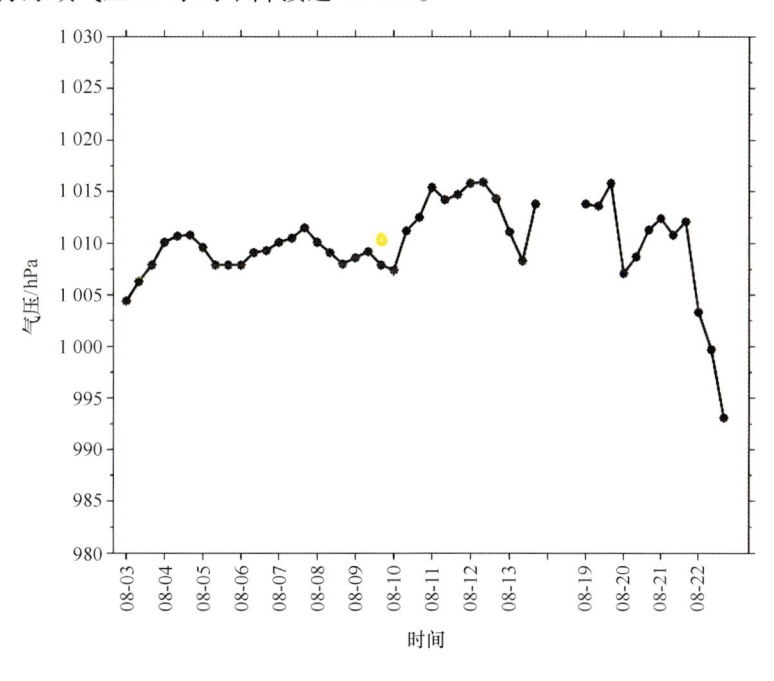

图 5.273 北欧海海域气压走航观测结果

## 3. 小结

考察期间,北欧海海域平均气压为1 009.8 hPa,该海域气压受高纬度槽脊活动的影响而存在一定的3~7天的天气尺度振荡。

### (二) 走航温度/湿度的变化特征分析

#### 1. 数据介绍

见表5.35。

#### 2. 变化特征分析

图5.274和图5.275分别为第五次北极考察过程中"雪龙"号在北欧海航行调查期间的气温和相对湿度的走航观测结果。

北欧海航行和调查作业期间,气温最高为14.0℃,最低为3.4℃,平均为8.1℃,相对湿度最高为92,最低为65,平均为81.4。从气温和湿度变化序列上可以看出二者都存在较为明显的日变化,另外相对于气压,气温和湿度的天气尺度振荡都不明显。8月22—23日,受气旋后部冷空气的影响,"雪龙"船航行海域气温下降了约10℃,相对湿度下降了约30%。

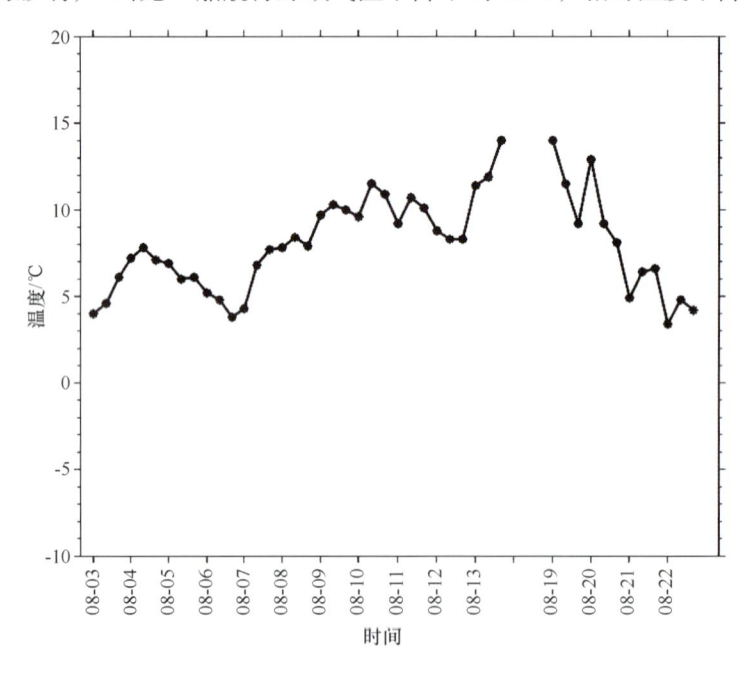

图5.274 北欧海海域气温走航观测结果

## 3. 小结

考察期间北欧海平均气温为8.1℃,相对湿度平均为81.4,且气温和湿度存在较为明显的日变化,但二者的天气尺度振荡都不如气压明显。

### (三) 走航风向/风速变化特征分析

#### 1. 数据介绍

见表5.35。

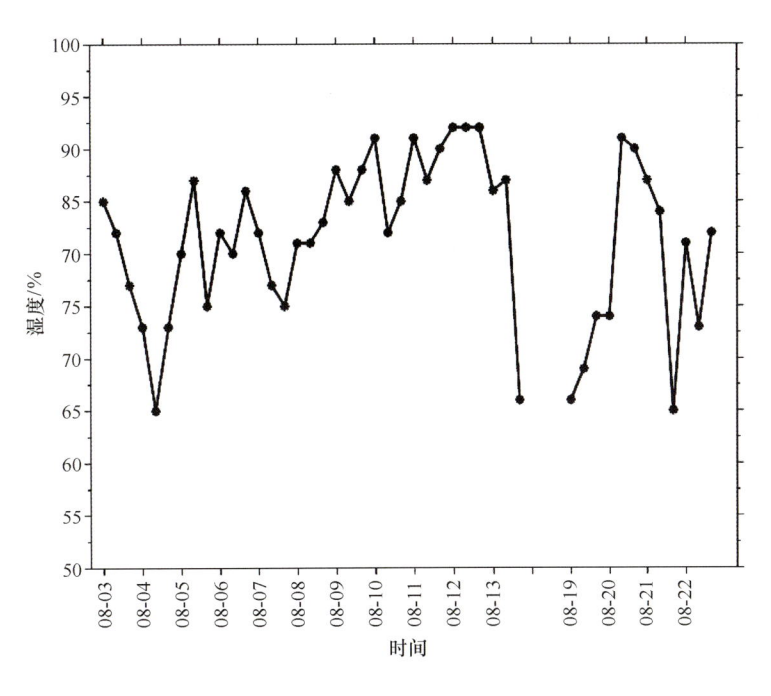

图 5.275 北欧海海域相对湿度走航观测结果

### 2. 变化特征分析

图 5.276 和图 5.277 为第五次北极考察过程中"雪龙"号在北欧海航行和调查作业期间的风速、风向走航观测结果。

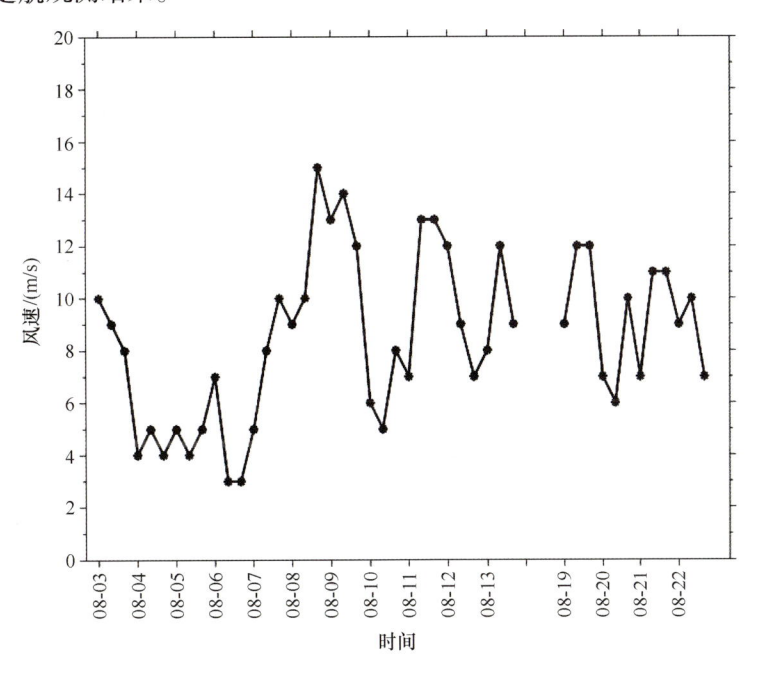

图 5.276 北欧海海域风速走航观测结果

第五次北极考察"雪龙"号在北欧海航行和调查作业期间，风速最大为 15 m/s，平均风速为 8.5 m/s，以 5~6 级风为主，大于等于 6 级的大风过程出现 5 次，当有强系统影响时风力可达 7 级，风向以偏东风和南—西南风居多。8 月 8—9 日，受格陵兰岛附近强气旋前部的

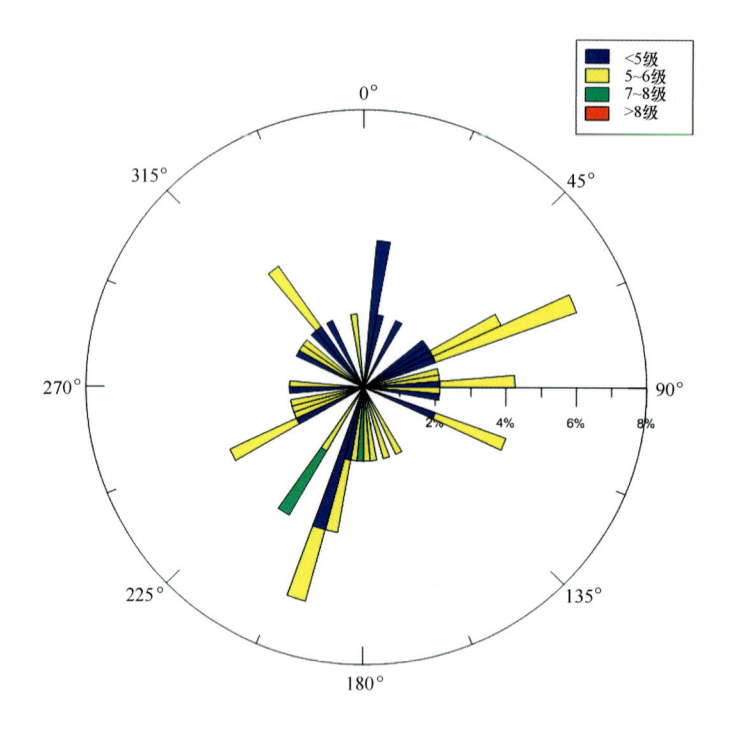

图 5.277 北欧海海域风向走航观测结果

影响,"雪龙"船航行海域出现持续约 30 小时偏南大风,风力达到 7 级。

3. 小结

考察期间风力以 5~6 级风为主,风向以偏东风和南—西南风居多,大于等于 6 级的大风过程出现 5 次,当有强系统影响时风力可达 7 级。

(四) 走航能见度变化特征分析

1. 数据介绍

见表 5.35。

2. 变化特征分析

图 5.278 为第五次北极考察过程中,"雪龙"号在北欧海航行和调查作业期间的能见度走航观测结果,期间能见度超过 15 km 的时次约 45%,能见度低于 10 km 的时次约 31%,其多是由于小雨和雾所致,能见度低于 1 km 的浓雾天气约 13%。

3. 小结

考察期间北欧海能见度情况不佳,受小雨和雾天气影响能见度低于 10 km 的时次约 31%,其中能见度低于 1 km 的浓雾天气约 13%。

(五) 走航通量变化特征分析

1. 数据介绍

通量计算数据来自"雪龙"号上的自动气象站,包括皮温和风速、气温、湿度、气压等,利用整体输送法 COARE 3.0 分别计算感热、潜热和动量通量。下面给出了中国第五次北

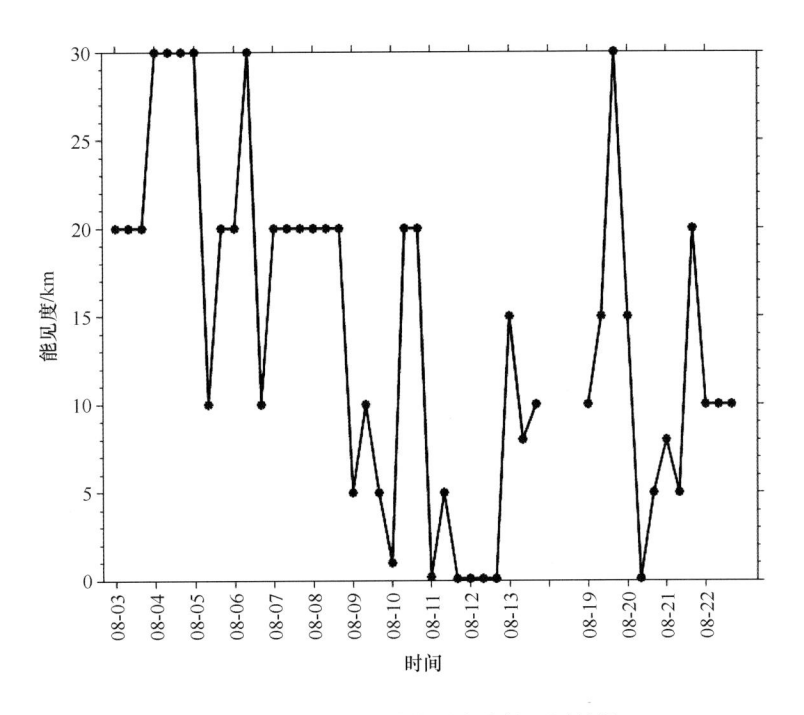

图 5.278　北欧海海域能见度走航观测结果

极科学考察在北欧海观测的整体通量特征分析。

2. 变化特征分析

图 5.279 是第五次北极考察北欧海整体感热通量、整体潜热通量和动量通量随风速的时间序列，由图可见，第五次北极考察期间北欧海感热通量的变化范围（-29，68）W/m$^2$，平均 7.7 W/m$^2$；潜热通量的变化范围（1，127）W/m$^2$，平均 36 W/m$^2$。动量通量变化范围（0，0.6）N/m$^2$，和风速呈正相关。图 5.280 是 2012 年 7 月份 NCEP/NCAR 再分析感热和潜热通量的月平均分布图，和观测值相比，感热和潜热通量都相当。同为北冰洋的边缘海，纬度相当，但北欧海夏季海洋向大气输送热量，而楚科奇海则相反。

3. 小结

夏季北欧海域平均感热通量和潜热通量都为正值，潜热通量相比感热通量来说是大值。NCEP/NCAR 再分析资料通量和观测值一致。和同纬度的楚科奇海相比，感热通量是正值，而在楚科奇海则小很多，甚至热量输送方向相反，潜热通量稍高。

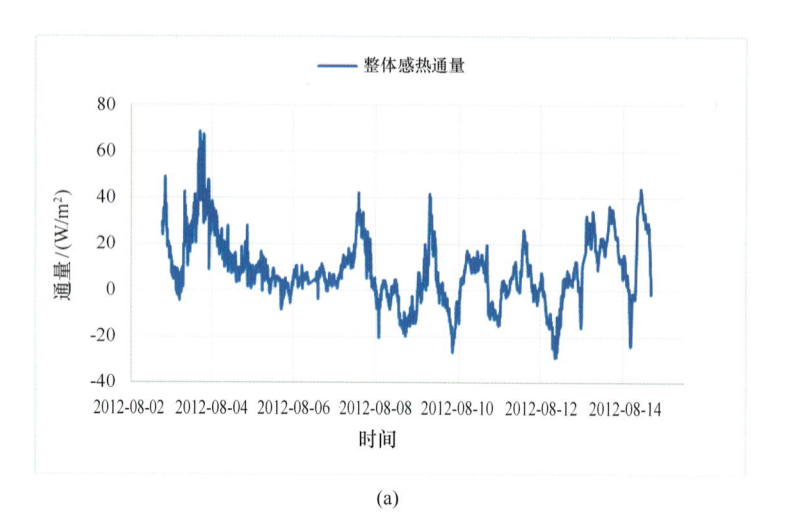

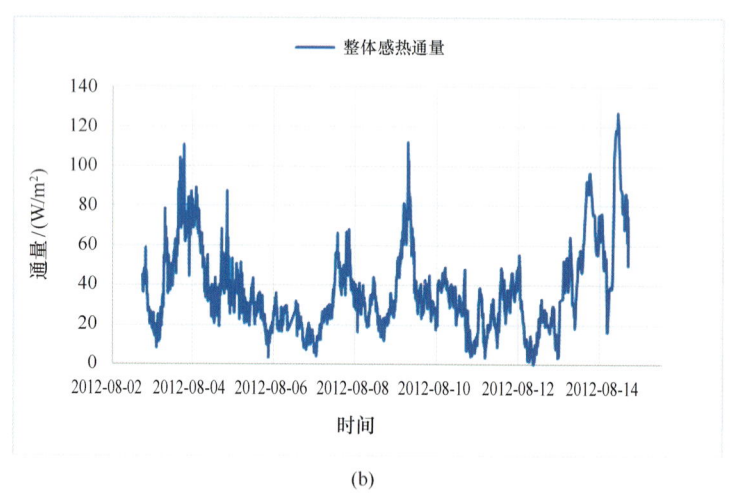

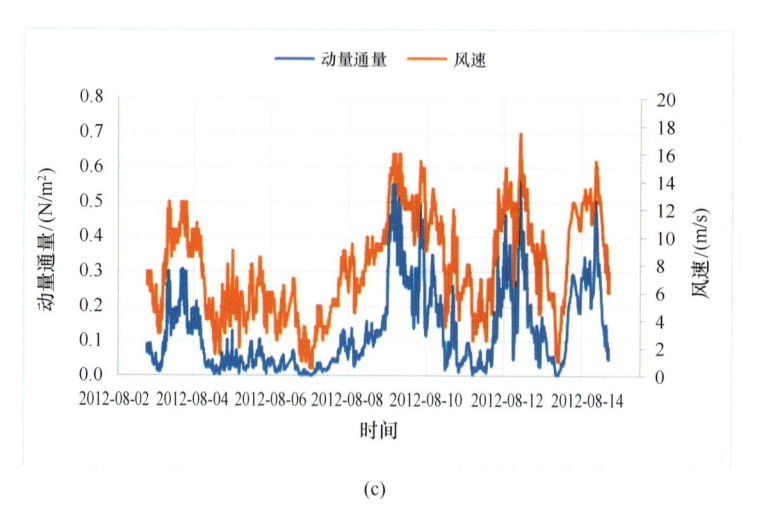

图 5.279　第五次北极科学考察北欧海（a）整体感热通量（b）整体潜热通量（c）动量通量和风速的时间序列

(a)

(b)

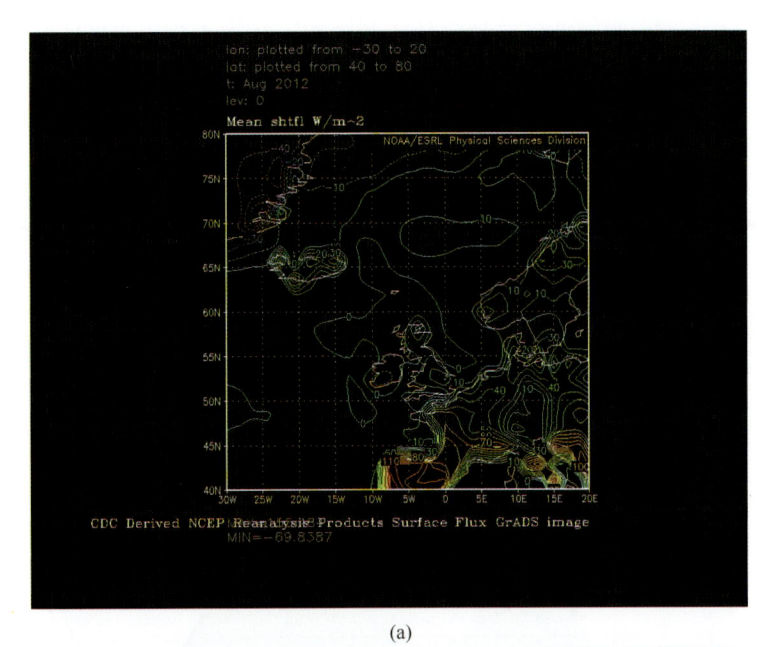

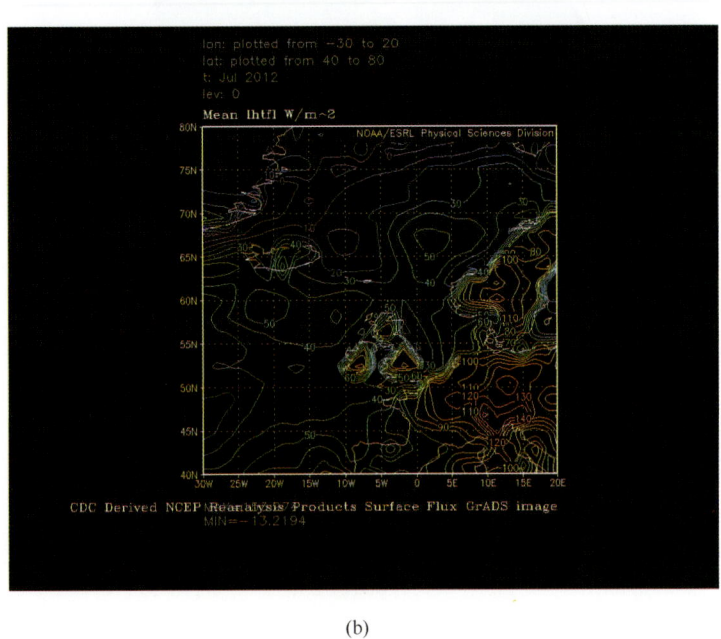

图 5.280  2012 年 7 月 NCEP/NCAR 再分析感热（a）和
潜热（b）通量的月平均平面图

# 七、高空气象特征分析

## （一）数据介绍

利用第六次北极科学考察航渡期间进行的大气廓线探测试验获取的观测数据。探测要素包括气压、温度、相对湿度、风向和风速。探测时间是 2014 年 7 月 21 日至 9 月 11 日，每天观测 2 次（船时 9：00 和 15：00），如遇到恶劣天气条件，则取消观测，共进行 68 次 GPS 探

空观测，其中有61次探空观测获得了较好的连续数据，从而为分析北极地区和北半球中高纬地区的大气廓线提供了数据支持。图5.281显示了此次GPS探空观测所有的观测点的分布情况。GPS探空系统中温度测量范围为$-80 \sim 40℃$，分辨率$0.1℃$，响应时间小于2 s；风向和风速测量范围分别为$0 \sim 100$ m/s和$0° \sim 360°$，分辨率分别为0.1 m/s和1°，响应时间均为1 s。GPS探空系统的测量精度满足中国气象局常规高空气象探测规范。表5.36给出了每一次的观测时间以及探测范围。探测最大高度达到18 km以上，其中有55次探空高度超过12 km，仅有6次在8 km以下。

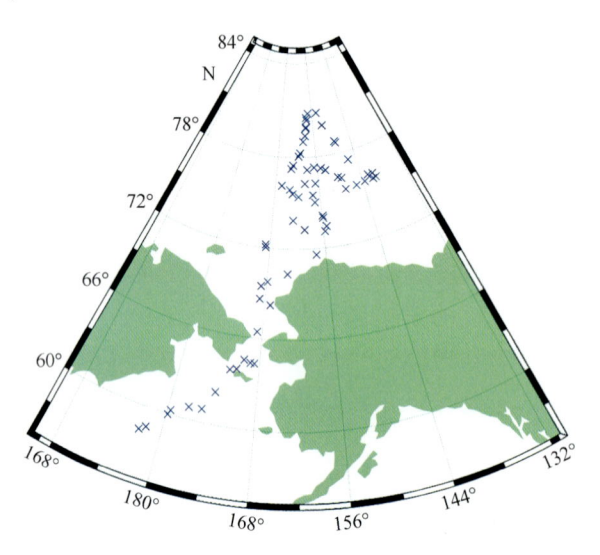

图5.281 观测站点的分布图

表5.36 6个纬度区域范围考察期间GPS探空分布

| 纬度范围 | 50—60°N | 60—65°N | 65—70°N | 70—75°N | 75—80°N | >80°N |
| --- | --- | --- | --- | --- | --- | --- |
| 样本数 | 3个 | 5个 | 4个 | 6个 | 29个 | 4个 |
| 纬度平均值 | 59.05°N | 62.92°N | 68.14°N | 72.36°N | 77.29°N | 80.71°N |
| 纬度最小值 | 58.46°N | 60.87°N | 66.09°N | 70.36°N | 75.37°N | 80.54°N |
| 纬度最大值 | 59.94°N | 64.20°N | 69.79°N | 74.12°N | 79.97°N | 80.90°N |

（二）变化特征分析

1. 边界层逆温特征

图5.282给出了观测期间温度垂直递减率的空间分布。由图可知，2 000 m以下存在不同强度不同厚度的逆温层，该现象显然与过境的天气系统有关，大部分地区的逆温层在海拔高度500 m以下。观测期间的58°—60°N和70°N附近区域，近地层存在很强的逆温层，也称接地逆温。图5.282可以看出，接地逆温区域，边界层中高层风速很小，致使高层暖平流向低层输送；同时边界层低层风速较大，说明有天气系统活动，暖平流与低层空气之间的温度差，增强了地表以上气层的逆温强度。从图5.283可以看出，在63°N和72°N区域，在边界层中

高层存在大风区，强风速切变导致上下层之间空气的混合，致使近地面逆温层减弱或者甚至消失。

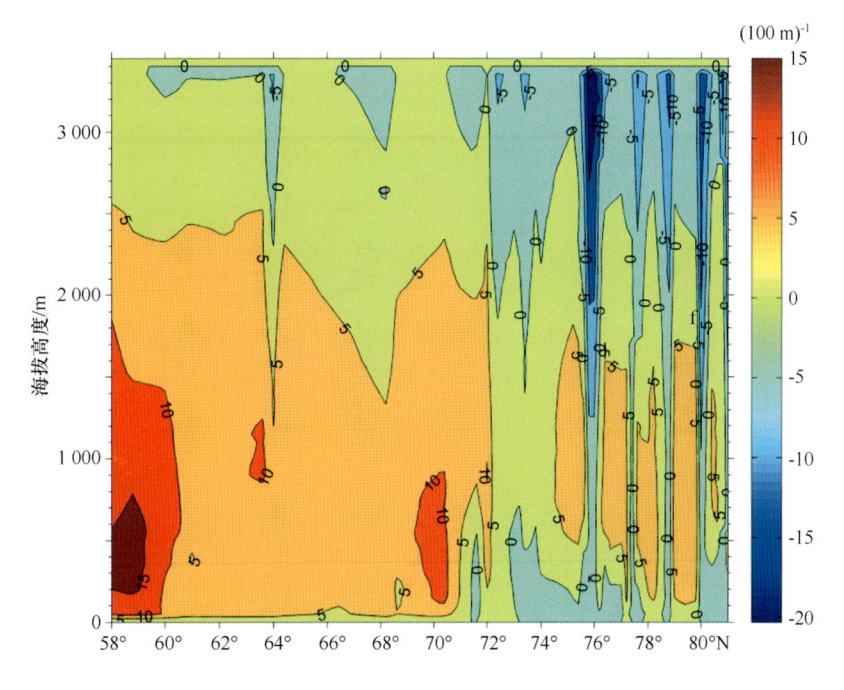

图 5.282　观测期间边界层中温度垂直递减率

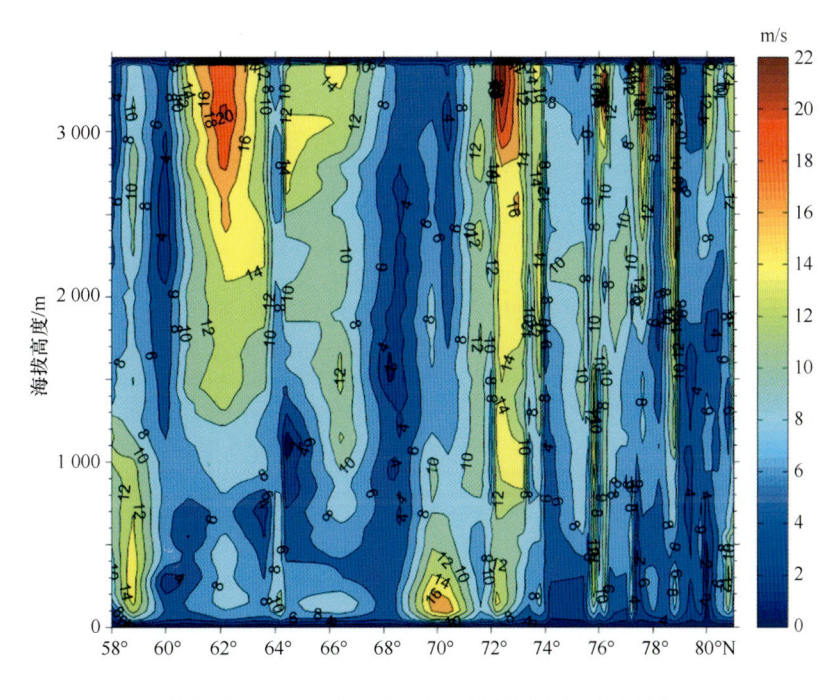

图 5.283　观测期间 3 000 m 以下风速随时间变化

图 5.284 给出了 6 个区域海拔 2 km 以内的温度平均垂直廓线。从图中可以看出各个区域存在明显的逆温层。逆温层底高度大都为约 50 m，不同的区域逆温层顶高度从 250~700 m，6 个区域逆温层的平均温度递减率分别为 8.6℃/km、1.6℃/km、6.8℃/km、8.6℃/km、3.2℃/km 和 7.9℃/km。在 60°—65°N 区域存在不同大小的好几个逆温层。而在大于 80°N 区

域平均温度递减率为7.9℃/km，图显示边界层高层风速较小，暖平流比较稳定。此次北极科学考察在进入80°N以北之后，冰面覆盖率基本已达到十成，冰面对近地层具有辐射冷却作用，使得该区域具有较强的逆温强度。各个区域的逆温层高度和平均温度廓线并没有表现出纬向的变化特征，可见逆温层的变化主要还是由对流层的天气系统所决定的。

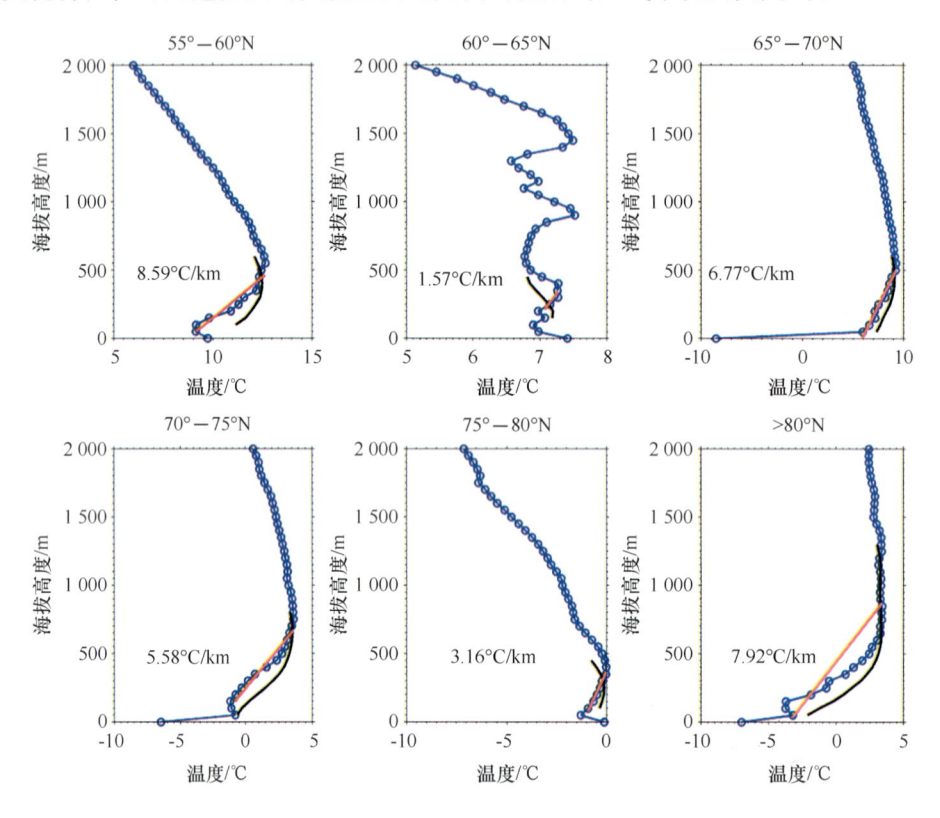

图5.284　6个纬度区域2 000 m以下的平均温度垂直廓线

## 2. 边界层高度

为准确地确定边界层高度，本文采用两种方法判定边界层顶高度：① 认为逆温层底高度即为边界层高度，用$H_b$来表示。② 温度梯度最大的高度定为边界层高度，用$h$表示。由于研究区冰雪下垫面强烈的辐射冷却作用，如果直接用第一种方法，则边界层高度可能在近地层的高度为0 m。因此，选用每一次观测温度廓线中，最强逆温层底的高度来确定$H_b$。图285显示了不同区域两种方法判定的$h$和$H_b$之间的关系。北半球中高纬度地区和北极地区$h$和$H_b$的平均高度分别为480 m和270 m；由于边界层天气系统的影响，不同地区两种定义的边界层高度变化较大，$h$从50 m至1 800 m，而$H_b$从50 m至800 m。然而，两种定义的边界层高度大多处于800 m以内。且用逆温层底确定的边界层高度比用最大温度梯度确定的边界层底高度整体要低。两种方法都可以很好地用来确定南极高原上的边界层顶。

## 3. 小结

为了研究大气垂直结构的纬向特征，我们区分了6个纬向区域进行研究。随着纬度的升高，垂直温度递减率逐渐减小，在75°—80°N的北极地区达到最小。同时随着纬度升高，北半球中高纬度和北极地区，对流层顶高度逐渐降低，在50°—70°N区域对流程顶高度最高，达到约18 km，在75°—80°N区域则最低，为约8.4 km。CPT和LRT两种对流层顶高度的定

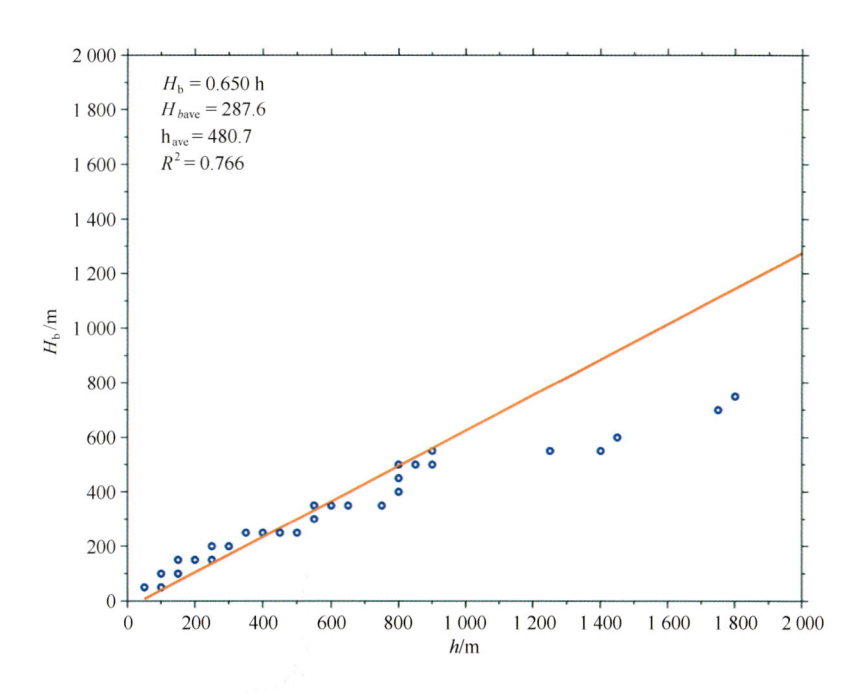

图 5.285　两种定义边界层高度的比较

义均较好地反应了上述特征。

在海拔高度 2 000 m 以下，存在不同强度的不同厚度的逆温层。逆温层底高度大都为约 50 m，不同的区域逆温层顶高度从 250~700 m 不等。北半球中高纬度地区和北极地区用最大温度梯度确定的边界层底高度 $h$ 和用逆温层底确定的边界层高度 $H_b$ 的平均高度分别为 480 m 和 270 m。

## 第三节　大气环境数据分析

### 一、序言

在全球变暖的背景下，北极地区发生的快速变化，引起全球科学家的关注。2000 年以来北极海冰面积的减小速率，西北航道和东北航道可能在 2030 年完全开通．北极航道是北美洲、北欧地区和东北亚国家之间最快捷的黄金通道，将可能改变全球海运现状。考察和研究北极海洋和大气及其影响的变化规律和预测机制，不仅对中国天气和气候预测具有重大科学价值，而且具有潜在的经济和社会效益。1999 年以来，我国组织了 6 次北极科学考察，以"雪龙"号极地考察破冰船和直升机、浮冰站为观测平台，进行了海洋－海冰－大气相互作用的多学科综合观测。除在考察航线上进行海洋气象、大气化学和低层大气温室气体观测外；在北极浮冰上联合冰站开展了近地层边界层大气、GPS 探空和臭氧探空观测、获得大量样品和资料，并开展了北极海冰快速变化和北极环境变化及其在气候变化中作用的一系列的研究。北极大气科学和全球变化研究是近年来我国有较大进展的科学领域，在北极海冰变化的诊断和模拟；北极边界层物理和海冰气相互作用；北极大气环境对东亚环流和中国天气气候的影响；极地大气化学和环境地球化学等方面的研究都取得新的进展。

由于北极地区，特别是北冰洋中心区大气观测资料匮乏，难以对大气模式的模拟结果和遥感资料进行验证。因此，通过观测获取北极地区具有代表性浮冰上的气象观测资料，分析近地层大气变化过程，研究热量和动量交换参数及其变化特征，对评估大气模式中边界层参数化方案适用性和海洋大气－海冰的相互作用过程有重要作用，认识北极海洋－海冰－大气相互作用过程在全球气候系统中作用及其对我国气候的影响具有重要的意义。1999—2014年期间，我国组织了6次北极科学考察，在北冰洋建立冰站，开展综合科学考察。1979—2014年北极海冰覆盖范围资料显示，在我国6次考察中海冰分布的差异较大，1999年9月海冰面积减少1.2%、2003年减少6.3%、2008年减少24.8%、2010年减少23.2%、2012年减少44.7%、2014年减少13.4%。由于北极夏季海冰范围影响，1999年和2003年8月冰站只能设在75°N和78°N，其后由于北极海冰最小范围的快速下降，北极冰站均设在80°N以北海域，2008年8月考察船最北到达88°海域。可见，我国6次北极考察获取的资料，涵盖了海冰快速减少的过程，虽然冰站观测时间只有1~2周，观测资料仍是分析北极海冰面积减少对大气过程和气候影响的年际变化的基础资料。本章利用我国第五次和第六次北极考察大气观测资料结合第一次至第四次北极考察资料和相关资料，分析北极地区大气变化的基本规律及其作用，为我国评估北极在气候变化中的作用提供基础。

## 二、数据介绍

### （一）海－冰－气相互作用观测数据介绍

在6次北极考察中，1999年冰站位于75°N，160°W，气象观测时间为8月18—24日；2003年冰站位于78°N，148°W，气象观测时间为8月21日至9月3日；2008年冰站位于84°N，143°W，气象观测时间8月21—29日；2010年冰站位于86°N，170°W，气象观测时间8月10—19日。需要说明的是，我国第一次至第四次北极考察设立的冰站气象观测，时间都较短，获得的资料长度在1~2周内。为取得长时间北冰洋中心区的气象观测数据，中国第五次北极考察队，于2012年8月30日在87°39′N，123°37′E，首次成功布放了由中国气象科学研究院与有关单位合作研制的极地长期漂流自动气象站。该站分别在2 m和4 m的高度安装了风、温、湿传感器；在2 m高度安装了总辐射、反射辐射、大气长波辐射和地面长波辐射传感器；在冰面下0.1 m、0.4 m安装了冰温传感器；在冰面安装了大气压力传感器，观测系统每小时采集一组数据，通过卫星实时传输。该自动站能在 -60℃ 的低温环境下持续运行。自动站将在洋流的作用下，随所在的冰块一起漂流。8月30日15时成功收到来自北极自动气象站的实时资料，直到2013年2月22日自动气象站停止工作，获得了178天每小时气象资料。中国第六次北极考察队于2014年8月18日在北冰洋中心区80°56′09″N，157°39′36″W海域的浮冰上，安装了与2012年同样的漂流自动气象站，即日开始发送资料，直到2015年5月自动气象站停止工作，获得了2014年8月18日至2015年5月28日共281天的每小时气象资料。由于北冰洋湿度很大，风传感器产生冻结，影响了风资料的连续性和精度。第六次北极考察队安装的漂流自动气象站，对风传感器采用加热装置，没有产生冻结过程，获得连续的风资料。漂流自动气象站数据质量良好，为研究北极变化提供了基础。可用于分析北极秋季（9—11月）和冬季（12月至翌年2月）无太阳辐射加热条件下的海-冰-气相互作用的过程。

### （二）大气廓线观测数据介绍

1999年夏季，我首次北极科学考察队在走航过程中，从楚科奇海到75°N开展了GPS和系留气探空观测。2003年夏季仅在78°N冰站开展了系留气艇观测。在第3~6次北极考察中，采用GPS探测系统在冰站附近实施GPS探空观测。探空系统的测量精度满足中国气象局常规高空气象探测规范（中国气象局气象探测中心，2003）。2008年探测时间为8月21日至9月3日，共进行了47次探空观测，2010年、2012年和2014年夏季在考察船到达北冰洋最北海区后，分别在88.41°N，177.07°W和81.7°N，112.9°W以及80.56°N，157.38°W，开展探空观测。2010年8月10—24日进行了35次观测，2012年8月27日至9月4日进行了23次GPS探空观测，2014年8月19日至26日开展了21次探空观测。大气廓线的探测要素是温度和湿度、风向和风速随高度的分布。温度测量范围为-80~40℃，分辨率0.1℃，响应时间小于2 s；风向和风速测量范围分别为0~100 m/s和0~360°，分辨率为0.1 m/s和1°，响应时间均为1s。获得的探测资料为不同天气过程下的大气对流层垂直结构。探测的最大高度2010年为15 km，2012年16.2 km，2014年为21.35 km。在这3次考察中，探测时间都是在北冰洋海冰融化的盛期（8月中旬至9月初），探测区域在北冰洋中心区（80°—88°N）。

## 三、海-冰-气相互作用分析

由于北冰洋大气和海洋缺少固定站的观测资料，多数研究采用再分析资料或遥感反演资料，需要实测资料加以验证。研究表明，北极浮标站资料对再分析资料缺失的填补是有重要意义。北极海冰表面热量平衡观测和研究表明，北极海冰生消过程与大气的动力和热力作用过程关系密切。美国、日本和欧洲建立了北极点环境观测计划（NPEO）以及国际北极浮标合作研究计划，获取了局部海区的海洋、大气和海冰观测数据。由于北冰洋海冰的漂流，难以获得固定点的欧拉时间序列观测信息，很多研究计划中除安装漂流自动气象站外，还开展了机载水文调查研究。目前，在北冰洋获取实测资料，分析海冰漂流规律和融化过程及其在气候变化中的作用是研究的重点问题。我国在1999—2014年，开展了6次北极科学考察，获取大量的考察资料，并进行了相关研究。我国第四次北极考察队在北冰洋安装的首个冰浮标站（IMB），获得了海冰漂流的资料。利用第五次和第六次北极考察在北冰洋中心区两个北极漂流自动气象站观测资料结合再分析资料，对北极点周围海冰漂流轨迹和速度及其大气过程进行分析，并讨论海冰变化对大气过程的影响。

### （一）海冰漂移轨迹和速度

采用2012年9月31日至2013年2月22日DAWS逐时经度和纬度资料，绘制了北冰洋中心区海冰漂流轨迹。由图5.286可见，DAWS所在海冰运动方向多次出现摆动，其中有2次显著的迂回运动过程，分别出现在9月到10月中旬和11月中到下旬。海冰漂流方向为东南向西北，直线距离漂移了近2个纬度。2013年1月6日DAWS漂流到北极点附近（89.5°N）

后，穿过北极点一直向东南方向漂流，经向摆动幅度很小。1 月 22 日 DAWS 漂流到 87.33°N，104.43°W 位置后消失。在此期间 DAWS 也漂移约 2 个纬度。与 2008 年 10 月我国在北极中心区海冰上安装的冰浮标（IMB）所在海冰的漂流轨迹较为相似，秋季海冰漂流也存在迂回运动过程，漂流方向也是偏北。该现象显示，2012 年是北极海冰减少最多的一年，减少范围达到了 40% 以上，直接影响了北冰洋中心区大范围的海冰破碎，存在未冻结海域，在海流和气流的作用下，小块海冰漂流能够产生迂回运动。进入冬季后，随着温度的下降，北极中心区海域全部冻结，形成面积巨大的浮冰，DAWS 所在海冰的漂流方向相对稳定。

图 5.287 给出第六次北极考察获得 2014 年 8 月至 2015 年 2 月逐时 DAWS 所在海冰运动的轨迹（蓝线）。2014 年 9 月北极海冰范围虽然减少了约 17%，但 DAWS 所在海冰在北冰洋中心区海冰的边缘，秋季和冬季都有曲折的移动轨迹，与 2012 年相比，没有出现明显的迂回运动。8—11 月从 80°56′12″N，157°38′48″W 漂流到 81°21′38″N，151°49′24″W，移向为东北向，其后比较稳定地漂流到 79°39′47″N，139°42′01″W，移向偏东，方向与 2012 年基本相似。由图 5.287 可见，2012 年和 2014 年秋季北冰洋海冰向东北方向移动，冬季向东南方向移动，没有明显的年际。

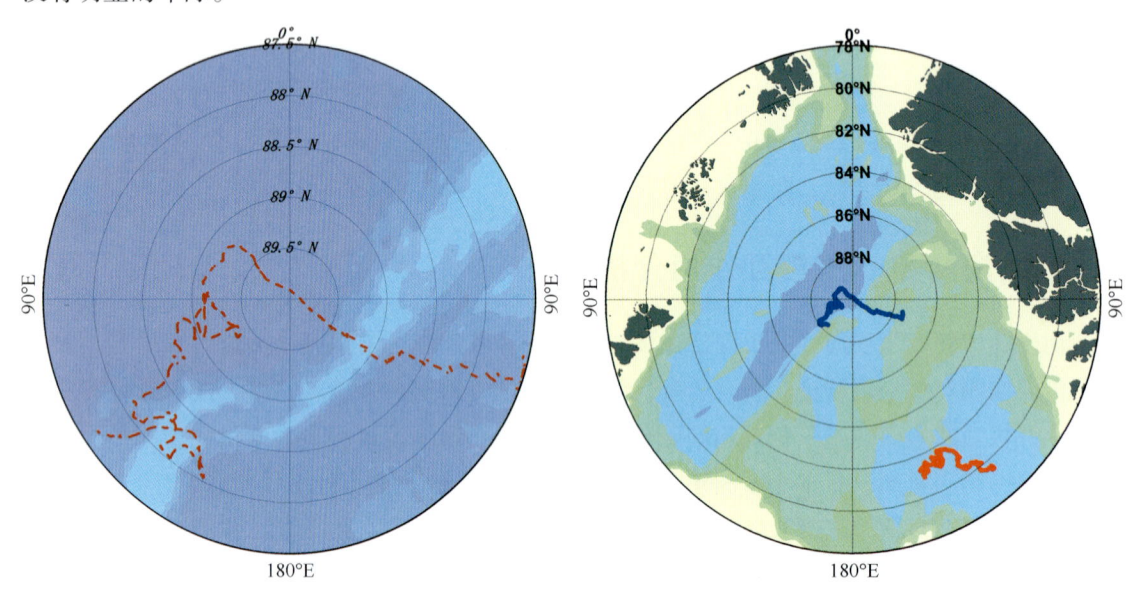

图 5.286　2012 年 9 月 1 日至 2013 年 2 月 23 日　　图 5.287　2012 年（蓝线）和 2014 年（红线）
　　　DAWS 北冰洋中心区海冰漂流轨迹　　　　　　　　　　　DAWS 所在海冰的漂流轨迹

利用 DAWS 所在点的经度和纬度数据计算出海冰的漂流速度。图 5.288（a）~（c）和图 5.289（a）~（c）分别给出 2012 年 9 月至 2013 年 2 月和 2014 年 8 月至 2015 年 2 月日平均海冰漂流速度、风速（注：2013 年 1 月 5 日后由于风传感器冻结，没有风速资料）和气压的时间序列。2012 年北冰洋中心区海冰漂流速度秋季平均为 0.06 m/s，冬季平均为 0.07 m/s，最大移速达到 0.39 m/s，2014 年秋季平均 0.08 m/s，冬季平均为 0.055 m/s，最大移速达到 0.28 m/s，2012 年和 2014 年平均速度基本相似，均为 0.7 m/s，但 2012 年秋季的速度小于冬季，2014 年与之相反。与邓娟等（2009）的结果相比，秋季平均速度相差不大，冬季速度大 30% 左右。显然，海冰漂流速度可能与海冰分布状况和大尺度风场有关。图 5.288 和图 5.289 清楚地显示，每一次低压和大风过程，海冰移动速度都很大，特别是超过 7.5 m/s 的风速，尤其明显。

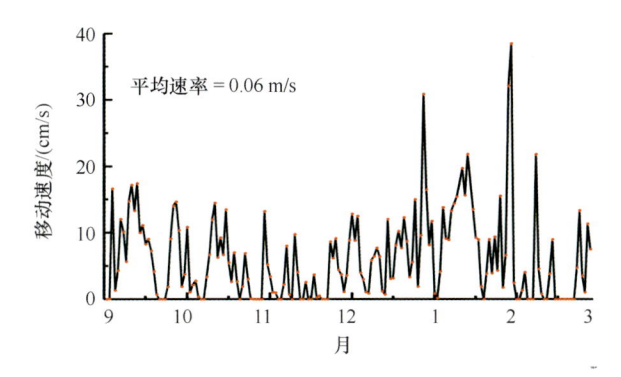

图 5.288（a） 2012 年 9 月至 2013 年 2 月 DAWS 日平均漂流速度的时间序列

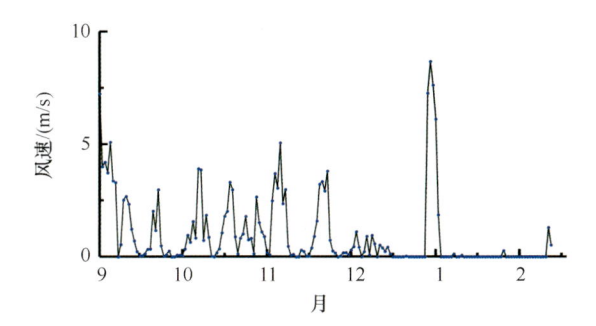

图 5.288（b） 2012 年 9 月至 2013 年 2 月 DAWS 日平均风速的时间序列

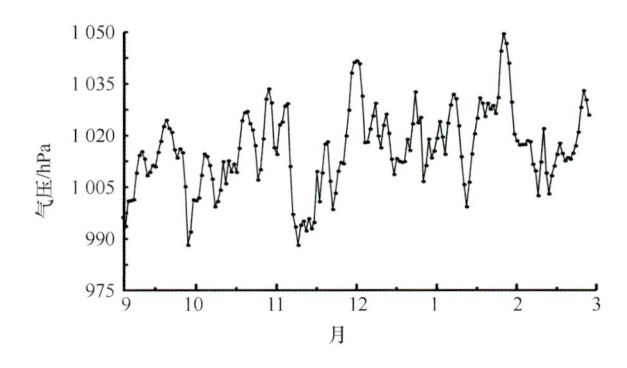

图 5.288（c） 2012 年 9 月至 2013 年 2 月 DAWS 日平均气压的时间序列

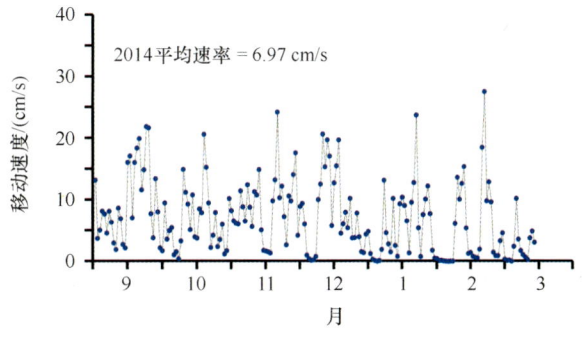

图 5.289（a） 2014 年 8 月至 2015 年 2 月 DAWS 日平均漂流速度的时间序列

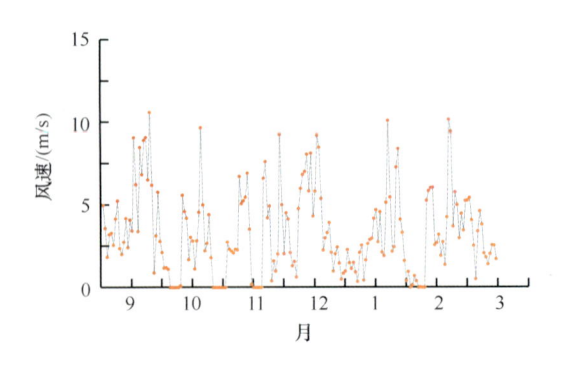

图 5.289（b） 2014 年 8 月至 2015 年 2 月 5 日平均风速的时间序列

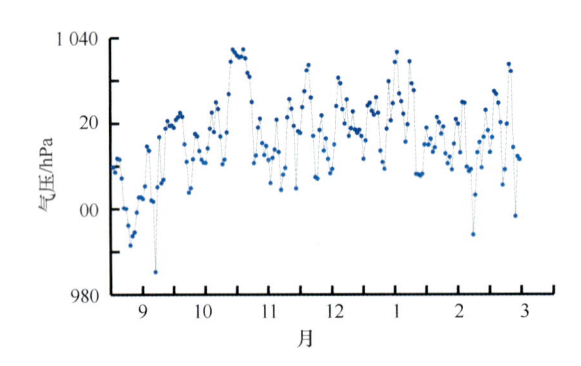

图 5.289（c） 2014 年 8 月至 2015 年 2 月 DAWS 日平均气压的时间序列

为深入认识天气过程对海冰漂流的影响，分析了 2013 年 1 月 2—6 日，DWAS 所在海冰在北极点附近（图 5.286）突然发生从西北转向东南的天气过程。利用 NOAA 再分析资料绘制了 2013 年 1 月 2 日高低空的天气形势（图 5.290）。在 1 000 hPa 图上，DWAS 位于很强的反气旋环流中心附近（图 5.290 左图），500 hPa 上的反气旋中心靠近极点（图 5.290 右图），冷暖气流的交汇和气压梯度产生了持续的穿极高空急流，低层伴有大于 20 m/s 的强风气流，该天气形势导致了 DWAS 所在浮冰沿高空急流方向运动。北极反气旋环流影响的范围较大，尽管冬季北冰洋新冰和多年生海冰已冻结成一起，在强风暴的影响下，也会产生漂流方向的改变。因此，在研究北极海-冰气相互作用过程中，需要考虑穿极气旋和急流的影响。

### （二）北冰洋中心区大气过程分析

分析北冰洋中心区 DAWS 的气象资料，能够认识大气过程对海冰气相互作用的过程。2012 年和 2014 年 DAWS 逐时资料处理后显示，除 2013 年 1 月 5 日后风资料缺测外，其他资料质量很好。资料包括了秋季（9—11 月）和冬季（12 月至翌年 2 月）2 个季节。9 月下旬北极中心区进入了极夜期，因此，两个季节的资料基本代表了北冰洋中心区无太阳辐射加热条件下气象参数的变化过程。

#### 1. 辐射参数变化特征

2012 年 DAWS 所在纬度高，9 月下旬进入极夜期，2014 年 DAWS 所在纬度在 80°N，10 月初进入极夜期。图 5.291 给出 2012 年和 2014 年 DAWS 观测的总太阳辐射和反射辐射日平均通量。在极夜前期太阳高度角很小，辐射通量也比较小。2012 年 8 月 30 日至 9 月 18 日总

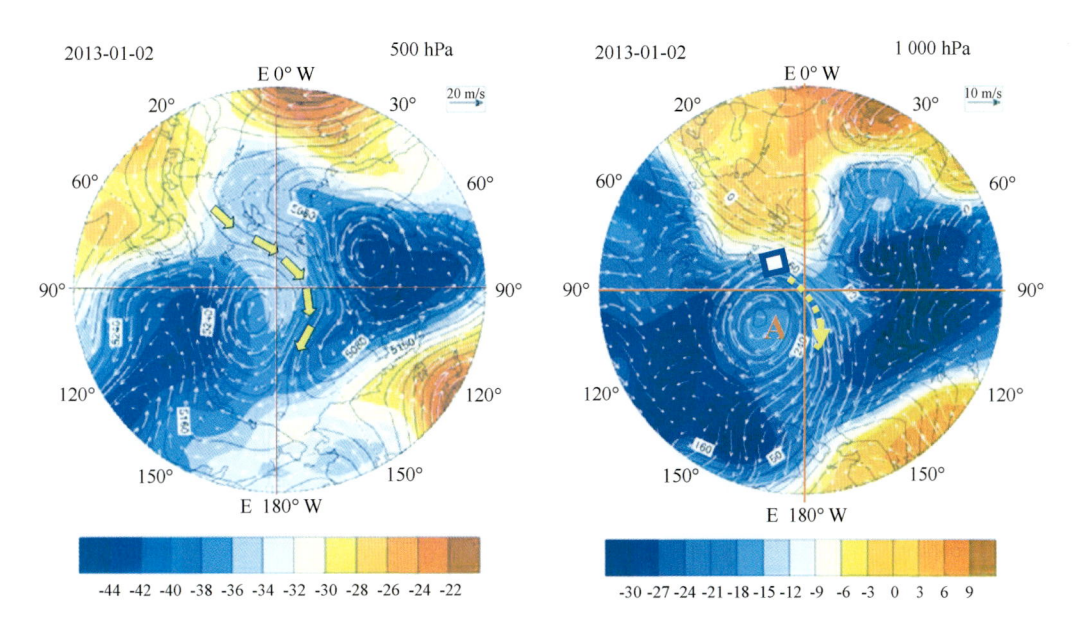

图 5.290　2013 年 1 月 2 日北极地区 60°以北 1 000 hPa 和 500 hPa 流场和温度场
（http：//www.cdc.noaa.gov），图中白色方块表示观测浮冰和 DAWS 所在位置

太阳辐射和反射辐射平均通量分别为 32.6 W/m$^2$ 和 27.5 W/m$^2$，2014 年 8 月 19 日至 10 月 3 日平均通量分别为 60.1 W/m$^2$ 和 48.1 W/m$^2$。虽然 2012 年和 2014 年观测的时间和长度不同，辐射强度难以比较，但海冰表面的反照率可以比较。图 5.292 给出 2012 年和 2014 年 DAWS 观测的海冰表面日平均反照率。2012 年 8 月 30 日至 9 月 16 日平均反照率为 0.84，2014 年 8 月 19 日至 9 月 7 日平均反照率为 0.72。其结果显示了 2014 年观测期间海冰表面吸收的太阳多。与文献给出的北极海冰表面反照率在 0.7~0.9 之间变化相似。

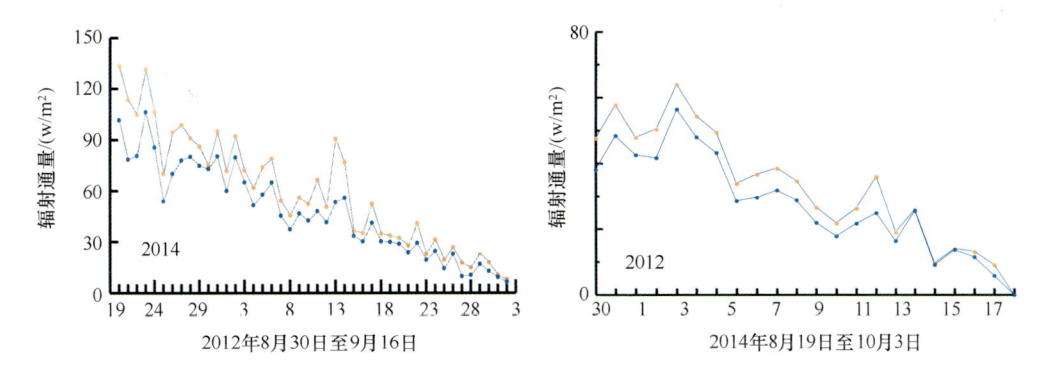

图 5.291　2012 年和 2014 年 DAWS 观测的总太阳辐射（红点）和反射辐射（蓝点）日平均通量的时间序列

北冰洋中心区秋冬季的热量交换主要是海冰和大气之间长波辐射的平衡。由图 5.293 和图 5.294 可知，2012 年和 2014 年 DAWS 观测期间的长波辐射，从秋季的 300 W/m$^2$ 以上下降到冬季的 160 W/m$^2$ 左右，9—12 月下降速率最大，季节变化十分显著。由于穿极气旋的影响，长波辐射出现几次振幅很大的变化过程，最大升幅达到 100 W/m$^2$。为检验长波辐射观测资料的资料，对 2012 年和 2014 年海冰表面的红外温度和冰面放出长波辐射分别进行了相关分析（图 5.295），两者的复相关系数都达到 0.99，相关非常显著，超过了 0.001 的信度检

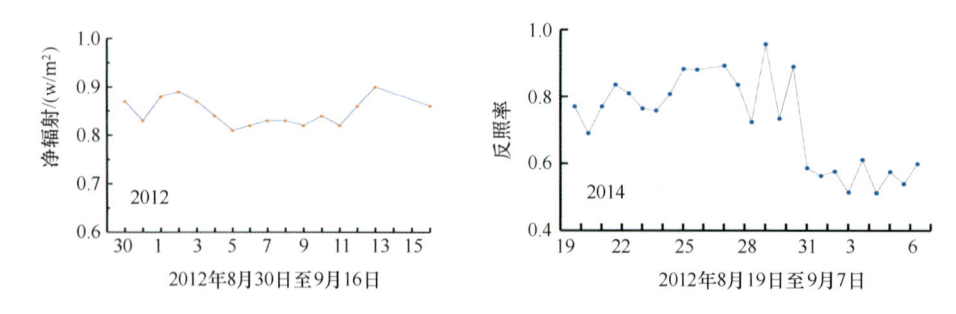

图 5.292　2012 年和 2014 年 DAWS 观测的海冰表面日平均反照率的时间序列

验，表明观测资料具有很高的质量。在此基础上，用 2012 年和 2014 年海冰表面的每小时资料计算出日平均净辐射通量。由图 5.296 可见，在有太阳辐射的时段净辐射为正，2012 年 8 月 30 日至 9 月 16 日平均净辐射为 3.2 W/m$^2$，2014 年 8 月 19 日至 9 月 30 日平均净辐射为 3.6 W/m$^2$，表明冰面吸收辐射能。2012 年秋冬季平均净辐射为 -5.3 W/m$^2$，2014 年秋冬季平均净辐射为 -1.5 W/m$^2$，表明大气向海冰输送热量。图 5.296 中冰面净辐射秋冬季大部分时间为准平衡状态（接近 0），净辐射多次出现短期突变过程，日平均最大值达到 50 W/m$^2$ 左右，使海冰表面强烈地吸收能量，其现象减缓了海冰表面的辐射冷却。2012 年秋冬季净辐射突变过程多于 2014 年，因此，2012 年秋冬季海冰从大气获得的能量要比 2014 年大 3 倍多，主要与影响北极中心区的天气过程有关。

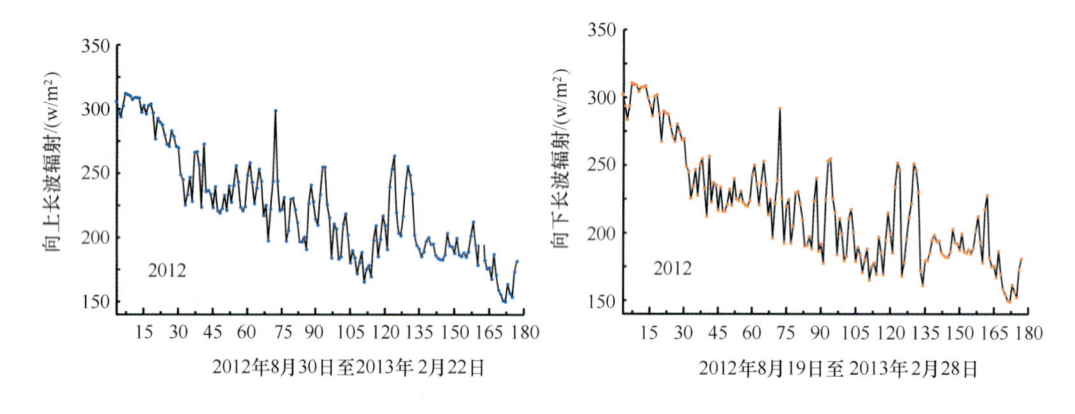

图 5.293　2012 年 DAWS 观测的海冰表面日平均向上（红点）和向下（蓝点）长波辐射的时间序列

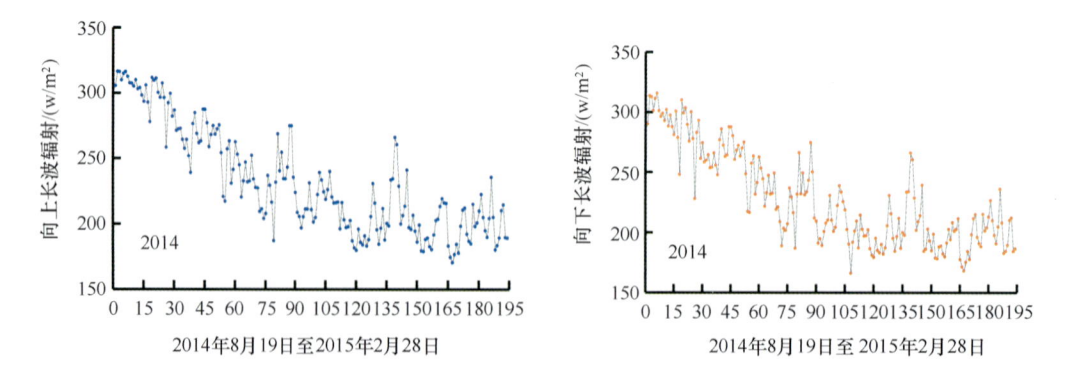

图 5.294　2014 年 DAWS 观测的海冰表面日平均向上（红点）和向下（蓝点）长波辐射的时间序列

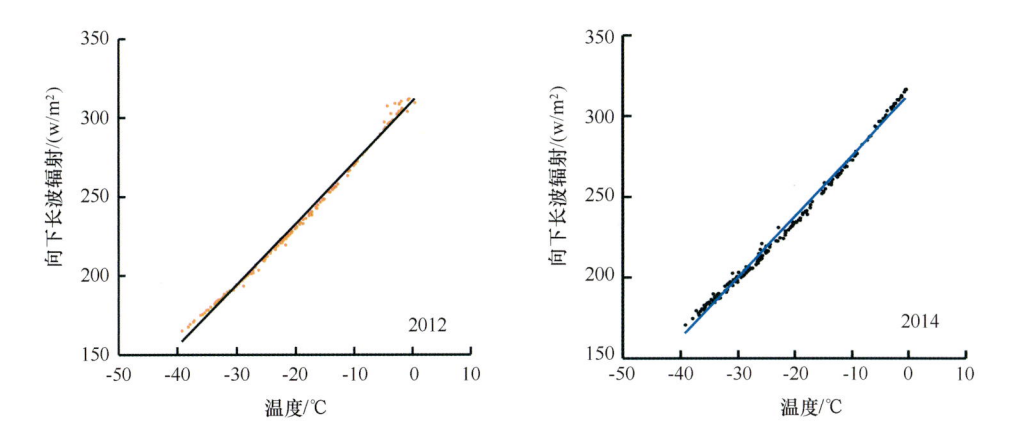

图 5.295　2012 年（红点）和 2014 年（蓝点）DAWS 观测的海冰表面红外温度和长波辐射的相关关系

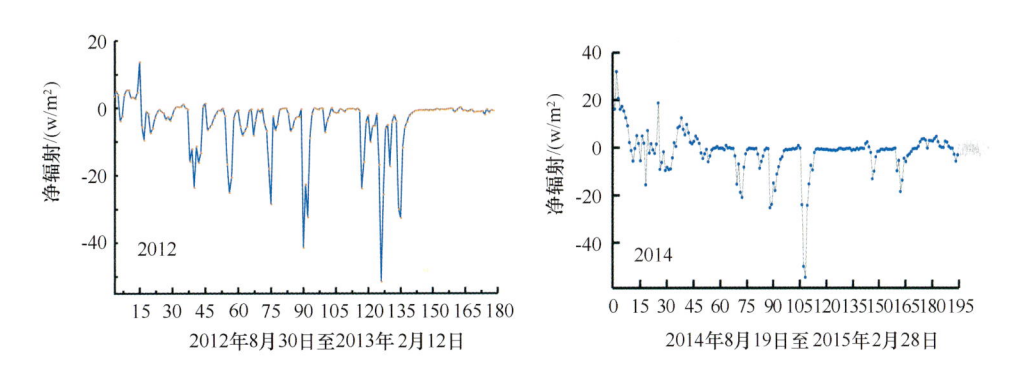

图 5.296　2012 年（红点）和 2014 年（蓝点）DAWS 观测的海冰表面日平均净辐射通量的相关关系

### 2. 温度和湿度变化特征

图 5.297 和图 5.298 给出 2012 年和 2014 年 DAWS 观测的 2 m 和 4 m 日平均气温的时间序列。2 m 和 4 m 气温变化具有高度的一致性，说明 DWAS 的传感器在运行期间没有出现冻结问题。在有太阳辐射时段，2 m 和 4 m 气温维持在 0℃ 左右。9 月后气温快速下降，冬季日平均气温最低为 -40℃ 左右。北冰洋中心区秋冬季温度变化的主要特点是温度急剧变化过程多，2012 年尤为显著，一天最大升温达到 30℃。2014 年温度急剧升高过程仅出现 2 次。图 5.299 和图 5.300 给出 2012 年和 2014 年 DAWS 观测的 2 m 和 4 m 日平均相对湿度的时间序列。相对湿度随时间的变化与气温相似，气温在 0℃ 左右，冰面有融化过程，湿度会升高，在 8—9 月相对湿度维持在 90% 以上，其后相对湿度，2 月达到最低，为 55% 左右。在急剧升温过程中，相对湿度随之升高，秋冬季均能升高到 90%。2012 年冬季的相对湿度高于 2014 年冬季约 10%，其原因可能与 2012 年冬季的暖湿空气的频繁影响有关。

图 5.301 给出 2012 年（红点）和 2014 年（蓝点）DAWS 观测的日平均海冰表面红外温度的时间序列。从图中可以看出，海冰表面温度与气温变化非常相似，日际变化的波动很大，每次天气过程的影响温度都会有突变现象。秋季温度呈明显的下降趋势，而冬季没有，冬季的最低温度比气温低，显示了冰雪面辐射冷却的特征。图 5.302 和图 5.303 给出

2012年和2014年DAWS观测的10 cm和40 cm日平均海冰温度的时间序列。与图5.301海冰表面温度相比，10 cm和40 cm海冰温度变化十分平缓。图中显示，10 cm和40 cm海冰温度9月维持在 –0.5~0℃，10月开始稳定下降，2月出现最低值，在 –20℃左右，比气温高约20℃左右，说明海冰温度梯度是向上的，海冰向大气热传导。秋冬季海冰温度受大气温度的影响十分明显，每次大气增温过程，海冰温度都会产生波动，10 cm海冰温度比40 cm波动更加明显。

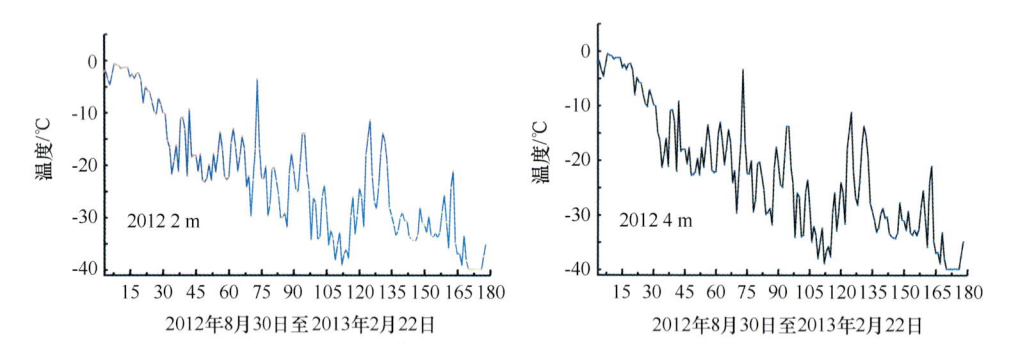

图5.297　2012年DAWS观测的2 m（红点）4 m（蓝点）日平均气温的时间

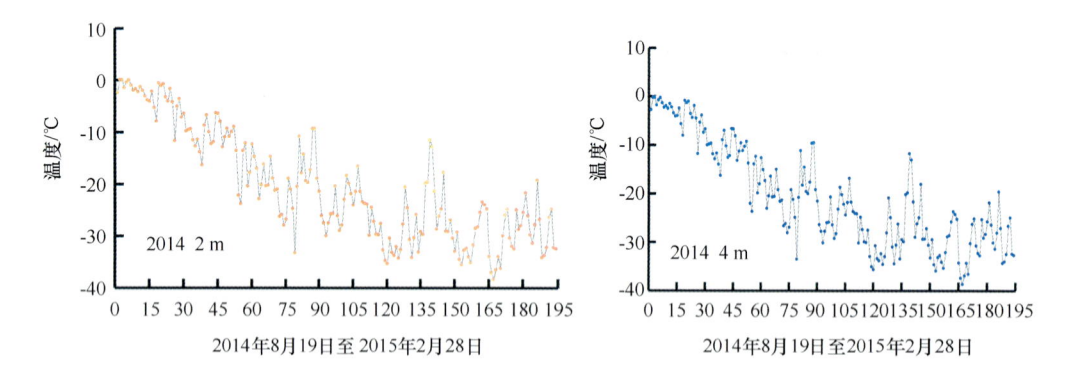

图5.298　2014年DAWS观测的2 m（红点）4 m（蓝点）日平均气温的时间序列

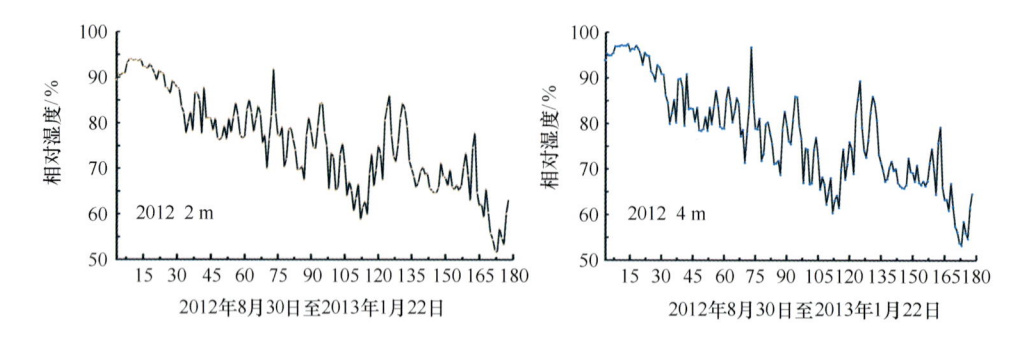

图5.299　2012年DAWS观测的2 m（红点）4 m（蓝点）日平均相对湿度的时间序列

为了认识北冰洋中心区气象要素的季节变化，计算了DWAS观测的2012年9月至2013年2月和2014年8月至2015年2月的气象要素的月平均值及其平均经纬度。由表5.37可知，2012年9月温度和湿度也显示北极中心区海冰处于不稳定融化期，相对湿度大于90%，冰温接近0℃，气温为 –4℃左右，这种气象条件，可以造成冰的融化。从秋季到冬

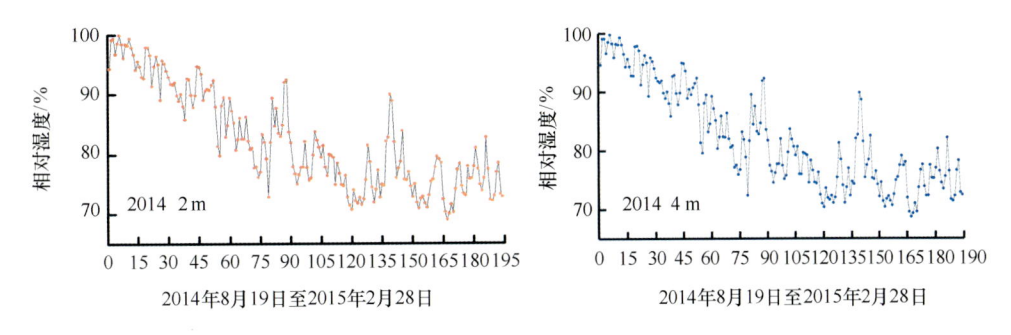

图 5.300　2014 年 DAWS 观测的 2 m（红点）4 m（蓝点）日平均相对湿度的时间序列

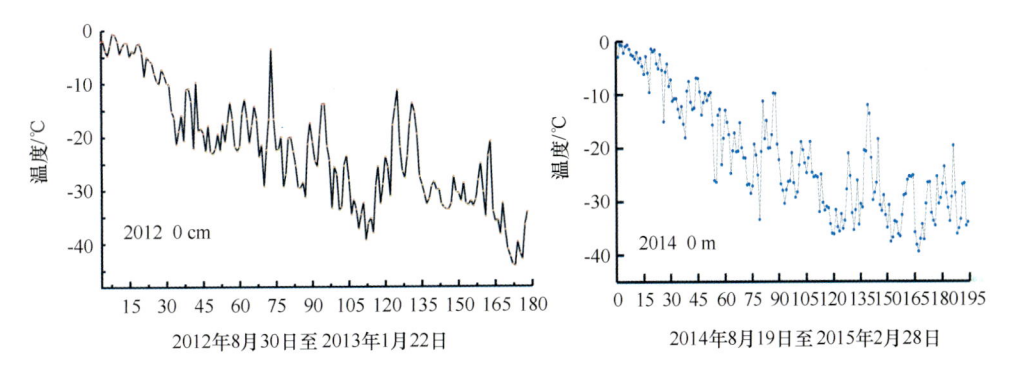

图 5.301　2012 年（红点）和 2014 年（蓝点）DAWS 观测的日平均海冰表面红外温度的时间序列

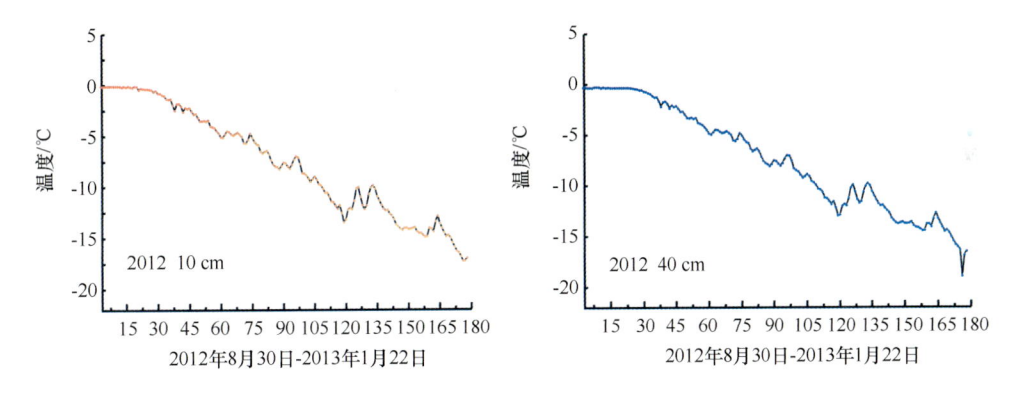

图 5.302　2012 年 DAWS 观测的 10 cm（红点）40 cm（蓝点）日平均海冰温度的时间序列

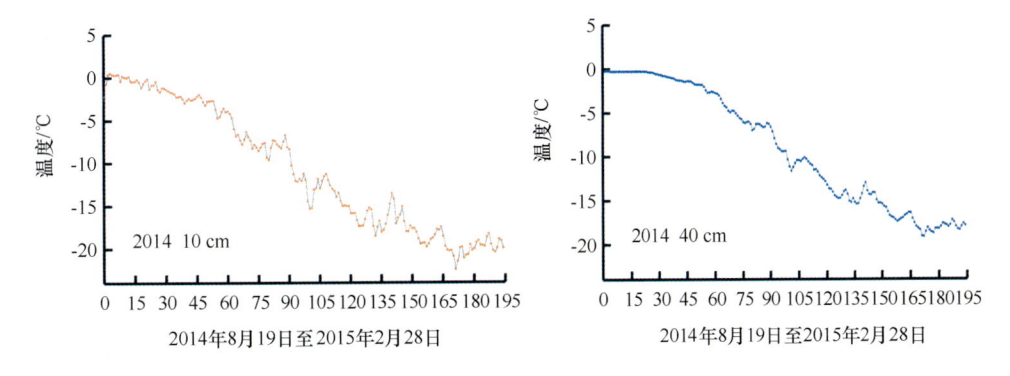

图 5.303　2014 年 DAWS 观测的 10 cm（红点）40 cm（蓝点）日平均海冰温度的时间序列

季，气温下降30℃左右，而冰温仅下降了约15℃，相对湿度下降了30%。最低气温（-40℃）、最低相对湿度（60%）均出现在2月。秋季的温度和湿度下降速率明显大于冬季，12月和1月温度和湿度变化很小，月平均气压最高。由表5.38可知，由于纬度的差异，2014年8月至2015年2月平均温度和湿度比2012年9月至2013年2月都高，从秋季到冬季，气温下降23℃左右，而冰温仅下降了约18℃，相对湿度下降了20%。最低气温为-39℃，最低相对湿度为70%，均出现在2月。秋季的温度和湿度下降速率明显大于冬季，12月和1月温度和湿度变化也很小，显示了与2012年秋冬相似的变化特征。

表5.37 北冰洋2012年9月至2013年2月逐月平均气象要素

| 时间/月 | 纬度 | 经度 | 4 m 温度 /℃ | 2 m 温度 /℃ | 4 m 湿度 /% | 2 m 湿度 /% | 气压 /hPa | 10 cm 温度 /℃ | 40 cm 温度 /℃ | 冰面红外温度 /℃ | 风速 /(m/s) | 风向 /° |
|---|---|---|---|---|---|---|---|---|---|---|---|---|
| 9 | 88.0°N | 132.4°E | -4.61 | -4.7 | 95 | 94 | 1 009 | -0.3 | -0.4 | -5.2 | 2.21 | 87 |
| 10 | 88.2°N | 121.7°E | -18.00 | -18.2 | 83 | 82 | 1 016 | -3.0 | -2.8 | -18.1 | 1.10 | |
| 11 | 88.7°N | 103.8°E | -22.00 | -22.2 | 79 | 80 | 1 012 | -6.3 | -6.2 | -21.9 | 1.50 | 94 |
| 12 | 89.1°N | 92.9°E | -28.70 | -28.9 | 72 | 71 | 1 019 | -10.2 | -10.0 | -28.5 | | |
| 1 | 88.5°N | 103.3°W | -28.00 | -28.2 | 72 | 73 | 1 025 | -12.4 | -12.1 | -27.6 | | |
| 2 | 87.3°N | 110.2°W | -34.80 | -34.9 | 64 | 65 | 1 016 | -15.0 | -14.7 | -35.0 | | |

表5.38 北冰洋2014年8月至2015年2月逐月平均气象要素

| 时间/月 | 纬度 | 经度 | 4 m 温度 /℃ | 2 m 温度 /℃ | 4 m 湿度 /% | 2 m 湿度 /% | 气压 /hPa | 10 cm 温度 /℃ | 40 cm 温度 /℃ | 冰面红外温度 /℃ | 风速 /(m/s) | 风向 /° |
|---|---|---|---|---|---|---|---|---|---|---|---|---|
| 8 | 81.1°N | 156.8°W | -1.2 | -1.0 | 98 | 98 | 1 003 | 0.2 | -0.2 | -1.7 | 3.3 | 217 |
| 9 | 81.3°N | 154.0°W | -6.4 | -6.2 | 94 | 93 | 1 010 | -1.2 | -0.5 | -7.3 | 3.9 | 188 |
| 10 | 81.4°N | 152.1°W | -14.9 | -14.7 | 87 | 87 | 1 023 | -4.3 | -2.6 | -15.7 | 2.8 | 155 |
| 11 | 81.5°N | 150.1°W | -22.4 | -22.1 | 81 | 81 | 1 017 | -9.8 | -7.4 | -22.6 | 3.5 | 189 |
| 12 | 80.6°N | 146.0°W | -28.0 | -27.7 | 76 | 76 | 1 020 | -14.8 | -12.6 | -29.0 | 2.9 | 148 |
| 1 | 80.2°N | 142.4°W | -27.7 | -27.4 | 76 | 77 | 1 019 | -17.6 | -15.6 | -28.7 | 3.1 | 151 |
| 2 | 79.6°N | 140.2°W | -29.7 | -29.4 | 75 | 75 | 1 016 | -20.0 | -18.0 | -30.7 | 3.7 | 160 |

3. 北极爆发性增温过程

温度资料显示，北极中心区秋季和冬季出现了多次增温过程，最大升温幅度日平均达20℃以上。为深入认识这些升温现象的大气过程，图5.304给出2012年11月1日至2013年1月30平均2 m气温（a）、4 m相对湿度（c）0.1 m（b）和0.4 m（d）冰温、冰面长波辐射（e）和气压（f）时平均的时间序列。图中显示，以2012年11月7—10日和2012年12月30日至2013年1月1日出现的2次增温过程［图5.304（a）］最为显著，可称之为爆发性增

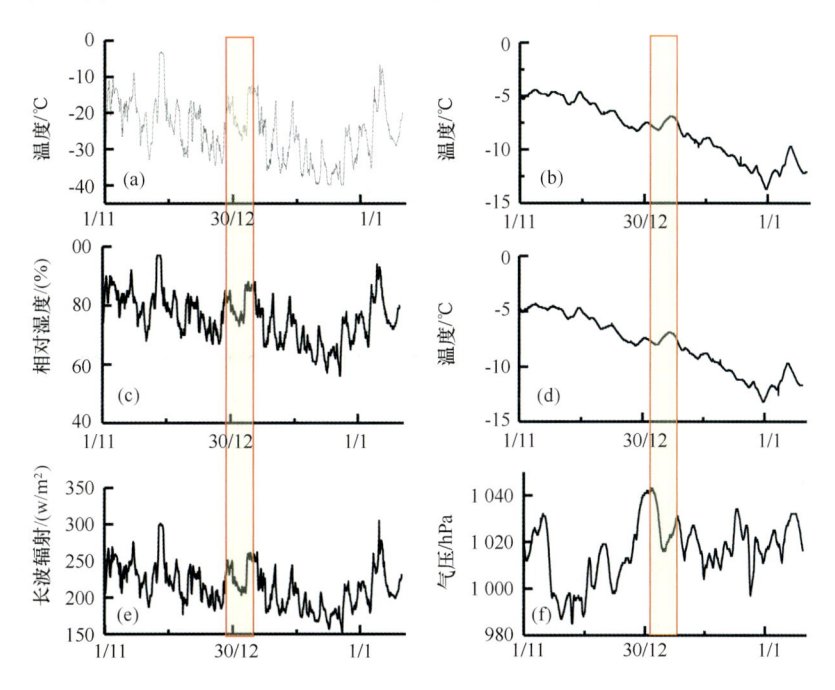

温过程，增温幅度分别达到 30℃（-32.9～-2.9℃）和 28.6℃（-35.1～-6.5℃），相对湿度［图 5.304（c）］和长波辐射［图 5.304（e）］分别上升了 30% 和 100 W/m² 以上。温湿增幅如此之大，在中低纬度是十分罕见的。增温过程伴随气压的下降［图 5.304（f）］。在 2012 年 11 月 7—10 日增温过程中，DWAS（88°45′N，109°46′E）出现迂回运动过程，表明 DWAS 所在的海冰区受增温过程的影响，冰盘破裂形成海冰可以加速运动的水道，而导致海冰产生迂回运动。2014 年也出现类似 2012 年增温过程。图 5.305 给出 2014 年 11 月 2—10 日的 2 m 气温、4 m 相对湿度、10 cm 冰温、冰面长波辐射和气压的变化过程。气温从 4 日的 -35℃ 开始升高，6 日达到 -9.3℃，同时，相对湿度升高 25%，冰温和冰面长波辐射都出现了升高过程，气压下降 20 多 hPa。该过程可归于爆发性增温事件。

图 5.304　DAWS 观测的 2012 年 11 月 1 日至 2013 年 1 月 30 日时平均 2 m 气温（a）、4 m 相对湿度（c）、0.1 m（b）和 0.4 m（d）冰温、冰面长波辐射（e）和气压（f）时平均的时间序列

分析北极地区温度场与环流场形势清楚地说明，北极中心区的增温过程是由大尺度穿极低压系统的影响引起。图 5.306 给出 2012 年 11 月 8—10 日 1 000 hPa 和 500 hPa 温度场与环流场形势。图中显示，8 日靠近 DWAS 的东北面有一低压中心，气旋性环流伴随的强暖湿气流控制了大范围的海冰区，1 000 hPa 上的暖中心温度高达 -6～-3℃，DWAS 的偏东方向为高压环流，并伴随暖平流向下输送，500 hPa 温度场的暖中心温度达到 -24～-22℃，DWAS 所在的大尺度海冰受来自东北强暖湿气流的影响，形成了爆发性增温。10 日从图中可知，10 日 1 000 hPa 在极点附近形成较弱的穿极低压系统和 500 hPa 形成较弱的穿极涡旋，DWAS 所在的大尺度海冰受干冷气流的影响。该过程与 2012 年 12 月 30 日至 2013 年 1 月 2 日的爆发性增温过程基本相似，与穿极气旋的形成和影响过程有关。由此可见，DWAS 观测的爆发性增温过程在时间与空间与大尺度的强暖湿气流影响过程非常吻合，说明北极中心区的爆发性增温现象是经常发生，增温强度在中低度罕见。这种现象可能是导致北极秋冬季大尺度海冰冰

盘破和融化及异常漂流轨迹的重要机制之一。

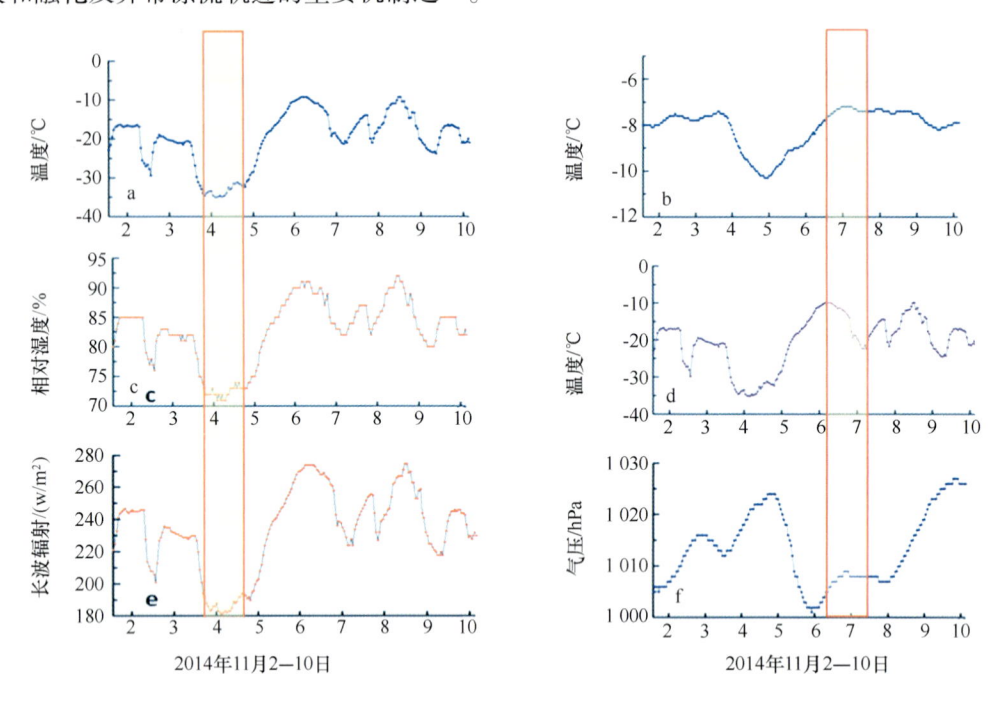

图 5.305　DAWS 观测的 2014 年 11 月 2—10 日 2 m 气温（a）、10 cm 冰温（b）、2 m 相对湿度（c）、冰面红外温度（d）、冰面长波辐射（e）和气压（f）时平均的时间序列

### （三）北冰洋中心区大气边界层结构

随着北极海冰的持续减少，2008 年夏季我国第三次北极考察队到达北冰洋 85°N 海域，第四次北极科学考察队到达北极点附近（88.41°N），2012 年第五次和 2014 年第六次北极科学考察队都到达了 80°N 以北冰区，使我们得以在北冰洋中心区冰站获取了 GPS 探空资料，分析了对流层和边界层逆温强度的变化特征，对北冰洋大气边界层高度的变化特征提出了新认识。本节利用我国第四次至第六次北极考察队获得的北极探空资料，对比分析北极夏季海冰面积变化对大气边界层结构的影响，为研究北极海冰变化对大气环流的影响机理提供观测事实。

#### 1. 对流层大气结构

对流层顶是大气垂直结构的重要参数之一。采用世界气象组织（WMO，World Meteorological Organization）热力学对流层顶的定义确定对流层顶（WMO，1957）。当温度递减率减小为 2 ℃/km 或更小时的最低高度，且在这一高度以上至少 2 km 内的平均温度递减率不超过 2 ℃/km，称之为递减率对流层顶（Lapse-Rate Tropopause，LRT）。利用最低温度也能够确定对流层顶的高度，是热力学对流层顶的另一种判别方法，称之冷点对流层顶（Cold-Point Tropopause，CPT），因此，从探空温度曲线容易确定 CPT 的位置高度。

探测资料经剔除个别异常值后，处理成 50 m 等间隔的资料，然后计算各次考察的平均廓线。图 5.307 给出 2010 年、2012 年和 2014 年北冰洋中心区的温度、风速和风向的平均垂直廓线。图 5.307 显示，1～10 km 温度随高度降低，2010 年、2012 年和 2014 年温度垂直递减率分别为 5.2℃/km、0.56℃/km 和 4.75℃/km，其中以 2012 年夏季的温度垂直递减率为最

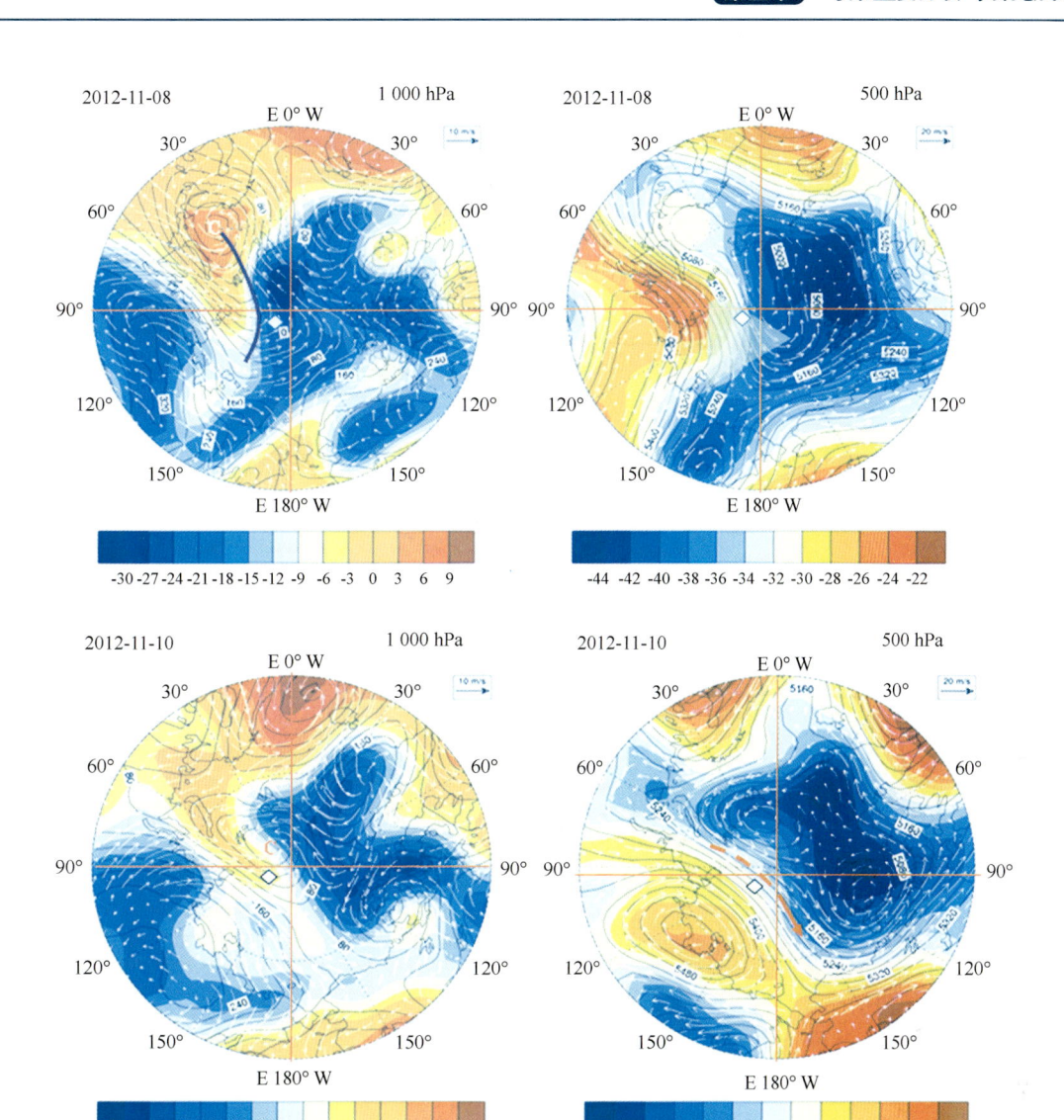

图 5.306　2012 年 11 月 8 日（a）和 10 日（b）北极地区 60°以北 1 000 hPa 和 500 hPa 流场和温度场（http：//www.cdc.noaa.gov）。图中菱形所示 DWAS 所在位置（88°50′N，101°47′E）

大。这 3 年的递减率比 2008 年第三次北极考察在 79—85.5°N，144—170°W 的探测结果明显偏低。LRT 高度分别为 9.8 km、9.0 km 和 9.7 km，CPT 高度和对应温度分别为 10.5 km 和 53.9℃、9.4 km 和 54.2℃、10.4 km 和 48.4℃。由此可见，2012 年的 LRT 和 CPT 均比 2010 和 2014 年有所降低。对流层顶以上 1~2 km 为对流层顶逆温层（Tropopause Inversion Layer, TIL），温度随高度明显增加，增温率约为 2.0℃/km。逆温层的存在，使得对流层顶附近大气更加稳定，多为大尺度的平流运动。逆温层以上温度随高度变化很小，近似等温层。在 1 km 以下，2010 年和 2014 年近地面边界层存在明显的逆温结构，是由海冰辐射冷却效应所造成，逆温层内平均温度递减率为 1.3℃/100 m，逆温层出现在 100~500 m，强逆温会阻碍海 - 冰 - 气之间物质与能量的交换。2012 年很少出现近地面逆温层，可能与测站周围存在无冰海域和近地层气流较强的混合作用有关。

风速廓线（图 5.307）显示，近地层风速随高度均有迅速增加的过程，2010 年和 2014 年

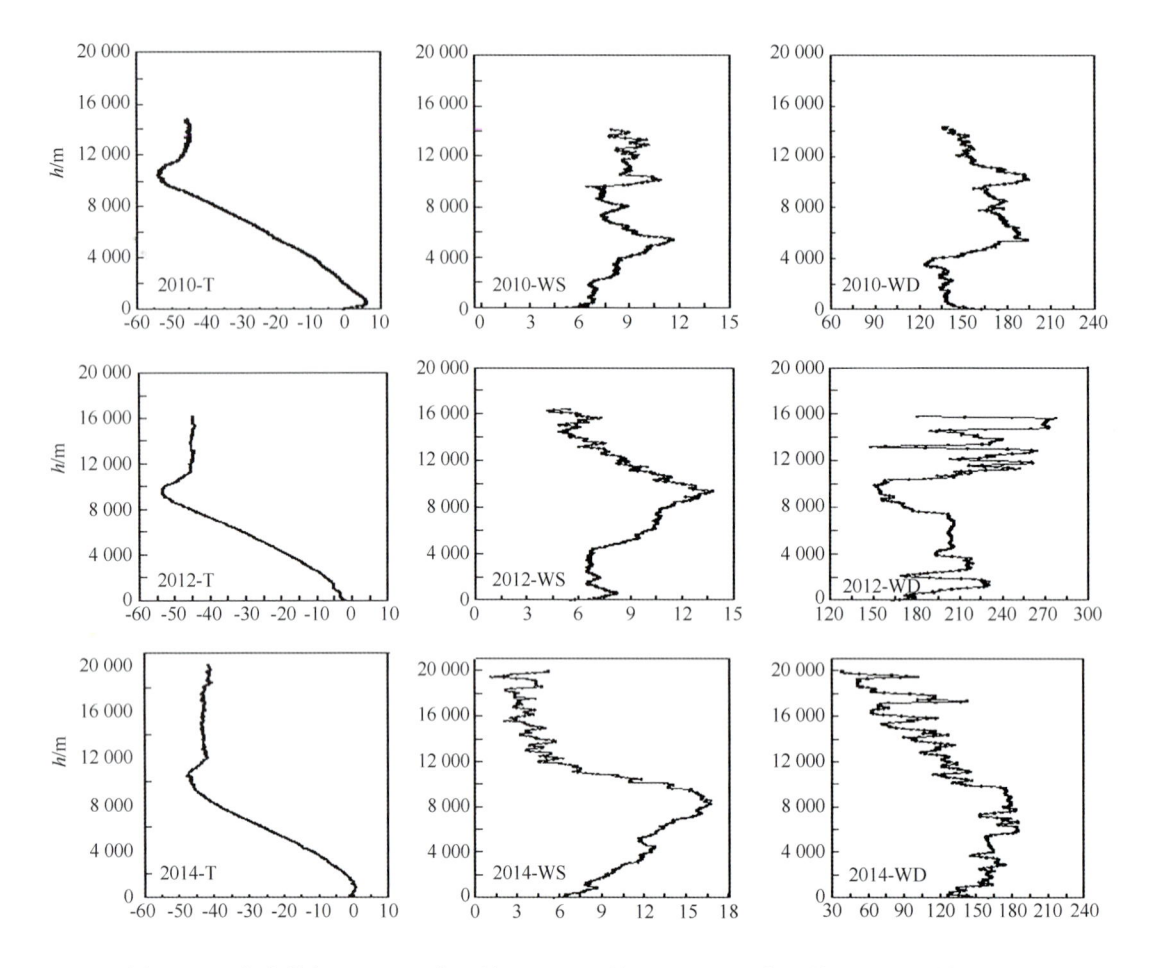

图 5.307　北冰洋中心区 2010 年 8 月 10 日至 8 月 24 日、2012 年 8 月 27 日至 9 月 4 日和 2014 年 8 月 19 日至 26 日平均温度（T）、风速（WS）和风向（WD）垂直廓线

风速随高度增加基本是连续的，2012 年有所不同，在 0.8~4 km 之间出现了明显的混合区，即风速随高度不变。对流层顶中部出现的最大风速达到 11 m/s 以上；称之高空急流。2010 年、2012 年和 2014 年急流层分别出现在 5.3 km、9.3 km、8.1 km；对应的最大风速分别为 11.7 m/s、13.74 m/s 和 16.7 m/s。2012 年急流层出现后，风速随高度持续减小到 15 km 左右，没有出现混合层，而 2010 年和 2014 年在对流层上层均出现了明显的混合层，与等温层对应。风向随高度变化显示（图 5.307），2010 年和 2014 年在 4 km 以下盛行偏东南风，5 km 以上为偏南风和偏东风。2012 年 4 km 以下为南到西南风；风向变化不稳定，对流层顶以上高度转为西南到偏西风，而且风向标准差较大。北冰洋大气温度和风的垂直分部特征表明，2012 年与 2010 和 2014 年的温度递减率、对流层顶高度、风速和风向垂直结构均存在十分明显差异。

### 2. 边界层逆温和高度

有两种方法能够确定边界层高度。一是将最强逆温层底的高度定为边界层高度，用 $H_b$ 表示。二是用温度梯度的最大高度，对应于逆温层的中间高度定为边界层高度，用 $h$ 表示。由于北冰洋雪冰下垫面的强烈辐射冷却作用形成近地层逆温，常用第一种方法确定边界层高度。

图 5.308 给出了 2010、2012 和 2014 年观测期间 3 km 以下温度垂直递减率的时间剖面。

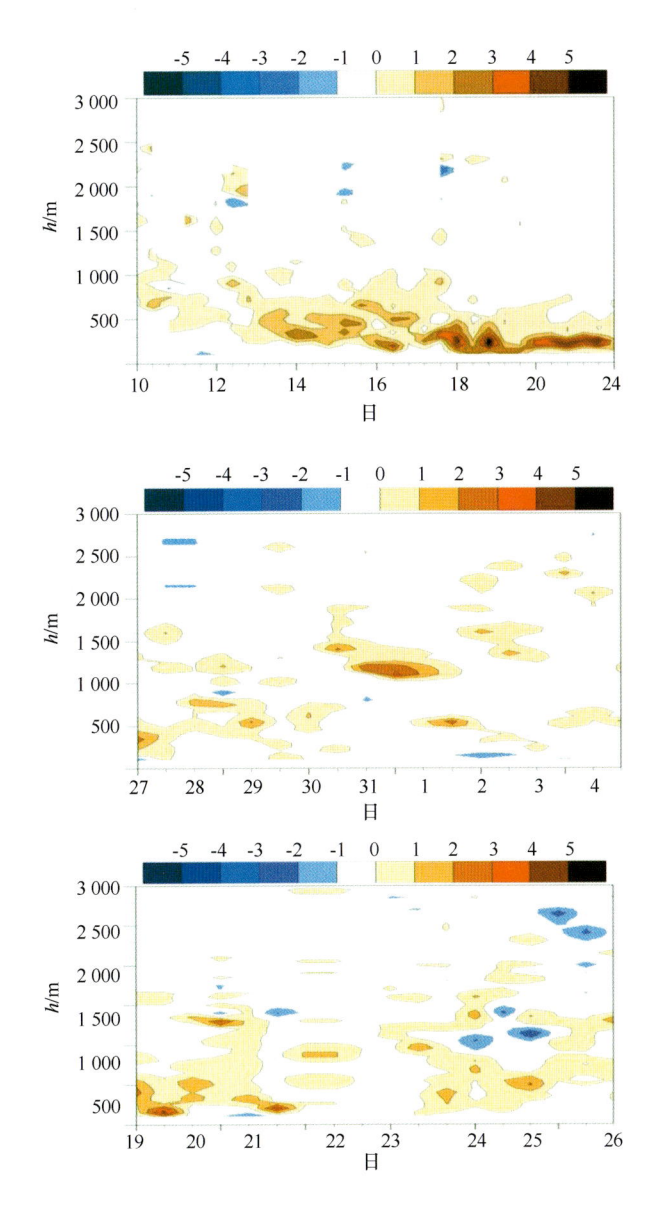

图 5.308　北冰洋中心区 2010 年 8 月 10—24 日（上）、2012 年 8 月 27 日—9 月 4 日（中）和 2014 年 8 月 19—26 日（下）观测期间 3 km 以下温度垂直递减率［℃／（100 m）］时间剖面

近地层至 3 km 之间存在不同强度、不同厚度的逆温层，并有多层结构的变化特征。多层逆温结构与中低层冷暖空气的相互作用有关。在我国第一次至第三次北极考察中已发现北冰洋存在多层逆温结构的现象，主要与测站周围不同海冰覆盖范围所产生的热力和动力作用有关。图 5.308 显示，2010 年和 2014 年观测期间，在 1 km 高度以下逆温层频繁出现，尤以 2010 年逆温最强，逆温强度常达到 4～5℃／（100 m），逆温层高度也较低，均出现在 500 m 以下。2012 年观测期间的逆温层出现次数较少，逆温层的高度也明显升高，与 2010 年和 2014 年逆温层特点有明显不同。其差异表明，2010 年和 2014 年冰站周围海冰近地层以辐射冷却过程和稳定天气为主，2012 年冰站周围海冰近地层受到无冰海域平流输送影响，而以对流天气为主，形成了海－冰－气相互作用过程。由此可见，2012 年夏季海冰范围最小，直接影响到北冰洋中心区的大气边界层结构。

为定量分析北冰洋中心浮冰区的边界层高度，利用 2010 年 32 次、2012 年 17 次和 2014

年18次探测资料，采用两种方法确定了边界层高度。从图5.309可以看出，虽然$H_b$和$h$相关都非常显著，但差异也明显。2010年观测期间的$H_b$和$h$平均分别为342 m和453 m，$H_b$比$h$低111 m。当边界层高度小于400 m，$H_b$和$h$比较接近，反之$H_b$和$h$差别较大。2012年观测期间的$H_b$和$h$平均分别为691和766 m，相差75 m。当边界层高度在500 m以上，$H_b$和$h$比较接近，反之，$H_b$和$h$相对离散。2014年观测期间的$H_b$和$h$平均分别约为482 m和584 m，相差102 m。当边界层高度小于400 m，$H_b$和$h$比较接近，反之，$H_b$和$h$较为离散。由此可见，2010年和2014年观测期间的平均边界层高度比2012年低，在500 m以下采用两种方法确定的边界层高度的相关性好于500 m以上。2012年与之相反，采用2种方法确定的500 m以上边界层高度相关性好于500 m以下。其结果说明，北冰洋中心区2012年与2010年和2014年观测期间的边界层结构不同，可能与冰站周围海洋–海冰–大气交换过程有关。

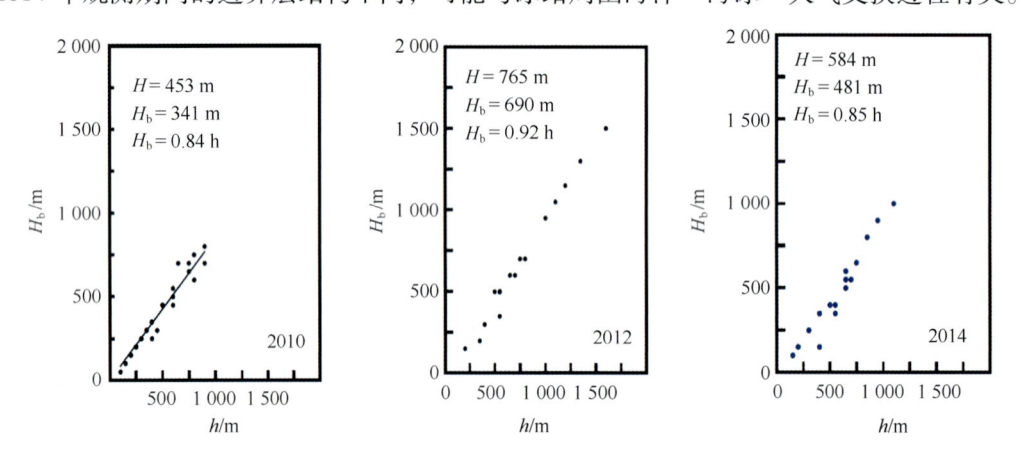

图5.309　2010（左）、2012（中）和2014年（右）北冰洋中心区观测期间不同确定的边界层高度的相关关系

分析逆温强度与边界层高度的关系，能够深入认识边界层过程及其影响的作用。图5.310给出边界层高度与逆温强度的关系，单位是℃/(100 m)。2010和2014年北冰洋中心区观测期间两者呈显著的对数关系，相关系数分别为0.81和0.92，表明逆温强度越强，边界层高度越低。2012年观测期间边界层高度与逆温强度的相关系数为0.56，对数关系比较离散，与2010年和2014年相反，呈现的是逆温强度越强，边界层高度越高的趋势。其结果进一步显示了2012年与2010年和2014年北冰洋中心区边界层结构的差异。

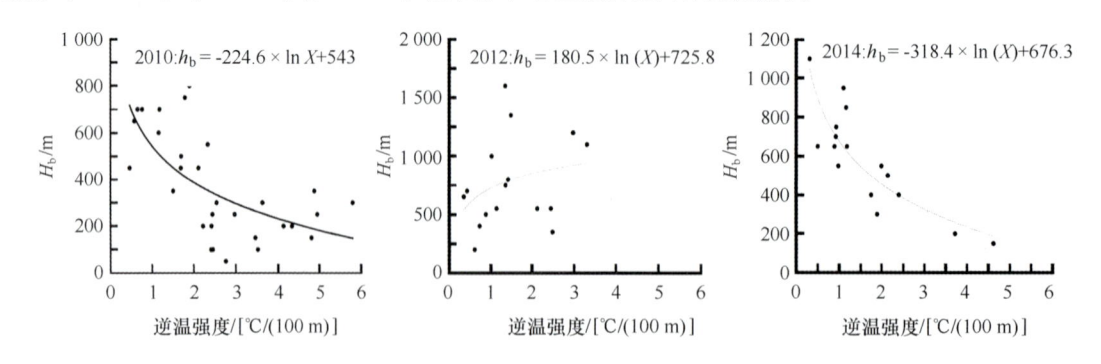

图5.310　2010年（左）、2012年（中）和2014年（右）北冰洋中心区观测期间逆温强度与边界层高度的关系

### （四）大气边界层结构对北极海冰变化的响应

北极地区大气边界层结构除了受大尺度天气过程的影响外，主要与海冰覆盖范围的变化有直接关系。上述分析表明，2014 年夏季北冰洋中心区的大气边界层结构与 2010 年和 2012 年有明显的差异。为了认识海冰范围变化对大气结构的影响过程，利用 1979—2014 年 9 月北极海冰范围和海冰面积资料（http：//nsidc. org/data/docs/noaa/）、同期地面和 850 hPa 气象再分析资料（http：//www. cdc. noaa. gov），研究了海冰减少趋势及其对北冰洋中心区温度变化的影响。结果显示，从 20 世纪 80 年代以来北极海冰最大和最小范围均呈显著的减小趋势。2 月份海冰最大范围以 3%/（10a）的速率减少，变化趋势相当平稳，但与 9 月海冰最小范围的减少速率有显著不同。由图 5.311 可见，在 1979—2014 年期间，9 月的海冰范围以 13.3%/（10a）速率在减少，2001 年以来减少速率明显大于前 20 年，且变化速率的年际波动较大。其中最显著的变化特点是，在 1979—2001 年期间，海冰的减少趋势不明显，减少速率为 7%/10a，而在 2002—2014 年期间，减少速率达到 18%/（10a）。图 5.311 还显示，9 月海冰范围和海冰面积的变化趋势基本相似。以 2012 年 9 月海冰范围减少最多，达到 43.6%，2010 年和 2014 海冰范围分别减少了 22.6% 和 17%。可见，2012 年 9 月海冰覆盖范围仅是 2010 年和 2014 年 9 月的 50% 左右。图 5.312 给出北极地区（60°N 以北）9 月 1 000 hPa 地面温度距平和气压距平场、850 hPa 温度距平和位势高度距平场，单位为 K。图中显示，在海冰最少的 2012 年 9 月，北极地区 1 000 hPa 和 850 hPa 温度场正距平范围明显大于 2010 年和 2014 年，特别是北冰洋中心区温度升高的幅度较大，达到 2~4℃。2014 年 9 月海冰范围有明显的增加，在北冰洋中心区出现了温度负距平区，850 hPa 上空均为负距平区，即温度下降。由此可知，北极海冰范围的增减，会使地表到 850 hPa 上空的温度上升或下降。

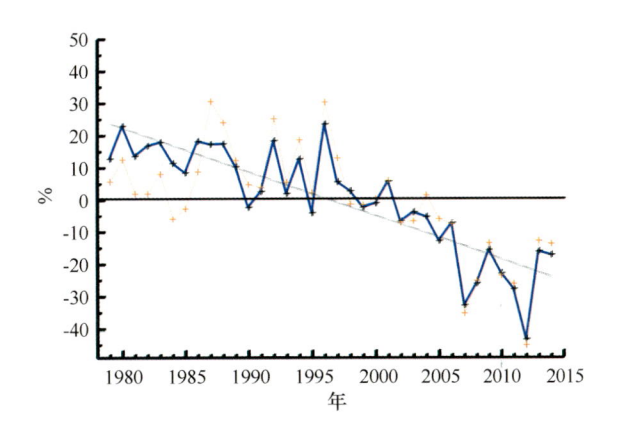

图 5.311　1979—2014 年 9 月北极海冰范围（蓝线）和海冰面积（红线）距平的时间序列

为讨论北极海冰与温度的长期变化关系，我们计算了 1979—2014 年 9 月 1 000 hPa 和 850 hPa 北冰洋中心区（80°—90°N）的逐年平均温度和距平。由图 5.313 可见，近 30 年来北冰洋中心区 9 月平均温度呈明显的上升趋势，1 000 hPa 升温速率为 1.3℃/（10a），850 hPa 升温速率为 0.81℃/（10a）。2012 年 9 月平均温度达到历史最高，对应了北极海冰范围最小。图 5.314 清楚地显示出与海冰与温度变化的显著负相关关系，1 000 hPa 和 850 hPa 9 月温度与同

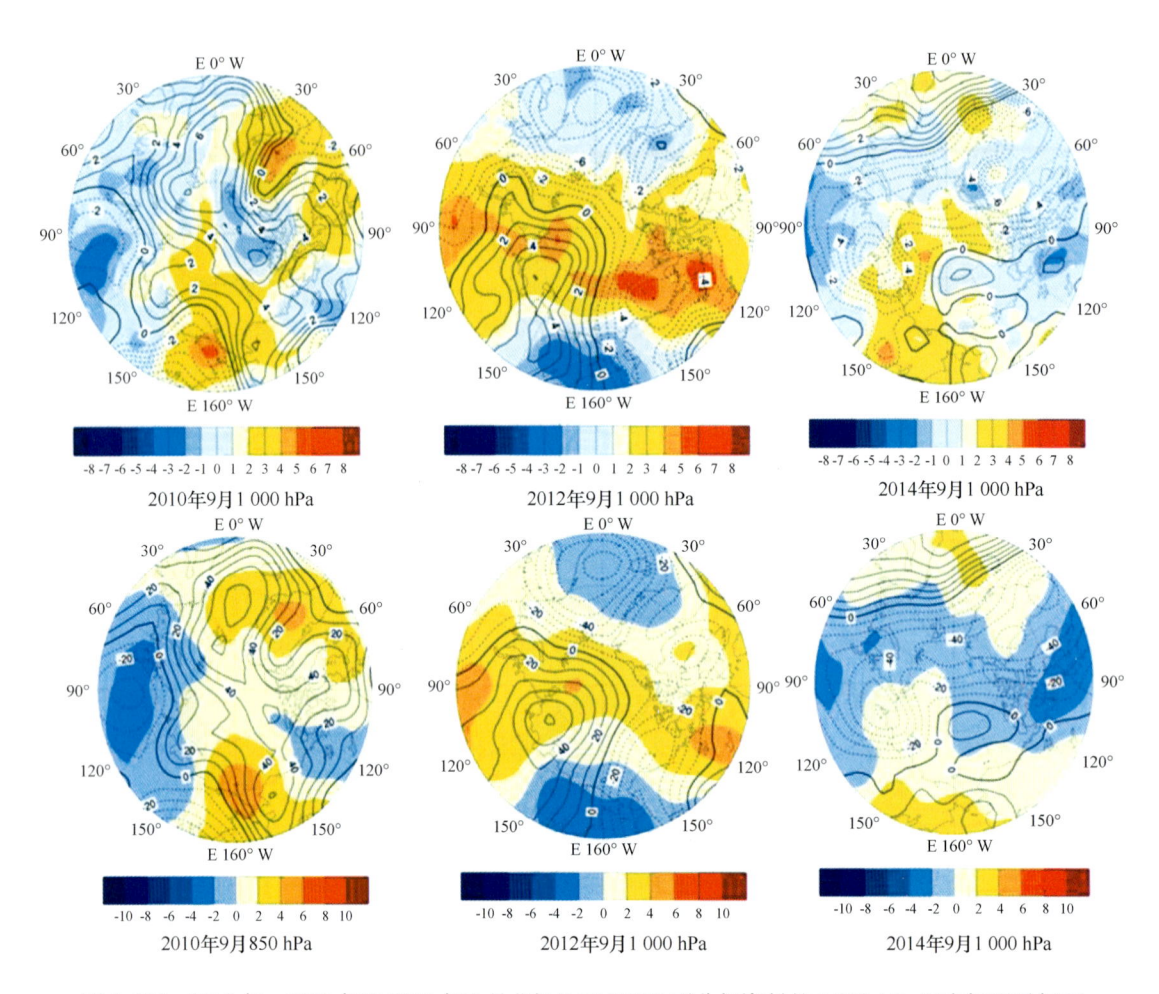

图 5.312　2010 年、2012 年和 2014 年 9 月北极地区 NCEP 再分析资料的 1 000 hPa 温度场距平气压场距平、850 hPa 温度场距平和位势高度场距平（等值线）和（阴影）

期海冰范围的相关系数分布为 0.83 和 0.74，都达到 1% 的显著性信度检验。其统计分析结果，说明北极海冰范围的变化对大气温度结构和边界层参数具有重要影响，而且其影响具有系统性和长期性。

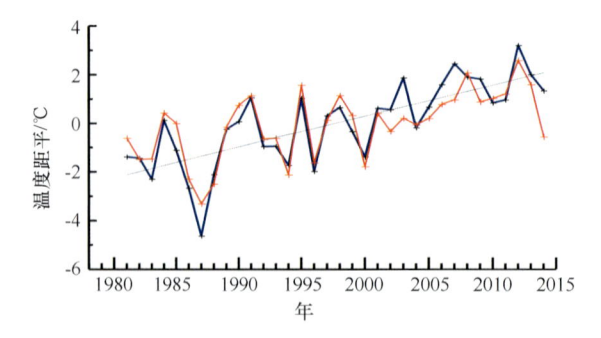

图 5.313　1979—2014 年 9 月冰洋中心区（80°—90°N）1 000 hPa 温度距平（红线）和 850 hPa 温度距平（蓝线）的时间序列

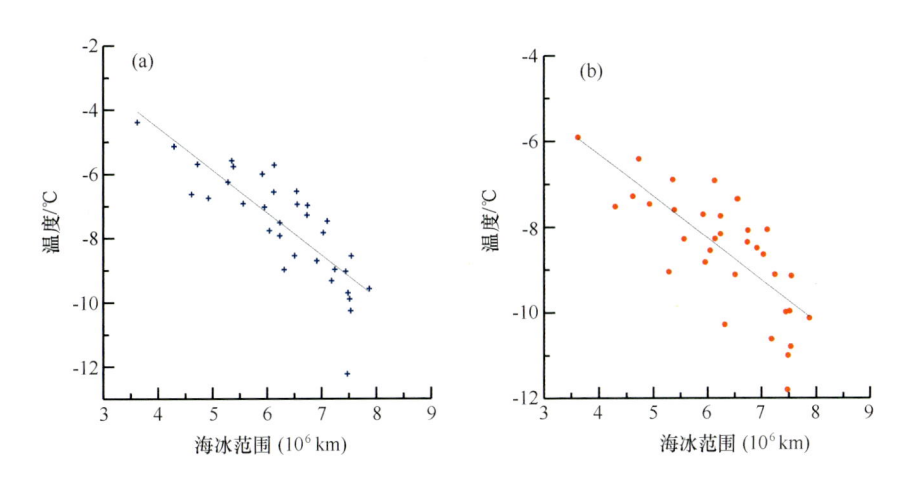

图 5.314  1979—2014 年 9 月北极海范围与冰洋中心区（80°—90°N）1 000 hPa 温度（a）和 850 hPa 温度（b）的相关关系

### （五）小结

通过我国第五次和第六次北极考察队获得的漂流自动气象站和大气廓线观测资料及相关资料的分析，对北极海洋-海冰-大气相互作用和北冰洋中心区的大气过程有了新认识。主要进展如下。

① 第五次和第六次北极考察队在北冰洋多年生海冰上安装了我国自主研发的漂流自动气象站（DWAS），获得了 2012 年 8 月 30 日至 2013 年 2 月 22 日计 178 天的逐时资料和 2014 年 8 月 18 日至 2015 年 5 月 26 日计 281 天的逐时资料，为研究北极无太阳辐射加热条件下的海洋-海冰-大气相互作用过程提供了基础，表明我国在极地低温自动气象站的研发技术取得了重要。

② 通过北冰洋浮冰区对流层顶和边界层高度及逆温层变化特征分析，揭示出北冰洋中心区对流层顶高度为 9.8~10.5 km，有低空急流和高空急流 2 个最大风速区（12 m/s），分别在对流层中层和对流层顶部。用 2 种方法确定的平均边界层高度分别为 341 m 和 453 m，显示了逆温强度越强，边界层高度越低的变化特征．北极点附近海区存在很强的冰/气相互作用，大气边界层结构与天气系统和海冰密集度有关。

③ 通过分析北冰洋中心区 GPS 探空资料，对不同海冰覆范围的大气垂直结构、边界层高度参数的年际变化特征有了新认知，揭示出冰洋中心区 1979—2014 年 9 月 1 000 hPa 和 850 hPa 温度与海冰范围的变化关系，新的统计事实和他们的紧密关系，为深入研究北极海冰变化在全球气候变化中的作用提供了重要依据。

④ 对秋冬季北极点周围海冰漂流轨迹和速度及大气过程进行了分析，并得到新的认识。海冰漂移存在转折过程的不稳定漂移轨迹，平均漂移速度为 0.06 m/s，最大移速达到 0.4 m/s。海冰漂移方向的突变和加速是穿极气旋和穿极急流的作用。

⑤ 海冰表面净辐射多次出现短期突变过程，导致海冰表面从大气吸收能量，减缓了海冰的辐射冷却。北极中心区多次出现爆发性增温过程，最大增温幅度达到 30℃，是暖湿气流的输送引起，这种现象在中低纬度十分罕见。在增温过程中高层大气向冰面输送热量，可能导致冰盘破裂，海冰硬度的脆变，减缓海冰厚度增长，形成使海冰加速运动的水道。这种过程

可能是北极海冰面积减少重要机制之一。

## 第四节 海冰环境数据分析

### 一、序言

全球气候变化是举世瞩目的重大课题。极地作为地球系统的冷源,是全球气候变化的主要驱动器和指示器;与此同时,极地环境对全球变化反应十分敏感,表现出明显的放大作用。近几十年来的研究表明,全球增暖导致两极地区的冰层、海洋和陆地等圈层发生了显著变化(IPCC AR5)。2012年4月,英国气象局的报告显示,全球气温自1900年以来升高了0.75℃,而北极地区的增暖幅度是全球平均的2~3倍。伴随着全球增暖,北极海冰消融是北极地区最显著的变化之一。无论是冬季的观测值还是夏季的观测值,北冰洋海冰范围都呈现出快速减少的趋势,其中夏季最为明显。北冰洋海冰快速减少的趋势在最近10年尤为显著,1979—1996年间,北冰洋海冰的范围和面积的缩减率为每10年2.2%和3.0%;然而,1979—2007年间,上述两者则增大到每10年10.1%和10.7%。有卫星记录以来,北冰洋海冰范围的最低值出现在2012年9月16日,为$3.41 \times 10^6 \text{ km}^2$,这相对1979—2000年的平均值减少了$2.73 \times 10^6 \text{ km}^2$。由于海水的反照率只有海冰的约10%,海冰的减少会显著影响地球表面的辐射强迫。在过去30年,北极海冰减少对全球表面辐射强迫的影响相当于碳排放的1/4。最新的气候模式预测表明,大约至本世纪中叶,北冰洋将会出现夏季无冰的现象。

目前,北极海冰热力/动力过程、快速变化机理,北极海冰快速变化与局地乃至全球气候系统的相互反馈,已成为极地科学研究的热点和难点。1999—2014年,我国已成功地组织了6次北极科学考察,并在2010年首次抵达北极点开展了科学考察活动,实现了我国北极考察历史性的突破;2012年第五次北极考察期间"雪龙"号成功首航北极航道,完成我国跨越北冰洋的科学考察。考察期间,针对海冰物理特征、海-冰-气相互作用等的观测,均为历次考察的重点之一。

我国的北极海冰考察主要通过两种方式进行,一为船基走航海冰物理特征综合观测;二为冰基的海-冰-气相互作用多学科协同观测。本章以我国第五次和第六次北极考察获取的海冰数据为主,结合第三次和第四次北极考察以及部分国际共享数据,开展了走航海冰观测数据分析以及冰基海-冰-气相互作用观测数据分析,针对海冰物理特征、热力和动力学特征、太平洋扇区海冰变化、冰龄分布、海-冰-气界面过程等,获得了大量新的认知,为后继相关调查和研究工作奠定了良好基础。

### 二、分析数据介绍

本章的海冰环境数据分析,主要以我国第五次和第六次北极考察获取的海冰数据为主,结合第三次和第四次北极考察以及部分国际共享数据,开展了走航海冰观测数据分析以及冰基海-冰-气相互作用观测数据分析。

## 第五章 考察主要分析与研究成果

（一）走航海冰观测数据

1. 数据说明

（1）走航海冰冰情观测数据。

（2）走航海洋/海冰表面温度观测数据。

（3）电磁感应式海冰厚度观测数据。

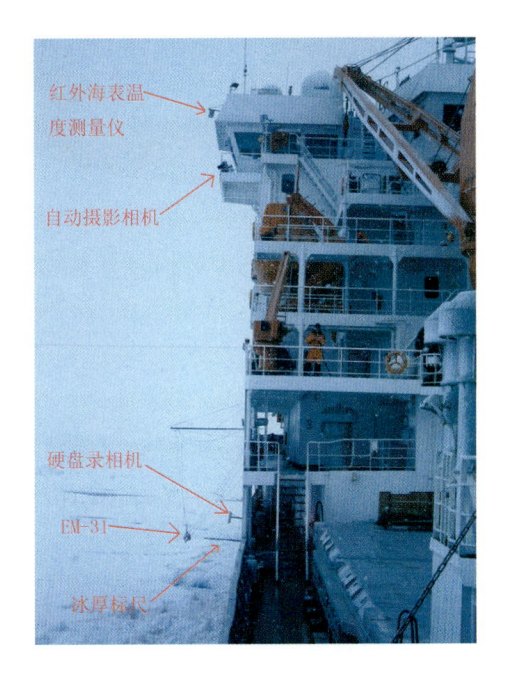

图 5.315　船基海冰观测系统

具体数据获取方式及测量精度等见第四章第一节。第五次和第六次北极考察走航海冰观测航迹如图 5.316 和图 5.317 所示。

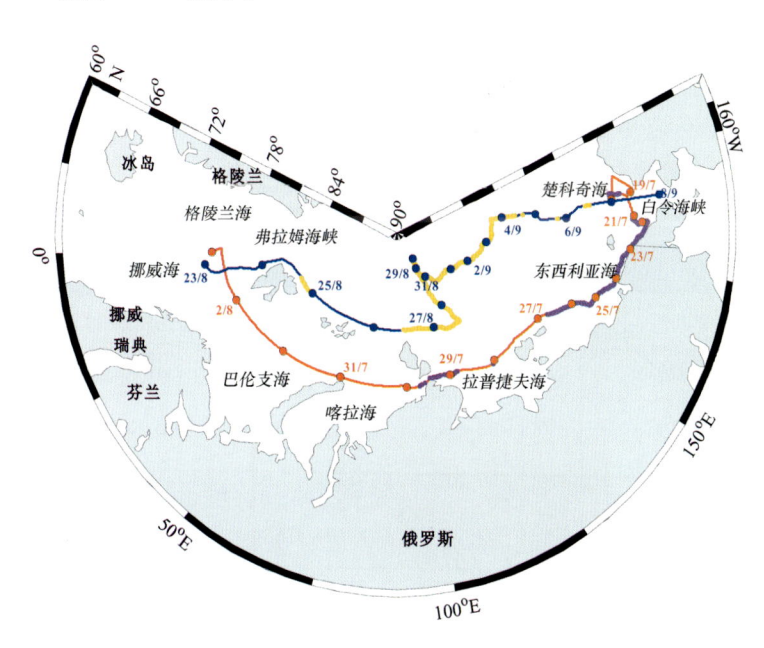

图 5.316　第五次北极考察走航海冰观测站点
红线：东北航道航线，紫线：沿东北航道航线有海冰段，蓝线：高纬航线，黄线：沿高纬航线有海冰段

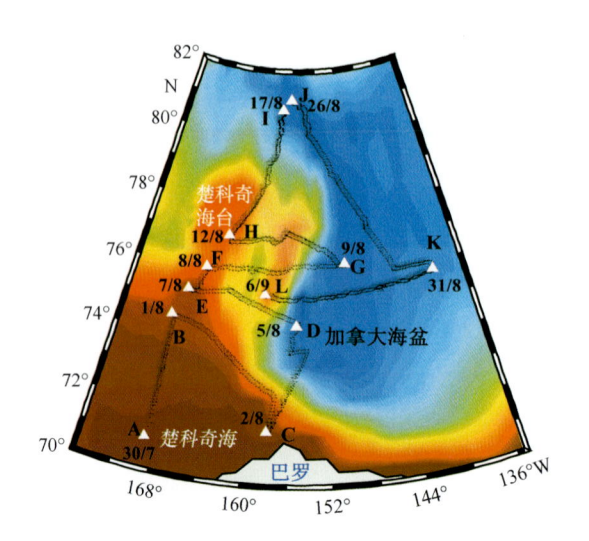

图 5.317　中国第六次北极考察船基海冰观测站点

### 2. 国际共享数据

此外，在走航海冰观测数据分析中，另包含了 5 个国际共享航次数据（"Polarsten""Lance""Oden""St. Laurent""俄罗斯胜利"号）以及美国雪冰数据中心 NSIDC 的海冰冰龄数据。

## （二）冰基海－冰－气相互作用观测数据

### 1. 数据说明

冰基气冰海相互作用综合观测数据集主要包括：冰－气界面湍流通量数据，海冰厚度及积雪特征数据，冰芯物理结构数据，冰芯上层海洋水文结构和微结构数据，海冰浮标数据。数据获取方式及观测精度等见第四章第一节。

### 2. 观测站位

第五次北极科学考察期间，开展了 6 个短期冰站作业；第六次北极科学考察期间，开展了 7 个短期冰站和 1 个长期冰站作业。期间，冰基海－冰－气相互作业主要进行了上述观测数据采集。

表 5.39　中国第五次北极科学考察冰站信息表

| 序号 | 站位 | 日期（UTC） | 纬度 | 经度 | 备注 |
| --- | --- | --- | --- | --- | --- |
| 1 | ICE01 | 2012 - 08 - 29 | 86°48.029′N | 120°23.947′E | |
| 2 | ICE02 | 2012 - 08 - 30 | 87°39.603′N | 123°24.627′E | |
| 3 | ICE03 | 2012 - 08 - 31 | 86°36.910′N | 120°14.885′E | |
| 4 | ICE04 | 2012 - 09 - 01 | 84°59.976′N | 145°14.847′E | |
| 5 | ICE05 | 2012 - 09 - 02 | 84°04.838′N | 158°44.267′E | |
| 6 | ICE06 | 2012 - 09 - 02 | 83°37.646′N | 161°41.588′E | |

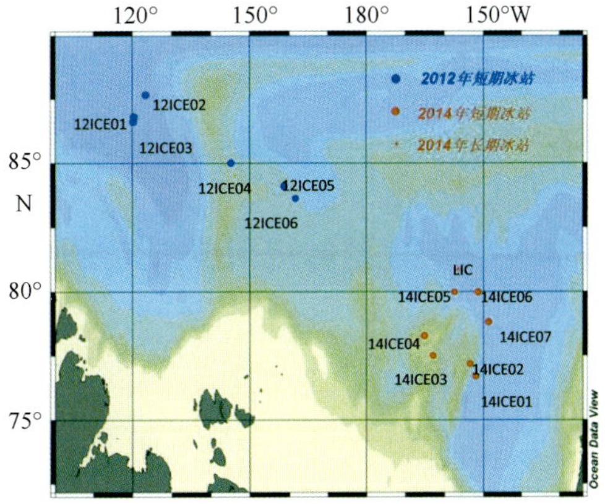

图 5.318  2012 年和 2014 年冰站位置

表 5.40  中国第六次北极科学考察冰站信息表

| 序号 | 站位 | 日期（UTC） | 纬度 | 经度 | 备注 |
| --- | --- | --- | --- | --- | --- |
| 1 | SIC01 | 2014 - 08 - 10 | 76°42.953′N | 151°03.876′W | |
| 2 | SIC02 | 2014 - 08 - 11 | 77°10.984′N | 154°35.570′W | |
| 3 | SIC03 | 2014 - 08 - 13 | 77°29.269′N | 163°07.948′W | |
| 4 | SIC04 | 2014 - 08 - 14 | 78°16.460′N | 160°57.513′W | |
| 5 | SIC05 | 2014 - 08 - 16 | 79°55.793′N | 158°36.724′W | |
| 6 | LIC | 2014 - 08 - 17—08 - 26 | 80°51.290′N | 157°35.454′W | |
| 7 | SIC06 | 2014 - 08 - 28 | 79°58.6123′N | 152°38.287′W | |
| 8 | SIC07 | 2014 - 08 - 28 | 78°48.375′N | 149°21.585′W | |

3. 国际共享数据

海冰漂移分析所用数据，除利用冰基浮标数据外，还利用了由美国冰雪数据中心（NSIDC）提供的月平均 25 km 分辨率的海冰运动矢量网格数据（Polar Pathfinder monthly 25 km EASE – Grid Sea Ice Motion Vectors）。

## 三、走航海冰观测数据分析

### （一）2012 年海冰特征分析

1. 数据介绍

走航海冰海冰观测数据集包括：2012 年第五次北极科学考察期间获取的走航海冰密集度/厚度、海冰/水皮温、海冰冰脊/融池覆盖率数据；含 4 个国际共享航次数据（Polarsten、Lance、Oden、St. Laurent）。

2. 2012 年海冰空间分布

图 5.319 给出了 2012 年 5 个航次的海冰密集度走航观测数据，其中 St. Laurent 的观

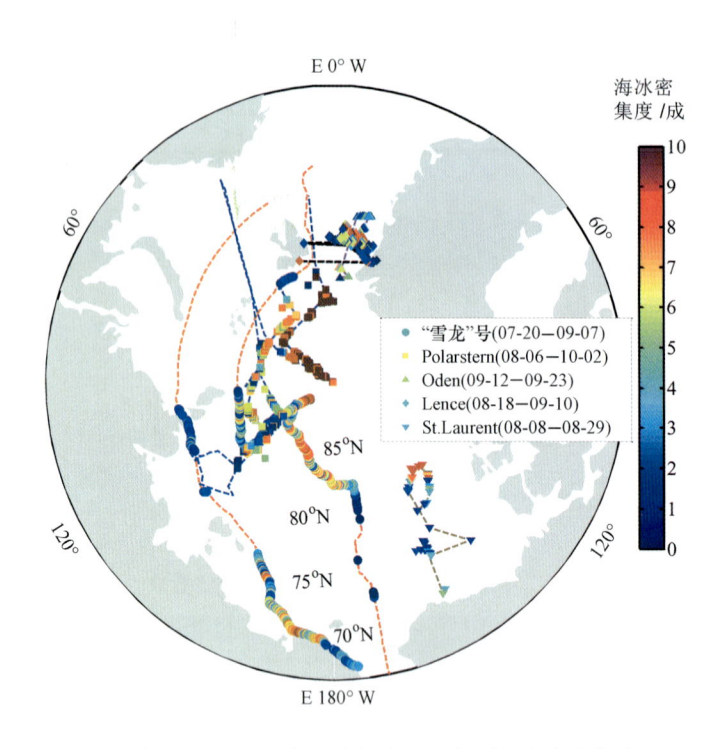

图 5.319　2012 年 5 个航次观测得到的海冰密集度

测区域位于波弗特海和加拿大海盆;"Polarstern"和"雪龙"号的后半段的考察区域类似,位于俄罗斯扇区各个群岛以北,此外"雪龙"号考察船在 7 月 21 日至 8 月 2 日还穿越了东北航道,对沿航线冰情进行了走航观测;"Lance"和"Oden"考察区域相同,都位于与斯瓦尔巴群岛相同纬度的格陵兰海东侧,弗拉姆海峡的出口处。挪威的"Lance"只是抗冰船,破冰能力有限,观测时间集中在海冰的融化期,瑞典的"Oden"是 PC3 等级的破冰船,考察时间集中在海冰的生长期。除了格陵兰和加拿大群岛北侧的重冰区外,5 个航次的考察区域基本覆盖了北冰洋的各个海区。2012 年 9 月中旬,北冰洋海冰退缩至了历史最低值,走航海冰观测作为卫星遥感验证和补充,基于两者的观测数据有利于更全面分析海冰时空变化。"雪龙"号的观测数据表明至 7 月下旬,在楚科奇海依然存在比较严重的海冰,然而在其回程至 8 月下旬海冰边缘区退缩至了约 84°N。"St. Laurent"的观测结果表明,波弗特海区海冰边缘至 8 月中旬退缩至了约 80°N。2012 年夏季,北冰洋太平洋扇区海冰退缩最明显的时期是 8 月上旬和中旬,这跟 8 月上旬发生的气旋活动有关系。再分析表面气压和风场数据表明 8 月上旬有一个大规模、高强度的气旋从西伯利亚向北冰洋中心区域移动,至 8 月 6 日气旋强度达到最大,中心位于 81°N,165°W。气旋活动历时两个星期,期间将北极中心密集度冰区约 $40 \times 10^4$ km² 的海冰剪切破坏并将其携带至东西伯利亚海和楚科奇海的低纬度区域。海冰被破坏后,气旋活动也导致海冰发生明显辐散,海冰密集度迅速降低,海冰侧向融化明显加大。同时低纬度温度较高的表层水以及海冰运动速度的加大也会明显加大冰底的海洋热通量,增大冰底的融化率。动力学和热力学的共同作用下,北冰洋太平洋扇区海冰迅速减少。与 2007 年不同,2007 年夏季该海区并没有明显的气旋活动,该年海冰的退缩主要与夏季偶极子和穿极流明显增强有关。"雪龙"号和"Polarstern"的观测数据表明,至 8 月中下旬斯瓦尔巴和法兰士约瑟夫群岛北侧具有较大范围的低密集度冰区,甚至开阔水区域，海冰密集度退缩至约 82°—83°N，这也是"雪龙"船在第五次北极考察中能够利用这两群岛北侧的高纬航线从北欧海返回到北冰洋太平洋扇区的主要原因。该区域海冰明显偏少的主要原因是冬季较强南风作用导致海冰向北退缩。从图 5.320 也可以看出来，该区域冬天（2—3 月）已经出现大片的开阔水域，尽管 4 月份海冰边缘线有所向南延伸，但 5 月份海冰边缘线又向北退缩了。冬季的初始条件（海冰偏少偏薄），导致夏季该区域海冰迅速消融，航道处于通航状态。另外，两个航次在 60°—120°E 扇区的观测数据表明，86°N 以北的区域为密集冰区，沿航线没有明显连通的水道，这给船舶航行带来较大的困难。"Lance"和"Oden"的观测区为海冰输出区，融化期海冰密集度较小，生长期除了从北冰洋输出的海冰外，还存在当地产生的一年冰，密集度增大。

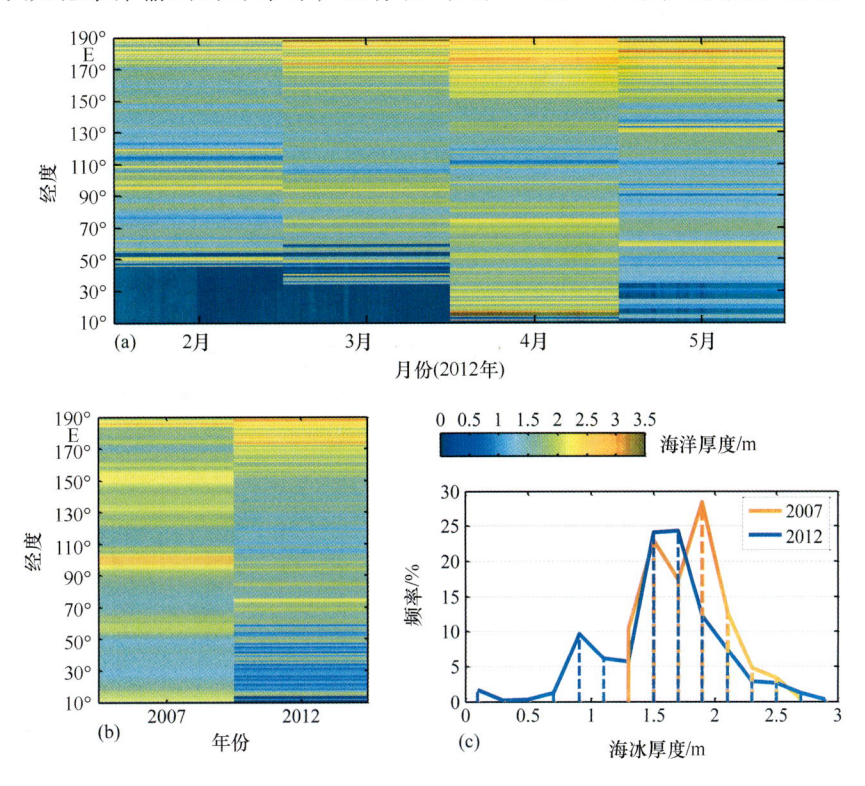

图 5.320　高纬度航线 2012 年 2–5 月海冰厚度的空间变化（a），2007 年和 2012 年 3—4 月的海冰厚度空间分布及其频率分布（b）（c）

融池覆盖率（见图 5.321）较高的区域主要位于密集度冰区的低纬度海区，例如 7 月下旬的楚科奇海和 8 月中下旬的 80°—85°N。同样，融池对表面反照率影响的区域也主要位于上述区域，相对于不考虑融池的影响，表面反照率可以减少 0.2~0.3（见图 5.322）。

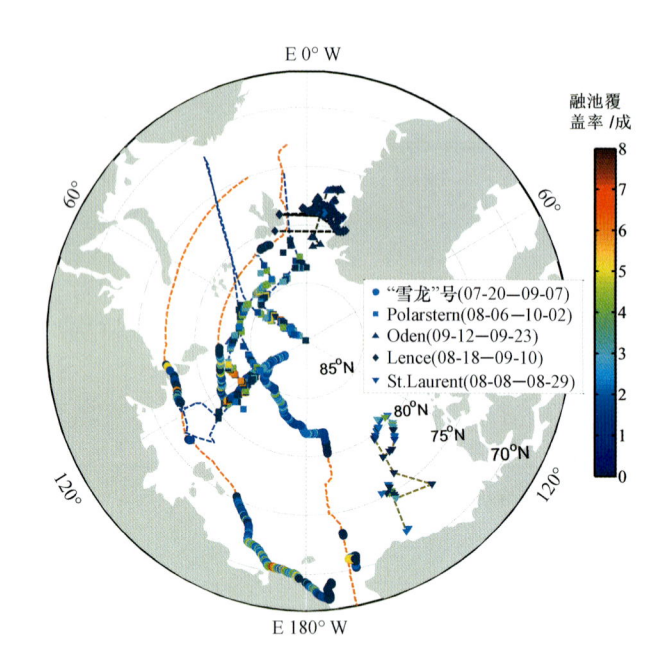

图 5.321　2012 年融池覆盖率的空间分布

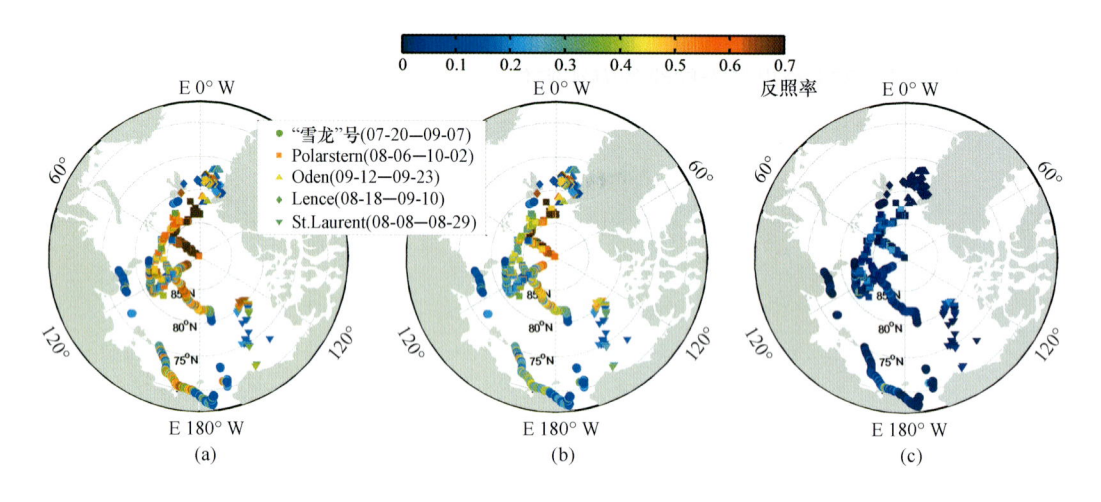

图 5.322　2012 年不考虑融池（a）和考虑融池（b）的表面反照率以及两者之间的差（c）

## 3. 小结

2012 年 8 月中下旬，斯瓦尔巴和法兰士约瑟夫群岛北侧具有较大范围的低密集度冰区，甚至开阔水区域，海冰密集度退缩至约 82°—83°N，该区域海冰明显偏少的主要原因是冬季较强南风作用导致海冰向北退缩。在 60°—120°E 扇区的观测数据表明，86°N 以北的区域为密集冰区。"Lance"和"Oden"的观测区为海冰输出区，融化期海冰密集度较小，生长期除了北冰洋输出的海冰外，还存在当地产生的一年冰，密集度增大。

融池覆盖率较高的区域主要位于密集度冰区的低纬度海区，融池对表面反照率影响的区域也主要位于上述区域，相对于不考虑融池的影响，表面反照率可以减少 0.2~0.3。

## (二) 2014 年海冰特征分析

### 1. 数据介绍

走航海冰海冰观测数据集包括：2014 年第六次北极科学考察期间获取的走航海冰密集度/厚度、海冰/水皮温、海冰冰脊/融池覆盖率数据；另含胜利号航次数据。

### 2. 2014 年海冰空间分布

在中国第六次北极考察中，利用"雪龙"船在楚科奇海和加拿大海盆西南侧对海冰密集度、厚度、融池覆盖率、浮冰大小等重要形态学参数进行了系统观测。另外，俄罗斯的胜利50周年号对法兰士约瑟夫群岛扇区从海冰边缘区至北极点的海冰密集度和厚度开展了走航观测。

第六次北极考察观测从 7 月 30 日进入冰区（A 点，71°N，169°W）开始，至 8 月 17 日到长期冰站作业点（I 点，80.8°N，157.6°W）结束向北航段观测。根据考察船的大致航向，可以将向北航段大致分成 8 个子航段，其节点（A~I）及其对应的日期如图 5.317 所示。向南航段从 8 月 26 日长期冰站作业结束开始（J 点，81.1°N，156.2°W），至 8 月 31 日到达考察的最东南端（K 点，75.8°N，139.0°W），最后向西航行至 L 点（75.5°N，158.8°W）观测结束，考察船也从此驶出冰区。

图 5.323 至图 5.324 给出了沿航线的海冰密集度和厚度。向北航段中，76°N 以南处于海冰边缘区，重冰区和轻冰区交替出现，主要与向南延伸的冰带分布有关。76°N 以北海冰密集度和厚度都随纬度增加明显增大。至长期冰站作业区，平整冰厚度增加至 1.5~1.8 m。相反，向南航段海冰密集度和厚度随着纬度降低逐渐变小。然而，海冰密集度的变化梯度较低，在该航段，尽管接近海冰边缘区，海冰密集度依然较大，海冰多为大面积的薄冰。从而说明在这个夏季考察区域海冰融化主要以热力学驱动为主，气旋或其他动力因素的贡献较弱。海冰厚度的径向梯度则较向北航段加大，主要原因是低纬度海区海冰融化和冰厚减小较多。从8 月初至 9 月初，考察区域海冰边缘区从 71°—75°N 广泛分布退缩至 76°—77°N，大部分海区退缩的纬度小于 4°。相对 2010 年和 2012 年我国第四和第五次北极考察的观测结果明显偏小，后两者在相同海区海冰边缘区在 8 月里都向北退缩了接近 10°。

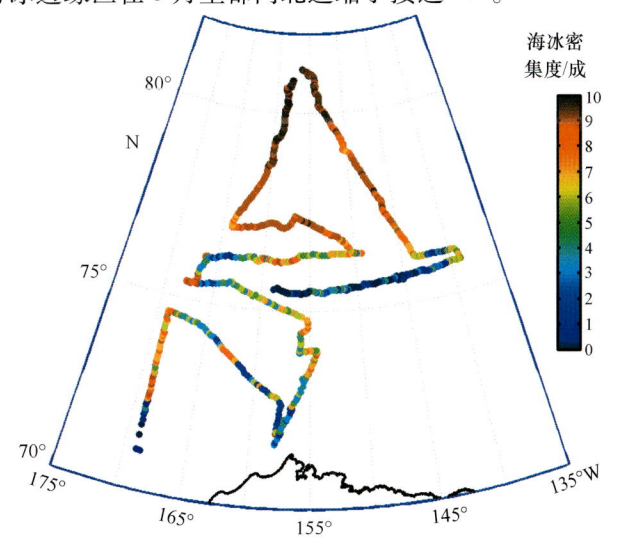

图 5.323 海冰密集度的变化

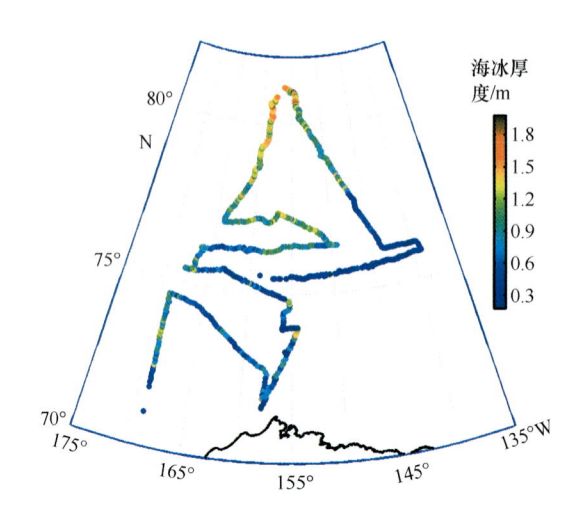

图5.324 海冰厚度的变化

融池覆盖率跟海冰所经历的融化期和浮冰大小及厚度有关。向南航段，由于融池多已融透，覆盖率较向北航段总体上偏低。在向北航段中，一般冰厚较大，海冰密集度较大的区域融池覆盖率较大。海冰边缘区冰脊覆盖率会较高纬度地区高，这与冰脊冰厚较大和夏季融化率较小有关。边缘区残留的多为冰脊及其周边的海冰。在海冰密集度接近的航段，如HI航段，冰脊覆盖率向北有逐渐增多的趋势，这是阻碍船舶向北航行的主要因素。

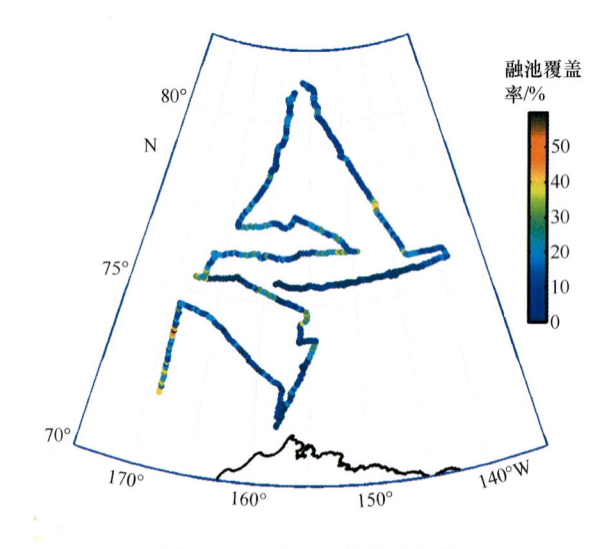

图5.325 融池覆盖率的变化

高纬密集冰区的浮冰大小明显要大于海冰边缘区。在向南航段，这种对比更加明显，这与8月底海冰边缘区分布范围缩窄，且边缘区海冰多为零散的残留冰脊有关。

电磁感应海冰厚度观测与人工观测不同，后者只侧重平整冰的厚度，是3种类型浮冰的加权平均值。电磁感应观测频率较高（1 s），观测结果涵盖各种厚度的海冰。如图5.328所示，电磁感应观测得到了大量厚度大于2.5 m的冰脊，最大厚度达3.5 m；同时也观测得到了大量冰厚小于0.5 m的薄冰。电磁感应观测结果的0.5小时平均值基本可以把厚的冰脊和薄冰中和，使得结果与人工观测结果十分接近。从8月17日至27日的观测结果来看，两者具有较一致的时间和空间变化趋势。冰厚从约0.4 m增加到约1.4 m，薄冰从8月13日之后明显减少。

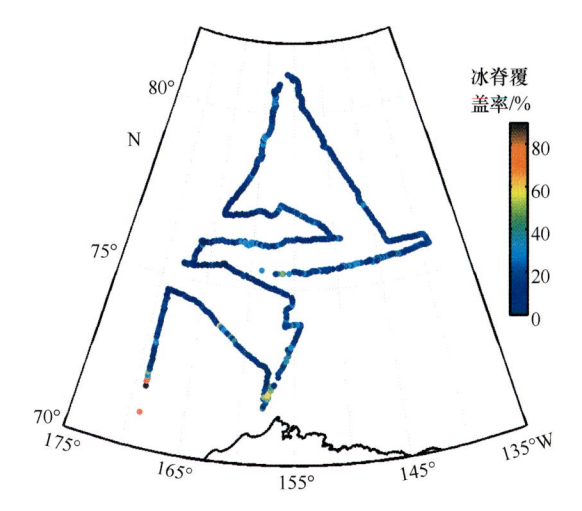

图 5.326　冰脊覆盖率的变化

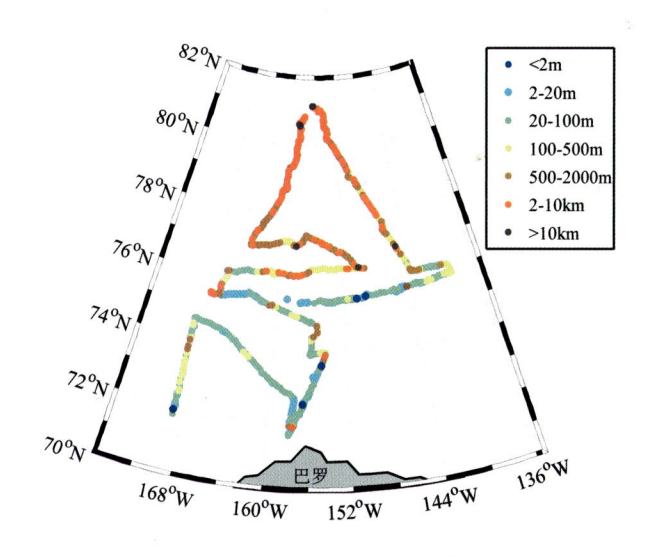

图 5.327　浮冰大小的变化

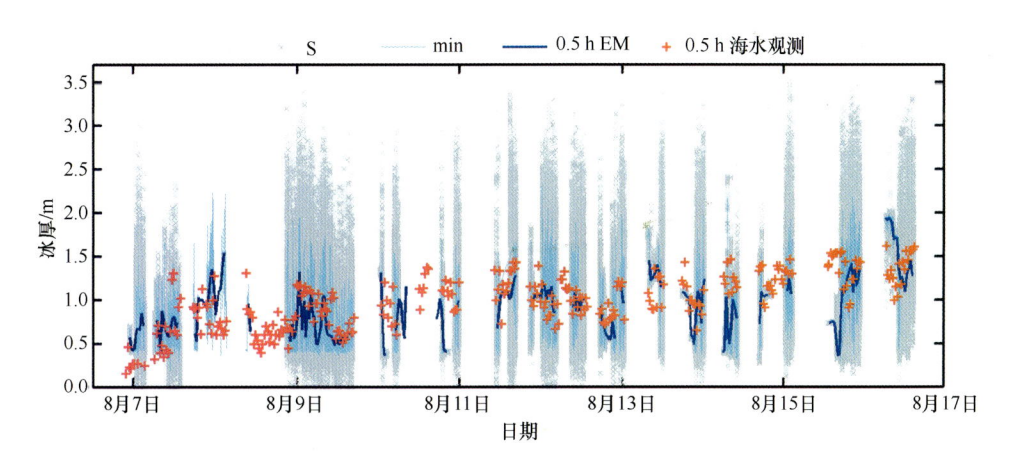

图 5.328　8 月 7 日至 17 日电磁感应方法和人工观测海冰厚度比较

图 5.329 给出了"胜利 50 周年"号的考察航行轨迹，观测区域主要位于法兰士约瑟夫群岛所在的东经 53°—56°E 区域，北上时海冰边缘线位于约 78°N（8 月 8 日），南下时边缘线退缩至法兰士约瑟夫群岛所在的纬度（约 80°N）。群岛北侧立刻进入海冰密集区，沿向北航线还是向南航线，海冰密集度都大于八成（图 5.330）。然而，海冰厚度呈现明显的径向梯度，86°N 以北平整冰厚度大于 1.5 m，88°N 以北平整冰厚度大于 2.0 m（图 5.331）。

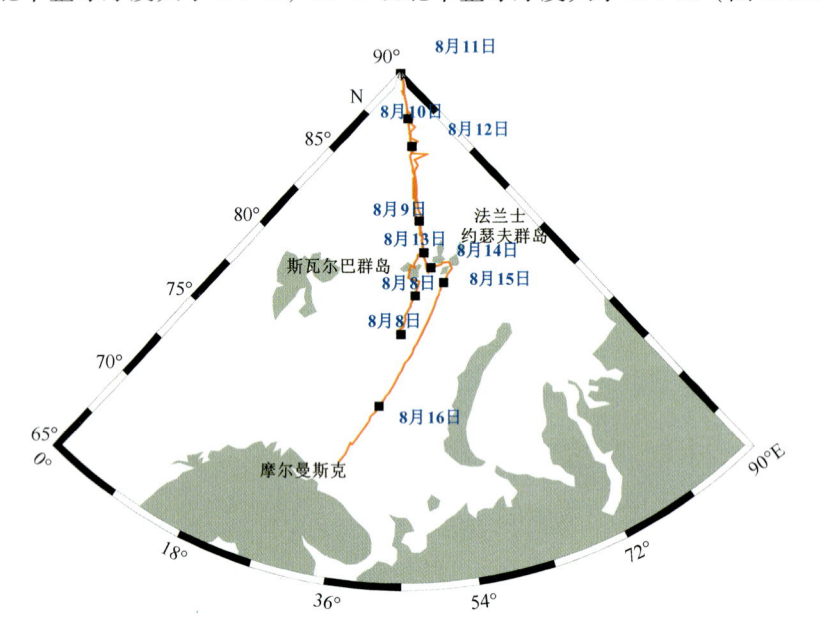

图 5.329　2014 年"胜利 50 周年"号海冰观测航行轨迹

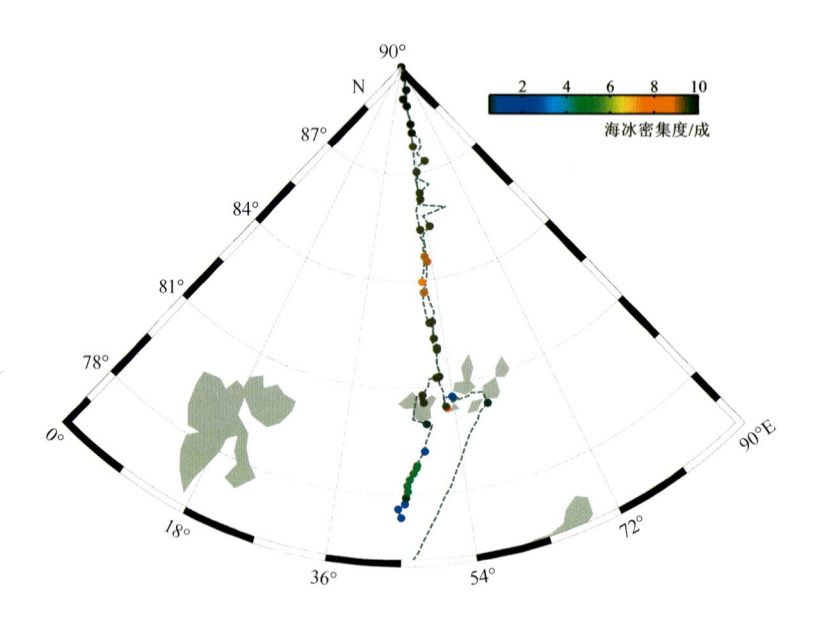

图 5.330　"胜利 50 周年"号沿航线的海冰密集度变化

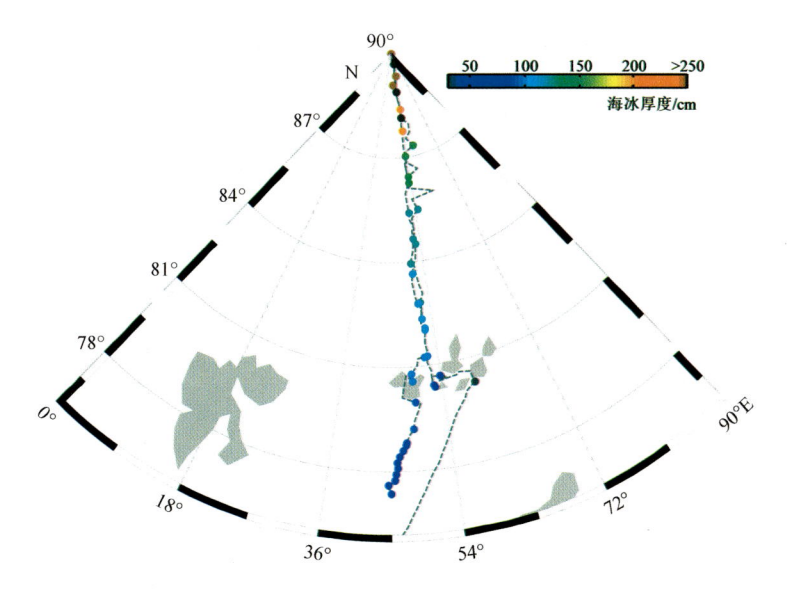

图 5.331　"胜利 50 周年"号沿航线的海冰厚度变化

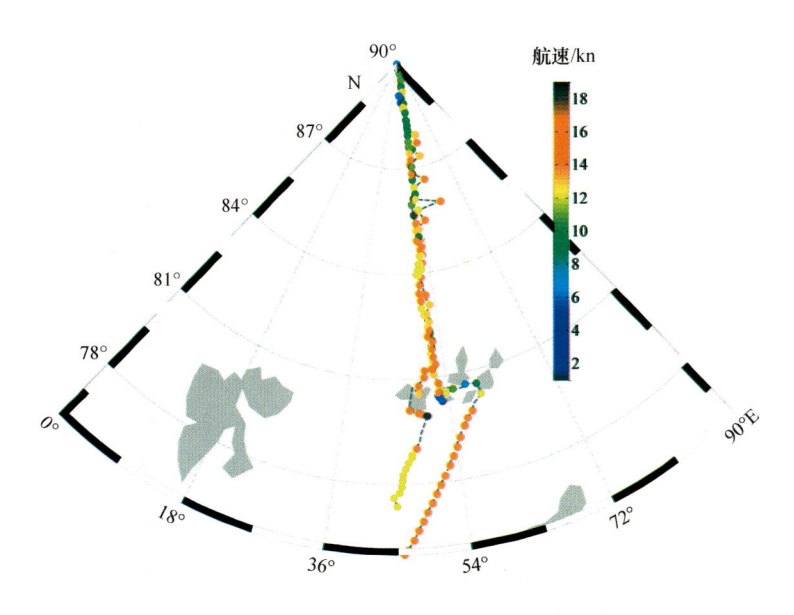

图 5.332　"胜利 50 周年"号的航行速度

### 3. 小结

楚科奇海及加拿大海盆的 76°N 以南处于海冰边缘区，重冰区和轻冰区交替出现，主要与向南延伸的冰带分布有关。76°N 以北海冰密集度和厚度都随纬度增加明显增大。至约 81°N，平整冰厚度增加至 1.5～1.8 m。返程的向南航段海冰密集度和厚度随着纬度降低逐渐变小。然而，海冰密集度的变化梯度较低，在该航段，尽管接近海冰边缘区，海冰密集度依然较大，海冰多为大面积的薄冰。从而说明在这个夏季考察区域海冰融化主要以热力学驱动为主，气旋或其他动力因素的贡献较弱。海冰厚度的径向梯度则较向北航段加大，主要原因是低纬度海区海冰融化和冰厚减小较多。从 8 月初至 9 月初，海冰边缘区从 71°—75°N 广泛分布退缩至 76°—77°N，大部分海区退缩的纬度小于 4°。相对 2010 年和

2012年我国第四和第五次北极考察的观测结果明显偏小，后两者在相同海区海冰边缘区在8月里都向北退缩了接近10°。

融池覆盖率跟海冰所经历的融化期和浮冰大小及厚度有关。向南航段，由于融池多已融透，覆盖率较向北航段总体上偏低。在向北航段中，一般冰厚较大，海冰密集度较大的区域融池覆盖率较大。海冰边缘区冰脊覆盖率会较高纬度地区高，这与冰脊冰厚较大和夏季融化率较小有关。边缘区残留的多为冰脊及其周边的海冰。

电磁感应海冰厚度观测侧重平整冰的厚度，是3种类型浮冰的加权平均值。电磁感应观测得到了大量厚度大于2.5 m的冰脊，最大厚度达3.5 m；同时也观测得到了大量冰厚小于0.5的薄冰。8月17日至27日的观测结果来看，冰厚从约0.4 m增加到约1.4 m，薄冰从8月13日之后明显减少。

"胜利50周年"号观测区域主要位于法兰士约瑟夫群岛所在的53°—56°E区域，北上时海冰边缘线位于约78°N（8月8日），南下时边缘线退缩至法兰士约瑟夫群岛所在的纬度（约80°N）。群岛北侧立刻进入海冰密集区，沿向北航线还是向南航线，海冰密集度都大于八成。然而，海冰厚度呈现明显的径向梯度，86°N以北平整冰厚度大于1.5 m，88°N以北平整冰厚度大于2.0 m。

### （三）海冰/海水皮温变化分析

#### 1. 数据介绍

走航海冰海冰观测数据集包括：2012年、2014年北科学考察期间获取的走航、海冰/水皮温数据。

#### 2. 海冰/海水皮温变化特征

图5.333给出了第五次北极考察沿航线的海冰或海洋表面温度的分布。图5.334给出第五次北极考察基于局地海表层盐度和温度计算得到海水温度高于冰点的量值，这表征了海水的热库容，决定着表层的海洋热通量和海冰的消融速度。沿东北航道，在楚科奇海，只要测点为水面，表面温度都较高，也明显高于冰点，这充分说明了太平洋入流水的作用。随着进入冰区，海表温度明显降低，在东西伯利亚海中部达到最低值，该区域海水温度接近冰点。至新西伯利亚群岛北部海表温度逐渐增高，约高于冰点温度4℃。在拉普捷夫海中部，零星的冰带也会明显降低海表温度。至北地群岛东侧以及维利基茨基海峡，由于海冰的持续出现，海表温度明显降低，该区域海水温度只高于冰点1~3℃。维利基茨基海峡往东航段，海表温度逐渐升高，体现大西洋暖流的影响和北地群岛对该洋流的阻挡作用。

沿高纬航线，格陵兰海和弗拉姆海峡段，海表温度较高。至斯瓦尔巴群岛北部，海表温度迅速降低，冰带区在−2~0℃之间。在法兰士约瑟夫地群岛和北地群岛北侧的航段，由于是无冰区，海表温度明显升高，在−0.5~2℃之间。在北地群岛东北侧以及向北航段，由于进入冰区，海表温度再次下降，冰面温度最低约−2.6℃。由于逐渐靠近秋季，气温逐渐下降，至最北点后向南航行航段的海表温度略低于向北航行的航段；之后，随着逐渐接近海冰边缘区逐渐下降。至楚科奇海，受太平洋入流水的影响，海表温度明显升高。但由于季节的滞后，要约低于进入东北航道前在楚科奇海的观测值。另外，零星的冰带会使海表温度略为下降。

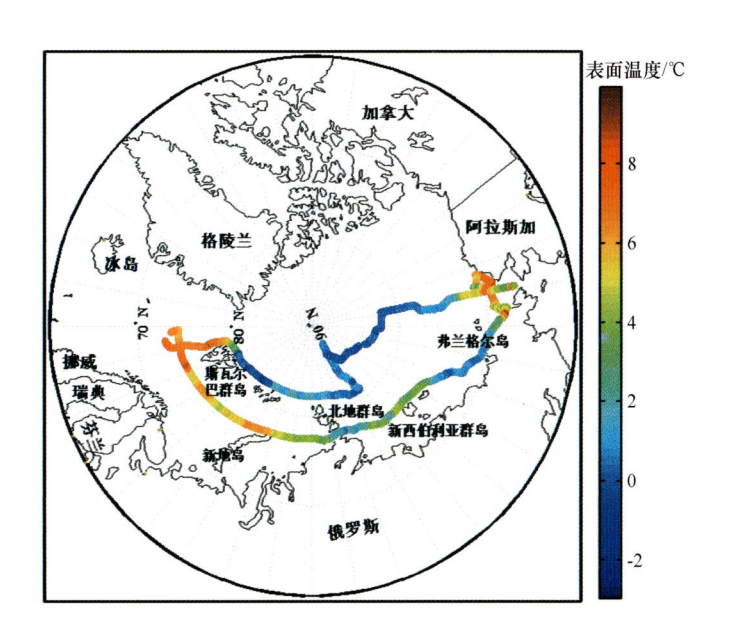

图5.333 沿东北航道和高纬航线海水/海冰表面温度的分布

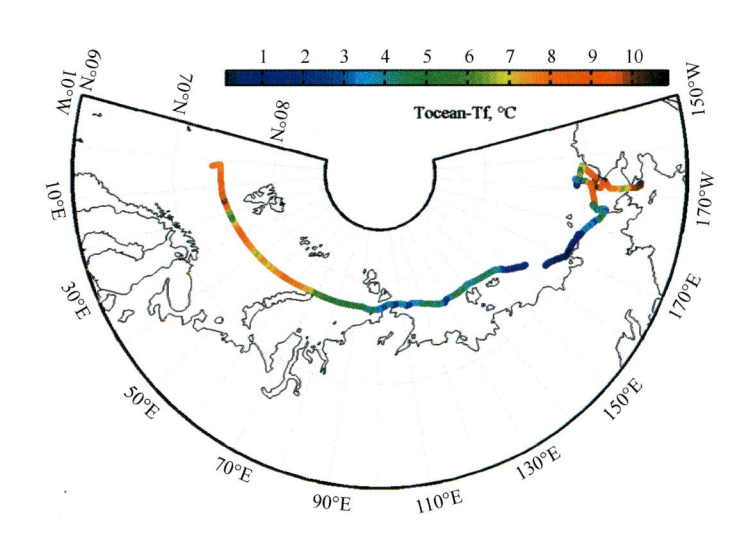

图5.334 沿东北航道海洋表层温度高于冰点的值

第六次北极考察期间，海表温度高频变化十分明显，如图5.335所示。高频的变化的原因主要是观测视场海冰-融池-海水的交替出现。8月12日进入向北航段HI后，表面温度明显降低，进入长期冰站后，由于船舶与浮冰相对静止，观测视场受到船舶污水排放的影响，日内变化加大。在向南航段JK中，随纬度向南表面温度反而降低，说明表面温度在8月底逐渐趋向于冰点温度。冰情观测也发现在该行段浮冰间的水道多有新冰出现。

375

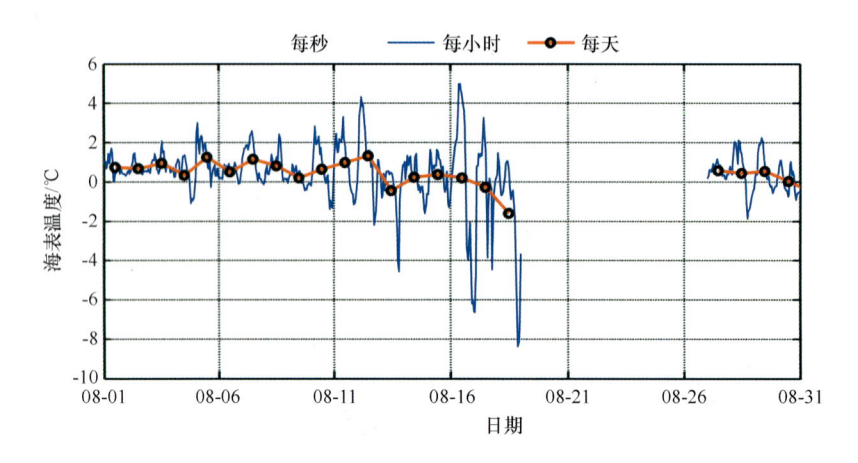

图 5.335　海表/海冰表面温度的变化

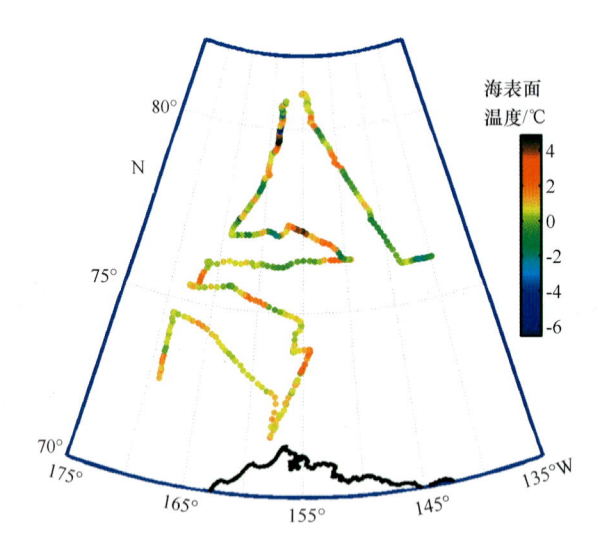

图 5.336　海表/海冰表面温度的变化

### 3. 小结

2012 年，沿东北航道，由于太平洋入流水的影响，在楚科奇海，只要测点为水面，表面温度都较高，也明显高于冰点。随着进入冰区，海表温度明显降低，在东西伯利亚海中部达到最低值，该区域海水温度接近冰点。至新西伯利亚群岛北部海表温度逐渐增高，约高于冰点温度4℃。在拉普捷夫海中部，零星的冰带也会明显降低海表温度。至北地群岛东侧以及维利基茨基海峡，由于海冰的持续出现，海表温度明显降低，该区域海水温度只高于冰点 1~3℃。维利基茨基海峡往东航段，海表温度逐渐升高，体现大西洋暖流的影响和北地群岛对该洋流的阻挡作用。高纬航线，格陵兰海和弗拉姆海峡段，海表温度较高。至斯瓦尔巴群岛北部，海表温度迅速降低，冰带区在 -2~0℃ 之间。在法兰士约瑟夫地群岛和北地群岛北侧的航段，由于是无冰区，海表温度明显升高，在 -0.5~2℃ 之间。在北地群岛东北侧以及向北航段，由于进入冰区，海表温度再次下降，冰面温度最低约 -2.6℃。至最北点后向南航行航段的海表温度略低于向北航行的航段；之后，随着逐渐接近海冰边缘区逐渐下降。至楚科奇海，受太平洋入流水的影响，海表温度明显升高。

2014 年，海冰（水）皮温观测主要为楚科奇海和加拿大海盆区域。冰（海）表高频变化明显，原因主要是观测视场海冰－融池－海水的交替出现。在 8 月底返程航段中，随纬度向南表面温度反而降低，说明表面温度在 8 月底逐渐趋向于冰点温度。冰情观测也发现在该行段浮冰间的水道多有新冰出现

### （四）1994—2014 年北极太平洋扇区海冰的时空变化

#### 1. 数据介绍

收集了 1994 年，2005 年，2006 年，2008 年，2010 年，2012 年和 2014 年共 7 个航次的海冰走航观测数据，依托的船只包括"Polar Sea"，"Oden"，"St. Laurence"和"雪龙"号等。其中 1994 年 AOS（Arctic Ocean Section）航次，美国船只首次到达北极点，加拿大海岸警卫队的"St. Laurence"号也参加了该考察项目，该航次并实现了穿极考察。2005 年是瑞典"Oden"和美国海岸警卫队"Healy"的穿极考察项目（Healy – Oden Trans – Arctic Expedition，HOTRAX）。2006 年和 2012 年则是"St. Laurence"在波弗特海的常规观测航次，2008 年，2010 年和 2014 年则是我国第三次，第四次和第六次北极考察。2012 年我国的第五次考察观测区域主要集中在东北航道区域，因此，观测数据不进行对比分析。

#### 2. 1994—2014 年北极太平洋扇区海冰的时空变化

上述航次的观测区域和观测得到海冰密集度如图 5.337 所示。由观测结果可知，相对 1994 年的观测值，最近 8 年的海冰密集度都明显减少。1994 年 8 月初，75°N 以北均为海冰密集区，一直至北极点，海冰密集度均大于八成。2005 年，相对 1994 年，在相同时间（8 月初），海冰边缘线向北退缩了约 7 个纬度，海冰密集区退缩至 84°N。2008 年冰情与 2005 年类似，2010 年在观测扇区出现了穿极融化现象。至 88°N，依然存在密集度小于八成的区域，这使得"雪龙"船能行驶至 88.4°N。2012 年海冰边缘在 8 月上旬的气旋作用下，迅速退缩，大片密集冰在气旋作用下，向低纬度漂移，在热力和动力的作用下，海冰迅速融化，加快了海冰减少，该气旋是 2012 年北极海冰面积达到历史最低记录的主要因素之一。2014 年，尽

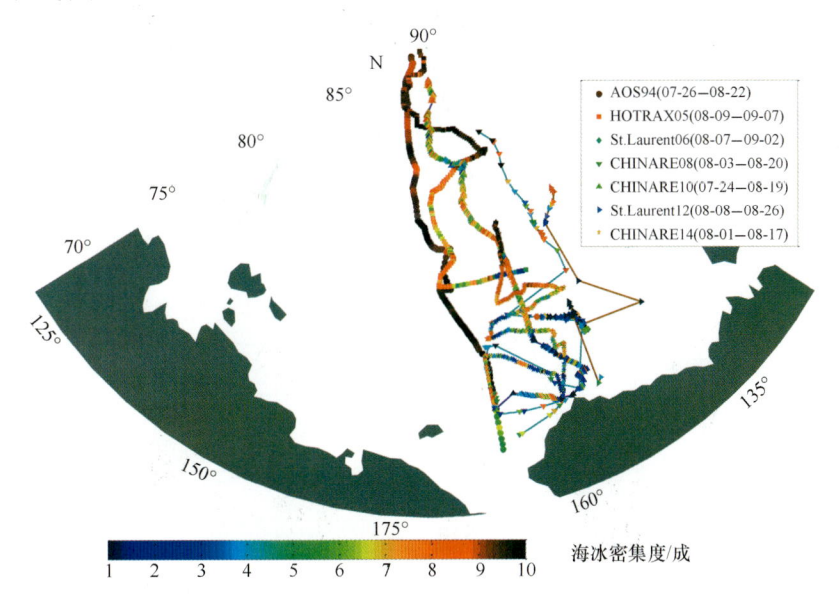

图 5.337　基于 7 个航次得到的 1994—2014 年北极太平洋扇区海冰的时空分布

管夏季北冰洋海冰面积依然处于较低水平,是 1979 年以来的第六低值,1979—2014 年北冰洋海冰 9 月份的海冰覆盖范围每 10 年减少 6.9%。然而由于 2013—2014 年冬季在较强的波弗特环流作用下,大量的多年冰从加拿大北侧被携带漂移至北极的太平洋扇区。如图 5.339 所示,相比于 2013 年 3 月,2014 年 3 月多年冰的分布明显偏南,在波弗特海,楚科奇海和东西伯利亚海均有大量的多年冰分布。同时,2014 年夏季没有发生大尺度的气旋活动,这导致分布于太平洋扇区多年冰只能在热力学左右下融化,这导致该年夏天海冰边缘线明显偏南,8 月初,海冰密集区向南延伸至约 79°N。在中国第六次北极考察中,"雪龙"船也只能行驶至 80°N,该区域海冰密集度接近十成,且均为冰脊密集的多年冰。

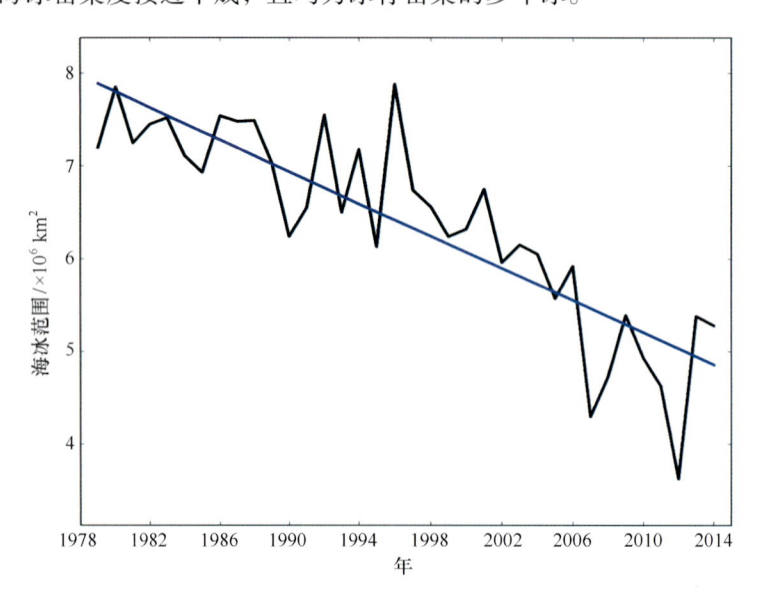

图 5.338 基于被动微波 SMMR – SSM/I 得到的 1979—2014 年北极 9 月海冰范围的变化

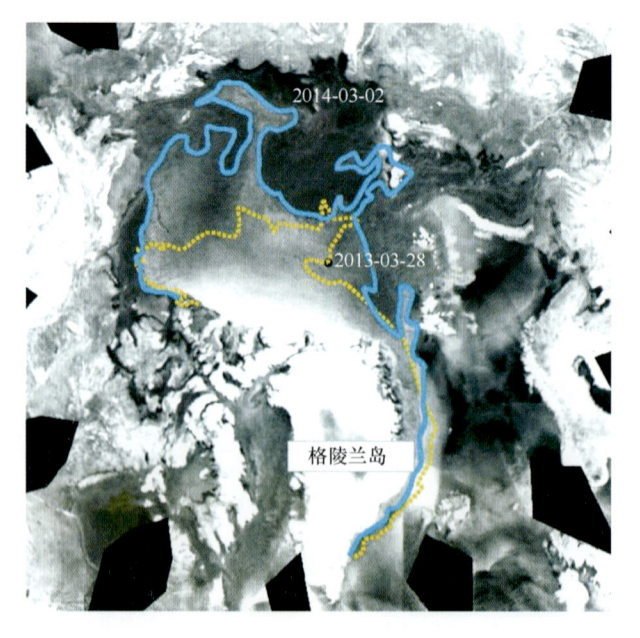

图 5.339 基于散射计遥感得到的 2013 年 3 月 28 日和 2014 年 3 月 2 日多年冰分布

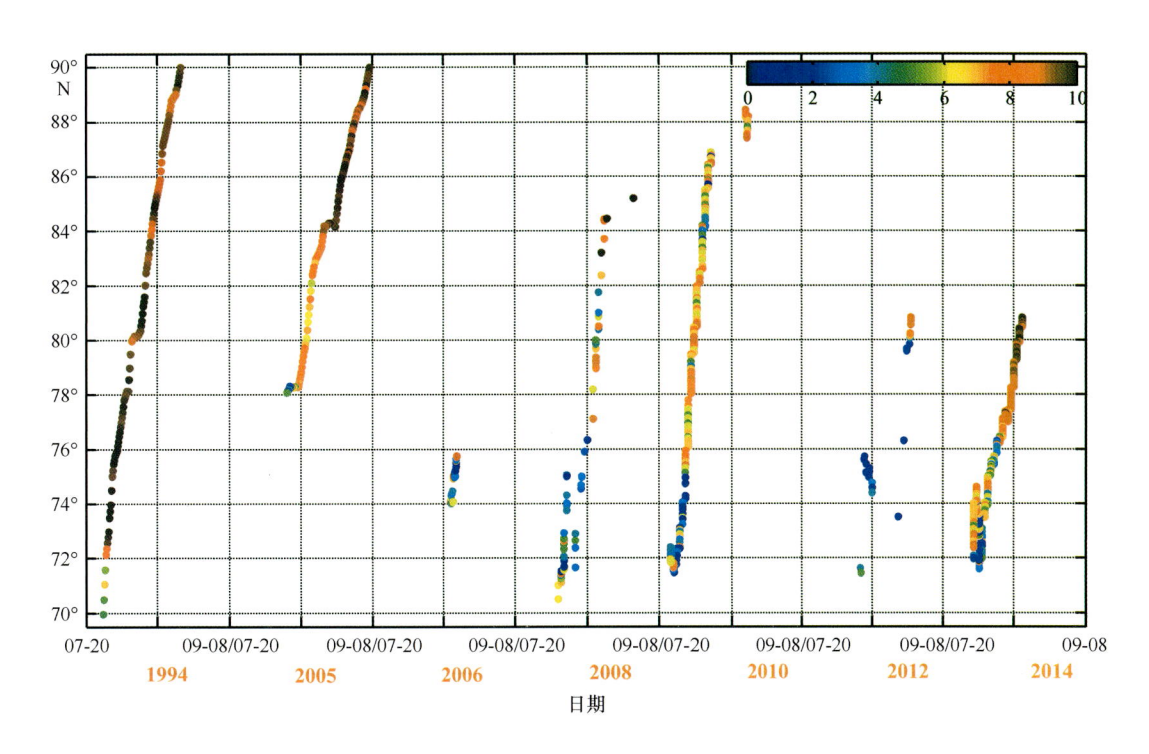

图 5.340　1994—2014 年 7 个航次观测得到的海冰密集度随纬度的变化

在上述航次中，2005 年，2010 年，2012 年和 2014 年的航次实施了融池的走航观测。融池由于其反照率相对积雪覆盖的海冰和裸冰的反照率都明显偏低。取决于其表面特征，融池的反照率在 0.2~0.6 之间，接近融透的融池反照率与开阔水接近，约为 0.2，浅融池的反照率在 0.3~0.4 之间，当融池表面发生重新冻结时，反照率迅速升高，在 0.5~6 之间，当重新冻结的融池表面有积雪时，反照率与海冰表面的反照率没有太大的区别。如图 5.338 所示，融池覆盖率与海冰密集度和纬度有关。在海冰边缘区，由于海冰大多已经高度破碎，融池也

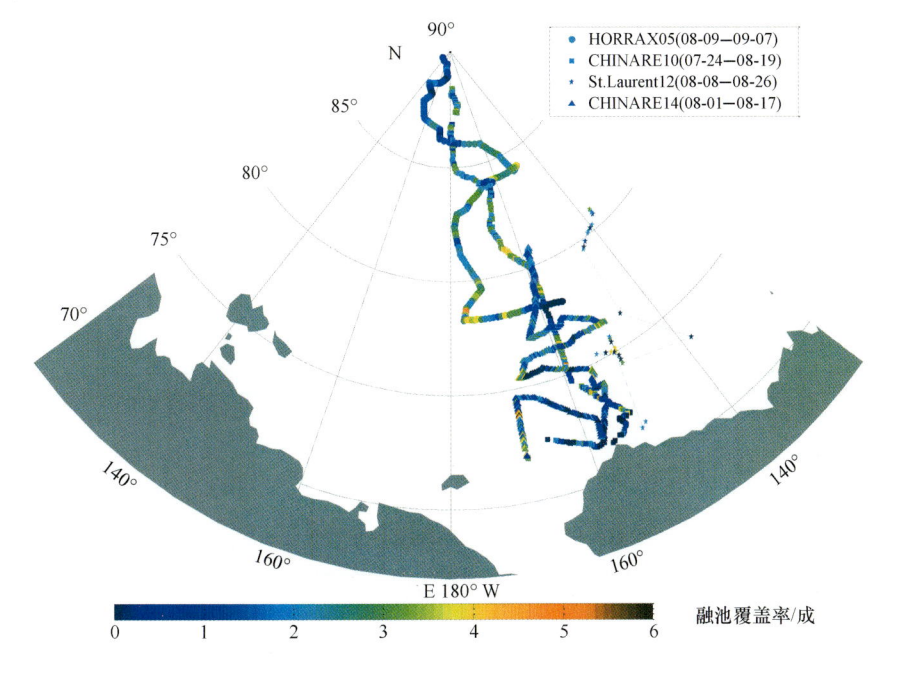

图 5.341　融池覆盖率的空间分布

大多已经完全融透，因此融池覆盖率会比较小。在纬度比较高的密集冰区，由于海冰融化时间较短，融池覆盖率也比较低。例如 2005 年和 2010 年的观测数据中发现在 87°N 以北区域融池覆盖率明显减小，2014 年的观测数据则显示在 79°N 以北区域融池覆盖率明显减小。因此，较大的融池覆盖率主要出现在低纬度的密集冰区。

将开阔水的反照率设定为 0.1，裸冰和积雪覆盖海冰的反照率为 0.7，融池的反照率为 0.4。可以得到不考虑融池影响和考虑融池影响的反照率空间分布，从而可以评价融池对表面反照率和表面辐射强迫的影响。图 5.342 给出了考虑和不考虑融池的反照率空间分布。在融池覆盖率比较大的区域，两者的反照率相差达 0.2~0.3。也就是说，若考虑融池的分布，海冰-海洋系统对太阳短波辐射的吸收率将增加 40%~60%，充分说明了融池发展对反照率正反馈机制的影响。在模式计算中，对区域平均反照率一般只根据海冰密集度进行参数化，这将明显高估反照率，低估了反照率的正反馈机制。

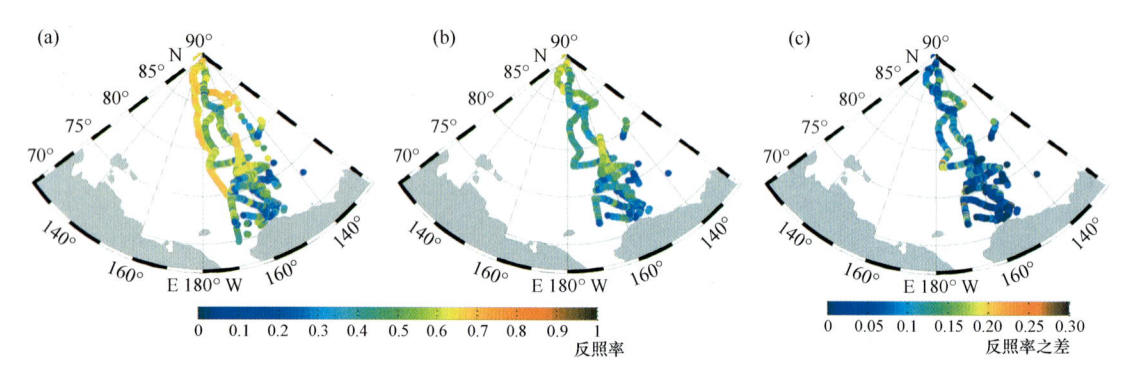

图 5.342 北极太平洋扇区不考虑融池（a）和考虑融池（b）的反照率空间分布以及两者之间差（c）

从图 5.343 也可以看出，2010 年融池覆盖率较高的区域已经延伸到较高的区域，融池发

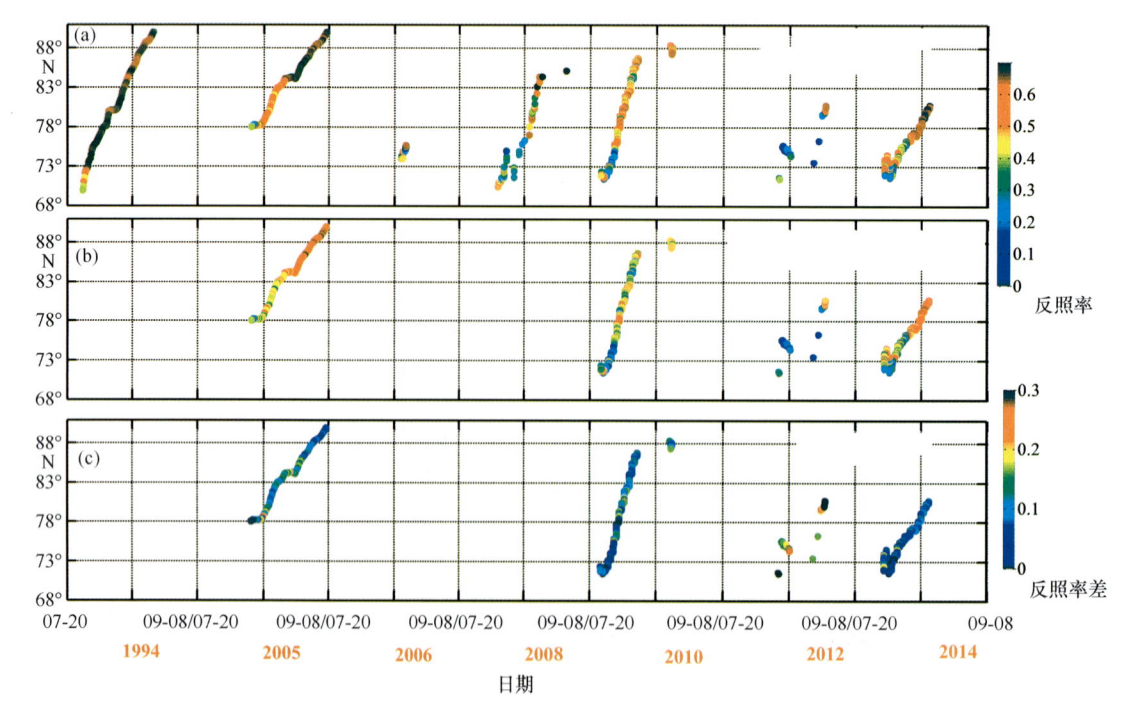

图 5.343 不考虑融池（a）和考虑融池反照率（b）随纬度的变化以及二者之差（c）

展不但会影响表面辐射强迫和海冰的融化,还会明显降低浮冰的力学强度。研究表明相同厚度的浮冰,夏季由于融池的发展会导致其力学强度相对冬季降低 30%~50%。2010 年穿极融化不但表现在海冰密集度减少,还表现在融池的高度发育,这也是导致"雪龙"船能航行至历史最高纬度的主要原因之一。

### 3. 小结

太平洋扇区海冰,相对 1994 年的观测值,最近 8 年的海冰密集度都明显减少。1994 年 8 月初,75°N 以北均为海冰密集区,直至北极点,海冰密集度均大于八成。2005 年,相对 1994 年,在相同时间(8 月初),海冰边缘线向北退缩了约 7 个纬度,海冰密集区退缩至 84°N。2008 年冰情与 2005 年类似,2010 年在观测扇区出现了穿极融化现象。至 88°N,依然存在密集度小于八成的区域。2012 年海冰边缘在 8 月上旬的气旋作用下,迅速退缩,大片密集冰在气旋作用下,向低纬度漂移,在热力和动力的作用下,海冰迅速融化,加快了海冰减少,该气旋是 2012 年北极海冰面积达到历史最低记录的主要因素之一。2014 年夏季北冰洋海冰面积依然处于较低水平,是 1979 年以来的第六低值,1979—2014 年北冰洋海冰 9 月份的海冰覆盖范围每 10 年减少 6.9%。然而由于 2013—2014 年冬季在较强的波弗特环流作用下,大量的多年冰从加拿大北侧被携带漂移至北极的太平洋扇区。

融池覆盖率与海冰密集度和纬度有关。在海冰边缘区,由于海冰大多已经高度破碎,融池也大多已经完全融透,因此,融池覆盖率会比较小。在纬度比较高的密集冰区,由于海冰融化时间较短,融池覆盖率也比较低。较大的融池覆盖率主要出现在低纬度的密集冰区。在融池覆盖率比较大的区域,不考虑融池和考虑融池,两者的反照率相差达 0.2~0.3,充分说明了融池发展对反照率正反馈机制的影响。

## 四、冰基海-冰-气相互作用观测数据分析

### (一)冰-气界面通量变化特征分析

#### 1. 数据介绍

我国在 1999 年、2003 年、2008 年、2010 年、2012 年和 2014 年共进行了 6 个航次的北极多学科综合考察,系统观测了海冰、海洋和大气变化,探讨了北极变化与我国气候的关系。每次考察都将大气边界层观测作为一项重点考察内容,除了 2012 年第五次北极考察没有长期冰站作业,其他每次考察都在长期冰站上进行海冰气综合观测。综合这五个长期冰站的冰气通量数据,对北极夏季高纬度海冰下垫面和大气间的通量交换变化特征进行分析。

#### 2. 通量计算方法

对于通量的观测与计算,目前最精确、直接的方法是涡动相关法,也是国际上通量测定的标准方法。它利用超声风速仪和红外气体分析仪提供的高频三维风、温度、水汽和二氧化碳脉动数据,通常为 10 Hz,从湍流通量的定义出发,直接计算垂直风速和温度、湿度的协方差,即为湍流通量:

$$\tau = \rho \overline{u'w'} \qquad (5-4)$$

$$H = \rho c_p \overline{w'T'} \qquad (5-5)$$

$$LE = \rho L \overline{w'q'} \qquad (5-6)$$

式中 $\tau$ 为动量通量；$H$ 为感热通量；$LE$ 为潜热通量；$\rho$ 为空气密度；$c_p$ 为空气定压热容；$L$ 为水的蒸发潜热；$w'$、$u'$、$T'$、$q'$ 分别是垂直风速、水平风速、气温、比湿的脉动值；上划线表示时间平均值。

此外还有一种很常用的通量算法，称整体输送法或块体法。

$$\tau = -\rho C_d U^2 \qquad (5-7)$$

$$H = \rho c_p C_n U(T_s - T_a) \qquad (5-8)$$

$$LE = \rho L C_e U(q_s - q_a) \qquad (5-9)$$

式中 $C_e$ 和 $C_h$ 分别是水汽和热量交换系数，$C_d$ 为拖曳系数；$U$ 为平均风速；$q_s$ 和 $q_a$ 分别是海表和近海面空气比湿；$T_s$ 和 $T_a$ 分别是海表和近海面空气温度。它只需要地表皮温和地面上某一层的风、温、湿等常规气象要素就能计算湍流通量，所以应用广泛。

目前最流行的块体法是 Fairall 等建立的 COARE 通量模型。COARE 2.5 版是为了 TOGA-COARE（热带海洋与全球大气研究计划和耦合海气响应试验）发展起来的一种算法，使用块体变量估算海气通量。随着观测和研究的不断深入，COARE 2.5、2.6 发展到了 3.0 版，计算风速扩展至 20 m/s，应用海域也扩展到了高纬度海域。在北冰洋，因为海面为冰雪覆盖，和传统的海洋有不一样的特征，在 COARE 算法中对表面粗糙度以及其他的一些物理量的参数化方案也有所不同，所以 Fairall 等于 2005 年在 COARE 3.0 的基础上建立了 COARE SNOW/ICE 算法。

Ed Andreas 自 SHEBA 试验开始就尝试建立类似 COARE 一样，应用于海冰表面上的通量算法。经过不断的改进，2008 年推出了 SHEBA_BFA 1.0 版本，2010 年推出了 1.1 版本，2014 年推出了 2.0 版。其中一个重要的考虑就是将北极地区的一年从空气动力学角度上分为冬夏两季，冬季海冰坚固且为雪覆盖，雪冷而干燥，易随风飞扬，夏季雪湿润不易吹起，通常会融化然后造成裸冰和融池的出现。根据海冰所表现出来的特性，SHEBA_BFA 里引入了海冰密集度作为一个输入参数，连同其他气象参数，采用适当的公式和参数化方案来计算通量。

首先，利用冰站数据对这两种整体法的计算结果进行比较。图 5.344 给出了第四次北极科考长期冰站上感热、潜热和动量 COARE SNOW/ICE 和 SHEBA_BFA 通量的散点图。可以看出这两种方法计算的结果非常接近。用第三次北极科考长期冰站的数据计算的通量也是如此。也就是说这两种通量计算方法对北冰洋和大气之间的物质和能量交换特征参数的处理是可靠的。为了进一步评估这两种整体算法，我们利用第三、第四次北极考察长期冰站的资料，比较涡动法计算的通量和 COARE SNOW/ICE、SHEBA_BFA 计算的通量，对整体输送法在大面积多年冰上的计算结果进行评估。

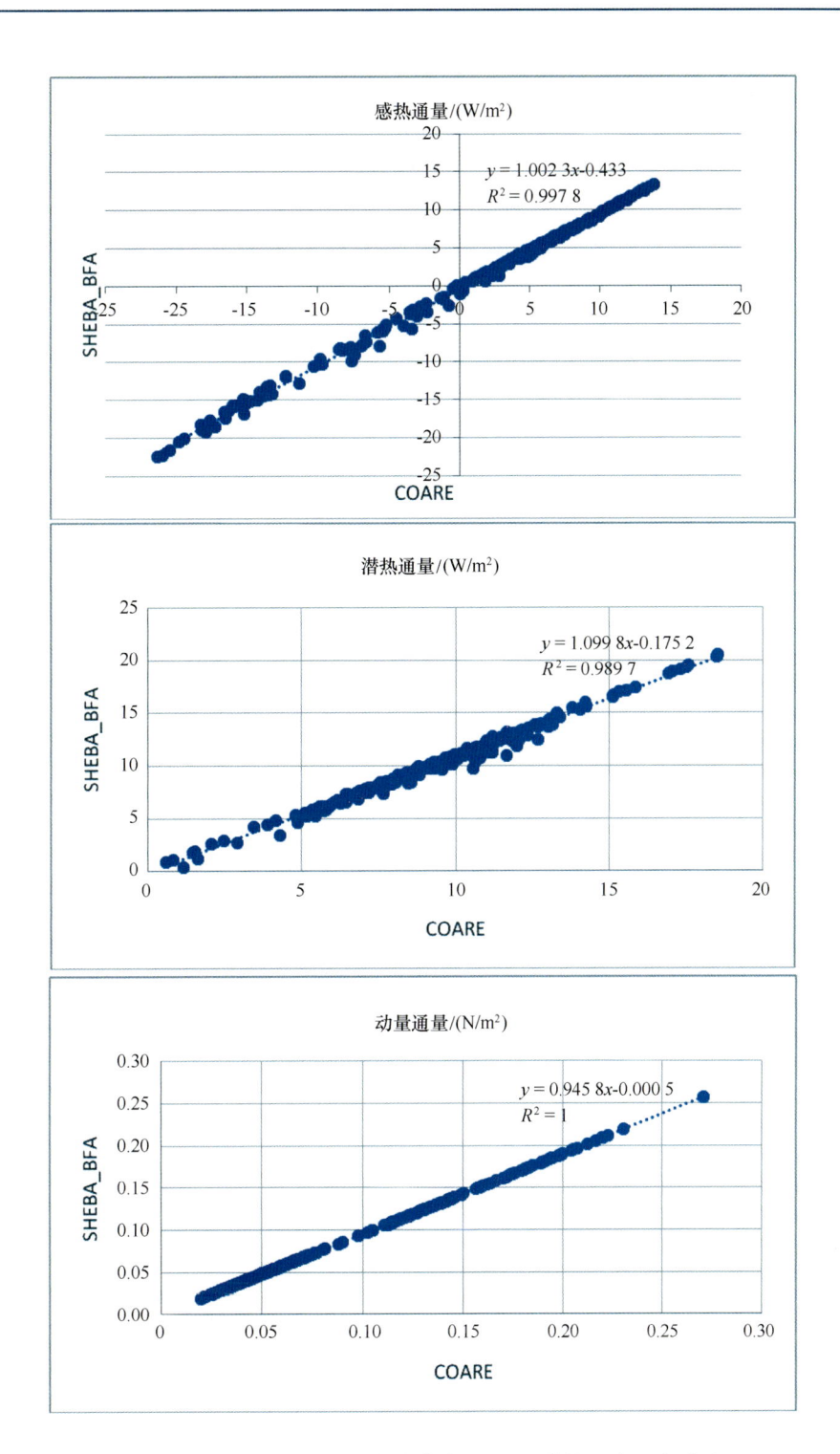

图 5.344　第四次北极科考长期冰站感热（上）、潜热（中）和动量（下）COARE SNOW/ICE 通量和 SHEBA_BFA 通量的散点图

图 5.345 和图 5.346 显示的分别是第三次、第四次北极科考长期冰站上涡动通量和 COARE、SHEBA_BFA 整体通量的时间序列。由图可见，COARE、SHEBA_BFA 整体法和涡动相关法对感热和动量通量的计算结果比较接近，尤其是第四次北极科考，感热整体通量和涡动通量的相关系数为 93%，动量通量则为 88%。考虑到第三次北极科考计算整体通量用的常规气象数据取自数千米外的"雪龙"船自动气象站，可能造成了感热整体通量和冰站涡动通量有所偏差，相关系数仅为 26%，但动量通量还是达到了 82%。对于潜热通量而言，无论是第三次还是第四次北极科考，整体法对潜热通量的计算都比涡动通量要高，这可能和整体法对交换系数的选择有关。

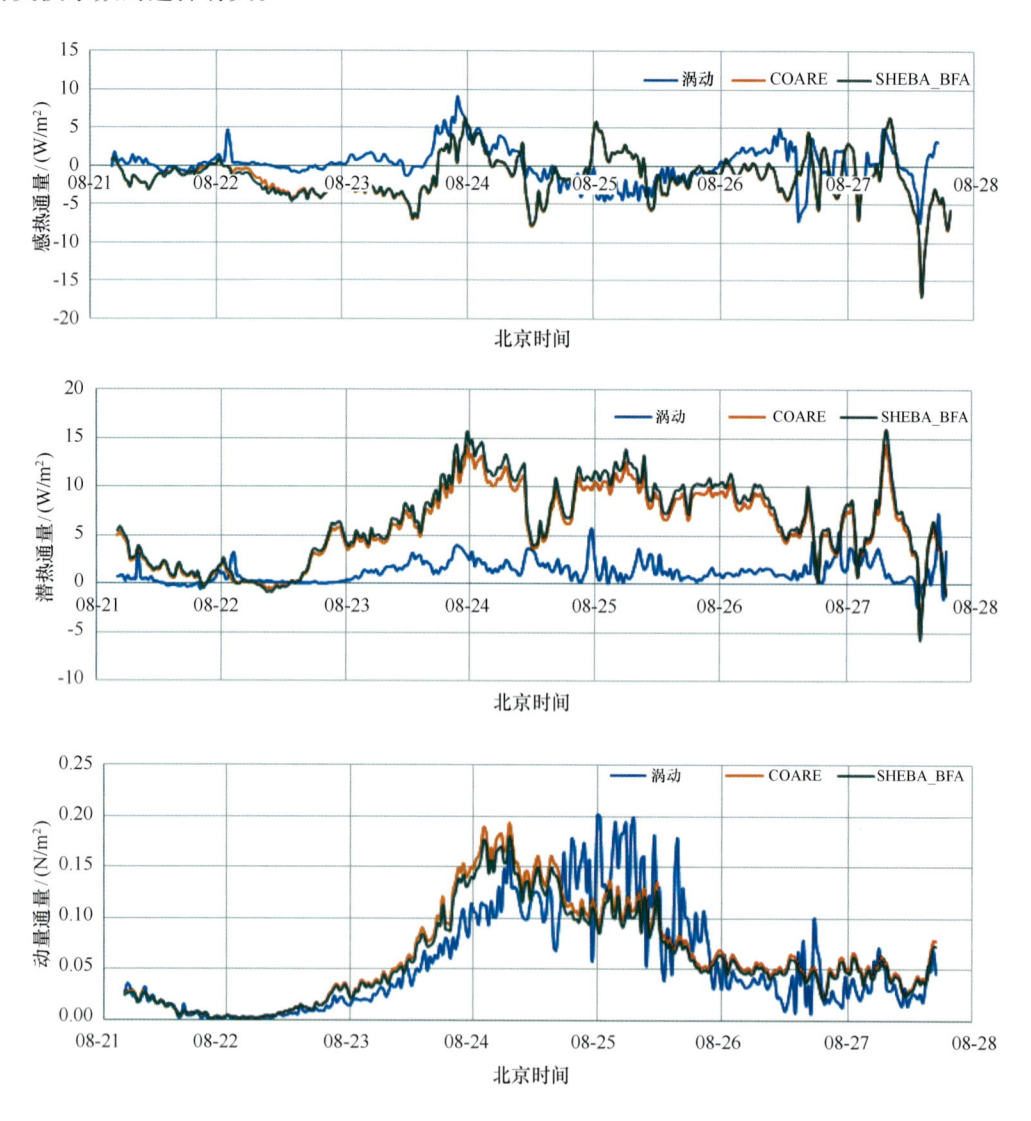

图 5.345　第三次北极科考长期冰站感热（上）、潜热（中）和动量（下）
涡动通量和 COARE、SHEBA_BFA 通量的时间序列

综上所述，COARE 和 SHEBA_BFA 在北极海冰下垫面对感热和动量通量的估算是比较可信的，潜热通量还有待研究和改进。不同的观测区域有不同的参数化方法，利用直接测量的涡动通量对整体法方案中的粗糙度、摩擦速度和交换系数等参数化方案进行评估和改进，是通量研究的一个重要目标，这需要更多的现场实测资料，包括湍流数据和常规气象、海洋数

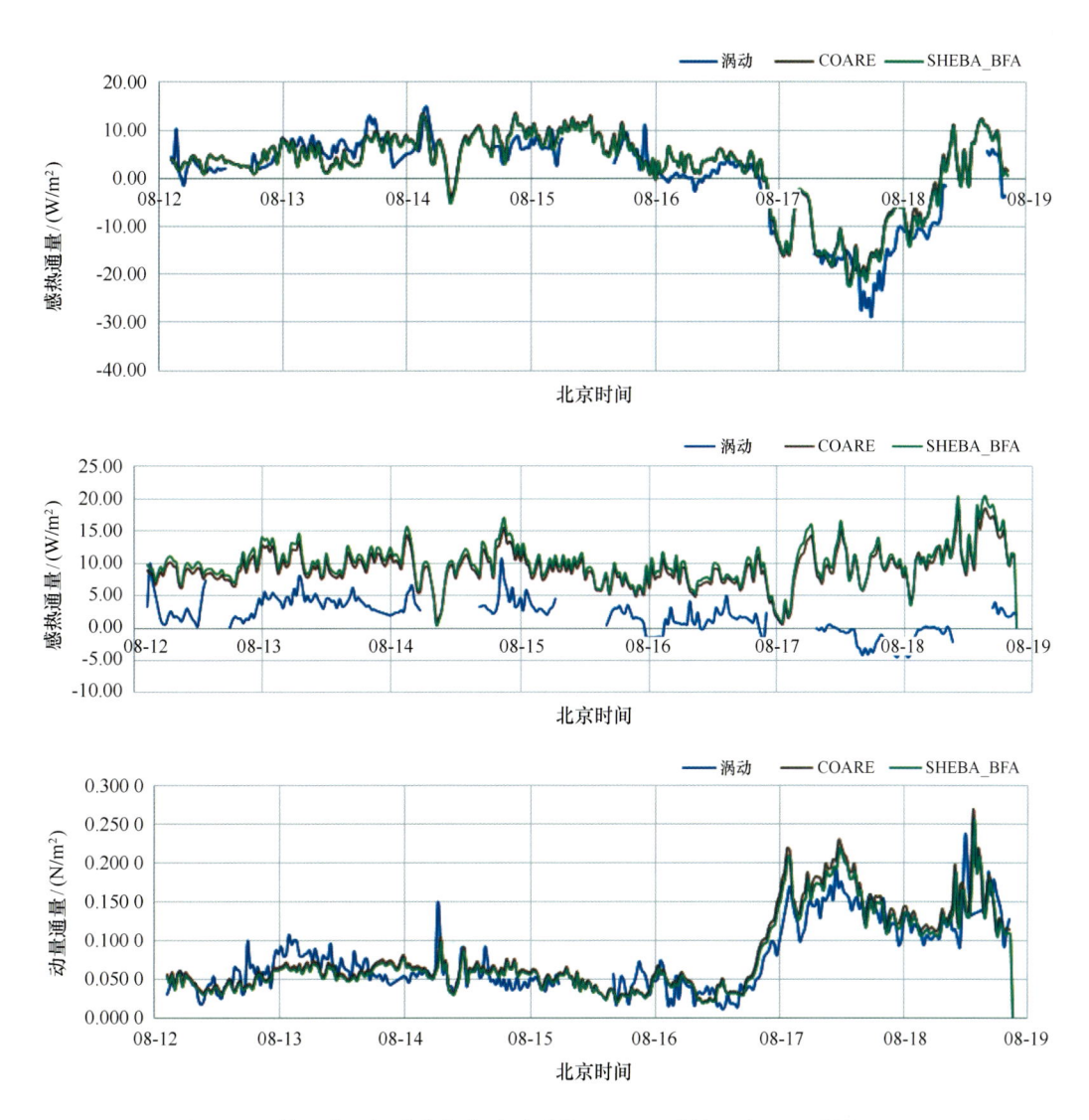

图 5.346　第四次北极科考长期冰站感热（上）、潜热（中）和动量（下）
涡动通量和 COARE、SHEBA_BFA 通量的时间序列

据，尤其是在资料奇缺的极地地区。

3. 冰－气界面通量变化特征分析

（1）热量收支。

图 5.347 给出了第六次北极科考长期冰站上用涡动法计算的感热、潜热、二氧化碳和动量通量的时间序列。有效数据从 8 月 21 日 02：00 至 8 月 25 日 19：00，其中 8 月 22 日 15：00～22：00 和 8 月 23 日 06：30 至 8 月 24 日 11：30 因为天气原因导致探头工作不正常，数据不可用。

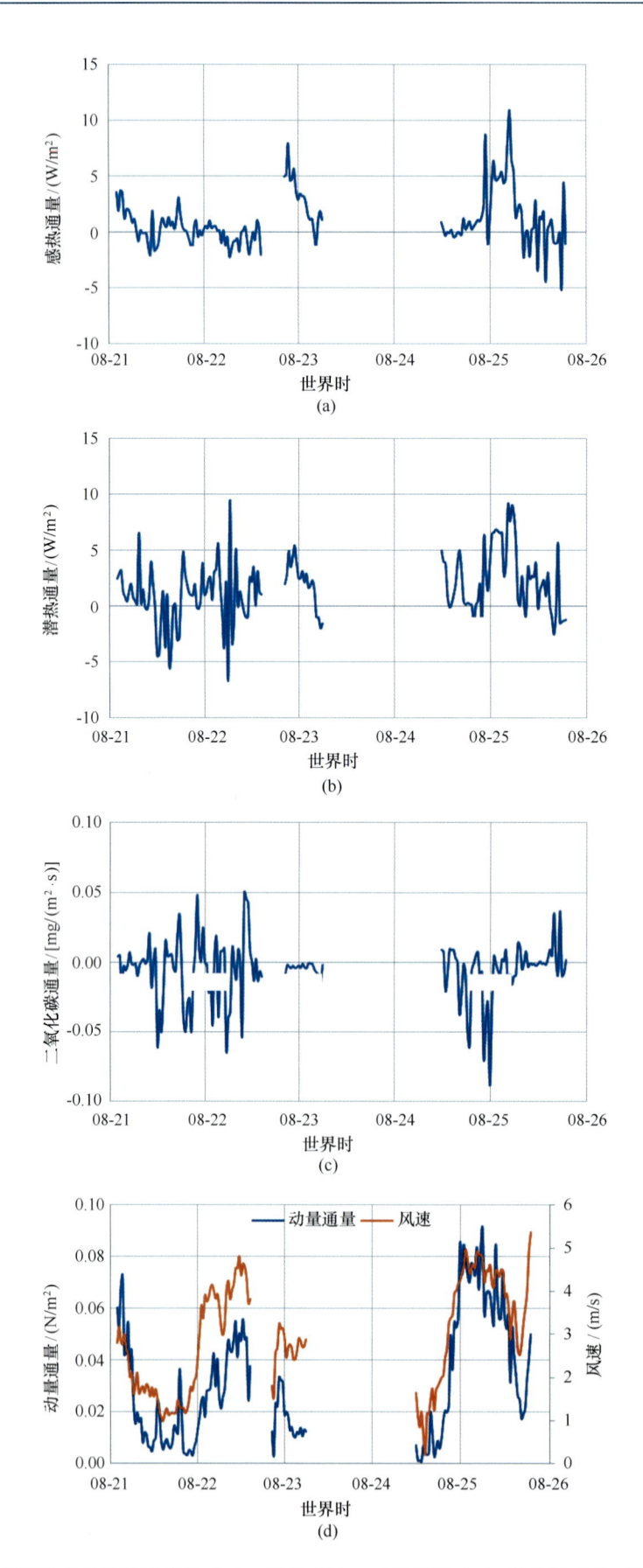

图 5.347　第六次北极科考长期冰站感热（a）、潜热（b）、二氧化碳（c）和动量（d）涡动通量的时间序列

图 5.347（a）和 5.347（b）显示，观测期间冰面感热和潜热通量都没有明显的日变化，这和天气多为阴天以及冰雪下垫面有关。感热通量变化范围为 -5~11 W/m²，平均 1.1 W/m²，潜热通量的变化范围是 -6~9 W/m²，平均值为 1.6 W/m²，这表明平均来说冰雪面往上输送热通量。从对应的第三次、第四次北极科考长期冰站的通量变化可以看出，第三次北极考察期间浮冰区冰雪面的平均感热、潜热通量均为正值，分别是 0.2 W/m²、1.2 W/m²，第四次北极考察期间的平均感热、潜热通量分别是 -1.1 W/m²、1.8 W/m²，和第六次北极考察的情况类似，感热和潜热通量绝对值都很小，潜热向上输送，感热通量则有正有负。

热通量在冰雪面热量收支过程中的作用，国内已有不少研究成果。对首次北极考察资料的研究表明，冰面净辐射主要消耗于感热输送和冰面融化过程，冰面损失的热量超过了吸收的净辐射，并由水汽在冰面上凝结释放潜热和冰中向上传导的热量来补偿。而第二次北极考察长期冰站的冰面融化不明显，忽略融化热通量。冰雪面吸收的净辐射仅为 3.6 W/m²，其中以感热和潜热向大气输送的能量分别占 52% 和 31%，向海冰深层传导的热量很少。与首次北极的结果对比可以得出，在北冰洋海冰与大气相互作用的热力学和动力学过程边界层参数化方案中，需要进一步考虑海冰密度、浮冰大小和反射率等影响近地层参数化的重要因子。不同于首次和第二次北极考察，第三次北极考察冰站冰面向上的潜热通量在浮冰的消融过程中起重要作用，这可能与观测站区浮冰的结构和天气过程有关。

作为典型情况，对 1999 年 8 月 19 日和 8 月 24 日午间和午夜的热量收支项进行了计算。感热通量和潜热通量由涡动相关法计算。每次计算资料长度为 1 h，然后取 01：00—03：00 这 3 小时平均值作为午夜值，13：00~15：00 这 3 小时平均值作为午间值。净辐射通量由太阳总辐射、反射辐射、地面长波辐射和大气长波辐射观测值计算获得，它也是取相应 3 小时平均值。计算结果列于表 5.41。

表 5.41　冰面热量收支表　　　　　　　　　　　　　　　　单位：W/m²

| 日期和时间 | 热量收支项 | | | |
| --- | --- | --- | --- | --- |
| | $Q_h$ | $H_h$ | $H_e$ | $R$ |
| 1999-08-19　01：00—03：00 | -15.72 | 30.1 | -32.6 | -13.2 |
| 1999-08-19　13：00—15：00 | 33.15 | 27.10 | -8.57 | 14.62 |
| 1999-08-24　01：00—03：00 | -21.46 | -2.3 | -0.24 | -18.96 |
| 1999-08-24　01：00—03：00 | 92.09 | 0.83 | -12.2 | 103.46 |

分析表 5.41 中所列的冰面热量收支各项的值可以看出，8 月 19 日夜间冰面由于长波辐射损失能量，感热通量是从地面向大气输送能量，也是使冰面损失能量。潜热通量为负值，是从大气输向冰面，使冰面获得能量，这三项的差额 $R$ 为 -13.2 W/m²，这与通过冰温廓线计算的冰层通量 11.7 W/m² 很接近。可以认为，这差额由冰层向冰面输送的热量来补偿。8 月 24 日夜间与 19 日夜间不同之处在于感热通量是从大气向冰面。冰面从感热通量和潜热通量获得能量，但还不足抵消长波辐射的损失，其差额为 -18.96 W/m²。通过冰温廓线计算的 8 月 24 日夜间冰层向冰面输送的热量为 17.14 W/m²。这两者之间也很接近，也可以认为冰层向冰面输送热量可补偿冰面热量收支差额。

午间冰面热量收支情况比较复杂。午间净辐射为正值，冰面从辐射获得热量。感热通量

消耗部分热量，而潜热通量为负值，使冰面获得热量。这三项热量收支差额为正值。由于午间冰面温度已在0℃以上，这些热量一部分通过冰面进入冰层，一部分消耗于冰面部分冰雪的融化。午间的差额项可写成

$$R = H_{i,0} + H_{i,40} + H_t + Q_0$$

$$H_t = \frac{\partial}{\partial t}\int_{-40}^{0}\rho_i c_i T_i \mathrm{d}z \tag{5-10}$$

式（5-10）中$H_{i,0}$和$H_{i,40}$分别为通过冰面和40 cm深度的热传导通量，$H_t$为40 cm冰层温度变化消耗的热量（$\rho_i$为冰密度，$C_i$为冰比热，$T_i$为冰温），$Q_0$为冰面部分冰雪融化消耗的热量。图5.381为1999年8月19日10—12时和8月24日10—12时的平均冰温随深度变化图，可估算出40 cm冰层平均冰温3 h的变化值，8月19日40 cm冰层平均温度升高0.05K，8月24日升高0.3K。取$\rho_i$为920 kg/m³，$C_i$为2 283 J/(kg·K)，就可以计算出式（5-7）中的$H_t$。此外可估算出冰面和10 cm深度间的冰温梯度与20 cm和40 cm深度间的冰温梯度，从而对式（5-7）中的$H_{i,0}$和$H_{i,40}$进行计算。计算结果列于表5.42，表5.40中$Q_0$的值为式（5-7）中其他各项的差值，并认为此热量都用于冰面部分冰雪的融化。

表5.42 式（5-7）各项的计算值 单位：W/m²

| 日期 | $R$ | $H_{i,0}$ | $H_{i,40}$ | $H_t$ | $Q_0$ |
|---|---|---|---|---|---|
| 1999-08-19 | 14.62 | 0 | 7.7 | 3.89 | 3.03 |
| 1999-08-24 | 103.46 | 1.68 | 0.96 | 23.34 | 77.48 |

从表5.42可以看出，8月19日午间热量收支差额$R$（14.62 W/m²）中3.89 W/m²用于40 cm冰层的增温，7.7 W/m²传导给40 cm以下冰层，而3.03 W/m²用于冰面部分冰雪融化。此时冰面温度略高于0℃，冰雪融化并不多。8月24日午间热量收支差额$R$（103.46 W/m²）中，大部分（77.48 W/m²）用于冰面冰雪融化。24日午间冰面温度可达0.5℃左右，比8月19日的高不少，花费在冰雪融化的热量较多也是合理的。此差额中用于40 cm深冰层升温的热量为23.34 W/m²，传导给40 cm以下冰层的热量很少。值得指出的是8月19日和8月24日从冰面以热传导方式向下输送的热量都很小或为0，可以认为大部分的热量是以透过冰面的太阳辐射直接加热冰层。Maykut（1982）在大尺度气候资料基础上用模式计算表明，北极地区8月份穿透短波辐射通量为净辐射通量的42%。我们进行计算的是个例，不能与气候平均的模式计算直接进行比较，而且在Maykut的模式中没有考虑冰面冰雪融化问题。在两个算例中，40 cm冰层加热的热通量与净辐射通量比值在8月19日午间为0.266，8月24日午间为22.6。可以认为北极地区白天有相当数量的热量是以穿透短波辐射进入冰层，有时它可远远超过热传导方式进入冰层。在其他季节，如果冰面温度在0℃以下，冰面热量收支情况有可能不同于此情况。那时由于没有冰雪融化消耗热量，热量收支分配会有所不同。

综上所述，夜间冰面辐射冷却损失热量主要由冰层向冰面输送热量来补偿。白天冰层的热量主要来源于穿透短波辐射，冰面和以下冰层间的热量交换很低。白天冰面冰雪融化热量是不可忽视的。

（2）$CO_2$通量。

由图5.347（c）可见，$CO_2$通量$F_c$多数情况下为负值，变化范围是（-0.08~+0.05）

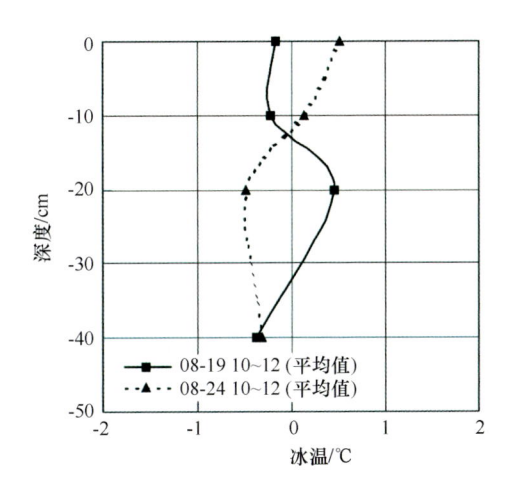

图 5.348　1999 年 8 月 19 日和 24 日 10：00—12：00 期间平均冰温垂直分布

mg/（$m^2 \cdot s$），平均值是 -0.006，和陈立奇利用首次北极考察航线区域调查资料并用 $^{14}C$ 法计算的西北冰洋研究海域海气 $CO_2$ 通量平均值 25.79 mg/（$m^2 \cdot h$）相当，比第三次北极考察长期冰站 $CO_2$ 通量的平均值 -0.015 mg/（$m^2 \cdot s$）要低很多，所以长期冰站区域在夏季对大气 $CO_2$ 有一定的吸收能力，是大气 $CO_2$ 的汇区。

（3）动量通量。

地气间的动量交换常用拖曳系数（$C_d$）来表示，它是数值天气预报和气候模式中的重要参数之一。拖曳系数选择是否合适，对数值模拟的结果有很大影响。拖曳系数是空气动力学粗糙长度的函数，不同类型下垫面的粗糙度是不一样的，$C_d$ 的确定往往需要靠实验的方法。但是对北冰洋地区来说，一方面由于观测环境恶劣造成资料的匮乏，对动量输送系数的研究较少；另一方面就海冰而言，在模式中通常认为粗糙度不变，可是事实上海冰的粗糙度是随着冰的类型和冰龄的变化而变化的。另外，如果冰上有雪，则风吹雪面会改变粗糙度，这些因素都给拖曳系数的确定造成了很大的困难。这里我们采用第六次北极考察期间冰面上实测的涡动相关资料计算了拖曳系数 Cd 和大气稳定度参数 $z/L$。结果显示，90% 的 $z/L$ 绝对值小于 0.08 或接近于 0，6% 的 $z/L$ 小于 -0.08，4% 的 $z/L$ 大于 0.08。这说明北冰洋浮冰近地层大气以中性或近中性（-0.08 < $z/L$ < 0.08）为主。拖曳系数随 $z/L$ 的变化范围为（0.6 ~ 3.2）× $10^{-3}$，近中性层结条件下的平均拖曳系数为 1.55 × $10^{-3}$，小于第四次北极考察的计算值 2.14 × $10^{-3}$，和第三次北极考察的计算值 1.65 × $10^{-3}$ 很相近，和卞林根给出的另一套超声风速仪算出的 1.64 × $10^{-3}$ 很接近，比中国首次北极考察和二次北极考察获得的近中性层结拖曳系数 1.24 × $10^{-3}$ 和 1.16 × $10^{-3}$ 略大，小于目前大部分模式假设的（2 ~ 3）× $10^{-3}$。

### 4. 小结

通过和涡动通量相比，COARE 和 SHEBA_BFA 在北极海冰下垫面对感热和动量通量的估算是比较好的，潜热通量还有待研究和改进。只有通过更多的实测资料，改进整体法中的参数化，才能更好地用在数值天气预报和气候模式中。

平均来说，夏季北冰洋高纬度浮冰向大气输送潜热通量，感热通量因为观测时间短，浮冰的结构和天气过程不同带来的通量输送结果也不同。$CO_2$ 通量平均为负值，表明在夏季高纬度北冰洋对大气 $CO_2$ 有一定的吸收能力，是大气 $CO_2$ 的汇区。

夏季高纬度北冰洋浮冰近地层大气以中性或近中性为主，近中性层结条件下的平均拖曳系数为（1.16~2.14）×10$^{-3}$，小于目前大部分模式假设的（2~3）×10$^{-3}$。

### （二）海冰厚度特征

#### 1. 数据介绍

主要包括 2012 年我国第五次北极考察和 2014 年第六次北极考察时获得的钻孔观测数据和 EM31 观测数据两部分。

（1）钻孔观测数据。

根据冰站情况，选取合适的剖面，其中短期冰站上选取一条剖面，长期冰站选取多条剖面进行观测。在每条剖面上，每隔 5 m 钻孔测量一次冰厚和雪厚。2012 年第五次北极考察期间共做了 6 个短期冰站，对 6 条长约 50 m 的剖面进行冰厚观测。2014 年第六次北极考察期间共做了 7 个短期冰站和 1 个长期冰站，对 14 条剖面进行了冰厚观测，剖面长度从 40 m 至 200 m 不等。

（2）EM31 观测数据。

EM31 主要是根据海冰电导率和海水电导率之间的明显差异，利用电磁场原理精确探测仪器至冰水交界面的距离，以实现海冰厚度的测定。EM31 不能有效地分辨积雪和海冰，所以其测量的结果为海冰和积雪厚度的总和。使用 EM31 同样对上述冰站选取的剖面进行观测。根据第五次北极考察的经验，EM31 可以快速、高效地进行观测，因此，在第六次北极考察期间，我们将观测距离间隔调整为 1 m。另外，由于 EM31 不是对单点的测量，而是对准圆形的覆盖区下平均深度的观测，导致其对冰厚变化比较剧烈区域的测量误差偏大。

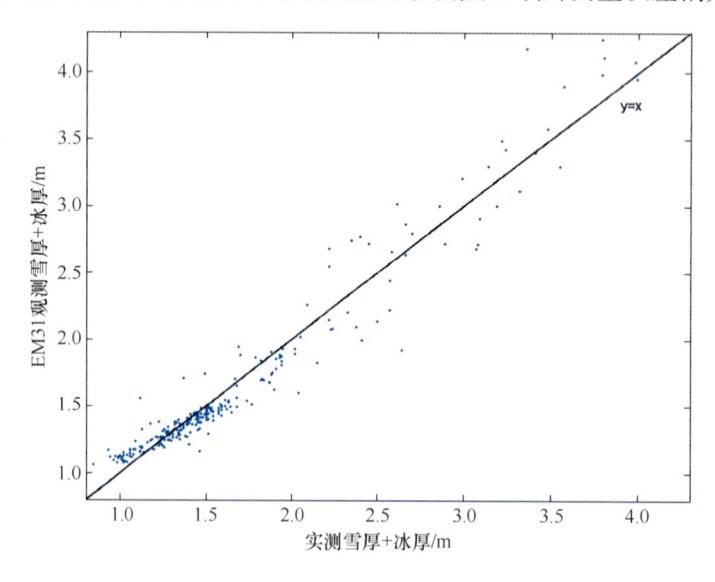

图 5.349　EM31 观测数据与钻孔数据比较

图 5.349 显示了所有钻孔观测点数据与 EM31 观测数据的比较，可以看出，当总厚度小于 1.1 m 时，EM31 所得数据略微偏大，当总厚度在 1.1~2.0 m 时，EM31 所得数据质量较好，当总厚度大于 2.0 m 时，EM31 所得数据离散程度较高，数据误差较大。通过计算，我们可以得到所有观测点的相对平均误差为 9.27%。总之，EM31 的观测数据可以达到我们要求

的精度。

### 2. 海冰厚度特征分析

如图 5.350 所示，2012 年选择的冰站大多位于高纬海域，且均为短期冰站；2014 年由于加拿大海盆冰情较重，选择的冰站多位于 80°N 以南的太平洋扇区；2014 年完成了一个位于 81°N 附近为期 10 天的长期冰站。

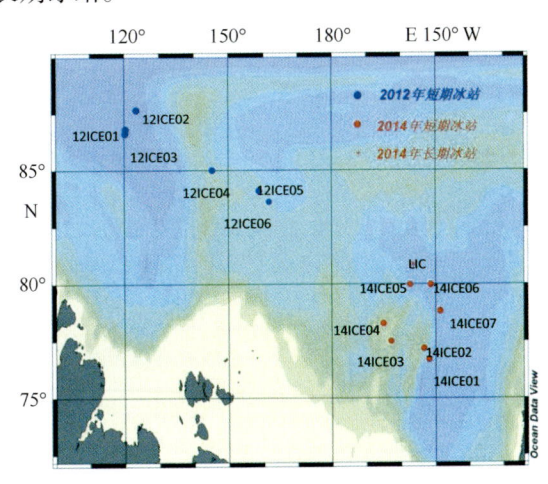

图 5.350　2012 年和 2014 年冰站位置

（1）短期冰站。

图 5.351 和图 5.352 分别显示了 2012 年 6 个短期冰站的冰雪厚度和平均冰雪厚度的变化情况。对于同一剖面上，积雪厚度相差不大。6 条剖面的平均雪厚变化不大，最小 9 cm，最大 12 cm。虽然 12ICE01 – 03 都位于 85°N 以北海域，且相距不远，但其冰厚差别显著。位置最北的 12ICE02 冰站，平均冰厚 1.4 m，为 6 条剖面中冰厚最大的。位置最相近的 12ICE01 和 12ICE03 冰站，冰厚相差约 30 cm。12ICE02 – 03 上的两条剖面，冰厚变化比较平缓，浮冰相对平整。12ICE01 和 12ICE04 – 06 上的四条剖面，冰厚变化比较剧烈，且冰厚基本都小于 1.5 m，因此，冰厚变化剧烈可能是由于浮冰底部不同区域的融化差异造成的。12ICE04 位于 12ICE05 和 12ICE06 的西北方，冰厚较厚，与 12ICE01 的水平相当。12ICE05 和 12ICE06 纬度相差约 0.7°，且距离较近，其平均冰厚均为 1.29 m。

图 5.353 给出了 2014 年 7 个短期冰站上通过钻孔和 EM31 观测的冰厚和雪厚结果。图 5.354 给出了这 7 个剖面钻孔观测的平均冰厚、平均雪厚及其标准差和 EM31 观测的冰雪总厚度及其标准差。从图中可以看出，EM31 对于平整冰的观测结果比较可靠。14ICE01 – 06 的雪厚较小，平均为 4~6 cm；由于到达 14ICE07 冰站时，降雪较大，冰上积雪松软，其厚度达到 14 cm 左右。14ICE01 和 14ICE03 冰站虽然处于低纬海域，但其平均冰厚分别达到 2.6 m 和 1.9 m，应为加拿大北部的多年冰通过波弗特涡运动至该海域。对比 14ICE02、14ICE04 – 07 冰站的冰厚发现，虽然这几个冰站从 77°N 至 80°N 不等，平均冰厚为 1.2 m 左右，并没有表现出随纬度的增加而增厚的现象。因此，80°N 以南海域的当年冰厚度相差不大。14ICE03 冰站上的剖面中，冰厚变化剧烈的现象应该是冰底融化的差异造成的，而 14ICE07 上冰脊的存在导致了冰厚的急剧增大和减小。

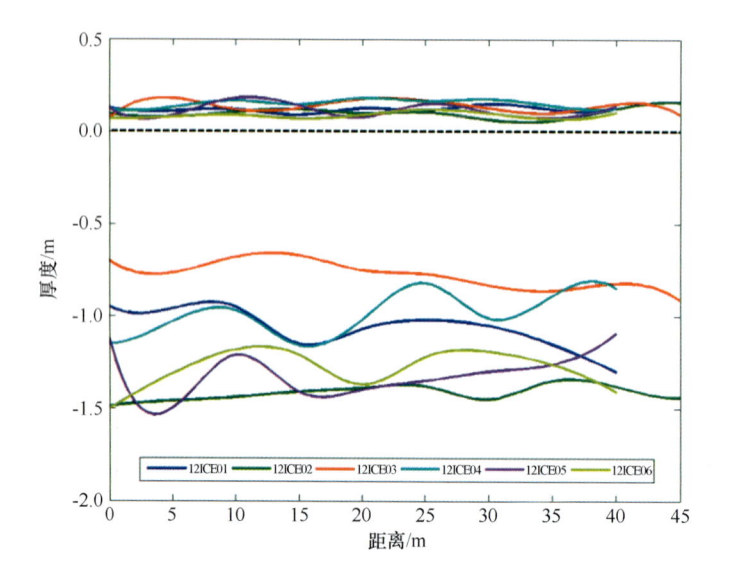

图 5.351　2012 年短期冰站雪厚和冰厚变化

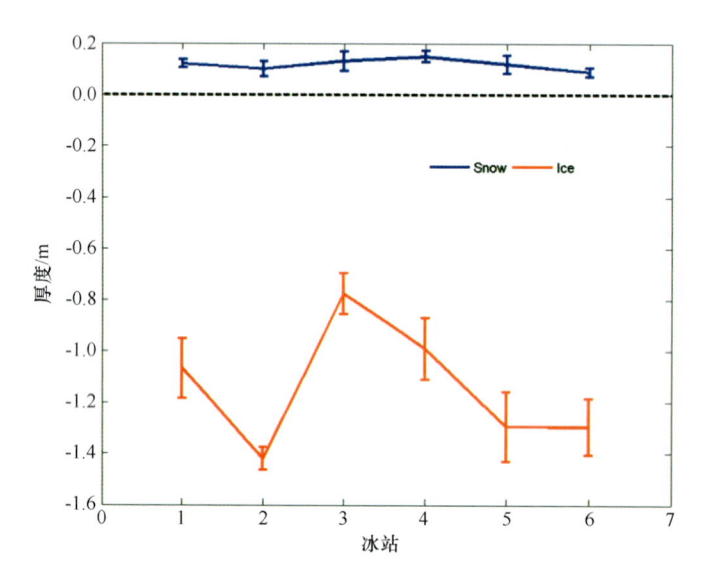

图 5.352　2012 年短期冰站平均雪厚和平均冰厚，误差线表示每个冰站钻孔观测值的标准差

由短期冰站观测结果不难看出，冰厚和雪厚分布的局地性较强，距离相近的海冰厚度可能存在较大差异；在两次科考的观测区域内，并没有发现冰厚随纬度的升高而增大的情况；太平洋扇区低纬海域当年冰的厚度相差不大；多年冰厚度可达 2 m 以上，当年冰厚度均小于 1.5 m。

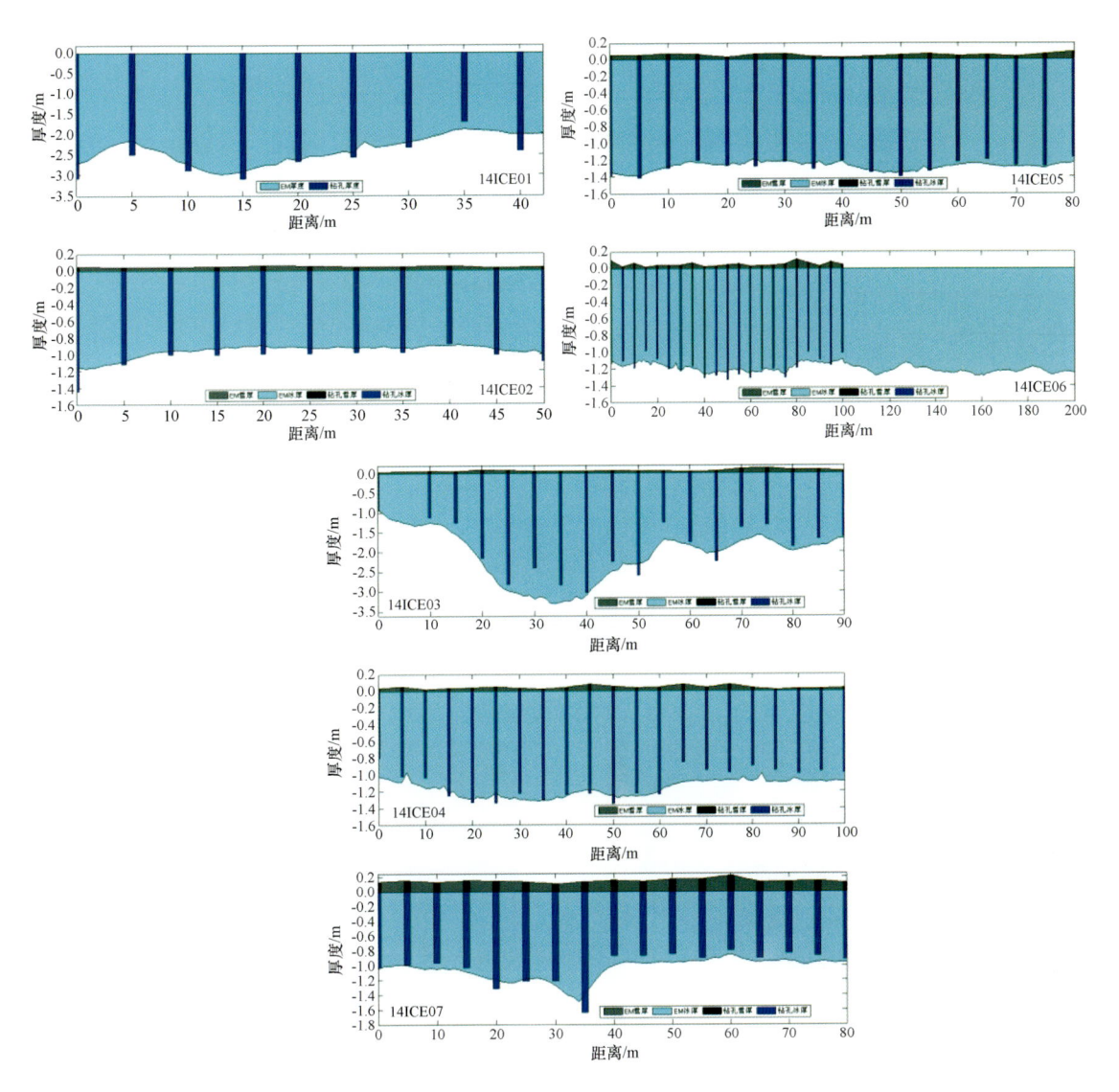

图 5.353 2014 年短期冰站剖面 EM 观测冰雪厚度与钻孔实测冰雪厚度

（2）长期冰站。

图 5.355 给出了长期冰站上 5 条剖面第一次观测和第二次观测的冰雪总厚度的分布变化情况。两次观测时间分别为 2014 年 8 月 19 日和 8 月 25 日。图中的 5 条测线从上至下分别为 L1 到 L5。L1 至 L4 剖面基本平行，而为了避开现场雪地摩托对表面雪的破坏，L5 剖面未能与其他剖面平行。因此，整个观测区域基本呈梯形。相邻剖面的最右端相距 10 m。

L5 剖面的 130 m 处靠近冰脊，L3 剖面的 100 m 处和 L2 剖面的 10 m 处均为冰脊。第一次观测时，L3 剖面 124~127 m 之间有长 2.7 m 的融池，L4 剖面 131~139 m 之间存在长 8 m 的融池。第二次观测时，L2 剖面的 125~129 m、L3 剖面的 124~127 m、L4 剖面的 131~139 m 以及 L5 剖面的 149~150 m 和 134~142 m 之间均为融池。可见，第二次观测时融池有所增加，这也是北极海冰处于夏季融化期的一种表现。

第一次和第二次观测时，整个区域的平均冰雪总厚度分别为 1.43 m 和 1.42 m。大部分区域的冰雪总厚度为 1.2~1.6 m，冰脊附近可达 2 m 左右，融池附近仅 1 m 左右。显然，冰脊附近的冰厚较大，而融池附近的冰厚较小。由图 5.355（c）发现，大部分区域的总厚度呈

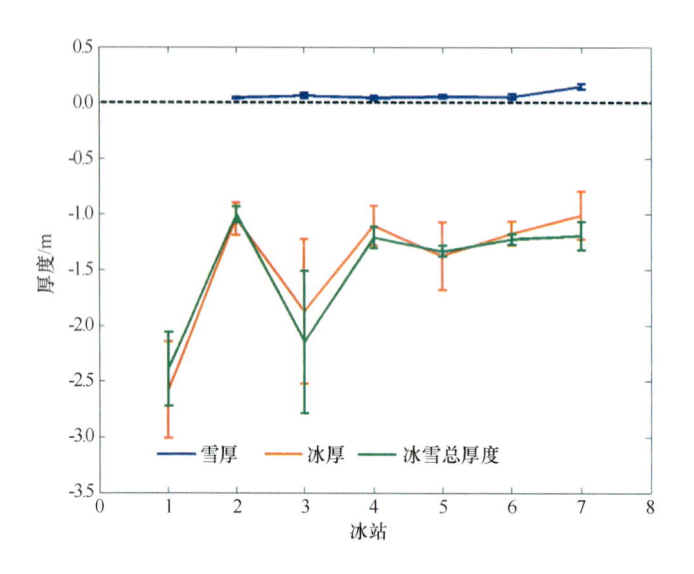

图 5.354　2014 年短期冰站钻孔观测的平均雪厚、平均冰厚和 EM 观测的平均冰雪总厚度，误差线表示每个冰站观测剖面的标准差

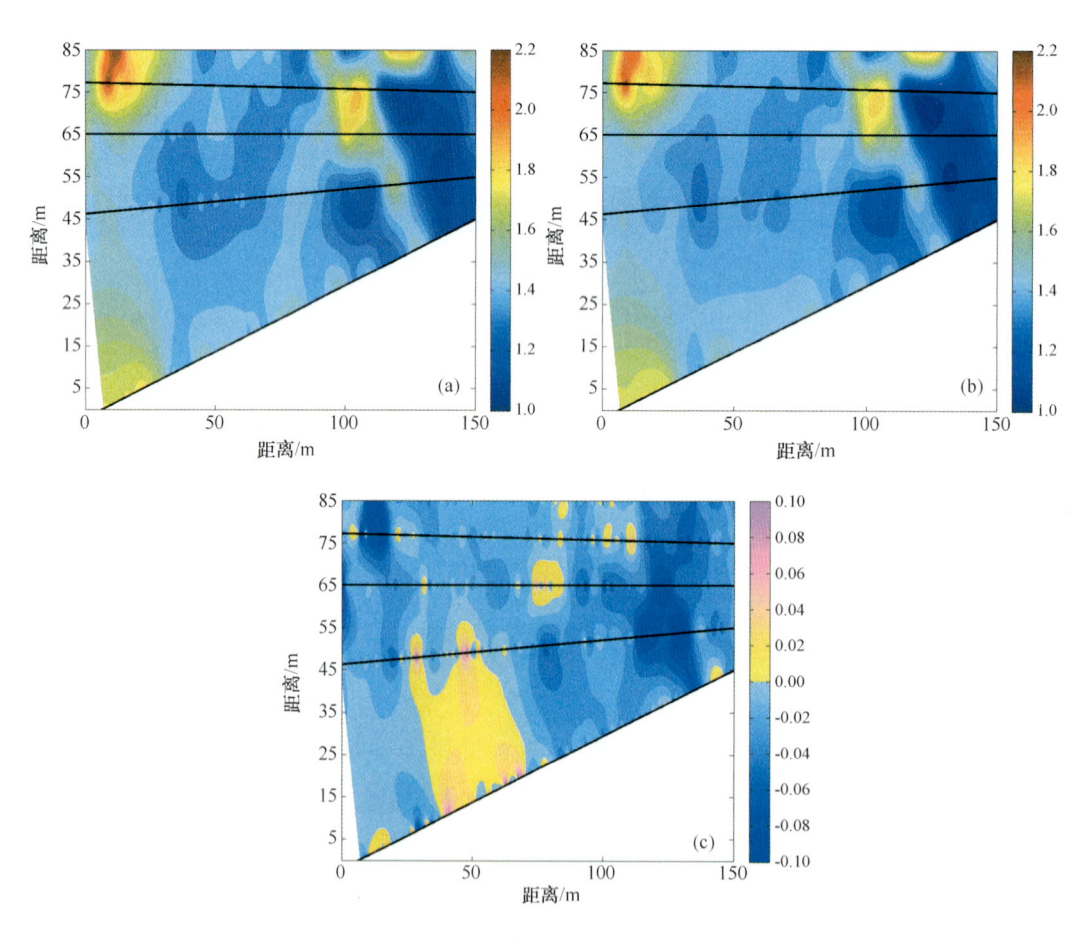

图 5.355　2014 年长期冰站观测区域冰雪总厚度
（a）第一次观测结果，（b）第二次观测结果，（c）第二次观测与第一次观测之差

减小趋势，整个区域的平均总厚度变化为 -1.29 cm，最大减小值为 -16.90 cm。冰脊和融池附近冰厚以减小为主，且速度相对较快。虽然两次观测期间经历过一次降雪，但是由于正值盛夏时期，海冰表面和底部消融较快，总体依然呈现为厚度显著减小。

通过对同一浮冰的两次连续观测发现，融池的存在改变了下垫面的辐射能量收支，导致这些区域的冰厚减小较快；由于冰脊的结构比较复杂，表面形态和冰底形态较平整冰差异较大，底部融化时将其夹杂的卤水排入表层海洋，导致海-冰-气能量收支改变，促进其融化；盛夏时期，海冰融化现象显著。

### 3. 小结

EM31 观测所得冰雪厚度普遍略高于钻孔实测的冰雪厚度，平均高出 12.2 cm。产生此误差一方面因为 EM31 的测量不是对一单点的测量，而是对准圆形的覆盖区下平均冰厚的测量，当海冰厚度空间变化较大时，EM31 的测量误差会比较大；另一方面因为某些测点位于重新冻结的融池中，其垂向冰-水-冰-水的复杂结构，给测量带来较大干扰。

夏季北冰洋加拿大海盆、北冰洋中心区的海冰厚度多介于 1~1.7 m。从短期冰站观测结果来看，冰厚和雪厚分布的局地性较强，距离相近的海冰厚度可能存在较大差异；在两次科考的观测区域内，并没有发现冰厚随纬度的升高而增大的情况；太平洋扇区低纬海域当年冰的厚度相差不大；多年冰厚度可达 2 m 以上，当年冰厚度均小于 1.5 m。通过长期冰站对同一浮冰的两次连续观测发现，融池的存在改变了下垫面的辐射能量收支，导致这些区域的冰厚减小较快；由于冰脊的结构比较复杂，表面形态和冰底形态较平整冰差异较大，底部融化时将其夹杂的卤水排入表层海洋，导致海-冰-气能量收支改变，促进其融化；盛夏期间，海冰融化现象显著。

## （三）辐射传输变化特征

### 1. 数据介绍

海冰的辐射传输研究包括融池辐射时空特征分析、裸冰以及覆雪冰的反射、透射和侧向散射特征分析。融池辐射观测的数据资料基于中国第四次、第五次和第六次北极科学考察，冰面和冰底辐射特征分析基于中国第三次、第四次、第五次和第六次北极科学考察数据，并包含部分北极固定冰的光学观测。中国历次北极科学考察冰站观测地点如图 5.356 所示及表 5.43。

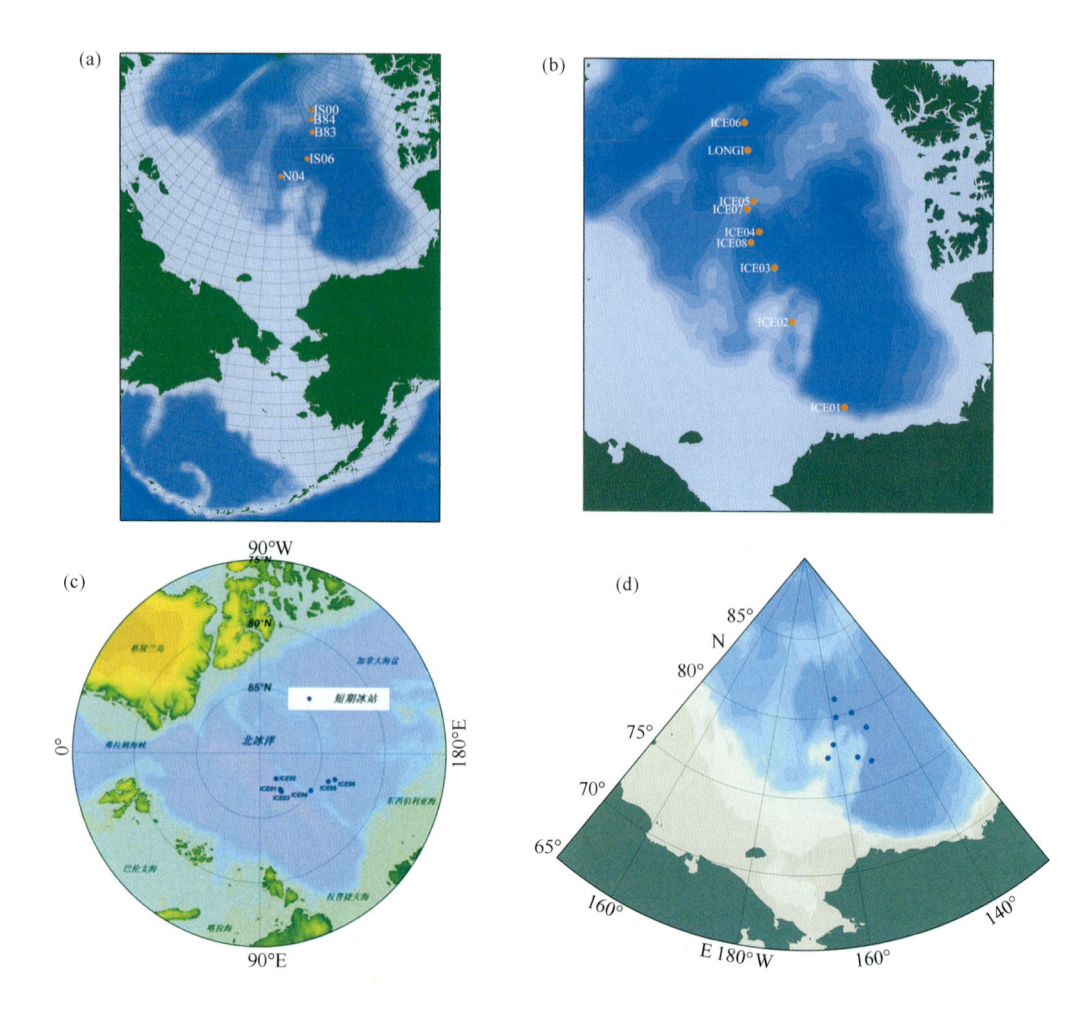

图 5.356　海冰辐射观测站位图

(a) 中国第三次北极科学考察；(b) 中国第四次北极科学考察；
(c) 中国第五次北极科学考察；(d) 中国第六次北极科学考察

表 5.43　中国第三次、第四次、第五次和第六次北极考察冰站位置信息表

| 序号 | 站位 | 时间 | 纬度 | 经度 |
| --- | --- | --- | --- | --- |
| 01 | 08B83 | 2008-08-18 | 82°59.36′N | 147°17.26′W |
| 02 | 08B84 | 2008-08-19 | 83°59.64′N | 144°10.16′W |
| 03 | 08IS00 | 2008-08-22 | 84°41.11′N | 140°07.09′W |
| 04 | 08IS00 | 2008-08-23 | 84°42.74′N | 144°09.88′W |
| 05 | 08IS00 | 2008-08-24 | 84°51.05′N | 144°51.49′W |
| 06 | 08IS06 | 2008-09-01 | 81°02.51′N | 155°20.40′W |
| 07 | 08N04 | 2008-09-03 | 79°52.52′N | 170°06.97′W |
| 08 | 10ICE01 | 2010-07-27 | 72°19.35′N | 152°33.70′W |
| 09 | 10ICE02 | 2010-07-31 | 77°28.69′N | 158°54.61′W |
| 10 | 10ICE03 | 2010-08-01 | 80°29.34′N | 161°18.84′W |
| 11 | 10ICE04 | 2010-08-03 | 82°30.47′N | 165°31.36′W |

续表

| 序号 | 站位 | 时间 | 纬度 | 经度 |
|---|---|---|---|---|
| 12 | 10ICE05 | 2010-08-05 | 84°10.77′N | 167°08.66′W |
| 13 | 10LS01 | 2010-08-07 | 86°54.05′N | 170°30.79′W |
| 14 | 10ICE06 | 2010-08-20 | 88°22.58′N | 177°15.02′W |
| 15 | 10NP | 2010-08-20 | 90°N | 0° |
| 16 | 10ICE07 | 2010-08-23 | 83°44.53′N | 170°41.41′W |
| 17 | 10ICE08 | 2010-08-24 | 81°57.00′N | 169°01.47′W |
| 18 | 12ICE01 | 2012-08-29 | 86°48.03′N | 120°23.95′E |
| 19 | 12ICE02 | 2012-08-30 | 87°39.60′N | 123°24.62′E |
| 20 | 12ICE03 | 2012-08-31 | 86°36.91′N | 120°14.88′E |
| 21 | 12ICE04 | 2012-09-01 | 84°59.97′N | 145°14.84′E |
| 22 | 12ICE04 | 2012-09-01 | 84°53.90′N | 153°27.46′E |
| 23 | 12ICE05 | 2012-09-02 | 84°04.83′N | 158°44.26′E |
| 24 | 12ICE06 | 2012-09-02 | 83°37.64′N | 161°41.58′E |
| 25 | 12ICE06 | 2012-09-02 | 82°46.14′N | 171°46.99′E |
| 26 | 14ICE01 | 2014-08-10 | 76°42′N | 151°6.28′W |
| 27 | 14ICE02 | 2014-08-12 | 77°10.89′N | 154°36′W |
| 28 | 14ICE03 | 2014-08-13 | 77°29.29′N | 163°7.80′W |
| 29 | 14ICE04 | 2014-08-14 | 78°16.53′N | 160°58.8′W |
| 30 | 14ICE05 | 2014-08-16 | 79°55.93′N | 158°37.56′W |
| 31 | 14LS01 | 2014-08-19 | 81°3.62′N | 157°41.73′W |
| 32 | 14ICE06 | 2014-08-28 | 79°58.59′N | 152°38.15′W |
| 33 | 14ICE07 | 2014-08-28 | 78°48.36′N | 149°21.51′W |

2. 融池辐射特征分析（Zhang et. al., 2014）

（1）融池表面的热量收支。

2010年8月17日前后，温度、相对湿度和风速以及融池表面都发生了显著的改变。夏季北极中央区气温在0℃左右变化，融池表面受气温的影响经常出现结冰现象，从而导致融池表面的热量收支和融池内部的热通量发生了明显改变。

融池表面温度随时间的变化如图5.357所示。从图中可以知道，融池表面温度（红线）和气温（黑线）变化相一致。当气温低于0℃时，融池表面温度也低于0℃，融池表面结冰，此时融池表面温度高于气温；当气温高于0℃时，融池表面温度也高于0℃，融池表面没有结冰，此时融池表面温度低于气温。融池表面温度的变化与实际观测的融池表面是否结冰相一致。

融池表面温度不仅受气温的影响，还受到融池水温度和融池表面结冰的影响，因此研究

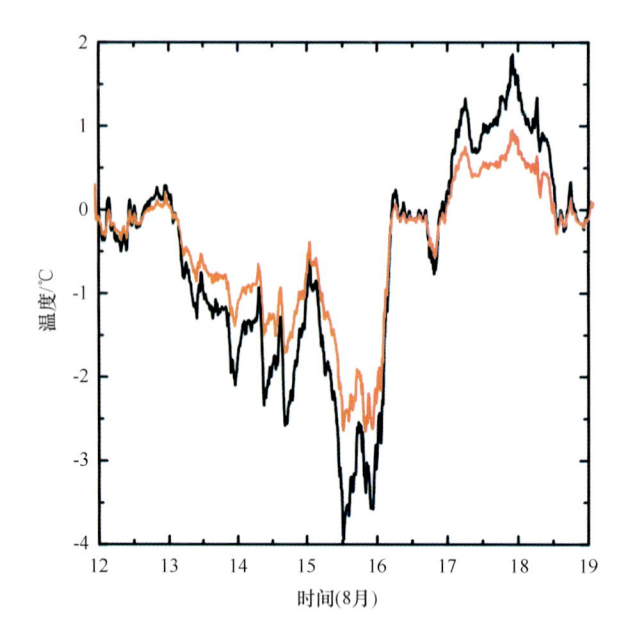

图 5.357　气温（黑线）和融池表面温度（红线）时间变化

气温与融池表面温度的关系是必要的。图 5.358 给出了气温和融池表面温度的散点图，从图中可以看到它们之间具有非常好的线性关系。当气温低于 0℃ 时，融池表面温度与气温的相关系数（$r$）是 0.988，标准差（$rms$）为 0.006，它们之间的线性关系为 $T_w' = 0.69\, T_a - 0.028$；当气温高于 0℃ 时，融池表面温度与气温的相关系数（$r$）是 0.973，标准差（$rms$）为 0.002，它们之间的线性关系为 $T_w' = 0.56\, T_a - 0.058$。由上面的对比可以看到，在结冰条件下相关系数和直线的斜率都比较大，因此融池受气温的影响更加明显。

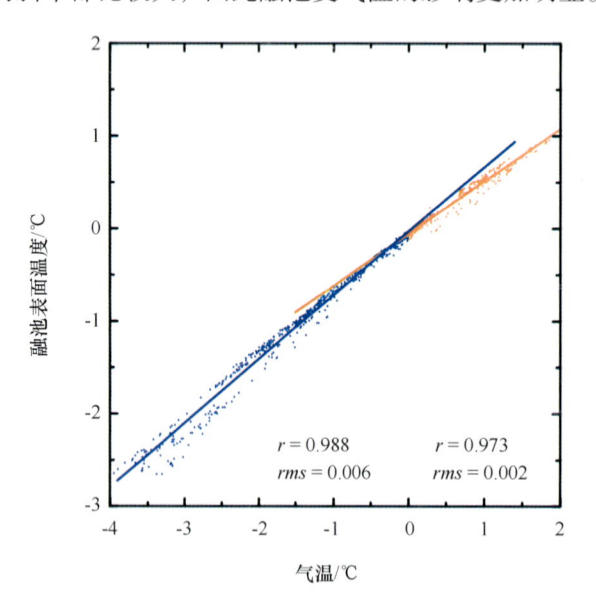

图 5.358　气温和融池表面温度的散点图

其中 $r$ 为相关系数；$rms$ 为标准差；蓝色点为气温低于 0℃；红色点为气温高于 0℃

融池表面温度已知后，可以计算融池表面的净热通量 $N_r$，感热通量 $F_{sp}$ 和潜热通量 $F_{ep}$。

图 5.359 给出了融池表面的各个热通量的时间变化。从图中可以看到融池表面净热通量 $N_r$ 具有明显的日周期变化；净长波辐射、感热和潜热量值相对比较小；净长波辐射和潜热总是小于 0；受气温和融池表面温度的影响，17 日之前感热主要小于 0，而 17 日之后感热大于 0。因此，在 17 日之前融池主要以感热、潜热和净长波辐射的形式失去热量；17 日之后感热成为融池获得能量的一种形式。

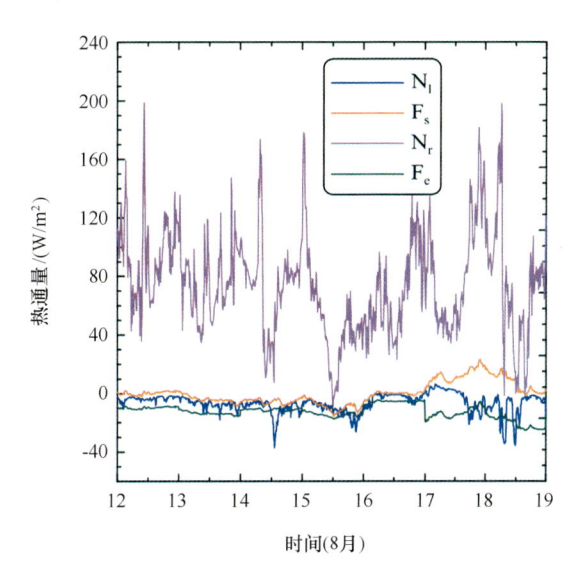

图 5.359　融池表面感热通量、潜热通量、净长波辐射和净热通量的时间变化

Light 等（2008）指出在多年冰覆盖区域，海冰通常以长波辐射和湍流热通量的形式从表面失去热量，湍流热通量包括感热通量和潜热通量。因此，令 $F_t = F_{ew} + F_{sp}$ 为融池表面的湍流热通量。由于 17 日前后长期冰站的气温、风速、相对湿度以及融池表面的状况都发生了显著变化，因此，将融池表面热量收支分为 2 个时间段研究：8 月 12—16 日和 8 月 16—18 日。第一个时间段的显著特点是气温低于 0℃，融池表面结冰（不超过 1 cm）；第二个时间段的显著特点是气温高于 0℃，融池表面没有结冰，这两个时间段的各项表面热通量平均值如表 5.44 所示。

表 5.44　融池表面热量收支

| 日期 | 热量收支/（W·m$^2$） | | | |
| --- | --- | --- | --- | --- |
| | $N_s$ | $N_l$ | $F_t$ | $N_r$ |
| 2010 年 8 月 12—16 日 | 94.3 | −6.9 | −14.4 | 73.1 |
| 2010 年 8 月 16—18 日 | 91.3 | −6.0 | −7.2 | 78.1 |
| 2010 年 8 月 12—18 日 | 93.4 | −6.6 | −12.3 | 74.6 |

从表 5.44 可以知道，在整个长期冰站期间融池以净长波辐射和湍流热通量的形式失去热量，其中以湍流热通量形式失去的最多。第一个时间段（12—16 日）融池的湍流热通量是净长波辐射的 2 倍多；第二个时间段在感热通量（感热通量大于 0）的影响下，湍流热通量减小，但依然大于净长波辐射，因此，低气温条件下融池以湍流热通量形式失去的热

量最多。由于净长波辐射和湍流热通量只作用在表面，因此只有短波辐射进入融池和融池下面的海冰。

（2）向下太阳短波辐射在融池表面和融池内部的分配。

融池表面的反照率比较低，从而有大量的太阳短波辐射能被融池水和融池下面的海冰吸收，引起融池内海冰融化。融池水吸收的太阳短波辐射 $F_p$ 用下面的公式计算（Ebert，1993）：

$$F_p = F_{sd}(a_p + a_p t_p \alpha_t)$$

其中 i 0.65 为多年海冰的反照率（Grenfell and provich，1984；Pegau and Paulson，2001；Perovich，2002）；$t_p$ 为融池的穿透率，与融池深度的关系是 $t_p = 0.36 - 0.17 \lg(h_p)$（Neumann and Pierson，1966；Ebert，1993），$h_p$ 为融池的深度；$a_p$ 为融池的吸收系数，$a_p = 1 - t_p^{0.89}$（Neumann and Pierson，1966；Ebert，1993）。进入融池下面海冰的辐射通量 $F_i = F_{sd} - F_{su} - F_p$，观测期间融池的深度在 0.50 m 到 0.53 m 之间变化，此时融池水吸收的太阳短波辐射变化很小，可以忽略。在实际计算中融池水的深度取 0.52 m。

在 12—16 日，融池表面漂浮着暗灰色冰皮，并且冰皮厚度不超过 1cm。冰皮吸收的太阳短波辐射可以用 Bouguer – Lambert law 求出（Grenfell and Maykut，1977）：

$$I_i = F_{ds}(1 - e^{\kappa h})$$

$\kappa$ 为消光系数，$h$ 为冰厚，$I_i$ 为冰皮吸收的入射短波辐射。融化的黑冰和灰冰的消光系数在 0.6~0.78/m（Bolsenga's，1978；Heron and Woo，1994）。当消光系数取 0.78/m，新结冰的厚度取 0.01 m 时，不到 0.8% 的太阳短波辐射被冰皮吸收。实际观测中冰皮厚度小于 0.01 m，消光系数也小于 0.78/m。因此，吸收的太阳短波辐射更少，可以忽略。由于融池以净长波辐射 $N_l$ 和湍流热通量 $F_t$ 的形式失去热量，而融池失去的热量来源于融池水吸收的太阳短波辐射 $F_p$，因此融池水净吸收的太阳短波辐射 $N_p$ 为

$$N_p = F_p - F_t - N_l$$

上面的分析表明向下的太阳短波辐射一部分在融池表面反射，一部分进入融池下面的海冰，其余被融池水吸收。其中融池水吸收的太阳短波辐射又有一部分以湍流热通量和净长波辐射的形式释放到大气中，因此向下太阳短波辐射在融池表面和融池内部的分配可以表达为

$$F_{sd} = F_{su} + F_i + F_t + N_p + N_l$$

其右边各项占向下太阳短波辐射的比例如图 5.360 所示，其中图 5.360（a）表示 8 月 17 日以前向下太阳短波辐射的平均分配，融池表面冰皮吸收一部分短波辐射；图 5.360（b）表示 8 月 17 日以后向下太阳短波辐射的平均分配，融池表面没有结冰。由图 5.360（a）可以知道，融池表面冰皮厚度为 1 cm，消光系数为 0.8/m 时吸收的短波辐射仅占向下短波辐射的 0.8% 左右，而在实际条件下新冰吸收的短波辐射更小。融池在表面结冰和未结冰条件下，向下太阳短波辐射能在融池表面和融池内部的分配明显不同。向上的长波辐射 $F_{su}$（即反照率）在 17 日之前平均为 23.2%，而 17 日之后变为 17.3%，因此，融池表面结冰增加了其反照率。从 17 日开始，感热通量大于 0，而潜热通量总是小于 0，因此，在感热通量的影响下湍流热通量 $F_t$ 在 17—18 日为 6.5%，明显小于 12—16 日（11.6%）。

融池表面净长波辐射所占的比例变化不大，在 5.5% 左右。12—16 日融池水吸收的太阳短波辐射有 51.8%，进入融池下面海冰的有 7.1%；而 17—18 日，它们所占的比例分别为 57.7% 和 13.1%。因此，在气温和冰皮的影响下融池水和融池下面海冰对太阳短波辐射也发

生了改变。进一步研究发现,夏季无论融池表面结冰还是未结冰,都有大量(超过50%)的太阳短波辐射能进入到融池的内部,引起海冰的融化。

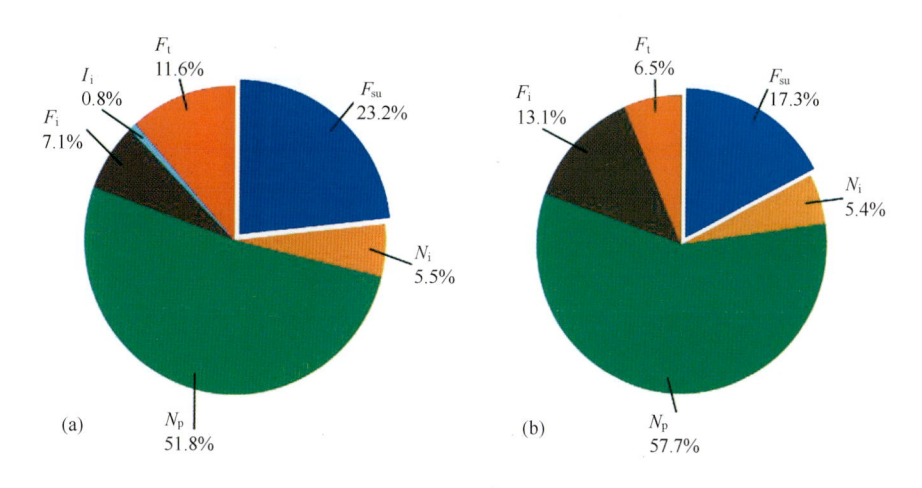

图 5.360 太阳短波辐射在融池和空气中的分配
(a) 8月12—16日;(b) 8月17—18日

(3) 秋季冻结融池的辐射特征观测。

在秋季海冰冻结开始阶段,融池的表面特征变化最为明显:随着气温的降低,融池表面开始冻结,形成一层薄冰,如果此时出现降雪,融池表面就会形成新雪、新冰和融水的三层结构,不同表面类型的融池辐射特征相差都很大,三层结构的融池表面导致更加复杂的辐射特性。冰站 ICE03 第一个融池表面冻结并覆有很薄的一层新雪,融池的深蓝色仍然可见。此时向下的长波辐射略小于融池表面的向上长波辐射,如图 5.361(a)所示,但二者的量级基本相同,均在 300~330 W/m² 范围内变化,向下短波辐射为 100~125 W/m²,向上的短波辐射小于 25 W/m²。此时净的长波辐射为 -20 W/m²,表明融池向外辐射能量,并且随时间变化很小,总的净辐射与净短波辐射变化趋势一致,逐渐减小,导致积分反照率逐渐增加。

3. 冰面辐射特征分析

(1) 夏季多年冰对太阳辐射能的吸收作用研究(赵进平等,2009)。

1) 海冰对太阳辐射的透射率和衰减系数。设到达海面的太阳辐照度为 $E_s(\lambda)$,到达冰下的太阳辐照度为 $E_h(\lambda)$,海冰厚度为 $h$,海冰对太阳辐射的透射率为

$$R_T(\lambda) = \frac{E_h(\lambda)}{E_s(\lambda)} \tag{5-11}$$

由于海冰情况非常复杂,海冰对光的衰减难以用精确的公式来表达。为了比较海冰对不同波长辐射的衰减差异,这里还是用指数形式的衰减系数来估计不同厚度海冰引起的辐射衰减

$$E_h = E_s \exp[-\mu(\lambda)h] \tag{5-12}$$

海冰的衰减系数 $\mu(\lambda)$ 是波长 $\lambda$ 的函数,可以统计地估计为

$$\overline{\mu(\lambda)} = \frac{1}{N}\sum_{n=1}^{N}\left[-\frac{1}{h_n}\ln\left(\frac{E_{hn}(\lambda)}{E_{sn}(\lambda)}\right)\right] = \frac{1}{N}\sum_{n=1}^{N}\left[-\frac{\ln R_{Tn}(\lambda)}{h_n}\right] \tag{5-13}$$

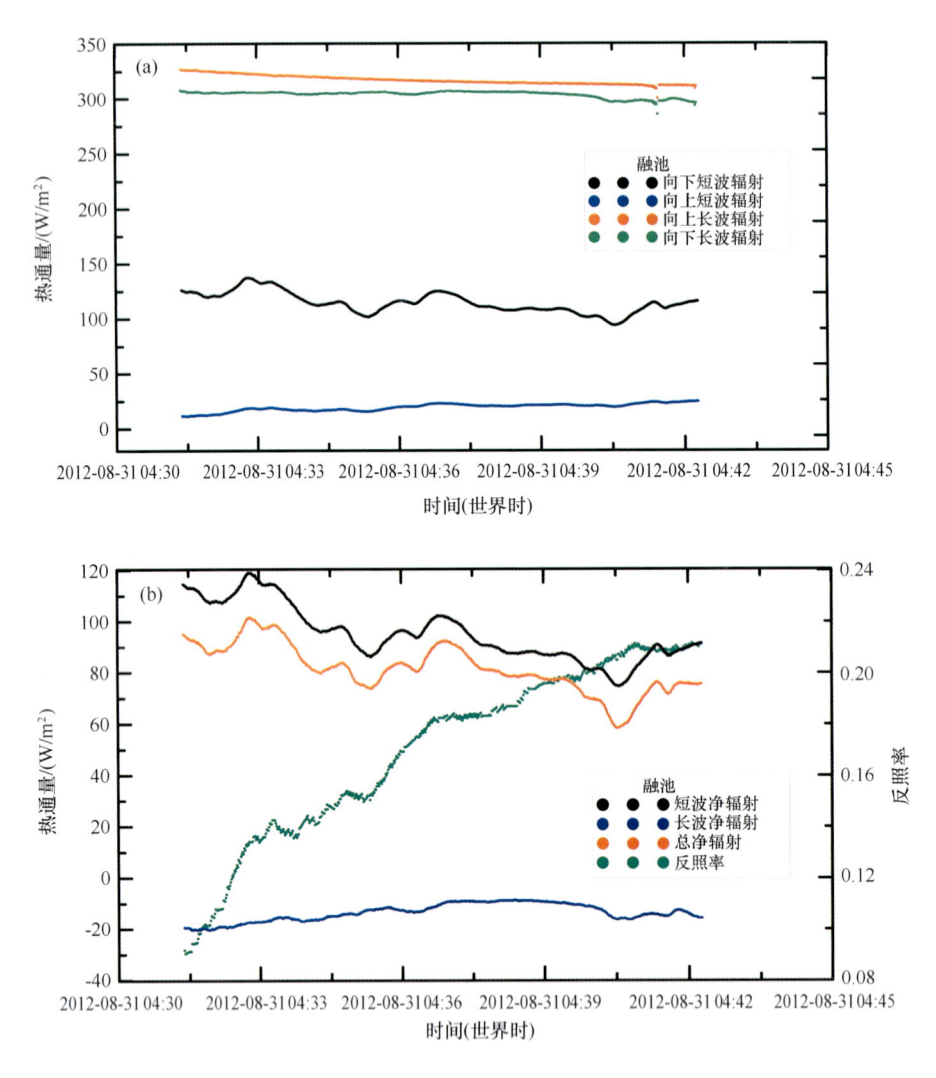

图 5.361　融池辐射特征观测
(a) 融池表面辐射能变化特征；(b) 净辐射及反照率变化特征

由于观测期间的海冰厚度主要集中在厚冰范围（85~180 cm）内，利用公式（5-13）的估计不会非常准确地反映薄冰的衰减特性，但可以反映不同波长辐射衰减特性方面的差异。图 5.362 是实测的海冰对 300~900 nm 范围内积分太阳辐射能的衰减，其中蓝点是实测结果，紫色的曲线是用公式（5-12）拟合的结果，得到的衰减系数 $\mu$ 为 2.34。我们希望研究海冰对太阳辐射能的吸收，而雪层是海冰吸收的重要因素；冰站上的雪已经不是传统意义上的雪，而是与海冰熔接在一起的高透光率物质，因此，我们带雪进行光学观测，拟合的结果已经包含了雪层引起的衰减。通常无雪海冰的衰减系数取为 1.6（Maykut，1982），这里观测得到的衰减系数要大一些，显然与包含了 5 cm 厚度的雪有关。

图 5.363 是海冰对各个谱段太阳辐射的衰减系数，其中，780 nm 和 875 nm 的光几乎不能透过海冰，衰减系数相当大，没有绘入图内。此外，红光谱段的衰减较强，紫光谱段也有相当的衰减。衰减最弱的在黄绿谱段，443~555 nm 光的衰减系数都小于 2.0，其中 490 nm 衰减最弱，衰减系数只有 1.87。由于太阳辐射能在黄绿谱段含能量最高，海冰对太阳辐射的衰减特性仍然会使一部分能量进入冰下海水。

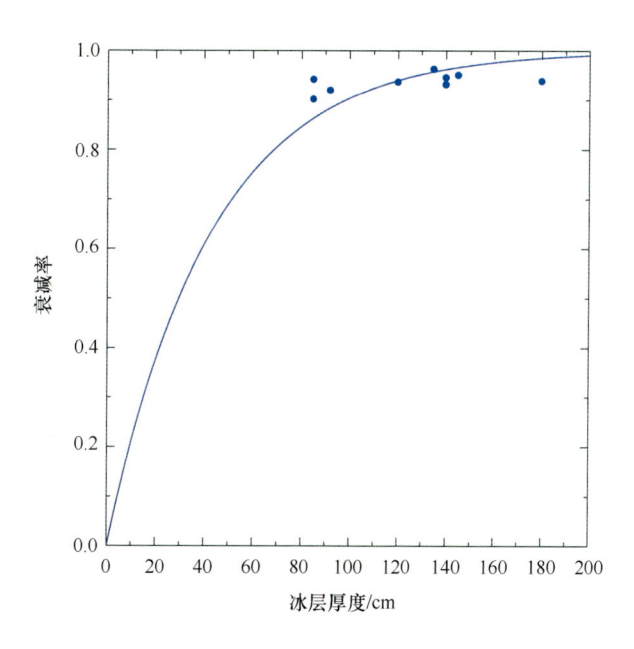

图 5.362　海冰衰减率与海冰厚度的关系

其中纵坐标是海冰衰减率 $1-RT(\lambda)$，拟合得到的指数衰减系数为 2.34

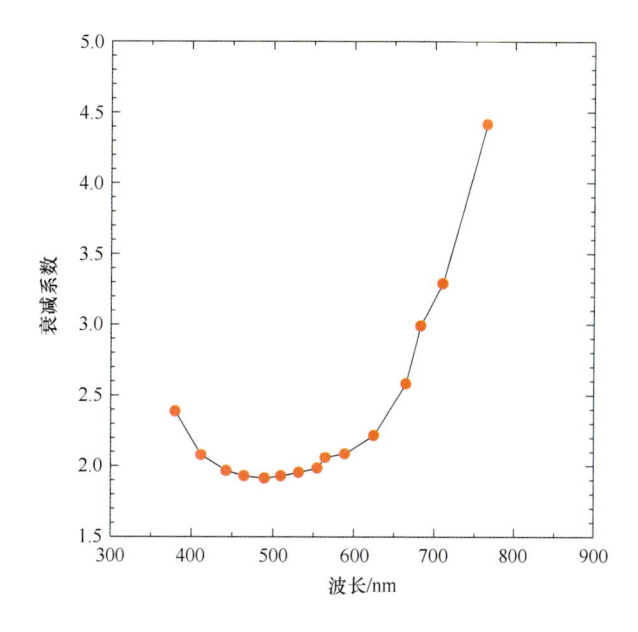

图 5.363　海冰对各谱段太阳辐射衰减系数的估计

2）海冰表面的反照率。海冰的透射率不大，主要原因是大部分太阳辐射能在海冰表面被反射。对于厚度大于 1 m 的厚冰，海冰的反照率与海冰厚度近乎无关，但对于薄冰，海冰反照率通常是海冰厚度的函数。由于观测期间海冰的密度很低，我们试图了解海冰厚度与海冰反照率的关系。图 5.364（a）给出的结果表明，观测期间海冰的反照率普遍很大，大都在 0.6 以上。海冰的反照率随冰厚的减小明显呈线性下降的趋势，只有到冰厚小于 1 m 时才离散较大。以往的研究表明，有积雪覆盖的海冰反照率与海冰厚度关系不明显，而我们观测的海冰反照率与冰厚显著的相关性表明，海冰松散和雪层密度降低明显地影响了海冰的光学特性，雪层的良好透光性使 1 m 以上的海冰也可以有较低的反照率。

403

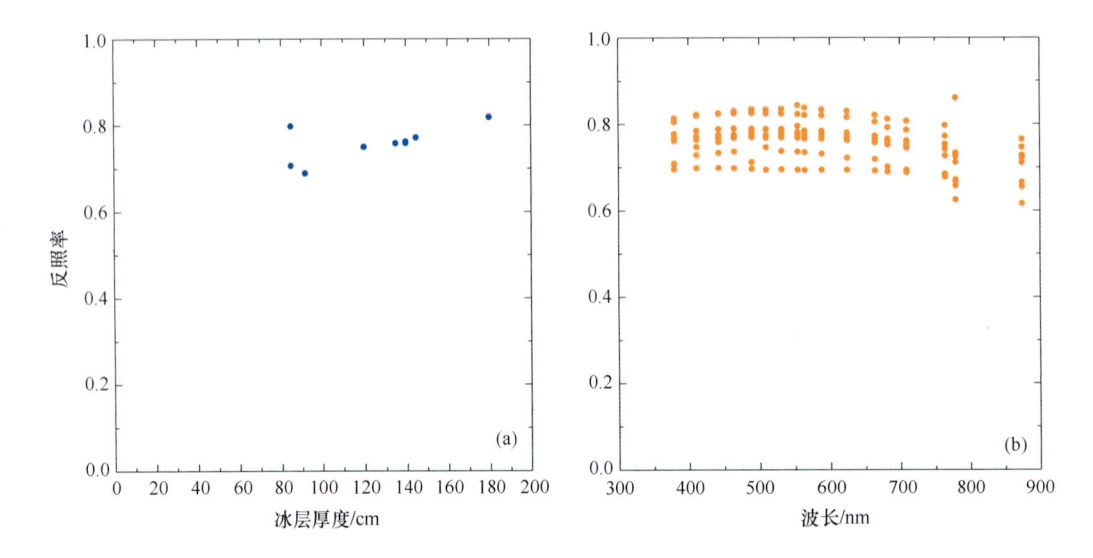

图 5.364　海冰表面反照率的分布特征

(a) 积分反照率随海冰厚度的分布；(b) 海冰反照率随光谱的分布

海冰反照率随光谱的分布如图 5.364（b）所示。只有 B84 站的海冰反照率随光谱有显著变化，在大冰站的海冰反照率随波长的变化不大，在微观结构上，黄绿谱段的光反射略强一些。

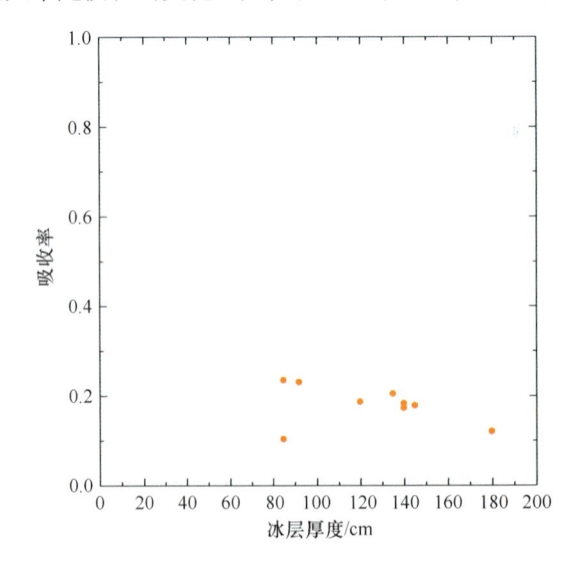

图 5.365　海冰对太阳短波辐射吸收率的影响

3）海冰对太阳辐射能的吸收率。太阳辐射在海冰中的衰减包括吸收和散射，其中吸收部分使太阳能转化为海冰的热能，是海冰融化的热源；而散射部分并没有转化为其他能量，只是改变了太阳辐射能传播方向（Perovich，1996）。海冰是可见光的强散射体，海冰中的气泡和盐泡造成强烈的光散射，大大影响光在海冰中的传递（Maykut and Light，1995）。我们研究的是表观光学特性，在现场观测中，我们将海冰中光的散射分解为向上、向下和水平三个部分。向上的散射光包含在海冰的反照率之中，向下散射的光包含在透射率之中（Perovich et al.，1998）。侧向散射的光除了进一步向上和向下散射之外，均在传播过程中被海冰吸收（Zhao et al.，2008），因此，海冰的吸收应该由下式确定：

$$\text{海冰反照率} + \text{海冰透射率} + \text{海冰吸收率} = 1 \tag{5-14}$$

其中,海冰的吸收率包括了海冰的直接吸收与对侧向散射光的吸收。

由式(5-14)计算的海冰总吸收率与海冰厚度的关系见图5.365。结果表明,海冰对太阳辐射能的总吸收大约在20%左右,随海冰厚度有所变化,海冰越厚,吸收的太阳辐射能越少。这个特征与薄冰的结构更加松散有关。

(2)秋季多年冰光学特征分析。

由于航线时间的限制,中国历次北极科学考察所进行的冰站观测都是针对夏季融化冰而言。中国第五次北极科学考察期间,我们在北极高纬度海区进行了5个短期冰站的海冰光学观测,当时正值秋季海冰开始冻结的阶段,观测的海冰表面类型包括新雪、重新冻结的融雪、白冰和水浸融冰,观测内容包括海冰反照率和透射率。如图5.366所示,不同表面类型海冰的反照率随波长变化很小,但新雪覆盖的海冰反照率很大,达到0.912±0.015,重新冻结的融雪反照率次之,为0.807±0.044,白冰反照率为0.593±0.046,水浸冰的反照率最小,为0.324±0.050。不同表面类型海冰的透射率强烈地依赖于波长变化,在蓝绿波段(500 nm)的透射率最高,红光波段(700 nm以上)透射率基本为零。反照率较高的新雪和冻融雪对应的透射率较低,白冰和水浸冰的透射率基本相同,但白冰的反照率更高,表明水浸冰吸收了更多的太阳短波辐射。

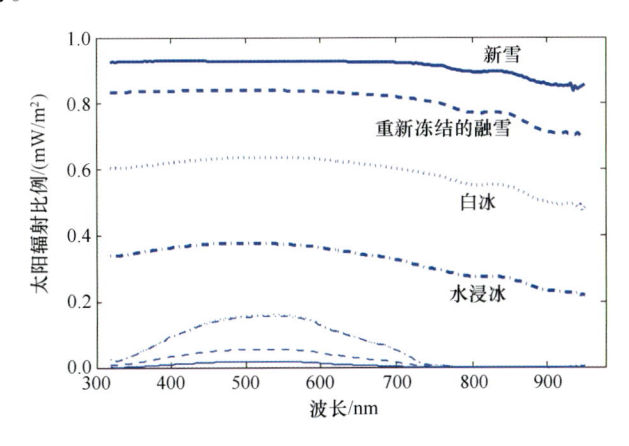

图5.366 海冰反照率和透射率的波长依赖性。粗线为反照率,细线为透射率,同种类型曲线代表同种表面类型海冰

(3)春季固定冰光学性质分析。

1)反射辐射周日变化。春末夏初季节,尽管巴罗海角还处于极昼状态,但到达冰面的太阳辐射仍然体现了明显的周日变化,如图5.367(a)所示。以490 nm波段为例,当地时间21点至早上7点左右,太阳短波辐射能的量级维持在10 μW/(cm²·nm)以下。从早上7点开始,入射的太阳短波辐射能逐渐增加,到下午14点左右,辐射能达到一天中的极大值。由于天气条件不同,入射辐射能的量级不同,但基本维持在80~100 μW/(cm²·nm)。反射辐射的周日变化特征与入射辐射相同,只是量级发生了相应的变化,如图5.367(b)所示。由于降雪的影响,5月11日后的反射辐射量级明显增加,正午时尤其明显,从5月10日的40 μW/(cm²·nm)增加到11日中午的60 μW/(cm²·nm)左右,反射的能量增加了一半。而两天正午时的入射辐射变化较小,直接导致海冰谱反照率增加,海冰吸收的热量减少。

海冰表面的入射和反射太阳能除了具有明显周日变化之外，不同谱段的能量差异较大，尤其在能量较强的正午时体现的更为明显，如图5.367（a）和5.367（b）所示。能量最强的谱段集中在450～550 nm的蓝绿光，紫光和红光的能量相对较少。

对于1.49 m的陆缘冰而言，谱反照率主要与海冰的表面特征有关，而与入射和反射的能量关系较小，因此，谱反照率并没有明显的周日变化，如图5.367（c）所示。但不同谱段的反照率变化显著，对于融雪覆盖的海冰而言（11日之前），反照率随着波长的增加而增大；降雪之后，即使在凌晨入射辐射很小时，海冰的反照率明显增加，最大值出现在550 nm左右的蓝绿波段；由于太阳辐射融化海冰的热量需要累积，故新雪在当天下午开始融化，海冰的反照率降低，并且随波长的变化很小。谱反照率的时间变化特征也基本反映了积分反照率的特征，如图5.367（d）所示，降雪之前，海冰表面被融雪覆盖，积分反照率的量值在0.5左右变化，这是典型的融雪反照率特征值，与浮冰类似。降雪之后，融雪之上被新雪覆盖，海冰反照率迅速增加，达到0.8左右，体现了新雪覆盖融冰的反照率特征。降雪停止之后，太阳辐射持续加热海冰，热量累积一段时间后表层新雪开始融化，反照率降低到0.6左右。由于此时海冰表面融雪的厚度增加，故反照率量级在降雪前与新雪之间。Perovich等人（2012）利用四次巴罗附近海冰反照率长期观测数据，研究发现，2000年和2001年海冰反照率在5月29日之前为0.8，随后逐渐降低至0.6，当融池出现时，反照率进一步降低到0.3左右。2008年和2009年的反照率变化趋势与之相同，但开始融化的时间提前到5月10日，并且2009年的反照率降低速度明显快于2008年。我们的研究显示，2014年，巴罗沿岸海冰融化时间进一步提前，5月9日时海冰表面的积雪已经开始融化，反照率降低到0.5左右。反照率的年际变化从一个侧面反映了当地气温的变化，2000年以来当地气温的不断升高导致海冰更早开始融化。但在未形成融池之前，降雪会显著影响海冰的反照率，导致海冰反照率反复变化。

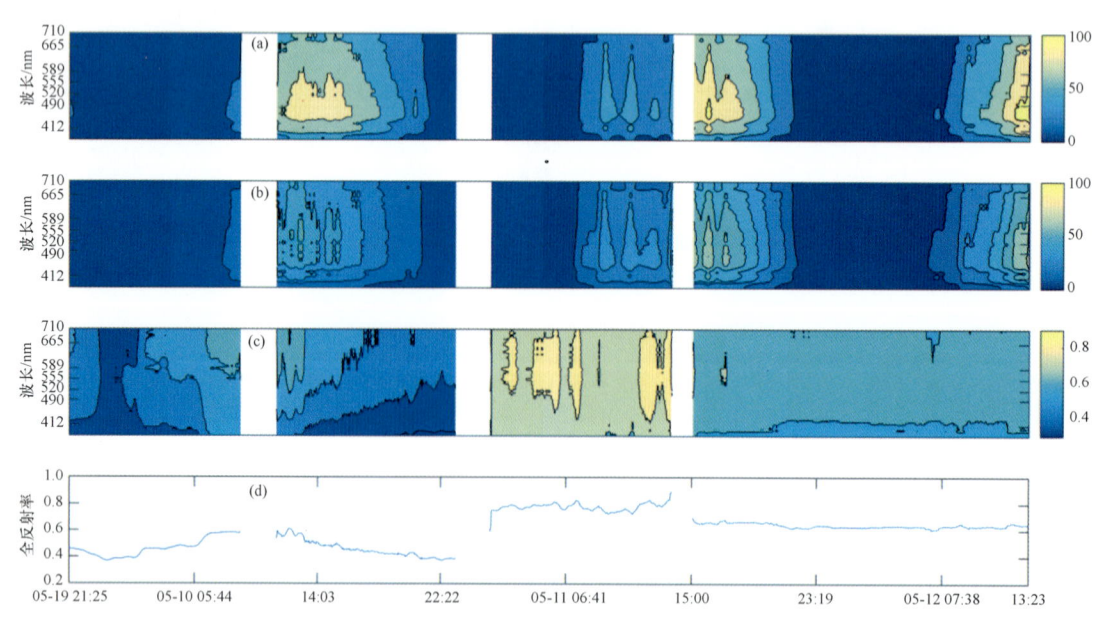

图5.367 北极陆缘冰反射辐射周日连续变化

（a）到达冰面的入射辐射能；（b）被冰面反射的辐射能；（c）谱反照率周日变化；（d）积分反照率周日变化

2）透射辐射周日变化。海冰透射辐射观测的开始时间是5月10日上午10点，略晚于反照率开始时间，结束时间基本相同，都是 5 月 12 日下午 13：30 分左右。尽管用于透射辐射观测的仪器与反照率观测不同，但入射辐射的观测结果基本一致，都呈现出明显的周日变化，如图 5.368（a）所示。与反射辐射观测结果相同，一天当中，入射辐射的极大值出现在午后两点左右。入射辐射能随光谱的变化更为明显，能量的最大值出现在 450～550 nm，量级是 100 μW/（cm$^2$·nm）左右。然后，对于正在融化的 1.49 m 厚的海冰而言，尽管透射辐射也反映了基本的周日变化，但能量极少，能量最强波段（550 nm）的透射辐射量值低于 1 μW/（cm$^2$·nm），如图 5.368（b）所示。

尽管入射辐射和透射辐射都体现了明显的周日变化，但透射率与反照率类似，更多体现海冰本身的性质，因此，二者都不存在显著的周日变化，如图 5.368（c）所示。海冰谱透射率在 550～580 nm 处达到最大值 0.01 左右，并向谱段的两侧逐渐减小。说明即使对于透射能力最强的波段，穿过 1.49 m 厚融冰的能量也只占入射到冰面能量的 1%，99% 的能量被海冰反射和吸收。在观测期间，随着海冰的融化，冰厚逐渐减薄，尽管在三天之内该厚度只减少了 1 cm，但对于能量极少的透射辐射而言，仍然导致透射率逐渐增加，如图 5.368（d）所示，积分透射率从 0.001 5 增加到 0.004。在此期间，海冰透射率只有海冰厚度有关，而与降雪与否没有明显的关系。

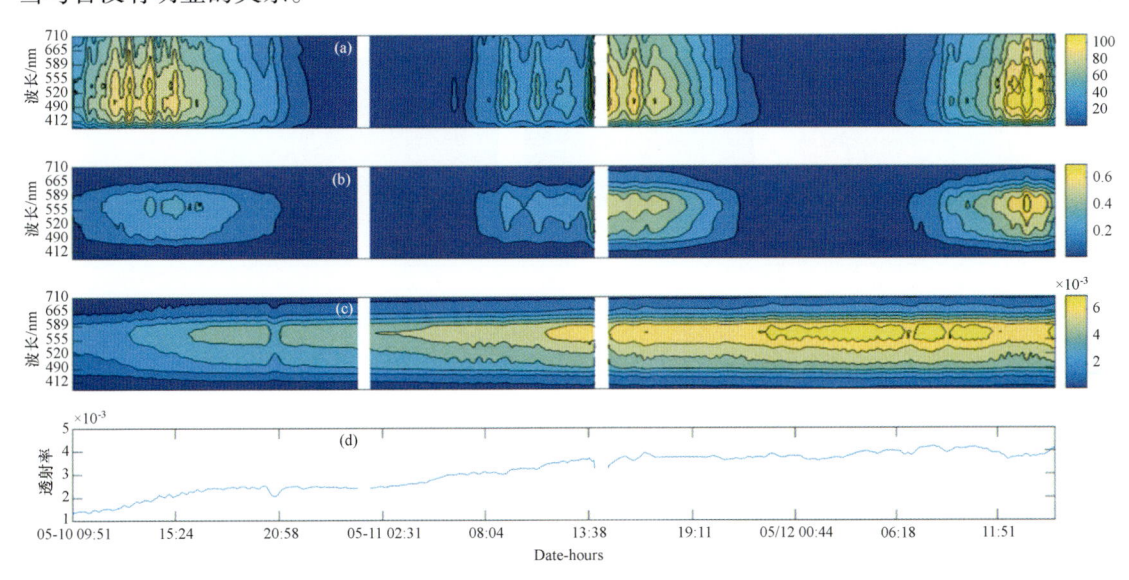

图 5.368　北极陆缘冰透射辐射周日连续变化

（a）到达冰面的入射辐射能；（b）穿过海冰进入海洋的透射辐射能；
（c）谱透射率周日变化；（d）积分透射率周日变化

3）吸收辐射周日变化。通过上节的讨论可知，穿透能力最强谱段的透射率也在 0.01 以下，即仅有少于 1% 的能量进入冰下海洋。因此，入射到海冰表面的能量主要被海冰反射和吸收，导致海冰吸收率与反照率呈现反向变化。降雪之前，融雪的反照率较低，海冰吸收的能量（450～550 nm）在 50 μW/（cm$^2$·nm）左右，如图 5.369（a）所示。11 日凌晨降雪之后，反照率达到 0.8 以上，大部分太阳辐射被反射回太空，海冰吸收的能量极少。随着表层新雪的融化，冰面反照率降低，海冰吸收的能量逐渐增加，达到 30 μW/（cm$^2$·nm）。

海冰的谱吸收率与谱反照率和谱透射率密切相关。由于海冰厚度较大，并处于融化阶段，使得透射辐射能量很小，谱透射率极低，量级都在 0.01 以下，因此，海冰的谱吸收率与谱反

照率体现处良好的负相关。在降雪之前，海冰对较短波长的光吸收能力更强，如图5.369（b）所示。在新雪覆盖海冰表面之后，谱吸收率迅速降低到0.2，并且随波长变化很小。随着新雪的融化，海冰谱吸收率逐渐增加，但与波长变化无关。结合波长积分的反照率和透射率，我们可以得到海冰的积分吸收率，如图5.369（c）所示。降雪之前，海冰的吸收率在0.4~0.6之间变化，并有缓慢的上升趋势，即表示海冰的吸收能力在增强。降雪之后，更多的入射辐射被反射回太空，导致海冰的吸收率迅速降低到0.2，即此时只有20%的能量被海冰吸收。随着新雪的融化，海冰吸收太阳辐射的能力增强，吸收率缓慢增加至0.3，并随着时间的推移，在观测末期增加到0.39。

从以上讨论可以看出，融化阶段的多年固定冰吸收太阳辐射的能力与海冰的反射能力呈现明显的负相关关系，即反射的能量越多，吸收的能量越少，反之亦然。

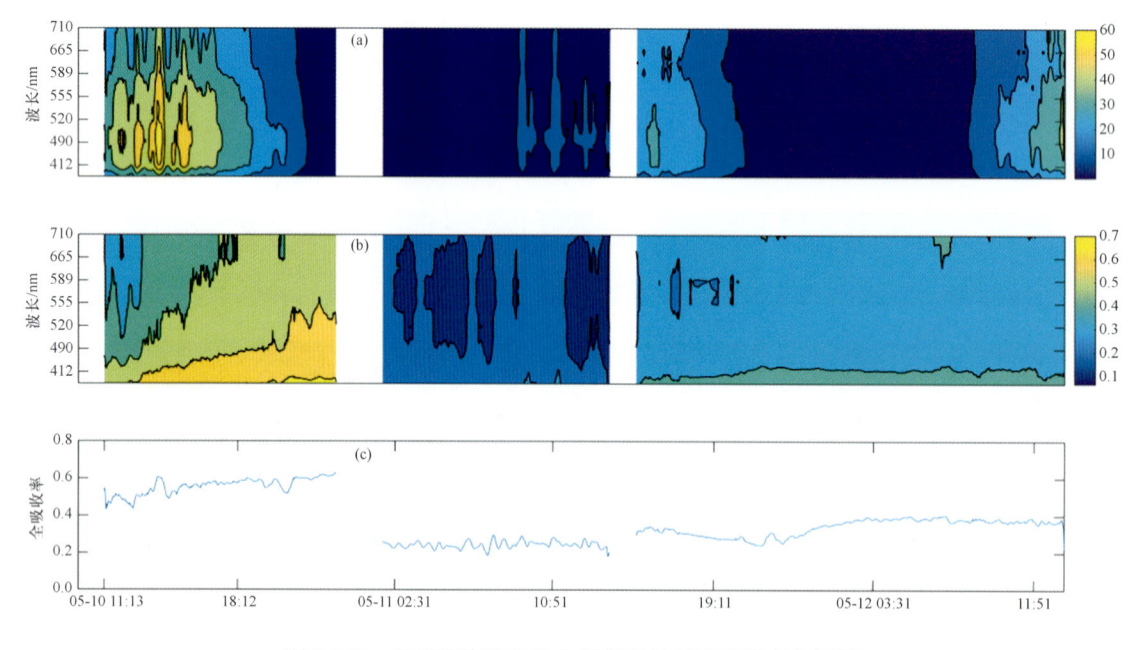

图5.369 北极陆缘冰吸收太阳辐射的周日连续变化特征
（a）海冰吸收的太阳短波辐射能；（b）谱吸收率周日变化；（c）积分吸收率周日变化

### 4. 小结

（1）融池表面温度受气温影响比较显著。当气温低于冰点时，融池表面温度高于气温；当气温高于冰点时，融池表面温度低于气温。融池表面温度与气温间存在显著的线性关系，并且在结冰条件下气温对融池表面温度的影响最大。

（2）融池以净长波辐射和湍流热通量的形式失去热量，其中湍流热通量是主要形式。当气温低于冰点时，湍流热通量是净长波辐射的2倍多；当气温高于冰点时，感热向融池提供热量，但是总湍流热通量依然小于0。

（3）尽管融池表面新结冰吸收的向下短波辐射可以忽略（<1.0%），但是它改变了向下太阳短波辐射在融池表面和融池内部的分配。大部分太阳短波辐射能（超过50%）进入到融池内部，其中大部分被融池水吸收。融池表面结冰对净长波辐射的影响不大，在5.5%左右。

(4) 春末夏初的北极固定冰表面被融雪覆盖，积分反照率的量值在 0.5 左右变化，这是典型的融雪反照率特征值，与浮冰类似。降雪之后，融雪之上被新雪覆盖，海冰反照率迅速增加，达到 0.8 左右，体现了新雪覆盖融冰的反照率特征。降雪停止之后，太阳辐射持续加热海冰，热量累积一段时间后表层新雪开始融化，反照率降低到 0.6 左右。

(5) 尽管入射辐射和透射辐射都体现了明显的周日变化，但固定冰透射率与反照率类似，更多体现海冰本身的性质，因此，二者都不存在显著的周日变化。海冰谱透射率在 550～580 nm 处达到最大值 0.01 左右，并向谱段的两侧逐渐减小。说明即使对于透射能力最强的波段，穿过 1.49 m 厚融冰的能量也只占入射到冰面能量的 1%，99% 的能量被海冰反射和吸收。

### (四) 海冰温/盐/密性质

#### 1. 数据介绍

所采用的数据为中国第五次、第六次北极科学考察期间，在长短期冰站获取的海冰冰芯样品分析数据，包括：冰芯温/盐/密廓线和切片后的晶体结构照片。

#### 2. 温/盐/密性质分析

图 5.370 给出了第五次北极考察期间的短期冰站采集的冰芯的温度/盐度和密度垂向廓线。从冰芯的观测数据来看，表层海冰温度在略低与亚表层，这可能受上部气温和雪温控制。之后冰温随深度增加呈现降低趋势。海冰盐度较低，均在 4.5 以下，表层盐度接近于 0，主要是表层融化贯通，盐分随融水下渗导致。海冰密度主要分布在 600～950 kg/m³，差异较大，主要受气泡和卤水含量控制。融水下渗和盐分排泄导致表层密度较低，基本上在 700 kg/m³ 以下。

图 5.371 给出了第五次北极考察期间第 2 个短期冰站（8 月 30 日）所采集冰芯的晶体结构观测照片。冰芯表层（0～5 cm）为颗粒冰，其下为柱状冰，因此采集点海冰为一年冰。冰芯表部严重融化，几乎为松散颗粒层。其下气泡、卤水胞和卤水通道发育；冰芯中部因内部融化和卤水下移导致卤水通道已经连同、贯穿，尺寸较大。

图 5.372 给出第六次北极考察期间了各冰站冰芯温度/盐度/密度的观测结果。从冰芯的观测数据来看，表层的海冰温度基本维持在 0℃，随着深度的增加，底层海冰温度在 -1.2℃ 左右。海冰的盐度较低，都在 5 以下，表层盐度接近于 0，说明夏季海冰上层脱盐较明显。海冰的密度主要集中在 700～950 kg/m³，表层海冰由于孔隙率较大，结构疏松，密度较低，个别甚至低于 600 kg/m³。

图 5.373 给出了第六次北极考察期间 3#短期冰站的冰芯薄片和冰芯的晶体结构照片。分析冰芯薄片的照片可以看出，冰芯表层孔隙较大，有明显的孔洞。上部气泡较大，多为球形气泡；中部气泡有所减少，呈圆柱状；下部冰芯结构密实，几乎没有气泡。从冰芯的晶体结构照片可以看出，0～50 cm 为粒状/柱状混合段分层不明显，50～112 cm 为柱状冰，112～149 cm 为粒状冰。

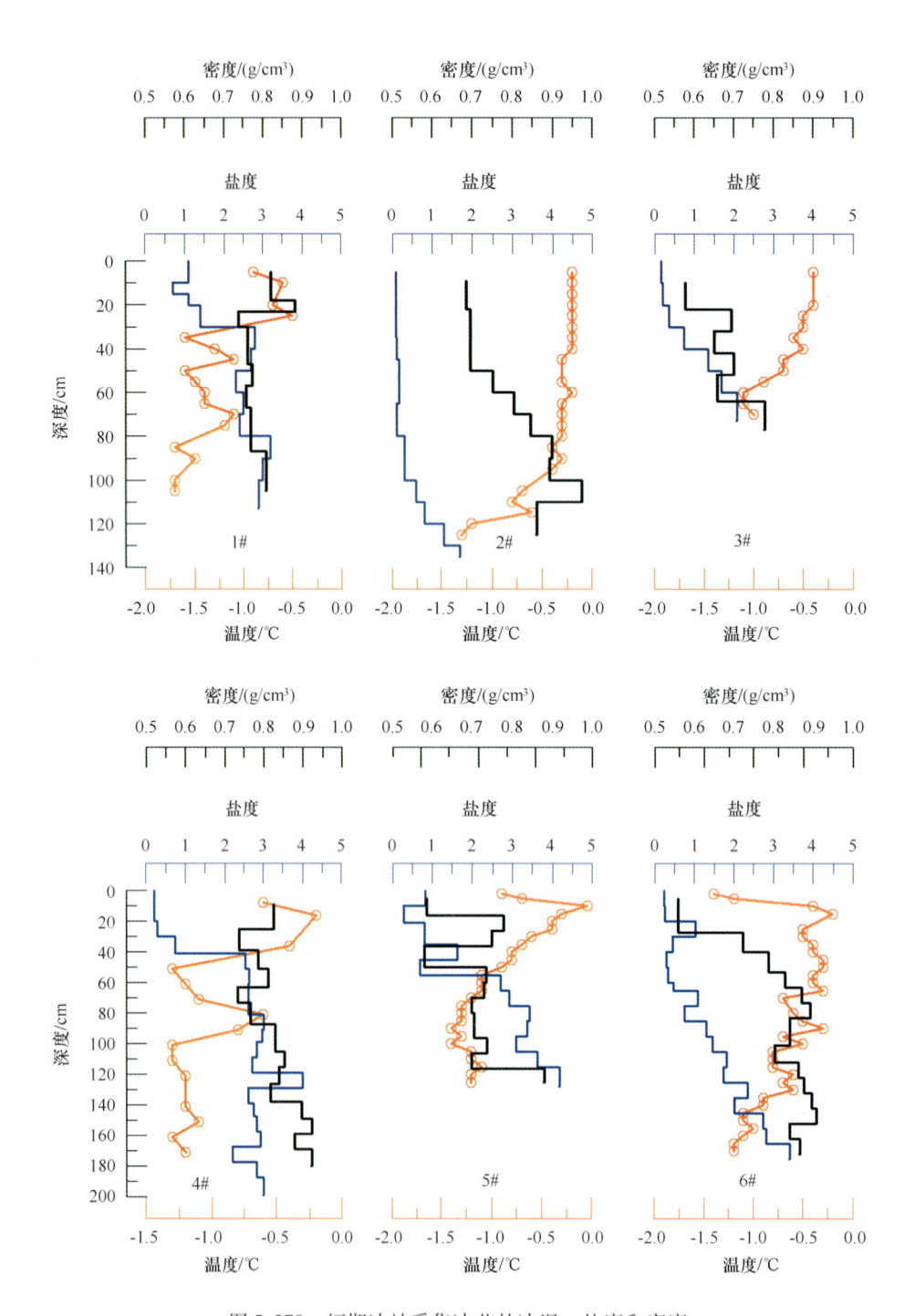

图 5.370 短期冰站采集冰芯的冰温、盐度和密度

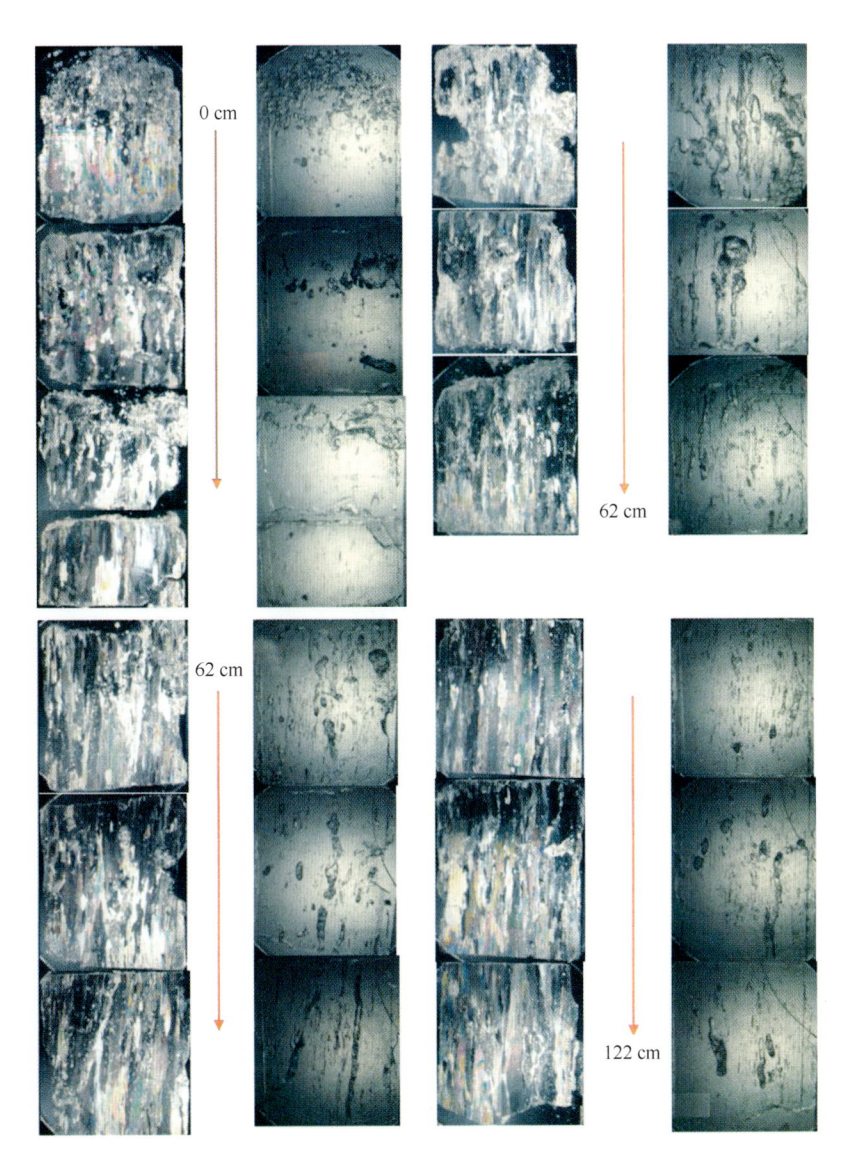

图 5.371　2#冰站冰芯晶体结构

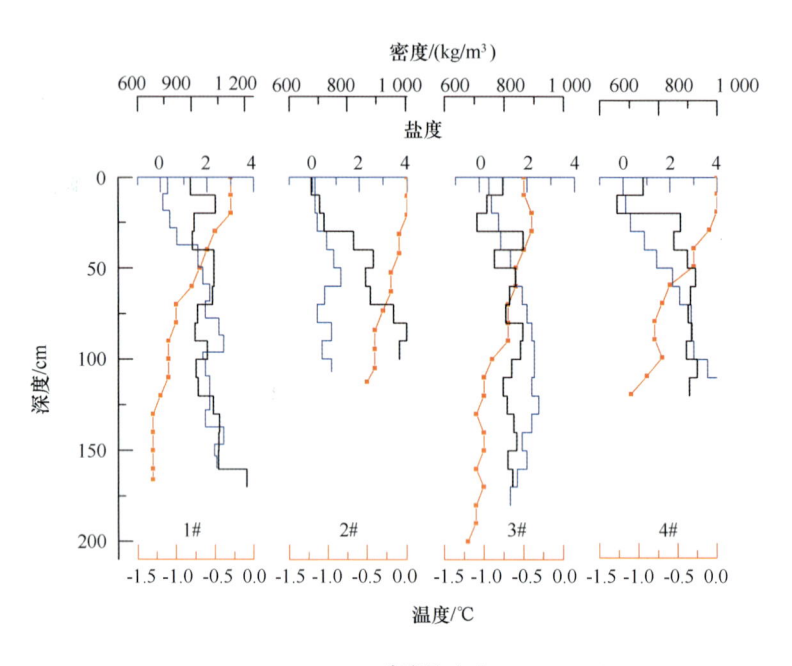

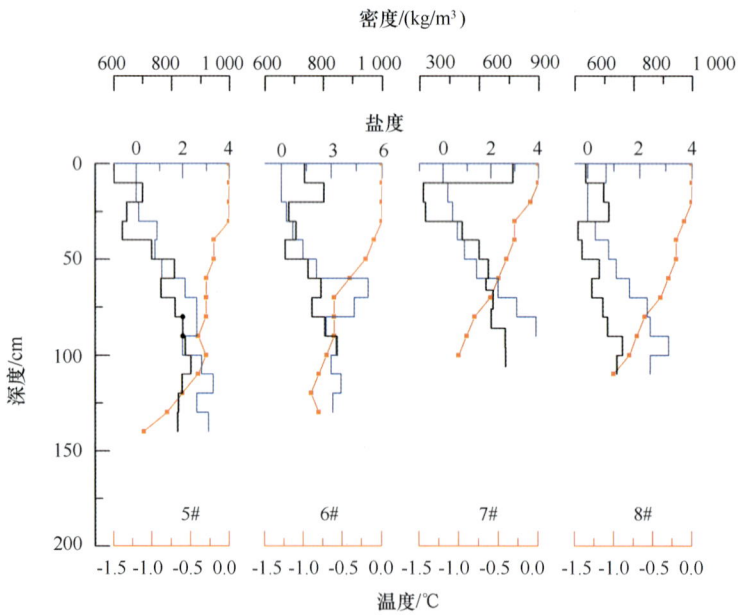

图 5.372 各冰站冰芯温度/盐度/密度

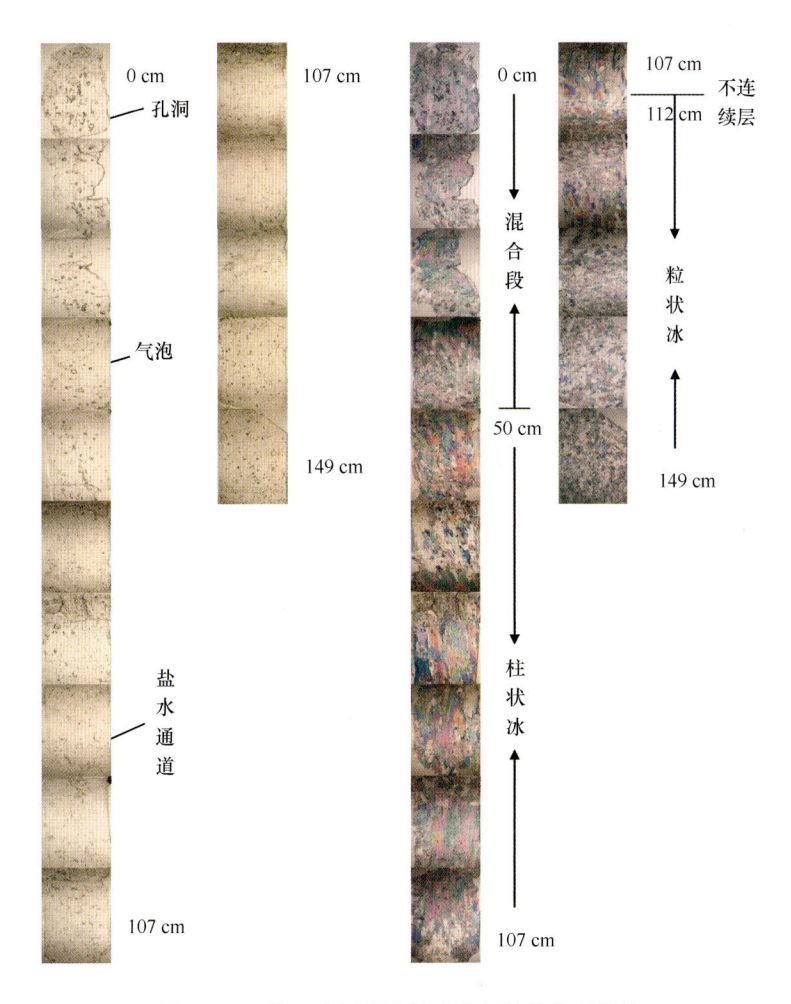

图 5.373　第 3 个短期冰站冰芯切片的物理结构

### 3. 小结

从第五次和第六次北极考察冰芯数据得到，表层 20 cm 海冰温易受气温和雪温控制，和局地天气过程密切相关，且变化明显。表层以下，冰温随深度增加呈现降低趋势。海冰盐度较低，均在 4.5 以下，表层盐度接近于 0，主要是表层融化贯通，盐分随融水下渗导致。海冰密度主要分布在 $600\sim950\ kg/m^3$，差异较大，主要受气泡和卤水含量控制。融水下渗和盐分排泄导致表层密度较低，基本上在 $700\ kg/m^3$ 以下。此外，海冰冰芯表部严重融化，几乎为松散颗粒层。其下气泡、卤水胞和卤水通道发育；冰芯中部因内部融化和卤水下移导致卤水通道已经连同、贯穿，尺寸较大。

### （五）冰下上层海洋混合特征分析

#### 1. 数据介绍

中国第六次北极科学考察期间，在长期冰站期间所获取的海洋微结构剖面仪的连续观测数据。

#### 2. 冰下上层海洋混合特征

图 5.374 为第六次北极考察期间长期冰站获取的温盐剖面观测数据。从温盐剖面看，长

期冰站期间，温盐结构稳定，变化较小。50~80 m 深度为受太平洋入流水影响的水团，经过与周围水体热交换，其温度约为 -1℃ 左右，比表层水及冬季水略高约 0.5℃。200 m 以下为大西洋中层水。受融冰影响，表层盐度较低，约为 29 左右，随着深度增加，盐度逐渐增大，50 m 深度盐度可达 30，50 m 至 80 m 深度，盐度变化最为剧烈，由 30 增大至 33，即北冰洋盐跃层。100 m 以下，盐度随深度增加继续增大，但变化梯度明显变小，约在 300 m 深度，达最大值，约为 34.8~35，随后保持稳定。

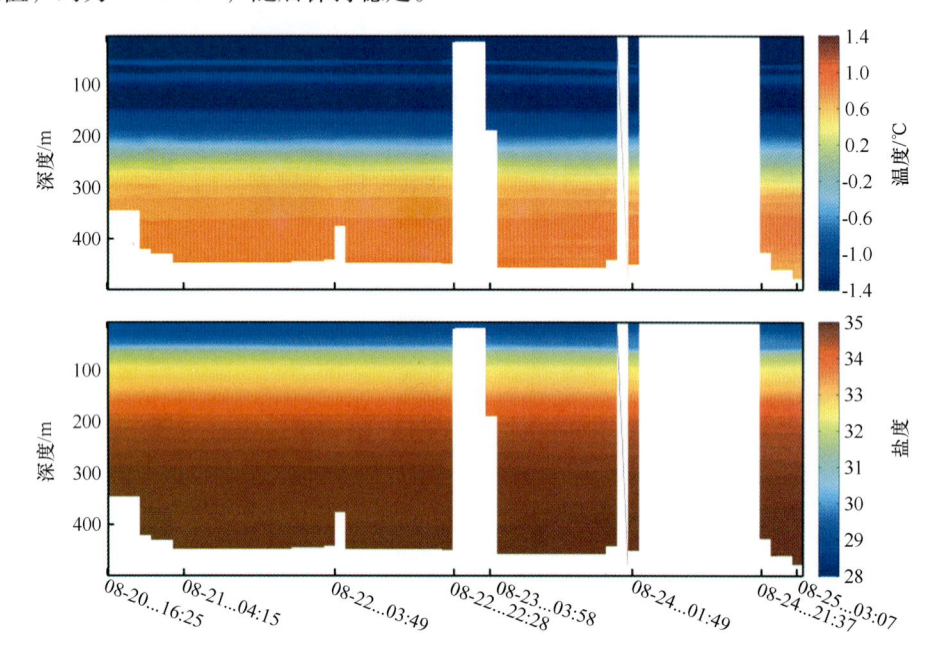

图 5.374　长期冰站期间 MSS090L 观测温盐剖面

图 5.375 至图 5.376 为长期冰站期间冰下上层海洋微结构观测结果。从图 5.376 可以看出，湍流动能耗散率 ε 在冰下上层海洋（500 m 以浅）的变化范围约为 $10^{-10} \sim 10^{-8}$ W/kg，以 $10^{-9}$ W/kg 为主。耗散率 ε 随深度变化并不明显，在长期冰站观测期间，8 月 23 日比其他时段偏低。垂向混合系数 $K_\rho$ 的垂向变化非常明显。在 200 m 以浅深度内，$K_\rho$ 明显偏低，其变化范围约为 $10^{-5.5} \sim 10^{-6.5}$ m²/s，而在 200 m 以深，$K_\rho$ 迅速增大，其变化范围约为 $10^{-5} \sim 10^{-4}$ m²/s，且以 $10^{-4}$ m²/s 为主。夏季 8 月份处于融冰季节，且由于盐跃层的存在，200 m 以浅深度密度层化非常稳定，跨等密度混合不易发生，导致垂向混合系数 $K_\rho$ 明显偏小；200 m 以深，密度层化大幅减弱，跨等密度混合在流场剪切等作用下更易发生，虽然湍流动能耗散率 ε 和 200 m 以浅相比并没有太大变化，但垂向混合系数 $K_\rho$ 明显增大（增大 1~2 个数级）。这也说明 200 m 以浅深度的盐跃层导致的密度层化，是阻碍更深层海洋热量向上传输的主要因素。

### 3. 小结

夏季加拿大海盆的上层 500 m 的海洋温盐结构稳定。50~80 m 深度为受太平洋入流水影响的水团，经过与周围水体热交换，其温度约为 -1℃ 左右，比表层水及冬季水略高约 0.5℃。200 m 以下为大西洋中层水。受融冰影响，表层盐度较低，约为 29 左右，随着深度增加，盐度逐渐增大，50 m 深度盐度可达 30，50 m 至 80 m 深度，盐度变化最为剧烈，由 30

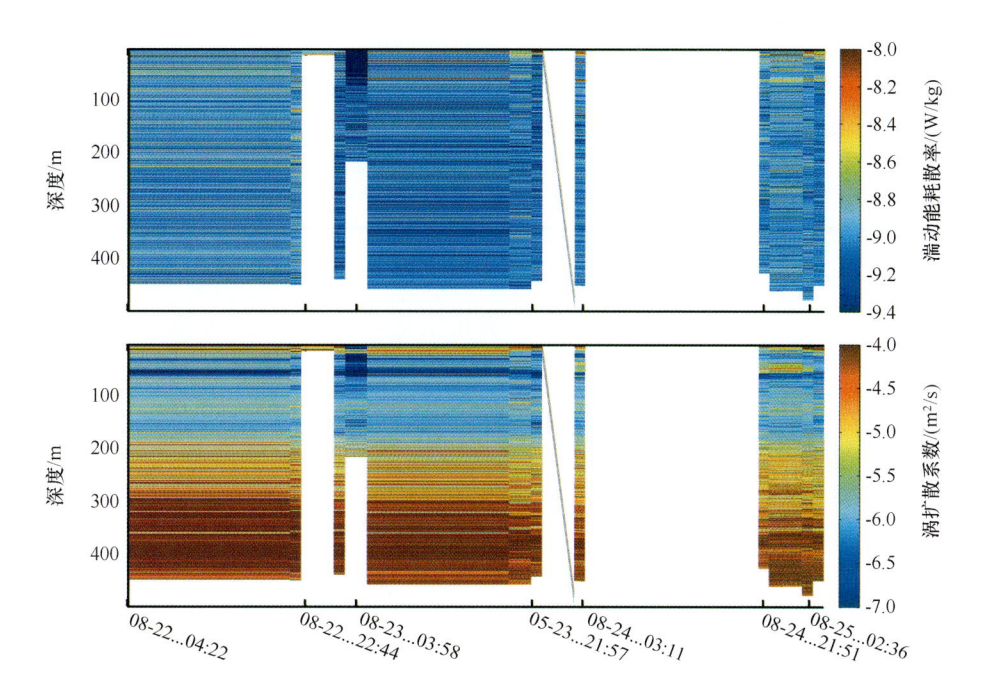

图 5.375　长期冰站期间 MSS090L 观测湍动能耗散率和涡扩散系数剖面

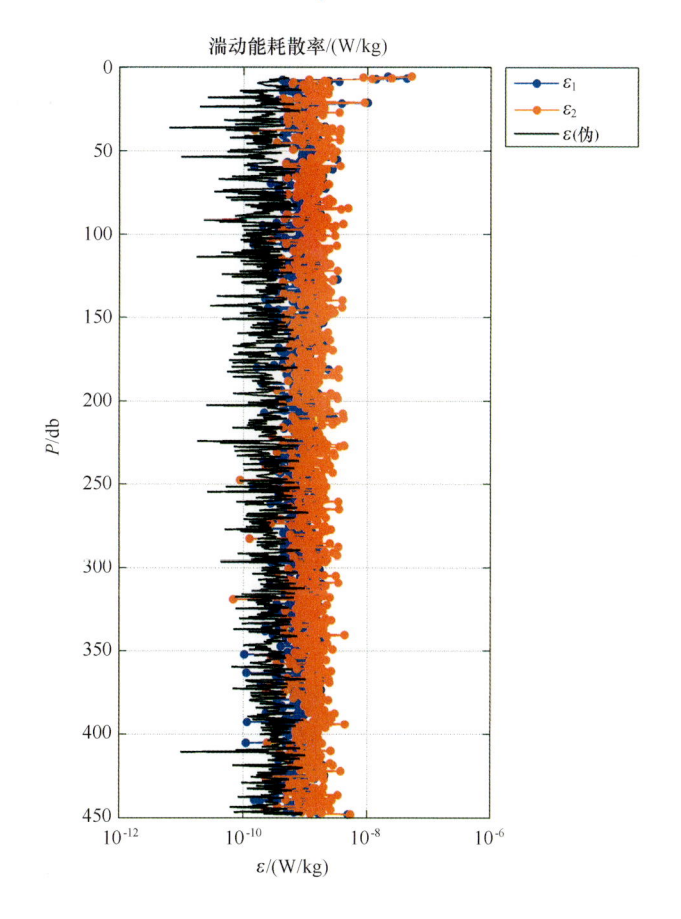

图 5.376　长期冰站期间 MSS090L 观测的第 18 个湍动能耗散率廓线

增大至 33，即北冰洋盐跃层。100 m 以下，盐度随深度增加继续增大，但变化梯度明显变小，约在300 m深度，达最大值，约为34.8~35，随后保持稳定。

湍流动能耗散率ε在冰下上层海洋（500 m以浅）的变化范围约为$10^{-10}$~$10^{-8}$ W/kg，以$10^{-9}$ W/kg为主。耗散率ε随深度变化并不明显，但垂向混合系数$K_\rho$的垂向变化非常明显。在200 m以浅深度内，$K_\rho$明显偏低，其变化范围约为$10^{-6.5}$~$10^{-5.5}$ m²/s，而在200 m以深，$K_\rho$迅速增大，其变化范围约为$10^{-5}$~$10^{-4}$ m²/s，且以$10^{-4}$ m²/s为主。夏季8月份处于融冰季节，且由于盐跃层的存在，200 m以浅深度密度层化非常稳定，跨等密度混合不易发生，导致垂向混合系数$K_\rho$明显偏小；200 m以深，密度层化大幅减弱，跨等密度混合在流场剪切等作用下更易发生，虽然湍流动能耗散率ε和200 m以浅相比并没有太大变化，但垂向混合系数$K_\rho$明显增大（增大1~2个数级）。这也说明200 m以浅深度的盐跃层导致的密度层化，是阻碍更深层海洋热量向上传输的主要因素。

（六）海冰漂移及冰基浮标的数据分析（Wang and Zhao，2012）

1. 数据介绍

所用数据是由美国国家冰雪数据中心（NSIDC）提供的月平均25 km分辨率的海冰运动矢量网格数据（Polar Pathfinder monthly 25 km EASE–Grid Sea Ice Motion Vectors）。

该中心提供的每日海冰运动矢量格点数据是由改进型高分辨率辐射计（AVHRR）、多通道微波扫描辐射计（SSMR）、微波/成像专用传感器（SSM/I）和国际北极浮标计划（IABP）提供的海冰卫星遥感数据进行同化而得到的。数据的时间覆盖范围是从1978年11月至2006年12月，空间覆盖范围在北半球从48.4°—90°N（361×361网格），在南半球从53.2°S至90°S（321×321网格）。月平均的海冰运动矢量格点数据是由每日的海冰运动矢量格点数据进行平均而得来的，在进行月平均的过程中要求每个格点的位置上至少存在20天的数据，否则该点记为缺测。同时，每一个格点都对应着一个在该点位置上参与月平均计算的数据个数，当参与平均的数据个数偏少时，会对月平均海冰运动场的代表性产生不利影响，这提供了一种进行数据质量控制的方法。

月平均的海表面气压数据来自于美国国家海洋和大气管理局发布的NECP/NCAR再分析数据集（http：//www.esrl.noaa.gov/psd/），该数据集可以提供覆盖全球的2.5°×2.5°网格多种时间间隔（一天4次，每天以及月平均）的数据以满足不同的需求。

2. 海冰漂移特征分析

（1）北冰洋海冰漂流类型的划分与描述

北冰洋是一个闭合的大洋，总面积大约为$9.4×10^6$ km²，其中陆架部分约占1/3。本节所涉及的北极地理名称和区域在图5.377中均做了标注，其中关于北冰洋的大西洋扇区、太平洋扇区和中央区的划分目前依据研究内容的不同其标准并不统一。鉴于研究对象是北冰洋内海冰运动的变化，同时参考了Su等（2011）的划分标准，我们将北冰洋内80°N，145°E—105°W以南的区域定义为太平洋扇区，而85°N，30°W—115°E以南的区域称为大西洋扇区，二者之间的海盆区称为中央区，如图5.377。

利用1979年1月至2006年12月期间共336个月的月平均海冰运动矢量网格数据进行分析，我们发现随着北冰洋上海冰气旋式和反气旋式运动的空间位置与强度的不同，北冰洋海冰的漂流类型存在多种形式。对于海冰漂流类型的划分并没有固定的划分方法。报告中对海

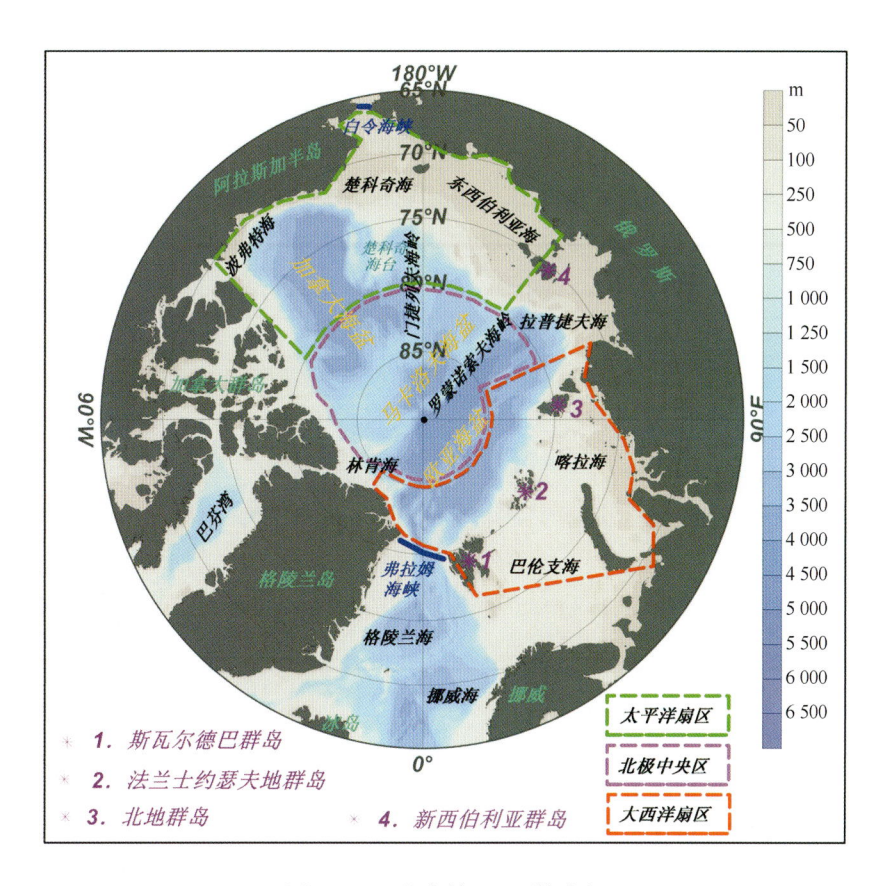

图 5.377　北冰洋地理环境介绍

冰漂流类型的划分不仅依据海冰漂流场的形态特征，而且充分考虑不同类型海冰在海冰的输运、涡度和辐散这些方面的明显差异。我们将海冰漂流分为 4 种主要常见类型（发生概率大于 10%，见图 5.378）和多种偶发罕见类型（发生概率低于 10%，见图 5.379）两个大类。常见类型是北冰洋海冰运动主要的表现形式，其发生及发展过程都会对北冰洋海冰的性质和输运产生重要影响，进而影响到北极的海冰状况和气候环境，所以这 4 种类型的季节和多年变化特征正是我们所关心的重点。此外，类型 5（图 5.379，e1）和类型 6（图 5.379，f1）虽然属于偶发罕见类型，但二者的发生次数仍然较高，是不可忽略的运动形式。其他偶发类型所占的比例均非常低，在这里一一讨论。

海冰漂移场千差万别，但我们仍然可以将其归类为若干种漂流类型，因为不同的漂流类型之间海冰运动存在着明显差异，会对北冰洋的海—冰—气系统造成不同的影响。需要强调的是，同种类型下的海冰运动虽然不是完全相同的，但其差异不会影响该类型的整体特征。因此，海冰类型的划分充分注意到了内同性和外异性。为了便于阐述和研究每种海冰运动类型的根本特征，我们将同一类型下的所有月份海冰运动矢量数据进行了平均，得到了每种类型海冰运动速度场的平均状态，作为气候态的海冰漂移速度场。我们也采用同样的方法对海面气压场进行了平均，以体现海冰类型与海表面气压场的关系。

类型 1：波弗特涡流/穿极流型。

这种类型对应下的海冰运动场和气压场（图 5.378，a1）与北冰洋海冰的多年平均状态（图 5.380，g1）十分接近，也是人们最先认识的海冰运动类型（Thorndike and Colony，1982），即海冰的运动在波弗特海和加拿大海盆呈现出明显的波弗特海冰流涡结构，同时东西伯利亚海和拉普捷夫海的海冰经欧亚海盆向北大西洋输送，显示出弱的气旋式运动特征。在此影响下，穿极冰漂流的流轴自东西伯利亚海贯穿北冰洋的中央区而指向弗拉姆海峡，成为了波弗特海冰流涡顺时针运动和北极欧亚区海冰逆时针运动的分界。北冰洋的海表面虽然仍被高气压控制，但此时的高压中心偏于西半球，在位置上依然与顺时针的海冰流涡的中心几乎重合。经巴伦支海的低气压向北发展可以影响到欧亚海盆，使得这一区域的海冰运动呈现出气旋式的特点，这与 Zhao and Liu（2007）的研究结论是一致的。对应的涡度场也随着海冰运动特征的改变而发生了变化：北冰洋的西区以负涡度为主，其中心已经和海冰顺时针运动的中心一起退缩至加拿大海盆的南部；北冰洋的东区则以正的涡度为主，这是与在该区域出现的海冰逆时针运动相联系的（图 5.378，b1）。

类型 2：反气旋涡流型。

该类型海冰的运动在整体上是一个与岸线近似平行的顺时针运动，其影响范围几乎包括了北冰洋整个海盆区及陆架边缘海。反气旋式海冰流涡的中心位于加拿大海盆与马卡罗夫海盆的结合部，由中心向外海冰的运动速度逐渐变大（图 5.378，b1）。穿极冰漂流的流轴向北冰洋的俄罗斯边缘海发生移动而成为覆盖在整个北冰洋上的大的顺时针运动的一部分。北冰洋绝大部分海域的海表面被高气压所控制，包括北冰洋的北大西洋扇区。高压中心的位置与顺时针海冰运动的中心位置几乎重合。

从该类型所对应的涡度场可以看出（图 5.378，b2），顺时针闭合环流控制下的海盆区以负涡度为主，在加拿大海盆和马可罗夫海盆海域，负涡度的强度最大。这种类型下海冰整体性的顺时针运动在北冰洋海盆区是准闭合的，Serrez 等（1989）和 Tucker 等（2001）研究发现顺时针的海冰运动有利于海冰维持较高的密集度，促进了海冰的辐聚运动，从而有利于减少冰间水道与开阔水域的面积，可以抑制夏季海冰的融化。另一方面准闭合运动可以增加中央区海冰在海盆内的滞留时间，对于抑制北极海冰的减少维持北极海冰的面积有不可忽视的作用。

相对于类型 2 来说，虽然类型 1 在北极西区依然存在着较大面积的顺时针运动区域，会对海冰的融化起到负反馈的作用，但是在这种类型下，北极东区的海冰将主要随穿极冰漂流径直地向北大西洋输出，弗拉姆海峡的海冰输出量增加（Arfeuille et al.，2000），这样无疑减少了北极中央区海冰在海盆内的滞留时间，对海冰的融化又起到了正反馈的作用。显然，类型 2 的海冰流型比类型 1 更有利于海冰面积的维持。

类型 3：气旋涡流型。

这种类型下的北冰洋海表面气压出现中央低、四周相对较高的"盆地状"分布，此时北冰洋的海冰运动在海盆区整体上是一个大的逆时针运动，气旋式海冰流涡的中心位于北极的中央区，海冰运动速度由内向外逐渐变大（图 5.378，c1）。波弗特冰流涡向近海退缩至接近消失的程度，同时穿极冰漂流的流轴向加拿大群岛方向偏移而成为大的气旋式运动的一部分，这一运动形式和类型 2 的反气旋涡流型正好相反。

该类型所对应的涡度场最显著的特征就是在北冰洋海盆区上的海冰运动主要表现出正的涡度（图 5.378，c2）。显然，这是与低压系统完全占据北冰洋海盆区，海冰运动在整体上表现出气旋式的环流特征相联系的。

此时位于俄罗斯边缘海及其陆架区的海冰不再是经弗拉姆海峡向北大西洋输运（类型 1、类型 2），而是将喀拉海、拉普捷夫海及其陆架区的海冰自西向东地输送到位于太平洋扇区的东西伯利亚海和楚科奇海，随后再进入加拿大海盆和波弗特海。这种气旋式的海冰运动不利

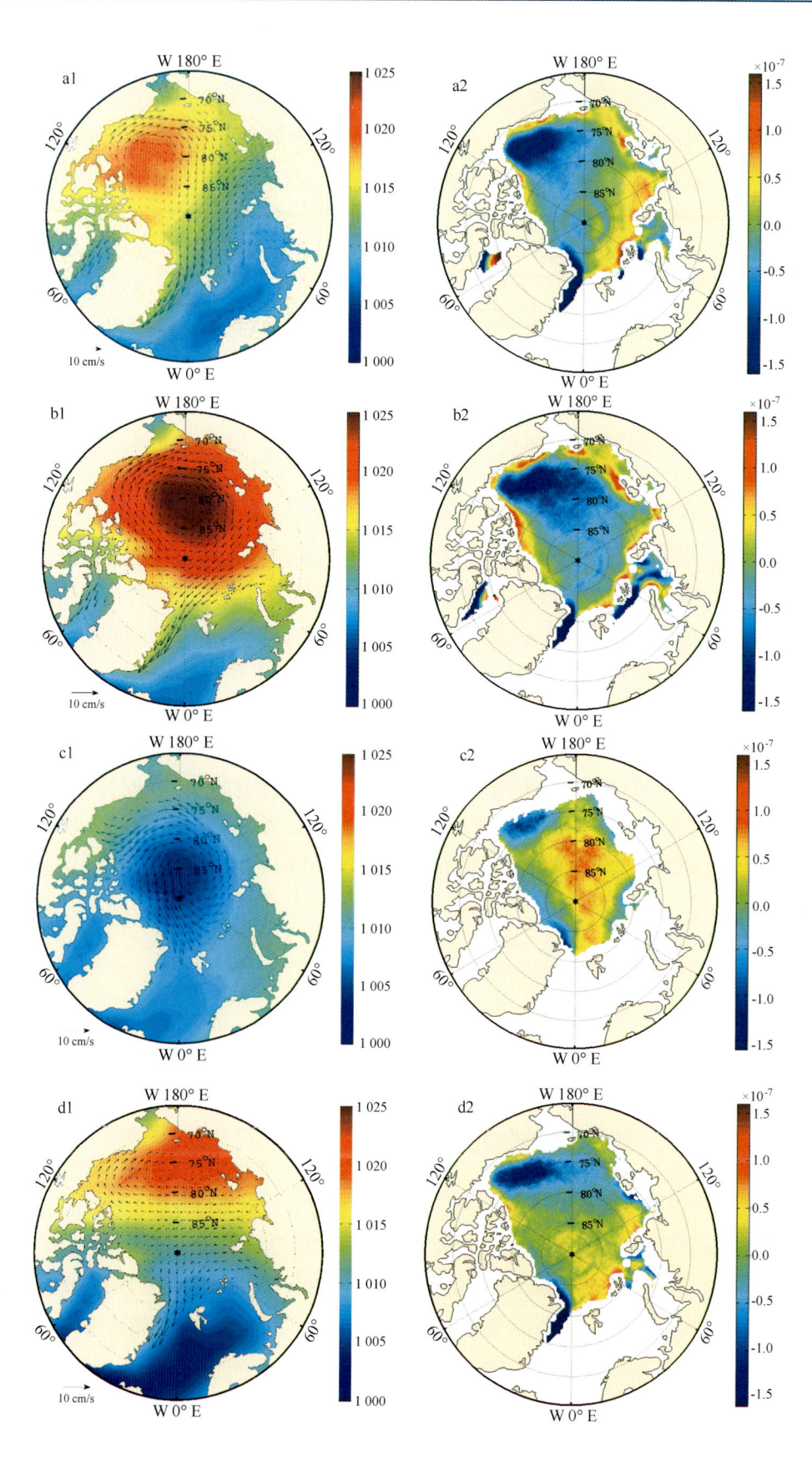

图 5.378 北冰洋 4 种主要常见海冰漂流类型的海冰流场和气压场分布（a1～d1 依次代表类型 1 至类型 4）及每种类型对应的涡度场分布（a2～d2 依次代表类型 1 至类型 4）

于北冰洋中央区冰盖维持较大的密集度，从而会导致冰盖上出现更多的冰间水道和开阔水域，若发生在在夏季就会促进海冰的融化。此外，在这种运动类型下，北冰洋多年冰区的海冰向弗拉姆海峡和欧亚海盆的运动速度明显增大，这些变化对于北极多年冰区海冰的维持也会产生不利的影响。

类型4：内外对称流型。

由于冰岛低压系统向北发展深入到北冰洋海盆的中央区，使得原本位于加拿大海盆的高压系统向西南退缩至楚科奇海台—门捷列夫海岭附近狭窄的范围内，反气旋式的波弗特海冰流涡中心随之西移，流涡的影响范围也被限制在了太平洋扇内区。而此时北冰洋的大西洋扇区则被向北发展的冰岛低压所控制，在林肯海至北极点的范围内形成了低压槽状结构，低压控制下的海冰呈现出了明显的气旋式运动特征（图5.378，d1）。在这两个准对称的海冰流涡之间是一支自北极拉普捷夫海向加拿大群岛的海冰漂流运动，从而将北冰洋海冰自俄罗斯边缘海跨越中央区向加拿大海盆输送。

一方面海冰的这种运动特征有利于北极多年冰区内海冰的堆积，增加海冰密集度，补充多年冰区海冰的流失；另一方面，大量来自东区的海冰转向西区输送，参与到反气旋式的涡流之中，而不是像类型1中那样随穿极冰漂流一起由弗拉姆海峡输出，有利于北冰洋海冰在东西伯利亚海及其外围的海盆区增加厚度（Arfeuille et al.，2000），厚度增加的海冰更易于经历北极夏季的融化而存留下来，对多年冰的补充同样也存在重要的意义。

值得注意的是，此时负涡度控制的区域并没有和海冰顺时针运动的中心一同向西移动至楚科奇海台—门捷列夫海岭附近，而是仍然位于加拿大海盆的南部，不过相比较类型1来说，负的涡度在控制区的面积上偏小（图5.378，d2）。位于北冰洋大西洋扇区以及中央区的海冰则是以正的涡度为主，这是与低压系统向北深入发展，在该区域大范围出现的海冰逆时针运动相联系的。

内外对称流型实际上是一种过渡的流型，是波弗特高压系统与冰岛低压系统此消彼长相互作用的结果。如果波弗特高压消失，类型4就会转化为类型3；反之，如果低压被削弱，类型4就会转化为类型2。因此，类型4是类型2和类型3之间的过渡流型，也是体现北冰洋上高、低压系统相互影响程度的流型。

类型5：整体输出/指向弗拉姆海峡的穿极流型。

这种漂流类型体现为波弗特海的顺时针海冰流涡结构几乎消失，海冰在北冰洋广阔的海盆区盛行自太平洋扇区穿越中央区向大西洋扇区的运动，使得海盆内海冰大范围地经格陵兰岛和法兰士约瑟夫地群岛之间的水域向北大西洋输出。同时，穿极冰漂流的流幅显著变宽，其流域几乎可以覆盖整个北冰洋的中央区（图5.379，e1）。此时尽管北冰洋西区的海表气压依然要高于东区，但是位于加拿大海盆上的平均高气压已经明显低于类型1和类型2对应的平均高气压。其涡度场大致呈东西半球对称式分布，在北冰洋的西区以负的涡度为主，在东区则正好相反（图5.379，e2）。这种会造成北冰洋海冰整体性净输出的海冰流型不可能长期稳定地存在，属于一种不稳定的过渡类型，海冰漂流场自然会进行调整以回到可持续存在的循环性形式。

类型6：整体输入/穿极流逆流型。

这一类型显著的特点就是除弗拉姆海峡至北极点的这一小部分海区外，在北冰洋广阔的海盆内海冰流向发生了逆转，海冰大范围地自大西洋扇区向太平洋扇区运动（图5.379，f1）。穿极冰漂流的流幅与类型5相似，几乎覆盖了全部海盆区，但是其方向却发生了逆转，由大西洋扇区指向白令海峡。同时尽管弗拉姆海峡依然有部分海冰输出，但这部分海冰主要来源于周边面积有限的斯瓦尔德巴群岛和法兰士约瑟夫地群岛地区。此时东半球的平均海表面气压要高于西半球，高压中心位于俄罗斯的陆架边缘海。受海陆分布的影响，高压控制下的海冰顺时针环流难以形成，因此海冰在到达俄罗斯边缘海后折向白令海峡运动。此时的涡度场在海盆区还是以正的涡度为主，在俄罗斯边缘海以及加拿大海盆的南部则是以负的涡度为主（图5.379，f2）。这种类型会造成北冰洋海冰整体性的净输入，与类型5一样不可能长期稳定存在，也属于一种不稳定的过渡类型。

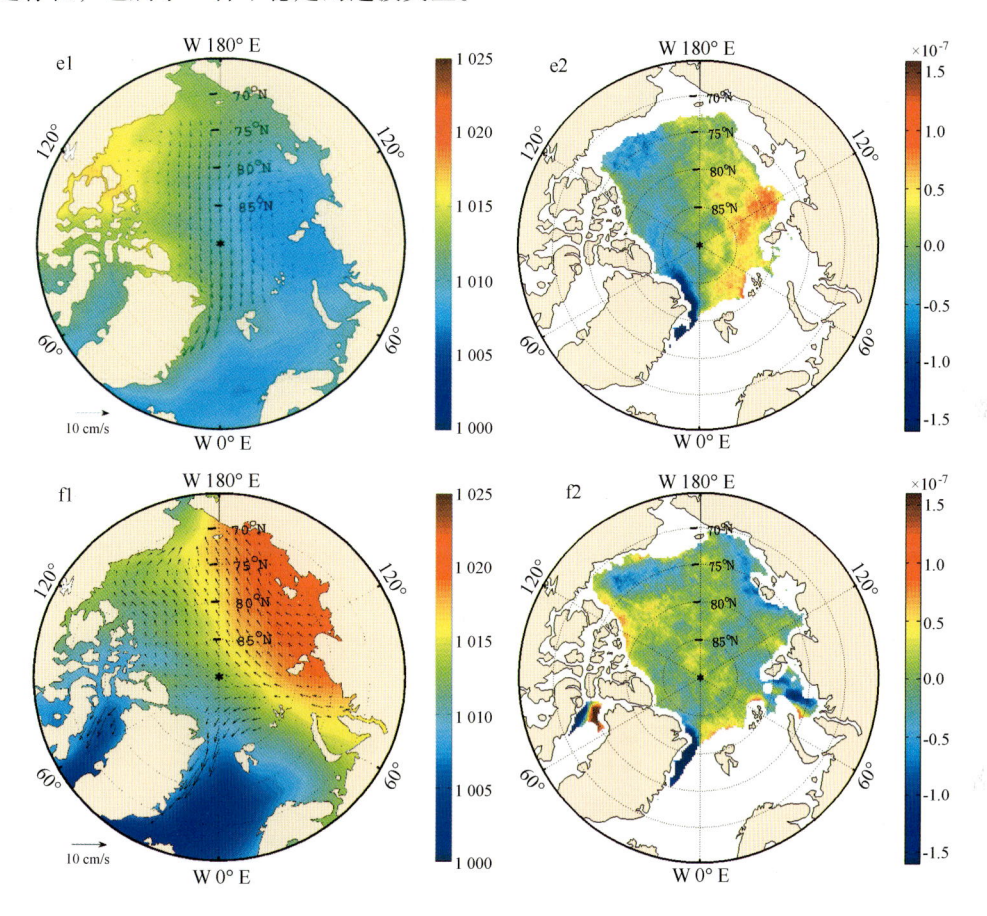

图 5.379　北冰洋偶发罕见海冰漂流类型的海冰流场和气压场分布
（e1，f1 依次代表类型5，类型6）及每种类型对应的涡度场分布（e2，f2 依次代表类型5，类型6）

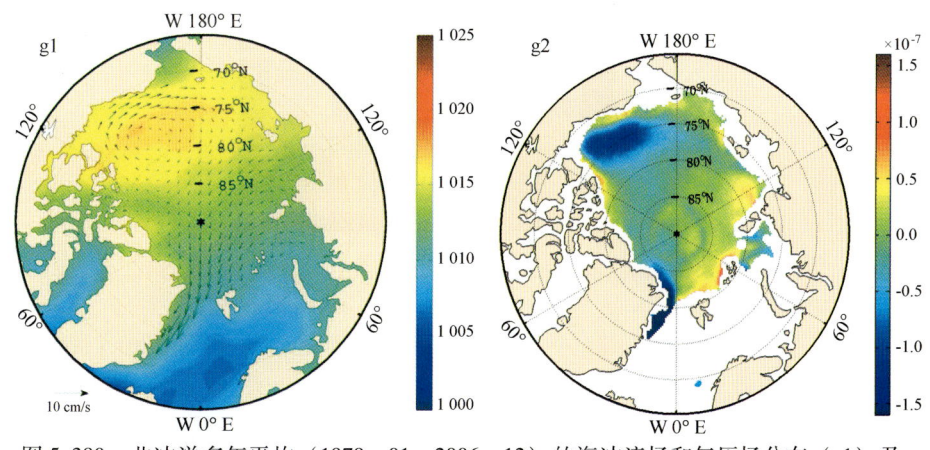

图 5.380　北冰洋多年平均（1979 - 01—2006 - 12）的海冰流场和气压场分布（g1）及
对应的涡度场分布（g2）

(2）北冰洋海冰漂流类型的时间变化特征。

1）各种类型发生的比例。主要 4 种常见类型的发生次数占据了总数的 81%（见图 5.381）。其中，发生次数最多的是类型 1，占总数的 38%，表明穿极流 + 波弗特涡流是北冰洋海冰漂流的主要形式。其他三种类型发生比例相差不大，在 12%～16% 之间。偶发罕见类型总计占 18%，此外，类型 5 和类型 6 虽然属于偶发罕见类型，但二者的发生次数仍然占据了总数的 8% 和 6%。

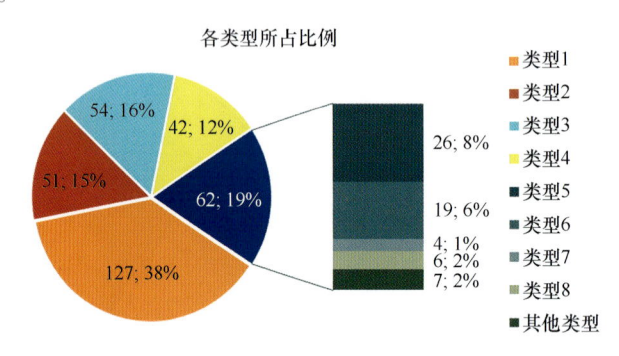

图 5.381　1979 年 1 月至 2006 年 12 月期间北冰洋海冰各个类型的发生次数及其所占比例（发生次数；所占总数的百分比）

2）北冰洋海冰漂流类型的季节变化。根据前一节对北冰洋海冰漂流类型的划分，我们可以得到自 1979 年 1 月至 2006 年 12 月期间各个月份所对应的类型分布，见图 5.382。从图中可以看到，各种类型的海冰分布有明显的季节变化，也存在显著的年际差异。为了研究北冰洋主要常见海冰漂流类型的季节变化特征，我们分别统计了类型 1 至类型 4 的多年逐月平均发生次数，结果见图 5.383。

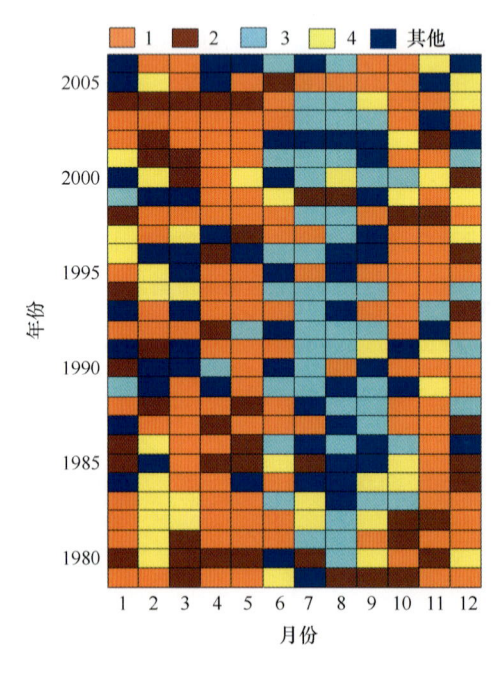

图 5.382　主要常见海冰漂流类型（类型 1 至类型 4）在 1979—2006 年间每月的发生情况，其中所有偶发罕见类型作为一个整体在图中标出，横轴为月份，纵轴为年份

研究发现，以反气旋式运动为主的类型 2 在各个季节的分布较平均，相对来说冬春两季发生的次数要多一些，此时的北冰洋海冰覆盖面积也是一年之中最大的时候。在结冰和盛冰季节里海盆区的海冰大面积做顺时针运动意味着这里的海冰在夏季到来之前可能充分经历了一个彼此间由挤压堆积所引起的变形与增厚过程，同时维持着较高的密集度，这对于北极中央区的海冰度过夏季融冰季节起到了积极的作用。发生次数最多的类型 1 有两个高发的时间段，分别是春季的 4 月、5 月和秋季的 10 月、11 月。以气旋式运动为主的类型 3 具有典型的密集爆发特征，集中出现在北极的夏季，其高发月份出现在 7、8 这两个月。北冰洋正处于融化的季节，太阳短波辐射通过浮冰间的开阔水域被大量吸收，然后这些能量又被用于融化剩余的海冰。而此时高发的海冰气旋式运动会降低北冰洋海盆区海冰的密集度，进一步加剧了夏季海冰的融化。近年来北极海冰面积正发生着快速的变化，尤其是夏季海冰的最小面积在 2007 年达到已有记录的最低值，在这个变化过程中对海冰融化起到了正反馈作用的类型 3 究竟扮演了怎样的角色还有待进一步研究。类型 4 偏向于冬季爆发，其高发月份在 2 月。我们已经知道，虽然类型 4 属于一种过渡类型，但是其运动形式是有利于北冰洋多年冰的积累的，而冬季正是北极海冰生长、堆积和加厚的阶段，发生在这段时间内的类型 4 对于北冰洋海冰生长的作用不容忽视。

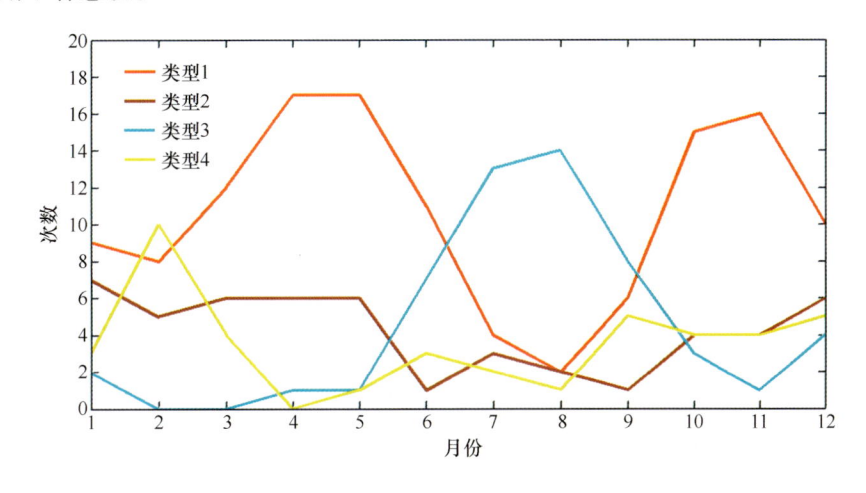

图 5.383　主要常见海冰漂流类型（类型 1 至类型 4）在 1979—2006 年间的多年逐月平均

3）北冰洋海冰漂流类型的多年变化特征。为了解北冰洋海冰不同漂流类型的多年变化规律，我们对不同的漂流类型在各年内的发生次数分别做了统计。在处理过程中我们对统计的次数进行了标准化处理，以便于和表征北半球大尺度大气环流系统状态的北极涛动（以下简称 AO）指数作比较。

由图 5.384 可以发现，类型 2 和类型 3 分别与 AO 指数存在很好的负相关（$r = -0.54$）和正相关（$r = 0.54$），均超过了 99% 的显著性检验。而类型 1 和类型 4 的年际变化与 AO 指数的变化相关性要差很多，尤其是类型 1，和 AO 指数几乎不相关。与 20 世纪 80 年代末期开始的 AO 转为强的正位相事件相对应，类型 3 在这段时间的发生次数明显多于其多年平均水平，而类型 2 的发生次数则明显少于其多年平均水平。

为了进一步研究各个类型的年发生次数与 AO 指数的关系，我们定义了一个参数 $P$，$P$ 等于各个类型在每一年的发生次数与该类型总的发生次数的比值，显然。这里定义的 $P$ 是一个相对发生概率，可以避免因为各个类型之间的发生次数存在差异而使得仅仅从发生次数上难

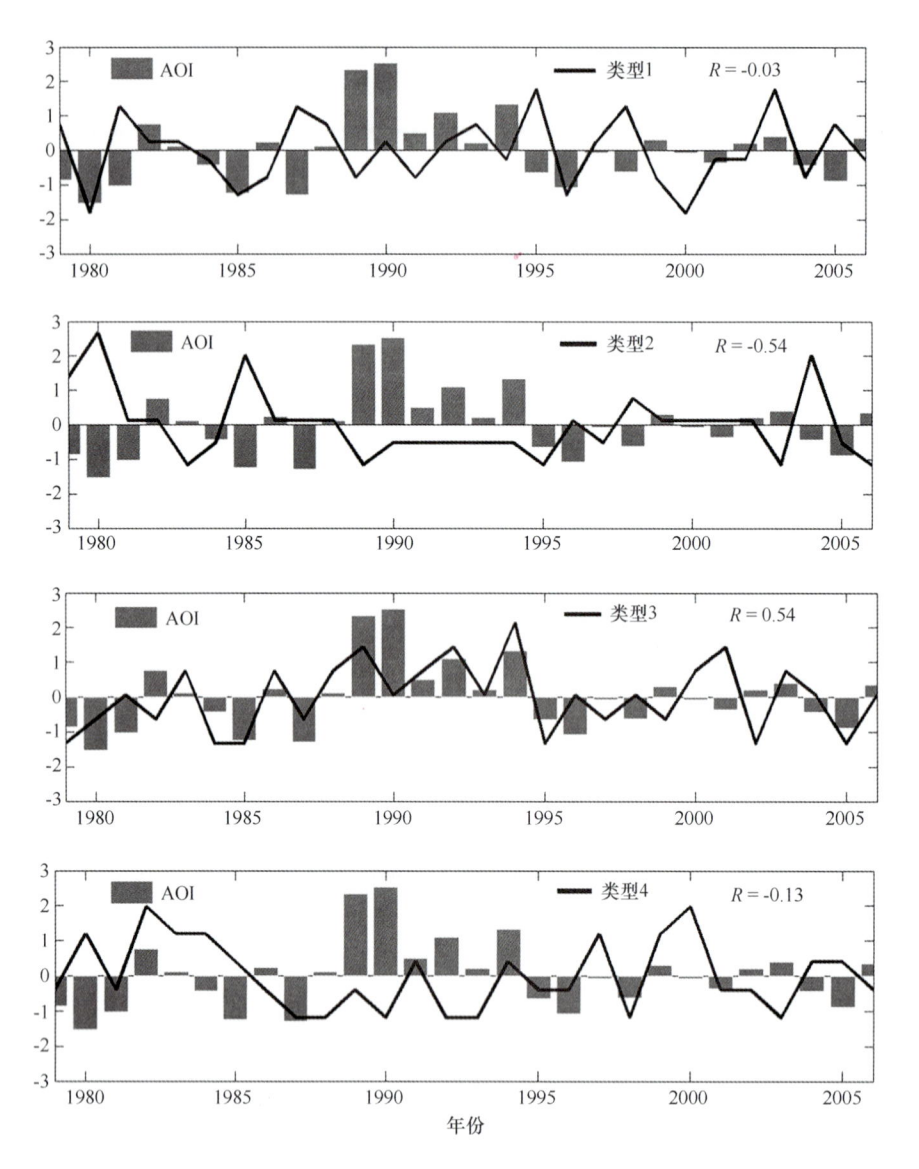

图 5.384　主要常见海冰漂流类型（类型 1 至类型 4）在 1979—2006 年间发生次数的时间序列，
$R$ 代表 AO 指数与年发生次数相关系数，纵轴对应的是进行标准化处理后的结果

以直观地反映每个类型的发生特征与 AO 指数的关系。通过各个类型的相对发生概率 $P$ 与 AO 指数的对应关系我们可以发现，当 AO 指数处于较强的正位相（AOI > 0.5）时，类型 3 具有更大的相对发生概率（见图 5.385 的阴影 B），说明此时北冰洋上的环境条件更加有利于海冰做整体性的气旋式运动。而当 AO 指数处于较强的负位相（AOI < -0.5）时，类型 2 具有更大的相对发生概率（见图 5.385 的阴影 A），此时北冰洋上的环境条件会更加有利于海冰做整体性的反气旋式运动。当 AO 指数偏弱或者说介于中性的时候（-0.25 < AOI < 0.25），具有更大相对发生概率的是类型 4（见图 5.385 的阴影 C），也就是说，海冰运动在太平洋扇区为反气旋式，在大西洋扇区为气旋式。海冰不同运动类型的相对发生频率与 AO 指数大小的这种对应关系，一方面说明了北冰洋海冰运动的多年变化和北半球大尺度大气系统的变化存在密切联系（Tucker et al., 2001；Rigor et al., 2002），当 AO 处于较强的正（负）位相时，北冰洋海冰运动更多地会表现出整体的运动特征更加一致的类型 3（类型 2），而当 AO 接近中

性时，北冰洋的海冰运动形式会变得更加复杂。另一方面，也说明了以顺时针运动为主的类型 2 与以逆时针运动为主的类型 3 在发生上具有此消彼长的对立性，这两者彼此间的相互作用、相互影响决定了北极海冰复杂的漂流形式。

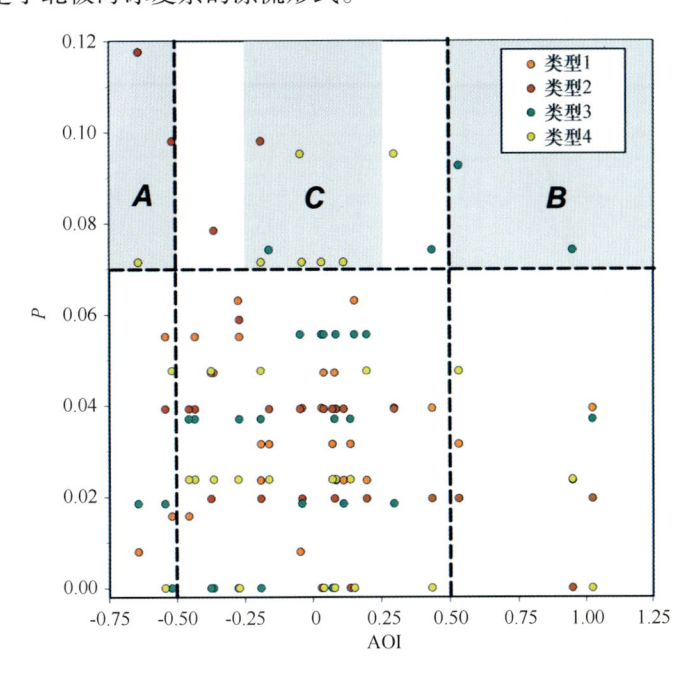

图 5.385　类型 1 至 4 在 1979—2006 年期间每年的相对发生概率 $P$
（$P$ = 某种类型每年发生的次数/该类型发生的总次数）与对应的 AO 指数的散点图

（3）第六次北极考察海冰浮标漂移特征。

图 5.386 给出了中国第六次北极考察布放的海冰漂移浮标从 8 月至 11 月的漂移轨迹。浮冰大体上随着波弗特环流漂移，南部的海冰主要向西北方向漂移，北部的海冰主要向东漂移。过程中，受气旋活动影响十分明显。图 5.387 给出了海冰漂移速度均值的季节变化以及随纬度空间分布的季节变化。由图可知，没有气旋活动时海冰的日平均运动速度约为 0.1 ~ 0.2 m/s，气旋过境时日平均运动速度可以增大至 0.3 ~ 0.4 m/s。9 月 10 日之前，由于海冰处于融化期，海冰运动自由较大，海冰运动速度以及对气旋活动的响应度都比较 9 月 10 日之前的观测值大。南部（77°—79°N）由于处于海冰边缘区，海冰密集度较小运动速度也相应较大。9 月中旬后，进入海冰生长期，开阔水域逐渐出现新冰，新冰的行程会明显降低海冰运动自由度。海冰运动速度及其对气旋活动的响应都明显减小。

### 3. 海冰温度廓线变化特征分析

气旋活动不但对海冰运动学过程会产生明显的影响，对海冰的热力学过程也会产生一定的影响。图 5.388 给出了第六次北极考察在长期冰站布放的海冰物质平衡浮标观测得到的表面气温和气压的季节变化。随着冬季的来临，气温逐渐降低。然而，低压系统过境时，气温明显升高，表面声呐的观测也表面，此时一般会伴随降雪过程（图 5.389），反之，高压系统过境时，气温明显降低。当发生降雪和升温时，积雪和海冰的温度明显升高，从而阻碍了冰内温度梯度的建立，降低垂向热传导通量。后者是海冰生长主要能量源，因此降雪和升温过程会明显阻碍海冰的生长。从 8 月底至 11 月底，随着气温的降低，冰内温度梯度逐渐建立，

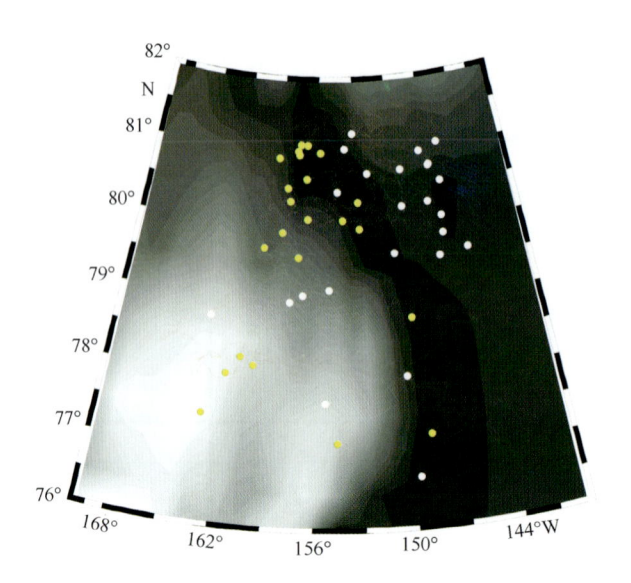

图 5.386　海冰漂移浮标从 2014 年 8 月至 11 月的漂移轨迹

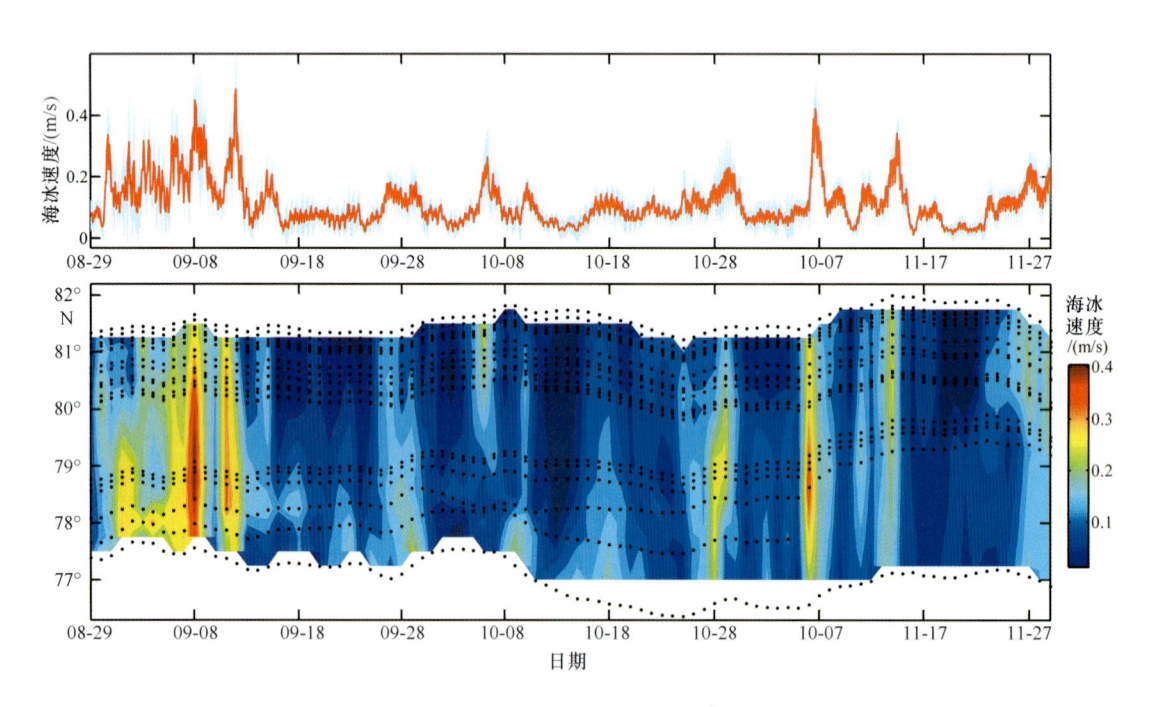

图 5.387　日平均海冰漂移速度的季节变化以及随纬度空间分布的季节变化

从 8 月底至 9 月 10 日，海冰还处于融化期，然而融化速度极低，过程中只融化了 5 cm，之后冰底处于平衡其。随着冰内热传导通量的逐渐加大，至 11 月 10 日，海冰进入生长期。

### 4. 海冰物质平衡和冰底海洋热通量研究

利用中国第三次北极考察布放的海冰物质平衡浮标和 2005 年 HOTRAX 航次布放的浮标（观测区域类似），以及 1997 年 SHEBA 航次布放的浮标（初始冰厚接近）的观测，对冰底海洋热通量进行的估算和比较。结果表明：（1）SHEB 浮标和 CHINARE 浮标所在的海冰初始厚度接近，然而由于 CHINARE 浮标纬度较高，气温较低，冰底热传导通量明显较高，从而导致海冰生长量相对于 SHEBA 观测值大了 1 m；（2）CHINARE 和 HOTRAX 的观测比较，大气

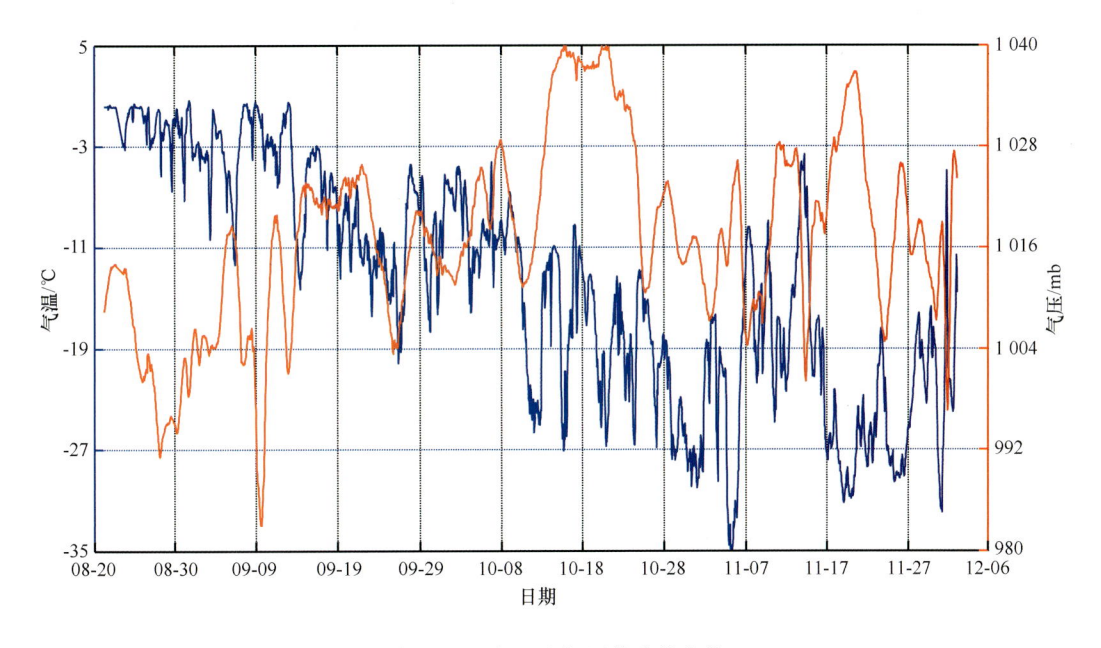

图 5.388　气温和气压的季节变化

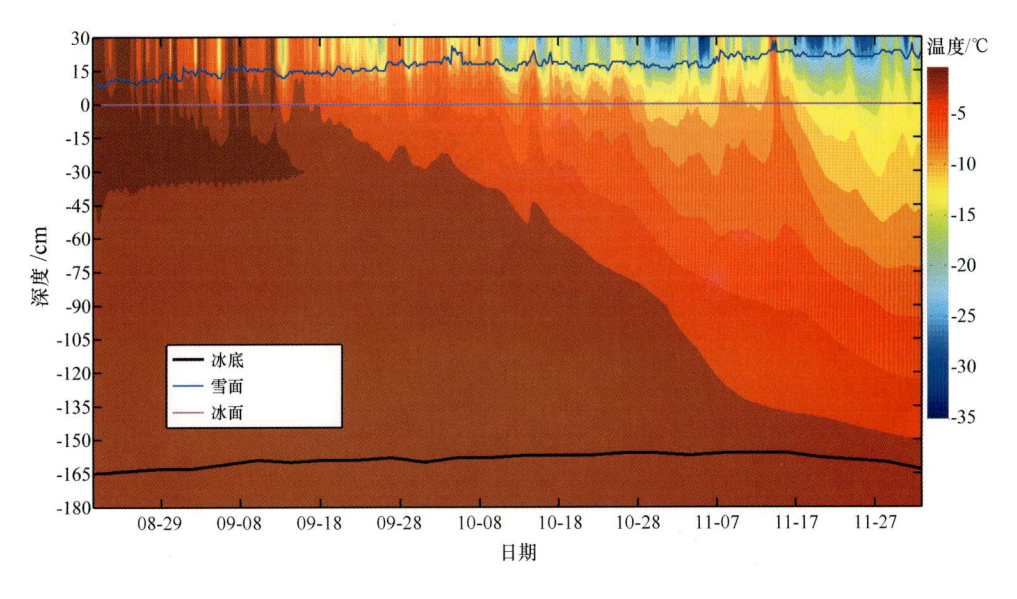

图 5.389　冰温廓线和积雪以及冰厚的季节变化

强迫接近，但由于 HOTRAX 的初始冰厚较大，CHINARE 的热传导通量比较高，导致后者的生长量也比前者大 1 m；（3）楚科奇海台和罗姆罗索夫海脊对冰底海洋层化的扰动明显增大了海洋热通量，过程中海冰生长率明显降低；（4）SHEBA 尽管纬度比较低，但 1997 年该纬度海冰密集度较高，海冰生长期开始得比较早，11 月以后冰底海洋热通量就明显降低，相反，随着北极海冰的减小，CHINARE 尽管纬度较高，较大的冰底海洋热通持续到了 1 月初，从而导致海冰生长初始时间明显滞后。

5. 小结

通过对 1979 年 1 月至 2006 年 12 月的月平均海冰漂流矢量场数据进行分析，考虑到海冰漂流场的形态特征、海冰输送特征和与海面气压场的对应性，我们将北冰洋海冰的漂流分为

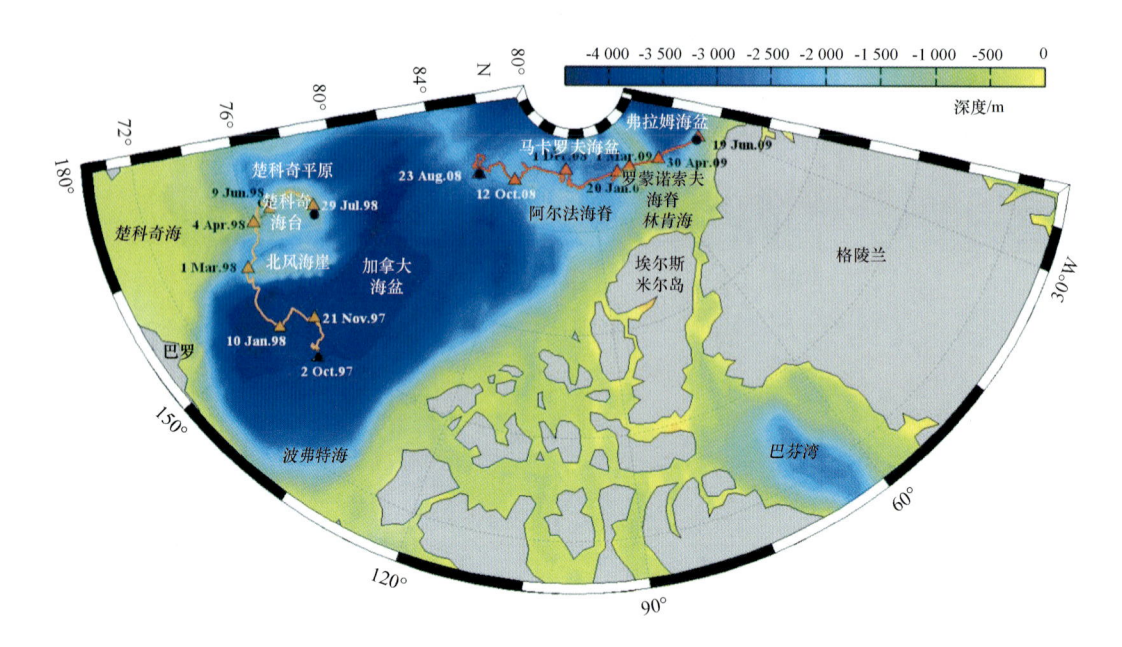

图 5.390　SHEBA 浮标（黄色）和中国第三次北极考察浮标（红色）的漂移轨迹

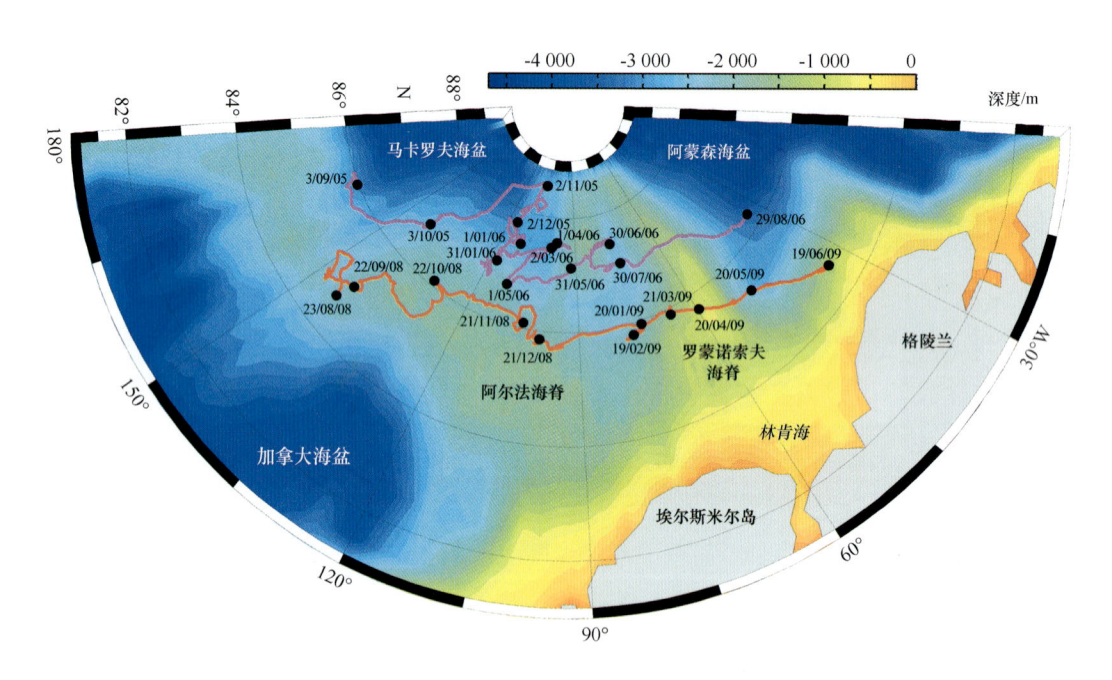

图 5.391　中国第三次北极考察浮标（红色）和 HOTRAX 浮标（紫色）

4 种主要常见类型（$P>10\%$）和多种偶发罕见类型（发生概率$<10\%$）。主要常见类型分别是波弗特涡流/穿极流型，反气旋涡流型，气旋涡流型和内外对称流型，占到了总数的 81%。通过对各种类型对应的涡度场进行分析，认为类型 2 以负涡度为主，有利于海冰的堆积；类型 3 以正涡度为主，有利于海冰的开裂和融化。类型 4 呈现出一个由顺时针和逆时针两种运动组成的偶极子结构，其中海冰顺时针运动的控制区域在太平洋扇区而逆时针运动的控制区域在大西洋扇区。虽然属于一种过渡流型但是对北冰洋海冰的增厚以及多年冰的补充有着重要意义。

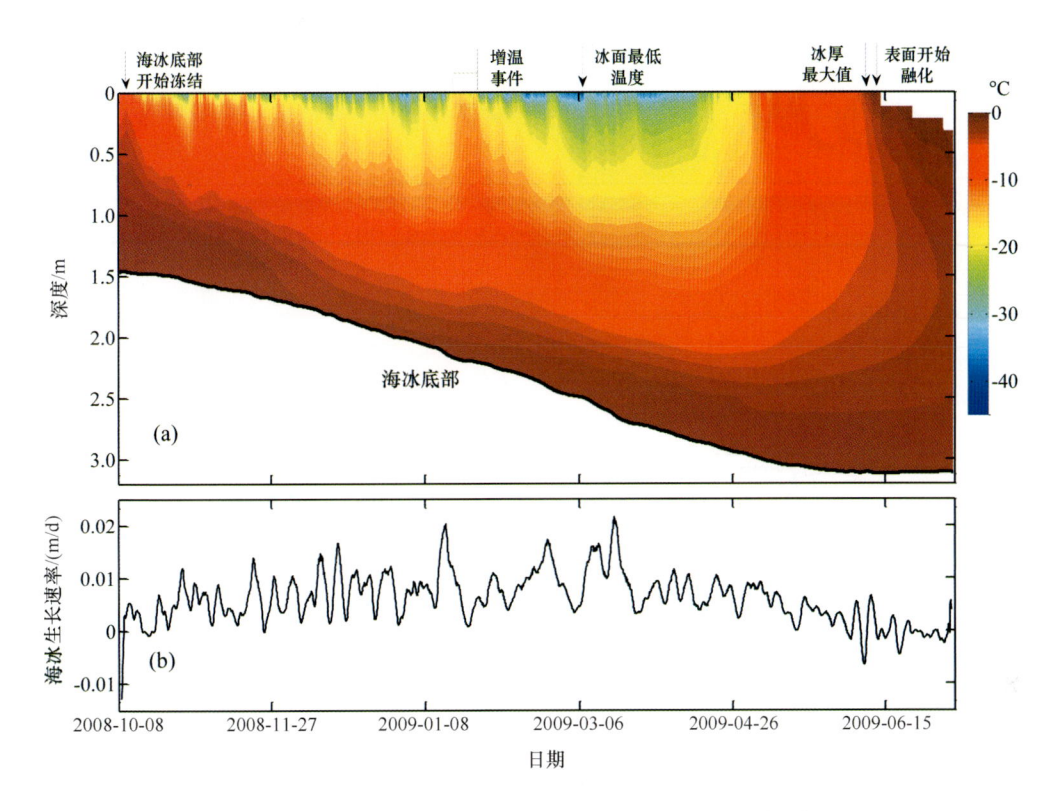

图 5.392　中国第三次北极考察浮标观测得到的海冰物质平衡过程

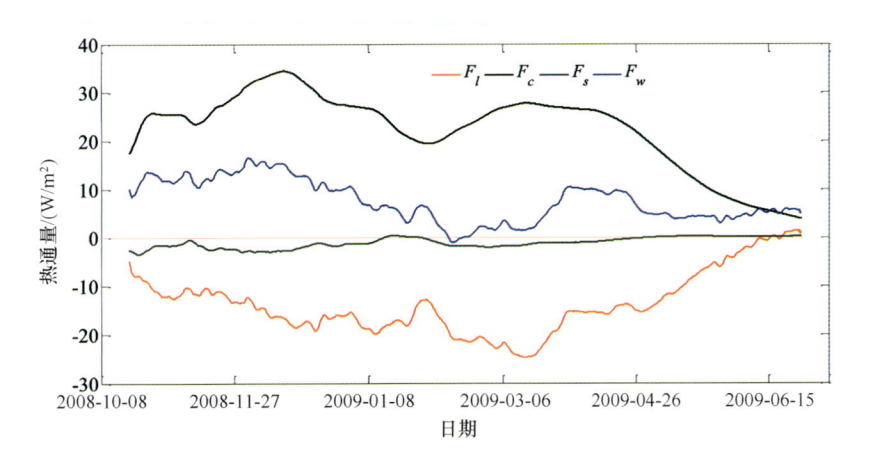

图 5.393　中国第三次北极考察浮标观测数据估算得到的冰底能量平衡过程

海冰漂流类型的发生显示出明显的季节特征。在夏季，北冰洋上海冰盛行的运动是气旋涡流型，整体上以气旋式的海冰漂流为主。而春秋两季则是波弗特涡流/穿极流型的高发季节，反气旋涡流型更倾向于在冬春两季发生。内外对称流型偏向于冬季爆发，高发月份是 2 月。

反气旋涡流型和气旋涡流型分别与 AO 指数存在很好的负相关（$r = -0.54$）和正相关（$r = 0.54$），相关系数均超过了 99% 的显著性检验。当 AO 处于较强的正（负）位相时，北冰洋海冰运动更多地表现出运动性质更加一致的气旋涡流型（反气旋涡流型），而当 AO 接近中性时，会有更多的过渡类型发生，导致北冰洋的海冰漂流形式变得更加复杂。以顺时针运动为主的类型 2 与以逆时针运动为主的类型 3 在发生上具有此消彼长的对立性，这两者彼此

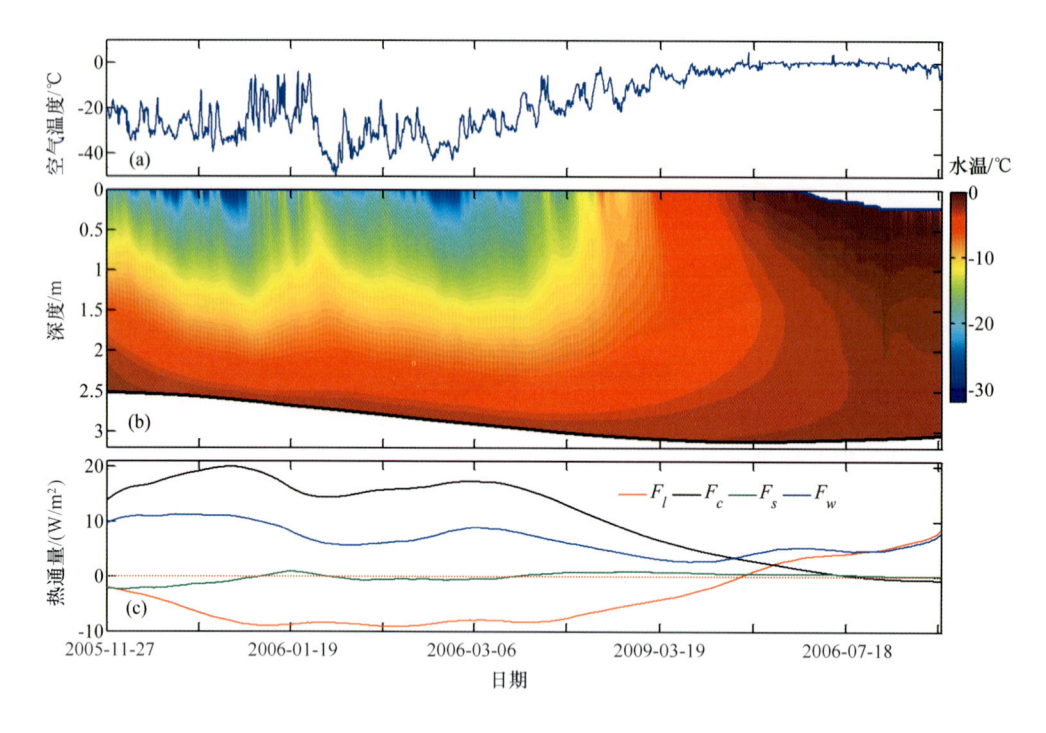

图 5.394　HOTRAX 浮标观测数据得到的海冰平衡过程和冰底能量平衡过程

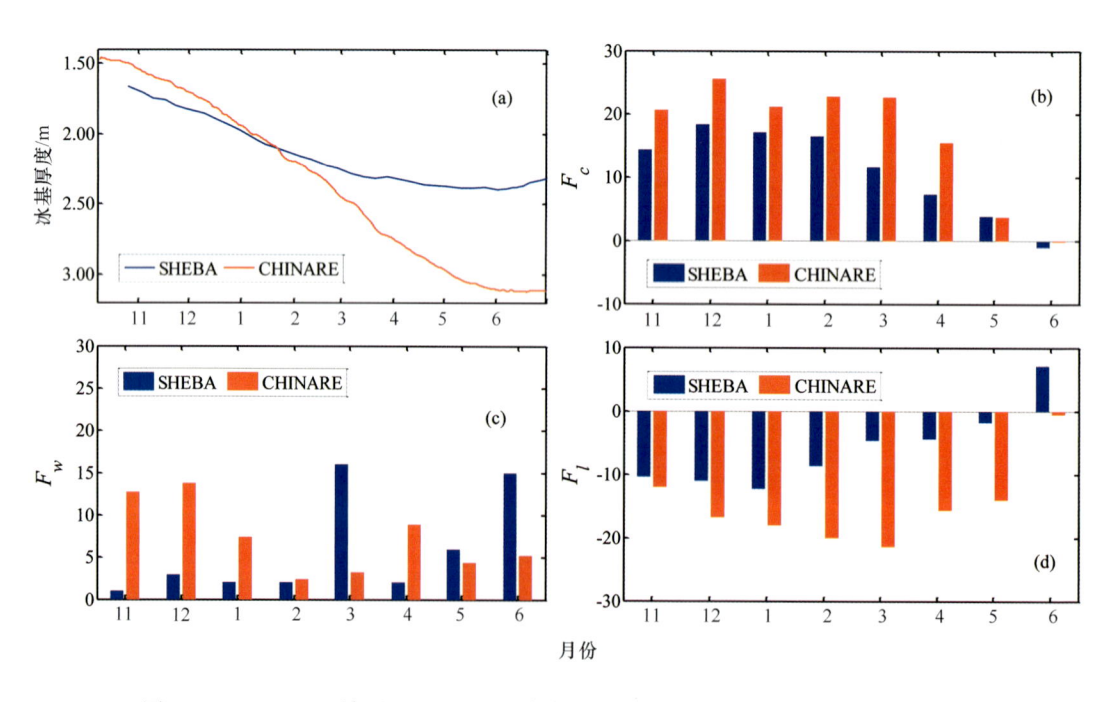

图 5.395　SHEBA 浮标和 CHINARE 浮标物质平衡过程和冰底能量平衡过程的比较

间的相互作用、相互影响决定了北极海冰复杂的漂流形式。

第六次北极考察布放的海冰漂移浮标移轨迹：浮冰大体上随着波弗特环流漂移，南部的海冰主要向西北方向漂移，北部的海冰主要向东漂移。过程中，受气旋活动影响十分明显。没有气旋活动时海冰的日平均运动速度约为 0.1~0.2 m/s，气旋过境时日平均运动速度可以增大至 0.3~0.4 m/s。9 月 10 日之前，由于海冰处于融化期，海冰运动自由较大，海冰运动速度以及对气旋活动的响应度都比 9 月 10 日之前的观测值大。南部（77°—79°N）由于处于海冰边缘区，海冰密集度较小运动速度也相应较大。9月中旬后，进入海冰生长期，开阔水域逐渐出现新冰，新冰的行程会明显降低海冰运动自由度。海冰运动速度及其对气旋活动的响应都明显减小。

气旋活动不但对海冰运动学过程会产生明显的影响，对海冰的热力学过程也会产生一定的影响。第六次北极考察的海冰物质平衡浮标观测得到的表面气温和气压的季节变化表明：随着冬季的来临，气温逐渐降低。然而，低压系统过境时，气温明显升高，表面声呐的观测也发现，此时一般会伴随降雪过程，反之，高压系统过境时，气温明显降低。当发生降雪和升温时，积雪和海冰的温度明显升高，从而阻碍了冰内温度梯度的建立，降低垂向热传导通量。

利用中国第三次北极考察布放的海冰物质平衡浮标和2005年HOTRAX航次布放的浮标以及1997年SHEBA航次布放的浮标的观测，对冰底海洋热通量进行了估算和比较。分析发现楚科奇海台和罗姆罗索夫海脊对冰底海洋层化的扰动明显增大了海洋热通量，该过程中海冰生长率明显降低。

# 第六章　考察主要经验与建议

## 第一节　考察取得的重要成果和亮点总结

在国家海洋局的正确领导下，在极地考察办公室的精心指挥和中国极地研究中心的大力保障下，在"南北极综合考察与评估"专项的支持下，第五次和第六次北极科学考察队开拓进取，顽强拼搏，精心组织，安全实施，圆满完成了2个航次实施方案规定的任务。考察工作取得以下主要成果。

### 1. 第五次北极科学考察重要成果

首次在北极-亚北极区域实现了北太平洋水域、北冰洋太平洋扇区、北冰洋中心区、北冰洋大西洋扇区和北大西洋水域的准同步海洋环境观测。共完成了128个站位的海洋学综合调查，6个短期冰站的多学科综合观测，布放了1套大型海-气耦合观测浮标、5套冰物质平衡浮标、8套海冰漂流浮标和1套极地长期气象自动观测站，布放和成功回收潜标1套，实施了多学科走航观测，共获得各类观测数据超过800 G、各类样品逾万份，超额完成计划考察任务。对于系统掌握北冰洋更大范围的海洋环境变化、科学开展北冰洋环境评估具有重要意义。

（1）物理海洋学考察。计划作业站位71个，实际完成105个站位，其中CTD剖面观测105个，流速剖面观测98个；完成抛弃式观测站点449个，开展了全航段表层温盐走航观测。在北欧海布放了我国首套大型极地海-气耦合观测浮标，这是我国同类型浮标中搭载传感器最多的浮标。在北冰洋中心区成功布放海冰漂流浮标8套，在楚科奇海布放、回收潜标观测系统1套。此外，还首次在北极开展了18个站位的上层海洋混合观测。

（2）海洋气象学考察。开展了冰区中低对流层大气垂直廓线观测，施放19个探空仪，进行了6个冰站、20份温室气体采样，并在87°39′N，123°37′E布放了极地长期自动气象观测站，这是我国首次在北极高纬度地区布放同类观测系统。

（3）海冰考察。进行了22天的走航海冰观测，获得了739组海冰冰情观测记录，231 G海冰冰情自动记录照片，597 G海冰厚度观测视频，123 M海洋表面温度观测数据，3576组高纬航线海冰电磁感应数据。开展了6个冰站的海冰/积雪物理学观测，布放了5套海冰物质平衡浮标，做了7个测点的积雪物理学和反照率测量，钻取了140根、累计总长196 m的冰芯，完成了245 m的海冰厚度剖面观测。开展了3个架次航空遥感观测，拍摄了1 328张有效航空照片。这是我国首次在北冰洋欧亚大陆扇区中心区域、北极航道海域开展冰站作业及海冰调查，首次进行海冰力学观测。

### 2. 第六次北极科学考察重要成果

针对北极的海洋环境变化和海洋生态系统响应等关键科学问题，开展了船基和冰基多学科综合考察。完成了 90 个站位的船基定点综合考察，7 个短期冰站和 1 个长期冰站的冰基综合观测，布设了多种海洋和海冰观测浮标，开展了船基走航观测、抛弃式观测以及海冰物理特征综合观测。共获得各类观测数据逾 1 000 G，各类样品逾 2 万份，部分工作超额完成计划考察任务。在锚碇浮标布放、深水冰拖曳浮标布放、海冰浮标阵列布放等方面取得了突出成绩，开展的全程质量管理与控制工作也使得极地科考的现场管理上了一个新台阶。

（1）物理海洋学考察。计划作业站位 82 个，实际完成 90 个站位。其中 CTD 剖面观测站位 90 个，流速剖面（LADCP）观测站位 89 个，海洋光学观测站位 44 个，湍流观测站位 43 个。完成抛弃式观测站点 458 个（XBT421 枚，XCTD37 枚），布放 Argo 浮标 10 套，Argos 漂流浮标 8 套，投放 GPS 探空气球 90 个。开展了船基走航海洋多要素观测（海表温盐、海流、溶解氧、温室气体含量等）。在 55°36′N，172°36′E，水深 3 800 m 的白令海海域成功布放我国首套锚碇观测浮标。

（2）海洋气象学考察。开展了船基走航大气环境多要素观测（常规气象要素、海气界面通量、大气化学组成等）。进行了海雾辐射观测站位 1 个，完成了 58 个 GPS 探空气球观测，完成了 150 个多时次的常规气象观测。

（3）海冰考察。开展了 7 个短期冰站和 1 个为期 10 天的长期冰站多学科立体协同观测。短期冰站作业期间，首次进行了海冰浮标（海冰温度链浮标、海冰漂移浮标）阵列 2 组，布放了国内自主研发的浅水冰拖曳浮标 1 套。长期冰站期间布放了国内自主研发的浅水冰拖曳浮标 1 套，海冰浮标（海冰温度链浮标、海冰漂移浮标）阵列 2 组，架设了漂流气象站 1 套、冰－气界面涡通量系统 1 套，释放探空气球 24 个，开展了为期 5 天的冰下自主/遥控机器人（ARV）观测，开展了走航海冰物理特征综合观测，获取了 231 MB 海冰厚度观测数据和海冰形态 160 G 照片及 920 G 的视频资料。

### 3. 亮点总结

第五次和第六次北极科学考察不仅获得了一大批有价值的考察数据和样品，为我国科学家更好的探索北极，认知北极，探索北极快速变化背景下不同气候带之间的关系，更全面了解北极/亚北极地区不同尺度气候演变规律提供基础资料，而且在观测海域、手段、方式和能力等方面都取得了不少新的突破，概括如下。

（1）穿越北冰洋，我国第五次北极科学考察首次实现北极亚北极五大区域准同步考察。考察队首次进入北冰洋大西洋扇区和北大西洋水域，实现了北太平洋水域、北冰洋太平洋扇区、北冰洋中心区、北冰洋大西洋扇区和北大西洋水域的准同步考察，为全面了解北极快速变化积累了较全面的现场观测数据。

（2）执行南北极环境专项北极调查任务，实现考察内容的新突破。首次在极地海域布放锚碇海－气耦合观测浮标、深水冰拖曳浮标（ITP）、海冰浮标阵列、在北极高纬地区布放极地长期现场自动气象观测站，为深入了解北冰洋海洋、海冰、大气等环境变化积累了重要资料。

（3）考察队应邀正式访问北极国家并开展交流活动，同时在冰岛周边海域开展了中冰海洋合作调查，开创了中国与环北冰洋国家合作的成功先例，探索了非北极国家与北极国家开展北极合作的新途径。

（4）"雪龙"号首航北极航道，获得北极航道航海和海洋环境第一手资料，为我国船舶利用北极航道开展了有益的探索和实践。

（5）首次设立随船质量监督员，负责组织开展随船质量监督检查工作。严格按照《极地海洋水文气象、化学和生物调查技术规程》和《现场实施方案》，对各专业考察开展了质量控制与监督管理工作，确保了航次考察各项任务安全、高效、高质量的完成，满足可靠性、完整性和规范性的要求。

## 第二节　对专项的作用

"北极物理海洋和海洋气象考察"专题的工作内容是考察北冰洋及其周边重点海域基本水文、气象状况，掌握考察断面海洋环境变化规律，认识特征海域长期海洋变化状况。

作为基础学科的考察专题，"北极物理海洋和海洋气象考察"是整个专项的基础和重点。该专题为"北极环境/资源潜力综合评价与国家利益战略评估"提供基础数据，为北极海洋动力过程、北极海洋在全球变化中的作用、对地球系统影响的关键极地过程研究服务，为海洋资源开发、北极航道利用、海洋环境保护、海洋综合管理以及我国极地海洋权益提供科学依据。

## 第三节　考察的主要成功经验

### 1. 领导的关怀和全国人民的支持是完成任务的力量源泉

北极科学考察得到各级领导的亲切关怀，时任国家总理温家宝亲笔批示肯定第五次北极科学考察期间"雪龙"船访问冰岛所开展的国际合作；时任国家海洋局局长刘赐贵、副局长陈连增多次慰问考察队，对考察工作做出重要指示。考察活动得到了全国人民的热情鼓励和大力支持。这一切极大地鼓舞了全体考察队员的斗志，成为考察队战胜艰难险阻、完成任务的不竭动力。

### 2. 坚持党委集体领导、科学民主决策是圆满完成任务的根本保证

第五次和第六次北极科学考察之所以能够取得如此多的成果和突破，关键在于考察队始终坚持临时党委的集体领导，在于严格按照考察总体方案及现场实施计划，实事求是，科学民主决策，无论是东北航道的穿越时机选择还是冰岛访问实施方案的制定，无论是高纬航线的航路选择还是北冰洋中心区的撤离时机，无论是海洋潜标的投放位置还是海-气浮标的投放方案，无论是冰清严重时的作业安排还是长/短期冰站的选址建站，每一个重大考察行动、每一个关键步骤无不凝聚着党委的集体智慧和全体队员的集体力量。

### 3. 牢固树立以人为本和安全第一观念，坚持安全、质量、危机管理和纪律约束是安全完成任务的根本前提

第五次和第六次北极科学考察得以按计划安全完成任务，在整个考察中没有发生一起人身伤害、没有丢损一件科考设备，基本前提是考察队始终坚持以人为本和安全第一的根本理念，强化危机风险教育，不断加强队伍组织纪律性建设，强化考察质量和安全管理；深入开

展有针对性的应急实战演习，不断完善安全应急预案、提高安全意识。

4. **深入开展"创先争优"活动、充分发挥全体队员的积极性、能动性是出色完成考察任务的思想政治保障**

考察队之所以能够精诚团结，全体队员之所以能够始终保持昂扬向上的精神风貌，关键在于坚持不懈地进行和谐团队建设，在于深入开展创先争优活动。在思想上、在行动中形成了比、学、赶、超的良好局面和健康氛围，实现了争先创优与科学考察"两不误、两促进"，为圆满出色完成考察任务提供了强大的政治思想保障和精神动力。

5. **国内的决策指挥与保障支持是这次考察任务顺利完成的重要保障**

考察任务的顺利完成，得益于国家海洋局的正确决策、指挥，得益于极地考察办公室对考察行动的精心指挥、指导，得益于中国极地中心的有力保障、支持，得益于国家海洋预报中心的气象与海冰预报保障，得益于国家海洋局第一海洋研究所等机构的有力技术支撑。

6. **加强与北极国家的合作，是拓展我国北极科考的重要途径。**

自第五次北极科学考察起，我们深刻地感受到了加强与北极国家合作的重要性。可以说，没有与俄罗斯的合作，"雪龙"船就无法穿越东北航道、实现跨越北冰洋的科学考察；没有与冰岛等环北冰洋国家的合作，就无法深入开展北极自然环境变化与社会发展相互作用研究。第六次北极科学考察中，来自美国、俄罗斯、德国、法国和我国台湾地区的7位科学家参加了海洋地质、海洋化学和海洋生物生态考察以及深水冰拖曳浮标（ITP）浮标布放作业。中外考察队员精诚合作，取得了满意的样品和数据，为下一步深入合作研究做好了充足的准备。加强与北极国家的合作，不断拓展考察区域和领域，是我国今后深入开展北极研究的重要方向和途径。

7. **加强航次质量控制与监督管理工作，确保专项任务的完成质量**

第六次北极科学考察设立了随船质量监督员，并由其组织开展随船质量监督检查工作，为我国南北极科学考察系统性开展质量控制工作开了先河。根据国家海洋局极地专项办公室制定的《极地专项质量控制与监督管理办法》，国家海洋标准计量中心作为"南北极环境综合考察与评估"专项质量监督管理工作机构制定了《第六次北极考察航次质量控制与监督管理实施方案》。考察期间质量监督员参与了仪器的自校准（比对、比测）和仪器的有效期间核查，考察期间完成了3次检查，对科考作业过程中工作日志、班报、相关原始记录、仪器故障情况记录和解决措施记录，对采集样品现场预处理和储存是否符合技术规程规定等工作进行仔细检查，并督促各考察任务组开展质量工作自查。针对质量监督员定期反馈的问题和不足，考察队领导及各学科负责人积极配合整改工作，确保了本航次考察各项任务安全、高效、高质量的完成。

## 第四节　考察中存在的主要问题及原因分析

北冰洋环境恶劣，气象、海况和冰清变化无常。在外业考察中，难免遇到由于各种原因产生的问题。发现问题，解决问题，总结以往工作经验教训，有利于今后南北极考察更加顺利进行。

北冰洋上风暴频繁发生，在高海况天气下进行观测，仪器有可能碰撞船舷造成损坏，采集的数据也会因船只的上下起伏较剧烈而产生深度测量偏差，增加后期处理的难度。北冰洋还时常海雾弥漫，不利于海冰、气象目测工作的开展。

海冰是极地科学考察的一大问题。密集的海冰会影响航线的选择以及仪器下放和回收过程。船舷的流冰对仪器电缆的伤害很大，甚至有可能割断绳缆，造成仪器丢失。

极地的低温环境会延长仪器的响应时间，观测后及时对仪器保养维护，都是在极地进行观测工作需要注意的特殊情况。低温环境还会使仪器电池产生快速放电现象，从而影响观测工作的展开。

迄今为止，6次北极科学考察为我国极地考察事业积累了丰富的经验。极地考察的顺利开展也是人们战胜自然的结果。航次前的仪器操作培训和安全培训以及航次中的质量监督检查减少了人为原因造成的问题，考察队员团结合作，顽强拼搏，防微杜渐，克服困难，发扬极地精神，保障了考察任务的圆满完成。

## 第五节　对未来科学考察的建议

在我国大力推进海洋强国战略和海上丝绸之路建设的当今时代，北极地区对我国未来的经济社会发展具有重要的战略意义。开展北极科学考察是我国了解北极，认识北极的重要途径，也是我国参与北极事务的重要体现。通过执行第五次和第六次北极考察现场任务，取得以下几项经验体会和建议。

（1）加强我国北极考察科学目标的顶层设计，针对科学问题开展，合理安排和协调考察学科和时间，增强北极考察的系统性和连续性，才能促进北极海洋学研究可持续发展。加强北极科学考察实施计划的前期组织和协调，增强北极考察现场实施计划的科学性、可行性和可操作性。加大考察装备投入，增加北极考察关键调查设备备份、备件，提高极地科考装备的可靠性和冗余度。鼓励并吸引科学家参与一线科考工作，增加考察队中学科带头人的比例，提高北极考察的科学产出。

（2）鉴于我国北极科学考察队组成人员来自国家各个不同部门，同时还有一些对外合作人员，需要一定的时间相互熟悉。因此，考察队的坚强领导和组织十分必要，只有发挥好考察队临时党委和领导的核心作用，以身作则，率先垂范，才能在短时间内迅速树立榜样，建立起各项规章制度，并使之得以贯彻执行，使临时组建的考察队形成凝聚力和战斗力。我国重视国际合作，特别是我国与环北极国家和重大国际计划的合作，促进分工协作和数据共享，利于拓展我国北极研究区域和领域。

（3）北冰洋环境恶劣，要做好北极考察的现场工作，不仅需要事先周密计划，更需要现场考察的精心组织与科学合理安排。考察队必须根据实际冰情、气象和海况条件，及时对考察计划和航线作出相应的调整。要发扬民主，集思广益，听取各方意见，反复进行磋商，才能科学决策，正确决策，保证科考和航行任务的完成。通过第五次和第六次北极科学考察，我们发现虽然北极地区近年来环境变暖导致冰雪消融迅速，但在区域变化方面存在着不确定性，这对科学考察和航行带来挑战，对此应当予以充分的重视。

（4）考察船与科考队必须高度协同才能完成好各项考察任务。随着我国的科技进步与发展,现在的极地考察已进入高科技时代,使用的考察工具和装备囊括了海、陆、空等多个方面,需要整体团队的密切协同配合。尤其是在长期冰站作业和大型浮标的布放上,更需要作业人员与船员的紧密配合,甚至直升机组也需参与进来,变成了一种集成方式的考察活动,在计划、组织、指挥和安全保障等方面提出了很高要求,必须认真对待每一个细节。

（5）做好考察队的文化生活,保证团队和谐。北冰洋考察通常以"雪龙"船为考察平台,近130名人员在一个狭小的空间中一起工作、生活近3个月,团队和谐至关重要。而要做到这一点,需要方方面面的细致工作,队员的思想状况,身体健康,人际关系,伙食及卫生状况、生活习惯等都会对考察产生影响。因此,考察队的业余文化生活至关重要。考察从一开始就周密制订了文化生活的计划,组织开展了形式多样文艺和比赛活动,开办了北极大学,使队员精神始终保持健康稳定,为考察队的和谐建设作出了贡献。

# 参考文献

刘国昕, 赵进平. 2013. 影响北极冰下海洋 Ekman 漂流垂直结构与深度因素的研究. 中国海洋大学学报: 自然科学版, 43 (2).

刘娜, 林丽娜, 何琰, 等. 2016. 白令海海盆区夏季水团分布及其年际变化. 科学通报. 61 (13): 1478–1487.

马德毅. 2013. 中国第五次北极科学考察报告, 海洋出版社

潘增弟. 2015. 中国第六次北极科学考察报告, 海洋出版社

史久新, 赵进平. 2003. 北冰洋盐跃层研究进展. 地球科学进展, 8 (3): 351–357.

余兴光. 2011. 中国第四次北极科学考察报告. 海洋出版社.

张海生. 2009. 中国第三次北极科学考察报告. 海洋出版社.

张占海. 2004. 中国第二次北极科学考察报告. 海洋出版社.

赵进平, 李涛, 张树刚, 等. 2009. 北冰洋中央密集冰区海冰对太阳短波辐射能吸收的观测研究. 地球科学进展, 24 (1): 33–41.

赵进平, 李涛, 张树刚, 等. 2009. 北冰洋中央密集冰区海冰对太阳短波辐射能吸收的观测研究. 地球科学进展, 24 (1): 33–41.

赵进平, 李涛, 李淑江, 等, 2008. 北极海冰人造光源实验的光场结构和实验方案优化. 极地研究, 20 (3): 287–298.

中国首次北极科学考察队. 2000. 中国首次北极科学考察报告. 海洋出版社.

Arfeuille G, Mysak L A, Tremblay L B. 2000. Simulation of the interannual variability of the wind – driven arctic sea – ice cover during 1958 – 1998. Climate Dynamics, 16: 107–121, doi: 10.1007/PL00013732.

Bolsenga S J. 1978. Photosynthetically Active Radiation Transmittance Through Ice. Great Lakes Environmental Research Laboratory, NOAA Technical Memorandum, ERL GLERL – 18, 48pp.

Ebert E E, Curry J A. 1993. An intermediate one – dimensional thermodynamic sea ice model for investi – gating ice – atmosphere interactions. Journal of Geophysical Research, 98 (C6): 10085–10109.

Grenfell T C, Maykut G A. 1977. The optical properties of ice and snow in the Arctic Basin. Journal of Glaciology, 18: 445–463.

He Y, Liu Na, Chen Hhongxia, et al. 2015. Observed features of temperature, salinity and current in central Chukchi Sea during the summer of 2012. *Acta Oceanologica Sinica*, 34 (5): 51–59.

Heron R, Woo M K. 1994. Decay of a high Arctic lake – ice cover: Observations and modeling. Journal of Glaciology, 40: 283–292.

Light B, Grenfell T C, Perovich D K. 2008. Transmission and absorption of solar radiation by Arctic sea ice during the melt season, Journal of Geophysical Research, 113, C03023, DOI: 10.1029/2006JC003977.

Maykut G A. 1982. Large – scale heat exchange and ice production in the central Arctic. Journal of Geophysical Research, 87: 7971–7984.

Maykut G, B Light. 1995. Refractive – index measurements in freezing sea – ice and sodium chloride brines. Applied Optics, 34 (6): 950–961.

Morel A. 1988. Optical modeling of the upper ocean in relation to its biogenous matter content (case I waters). Journal of Geophysical Research Atmospheres, 931 (C9): 10749-10768.

Neumann G, Pierson W J. 1966. Principles of Physical Oceanography. Prentice-Hall, Englewood Cliffs, NJ, 545.

Pegau W S, Paulson C A. 1999. The effect of clouds on the albedo of Arctic leads. Eos Trans. AGU, Ab-stract F221, 80: 46.

Perovich D K. 1996. The optical properties of sea ice. Scientific Report, Cold Regions Research and Engineering Lab, Hanover NH.

Perovich D K, C S Roesler, W S Pegau. 1998. Variability in arctic sea ice optical properties. Journal of Geophysical Research - Oceans, 103 (C1): 1193-1208, doi: 10.1029/97JC01614.

Perovich D K, Grenfell T C, Light B, Hobbs P V. 2002. Seasonal evolution of the albedo of multiyear Arctic sea ice. Journal of Geophysical Research, 107 (C10), 8044, DOI: 10.1029/2000JC00438.

Perovich D K, C Polashenski. 2012. Albedo evolution of seasonal Arctic sea ice. Geophysical Research, Letters., 39, L08501, doi: 10.1029/2012GL051432.

Rigor I G, Wallace J M, Colony R L. 2002. Response of Sea Ice to the Arctic Oscillation. Journal of Climate, 15 (15): 2648-2663.

Serreze M C, Barry R G, McLaren A S. 1989. Seasonal variations in sea ice motion and effects on sea ice concentration in the Canada basin. Journal of Geophysical Research, 94 (C8): 10955-10970, doi: 10.1029/JC094iC08p10955.

Su J, Wei J, Li X, et al. 2011. Sea ice area inter-annual variability in the Pacific sector of the Arctic and its correlations with oceanographic and atmospheric main patterns. Proceedings of Offshore and Polar Engineering Conference (ISOPE-95), Maui, Hawaii, USA.

Thorndike A S, Colony R. 1982. Sea ice motion in response to geostrophic winds. Journal of Geophysical Research, 87 (C8): 5845-5852, doi: 10.1029/JC087iC08p05845.

Tucker W B III, Weatherly J W, Eppler D T, et al. 2001. Evidence for rapid thinning of sea ice in the western Arctic Ocean at the end of the 1980s. Geophysical Research Letters, 28 (14): 2851-2854, doi: 10.1029/2001GL012967.

Wang X, Zhao J. 2012. Seasonal and inter-annual variations of the primary types of the Arctic sea-ice drifting patterns. Advances in Polar Science, (2): 72-81.

Zhang S, Zhao J, Shi J, et al. 2014. Surface heat budget and solar radiation allocation at a melt pond during summer in the central Arctic Ocean. Journal of Ocean University of China, 13 (1): 45-50.

Zhao Y, Liu A K. 2007. Arctic sea-ice motion and its relation to pressure field. Journal of Oceanography, 63: 505-515, doi: 10.1007/s10872-007-0045-2.

Zhang S, Zhao J, Shi J, Jiao Yutian. 2014. Surface heat budget and solar radiation allocation at a melt pond during summer in the central Arctic Ocean. Journal of Ocean University of China, 13 (1): 45-50.

附件

# 附件1 承担单位及主要人员一览表

| 序号 | 姓名 | 职称/职务 | 从事专业 | 所在单位 | 在项目中分工 |
|---|---|---|---|---|---|
| 1 | 马德毅 | 研究员 | 海洋环境 | 海洋一所 | 专题负责人 |
| 2 | 刘娜 | 副研究员 | 物理海洋 | 海洋一所 | 课题负责人、现场观测 |
| 3 | 陈红霞 | 副研究员 | 物理海洋 | 海洋一所 | 图集绘制 |
| 4 | 何琰 | 助理研究员 | 物理海洋 | 海洋一所 | 工作报告编写 |
| 5 | 林丽娜 | 博士 | 物理海洋 | 海洋一所 | 图集绘制 |
| 6 | 孔彬 | 博士 | 物理海洋 | 海洋一所 | 数据分析 |
| 7 | 赵进平 | 教授 | 物理海洋 | 中国海洋大学 | 专题及课题负责人 |
| 8 | 史久新 | 教授 | 物理海洋 | 中国海洋大学 | 湍流观测数据分析 |
| 9 | 矫玉田 | 高工 | 物理海洋 | 中国海洋大学 | 船基海洋观测 |
| 10 | 杜凌 | 讲师 | 物理海洋 | 中国海洋大学 | 海洋数据分析 |
| 11 | 李涛 | 讲师 | 海洋光学 | 中国海洋大学 | 现场观测与光学数据分析 |
| 12 | 曹勇 | 实验师 | 物理海洋 | 中国海洋大学 | 海洋叶绿素数据分析 |
| 13 | 王晓宇 | 博士 | 物理海洋 | 中国海洋大学 | 物理海洋研究 |
| 14 | 钟文理 | 博士 | 物理海洋 | 中国海洋大学 | 物理海洋研究 |
| 15 | 李丙瑞 | 副研究员 | 物理海洋 | 极地中心 | 课题负责人 |
| 16 | 雷瑞波 | 副研究员 | 物理海洋 | 极地中心 | 海冰观测 |
| 17 | 郭井学 | 高级工程师 | 地球物理 | 极地中心 | 海冰观测 |
| 18 | 李群 | 副研究员 | 物理海洋 | 极地中心 | 走航海冰观测 |
| 19 | 李娜 | 助理研究员 | 海冰遥感 | 极地中心 | 数据分析 |
| 20 | 李春花 | 研究员 | 物理海洋学 | 预报中心 | 课题负责人 |
| 21 | 魏立新 | 副研究员 | 物理海洋学 | 预报中心 | 海洋气象分析 |
| 22 | 张林 | 研究员 | 物理海洋学 | 预报中心 | 海冰分析 |
| 23 | 李志强 | 副研究员 | 海洋气象学 | 预报中心 | 走航气象数据分析 |
| 24 | 苏博 | 副研究员 | 海洋气象学 | 预报中心 | 气象数据分析 |
| 25 | 王先桥 | 副研究员 | 海洋气象学 | 预报中心 | 通量分析 |
| 26 | 许淙 | 工程技术带头人 | 海洋气象学 | 预报中心 | 海冰观测分析 |

续表

| 序号 | 姓名 | 职称/职务 | 从事专业 | 所在单位 | 在项目中分工 |
|---|---|---|---|---|---|
| 27 | 杨清华 | 副研究员 | 物理海洋学 | 预报中心 | 海冰分析 |
| 28 | 李 明 | 助理研究员 | 物理海洋学 | 预报中心 | 海冰分析 |
| 29 | 刘富彬 | 助理工程师 | 物理海洋学 | 预报中心 | 资料分析 |
| 30 | 田忠翔 | 助理工程师 | 物理海洋学 | 预报中心 | 海冰观测分析 |
| 31 | 赵杰臣 | 工程师 | 物理海洋学 | 预报中心 | 海冰数据分析 |
| 32 | 陈志昆 | 助理工程师 | 海洋气象学 | 预报中心 | 走航气象观测 |
| 33 | 肖 林 | 研究实习员 | 大气物理 | 预报中心 | 资料处理 |
| 34 | 邓小东 | 工程师 | 海洋气象 | 东海分局 | 课题负责人 |
| 35 | 潘灵芝 | 工程师 | 河口海岸学 | 东海分局 | 技术负责人、报告编写 |
| 36 | 吕 忻 | 助理工程师 | 海洋管理 | 东海分局 | 资料分析、图件编制 |
| 37 | 赵 瀛 | 助理工程师 | 环境科学 | 东海分局 | 资料分析、图件编制 |
| 38 | 曹成凯 | 助理工程师 | 经济管理 | 东海分局 | 资料分析 |
| 39 | 汪立宜 | 助理工程师 | 海洋科学 | 东海分局 | 外业工作 |
| 40 | 朱大勇 | 助理研究员 | 物理海洋 | 国家海洋局第三海洋研究所（以下简称"海洋三所"） | 课题负责人 |
| 41 | 陈航宇 | 高级工程师 | 物理海洋 | 海洋三所 | 资料分析 |
| 42 | 许金电 | 高级工程师 | 物理海洋 | 海洋三所 | 资料分析 |
| 43 | 蔡尚湛 | 助理研究员 | 物理海洋 | 海洋三所 | 资料分析 |
| 44 | 王维波 | 助理研究员 | 物理海洋 | 海洋三所 | 图件绘制 |
| 45 | 卞林根 | 研究员 | 极地气象 | 气科院 | 课题负责人 |
| 46 | 逯昌贵 | 高级工程师 | 极地气象 | 气科院 | 仪器研发 |
| 47 | 彭 浩 | 高级工程师 | 电子技术 | 气科院 | 资料分析 |
| 48 | 郑向东 | 研究员 | 极地气象 | 气科院 | 资料分析 |
| 49 | 许东峰 | 研究员 | 物理海洋 | 海洋二所 | 资料分析 |
| 50 | 陈 洪 | 高级工程师 | 物理海洋 | 海洋二所 | 资料分析 |
| 51 | 杨成浩 | 助理研究员 | 物理海洋 | 海洋二所 | 资料分析 |
| 52 | 王 俊 | 助理研究员 | 物理海洋 | 海洋二所 | 资料分析 |
| 53 | 高郭平 | 教授 | 物理海洋 | 上海海洋大学 | 课题负责人 |
| 54 | 刘洪生 | 副教授 | 物理海洋 | 上海海洋大学 | 资料分析 |
| 55 | 李曰嵩 | 讲师 | 物理海洋 | 上海海洋大学 | 资料分析 |
| 56 | 魏永亮 | 讲师 | 海洋遥感 | 上海海洋大学 | 资料分析 |

# 附件2　考察工作量一览表

中国第五次北极考察物理海洋和海洋气象工作量统计表

| 考察项目 | 考察内容 | 完成工作量 |
| --- | --- | --- |
| 物理海洋定点观测 | CTD/LADCP 观测 | 99 站/97 站 |
| | 湍流观测 | 18 站 |
| | 光学观测 | 40 站 |
| 锚碇长期观测 | 潜标观测 | 1 套 |
| | 大型海气耦合浮标观测 | 1 套 |
| 走航观测 | 走航表层温盐观测 | 61 天 |
| | 常规气象观测 | 264 时次 |
| | 走航海洋气象观测 | 115 组 |
| | 走航海冰拍摄观测 | 900 余张 |
| | 卫星遥感数据接收 | 900 余张 |
| | 海冰走航人工观测 | 739 组次 |
| | 基于 EM-31 的走航海冰厚度观测 | 75M/3 576 组 |
| | 基于 CCD 的走航海冰厚度观测 | 232 G |
| | 冰情摄影自动观测 | 45 519 张 |
| | 探空气球观测 | 19 套 |
| 抛弃式观测 | XBT | 410 枚 |
| | XCTD | 39 枚 |
| 海冰与航道考察 | 冰下水文要素剖面观测 | 10 点次 |
| | 融池温盐观测 | 25 点次 |
| | 冰站光学海冰透射辐射观测 | 17 点次 |
| | 反照率观测 | 10 点次 |
| | 融池辐射观测 | 30 点次 |
| | 冰芯采集 | 140 根/196 m |
| | 冰基海冰厚度观测 | 55 个点/245 m |
| 海冰与航道考察 | 海冰物理结构剖面 | 6 组 |
| | 海冰力学强度 | 750 个试样 |
| | 积雪物理观测 | 6 个点 |
| | 积雪反照率/透射率观测 | 7 个测点 |
| | 雪样采集 | 7 组 |
| | 航空遥感观测 | 3 组/1 328 张 |
| | 北极中心区自动气象站 | 1 套 |
| | 海冰漂移浮标 | 8 套 |

## 中国第六次北极考察物理海洋和海洋气象工作量统计表

| 考察项目 | 考察内容 | 完成工作量 |
| --- | --- | --- |
| 物理海洋定点观测 | CTD/LADCP 水文站位 | 90/89 |
| | 湍流混合站位 | 43 |
| | 海洋光学 | 43 |
| 锚碇长期观测 | 锚锭浮标观测 | 1 |
| 走航观测 | 走航海水表层温盐观测 | 全程走航，频率 1 Hz |
| | 走航 ADCP 观测 | 约 12.9 G |
| | 走航海洋气象观测 | 全程走航，1 次/min |
| | GPS 探空气球边界层观测 | 58 个 |
| | 走航大气化学成分观测 | 约 606 万条 |
| | 走航海冰观测 | 冰区走航，频率 1 Hz |
| | 基于电磁感应海冰厚度观测 | 全程走航，频率 1 Hz |
| | 海冰目测 | 冰区走航，1 次/0.5 h |
| | 人工气象观测 | 200 次 |
| | 常规海冰观测 | 30 次 |
| 抛弃式观测 | XBT 观测 | 421 |
| | XCTD 观测 | 37 |
| | Argos 浮标观测 | 8 |
| | Argo 浮标观测 | 10 |
| 冰站物理海洋及海冰观测 | 海雾辐射 | 4 站 |
| 冰站物理海洋及海冰观测 | 融池和冰下海水温盐观测 | 201 组 |
| | 海冰光学观测（透射和反射） | 35 组 |
| | 海冰厚度观测 | 11 次 |
| | 布放海冰漂流浮标 | 5 个 |
| | ITP 浮标 | 4 个 |
| | 自动气象站 | 7 天 |
| | 海冰厚度观测 | 14 条剖面 |
| | 布放冰浮标 | 2 套 |
| 海–冰–气相互作用综合观测 | 冰面辐射观测 | 长期冰站，7 天 |
| | 冰–气界面涡动通量观测 | 4 天 |
| | 海冰冰芯样品厚度、温度、盐度、密度，力学性质测试 | 5 个短期冰站，1 个长期冰站 |
| | 海冰厚度观测 | 长期冰站，2 个观测区，共观测 2 次 |
| | 冰内和冰下辐射观测 | 1 个长期冰站，观测 6 天 |
| | 冰下上层海洋 200 米内的温度、盐度等观测 | 62 个剖面 |
| | 冰–海界面精细流速观测 | 1 个长期冰站，5 天 |
| | 冰下海洋混合观测（限长期冰站） | 42 个剖面 |
| | 冰下上层海洋水文要素及海冰厚度观测 | 62 个剖面 |
| | 布放冰基浮标阵列 | 28 套 |

续表

| 考察项目 | 考察内容 | 完成工作量 |
| --- | --- | --- |
| 冰站气象观测 | 北极中心区安装漂流自动气象站 | 一套 |
| | GPS探空观测 | 23 |

# 附件 3  考察数据一览表

## 一、物理海洋学考察数据

### （一）白令海海域

**1. 中国历次北极科考航次 CTD 数据**
- 第一次北极科学考察 CTD 数据
- 第二次北极科学考察 CTD 数据
- 第三次北极科学考察 CTD 数据
- 第四次北极科学考察 CTD 数据
- 第五次北极科学考察 CTD 数据
- 第六次北极科学考察 CTD 数据

**2. 中国历次北极科考航次 LADCP 数据**
- 第三次北极科学考察 LADCP 数据
- 第四次北极科学考察 LADCP 数据
- 第五次北极科学考察 LADCP 数据
- 第六次北极科学考察 LADCP 数据

**3. 中国历次北极科考航次抛弃式观测数据**
- 第一次北极科学考察 XBT/XCTD 数据
- 第二次北极科学考察 XBT/XCTD 数据
- 第三次北极科学考察 XBT/XCTD 数据
- 第四次北极科学考察 XBT/XCTD 数据
- 第五次北极科学考察 XBT/XCTD 数据
- 第六次北极科学考察 XBT/XCTD 数据

**4. 中国历次北极科考航次走航温盐数据**
- 第三次北极科学考察走航温盐数据
- 第四次北极科学考察走航温盐数据
- 第五次北极科学考察走航温盐数据
- 第六次北极科学考察走航温盐数据

**5. 中国历次北极科考航次湍流混合数据**
- 第六次北极科学考察湍流混合数据

### (二) 楚科奇海海域

#### 1. 中国历次北极科考航次 CTD 数据
- 第一次北极科学考察 CTD 数据
- 第二次北极科学考察 CTD 数据
- 第三次北极科学考察 CTD 数据
- 第四次北极科学考察 CTD 数据
- 第五次北极科学考察 CTD 数据
- 第六次北极科学考察 CTD 数据

#### 2. 中国历次北极科考航次 LADCP 数据
- 第三次北极科学考察 LADCP 数据
- 第四次北极科学考察 LADCP 数据
- 第五次北极科学考察 LADCP 数据
- 第六次北极科学考察 LADCP 数据

#### 3. 中国历次北极科考航次抛弃式观测数据
- 第一次北极科学考察 XBT/XCTD 数据
- 第二次北极科学考察 XBT/XCTD 数据
- 第三次北极科学考察 XBT/XCTD 数据
- 第四次北极科学考察 XBT/XCTD 数据
- 第五次北极科学考察 XBT/XCTD 数据
- 第六次北极科学考察 XBT/XCTD 数据
- 第六次北极科学考察 Argos 数据

#### 4. 中国历次北极科考航次走航温盐数据
- 第三次北极科学考察走航温盐数据
- 第四次北极科学考察走航温盐数据
- 第五次北极科学考察走航温盐数据
- 第六次北极科学考察走航温盐数据

#### 5. 中国历次北极科考航次湍流混合数据
- 第六次北极科学考察湍流混合数据

#### 6. 中国历次北极科考航次海洋光学数据
- 第六次北极科学考察海洋光学数据

### (三) 加拿大海盆区

#### 1. 中国历次北极科考航次 CTD 数据
- 第一次北极科学考察 CTD 数据
- 第二次北极科学考察 CTD 数据
- 第三次北极科学考察 CTD 数据

- 第四次北极科学考察 CTD 数据
- 第五次北极科学考察 CTD 数据
- 第六次北极科学考察 CTD 数据

2. 中国历次北极科考航次 LADCP 数据
- 第三次北极科学考察 LADCP 数据
- 第四次北极科学考察 LADCP 数据
- 第五次北极科学考察 LADCP 数据
- 第六次北极科学考察 LADCP 数据

3. 中国历次北极科考航次抛弃式观测数据
- 第一次北极科学考察 XBT/XCTD 数据
- 第二次北极科学考察 XBT/XCTD 数据
- 第三次北极科学考察 XBT/XCTD 数据
- 第四次北极科学考察 XBT/XCTD 数据
- 第五次北极科学考察 XBT/XCTD 数据
- 第六次北极科学考察 XBT/XCTD 数据

4. 中国历次北极科考航次走航温盐数据
- 第一次北极科学考察走航温盐数据
- 第二次北极科学考察走航温盐数据
- 第三次北极科学考察走航温盐数据
- 第四次北极科学考察走航温盐数据
- 第五次北极科学考察走航温盐数据
- 第六次北极科学考察走航温盐数据

5. 中国历次北极科考航次湍流混合数据
- 第六次北极科学考察湍流混合数据

6. 中国历次北极科考航次海洋光学数据
- 第三次北极科学考察海洋光学数据
- 第四次北极科学考察海洋光学数据
- 第六次北极科学考察海洋光学数据

（四）北欧海海域

1. 第五次北极科学考察 CTD 数据

2. 第五次北极科学考察 LADCP 数据

3. 第五次北极科学考察 XBT/XCTD 数据

4. 第五次北极科学考察走航温盐数据

## （五）长期观测

### 1. 第三次北极科学考察浅水潜标长期观测数据
- 声学多普勒流速剖面仪（ADCP）数据
- CT、TD 数据

### 2. 第三次北极科学考察深水潜标长期观测数据
- 声学多普勒流速剖面仪（ADCP）数据
- CT、TD 数据

### 3. 第五次北极科学考察锚碇潜标长期观测数据集
- Aquad 单点海流计数据
- 声学多普勒流速剖面仪（ADCP）数据
- CTD 数据
- CT、TD 数据

### 4. 第五次北极科学考察锚碇浮标长期观测数据集
- 自动气象站观测数据
- 三维超声风温仪观测数据
- 净辐射计观测数据
- 水汽二氧化碳观测数据
- 海流计观测数据
- 温盐传感器观测数据
- 波浪传感器观测数据

### 5. 第六次北极科学考察锚碇浮标长期观测数据集
- 风场观测数据
- 气温观测数据
- 湿度观测数据
- 压强观测数据
- 海洋表层温度观测数据
- 辐射通量观测数据

## （六）国际公开数据

### 1. 世界海洋地图集数据（WOA13：World Ocean Atlas 2013）
- 气候平均的白令海月平均温度数据
- 气候平均的白令海月平均盐度数据
- 气候平均的楚科奇海月平均温度数据
- 气候平均的楚科奇海月平均盐度数据

### 2. 世界大洋数据集（WOD13：World Ocean Database 2013）
- 白令海高分辨率 CTD 观测数据

- 楚科奇海高分辨率 CTD 观测数据
- 加拿大海盆及高纬海区高分辨率 CTD 观测数据

3. 加拿大海盆及邻近海域国际公开数据

- BGEP 数据，网址：http://www.whoi.edu/beaufortgyre/
- JAMSTEC 数据，网址：http://www.godac.jamstec.go.jp/darwin/
- SBI 数据，网址：http://www.eol.ucar.edu/projects/sbi/ctd.shtml
- ODEN 数据，网址：http://cchdo.ucsd.edu/
- ITP 数据，网址：http://www.whoi.edu/itp

4. 加拿大"Louis S. St – Laurent"号加拿大海盆气候研究计划公开数据：

- 2009 年夏秋季节北冰洋大西洋扇区国际公开 Argo 漂流浮标
- 2009 年夏秋季节北冰洋大西洋扇区国际公开 CTD 水文数据
- 2009 年夏秋季节北冰洋大西洋扇区国际公开 XBT 数据
- 2010 年夏秋季节北冰洋大西洋扇区国际公开 Argo 漂流浮标
- 2010 年夏秋季节北冰洋大西洋扇区国际公开 CTD 水文数据
- 2010 年夏秋季节北冰洋大西洋扇区国际公开 XBT 数据
- 2011 年夏秋季节北冰洋大西洋扇区国际公开 Argo 漂流浮标
- 2011 年夏秋季节北冰洋大西洋扇区国际公开 CTD 水文数据
- 2011 年夏秋季节北冰洋大西洋扇区国际公开 XBT 数据
- 2012 年夏秋季节北冰洋大西洋扇区国际公开 Argo 漂流浮标
- 2012 年夏秋季节北冰洋大西洋扇区国际公开 CTD 水文数据
- 2012 年夏秋季节北冰洋大西洋扇区国际公开 XBT 数据

## 二、海洋气象环境考察数据

### （一）白令海海域

- 第一次北极科学考察白令海走航气象要素观测数据
- 第二次北极科学考察白令海走航气象要素观测数据
- 第三次北极科学考察白令海走航气象要素观测数据
- 第四次北极科学考察白令海走航气象要素观测数据
- 第五次北极科学考察白令海走航气象要素观测数据
- 第六次北极科学考察白令海走航气象要素观测数据

### （二）楚科奇海海域

- 第一次北极科学考察楚科奇海走航气象要素观测数据
- 第二次北极科学考察楚科奇海走航气象要素观测数据
- 第三次北极科学考察楚科奇海走航气象要素观测数据
- 第四次北极科学考察楚科奇海走航气象要素观测数据
- 第五次北极科学考察楚科奇海走航气象要素观测数据

- 第六次北极科学考察楚科奇海走航气象要素观测数据

(三) 加拿大海盆海域

- 第一次北极考察加拿大海盆走航气象要素观测数据
- 第二次北极考察加拿大海盆走航气象要素观测数据
- 第三次北极考察加拿大海盆走航气象要素观测数据
- 第四次北极考察加拿大海盆走航气象要素观测数据
- 第六次北极考察加拿大海盆走航气象要素观测数据

(四) 北欧海海域

- 第五次北极科学考察北欧海走航气象要素观测数据

(五) 高空气象观测

- 第六次北极科学考察高空观测数据

## 三、大气环境考察数据

(一) 白令海海域

- 第一次北极科学考察白令海走航大气成分观测数据
- 第二次北极科学考察白令海走航大气成分观测数据
- 第三次北极科学考察白令海走航大气成分观测数据
- 第四次北极科学考察白令海走航大气成分观测数据
- 第五次北极科学考察白令海走航大气成分观测数据
- 第六次北极科学考察白令海走航大气成分观测数据

(二) 楚科奇海海域

- 第一次北极科学考察楚科奇海走航大气成分观测数据
- 第二次北极科学考察楚科奇海走航大气成分观测数据
- 第三次北极科学考察楚科奇海走航大气成分观测数据
- 第四次北极科学考察楚科奇海走航大气成分观测数据
- 第五次北极科学考察楚科奇海走航大气成分观测数据
- 第六次北极科学考察楚科奇海走航大气成分观测数据

(三) 加拿大海盆海域

- 第一次北极科学考察加拿大海盆走航大气成分观测数据
- 第二次北极科学考察加拿大海盆走航大气成分观测数据
- 第三次北极科学考察加拿大海盆走航大气成分观测数据
- 第四次北极科学考察加拿大海盆走航大气成分观测数据
- 第五次北极科学考察加拿大海盆走航大气成分观测数据
- 第六次北极科学考察加拿大海盆走航大气成分观测数据

（四）北欧海海域

- 第五次北极科学考察北欧海走航大气成分观测数据

（五）长期观测

- 第五次北极科学考察北冰洋中心区大气及自动漂流气象站数据
- 第六次北极科学考察北冰洋中心区大气及自动漂流气象站数据

## 四、海冰考察数据

（一）走航海冰观测数据

- 第一次北极科学考察走航海冰观测数据
- 第二次北极科学考察走航海冰观测数据
- 第三次北极科学考察走航海冰观测数据
- 第四次北极科学考察走航海冰观测数据
- 第五次北极科学考察走航海冰观测数据
- 第六次北极科学考察走航海冰观测数据

（二）冰站观测

1. 冰下海冰物理学观测数据

- 第五次北极科学考察海冰物理学观测数据
- 第六次北极科学考察海冰物理学观测数据

2. 冰基海-冰-气联合观测数据

- 第三次北极科学考察冰基浮标观测数据
- 第四次北极科学考察冰基浮标观测数据
- 第五次北极科学考察冰基浮标观测数据
- 第六次北极科学考察冰基浮标观测数据

# 附件4　考察要素图件一览表

## 一、物理海洋学图集

### （一）历史航次 CTD 观测图

- 历史航次 CTD 观测站位图
- 白令海海盆区重复观测断面温盐图
- 白令海陆架区南北向重复观测断面温盐图
- 白令海峡附近陆架区重复观测断面温盐图

### （二）第五次北极科学考察 CTD 观测图

- 第五次北极科学考察 CTD 观测站位图
- 第五次北极科学考察 CTD 断面图
- 第五次北极科学考察 CTD 平面图

### （三）第六次北极科学考察 CTD 观测图

- 第六次北极科学考察 CTD 观测站位图
- 第六次北极科学考察 CTD 断面图
- 第六次北极科学考察 CTD 平面图

### （四）历次北极考察 LADCP 观测图

- 中国第三次至第六次北极科学考察 LADCP 观测站位图
- 流速断面分布图

### （五）第五次北极科学考察海-气耦合浮标观测图

- 第五次北极科学考察北欧海浮标布放站位图
- 浮标观测要素长期变化序列图

### （六）第五次北极科学考察潜标观测图

- 第五次北极科学考察楚科奇海潜标布放站位图
- 第五次北极科学考察潜标结构图
- 温盐时间序列图
- 流场分布特征图

### （七）第六次北极科学考察海气界面通量浮标观测图

- 第六次北极科学考察白令海浮标布放站位图
- 第六次北极科学考察白令海浮标标体示意图
- 第六次北极科学考察白令海浮标锚系系统组成图
- 第六次北极科学考察白令海浮标移动轨迹图
- 各要素日均曲线图
- 各要素日最大值曲线图

### （八）光学和湍流观测要素图

- 加拿大海盆和白令海海洋光学环境要素图
- 加拿大海盆海洋湍流环境要素图

### （九）走航温盐大面图

- 历史航次走航温盐观测图
- 第五次北极科学考察走航温盐观测图
- 第六次北极科学考察走航温盐观测图

### （十）抛弃式观测图

- Argos 浮标观测图

## 二、气象观测图集

### （一）白令海海洋气象走航观测要素图

- 历次北极科学考察白令海气压走航观测图
- 历次北极科学考察白令海气温、湿度走航观测图
- 历次北极科学考察白令海风速风向走航观测图
- 第二次至第六次北极科学考察白令海能见度走航观测图
- 第五次至第六次北极科学考察白令海通量观测时间序列图

### （二）楚科奇海海洋气象走航观测要素图

- 历次北极考察楚科奇海气压走航观测图
- 历次北极考察楚科奇海气温、湿度走航观测图
- 历次北极考察楚科奇海风速风向走航观测图
- 第二次至第六次北极考察楚科奇海能见度走航观测图
- 第五次至第六次北极考察楚科奇海通量观测时间序列图

### （三）加拿大海盆海洋气象走航观测要素图

- 历次北极考察加拿大海盆气压走航观测图

- 历次北极考察加拿大海盆气温、湿度走航观测图
- 历次北极考察加拿大海盆风速风向走航观测图
- 第二次至第六次北极科学考察加拿大海盆能见度走航观测图
- 第五次至第六次北极科学考察加拿大海盆通量观测时间序列图

（四）北欧海海洋气象走航观测要素图

- 第五次北极科学考察白令海气压走航观测图
- 第五次北极科学考察白令海气温、湿度走航观测图
- 第五次北极科学考察白令海风速风向走航观测图
- 第五次北极科学考察白令海能见度走航观测图
- 第五次北极科学考察通量观测时间序列图

（五）高空气象观测图

- 第六次北极科学考察高空观测站点分布图
- 高空观测期间边界层中温度垂直递减率图
- 高空观测期间 3 000 m 以下风速随时间变化图
- 平均温度垂直廓线图

## 三、大气环境观测图集

（一）海–冰–气相互作用观测特征图

- 历次北极科学考察冰站观测辐射通量时间序列图
- 自动气象站漂流浮标观测图
- 大气廓线观测观测数据分析图

（二）大气化学成分观测图

- 黑碳气溶胶浓度分布图

（三）卫星遥感数据分析图

- 不同海区的（7 天）后向气团轨迹图
- NCEP 再分析资料的 1 000 hPa 温度场距平和气压场距平图

## 四、海冰观测图集

（一）走航海冰观测图

- 海冰观测站位图
- 第五次北极科学科学考察走航海冰观测要素分布图
- 第六次北极科学科学考察走航海冰观测要素分布图

- 国际公开数据走航海冰观测要素分布图
- 卫星遥感海冰观测图

(二) 冰下物理海洋学观测图

- 冰下温度盐度变化规律图
- 冰下海流分布特征与变化规律图

(三) 冰基海-冰-气联合观测图

- 第五次和第六次北极科学考察冰站位置图
- 海冰热通量观测图
- 海冰厚度分布图
- 海冰光学特性观测图
- 冰芯结构图
- 冰浮标观测图

# 附件5  论文、专著等公开出版物一览表

专项期间，共发表论文27篇，其中SCI论文14篇，完成著作7部，待发表文章2篇。

## 1. 已发表论文

Bian Lingen, Ding Minghu, Lin Xiang, Lu Changgui. Structure of summer atmospheric boundary layer in the center of Arctic Ocean and their relations with sea ice extent change. Scinece China, 2016, 59 (1): 1-9.

Chen Hongxia, Liu Na, Zhang Zhanhai. Severe winter weather as a response to the lowest Arctic sea-ice anomalies. Acta Oceanologica Sinica, 2013, 32 (10): 11-15.

Chen Hongxia, Wang Huiwu, Shu Qi, Liu Na. Ocean current observation and spectrum analysis in central Chukchi Sea during the summer of 2008. Acta Oceanologica Sinica, 2013, 32 (3): 10-18.

He Yan, Liu Na, Chen Hongxia, et al. Observed features of temperature, salinity and current in central Chukchi Sea during the summer of 2012. Acta Oceanologica Sinica, 2015, 34 (5): 51-59.

He Yan, Zhao Jinping, Liu Na, et al. Deep water distribution and transport in the Nordic seas from climatological hydrological data. Acta Oceanologica Sinica, 2015, 34 (3): 9-17.

He Pengzhen, Bian Lingen, Zheng Xiangdong. Observation of surface ozone in the marine boundary layer along a cruise through the Arctic Ocean: From offshore to remote, Atmospheric Research, 2016, 169: 191-198.

Lei Ruibo, Li Na, Li Chunhua et al. Seasonal changes in sea ice conditions along theNortheast Passage in 2007 and 2012. Advances in Polar Science, 2014, 25 (4): 300-309.

Li Bokun, Bian Lingen, Zheng Xiangdong, et al. Variation characteristics of carbon monoxide and ozone over the course of the 2014 Chinese National Arctic Research Expedition, Advances in Polar Science, 2015, 26 (3): 249-255.

Liu Na, Lin Lina, et al. Association between Arctic Autumn sea ice concentration and early winter precipitation in China. Acta Oceanologica Sinica, 2016, 35 (5): 73-78.

Liu Na, Lin Lina, et al. Arctic Autumn sea ice decline and Asian winter temperature anomaly. Acta Oceanologica Sinica, 2016, 35 (7): 36-41.

Wang Huiwu, Chen Hongxia, Xue Liang, Liu Na. Zooplankton diel vertical migration and influence of upwelling on the biomass in the Chukchi Sea during summer. Acta Oceanologica Sinica, 2015, 34 (5): 68-74.

Wang Huiwu, Liu Na, Chen Hongxia. Tide and current observations in the central Chukchi Sea during the summer of 2012 [J]. Journal of Ocean University of China, 2016, 15 (2): 201-208.

Wang Xiaoyu, Zhao Jinping, Li Tao and et. al. Deep water warming in the Nordic seas from 1970s to 2013. Acta Oceanologica Sinica, 2015, 34 (3): 18-24.

Zhong Wenli and Zhao Jinping. Deepening of the Atlantic Water core in the Canada Basin in 2003 – 11. Journal of Physical Oceanography, 2014, 44: 2353 – 2369.

卞林根, 丁明虎, 林祥. 北冰洋中心区夏季大气边界层结构特征及其与海冰范围变化的关系. 中国科学, 2016, 4: 012.

李春花, 李明, 赵杰臣, 张林等. 近年北极东北和西北航道开通状况分析. 海洋学报, 2014, 36 (10): 33 – 47.

刘洪宁, 吕连港, 刘娜, 等. 夏季加拿大海盆海冰边缘区声体积后向散射强度研究. 海洋学报, 2015, 37 (11): 127 – 134.

刘娜, 林丽娜, 何琰, 李涛, 孔彬. 白令海海盆区夏季水团分布及其年际变化. 科学通报, 2016, 61 (13): 1478 – 1487.

刘娜, 潘增弟, 沈权, 林丽娜等. 基于"雪龙"船平台的极地锚锭浮标布放. 海岸工程, 2015, 34 (4): 77 – 88.

孟上, 李明, 田忠翔等. 2013 北极东北航道海冰变化特征分析研究. 海洋预报, 30 (2):8 – 11.

孙鹤泉, 李春花, 张志刚. 基于遥感图像分析的极区海冰漂移研究, 海洋技术学报, 2015, 34 (1): 10 – 13.

王辉武, 刘娜, 赵昌等. 2008 年夏季楚科奇海余流分布特征. 海洋科学进展, 2012, 30 (3): 338 – 346.

王佳彬, 高郭平, 程灵巧, 徐婷. 基于锚系观测的北冰洋加拿大海盆中层水多年变化研究. 极地研究, 2016, 28 (3): 336 – 345.

王晓宇, 赵进平, 李涛, 钟文理, 矫玉田. 2015. 2012 年夏季格陵兰海与挪威海水文特征分析. 地球科学进展, 30 (3), 346 – 356.

袁博仑, 潘增弟, 刘娜等. Modoki 对南半球中高纬度气候及海冰异常的影响. 海洋学报, 2014 (3): 104 – 112.

张春玲, 夏燕军, 高郭平. 北欧海中尺度涡旋特征分析. 海洋学进展, 2016, 34 (2): 207 – 215.

左正道, 高郭平, 程灵巧, 徐飞翔. 1979—2012 年北极海冰运动学特征初步分析, 海洋学报, 2016, 38 (5): 57 – 69.

2. 待发表论文

Liu Na, Lin Lina, et al. Distribution and Inter – annual Variation of Water Masses on the Bering Sea Shelf in Summer. Acta Oceanologica Sinica, 2016. (be accepted)

左菲, 李丙瑞, 吴成祥等. 白令海夏季水文结构年际变化特征研究. 极地研究, 2016. (已接收)

3. 已完成专著

吴爱娜, 刘娜等. 极地海洋水文气象、生物和化学技术规程. 北京: 海洋出版社, 2012, 1 – 224.

曲探宙, 潘增弟, 刘娜等. 征程——中国第六次北极科学考察纪实. 北京: 海洋出版社, 2014, 1 – 86.

陈红霞，刘娜，等．中国极地科学考察水文数据图集概论，北京：海洋出版社．2014，1-155．

陈红霞，刘娜，林丽娜．中国极地科学考察水文数据图集——北极分册（一）．北京：海洋出版社，2015，1-190．

陈红霞，刘娜，林丽娜．中国极地科学考察水文数据图集——北极分册（二）．北京：海洋出版社，2015，1-265．

马德毅，陈红霞等．中国第五次北极科学考察报告．北京：海洋出版社．2013，1-255．

潘增弟，刘娜等．中国第六次北极科学考察报告．北京：海洋出版社．2015，1-298．